1.9

课后练习 1 通过参考线对齐文字

Before

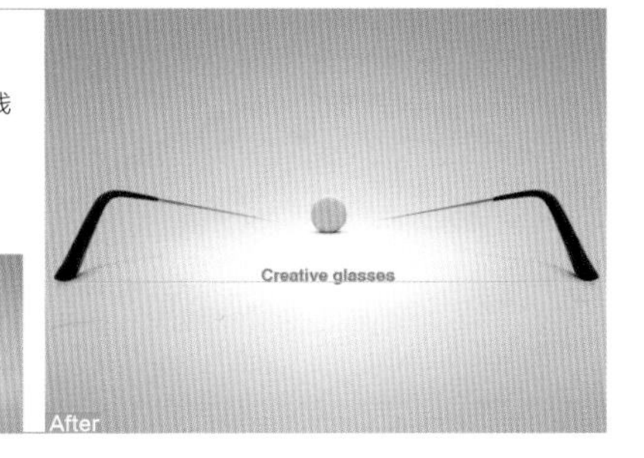

After

1.9

课后练习 2 通过画布大小增加图片边框

Before

After

2.9 课后练习 1 快速选择工具创建精确选区

2.9

课后练习 2 通过羽化功能柔化选区边缘合成图像

Before

After

3.2.1

上机练习 通过“填充”命令改变背景纸纹理

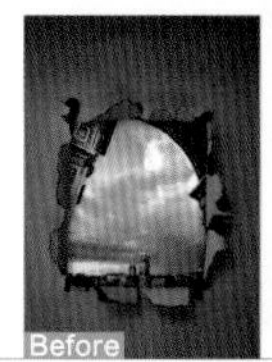
Before

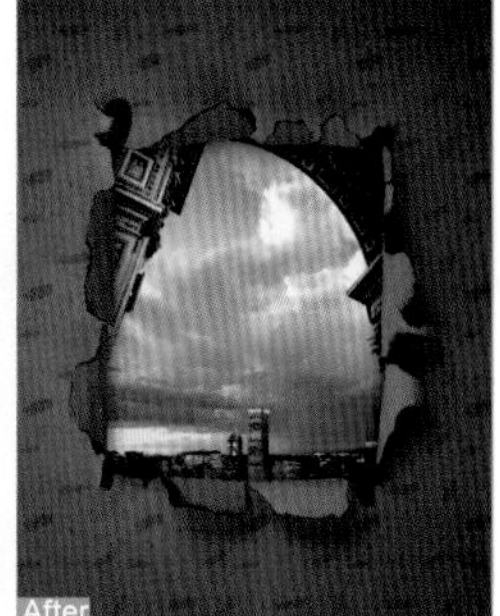
After

3.2.1 上机练习 填充自定义图案与填充自定义脚本图案

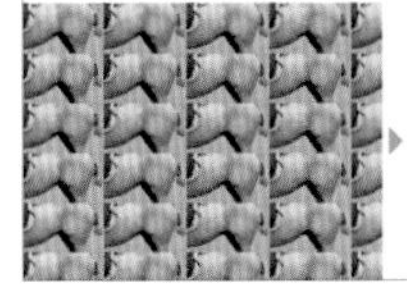

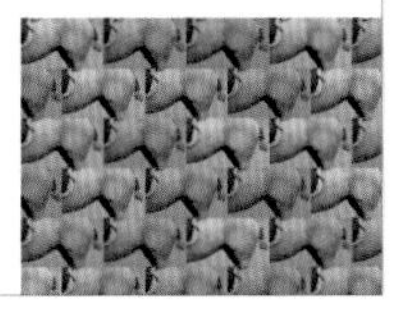

3.8.1 上机练习 为人物发丝抠图

3.9 课后练习 1 通过“边界”命令制作图像的边框

3.9

课后练习 2 通过“扩展”命令制作剪纸效果

Before

After

4.1

选区抠图技巧—使用多边形套索工具抠图

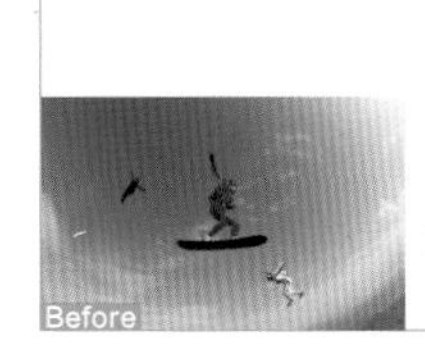
Before

After

4.2

选区抠图技巧—使用磁性套索工具抠图

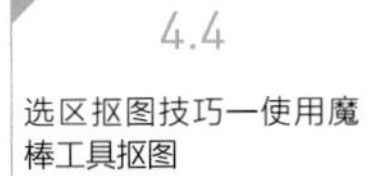

Before

After

4.3

选区抠图技巧—使用选框工具抠图并合成图像

Before After

4.4

选区抠图技巧—使用魔棒工具抠图

Before After

4.5

选区抠图技巧—使用快速选择工具抠图

Beforc

After

4.6

课后练习 2 变换选区

Before

After

4.6

课后练习 1 使用快速选择工具结合"调整边缘"命令为发丝创建选区

Before After

5.2.4 上机练习 通过颜色替换工具替换小朋友T恤颜色

5.5.1 上机练习 通过减淡工具为人物肌肤美白

5.7.4

上机练习 使用历史记录画笔工具表现图像局部

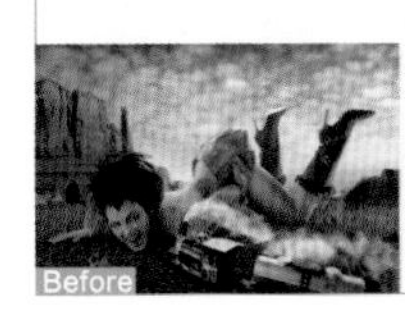
Before

After

5.8.1

上机练习 通过污点修复画笔工具清除图像中的文字

Before

After

5.8.2

上机练习 使用修复画笔工具修复瑕疵照片

5.9

课后练习 2 使用修复画笔工具修复手上的伤口

7.6

课后练习 1 增加图像清晰效果

7.6

课后练习 2 校正倾斜的图片

8.7.1

上机练习 使用“曝光度”命令调整曝光不足的照片

8.8.3

上机练习 通过“色彩平衡”命令调整图像的偏色

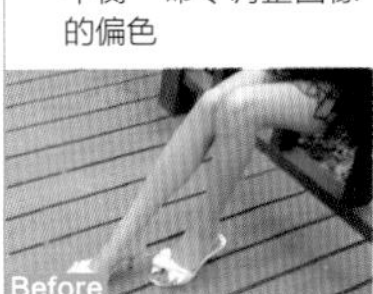

8.10.2

上机练习 替换图像中汽车的颜色

8.11

课后练习 2 改变图像的色调

9.1

清除模特面部的雀斑

9.3

校正照片偏色

9.4
调整图像的色调

9.5
课后练习 2 修复头上的伤疤

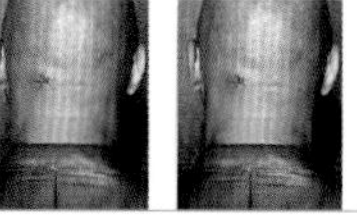

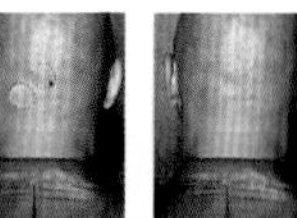

11.3
上机练习 通过添加样式与创建填充图层制作霓虹灯效果

11.7
课后练习 1 通过文字变形以及图层复制制作立体文字

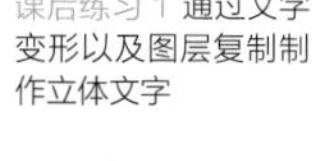

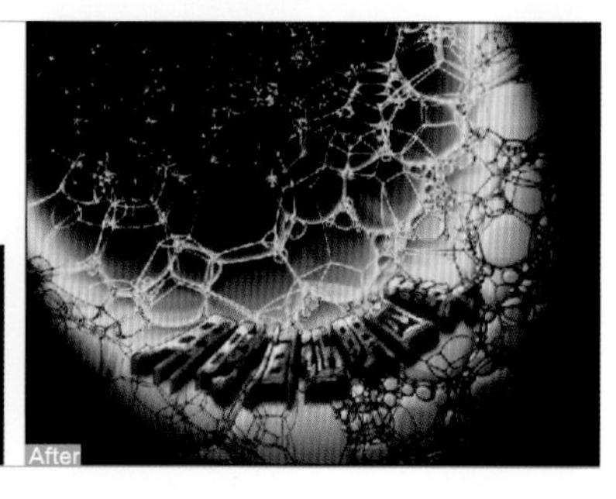

12.2
上机练习 编辑图层蒙版技巧 1—通过画笔工具编辑图层蒙版

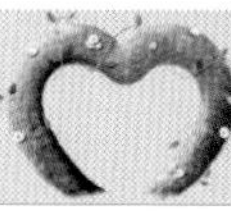

11.7
课后练习 2 添加图层样式制作石头墙效果

12.2
上机练习 编辑图层蒙版技巧 2—通过橡皮擦工具编辑图层蒙版

12.2
上机练习 编辑图层蒙版技巧 3—通过渐变工具编辑图层蒙版

12.2
上机练习 编辑图层蒙版技巧 4—通过选区编辑图层蒙版

12.4
操控变形

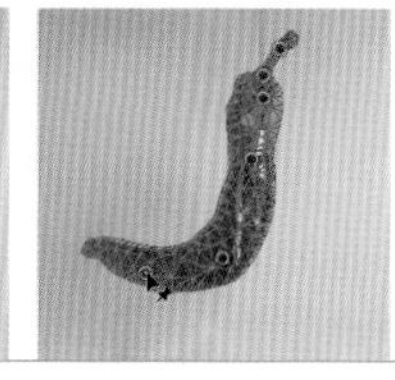

12.5
课后练习 2 通过操控变形命令改变图像的形状

13.1
通过图层合成图像效果

13.2
通过编辑图层蒙版合成创意图像效果

13.3
通过图层蒙版制作图像拼贴效果

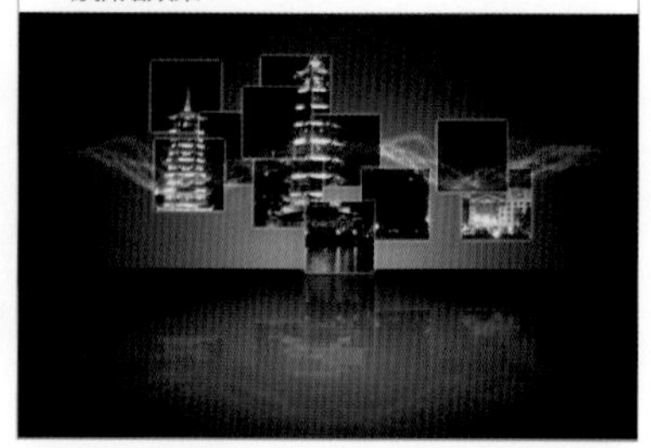

13.4

通过图层的混合模式制作金属锈迹面孔效果

13.5

通过图层操作合成梦幻图像

13.6

课后练习 1 通过合成图层制作公益海报

13.6

课后练习 2 通过混合图层制作生锈汽车

14.3

上机练习 抠图技巧－通过快速蒙版进行抠图

14.4

课后练习 1 通过选区工具结合快速蒙版创建精确选区

15.1

上机练习 通过将滤镜应用在图层蒙版中制作雾气效果

15.3

上机练习 使用“自动对齐图层”命令制作全景照片

15.4.1

上机练习 通过“应用图像”命令制作混合效果

15.5

课后练习 1 通过“应用图像”命令混合图像

15.5

课后练习 2 通过“自动混合图层”命令混合图像

16.1

在快速蒙版中制作上升火焰字效果

16.2

使用快速蒙版制作合成创意图像

16.3

课后练习 2 在快速蒙版中制作烟雾

16.3

课后练习 1 通过“快速蒙版”结合“色相 / 饱和度”命令调整图像局部颜色

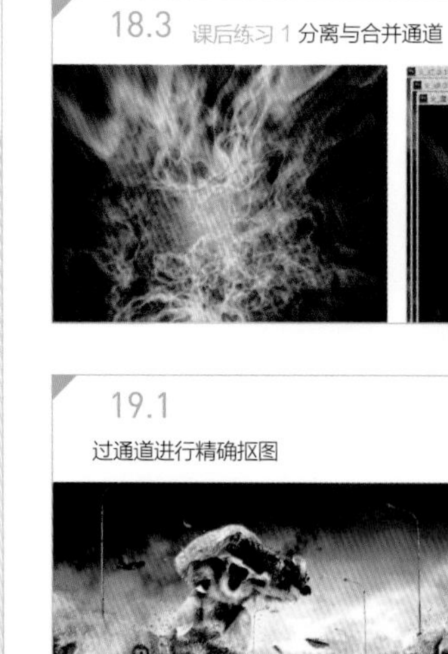

18.3 课后练习 1 分离与合并通道

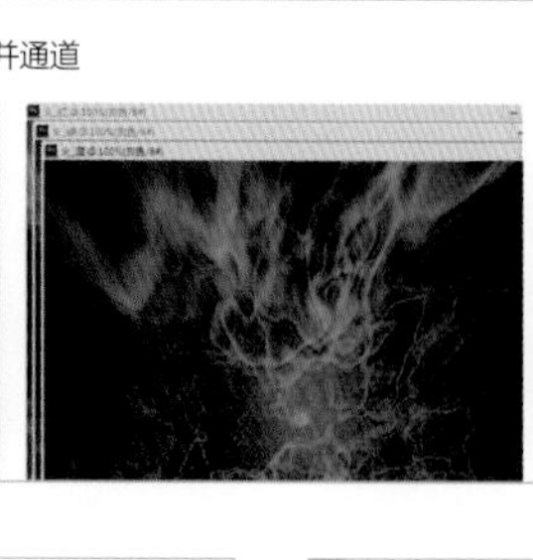

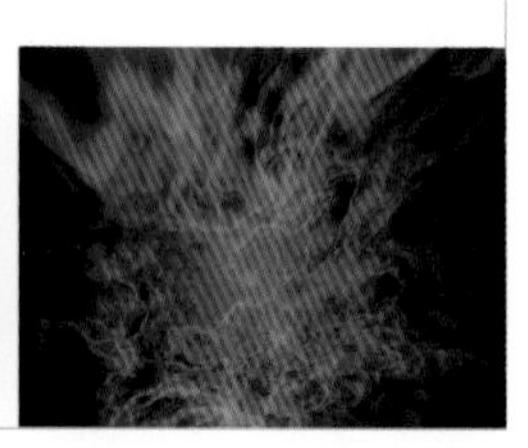

19.1

过通道进行精确抠图

19.2

使用通道制作降雪效果

19.3

使用通道抠出半透明图像

21.6

课后练习 1 沿路径输入文字

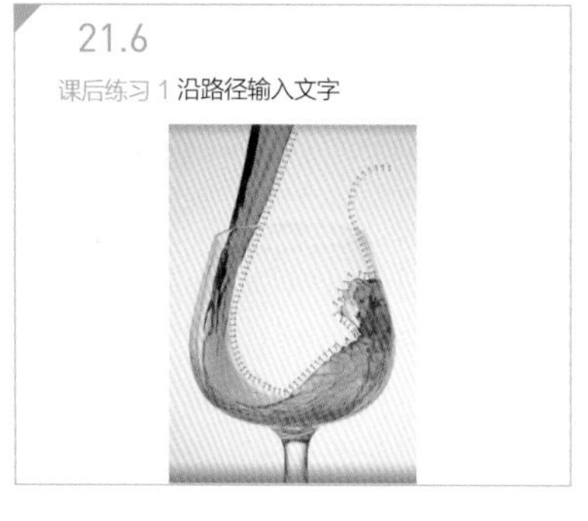

21.6

课后练习 2 使用钢笔工具抠图

22.1

抠图技巧—使用钢笔工具进行精细抠图

22.2

通过画笔描边路径工具制作心形云彩

22.3

通过画笔描边路径功能制作围绕身体的云彩效果

22.4

通过抠图以及沿路径创建文字制作汽车广告

22.5

课后练习 1 使用路径绘制愤怒的小鸟

22.5

课后练习 2 环绕心形文字

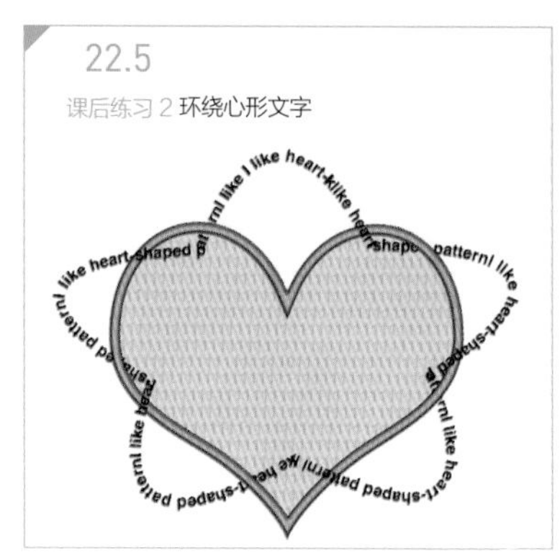

23.4

液化

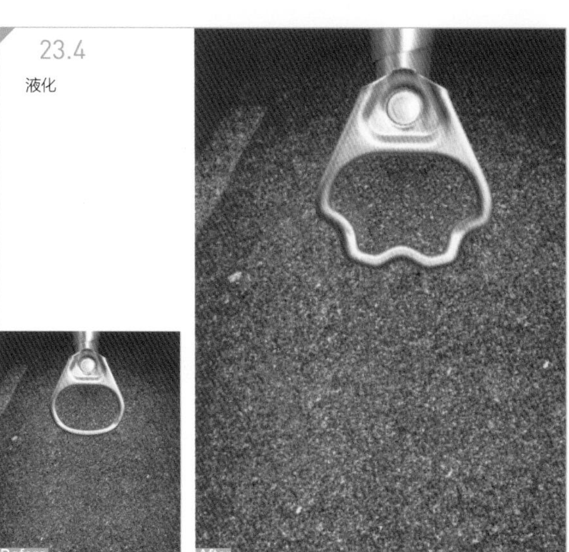

23.7

上机练习 通过Camera Raw 滤镜调整拍摄时产生的较暗效果

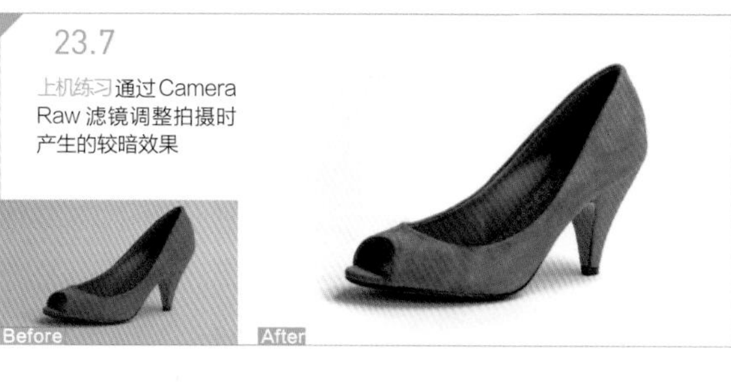

23.9

课后练习 2 径向效果一极品飞车

23.9

课后练习 1 使用滤镜制作素描效果

24.1

通过滤镜制作图像光波纹理

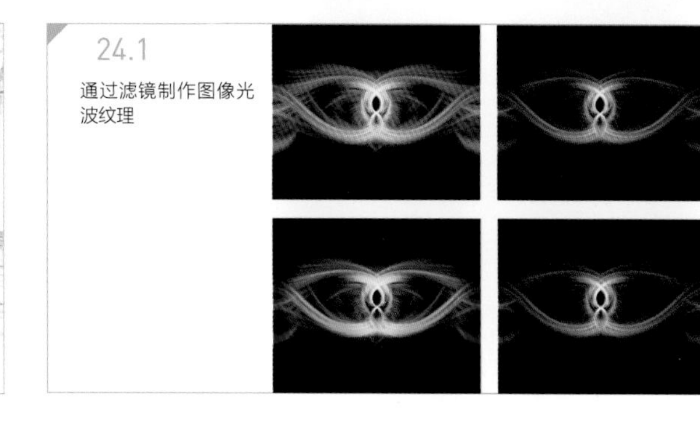

24.2

通过滤镜制作发光字

24.3

通过滤镜制作瓷砖壁画

24.4

通过滤镜为人物添加纹身

24.5

课后练习 1 使用滤镜制作水珠效果

24.5

课后练习 2 使用滤镜制作水墨画效果

26.7

上机练习 改变 3D 对象的外形

26.10

上机练习 三维立体字的创建

26.11

课后练习 制作 3D 高脚杯

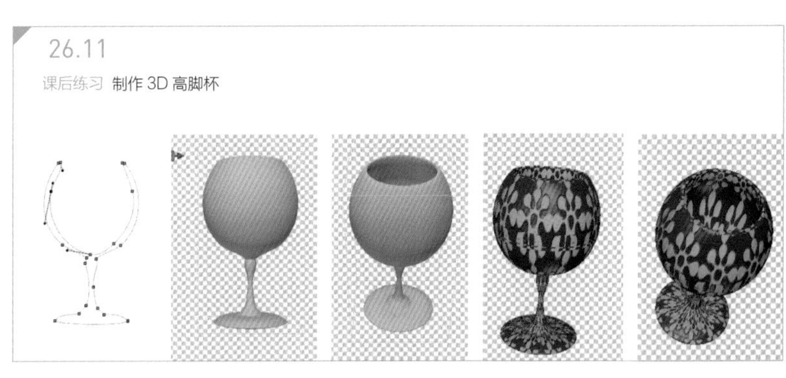

27.1

插画

27.2

网络广告

27.3

汽车广告

27.4

网店中的收藏有礼

27.5

电影海报

27.6

房产三折页

27.7

培训班宣传

27.8

鞋子创意广告

27.9

创意广告设计

27.10

创意合成

27.11

网页主页设计

Adobe Photoshop CC 从入门到精通

曹培强 冯海靖 编著

人 民 邮 电 出 版 社

北 京

图书在版编目（CIP）数据

Photoshop CC从入门到精通 / 曹培强，冯海靖编著
. -- 北京 : 人民邮电出版社，2015.4（2018.10重印）
ISBN 978-7-115-38157-6

Ⅰ. ①P… Ⅱ. ①曹… ②冯… Ⅲ. ①图象处理软件
Ⅳ. ①TP391.41

中国版本图书馆CIP数据核字(2015)第040498号

内容提要

本书由一线讲师和设计师倾力编写，深入挖掘 Photoshop CC 的核心工具、命令与功能，帮助读者在最短时间内迅速掌握 Photoshop CC 的应用方法与技巧，并将其运用到实际操作中。

全书系统、全面，整合了“入门类”图书的优势，汲取了“从入门到精通”图书的精华，借鉴了“案例类”图书的特点，101 个上机练习，51 个课后练习，做到处处有案例，步步有操作，便于读者学以致用，提高设计水平，并提升职场竞争力。随书赠送教学光盘，包括 192 集多媒体语音教学视频，详细记录了关键知识点的讲解，以及大部分上机练习和课后练习的具体操作过程，还附赠了源文件和素材文件以及设计中常用的画笔、形状和动作等资源。随书还为授课老师提供了 PPT 课件，完全同步书中所讲内容，便于相关课程的讲师根据自己的实际需求完善课件，提高教学质量。

本书适合广大 Photoshop 初、中级读者阅读，同时也适合作为高等院校相关专业和各类培训班的教材。

◆ 编　　著　曹培强　冯海靖
责任编辑　杨　璐
责任印制　程彦红
◆ 人民邮电出版社出版发行　　北京市丰台区成寿寺路 11 号
邮编　100164　　电子邮件　315@ptpress.com.cn
网址　http://www.ptpress.com.cn
固安县铭成印刷有限公司印刷
◆ 开本：787×1092　1/16
印张：28　　彩插：4
字数：969 千字　　2015 年 4 月第 1 版
印数：6 401－6 700 册　　2018 年 10 月河北第 7 次印刷

定价：59.80 元（附光盘）

读者服务热线：(010)81055410　印装质量热线：(010)81055316
反盗版热线：(010)81055315
广告经营许可证：京东工商广登字 20170147 号

前言

PREFACE

本书从软件基础开始，深入挖掘Photoshop CC的核心工具、命令与功能，帮助读者在最短的时间内迅速掌握Photoshop CC，并将其运用到实际操作中。本书作者具有多年的丰富教学经验与实际工作经验，将自己实际授课和作品设计制作过程中积累下来的宝贵经验与技巧展现给读者。希望读者能够在体会Photoshop CC软件强大功能的同时，把设计思想和创意通过软件反映到平面设计制作的视觉效果上来。

内容特点

- 完善的学习模式

"基础知识+上机练习+操作补充+操作延伸+课后练习"5大环节保障了可学习性。明确每一阶段的学习目的，做到有的放矢。详细详解操作步骤，力求让读者即学即会。11个商业案例，巩固所学知识点。

- 进阶式讲解模式

全书共11篇，27章，每一章都是一个技术专题，从基础入手，逐步进阶到灵活应用。讲解与实战紧密结合，101个上机练习，51个课后练习，做到处处有案例，步步有操作，提高读者的软件应用能力。

配套资源

- 教学视频与辅助素材

192集多媒体语音教学视频，由一线教师亲授，详细记录了关键知识点讲解，以及大部分上机练习和课后练习的具体操作过程，边学边做，同步提升操作技能。还提供了书中所有操作案例的素材文件、源文件和PSD效果文件。

- 超值的配套素材

超值附赠93个经典动作、423种画笔、20种图案、16种形状、20种样式。全面配合书中所讲知识与技能，提高学习效率，提升学习效果。

- 配套PPT教学课件

提供26章PPT教学课件，完全同步书中所讲内容，老师在讲课时可直接使用，也可根据自身课程任意修改PPT课件。

PPT课件下载

本书所有PPT课件作为资源提供下载，扫描右侧二维码即可获得文件下载方式。如果大家在阅读或者使用过程中遇到任何与本书相关的技术问题或者需要什么帮助，请发邮件至szys@ptpress.com.cn，我们会尽力为大家解答。

本书读者对象

本书适合广大Photoshop初、中级读者，以及有志于从事平面设计、插画设计、包装设计、网页设计、三维动画设计和影视广告设计等工作的人员使用，同时也适合高等院校相关专业的学生和各类培训班的学员阅读。

编者

目录

CONTENTS

第1篇 了解软件全貌

第01章 初识Photoshop CC

第2篇 选区

第02章 选区的创建与设置

第 06 章 图像模式的转换

第 07 章 图像外观校正

第 08 章 颜色及颜色校正

第 09 章 图像校正技术的应用

第 4 篇 图层

第 10 章 图层的基本操作

第 11 章 图层的应用

第 12 章 图层的高级应用

第 13 章 图层技术应用

第 5 篇 蒙版

第14章 蒙版的基础

第15章 蒙版的高级应用

第16章 蒙版技术的应用

第 6 篇 通道

第17章 通道的基础

第18章 通道的高级应用

第 9 篇 自动化与网络

第25章 自动化与网络

第 10 篇 3D功能

第26章 3D功能

第 11 篇 综合实例

第27章 综合实例

第01章

初识Photoshop CC

本章重点：

- 了解Photoshop CC的性能及应用范围
- 了解Photoshop CC的界面
- 学习Photoshop CC时应当了解的图像基础
- 了解Photoshop CC的辅助功能

1.1 Photoshop软件简介

Adobe Photoshop，（PS）是一款由Adobe Systems开发地的图像处理软件。Photoshop主要处理以像素所构成的数字图像，使用其众多的编修与绘图工具，可以更有效地进行图片编辑工作。2003年，Adobe公司将AdobePhotoshop 8更名为“Adobe Photoshop CS”。因此，最新版本Adobe Photoshop CC是Adobe Photoshop中的第14个主要版本。

Adobe Photoshop是当前使用最广、流行最快的图像处理软件，为了适应现在飞速发展的数字化时代，Adobe公司也在不断地更新其主打产品——Photoshop。设计师可以使用Photoshop软件随心所欲地进行创作。我们周围到处可见精美的图片、海报、广告宣传品等，在平面领域中这些作品十有八九都离不开Photoshop的参与。日常生活中，我们也希望可以用Photoshop处理自己的照片，用Photoshop创作平面作品，通过对Photoshop的精通来找到自己中意的工作，等等。总之，在很多方面我们都需要用到Photoshop这个软件。

学习Photoshop CC软件与学习其他软件一样，都要先了解该软件的用途以及相关的基础知识。本书在讲解的过程中主要是对Photoshop CC的功能和应用进行详细的说明。

1.2 Photoshop 软件的应用范围

在众多有关图像处理或图像绘制的软件中，Adobe公司推出的Photoshop是一款专门用于图形、图像处理的软件，Photoshop以其功能强大、集成度高、适用面广和操作简便而著称于世。在计算机的绘图或修图领域中，有着不同类别和不同功能的软件，如图像处理软件、图像绘制软件、矢量图形制作软件、网页设计与制作软件、交互动画制作软件、三维制作软件、多媒体制作以及排版软件等。每种软件在其各自的领域中都有自己独特的功能和使用方法，然而这些软件在工作时都会无形中与Photoshop有着密不可分的关联。单就Photoshop软件而言，在手绘、平面设计、海报制作、后期处理、照片处理和网页设计等领域都有非常出色的应用。

1.2.1 手绘

在计算机应用中，所谓的“手绘”一般指的是使用鼠标绘制图形或使用手绘板（数位板）绘制图形，绘图方面的专业软件包括Painter和CorelDraw等。在计算机绘图方面，Photoshop同样有着非常强大的功能，这一点并不比专业的绘图软件差，绘制出的图像加上软件中的特效会得到类似实物绘制的效果，如图1-1所示。

图1-1　Photoshop 手绘图效果

1.2.2 平面设计

在平面设计领域里，Photoshop是一款不可缺少的设计软件，具应用非常广泛。无论是平面的创意，还是招贴、包装、广告和封面等制作，Photoshop都是设计师的必选软件之一。Photoshop平面设计效果如图1-2所示。

图1-2 Photoshop平面设计效果

1.2.3 网页设计

在上网冲浪时，大家不难发现网页中存在的使用Photoshop处理过的图片。在实际操作中，通过其他网页设计软件，不但可以将利用Photoshop制作或处理的图片传输到网页中，还可以将利用Photoshop制作的动画传输到网页中。所以说，Photoshop在网页设计中发挥着非常重要的作用。Photoshop网页设计效果如图1-3所示。

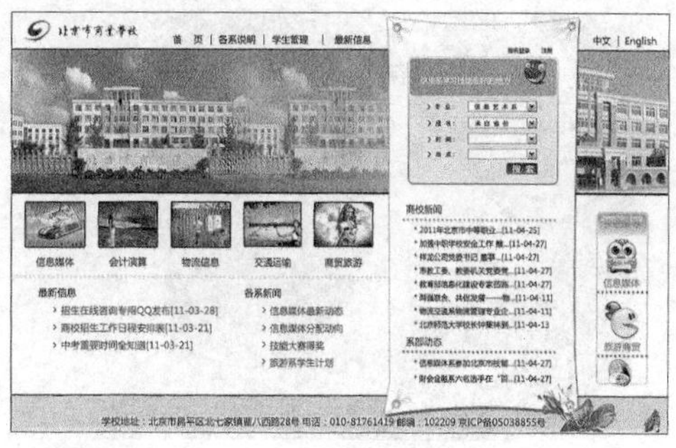

图1-3 Photoshop网页设计效果

1.2.4 海报制作

在当今社会中，海报宣传随处可见，其中包括影视、产品和POP等，这一切的制作都离不开Photoshop软件的参与。设计师可以使用Photoshop软件随心所欲地进行创作。Photoshop海报制作效果如图1-4所示。

图1-4 Photoshop海报制作效果

1.2.5 后期处理

Photoshop在三维效果图的制作过程中也起着非常重要的作用。通常在三维软件中进行建模并将三维图像效果输出为一个平面图像文件，之后使用Photoshop软件进行局部颜色调整，再添加平面背景以及其他修整后的图像效果，最终效果如图1-5所示。

图1-5　Photoshop效果图后期处理效果

1.2.6 照片处理

作为专业的图像处理软件，Photoshop能够完成从输入到输出的一系列工作，包括校色、合成、细节处理等。其中，使用软件自带的修复工具再加上一些简单的操作，可以对照片中的人物进行修复美容处理，效果如图1-6所示。

图1-6　Photoshop修复美容效果

在使用Photoshop处理照片时，可以十分轻松地改变照片图像的色调，从而弥补了摄影时的局限并拓展了传统摄影的表现空间，效果如图1-7所示。

图1-7　Photoshop改变图像色调效果

使用Photoshop，可以对黑白或者褪色的照片进行上色处理。在处理过程中，只要足够细心，便可以将一张黑白或褪色的照片变为彩色照片，效果如图1-8所示。

图1-8 Photoshop黑白照片上色效果

1.3 了解Photoshop CC全貌

在学习Photoshop软件时，首先要了解软件的工作界面，以后的所有操作都将在此界面中完成。本书为大家讲解Photoshop所用到的版本为CC，是2014年的新版本。启动Photoshop CC软件并打开一个素材文件后，会看到一个如图1-9所示的工作界面。

图1-9 Photoshop CC工作界面

工作界面组成部分各项的含义如下。

- **菜单栏**：Photoshop CC将所有命令集合分类后，扩展版为放置在11个菜单中，普及版为放置在9个菜单中。利用下拉菜单命令，可以完成大部分图像编辑处理工作。
- **属性栏**：位于菜单栏的下方，选择不同工具时会显示该工具对应的属性栏。
- **工具箱**：通常位于工作界面的左侧，由20组工具组成。
- **工作窗口**：显示当前打开文件的名称、颜色模式等信息。
- **状态栏**：显示当前打开文件的显示百分比和一些编辑信息（如文档大小、当前工具等）。
- **面板组**：位于界面的右侧，将常用的面板集合到一起。使用“时间轴”面板时，会在最下面显示该面板。

1.3.1 工具箱

Photoshop的工具箱位于工作界面的左侧，所有工具全部被放置到工具箱中。只要单击工具箱中的工具图标，即可在文件中使用该工具。如果该图标右下方黑色的三角符号▸，单击鼠标右键，弹出隐藏工具的工具栏，选择其中的工具图标单击即可使用。Photoshop CC的工具箱如图1-10所示。

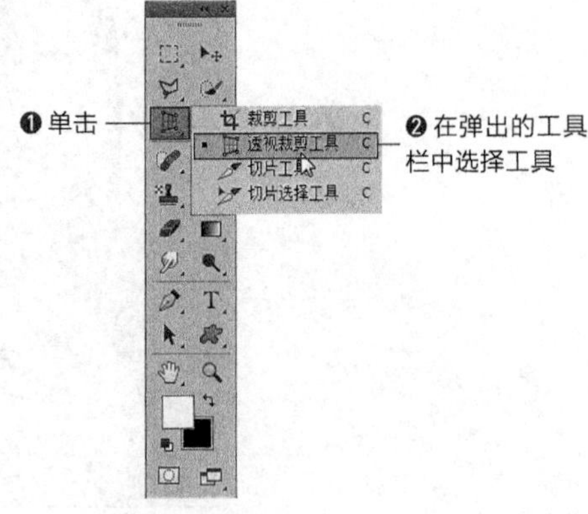

图1-10　工具箱

> **技巧**
>
> 从 Photoshop CS3 版本后，只要在工具箱顶部单击三角形转换符号，就可以将工具箱的形状在单长条和短双条之间进行变换。

1.3.2 属性栏

Photoshop的属性栏提供了控制工具属性的参数及选项，其显示内容根据所选工具的不同而发生变化。选择相应的工具后，Photoshop的属性栏将显示该工具可使用的功能和可进行的编辑操作等，属性栏一般被固定放置在菜单栏的下方。如图1-11所示，在工具箱中单击“矩形选框工具”后，该工具的属性栏的显示内容。

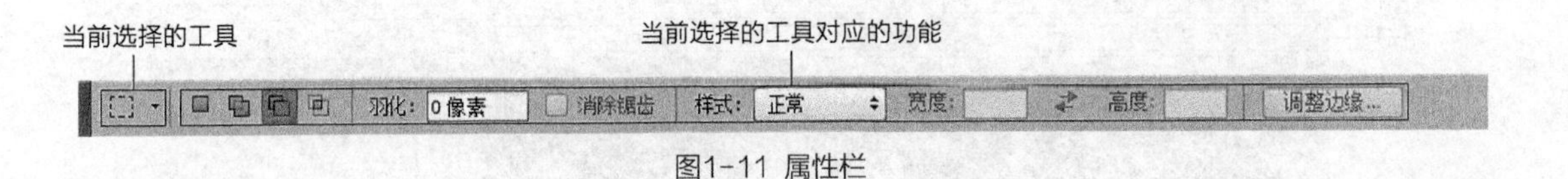

图1-11 属性栏

1.3.3 菜单栏

Photoshop的菜单栏由“文件”“编辑”“图像”“图层”“类型”“选择”“滤镜”“3D”“视图”“窗口”和“帮助”共11个菜单组成，包含了操作时要使用的所有命令。在实际操作中，将鼠标指针指向菜单中的某项命令并单击如果该命令右侧有黑色的三角符号，此时将显示相应的子菜单；在子菜单中上下移动鼠标指针进行选择，然后再单击要使用的命令选项，即可执行此命令。执行“滤镜/风格化”命令后的下拉菜单如图1-12所示。

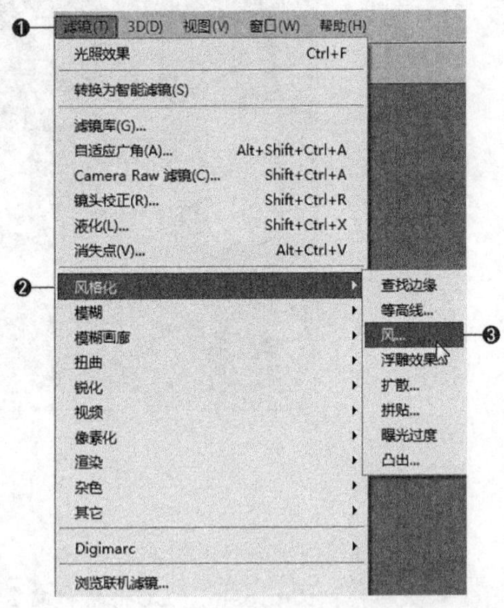

图1-12　菜单命令的子菜单

> **技巧**
>
> 如果菜单中的命令呈灰色，则表示该命令在当前编辑状态下不可用；如果在菜单命令单右侧有一个三角符号▸，则表示此菜单命令包含有子菜单，只要将鼠标指针移动到该菜单命令上，即可打开其子菜单；如果在菜单命令右侧有省略号…，则执行此菜单命令时将会弹出与之有关的对话框。

1.3.4 状态栏

状态栏在工作界面的底部，用来显示当前打开文件的一些信息，如图1-13所示。单击三角符号▸打开子菜单，即可显示状态栏包含的所有可显示选项。

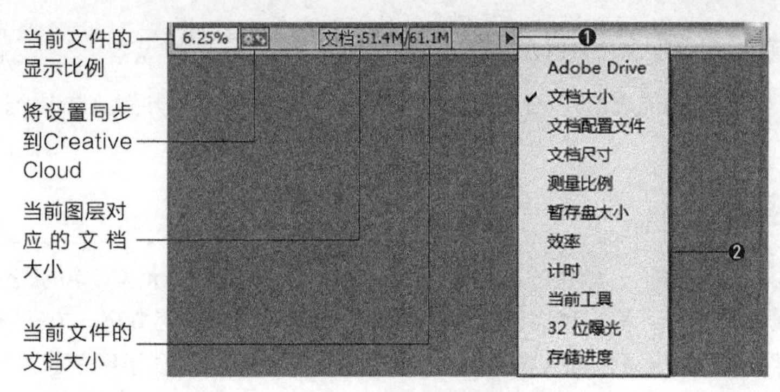

图1-13 状态栏

其中各项的含义如下。

- **Adobe Drive**：用来连接Version Cue服务器中的Version Cue项目，可以让使用者，合理地处理公共文件，从而让使用者轻松地跟踪或处理多个版本的文件。
- **文档大小**：在图像所占空间中显示当前所编辑图像的文档大小情况。
- **文档配置文件**：在图像所占空间中显示当前所编辑图像的图像模式，如RGB颜色、灰度和CMYK颜色等。
- **文档尺寸**：显示当前所编辑图像的尺寸大小。
- **测量比例**：显示当前进行测量时的比例尺。
- **暂存盘大小**：显示当前所编辑图像占用暂存盘的大小情况。
- **效率**：显示当前所编辑图像的操作效率。
- **计时**：显示当前所编辑图像所用去的操作时间。
- **当前工具**：显示当前进行图像编辑时用到的工具名称。
- **32位曝光**：编辑图像曝光只在32位图像中起作用。
- **存储进度**：Photoshop CC的新增功能，用来显示后台存储文件时的时间进度。

1.3.5 面板组

从Photoshop CS3版本以后，可以将不同类型的面板归类到相对应的面板组中并将其停靠在右侧。在处理图像时需要哪个面板，只要单击标签就可以快速找到相对应的面板，而不必再通过菜单打开。使用Photoshop CC版本时，在默认状态下，只要执行“菜单/窗口”命令，即可在下拉菜单中选择相应的面板，之后该面板会出现在面板组中。展开状态下的面板组如图1-14所示。

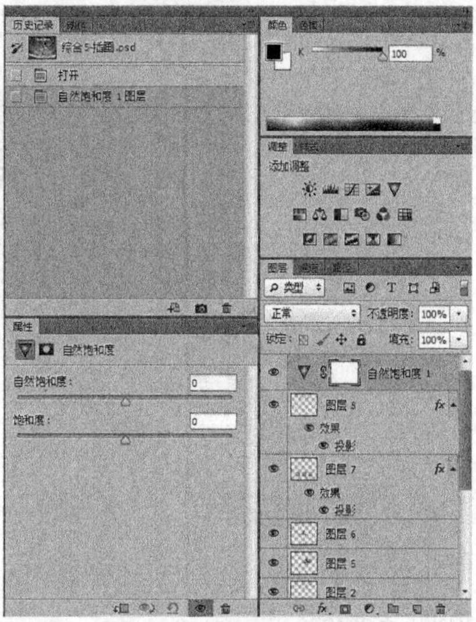

图1-14 展开的面板组

温馨提示

工具箱和面板默认是处于固定状态，只要使用鼠标指针拖动上面的标签到工作区域，就可以将固定状态变为浮动状态。

温馨提示

当工具箱或面板处于固定状态时关闭，再打开后工具箱或面板时其仍然处于固定状态；当工具箱或面板处于浮动状态时关闭，再打开后工具箱或面板时其仍然处于浮动状态。

1.4 学习Photoshop CC时应当了解的图像调整基础

在学习Photoshop CC各个功能之前，可以先了解一下关于图像调整基础方面的知识，让大家在整体学习时更加方便。

1.4.1 设置前景色与背景色

在Photoshop CC中进行工作时，颜色的使用是必不可少的。在Photoshop CC中的颜色主要被应用在前景色和背景色上；使用前景色来绘画、填充和描边选区；使用背景色来生成渐变填充，或在背景图像中填充清除区域；在一些滤镜中需要前景色和背景色配合来产生特殊效果，如“云彩”“便条纸”等。设置相应的前景色后，使用“画笔工具”在画布中涂抹，就会直接将前景色绘制到当前图像中，效果如图1-15所示。如图1-16所示，当背景色为白色时，在图像中为选区填充背景色后的效果。

图1-15 绘制前景色

图1-16 填充背景色

在工具箱中单击“前景色”或“背景色”图标时，会弹出如图1-17所示的“拾色器”对话框（图中的设置前景色为例），选取相应的颜色或者在颜色参数设置区设置相应的颜色参数如在RGB、CMYK等处输入颜色信息数值，设置完毕单击“确定”按钮，即可完成对前景色 或背景色的设置。

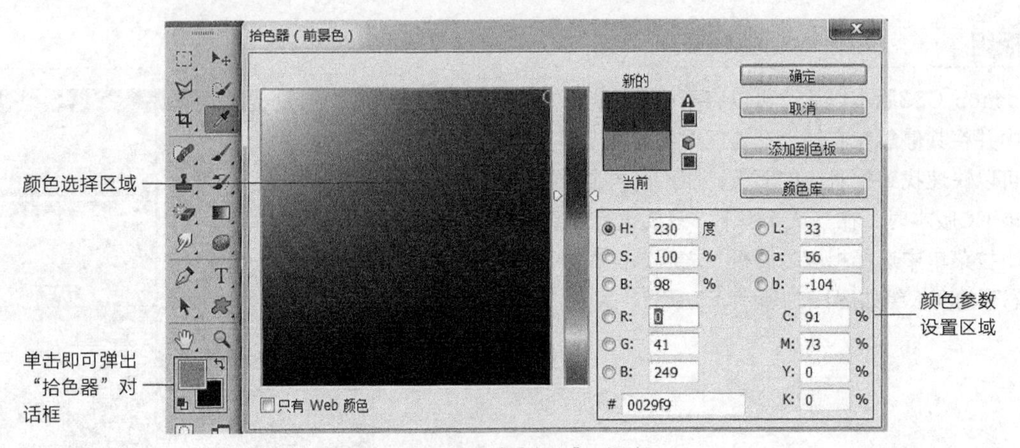

图1-17 “拾色器”对话框

1.4.2 复制图像

在Photoshop CC中处理图像时难免会出现一些错误，或在处理到一定程度时希望的原来效果作为参考，这时只要通过Photoshop CC中的“复制”命令就可以为当前选取的文件创建一个副本。此时操作原图或副本时，另一个文件不会受到影响，在菜单中执行“图像/复制”命令，系统会弹出如图1-18所示的“复制图像”对话框。

图1-18 ”复制图像“对话框

其中各项的含义如下。

- **仅复制合并的图层**：勾选该复选框后，即使被复制的图像是多图层的文件，副本也只会是具有一个图层的合并文件。

温馨提示

在“复制图像”对话框中的“仅复制合并的图层”复选框，只有在复制多图层文件时才会被激活。

在对话框中为图像重新命名后，单击“确定”按钮，系统会为当前文件新建一个副本文件，效果如图1-19所示。当为源文件应用滤镜和进行色相调整后，副本文件不会受到影响，效果如图1-20所示，此时可以看到明显的对比效果。

图1-19　源文件与副本文件

图1-20　源本文件与副本文件

1.4.3 裁切图像

当大家将自己喜欢的图像扫描到计算机中时，经常会遇到图像中多出一些自己不想要的部分等情况，此时就需要对图像进行相应的裁切了。

裁剪

使用“裁剪”命令，可以将图像按照存在的选区进行矩形裁剪。在打开的文件中先创建一个选区，再在菜单中执行“图像/裁剪”命令，即可对图像进行裁剪，过程如图1-21所示。

图1-21　裁剪过程

技巧

即使在图像中创建的是不规则选区，执行“裁剪”命令后图像仍然被裁剪为矩形，裁剪后的图像以选区的最高与最宽部位为参考点，如图 1-21 所示。

裁切

使用“裁切”命令，同样可以对图像进行裁剪。裁切时，首先要确定要删除的像素区域（如透明色或边缘）的像素颜色，然后将图像中与该像素处于水平或垂直的像素颜色进行比较，再将其进行裁切删除。在菜单中执行“图像/裁切”命令，打开如图1-22所示的“裁切”对话框。

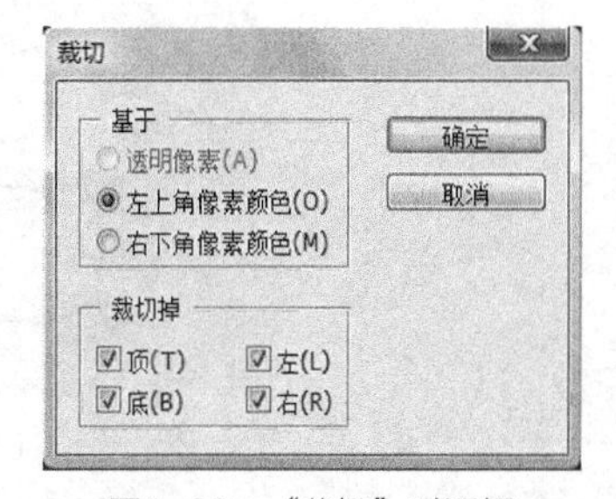

图1-22　“裁切”对话框

其中各项的含义如下。

- **基于**：用来设置要裁切的像素颜色。
- **透明像素**：表示删除图像中的透明像素，该选项只有在图像中存在透明区域时才会被激活。裁切透明像素的效果如图1-23所示。

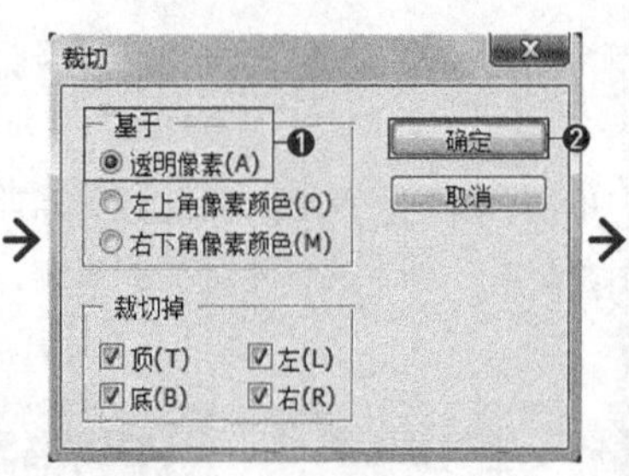

图1-23　裁切透明区域

- **左上角像素颜色**：表示删除图像中与左上角像素颜色相同的图像边缘区域。
- **右下角像素颜色**：表示删除图像中与右下角像素颜色相同的图像边缘区域。裁切左上角像素颜色的效果如图1-24所示。

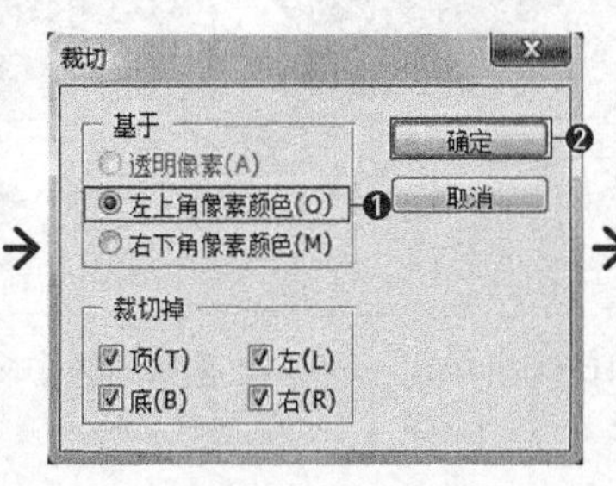

图1-24　裁切左上角像素颜色

- **裁切掉**：用来设置要裁切掉的像素的位置。

1.4.4 旋转图像

当在Photoshop中打开扫描的图像时，尽管非常小心但还是会发现图像出现了颠倒或倾斜的问题，此时只要在菜单中执行“图像/旋转画布”命令，即可在子菜单中按照相应的命令对其进行旋转。如图1-25~图1-30所示分别为原图和系统默认旋转或者翻转效果。

图1-25　原图

图1-26　180°旋转

图1-27　90°（顺时针）

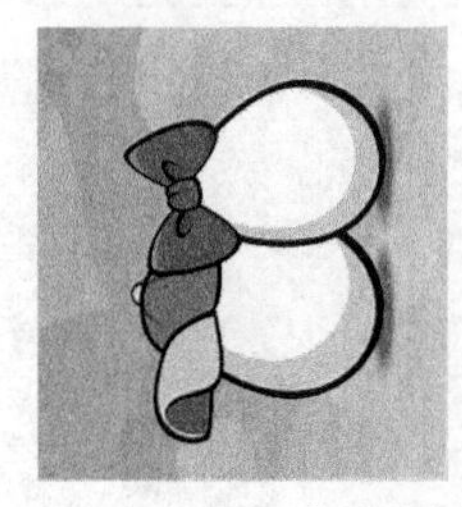

图1-28　90°（逆时针）

图1-29　水平翻转画布

图1-30　垂直翻转画布

有时还会出现不规则角度的倾斜，此时只要在菜单中执行“图像/旋转画布/任意角度”命令，即可打开如图1-31所示的“旋转画布”对话框，设置相应的角度并选择顺时针或者逆时针，就可以得到相应的旋转效果，如图1-32所示。

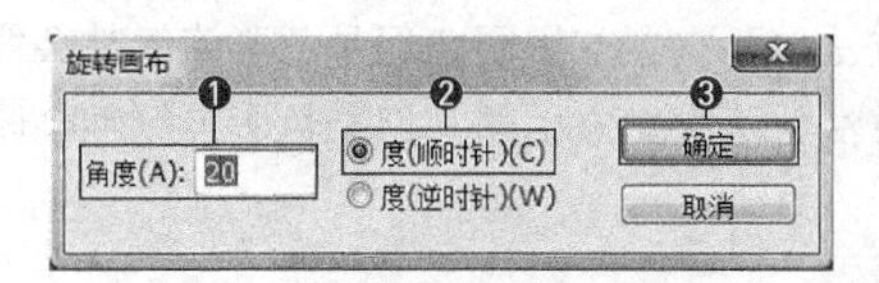

图1-31 “旋转画布”对话框

图1-32 顺时针旋转20°

温馨提示

使用“旋转画布”命令可以旋转或翻转整个图像，但不适用于单个图层、图层中的一部分、选区以及路径。

技巧

如果针对图像中的单个图层、图层中的一部分、选区内的图像或者路径进行旋转或者翻转，可以在菜单中执行“编辑/变换”命令来完成。

1.4.5 图像大小

使用“图像大小”命令，可以调整图像的像素大小、文档大小和分辨率。在菜单中执行“图像/图像大小”命令，系统会弹出如图1-33所示的“图像大小”对话框，在该对话框中只要在“像素大小”或“文档大小”中输入相应的数字，就可以重新设置当前图像的大小。

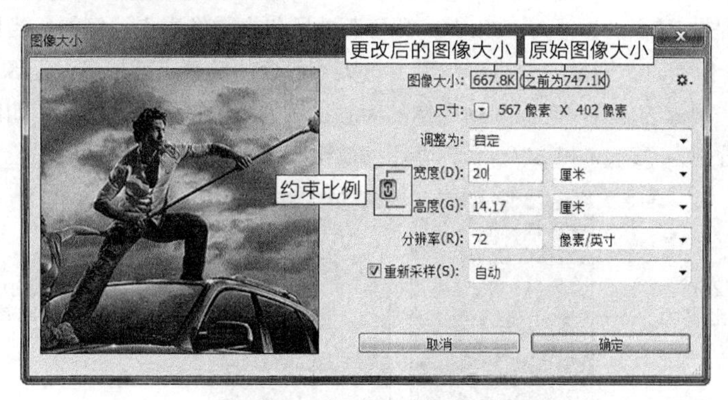

图1-33 “图像大小”对话框

其中各项的含义如下。

- **图像大小**：用来显示图像像素的大小。
- **尺寸**：选择尺寸显示单位。
- **调整为**：在下拉列表中可以选择设置的方式。选择“自定”后，可以重新定义图像像素的“宽度”和“高度”，单位包括像素、厘米和百分比。更改像素尺寸，不仅会影响屏幕上显示图像的大小，还会影响图像品质、打印尺寸和分辨率。
- **约束比例**：对图像的长宽可以进行等比例调整。
- **重新采样**：在调整图像大小的过程中，系统会将原图的像素颜色按一定的内插方式重新分配给新像素。在下拉列表框中可以选择进行内插的方法，包括“邻近”“两次线性”“两次立方”“两次立方较平滑”和“两次立方较锐利”等。

  自动：按照图像的特点，在放大或是缩小时系统自动进行处理。

  保留细节：在图像放大时，可以将图像中的细节部分进行保留。

邻近：不精确的内插方式，以直接舍弃或复制邻近像素的方法来增加或减少像素。此运算方式最快，会产生锯齿效果。

两次线性：取上下左右4个像素的平均值来增加或减少像素，品质介于邻近和两次立方之间。

两次立方：取周围8个像素的加权平均值来增加或减少像素。由于参与运算的像素较多，运算速度较慢，但是色彩的连续性最好。

两次立方较平滑：运算方法与两次立方相同，但是色彩连续性会增强，适合增加像素时使用。

两次立方较锐利：运算方法与两次立方相同，但是色彩连续性会降低，适合减少像素时使用。

注意

在调整图像大小时，位图图像与矢量图形会产生不同的结果：位图图像与分辨率有关，因此，在更改位图图像的像素尺寸时可能会导致图像品质和锐化程度损失；相反，矢量图形与分辨率无关，可以随意调整其大小而不会影响边缘的平滑度。

技巧

如果想把之前的小图像变大，最好不要直接调整为最终大小，这样会使图像的细节大量丢失。可以把小图像一点一点地往大调整，这样可以使图像的细节少丢失一点。

1.4.6 什么是像素

“像素”（Pixel）是由“Picture”和“Element”这两个单词所组成的，是用来计算数码影像的一种单位。如同摄影的照片一样，数码影像也具有连续性的浓淡阶调。若把影像放大数倍，会发现这些连续色调其实是由许多色彩相近的小方点所组成的，这些小方点就是构成影像的最小单位“像素”（Pixel）。

1.4.7 什么是分辨率

图像分辨率的单位是ppi（pixels per inch），即每英寸所包含的像素点。例如，当图像的分辨率是150ppi时，即每英寸包含150个像素点。图像的分辨率越高，每英寸包含的像素点就越多，图像就有更多的细节，颜色过渡也就更平滑。同样，图像的分辨率越高，则图像的信息量就越大，文件也就越大。如图1-34所示为两幅内容相同的图像，其分辨率分别为 72 ppi 和 300 ppi，套印缩放比率为 200%。

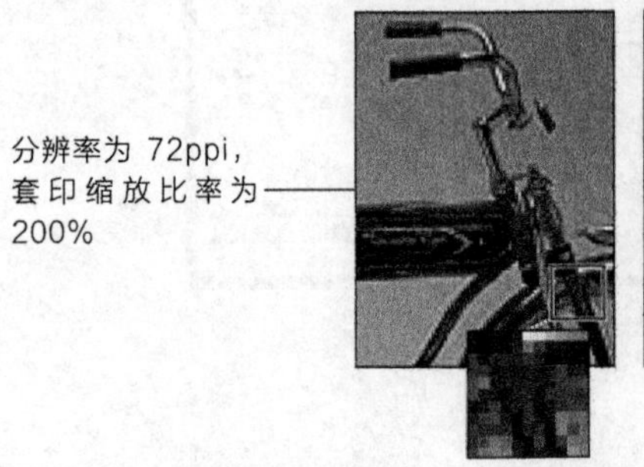

图1-34 分辨率分别为 72 ppi 和 300 ppi，套印缩放比率为 200%

常用的分辨率单位dpi（dots per inch），即每英寸所包含的点，是输出分辨率单位，针对输出设备而言。一般喷墨彩色打印机的输出分辨率为180～720dpi，激光打印机的输出分辨率为300～600dpi。通常扫描仪获取原图像时，设定扫描分辨率为300dpi，就可以满足高分辨率输出的需要。给数字图像增加更多原始信息的唯一方法，就是设定大分辨率重新扫描原图像。

打印分辨率是衡量打印机打印质量的重要指标，它决定了打印机打印图像时所能表现的精细程度。它的高低对输出质量有重要的影响，因此在一定程度上来说，打印分辨率也就决定了该打印机的输出质量。分辨率越高，其反映出来可显示的像素个数也就越多，可呈现出更多的信息和更好、更清晰的图像。

注意

在 Photoshop 中，图像的像素被直接转换为显示器的像素。这样，如果图像分辨率比显示器图形分辨率高，那么图像在屏幕上显示的尺寸要比它实际的打印尺寸大。

技巧

在处理分辨率较高的图像时，计算机速度会变慢。另外，在存储图像或者网上传输图像时，会消耗大量的磁盘空间和传输时间，所以在设置图像时最好根据图像的用途改变图像分辨率，在更改分辨率时要考虑图像的显示效果和传输速度。

1.4.8 画布大小

在实际操作中，“画布”指的是实际打印的工作区域，改变画布大小直接会影响最终的输出与打印。

使用“画布大小”命令，可以按指定的方向增大围绕现有图像的工作空间或通过减小画布尺寸来裁剪掉图像边缘，还可以设置增大边缘的颜色。默认情况下，添加的画布颜色由背景色决定。在菜单中执行“图像/ 画布大小”命令，系统会弹出如图1-35所示的“画布大小”对话框，在该对话框中即可完成对画布大小的改变。

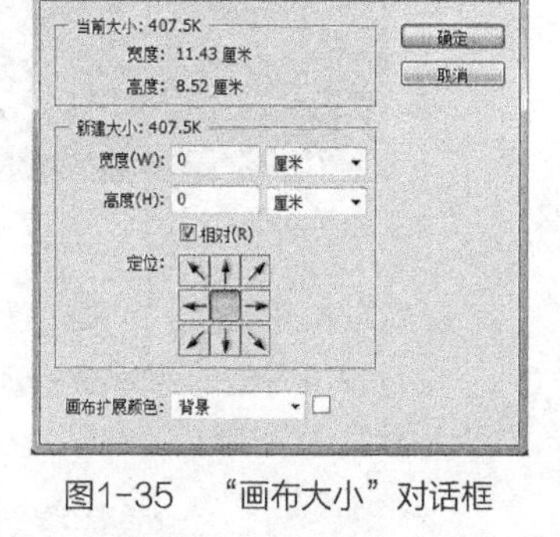

图1-35　“画布大小”对话框

其中各项的含义如下。

- **当前大小**：指的是当前打开图像的实际大小。
- **新建大小**：用来对画布进行重新定义大小的区域。
- **宽度/高度**：用来扩展或缩小当前文件尺寸。
- **相对**：勾选该复选框，输入的“宽度”和“高度”数值将不再代表图像的大小，而表示图像被增加或减少的区域的大小。输入的数值为正值，表示要增加区域的大小；输入的数值为负值，表示要裁剪区域的大小。如图1-36和图1-37所示即为不勾选“相对”复选框与勾选“相对”复选框时的对比效果。

图1-36　不勾选“相对”复选框时更改画布大小

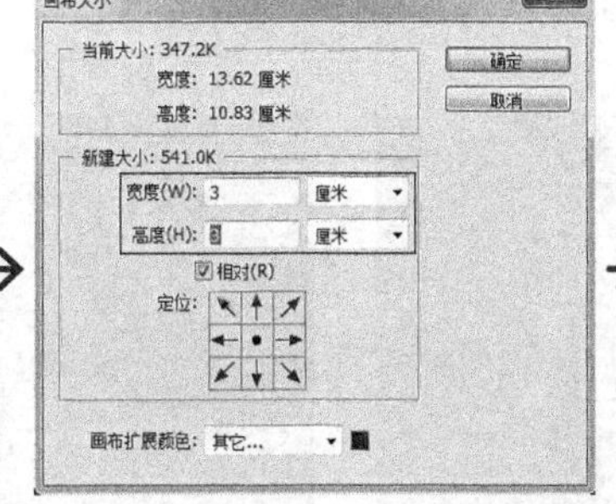

图1-37　勾选“相对”复选框时更改画布大小

技巧

在“画布大小”对话框中，勾选“相对”复选框后，设置“宽度 / 高度”为正值时，图像会在周围显示扩展的像素；设置“宽度 / 高度”为负值时，图像会被缩小。

- **定位**：用来设定当前图像在增加或减少图像时的位置，如图1-38所示。

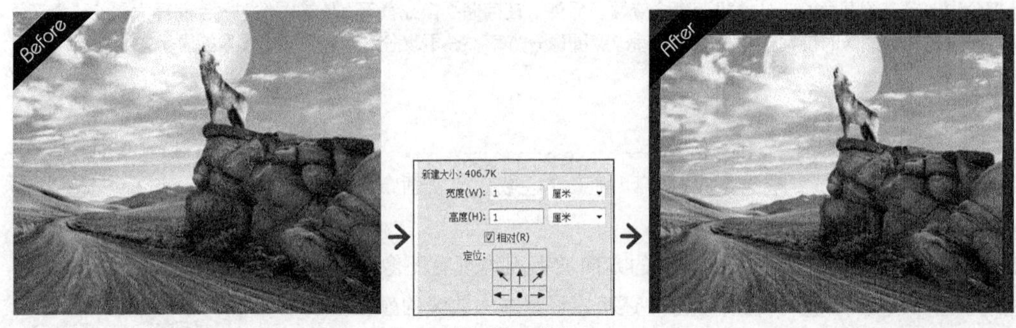

图1-38　定位

- **画布扩展颜色**：用来设置当前图像增大空间的颜色。可以在下拉列表框中选择系统预设颜色，也可以通过单击右侧的颜色图标❶，弹出“选择画布扩展颜色”对话框，在对话框中选择自己喜欢的颜色❷，如图1-39所示。

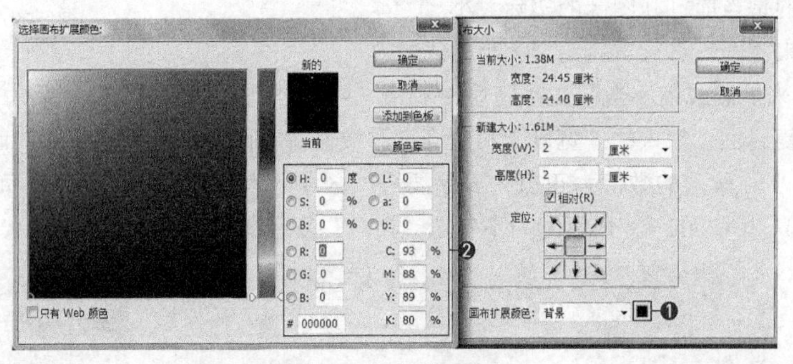

图1-39　设置扩展颜色

1.4.9 位图与矢量图

什么是位图图像

位图图像也被称为“点阵图”，是由许多不同色彩的像素组成的。与矢量图形相比，位图图像可以更逼真地表现自然界的景物。此外，位图图像与分辨率有关，当放大位图图像时，位图中的像素增加，图像的线条将会显得参差不齐，这是像素被重新分配到网格中的缘故。此时可以看到构成位图图像的无数个单色块，因此，放大位图或在比图像本身的分辨率低的输出设备上显示位图时，则将丢失其中的细节，并会呈现出锯齿。位图图像原图及放大后的效果如图1-40所示。

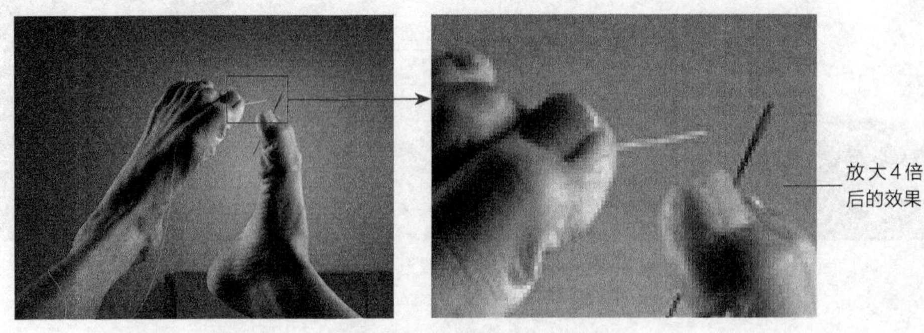

图1-40　位图图像原图及放大4倍后的效果

什么是矢量图形

矢量图形是使用数学方式描述的曲线，以及由曲线围成的色块组成的面向对象的绘图图像。矢量图形中的图形元素被称为“对象”，每个对象都是独立的，具有各自的属性，如颜色、形状、轮廓、大小和位置等。由于矢量图形与分辨率无关，因此，无论如何改变图形的大小，都不会影响图形的清晰度和平滑度。如图1-41所示分别为原图放大3倍和放大24倍后的效果。

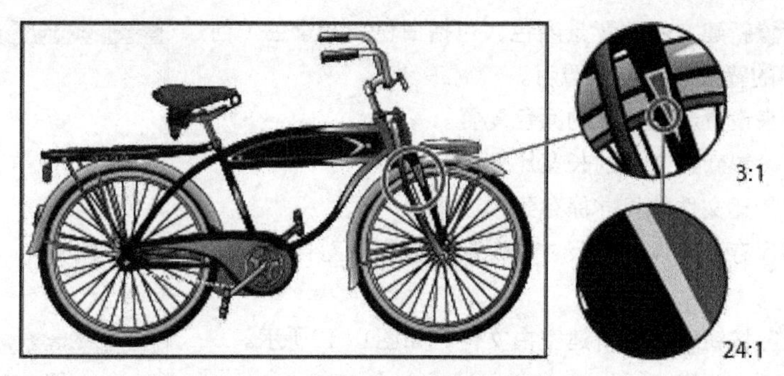

图1-41 矢量图原图及放大后的效果

注意

对矢量图形进行任意缩放都不会影响其分辨率。矢量图形的缺点是，不能表现色彩丰富的自然景观与色调丰富的图像效果。

温馨提示

如果希望位图图像放大后边缘保持光滑，就必须增加位图图像中的像素数目，此时位图图像占用的磁盘空间就会加大。在 Photoshop 中，除了路径外，我们遇到的均属于位图一类的图像。

1.5 文件操作基础

在使用Photoshop CC开始创作之前，必须了解如何新建文件、打开文件以及对完成的作品进行存储等操作。

1.5.1 新建文件

在Photoshop CC新建文件，可以执行菜单中的“文件/新建”命令或按Ctrl+N快捷键，弹出如图1-42所示的“新建”对话框。

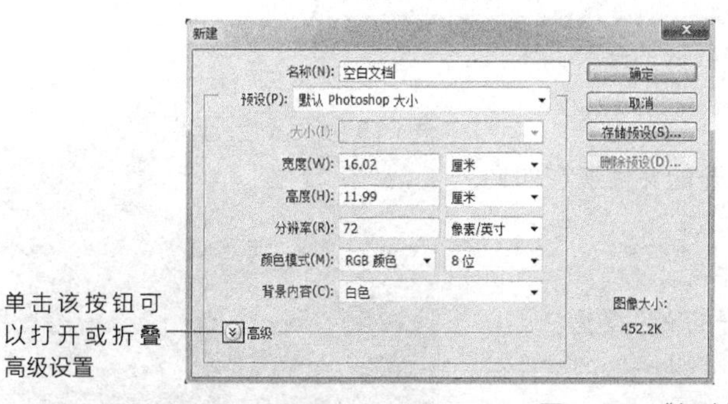

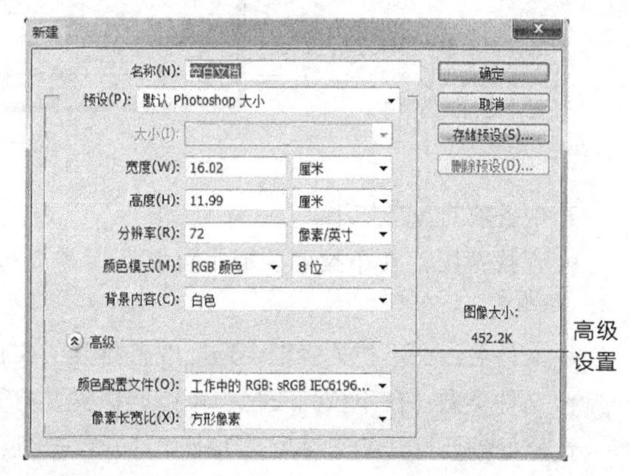

图1-42 “新建”对话框

其中各项的含义如下。

- **名称**：用于设置新建文件的名称。
- **预设**：在该下拉列表框中包含软件预设的一些文件大小，如照片、Web等。

- **大小**：在“预设”下拉列表框中选择相应的预设后，可以在“大小”下拉列表框中设置相应的大小。
- **宽度/高度**：用来设置新建文件的宽度与高度，单位包括像素、英寸、厘米、毫米、点、派卡和列。
- **分辨率**：用来设置新建文件的分辨率，单位包括“像素/英寸”和“像素/厘米”。
- **颜色模式**：用来选择新建文件的颜色模式，包括位图、灰度、RGB颜色、CMYK颜色和Lab颜色；定位深度包括1位、8位、16位和32位，主要用于设置可使用颜色的最大数值。
- **背景内容**：用来设置新建文件的背景颜色，包括白色、背景色（创建文档后工具箱中的背景颜色）和透明。
- **颜色配置文件**：用来设置新建文件的颜色配置。
- **像素长宽比**：用来设置新建文件的长宽比例。
- **存储预设**：用于将新建文件的尺寸保存到预设中。
- **删除预设**：用于将保存到预设中的尺寸删除（该按钮只对自定存储的预设起作用）。

设置完毕单击“确定”按钮，即可新建空白文件，如图1-43所示。

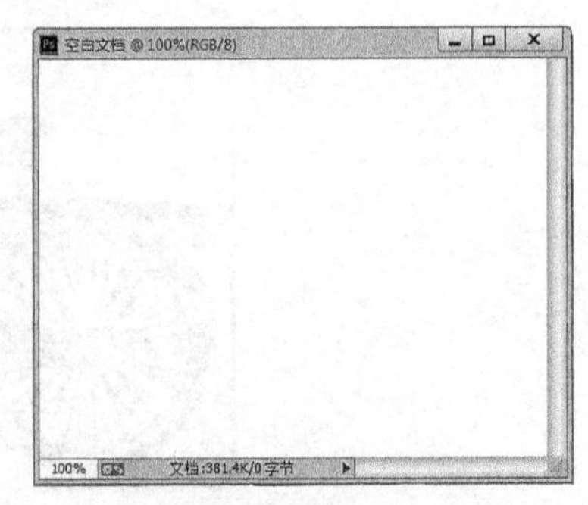

图1-43　空白文件

技巧

在打开的 Photoshop CC 软件中，按住 Ctrl 键双击工作界面中的空白处同样可以弹出“新建”对话框，设置完成后单击“确定”按钮即可新建一个空白文档。

1.5.2 打开文件

在Photoshop CC中，可以打开存储的文件或者可用于该软件格式的图片。执行菜单中的“文件/打开”命令或按Ctrl+O快捷键，弹出如图1-44所示的“打开”对话框，在对话框中可以选择需要打开的图像文件。

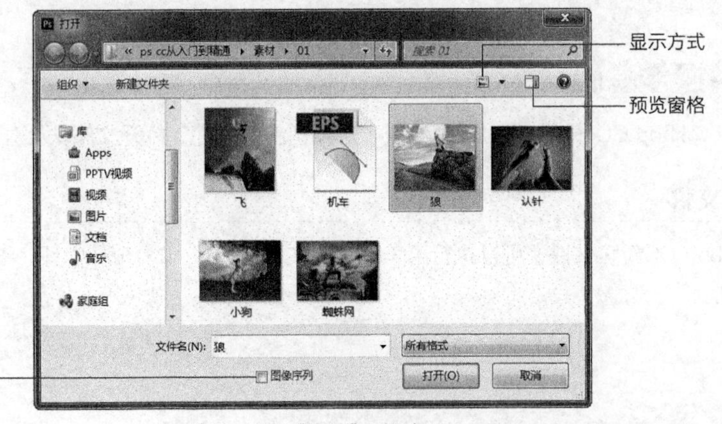

图1-44　“打开”对话框

其中各项的含义如下。

- **查找范围**：在下拉列表框中可以选择需要打开的文件所在的文件夹。
- **文件名**：在下拉列表框中选择准备打开的文件名。
- **文件类型**：在下拉列表栏中可以选择需要打开的文件类型。

选择好需要打开的文件后，单击“打开”按钮，会将选取的文件在工作窗口中打开，打开的文件如图1-45所示；单击“取消”按钮，会关闭“打开”对话框。

图1-45　打开的文件

> **技巧**
>
> 在打开的 Photoshop CC 软件中，双击工作界面中的空白处同样可以弹出“打开”对话框，选择需要的图像文件后，单击“确定”按钮即可将该文件中打开。

1.5.3 存储与存储为

在Photoshop CC中，可以将新建文件或处理完的图像进行存储。执行菜单中的“文件/存储”命令或按Ctrl+S快捷键，如果是第一次对新建文件进行保存，系统会弹出如图1-46所示的“另存为”对话框。设置完毕单击“保存”按钮，即可将文件存储起来以备后用。

图1-46　“存储为”对话框

其中各项的含义如下。

- **保存在**：在下拉列表框中可以选择需要存储的文件所在的文件夹。
- **文件名**：用来为存储的文件进行命名。
- **格式**：选择要存储的文件格式。
- **存储**：用来设置要存储文件时的一些特定设置。

  作为副本：可以将当前的文件存储为一个副本，当前文件仍处于打开状态。

  Alpha通道：可以将文件中的Alpha通道进行保存。

  图层：可以将文件中存在的图层进行保存，该复选项只有在存储的格式与图像中存在图层才会被激活。

  注释：可以将文件中的文字或语音附注进行存储。

  专色：可以将文件中的专色通道进行存储。
- **颜色**：用来对存储文件时的颜色进行设置。

  使用校样设置：当前文件如果被存储为PSD或PDF格式，此复选框才处于激活状态。勾选此复选框，可以保存打印用到的校样设置。

  ICC配置文件：可以保存嵌入文档中的颜色信息。
- **缩览图**：勾选该复选框，可以为当前存储的文件创建缩览图。

设置完毕，单击“保存”按钮，会将选取的文件进行存储；单击“取消”按钮会关闭“存储为”对话框而继续工作。

> **技巧**
>
> 在 Photoshop 中如果对打开的文件或已经存储过的新建文件进行存储时，系统会自动进行存储而不会弹出对话框。如果想对其进行重新存储，可以执行“文件 / 存储为”命令或按 Shift+Ctrl+S 快捷键，系统同样会弹出“存储为”对话框。

1.5.4 置入图像

在Photoshop中可以通过“置入”命令，将不同格式的文件导入到当前编辑的文件中，并自动转换成智能对象图层。

上机练习：通过置入图像命令置入其他格式的图片

本次实战主要让大家了解在Photoshop CC中将其他格式的图像文件置入到当前工作文件中并自动转换成智能对象的过程。

操作步骤

01 在Photoshop CC中新建一个文件。

02 在菜单中执行“文件/置入”命令，弹出“置入”对话框，如图1-47所示，在对话框中选择一个EPS格式的文件❶，单击“置入”按钮❷。

03 单击“置入”按钮后，选择的EPS格式的文件会被置入到新建的文件中，被置入的图像可以通过拖动控制点❸将其进行放大或者缩小，如图1-48所示。

04 按回车键可以完成对置入图像的变换，此时该图像会自动以智能对象的模式出现在图层❹中，如图1-49所示。

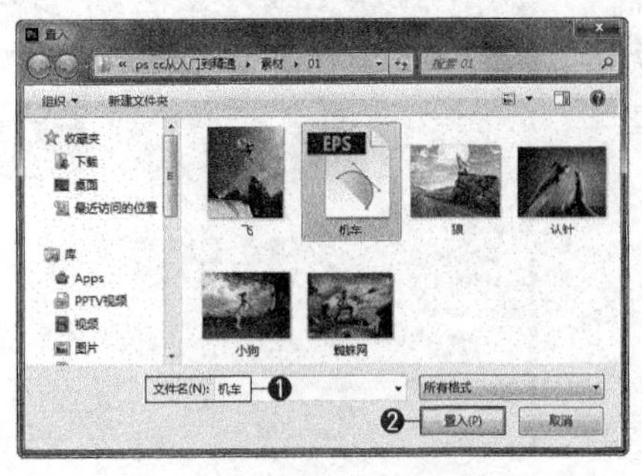

图1-47 “置入”对话框

图1-48 变换置入图像

图1-49 智能对象

1.5.5 恢复文件

在对文件进行编辑时，如果对修改的结果不满意，想返回到最初的打开状态，可以执行“恢复”命令，将文件恢复至最近一次保存的状态。

1.5.6 关闭文件

在Photoshop CC中，可以将当前处于工作状态的文件进行关闭。执行菜单中的“文件/关闭”命令或按Ctrl+W快捷键，即可将当前编辑的文件关闭，当对文件进行了改动后，系统会弹出如图1-50所示的警告对话框。

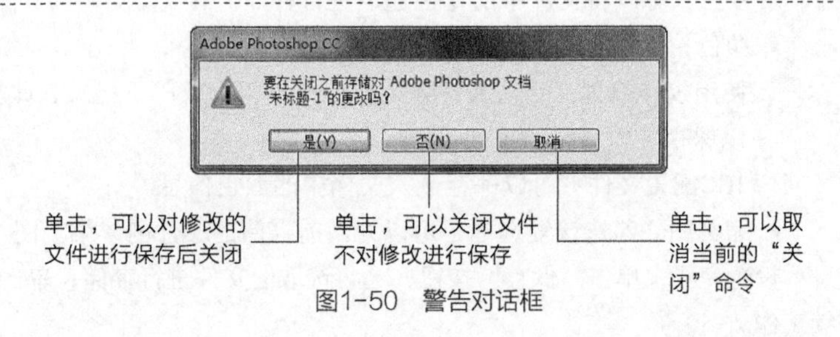

图1-50 警告对话框

1.6 辅助功能

在开始学习处理图像之前，首先应该知道如何通过辅助工具来提高自己的工作效率。在创作中使用辅助工具，可以大大提高对象所在位置的准确程度，Photoshop CC的辅助工具主要包括缩放显示比例、拖动平移图像、旋转视图、标尺、网格、参考线和智能参考线等。

1.6.1 缩放显示比例

在Photoshop CC中缩放图像，可以通过工具箱中的“缩放工具”。默认状态下，在图像中使用工具单击即可对图像进行放大，按住Alt键单击可以进行缩小，如图1-51所示。

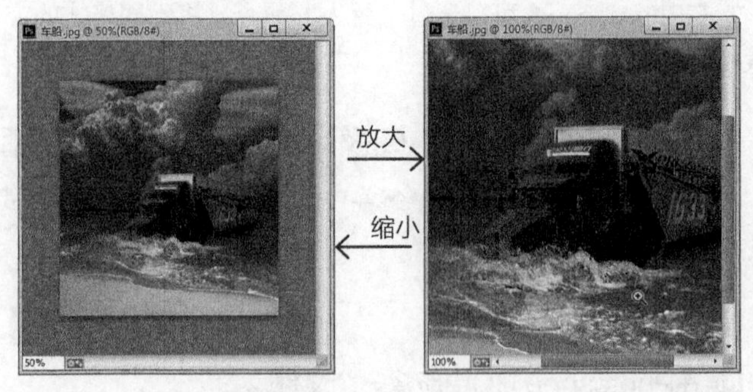

图1-51 缩放

选择“缩放工具”后，属性栏中会显示针对该工具的一些参数及选项设置，如图1-52所示。

放大/缩小

图1-52　缩放工具的属性栏

属性栏中各项的含义如下。

- **放大/缩小**：单击放大或缩小按钮，即可执行对图像的放大与缩小。
- **调整窗口大小以满屏显示**：勾选此复选框，对图像进行放大或缩小时图像会始终以满屏显示；不勾选此复选框，系统在调整图像适配至满屏时，会忽略控制面板所占的空间，使图像在工作区内尽可能地放大显示。
- **缩放所有窗口**：勾选该复选框后，可以将打开的多个图像一同缩放。
- **实际像素**：单击该按钮，画布将以实际像素显示，也就是100%的比例显示。
- **适合屏幕**：单击该按钮，画布将以最合适的比例显示在工作窗口中。
- **最大窗口**：单击该按钮，画布将以工作窗口的最大化显示。
- **打印尺寸**：单击该按钮，画布将以打印尺寸显示。

温馨提示

使用 Photoshop 的“缩放工具”，还可以进行平滑缩放，就是使用缩放工具按住图像约 0.5 秒，图像就会开始慢慢放大或缩小，类似摄像机镜头变焦的效果，待图像缩放到适当的比例后松开鼠标即会停止（此功能需较新的显卡支持）。

1.6.2　拖动平移窗口与导航器预览图像

当图像放大到超出文件窗口的范围，可以利用“抓手工具”将被隐藏的部分移动到文件窗口的显示范围中。另外，如果 Photoshop 能够启动 GPU 加速功能，则使用“抓手工具”移动图像，图像还会有飘起然后慢慢停止的效果。使用“抓手工具”可以在文件窗口中移动整个画布，移动时不影响图像的位置，在“导航器”面板中能够看到显示范围，如图1-53所示。

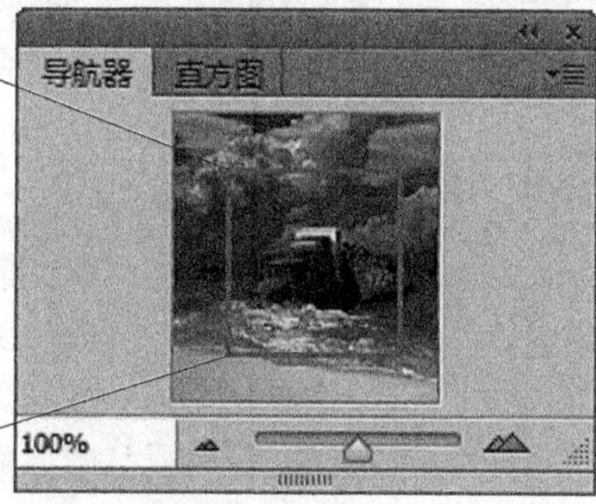

图1-53　使用抓手工具调整图像

选择“抓手工具”后，属性栏中会显示针对该工具的一些参数及选项设置，如图1-54所示。

图1-54　抓手工具的属性栏

属性栏中选项的含义如下。

- **滚动所有窗口：使用“抓手工具”可以移动打开的所有窗口中的图像画布，如图1-55所示。**

图1-55　滚动所有窗口

1.6.3 旋转视图

使用Photoshop CC的“旋转工具”，可任意旋转图像的视图角度。例如，要在图像中涂刷上色时，可以将图像旋转成符合自己习惯的涂刷方向。但是，必须启动 GPU加速功能才能使用这个工具。在调整时会在图像中出现一个方向指示针，如图1-56所示。

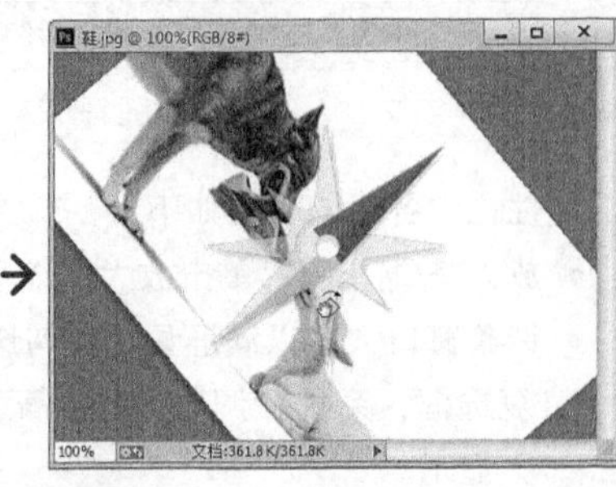

图1-56 使用旋转工具旋转画布

选择“旋转工具”后，属性栏中会显示针对该工具的一些参数及选项设置，如图1-57所示。

图1-57 旋转工具的属性栏

属性栏中各项的含义如下。

- **旋转角度**：用来设置对画布旋转的固定数值。
- **复位视图**：单击该按钮，可以将旋转的画布复原。
- **旋转所有窗口**：勾选该复选框，可以将多个打开的图像一同旋转。

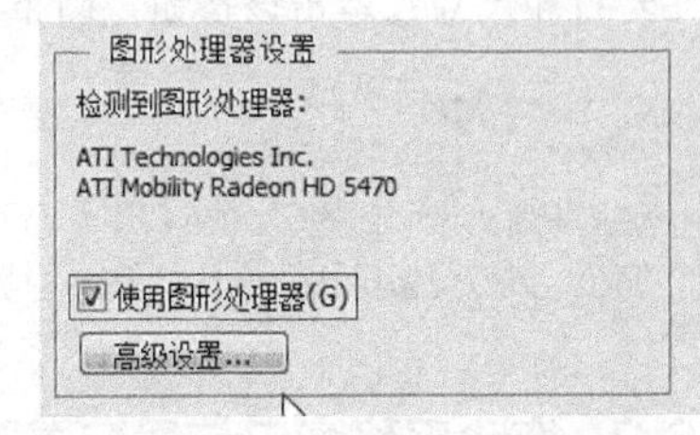

图1-58 使用图形处理器

温馨提示

在使用“旋转工具”时，必须要有相应的显卡支持，否则该工具将不能够使用。安装显卡后，执行菜单中的“编辑/首选项/性能”命令，在弹出的对话框中将“使用图形处理器”复选框勾选即可，如图 1-58 所示。

1.6.4 屏幕显示模式

在Photoshop CC中单击工具箱底部的“更改屏幕模式”按钮（如图1-59所示），或者在菜单中执行“视图/屏幕模式”命令，其中子菜单中各个显示模式为标准屏幕模式、带有菜单栏的全屏模式和全屏模式，可以改变屏幕显示模式。

- **标准屏幕模式**：系统默认的屏幕模式。在这种模式下，系统会显示标题栏、菜单栏、工作窗口标题栏等，如图1-60所示。
- **带有菜单栏的全屏模式**：该模式会显示一个带有菜单栏的全屏模式，不显示标题栏，如图1-61所示。
- **全屏模式**：该模式会显示一个不含标题栏、菜单栏、工具箱、面板的全屏窗口，如图1-62所示。

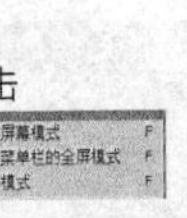

图1-59 “更改屏幕模式”按钮

图1-60 标准屏幕模式

图1-61 带有菜单栏的全屏模式

图1-62 全屏模式

技巧

当键盘输入为英文时，按 F 键可以快速转换屏幕显示模式。进入“全屏模式”后，按 Esc 键可以退出“全屏模式”而进入“标准屏幕模式”状态。

1.6.5 还原过失操作

在使用Photoshop处理图像时，难免会出现错误。当错误出现后，如何还原是非常重要的一项操作，只要执行菜单中的“编辑/还原”命令或按Ctrl+Z快捷键，便可以向后返回一步；反复执行菜单中的“编辑/后退一步”命令或按Ctrl+Alt+Z快捷键，可以还原多次的错误操作。

技巧

执行菜单中的“编辑 / 还原”命令后，“编辑”菜单中的“还原”命令会变成“重做”命令。此时执行菜单中的“编辑 / 重做”命令，命令会恢复之前的样式。

技巧

如果想一次还原多步操作，可以结合“历史记录”面板。在“历史记录”面板中只要选择之前的操作选项，即可还原到该效果。例如，为一幅图像按顺序执行“去色”“查找边缘”和“木刻”操作后，在“历史记录”面板中直接选择“打开”，图像会恢复成最初打开状态，如图 1-63 所示。

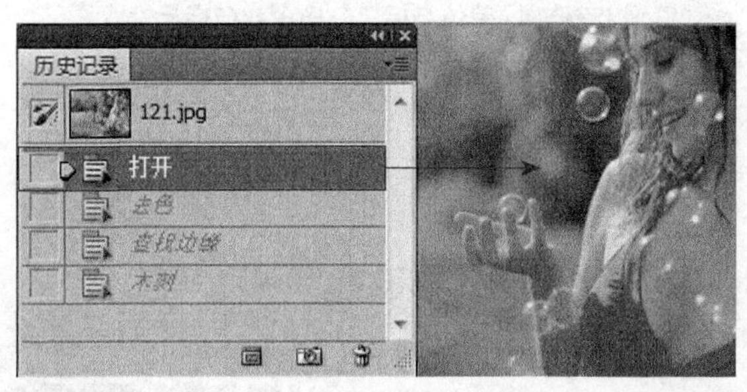

图1-63 一次还原多步效果

1.6.6 标尺的显示与设置

标尺显示了当前正在应用中的测量系统，可以帮助操作者确定任何窗口中对象的大小和位置。可以根据工作需要重新设置标尺的属性、标尺的原点，以及改变标尺的位置。在菜单中执行“视图/标尺”命令或按Ctrl+R快捷键，可以显示与隐藏标尺。在可视状态下，标尺显示在文件窗口的顶部和左侧，如图1-64所示。

默认状态下，标尺以窗口内图像的左顶角作为标尺的起点（0,0）。

如果要将标尺原点对齐网格、参考线、图层或文档边界，只要在菜单中执行“视图/对齐到”命令，再从子菜单中选择相应的选项即可。

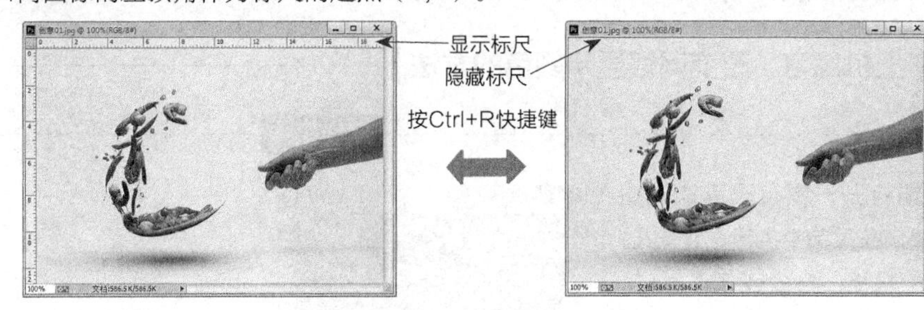

图1-64 显示与隐藏标尺

上机练习：调整标尺显示原点位置的方法

操作步骤

01 打开本章创意01素材，按Ctrl+R快捷键显示标尺。将鼠标指针移动到标尺相交处，按下鼠标左键，如图1-65所示。

02 向远离起点的位置处拖动鼠标指针，如图1-66所示。

图1-65 选择原点

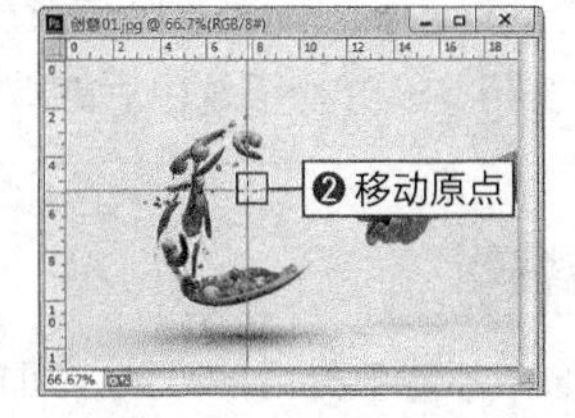

图1-66 拖动原点

图1-67 改变原点后的效果

03 到达目标位置后松开鼠标，此时就会看到标尺原点位置停留在了松开鼠标时鼠标指针所在的位置处，如图1-67所示。

技巧

如果想让标尺原点返回到默认状态，只要使用鼠标在标尺相交的位置双击即可；如果要使标尺原点对齐标尺上的刻度，只要在拖动标尺时按住Shift键即可。

温馨提示

如果想改变标尺显示的单位，只要在菜单中执行“编辑/首选项/单位与标尺”命令或在标尺处双击鼠标左键，弹出“首选项”对话框，在该对话框中可以对标尺进行自定义设置，如图1-68所示。

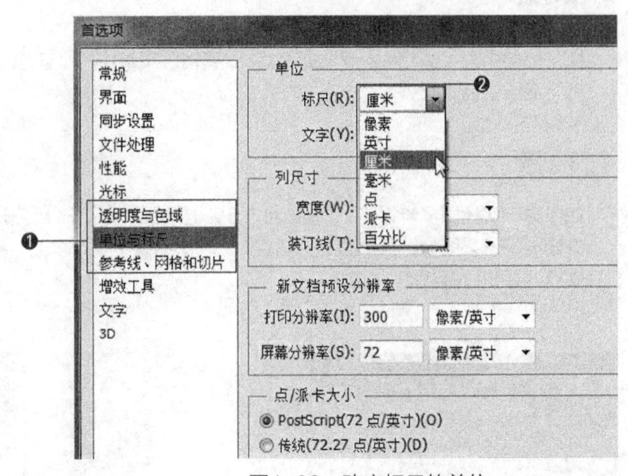

图1-68　改变标尺的单位

1.6.7　网格的显示与设置

网格是由一连串的水平点和垂直点所组成，经常被用来协助绘制图像和对齐窗口中的任意对象。默认状态下，网格是不可见的。在菜单中执行“视图/显示/网格”命令或按Ctrl+’快捷键，可以显示与隐藏非打印的网格，如图1-69所示。

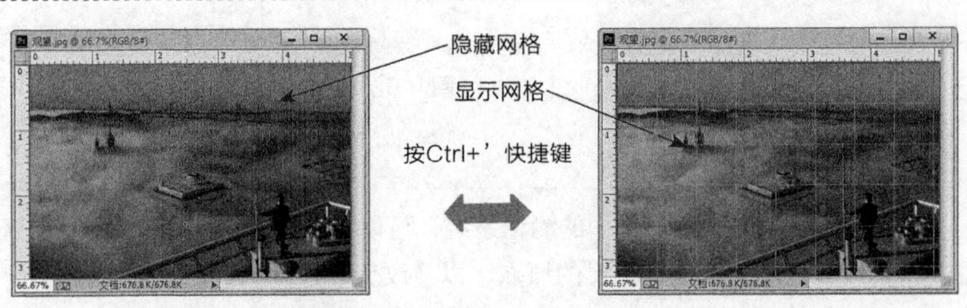

图1-69　显示与隐藏网格

上机练习：改变网格显示颜色的方法

操作步骤

01 打开一幅自己喜欢的图像，在菜单中执行“视图/显示/网格”命令或按Ctrl+’快捷键，显示默认时的网格，如图1-70所示。

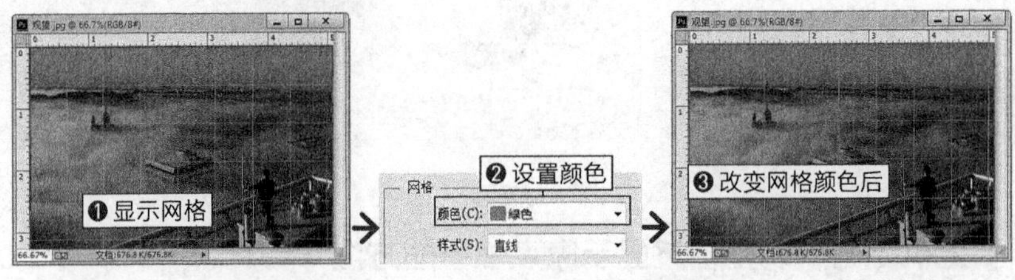

图1-70　显示网格　　图1-71　设置“网格”首选项　　图1-72　改变颜色

02 在菜单中执行“编辑/首选项/参考线、网格和切片”命令打开“首选项”对话框，在“网格”区域设置“颜色”为“浅红色”，如图1-71所示。

03 设置完毕单击“确定”按钮，改变网格颜色后的效果如图1-72所示。

1.6.8　参考线的创建与编辑

参考线是浮动在整个图像中不能被打印的直线，可以移动、删除或锁定参考线，参考线主要被用来协助对齐和定位对象。

上机练习：创建与删除参考线

操作步骤

01 在菜单中执行“视图/新建参考线”命令，弹出“新建参考线”对话框。设置“取向”为“水平”❶、“位置”为10厘米❷，单击“确定”按钮❸，新建的参考线如图1-73所示。

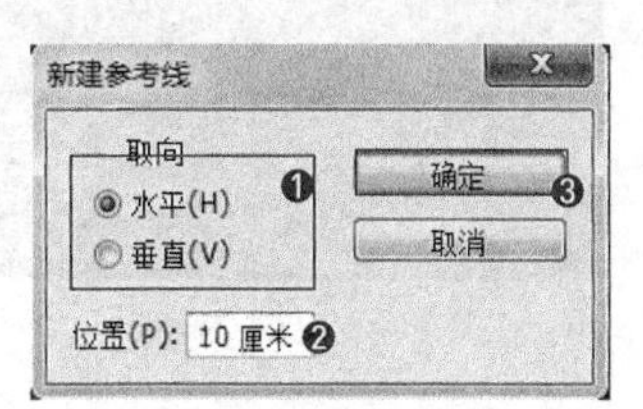

图1-73 新建水平参考线

02 在标尺上❶按下鼠标左键向画布内部拖动，同样可以创建参考线❷，如图1-74所示。

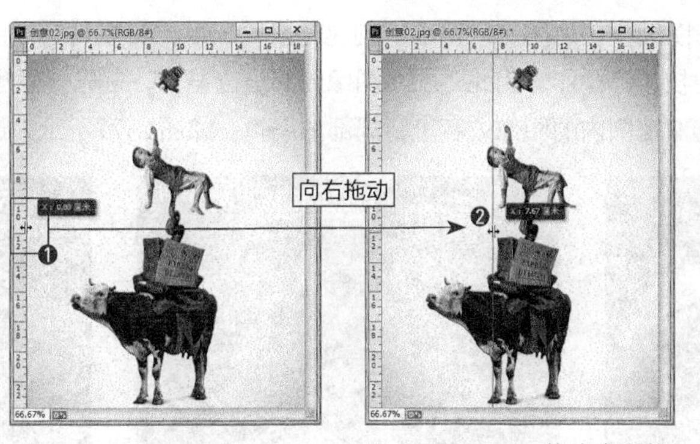

图1-74 拖出参考线

技巧

图像中的参考线只有在标尺存在的前提下才可以使用。

温馨提示

如果要删除图像中所有的参考线，只要在菜单中执行“视图/清除参考线”命令即可；如果要删除一条或几条参考线，只要使用“移动工具”拖动要删除的参考线到标尺处即可。

- 显示与隐藏参考线

在菜单中执行“视图/显示/参考线”命令，可以完成对参考线的显示与隐藏。

- 锁定与解锁参考线

在菜单中执行“视图/锁定参考线”命令，可以完成对参考线的锁定与解锁。

- 智能参考线

在菜单中执行“视图/显示/智能参考线”命令，可以在文档中显示智能参考线。智能参考线可以自动显示当前移动图像与其他图层中图像的边缘或中点相交时的参考辅助线，如图1-75所示。

图1-75 智能参考线

1.7 学习Photoshop 的知识安排

无论学习什么软件，都应该有一个循序渐进的步骤，也就是对于这个软件的学习过程。在学习Photoshop时，可以由浅入深地按照选区、图像校正、图层、通道、路径、蒙版、滤镜、自动化与网络、3D等进程进行学习。本书就是按照这个进程安排的，让大家能够更直接、更轻松地接近Photoshop CC，如图1-76所示。

图1-76　学习进程

1.7.1 选区

Photoshop中的选区为在图像中创建的选取范围。创建选取轮廓后，可以将选区内的图像内容进行隔离，以便进行复制、移动、填充或颜色校正等操作。因此，要对图像局部进行编辑，首先要了解在Photoshop CC中创建选区的方法和技巧，之后才能对选取范围内的图像内容进行局部的编辑。如图1-77所示为选区内的不同编辑效果。

图1-77　编辑选区内的图像内容

技巧

在“背景”图层中清除选区内容后，会自动以工具箱中的背景色进行填充；如果在普通图层中清除选区内容后，该区域会自动显示下一图层中的内容，如果下面图层为空白，则会以透明方式显示该区域。

温馨提示

不能对智能对象图层、文字图层中选区内的图像内容进行编辑。

1.7.2 图像校正

Photoshop中的图像校正主要包括照片美化（例如为照片中的人物清除雀斑，如图1-78所示）、调色或增加对比（例如为照片颜色增加对比，如图1-79所示）。

图1-78　照片美容

图 1-79 增加对比

1.7.3 图层

Photoshop中的图层相当于图纸绘图中使用的重叠的图纸。可以将合成后的图像分别放置到不同的图层中，在编辑处理相应图层中的图像时不会影响到其他图层中的图像，就好比在一幅图像中创建了选区。如图1-80所示，擦除“地球”图层中的部分图像，会发现下面图层中的图像没有被擦除。

图1-80 擦除某个图层中的部分图像

1.7.4 路径

在Photoshop中，使用“钢笔工具”可以绘制精确的矢量图形：还可以通过创建的路径对图像进行选取，将其转换成选区后即可对选择区域进行相应的编辑或创建蒙版；通过“路径”面板可以对创建的路径进行近一步的编辑，如图1-81所示。

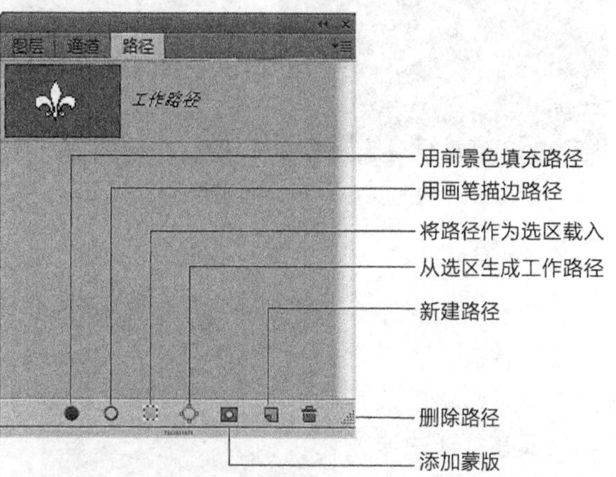

图1-81 “路径”面板

1.7.5 通道

在Photoshop中，因颜色模式的不同而产生不同的通道，在通道中显示的图像一般情况下只有黑、白两种颜色。Alpha 通道是计算机图形学中的术语，指的是特别的通道。通道中的白色部分会在图层中创建选区；黑色部分就是选区以外的部分；灰色部分是黑、白两色的过渡，产生的选区会有羽化效果。在图层中创建的选区，可以被存储到通道中。如图1-82~图1-84所示分别为同一幅图像在RGB颜色模式、CMYK颜色模式和Lab颜色模式下的通道。

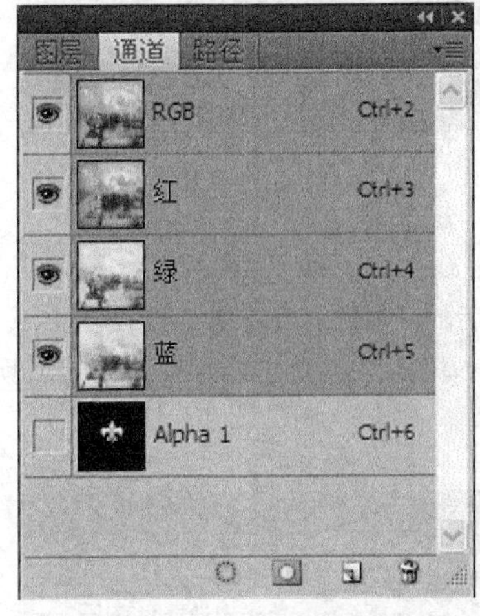

图1-82　RGB颜色模式

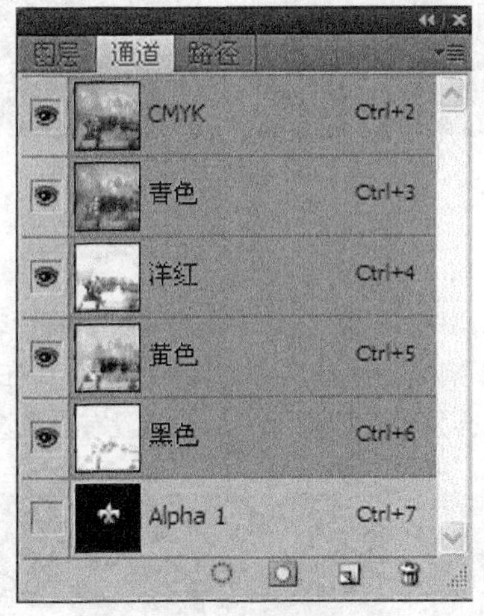

图1-83　CMYK颜色模式

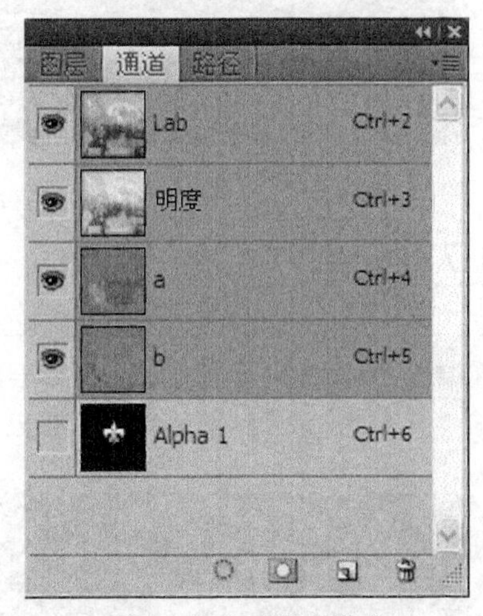

图1-84　Lab颜色模式

1.7.6 蒙版

Photoshop中的蒙版可以对图像中的某个区域进行保护，在运用蒙版处理图像时不会对图像进行破坏，如图1-85所示。在快速蒙版模式编辑状态下，可以通过“画笔工具”、“橡皮擦工具”或选区工具来增加或减少蒙版的范围。图层蒙版可以将该图层中的局部区域进行隐藏，但不会对图层中的图像进行破坏，如图1-86所示。

图1-85　快速蒙版

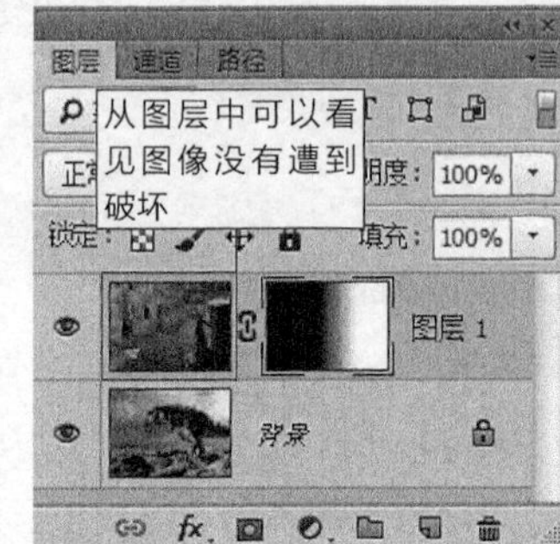

图1-86　图层蒙版

1.7.7 滤镜

应用Photoshop中自带的滤镜，可以制作出非常绚丽的效果。只要在打开的滤镜对话框中设置好参数，即可得到相应的滤镜效果，如图1-87~图1-88和1-89所示。

图1-87　原图

图1-88　凸出“滤镜效果”

图1-89　“塑料包装”滤镜效果

1.7.8 自动化与网络

利用Photoshop CC中的“自动化”命令，可以快速将多个文件进行统一的规划管理，将其转换成相同大小、同一格式的文件，以及创建图片包、联系表等操作；网络方面可以对图像的切片进行更加细致的优化。

1.7.9 3D

利用Photoshop CC中的3D功能，可以制作出非常漂亮的三维图像效果，制作过程如图1-90所示。

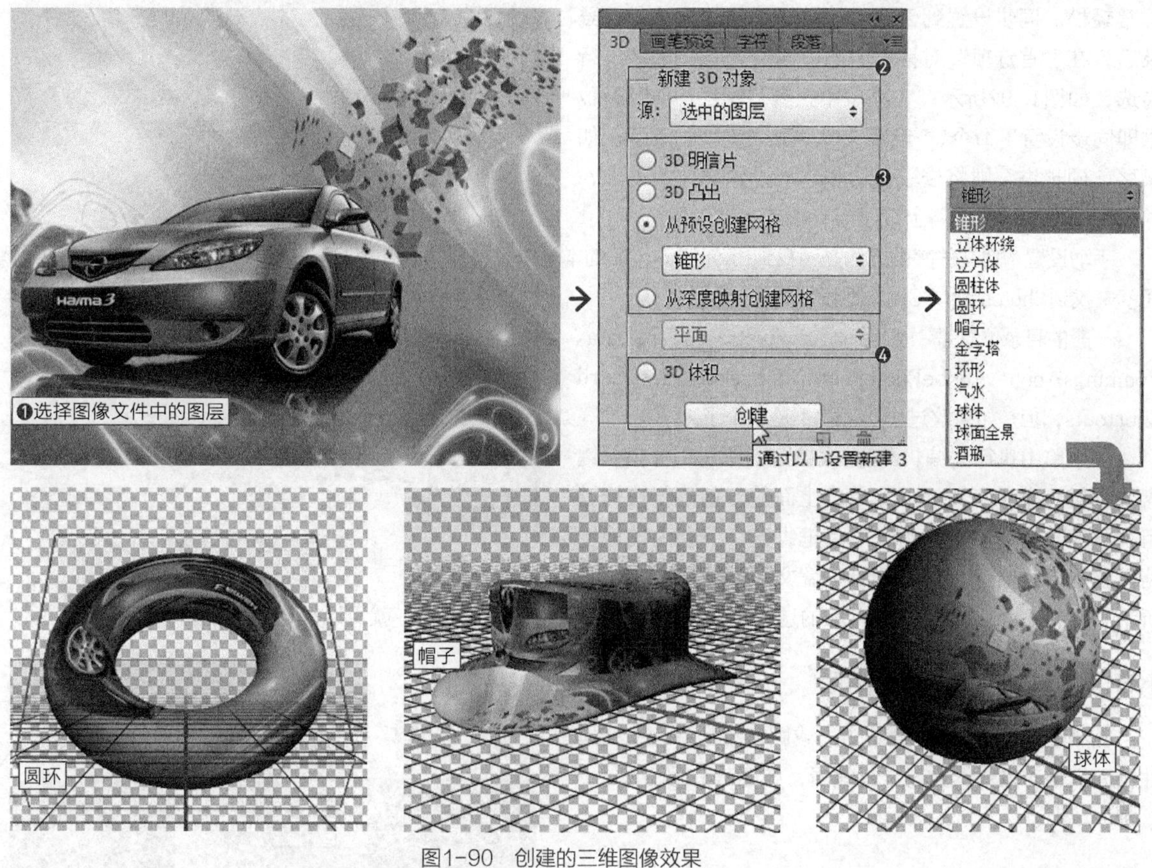

图1-90　创建的三维图像效果

1.8 Photoshop CC的新增功能

在Photoshop CC版本中，相对老版本来说增加了很多新的功能，这些功能可以帮助大家更好地使用Photoshop进行工作。

1.8.1 复制CSS

在Photoshop CC中新增的“复制CSS”功能，可以将在Photoshop CC中设置的样式效果直接导出到CSS代码。该功能对网页设计者可以提供很大的帮助，使其不需要在网页中重新编写设计中的样式效果代码，而直接将代码导出。方法是：设计完样式后，在菜单中执行“图层/复制CSS”命令，再在文本文档中直接粘贴，即可将代码导出，如图1-91所示。

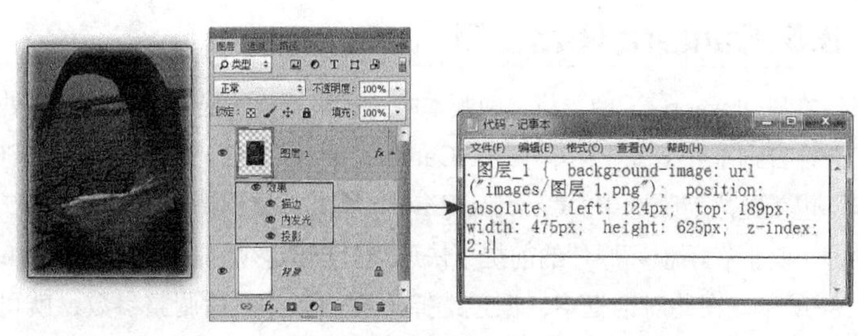

图1-91　复制CSS

1.8.2 同步设置

当使用多台计算机工作时，在这些计算机之间管理和同步首选项可能会很费时，并且容易出错。

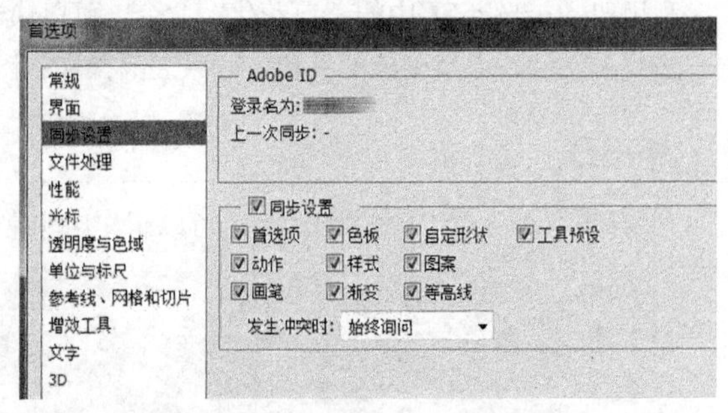

图1-92　同步设置

全新的“同步设置”功能可以通过 Creative Cloud同步首选项和设置。如果使用两台计算机，则“同步设置”功能会使相关设置在两台计算机之间保持同步变得异常轻松。同步设置到云端本地的云功能的方法是：登录后，在“首选项”对话框中的“同步设置”区域进行勾选，如图1-92所示；在菜单中执行“图层/同步设置/立即同步设置”命令， 设置文件就能同步到云端了。如果之前同步过，则将校验云端和本地设置文件的差异，并按照设置询问覆盖网上设置或者覆盖本地设置。

手动设置本地文件夹的方法是：找到Photoshop CC的本地设置文件目录，将其复制到要备份的地方就可以了。下面就来找到Photoshop CC的本地设置文件目录。

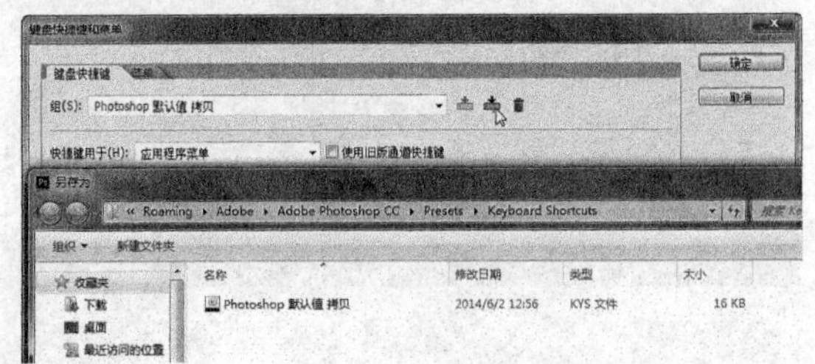

图1-93　文件路径

一般的目录位置是C:\Users\Administrator\AppData\Roaming\Adobe\AdobePhotoshop CC\Presets\Keyboard Shortcuts，但是如果改过注册表就不是这个了。

在菜单中执行“编辑/键盘快捷键”命令，弹出“键盘快捷键和菜单”对话框。单击上面的“创建新快捷键组”按钮，弹出“另存为”对话框，这个另存为的地址路径就是Photoshop CC的默认设置文件路径，如图1-93所示。复制AdobePhotoshop CC的这个文件目录到其他位置或其他电脑，就可以完成备份了。

1.8.3 随意改变矩形的圆角

在Photoshop CC中绘制矩形或圆角矩形后，在“属性”面板中可以对其重新进行编辑，如图1-94所示。

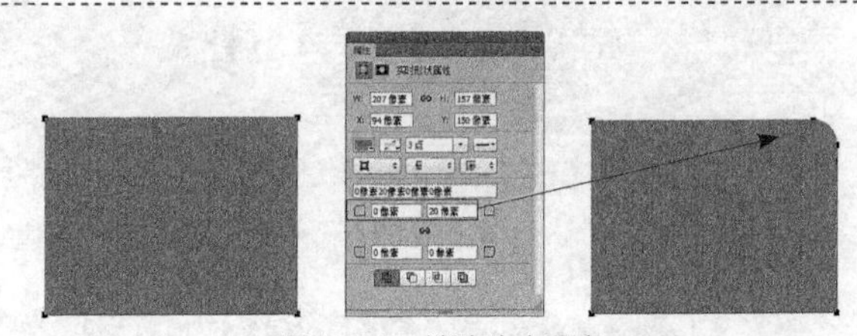

图1-94　单独改变圆角

1.8.4 “类型”菜单

在Photoshop CC中将之前版本中的“文字”菜单变为了“类型”菜单，使编辑文本更加方便，如图1-95所示。

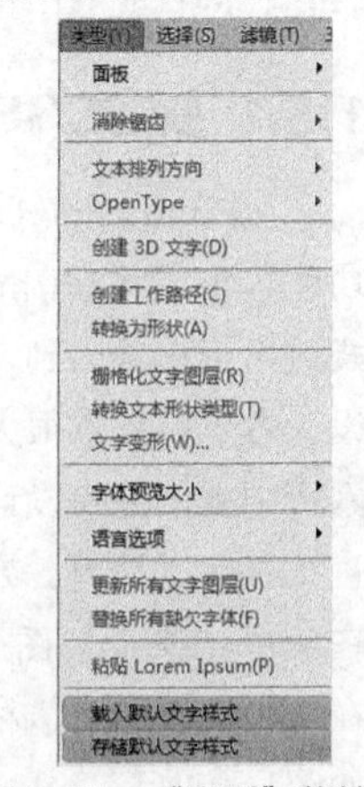

图1-95　“类型”菜单

1.8.5 Camera Raw滤镜

在Photoshop CC中，将之前版本中对数码相机拍摄照片进行专业处理的一个插件Camera Raw整合到了“滤镜”菜单中。“Camera Raw 滤镜”是Photoshop CC新增加的一个滤镜功能，也就是之前版本中的Camera Raw ，将其放置到滤镜中可以更加方便地对照片进行调色处理。它能在不损坏原片的前提下快速地处理摄影师拍摄的照片，批量、高效、专业，如图1-96所示。在此对话框中，通过选择不同的标签然后调整参数，就可以非常简便地调整照片了。

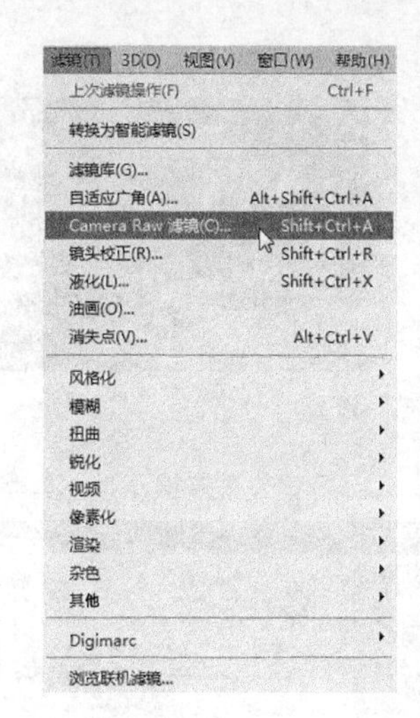

图1-96　Camera Raw滤镜

1.8.6 防抖

在Photoshop CC中为大家新增了一个“防抖锐化”滤镜，该滤镜可以将拍摄照片时由于手的颤抖而产生的抖动效果轻松修复；在菜单中执行“滤镜/锐化/防抖”命令，打开“防抖”对话框，如图1-97所示。

其中各项的含义如下。

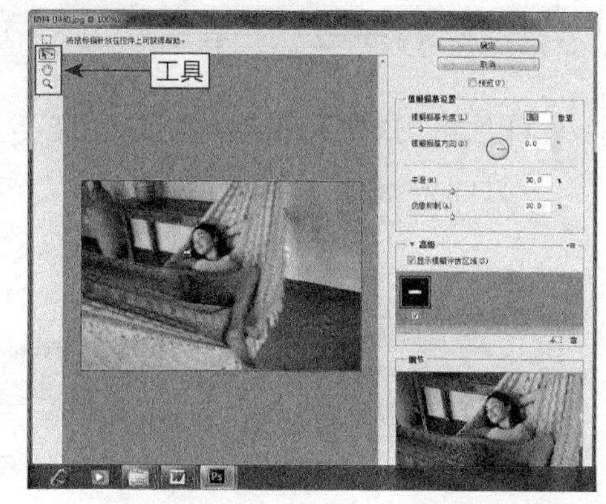

图1-97　“防抖”对话框

工具部分

- 工具箱：用来存放防抖处理图像的工具。
- “模糊评估工具”：使用该工具在图像上拖动可以创建一个矩形选取框，在按照选取框的大小对图像进行评估，会使图像的抖动进行消除，如图1-98所示。
- “模糊方向工具”：手动指定直接模糊描摹的长度与方向。按“[”和“]”键可以微调长度，按Ctrl+[和Ctrl+]键可以微调方向，如图1-99所示。
- “抓手工具”：当图像放大到超出预览框时，使用“抓手工具”可以移动图像的查看图像局部。
- “缩放工具”：用来缩放预览框的视图，在预览框内单击鼠标右键会将图像放大，按住Alt键单击鼠标左键会将图像缩小。

模糊描摹设置部分

- **模糊描摹长度**：以像素为单位指定描摹长度。
- **模糊描摹方向**：以度数为单位指定描摹方向。
- **平滑**：减少因锐化导致的高频率或颗粒状杂色。
- **伪像抑制**：减少因锐化导致的较大伪像。

高级部分

显示模糊评估区域：显示与隐藏预览上的定界框，如图1-100所示。

图1-98　模糊评估工具

图1-99　模糊方向

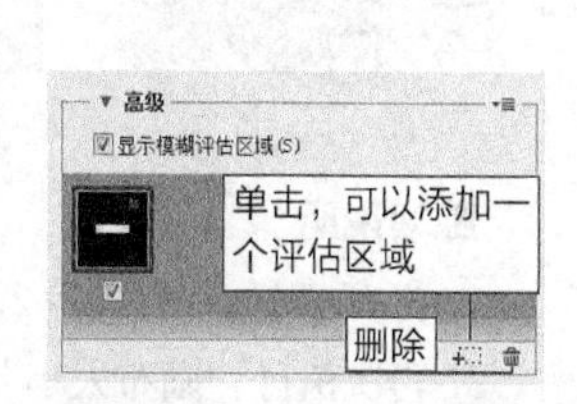

图1-100　“高级”设置

细节

在此处可以看到调整后的效果，以浮动的形式进行显示，如图1-101所示。

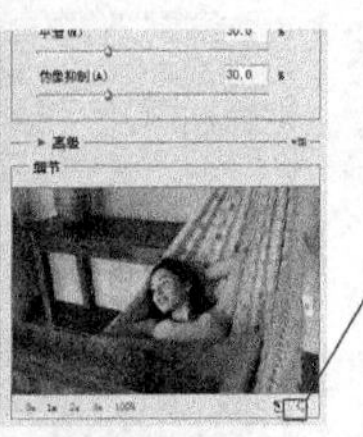

图1-101 “细节”设置

1.8.7 智能锐化

在Photoshop CC中,新增了一个“智能锐化”滤镜。该滤镜可以将拍摄照片时产生的动感模糊、镜头模糊和高斯模糊移除；还可以调整图像的“阴影/高光”参数，使图像还原为实景效果。在菜单中执行“滤镜/锐化/智能锐化”命令，弹出“智能锐化”对话框，如图1-102所示。

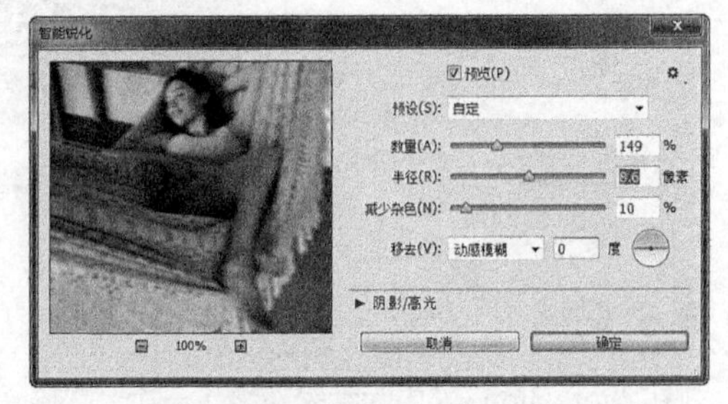

图1-102 “智能锐化”对话框

1.9 课后练习

课后练习1：通过参考线对齐文字

在Photoshop CC中，通过设置参考线，可以将输入的文字按照参考线的位置进行对齐，如图1-103所示。

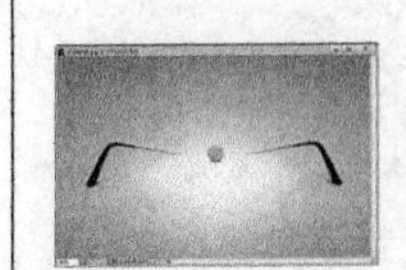
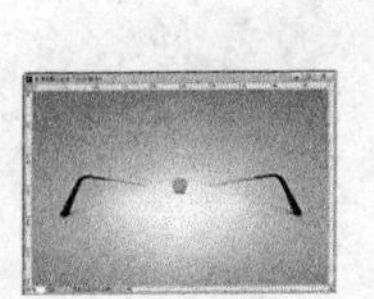
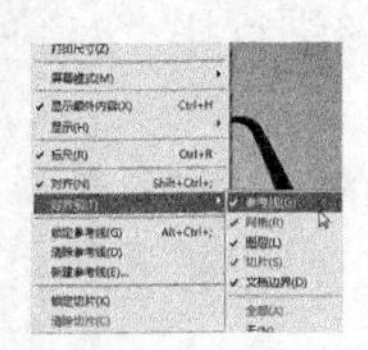
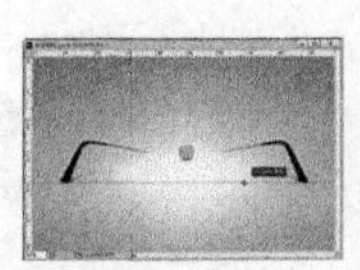
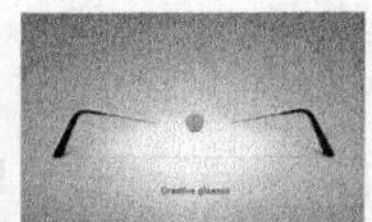
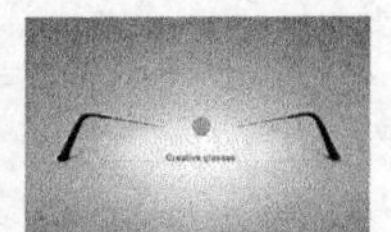

图1-103 参考线对齐文字

练习说明

1. 打开素材，显示标尺。
2. 拖出参考线与眼镜对齐。
3. 设置对齐类型。
4. 输入文字。
5. 拖动文字到参考线位置，系统会自动对齐参考线。

课后练习2：通过画布大小增加图像边框

在Photoshop CC中，通过“画布大小”命令中的“画布扩展颜色”设置，可以为图像添加单色边框，如图1-104所示。

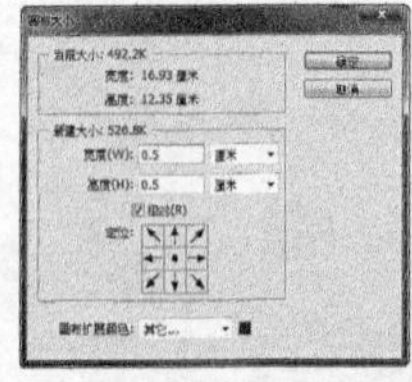
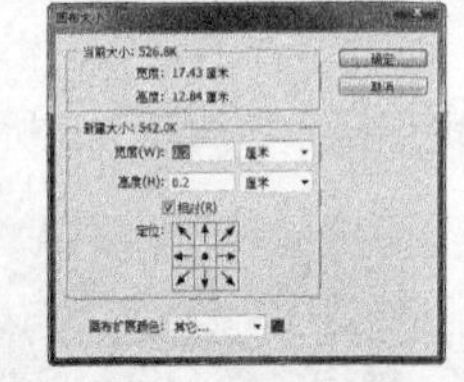

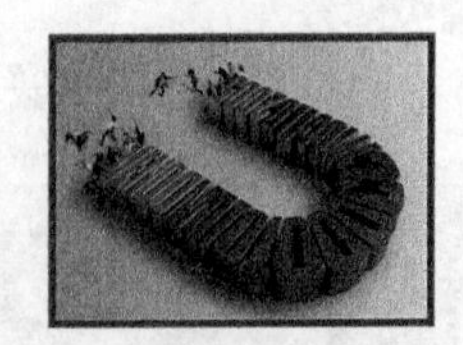

图1-104 通过“画布大小”命令增加图像边框

练习说明

1. 打开素材。
2. 执行“画布大小”命令，弹出“画布大小”对话框，设置扩展类型和颜色。
3. 再次执行“画布大小”命令，弹出“画布大小”对话框，设置扩展类型和颜色。
4. 为图片添加双层单色边框。

第02章 选区的创建与设置

本章重点：

- 选区概述
- 创建规则几何选区
- 创建不规则选区

2.1 选区的概念

选区是指通过工具或者相应命令在图像中创建的选取范围。创建选取范围后，可以将选区内的图像内容进行隔离，以便进行复制、移动、填充或颜色校正等操作。因此，要对图像进行编辑，首先要了解在Photoshop CC中创建选区的方法和技巧。

在设置选区时，特别要注意Photoshop 软件是以像素为基础的，而不是以矢量为基础的。在以矢量为基础的软件中，可以用鼠标直接对某个对象进行选择或者删除。而在Photoshop CC中，画布是以彩色像素或透明像素填充的。当在工作图层中对图像的某个区域创建选区后，该区域的像素会处于被选取状态，此时对该工作图层进行相应编辑时被编辑的范围将会只局限于选区内。创建的选区可以是连续的，也可以是分开的，如图2-1所示。

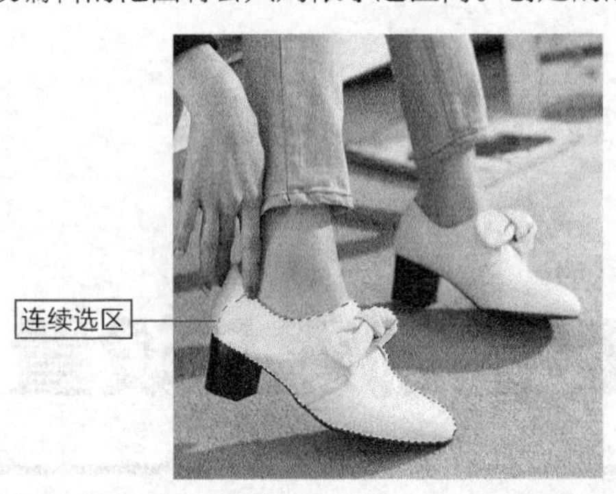

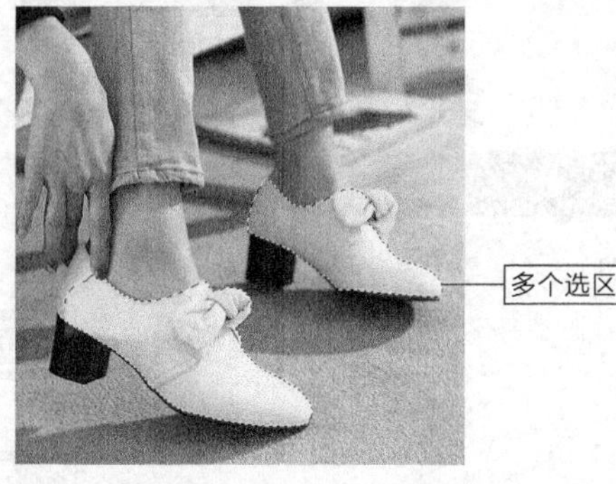

图2-1 选区

2.2 创建选区的工具

在编辑图像时，选区的创建方式是各种各样的。为了更好地创建适合的选区，Photoshop CC为大家提供了以不同方式创建选区的工具，如图2-2~图2-9所示为Photoshop CC各个选区工具创建的选区效果。

图2-2 使用矩形选框工具创建的选区

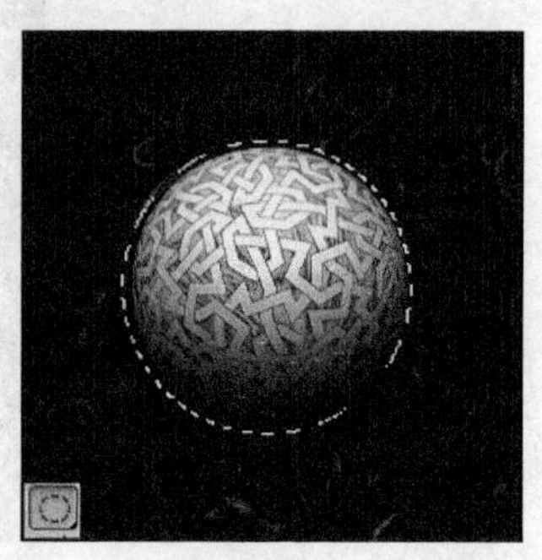

图2-3 使用椭圆选框工具创建的选区

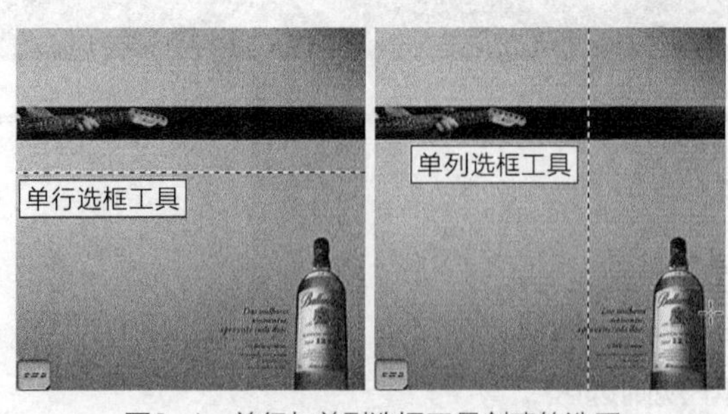

图2-4 单行与单列选框工具创建的选区

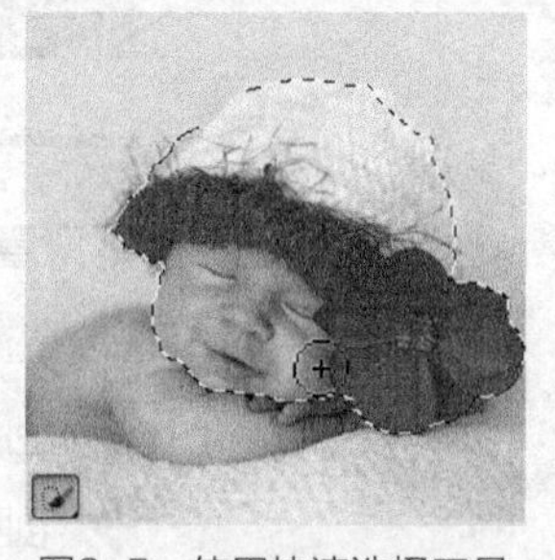

图2-5 使用快速选择工具创建的选区

图2-6 使用魔棒工具创建的选区

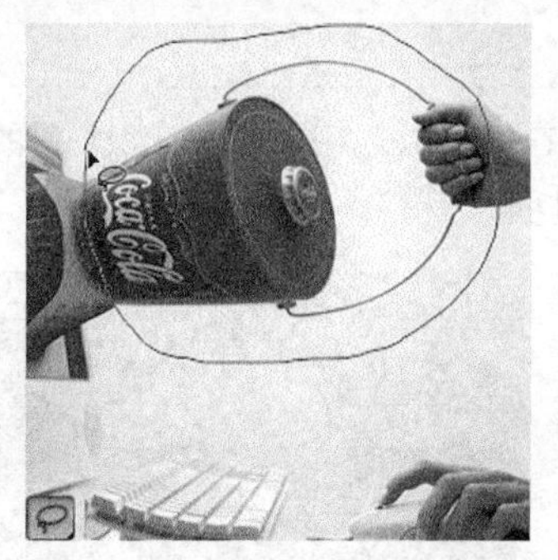

图2-7 使用套索工具创建的选区

图2-8 使用多边形套索工具创建的选区

图2-9 使用磁性套索工具创建的选区

2.3 选区在处理图像时的作用

在图像中创建选区后，图像被编辑的范围将会被局限在选区内，而选区以外的像素将会处于被保护状态，不能被编辑。例如，创建选区后执行“复制”与“粘贴”命令，被复制到新图层中的像素就只是选区内的图像，如图2-10所示；对包含选区的图像进行色相调整时，调整操作也只在选区内起作用，如图2-11所示。

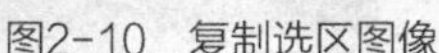

图2-10 复制选区图像

图2-11 调整选区色相

2.4 创建规则几何选区

本节主要学习用来创建规则几何选区的工具。使用选框工具组中的工具，可以绘制出矩形选区、椭圆选区以及一个像素宽的行与列选区，如图2-12所示。

矩形选框工具 M
椭圆选框工具 M
单行选框工具
单列选框工具

图2-12 选框工具组

2.4.1 创建矩形选区

在Photoshop CC中，用来创建矩形或正方形选区的工具只有“矩形选框工具”。“矩形选框工具”主要被应用在对图像选区要求不太严格的图像中。矩形选区的创建方法如下。

01 打开一幅图像，默认状态下在工具箱中选择“矩形选框工具”。

02 在图像中选择一点，按住鼠标左键向对角处拖动，松开鼠标后便可创建一个矩形选区，过程如图2-13所示。

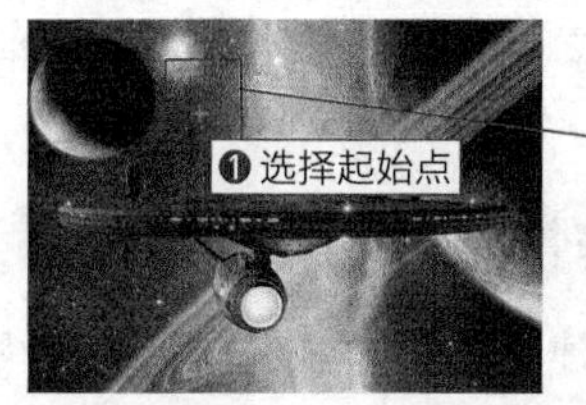

图2-13 创建矩形选区

技巧

绘制矩形选区的同时按住 Shift 键，可以绘制出正方形选区。

2.4.2 创建椭圆选区

在Photoshop CC中，用来创建椭圆或正圆选区的工具只有“椭圆选框工具”。“椭圆选框工具”的使用方法与“矩形选框工具”大致相同，如图2-14所示即为创建椭圆选区的过程。

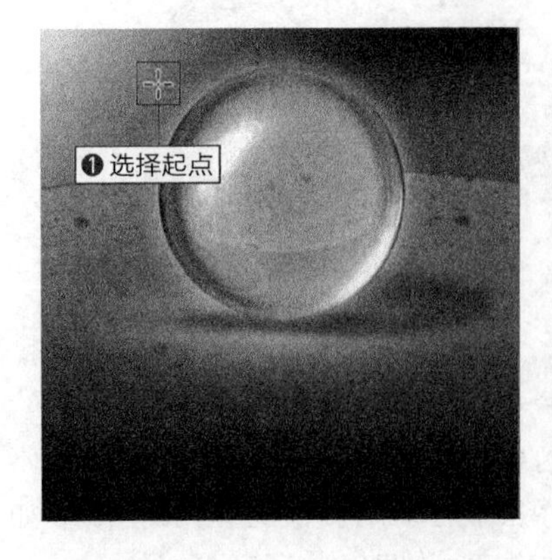

图2-14 创建椭圆选区

技巧

绘制椭圆选区的同时按住 Shift 键，可以绘制出正圆选区；选择起点后，按住 Alt 键可以以起点为中心向外绘制椭圆选区；选择起点后，按住 Alt+Shift 快捷键可以以起点为中心向外绘制正圆选区。

2.4.3 创建单行与单列选区

在Photoshop CC中，使用“单行选框工具”可以创建一个像素宽的横线选区：使用“单列选框工具”。可以创建一个像素宽的竖线选区。这两个工具的使用方法非常简单。

01 打开一幅图像，默认状态下在工具箱中单击“单行选框工具”或“单列选框工具”。

02 在图像中选择要创建选区的位置后，只要单击鼠标右键即可创建单行或单列选区，如图2-15和图2-16所示。

图2-15 创建单行选区

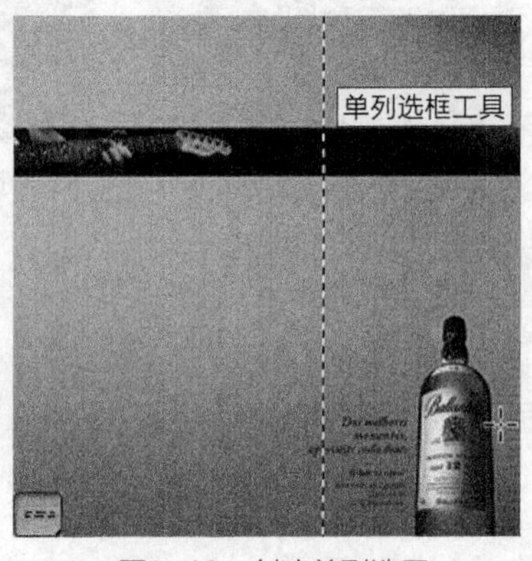

图2-16 创建单列选区

温馨提示

使用“单行选框工具”或“单列选框工具”创建选区时，只能设置“羽化”值为0。

2.5 选框工具的属性栏

上面介绍的选区，在创建过程中属性栏中的设置为默认状态。本节介绍使用选框工具进行不同设置时创建选区的方法。选框工具中各个工具的属性设置大致相同，本节以“矩形选框工具”为例，对选框工具的属性栏进行详细的介绍。如图2-17所示为“矩形选框工具”属性栏的设置。

图2-17 矩形选框工具的属性栏

2.5.1 工具图标

此区域用于显示当前使用工具的图标。单击右侧的倒三角形按钮▾，可以打开“工具预设”选取器，如图2-18所示。

其中各项的含义如下。

- **弹出菜单**⚙：单击此按钮，会弹出相对于预设中工具的进一步设置的命令。
- **新建工具预设**：单击此按钮，会将设置的工具添加到预设中。
- **仅限当前工具**：勾选此复选框，在预设中只会显示当前一种工具的预设信息。

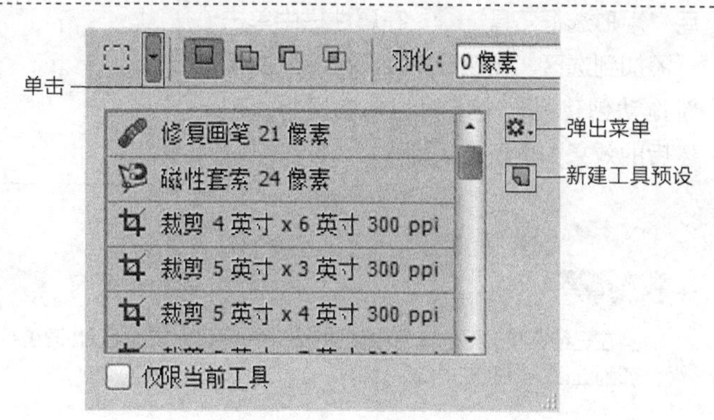

图2-18　工具图标

2.5.2 选区的创建模式

此区域用于设置选区间的创建模式，主要包括 “新选区”、“添加到选区”、“从选区中减去”和 与 “选区相交”。

上机练习：新选区

当文档中存在选区时，再次创建选区会将之前的选区替换，如图2-19所示。

操作步骤

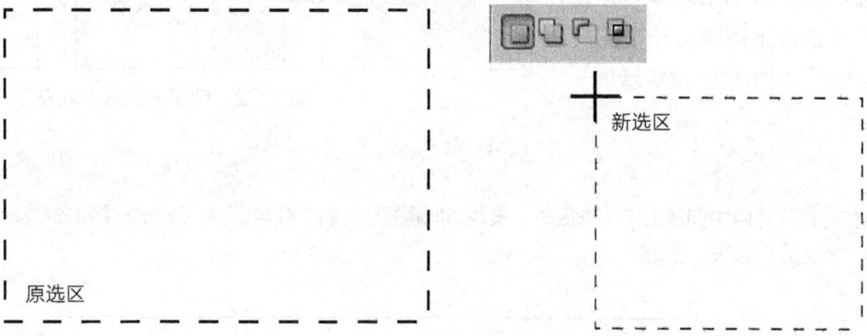

新选区

原选区

图2-19　新选区

上机练习：添加到选区

在已存在选区的图像中拖动鼠标指针绘制新选区，如果与原选区相交，则组合成新的选区；如果选区不相交，则新创建另一个选区。创建方法如下：

操作步骤

01 新建一个空白文件，先使用“矩形选框工具”在图像中创建一个选区。

02 使用“矩形选框工具”，在属性栏中单击“添加到选区”按钮❶后，在图像中已经存在的选区上创建另一个交叉选区❷，创建后的效果如图2-20所示。

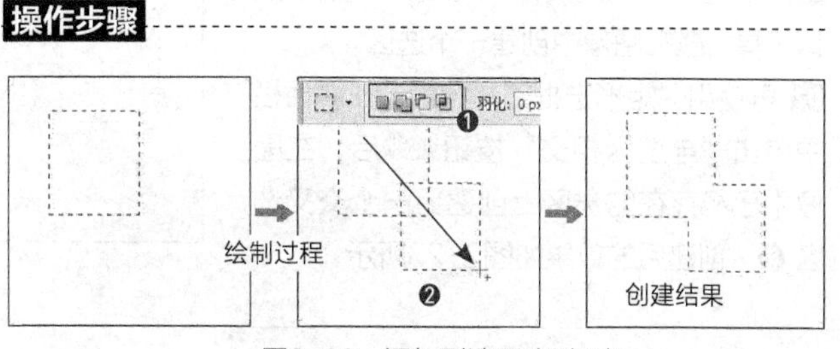

图2-20　添加到选区(相交时)

03 按Ctrl+Z快捷键返回到上一步，再使用“矩形选框工具”，在属性栏中单击“添加到选区”按钮❶后，在图像中重新拖动创建另一个不相交的选区❷，创建后的效果如图2-21所示。

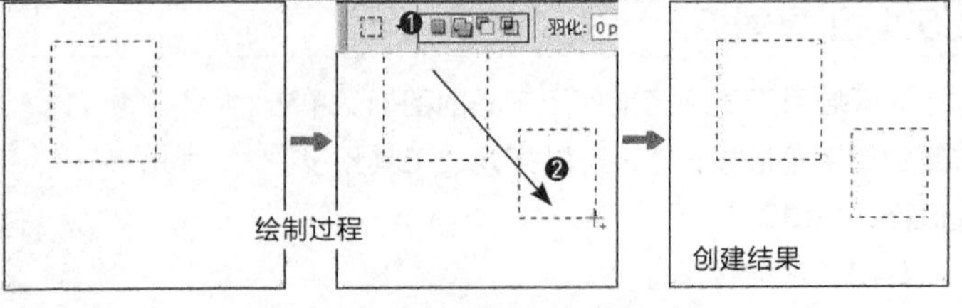

图2-21　添加到选区（不相交时）

技巧

当在已经存在选区的图像中创建第二个选区时，按住 Shift 键进行绘制，会自动完成添加到选区的操作，相当于单击“添加到选区”属性栏中按钮。

上机练习：从选区中减去

在已经存在选区的图像中拖动鼠标指针绘制新选区，如果选区相交，则合成的选择区域会删除相交的区域；如果选区不相交，则不能绘制出新选区。创建方法如下。

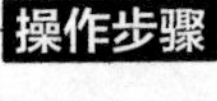

01 新建一个空白文件。先使用“矩形选框工具”在图像中创建一个选区。

02 再使用“矩形选框工具”，在属性栏中单击 “从选区中减去”按钮❶后，在图像中已经存在的选区上创建另一个交叉选区❷，创建后的效果如图2-22所示。

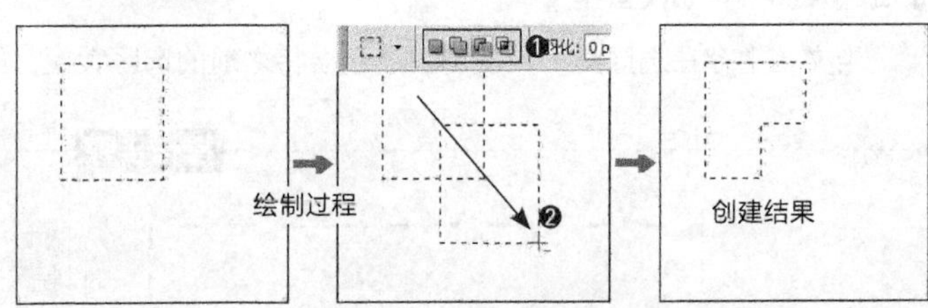

图2-22　创建从选区中减去

技巧

当在已经存在选区的图像中创建第二个选区时，按住 Alt 键进行绘制，会自动完成从选区中减去的操作，相当于单击属性栏中的“从选区中减去”按钮。

上机练习：与选区相交

在已存在选区的图像中拖动鼠标指针绘制新选区，如果选区相交，则合成的选区会只留下相交的部分；如果选区不相交，则不能绘制出新选区。创建方法如下。

操作步骤

01 新建一个空白文件。先使用“矩形选框工具”在图像中创建一个选区。

02 再使用“矩形选框工具”，在属性栏中单击“与选区相交”按钮❶后，在图像中已经存在的选区上创建另一个交叉选区❷，创建后的效果如图2-23所示。

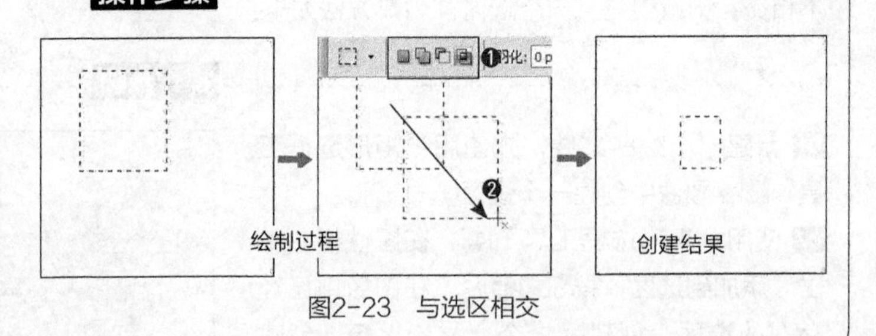

图2-23　与选区相交

技巧

当在已经存在选区的图像中创建第二个选区时，按住 Alt+Shift 快捷键进行绘制，会自动完成与选区相交的操作，相当于单击属性栏中的“与选区相交”按钮▣。

2.5.3 羽化选区

应用属性栏中的“羽化”功能，可以将选区的边界进行柔化处理，在数值文本框中输入数值即可，其取值范围在0～255px。范围越大，填充或删除选区内的图像时边缘就越模糊。如图2-24～图2-26所示为“羽化”数值分别为0、20和50像素时为选区填充白色后的效果。

图2-24　羽化为0像素

图2-25　羽化为20 像素

图2-26　羽化为50像素

2.5.4 不同样式下绘制选区

属性栏中的样式用来规定绘制矩形选区的形状，包括“正常”“固定比例”和“固定大小”。

- **正常**：选区的标准状态，也是最常用的一种状态，拖动鼠标指针可以绘制任意矩形。之前创建的选区都是选择此选项时的效果。
- **固定比例**：用于控制绘制矩形选区的宽高比例。默认状态下比例为1:1，绘制后的选区为正方形选区。选择该选项后，即可在右侧的“宽度”“高度”数值文本框中输入相应的比例数值。如图2-27所示为宽高比例分别为1:2和2:1时的矩形选区。
- **固定大小**：通过输入矩形选区的宽高大小，可以绘制精确的矩形选区。如图2-28所示的选区分别是宽度为4厘米、高度为3厘米和宽度为16厘米、高度为12厘米。

图2-27　固定比例

图2-28　固定大小

温馨提示

选择“椭圆选框工具”◯，属性栏中的“消除锯齿”复选框被激活。Photoshop CC 中的图像是以像素组成的，而像素实际上是正方形的色块，所以当进行圆形选取或其他不规则形状选取时就会产生锯齿边缘。消除锯齿的原理就是在锯齿之间填入中间色调，这样就从视觉上消除了锯齿现象，效果如图 2-29 所示。

不勾选“消除锯齿”复选框

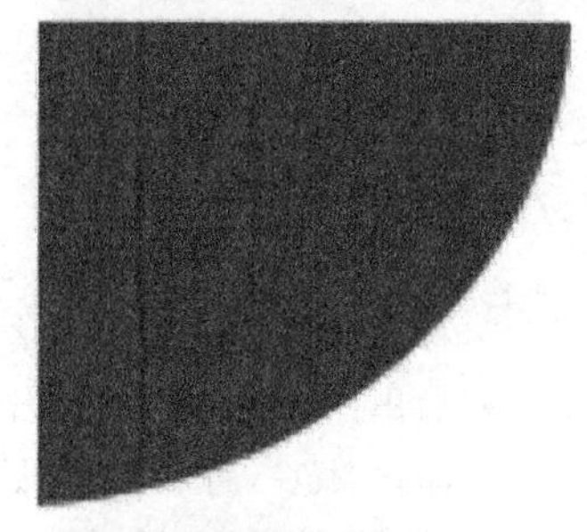

勾选“消除锯齿”复选框

图2-29　创建椭圆选区时勾选“消除锯齿”复选框与否的效果对比

2.5.5 调整边缘

“调整边缘”按钮用来对已绘制的选区进行精确调整。绘制选区后单击该按钮，即可弹出如图2-30所示的“调整边缘”对话框。

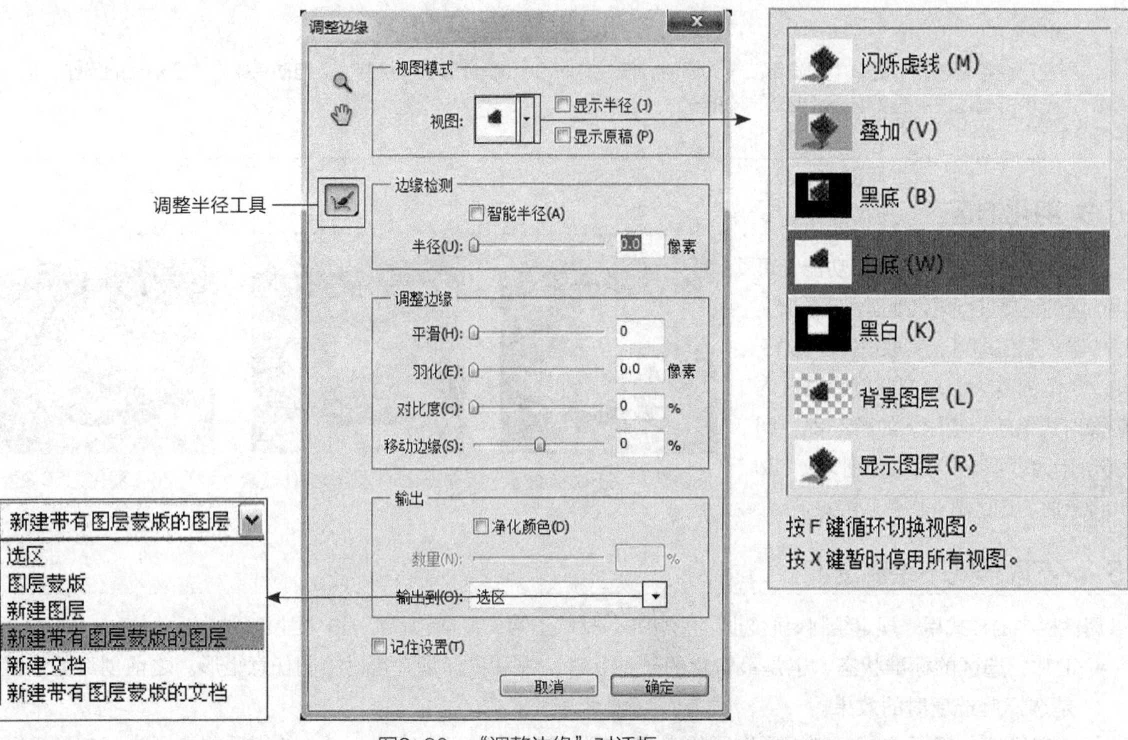

图2-30 “调整边缘”对话框

对话框中各项的含义如下。

- 调整半径工具：用来手动扩展选区范围，按Alt键变为收缩选区范围。
- 视图模式：用来设置调整时图像的显示效果。

  视图：单击右侧的倒三角形按钮，即可显示所有的预览模式。

  显示半径：显示按照半径定义的调整区域。

  显示原稿：显示图像的原始选区。
- 边缘检测：用来对图像选区边缘进行精细查找。

  智能半径：使检测范围自动适应图像边缘。

  半径：用来设置调整区域的大小。
- 调整边缘：对创建的选区进行调整。

  平滑：控制选区的平滑程度，数值越大，效果越平滑。

  羽化：控制选区的柔和程度，数值越大，调整的图像边缘越模糊。

  对比度：用来调整选区边缘的对比程度，结合“半径”或“羽化”来使用，数值越大，模糊度就越小。

  移动边缘：数值变大，选区变大；数值变小，选区变小。
- 输出：对调整的区域进行输出，可以是选区、蒙版、图层或新建文件等。

  净化颜色：用来对图像边缘的颜色进行删除。

  数量：用来控制移去边缘颜色区域的大小。

  输出到：设置调整后的输出效果，可以是选区、蒙版、图层或新建文件等。
- 记住设置：在“调整边缘”区和“调整蒙版”区中始终使用以上的设置。

技巧

在“调整边缘”对话框中，按住Alt键，对话框中的“取消”按钮会自动变成“复位”按钮，这样可以自动将调整的数值恢复到默认值。

2.6 创建不规则选区

“不规则选区”指的是通过工具创建的任意形状的选区。该选区不受几何形状的局限，可以使用鼠标指针随意拖动或连续单击鼠标右键来完成选区的创建。用来创建该选区的工具被集中在套索工具组内，如图2-31所示。

图2-31 套索工具组

2.6.1 创建任意形状的选区

在Photoshop CC中使用“套索工具”，可以在图像中随意创建任意形状的选择区域。“套索工具”通常被用来创建不太精细的选区，这正符合“套索工具”操作灵活、使用简单的特点。默认状态下，“套索工具”会自动出现在该组中的显示位置，在工具箱中可以直接选取。使用该工具创建选区的方法非常简单，就像手中拿支铅笔绘画一样。具体操作如下。

01 打开一幅自己喜欢的图像作为背景，默认状态下在工具箱中选择“套索工具”。

02 在图像中选择一点❶后，按下鼠标左键在图像中任意绘制，当终点与起点相交时❷松开鼠标，即可创建一个封闭选区，过程如图2-32所示。

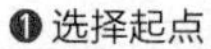

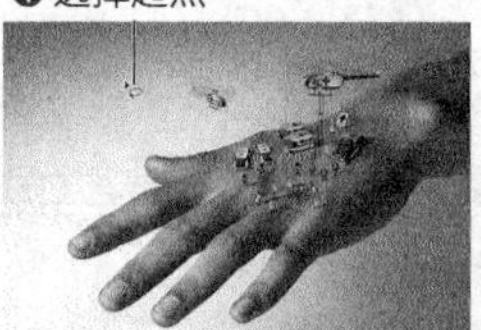

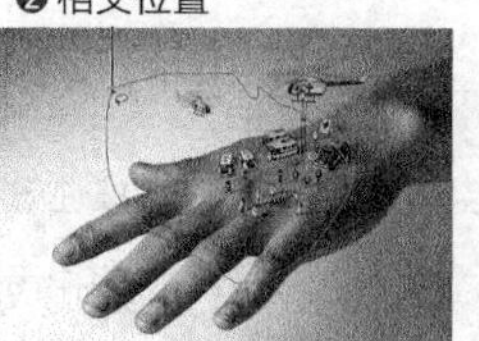

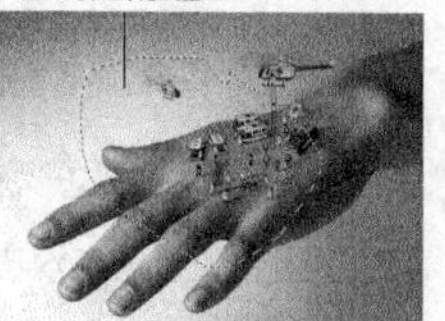

图2-32 创建任意选区

技巧

使用“套索工具”创建选区的过程中，如果在起点与终点不相交时松开鼠标，那么起点会与终点自动封闭以创建选区。

温馨提示

选择“套索工具”后，属性栏中的“消除锯齿”复选框会被激活。

2.6.2 创建多边形选区

在Photoshop CC中用来创建多边形选区的工具主要包括“多边形套索工具”和“性套索工具”。

温馨提示

当要选择工具组中隐藏的工具时，只要在该组显示的图标上单击鼠标右键，即可弹出隐藏工具栏。

上机练习：使用多边形套索工具创建选区

在Photoshop CC中使用“多边形套索工具”，可以在当前的文件中创建不规则的多边形选区。创建选区的方法非常简单，在不同位置上单击鼠标左键，即可将两点以直线的形式连接，起点与终点相交时单击鼠标左键即可得到选区。“多边形套索工具”通常被用来创建较为精确的选区。使用“多边形套索工具”创建选区的过程如下。

操作步骤

01 在Photoshop CC中打开一幅自己喜欢的图像作为背景，选择“多边形套索工具”。

02 根据图像的特点选择一点❶后单击鼠标左键，拖动鼠标指针到另一点❷后，再单击鼠标左键，沿图像中海量的边缘依次单击以选取点，直到最后终点与起点相交时❸，单击鼠标左键即可创建多边形选区❹，过程如图2-33所示。

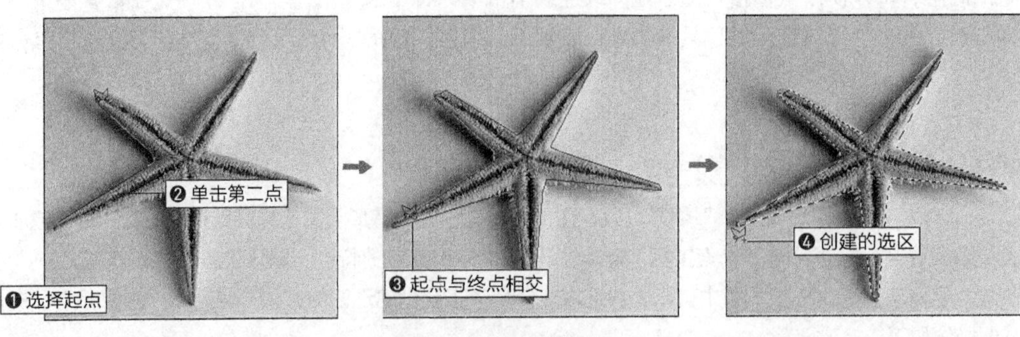

图2-33　创建多边形选区

技巧

使用（多边形套索工具）绘制选区时，按住 Shift 键可沿水平、垂直或与之成 45° 角的方向绘制选区；在终点没有与起始点重叠时，双击鼠标或按住 Ctrl 键的同时单击鼠标即可创建封闭选区。

上机练习：使用磁性套索工具创建选区

在Photoshop CC中使用“磁性套索工具”可以在图像中自动捕捉具有反差颜色的图像边缘，并以此来创建选区。此工具常用在背景复杂但边缘对比度较强烈的图像中，在图像中选择起点后沿边缘拖动鼠标指针即可自动创建选区。使用“磁性套索工具”创建选区的过程如下。

操作步骤

01 在Photoshop CC中打开一幅自己喜欢的图像作为背景，选择“磁性套索工具”。

02 根据图像反差的特点选择一点❶后单击鼠标左键，沿边缘拖动鼠标指针❷，直到最后终点与起点相交时❸，单击鼠标左键即可创建选区❹，过程如图2-34所示。

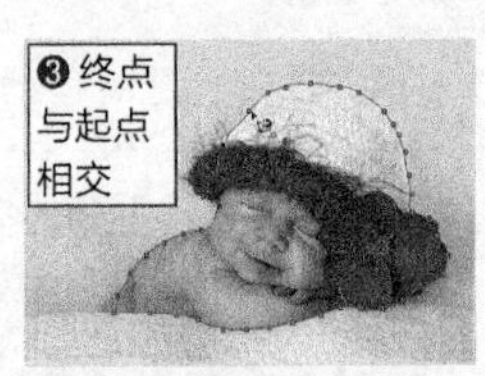

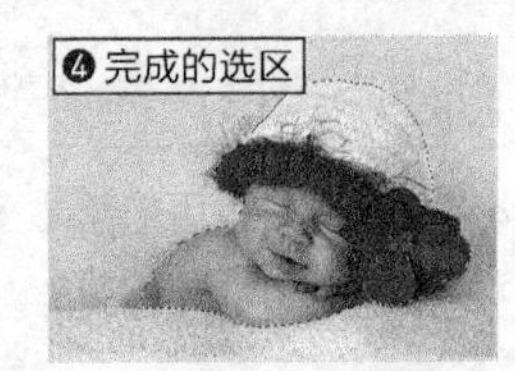

图2-34　使用磁性套索工具创建选区

操作延伸

选择“磁性套索工具”后，属性栏会变为该工具所对应的参数及选项设置，如图2-35所示。

绘图板压力

羽化：1像素　☑消除锯齿　宽度：5像素　对比度：5%　频率：57　调整边缘...

图2-35　磁性套索工具的属性栏

其中各项的含义如下。

- **宽度**：用于设置“磁性套索工具”在选取图像时的探查距离。数值越大，探查的图像边缘范围就越广。取值范围为1~256。

- **对比度**：用于设置“磁性套索工具”的敏感度。数值越大，边缘与周围环境的要求就越高，选区就会越不精确。取数值范围为1%~100%。
- **频率**：使用“磁性套索工具”时会出现许多小矩形标记对选区进行固定，以确保选区不变形。数值越大，则标记就越多，套索的选区范围越精确。取值范围为1~100。
- **绘图板压力**　：如果使用绘图板创建选区，单击该按钮后，系统会自动根据绘图笔的压力来改变宽度。

技巧

使用“磁性套索工具”创建选区时，单击鼠标左键也可以创建标记点，用来确定精确的选区；按键盘上的 Delete 键或 BackSpace 键，可按照顺序撤销标记点；按 Esc 键消除未完成的选区。

上机练习：为图像中的音箱创建精确选区

本次实战主要让大家了解通过“磁性套索工具”和“多边形套索工具”为局部图像创建选区的方法。

操作步骤

01 打开随书附带光盘中的文件“素材文件/第2章/音箱.jpg”，在工具箱中选择“磁性套索工具”，在属性栏中设置“羽化”为1像素、“宽度”为10像素、“对比度”为10%、“频率”为57❶，在图像中音箱手提部分的顶部单击以创建选取点❷，如图2-36所示。

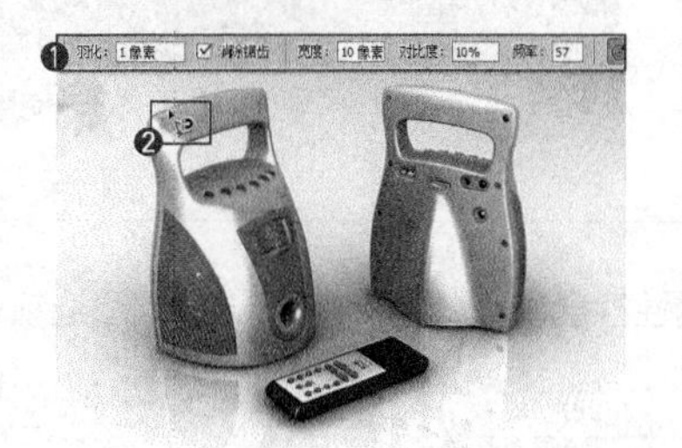

图2-36　打开素材、设置属性并单击

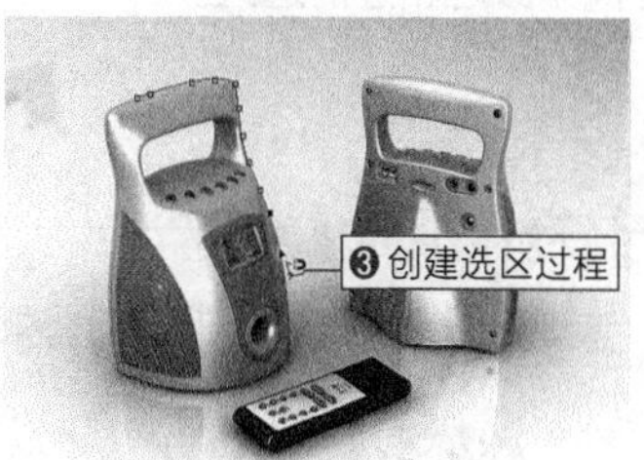

图2-37　创建过程

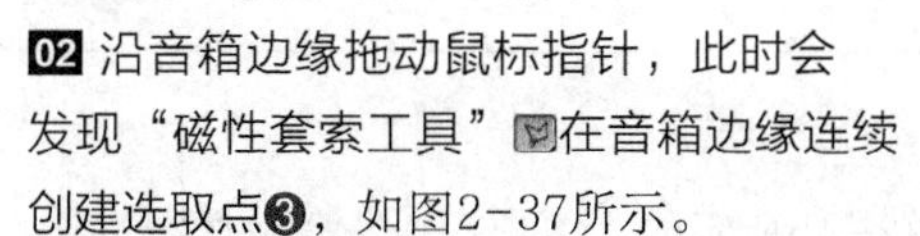

02 沿音箱边缘拖动鼠标指针，此时会发现“磁性套索工具”在音箱边缘连续创建选取点❸，如图2-37所示。

03 当移动到音箱左下部的区域时，图像像素之间的反差变得不够强烈，此时只要按住Alt键将“磁性套索工具”变为“多边形套索工具”，并在边缘处单击即可创建选区，如图2-38所示。

04 拖动鼠标指针到音箱的左上方，当图像边缘的像素变得反差较大时松开Alt键，将工具恢复成“磁性套索工具”继续拖动鼠标指针创建选区。在起点与终点相交时，鼠标指针右下角会出现一个圆圈符号，如图2-39所示。

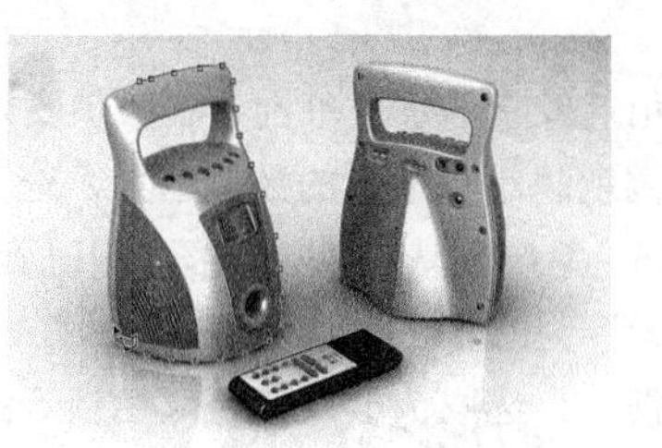

图2-38　转换为多边形套索工具

图2-39　转换为磁性套索工具

05 此时单击鼠标右键，即可创建选区，如图2-40所示。

06 使用“移动工具”即可将选区内的图像进行移动，如图2-41所示。

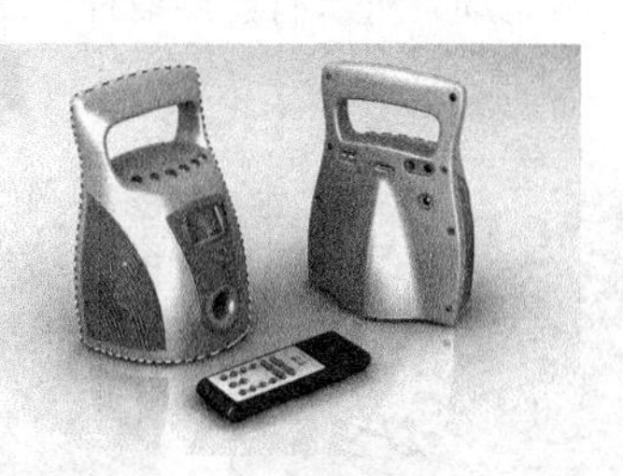

图2-40　创建选区

图2-41　移动图像

2.7 根据像素颜色范围创建选区的工具

在Photoshop CC中能够通过计算而自动形成一个或多个选区的工具被集中在快速选择工具组内，如图2-42所示。

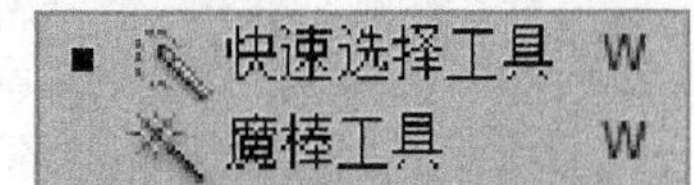

图2-42 快速选择工具组

2.7.1 魔棒工具

在Photoshop CC中使用“魔棒工具”能选取图像中颜色相同或相近的像素，像素之间可以是相连的，也可以是不连续的。创建选区的方法非常简单，只要在图像中某个颜色像素上单击，系统便会自动以该选取点为样本创建选区，如图2-43所示。通常情况下，使用“魔棒工具”与可以快速创建与像素颜色相近的选区。

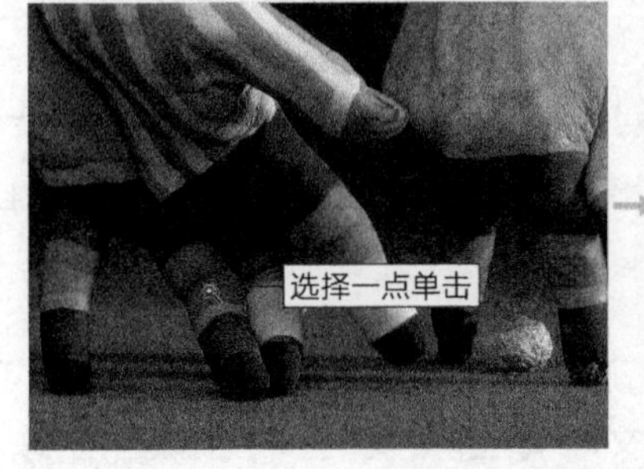

图2-43 使用魔棒工具创建的选区

操作延伸

选择“魔棒工具”后，属性栏会变成该工具对应的参数及选项设置，如图2-44所示。

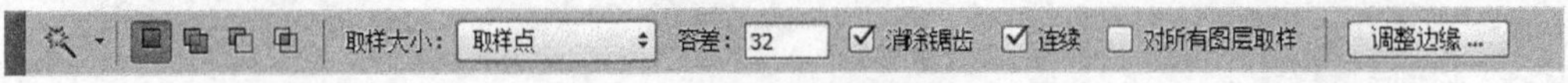

取样大小：取样点 容差：32 ☑消除锯齿 ☑连续 □对所有图层取样 调整边缘...

图2-44 魔棒工具的属性栏

其中各项的含义如下。

- **取样大小**：用来设置工具最大取样像素数目，其中包含如图2-45所示的选项。

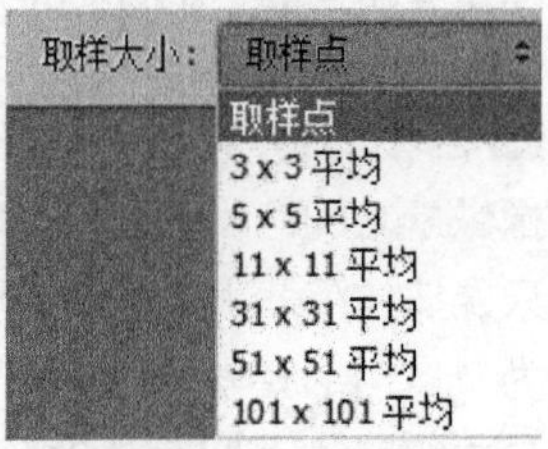

取样大小：取样点
取样点
3 x 3 平均
5 x 5 平均
11 x 11 平均
31 x 31 平均
51 x 51 平均
101 x 101 平均

图2-45 取样大小

- **容差**：用来设置对相同或相近像素的选取范围。在数值文本框中输入的数值越小，选取的颜色范围就越小；输入的数值越大，选取的颜色范围就越广。取值范围为0~255，系统默认为32。如图2-46所示是“容差”为40时的选取范围和“容差”为80时的选取范围。
- **连续**：勾选“连续”复选框后，选取范围只能是颜色相近的连续区域；不勾选“连续”复选框，选取范围可以是颜色相近的所有区域。效果如图2-47和图2-48所示。
- **对所有图层取样**：在当前文件为多图层时，勾选“对所有图层取样”复选框后，可以选取所有可见图层中颜色相同或相近的像素；不勾选“对所有图层取样”复选框，只能在当前工作的图层中选取颜色相同或相近的像素。

图2-46 设置不同容差时的选取范围

图2-47 选取相连的像素

图2-48 选取所有相近的像素

上机练习：快速为手机图像创建选区

本次实战主要让大家了解通过“魔棒工具”为图像进行快速抠图的方法。

操作步骤

01 打开随书附带光盘中的文件“素材/第2章/手机”，在工具箱中选择“魔棒工具”，在属性栏中设置“容差”为10 ❶，勾选“连续”复选框 ❷，在图像中的空白部位 ❸ 单击以创建选区，如图2-49所示。

02 使用“多边形套索工具”，按住Shift键在背景没有创建选区的区域拖动，将其添加到选区，如图2-50所示。

03 选区创建完毕，按Ctrl+Shift+I快捷键反选选区以选取手机图像，使用“移动工具”可以将选区内的图像移动到其他背景中，如图2-51所示。

图2-49　创建选区

图2-50　继续创建选区

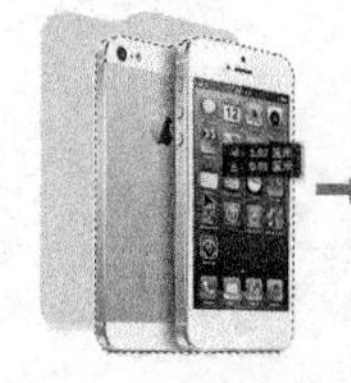

图2-51　移动选区内的图像

2.7.2 快速选择工具

在Photoshop CC中使用“快速选择工具”，可以快速在图像中对需要选取的部分创建选区。“快速选择工具”的使用方法非常简单，选择该工具后，使用鼠标指针在图像中拖动，即可在鼠标指针经过的地方创建选区，过程如图2-52所示。“快速选择工具”通常被用来快速创建精确的选区，该工具可以完成选区抠图的大部分操作，并且边缘十分平滑。

图2-52　创建选区

温馨提示

如果要选取较小的图像，可以将“快速选择工具”的画笔大小按照图像的大小进行适当的调整，这样可以选取得更加精确。

操作延伸

选择“快速选择工具”后，属性栏会变成该工具对应的参数及选项设置，如图2-53所示。

图2-53　快速选择工具的属性栏

其中各项的含义如下。

- **选区模式**：用来对选取方式进行运算，包括“新选区”、“添加到选区”和“从选区中减去”。
- **新选区**：单击“新选区”按钮对图像进行选取时，松开鼠标后会自动转换成“添加到选区”功能；再次选择“新选区”，可以创建另一个新选区或使用鼠标指针将选区进行移动，如图2-54所示。
- **添加到选区**：选择该项时，可以在图像中创建多个选区，相交时可以将两个选区合并，如图2-55所示。
- **从选区中减去**：单击选择“从选区减法”按钮后，拖动鼠标指针经过的位置会将原先创建的选区减去，如图2-56所示。

- **画笔** ：用来设置创建选区的笔尖、直径、硬度和间距等。
- **自动增强**：勾选该复选框，可以增强选区的边缘。

图2-54　新选区

图2-55　添加到选区

图2-56 从选区中减去

技巧

使用“快速选择工具” 创建选区时，按住 Shift 键可以自动转换为“添加到选区”操作，功能与属性栏中的“添加到选区”按钮 一致；按住 Alt 键可以自动转换为从选区中减去操作，功能与属性栏中的“从选区中减去”按钮 一致。

2.8 通过命令创建选区

在Photoshop CC中，不但可以通过工具来创建需要的选区，还可以通过命令在图像中创建选区。

2.8.1 选择全部

在Photoshop CC中，“全选”命令可以将当前画布作为一个整体调出选区。执行菜单中的“选择/全选”命令，或按Ctrl+A快捷键，即可载入当前画布的整个选区，如图2-57所示。

图2-57　选择全部

温馨提示

在“图层”面板中，按住 Ctrl 键将鼠标指针移动到图层缩览图上，单击即可快速调出当前图层的选区。“背景”图层不能使用此方法调出选区。

2.8.2 色彩范围

在Photoshop CC中，使用“色彩范围”命令可以根据选择图像中指定的颜色自动生成选区。如果图像中存在选区，那么色彩范围只局限在选区内。执行“选择/色彩范围”命令，得到如图2-58和图2-59所示的“色彩范围”对话框。

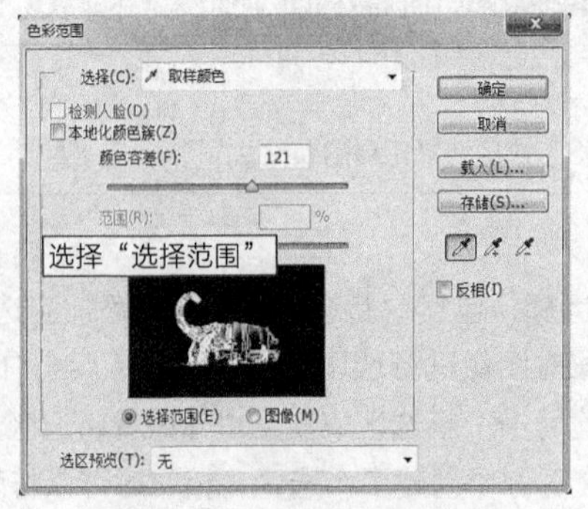

图2-58　“色彩范围”对话框

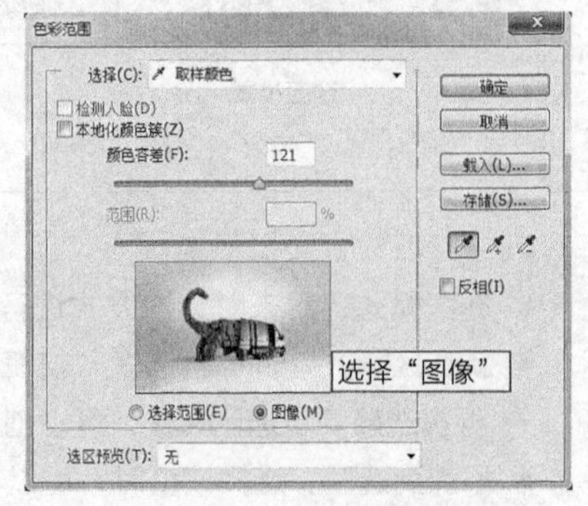

图2-59　“色彩范围”对话框

温馨提示

“色彩范围”命令不能被应用于 32 位 / 通道的图像。

对话框中各项的含义如下。

- **选择**：用来设置创建选区的方式。在下拉列表框中可以选择创建选区的方式。
- **检测人脸**：自动对像素对比较为强烈的边缘进行选取，能够更加有效地对人物脸部肤色进行选取。该复选框只有在选择“本地化颜色簇”后才会被激活。
- **本地化颜色簇**：用来设置相连范围的选取。勾选该复选框后，被选取的像素形成呈放射状扩散相连的选区。
- **颜色容差**：用来设置被选颜色的范围。数值越大，选取的同样颜色的范围越广。只有在“选择”下拉列表框中选择“取样颜色”选项时，该选项才会被激活。
- **范围**：用来设置“吸管工具”点选的范围，数值越大，选区的范围越广。只有使用“吸管工具”单击图像后，该选项才会被激活。
- **选择范围/图像**：用来设置预览框中显示的是选择区域还是图像。
- **选区预览**：用来设置文件图像中的预览选区方式，包括“无”“灰度”“黑色杂边”“白色杂边”和“快速蒙版”。

  无：不设置预览方式。如图2-60所示。

  灰度：以灰度方式显示预览，选区为白色。如图2-61所示。

  黑色杂边：选区显示为原图像，非选区以黑色覆盖。如图2-62所示。

  白色杂边：选区显示为原图像，非选区以白色覆盖。如图2-63所示。

  快速蒙版：选区显示为原图像，非选区以半透明蒙版颜色显示。如图2-64所示。
- **载入**：可以将之前的选区效果应用到当前文件中。
- **存储**：将制作好的选区效果进行存储，以备后用。
- **吸管工具**：使用“吸管工具”在图像中单击，可以设置由蒙版显示的区域。
- **添加到取样**：使用“添加到取样”在图像中单击，可以将新选取的颜色添加到选区内。
- **从取样中减去**：使用“从取样中减去”在图像中单击，可以将新选取的颜色从选区中删除。
- **反相**：勾选该复选框，可以将选区反转。

图2-60　无

图2-61　灰度

图2-62　黑色杂边

图2-63　白色杂边

图2-64　快速蒙版

上机练习：使用“色彩范围”命令创建选区并为选区内的图像替换背景

本次实战主要让大家了解“色彩范围”命令的使用方法。

操作步骤

01 执行菜单中的“文件/打开”命令或按Ctrl+O快捷键，打开随书附带光盘中的文件“素材/第2章/蔬菜.jpg”，如图2-65所示。

02 执行菜单中的“选择/色彩范围”命令，弹出“色彩范围”对话框，勾选“本地化颜色簇”复选框，单击“选择范围”单选按钮，使用“吸管工具”在图像中的白色部分单击，设置“颜色容差”为48、“范围”为100%，过程如图2-66所示。

03 使用“添加到取样”，在其他白色区域分别单击，勾选“反相”复选框，如图2-67所示。

04 设置完毕单击“确定”按钮，选区效果如图2-68所示。

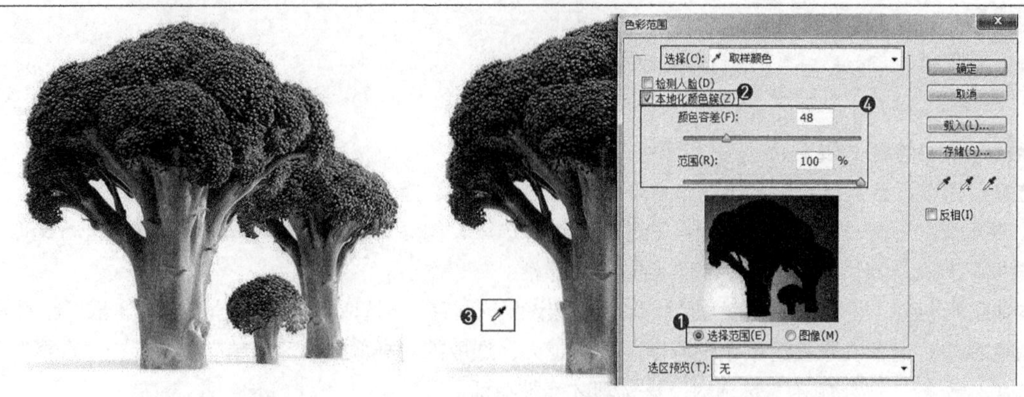

图2-65　素材　　　　图2-66　“色彩范围”对话框

05 打开随书附带光盘中的文件“牛奶jpg”，如图2-69所示。使用“移动工具”拖动“蔬菜”文件中选区内的图像内容到“牛奶”文件中，变换大小后得到最终效果，如图2-70所示。

图2-67　设置色彩范围

图2-68　选区效果

图2-69　素材

图2-70　最终效果

2.9 课后练习

课后练习：使用快速选择工具创建精确选区

在Photoshop CC中通过“快速选择工具”创建整体选区，结合属性栏创建精确选区，如图2-71所示。

图2-71　使用快速选择工具创建精确选区

练习说明

1. 打开素材。
2. 使用“快速选择工具”对人物创建整体选区。
3. 在属性栏中单击“从选区中减去”。
4. 减去人物以外的区域。

课后练习2：通过羽化功能柔化选区边缘合成图像

在Photoshop CC中通过设置“羽化”值创建椭圆选区后，将选区内的图像移动到新背景中，如图2-72所示。

图2-72　通过羽化功能柔化选区边缘合成图像

练习说明

1. 打开素材。
2. 选择选区工具后，在属性栏中设置“羽化”值。
3. 创建选区。
4. 将选区内的图像拖动到新文件中。

第03章 对已建选区的基本编辑

本章重点：

- 对已建选区进行编辑
- 选区的填充与描边
- 选区的调整方法

3.1 复制、剪切、粘贴选区内容

在图像中创建选区后，在菜单中执行“编辑/拷贝”命令或“编辑/剪切”命令，可以将选区内的图像进行复制并保留到剪贴板中，再通过“编辑/粘贴”命令将选区内的图像进行粘贴，此时被选取的区域会自动生成新的图层并取消选区。应用“拷贝”与“粘贴”命令，被复制的区域还会存在，如图3-1所示。应用“剪切”与“粘贴”命令，被剪切的区域将不会存在，如果在“背景”图层中执行该命令，被剪切的区域会使用工具箱中的背景色填充，如图3-2所示。

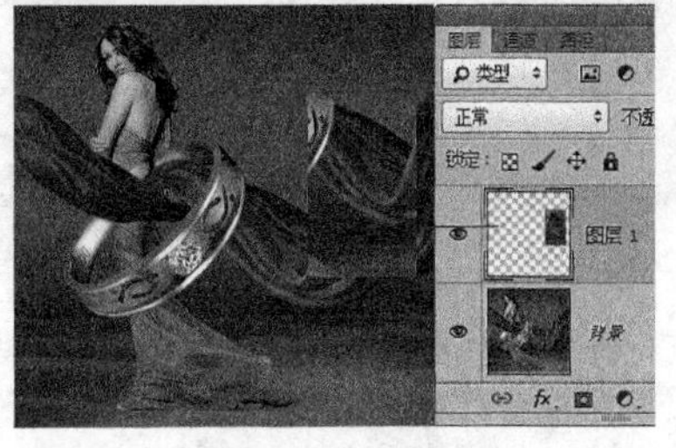

图3-1　复制与粘贴

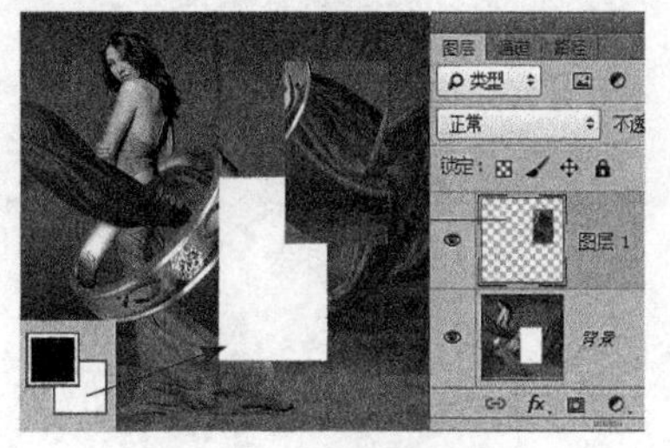

图3-2　剪切与粘贴

温馨提示

“拷贝”“剪切”“粘贴”命令可以被应用到不同的文件或不同的图层中。“拷贝”命令的快捷键是 Ctrl+C，“剪切”命令的快捷键是 Ctrl+X、“粘贴”命令的快捷键是 Ctrl+V。

3.2 填充选区

在Photoshop CC中创建选区后，可以通过“填充”命令、“渐变工具”、“油漆桶工具”为创建的选区进行填充。

3.2.1 填充命令

创建选区后，通过“填充”命令可以为创建的选区填充前景色、背景色、图案等。填充选区的方法如下。

01 新建一个空白文件，使用“椭圆选框工具”在文件中绘制一个椭圆选区，如图3-3所示。

02 在工具箱中设置前景色为蓝色、背景色为绿色，如图3-4所示。

03 在菜单中执行“编辑/填充”命令，弹出如图3-5所示的“填充”对话框。

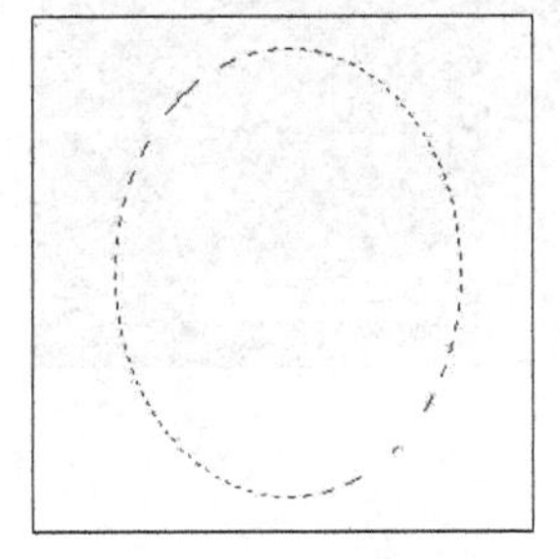

图3-3　创建椭圆选区

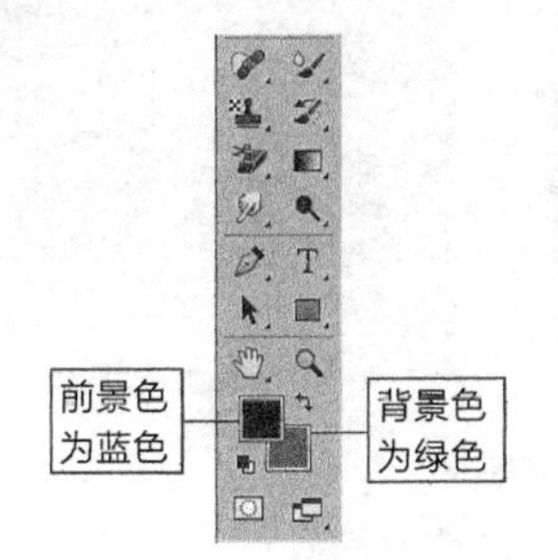

图3-4　设置前景色与背景色

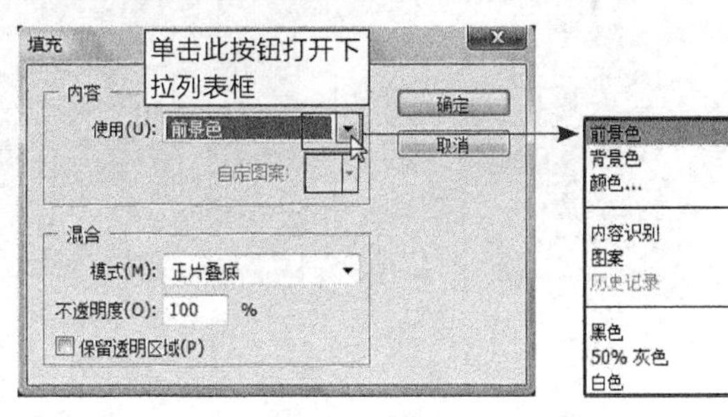

图3-5　“填充”对话框

其中各项的含义如下。

- **内容**：用来填充前景色、背景色或图案的区域。

  使用：在下拉列表框中选择填充选项，其中“内容识别”选项主要用来对图像中的多余部分进行快速修复（如草丛中的的杂物、背景中的人物等），修复效果如图3-6所示。

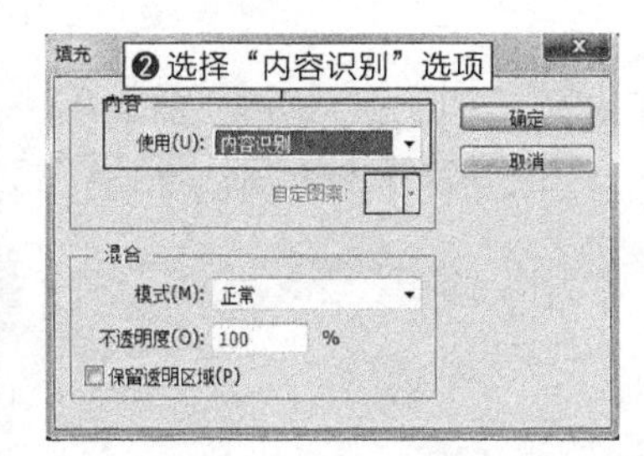

图3-6　内容识别填充

自定图案：用于填充图案，在“使用”下拉列表框中选择“图案”选项时该选项被激活。在“自定图案”的“图案拾色器”面板中可以选择填充的图案，设置参数后填充图案，效果如图3-7所示。

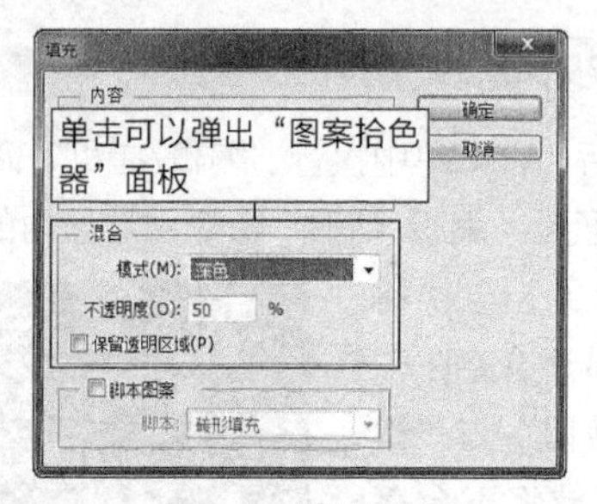

图3-7 填充图案

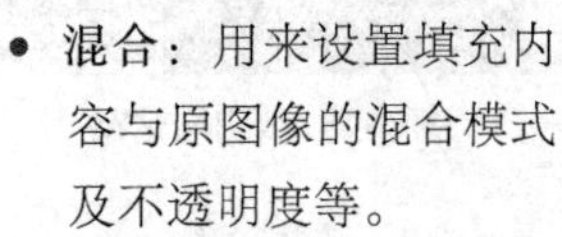

- **混合**：用来设置填充内容与原图像的混合模式及不透明度等。

  模式：用来设置填充内容与原图像的混合模式，在下拉列表框中可以选择相应的混合模式。

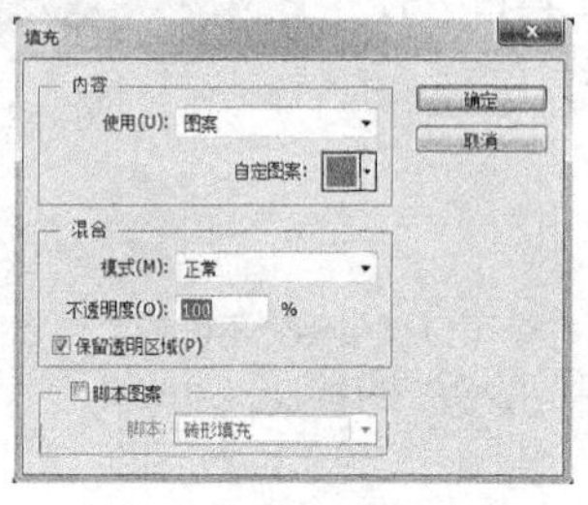

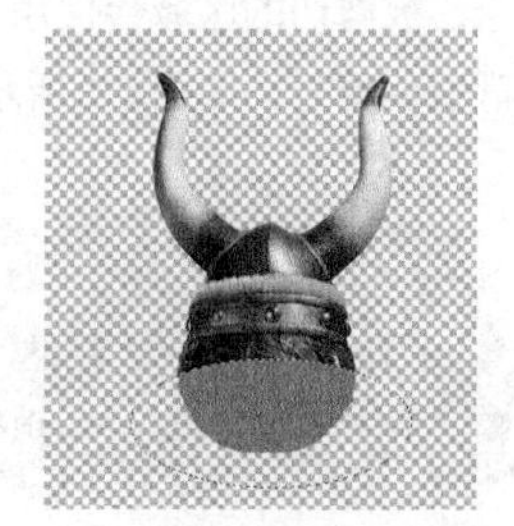

图3-8 保留透明区域

  不透明度：用于设置填充内容的不透明度。

  保留透明区域：勾选此复选框后，填充时只对选区或图层中有像素的部分起作用，空白处不会被填充，如图3-8所示。

- **脚本图案**：在“使用”下拉列表框中选择“图案”选项时，该复选框被集激活。勾选此复选框后，下面的“脚本”会被激活，系统将按照脚本内容对当前选择的图案进行脚本分析后再进行图案的填充。在下拉列表框中可以看到具体的填充样式，其中包括“砖形填充”“十字线织物”“随机填充”“螺线”和“对称填充”。该功能可以通过对背景区域的像素分析进行特定的填充，与普通图案填充的对比如图3-9所示。

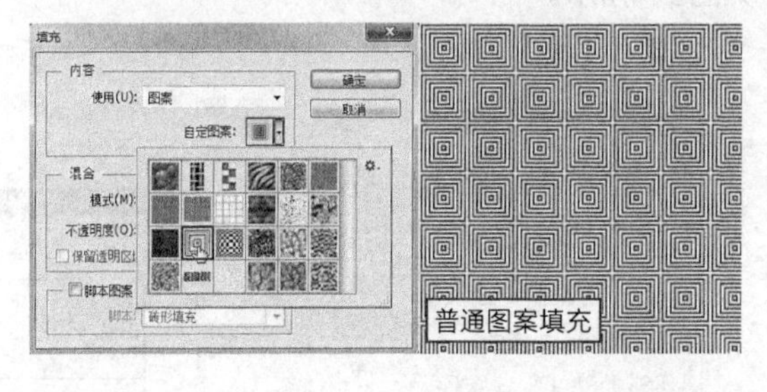

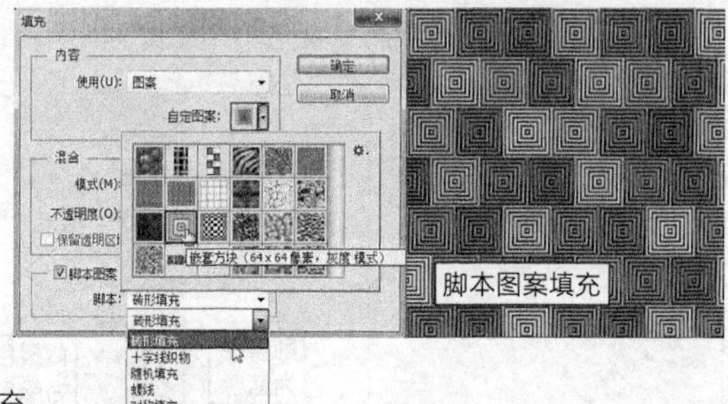

图3-9 图案填充

温馨提示

如果图层或选区中的图像存在透明区域，那么在“填充”对话框中“保留透明区域”复选框将会被激活。

04 在“使用”下拉列表框中分别选择“前景色”“背景色”和“50%灰色”，单击“确定”按钮后，得到如图3-10和图3-11所示的效果。

图3-10 填充前景色与背景色

图3-11 填充50%灰色

技巧

在图层或选区内填充时，按 Alt+Delete 快捷键可以快速填充前景色；按 Ctrl+Delete 快捷键可以快速填充背景色。

上机练习：通过“填充”命令改变背景纸纹理

本次实战要让大家了解在图像中创建选区和在选区内使用“填充”命令的方法。

操作步骤

01 在菜单中执行“文件/打开”命令或按Ctrl+O快捷键，打开随书附带光盘中的文件“素材文件/第3章/捅破.jpg”，如图3-12所示。

02 在工具箱中选择“快速选择工具”❶，在图像中的背景纸上拖动创建选区❷，如图3-13所示。

03 在菜单中执行“编辑/填充”命令或按Shift+F5快捷键，弹出“填充”对话框，在“使用”下拉列表框中选择“图案”❶，再打开“自定图案”的“图案拾色器”面板，单击“弹出菜单”按钮❷，在弹出的菜单中选择“彩色纸”选项❸，如图3-14所示。

图3-12　素材

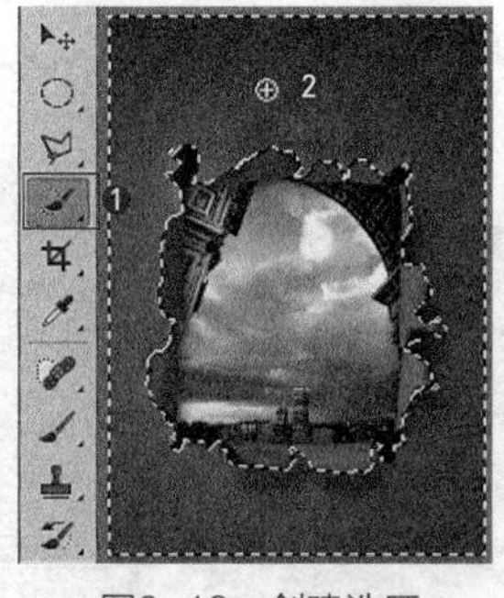

图3-13　创建选区

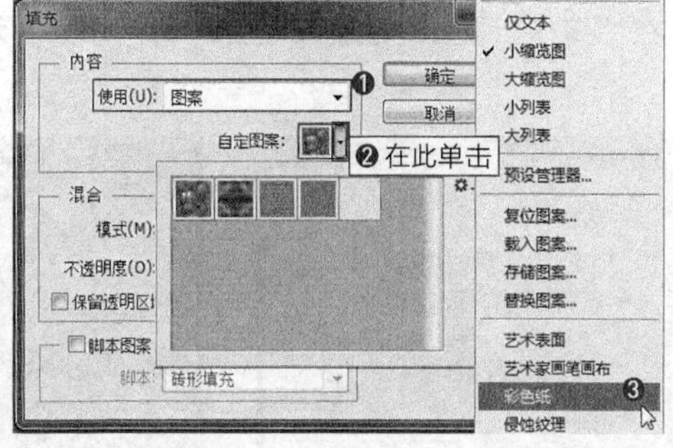

图3-14　“填充”对话框

04 选择“彩色纸”选项后，会弹出如图3-15所示的提示对话框。

05 单击“确定”按钮后，“自定图案”列表中将会用“彩色纸”中的图案替换原来的图案，选择“树叶图案纸”图案❹，如图3-16所示。

06 再设置“模式”为“正片叠底”❺、“不透明度”为75%❻，如图3-17所示。

07 设置完毕单击“确定”按钮，按Ctrl+D快捷键去掉选区，至此本次实战制作完成，效果如图3-18所示。

图3-15　提示对话框

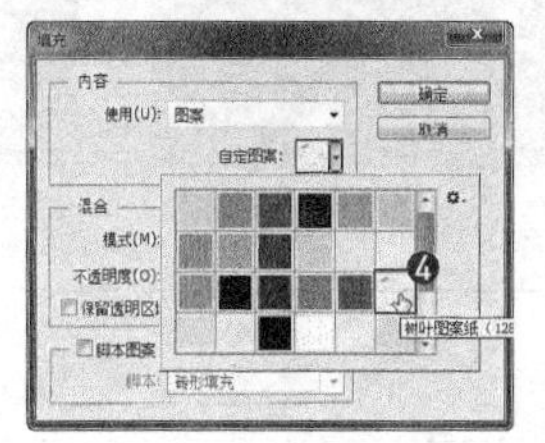

图3-16　“填充”对话框

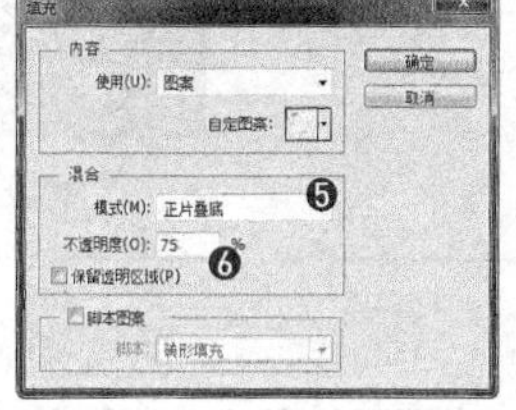

图3-17　“填充”对话框

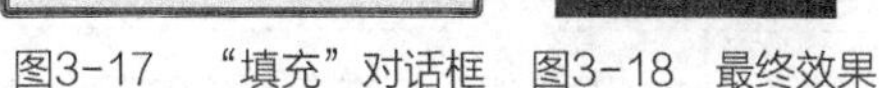

图3-18　最终效果

上机练习：填充自定义图案与填充自定义脚本图案

本次实战主要让大家了解在图像中创建选区自定义图案和填充脚本图案的方法。

操作步骤

01 在菜单中执行“文件/打开”命令或按Ctrl+O快捷键，打开随书附带光盘中的文件“素材文件/第3章/马.jpg”，如图3-19所示。

02 使用“矩形选框工具”在图像中的马尾部位上拖动以创建选区，如图3-20所示。

03 选区绘制完毕，在菜单中执行“编辑/定义图案”命令，弹出“图案名称”对话框，其中的参数设置如图3-21所示，设置完毕单击“确定”按钮。

图3-19 素材

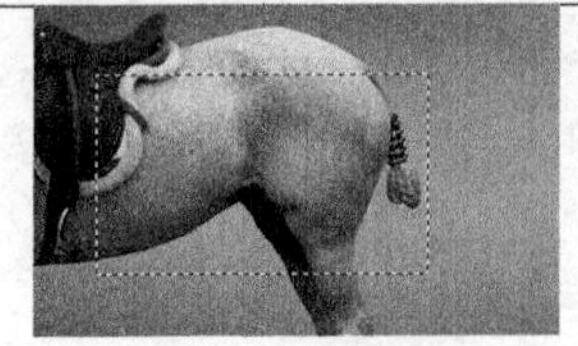

图3-20 创建选区

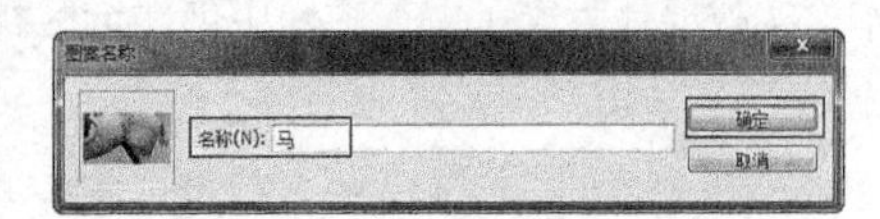

图3-21 "图案名称"对话框

04 新建一个空白文件。在菜单中执行"编辑/填充"命令，或按Shift+F5快捷键，弹出"填充"对话框，在"使用"下拉列表框中选择"图案"❶，在"图案拾色器"面板中选择"马"❷，如图3-22所示。

05 设置完毕单击"确定"按钮，填充后的效果如图3-23所示。

06 再新建一个空白文件。在菜单中执行"编辑/填充"命令或按Shift+F5快捷键，弹出"填充"对话框，在"使用"下拉列表框中选择"图案"❶，在"图案拾色器"面板中选择"马"❷，勾选"脚本图案"复选框❸，在"脚本"下拉列表框中选择"砖形填充"选项❹，如图3-24所示。

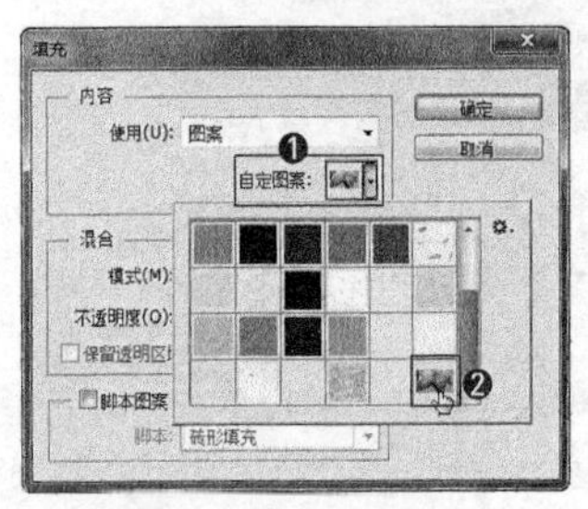

图3-22 选择图案

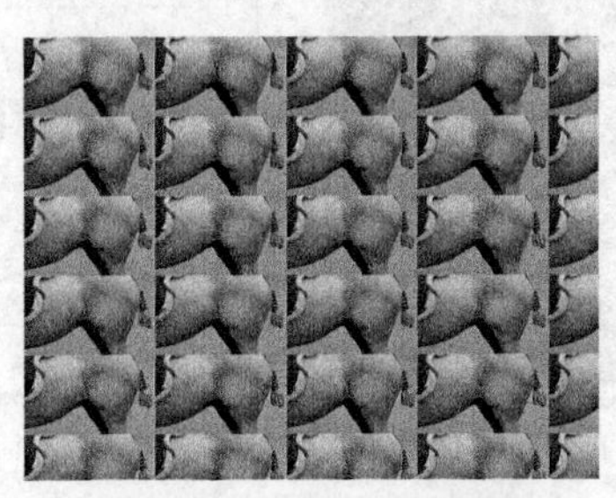

图3-23 填充自定义图案

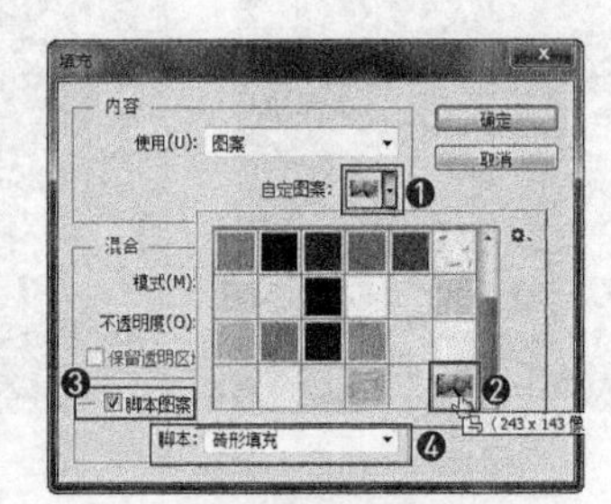

图3-24 选择图案

07 设置完毕单击"确定"按钮，效果如图3-25所示。在"脚本"下拉列表框中选择"对称填充"选项时，会得到如图3-26所示的效果。

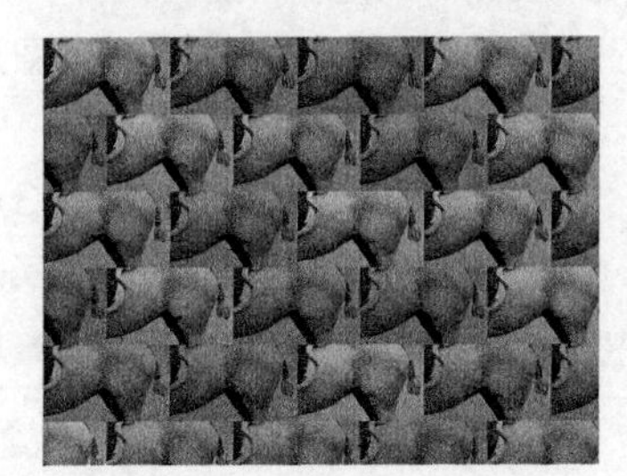

图3-25 砖形填充

图3-26 对称填充

3.2.2 渐变工具

在Photoshpo CC中能够填充渐变色的工具只有"渐变工具"▣。使用"渐变工具"▣在图像中或选区内填充逐渐过渡的颜色，可以是一种颜色过渡到另一种颜色；也可以是多种颜色之间的相互过渡；还可以是从一种颜色过渡到透明或从透明过渡到一种颜色。渐变样式千变万化，大体可分为五类，包括线性渐变、径向渐变、角度渐变、对称渐变和菱形渐变。"渐变工具"▣通常被用在制作绚丽渐变背景、编辑图层蒙版等方面。

该工具的使用方法非常简单，在已经创建的选区内从一点拖动鼠标指针到另一点，松开鼠标即可填充渐变色，过程如图3-27所示。

图3-27 填充渐变色

温馨提示

不能在智能对象图层中使用“渐变工具”■进行填充。

在工具箱中选择 “渐变工具”■后，属性栏会变成该工具对应的参数及选项设置，如图3-28所示。

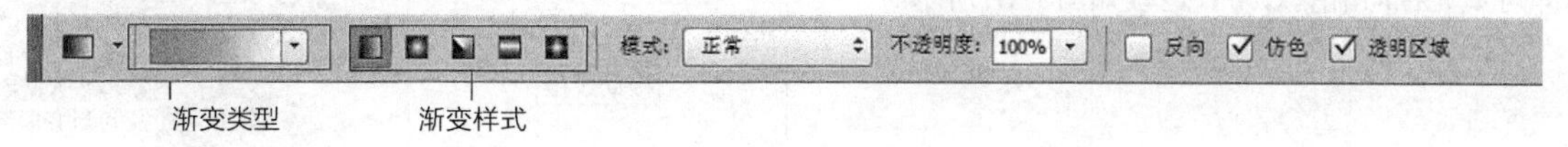

图3-28　渐变工具的属性栏

其中各项的含义如下。

❶单击

此时工具箱中的
前景色为绿色、
背景色为白色

图3-29　渐变拾色器

- **渐变类型**：用于设置以不同渐变类型填充时的颜色渐变，可以是从前景色到背景色，也可以自定义渐变的颜色，或者是由一种颜色到透明。只要单击“渐变类型”图标右侧的倒三角形■ ❶，即可打开“渐变拾色器”面板，从中可以选择要填充的渐变类型，如图3-29所示。
- **渐变样式**：用于设置填充渐变颜色的形式，包括“线性渐变”■、“径向渐变”■、“角度渐变”■、“对称渐变和菱形渐变”■。
- **模式**：用来设置填充渐变颜色与图像之间的混合模式。
- **不透明度**：用来设置填充渐变颜色的透明度。数值越小，填充的渐变颜色越透明，取值范围为0%～100%。
- **反向**：勾选该复选框后，可以将填充的渐变颜色的顺序反转。
- **仿色**：勾选该复选框后，可以使渐变颜色之间的过渡更加柔和。
- **透明区域**：勾选该复选框后，可以在图像中填充透明蒙版效果。

技巧

在“渐变类型”中的“从前景色到透明”选项，只有在属性栏中勾选了“透明区域”复选框时，才会真正起到从前景色到透明的作用。如果勾选了“透明区域”复选框，并选择了“从前景色到透明”选项时，填充的渐变色会以当前工具箱中的前景色进行填充。

上机练习：不同渐变样式的绘制方法

本次实战主要让大家了解使用“渐变工具”■在不同渐变样式下填充渐变颜色时的不同效果。

线性渐变

从起点到终点做直线状渐变填充。在属性栏中单击“线性渐变”按钮■，在画布中选择起点后按下鼠标左键并拖动鼠标指针到一定距离，松开鼠标后即可填充线性渐变效果，过程如图3-30所示。

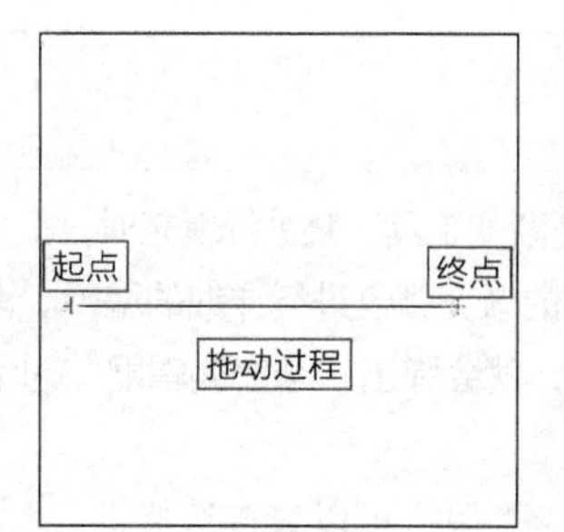

图3-30　线性渐变

径向渐变

从起点到终点做放射状渐变填充。在属性栏中单击“径向渐变”按钮，在画布中选择起点后按下鼠标左键并拖动鼠标指针到一定距离，松开鼠标后即可填充径向渐变效果，过程如图3-31所示。

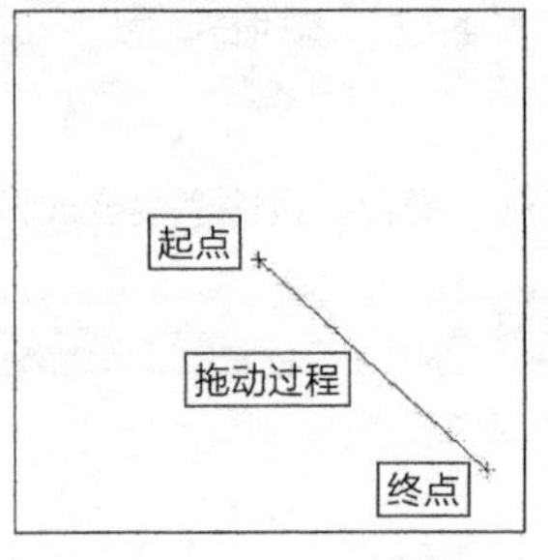

图3-31 径向渐变

角度渐变

以起点作为旋转点并以起点到终点的拖动线作为基准做顺时针渐变填充。在属性栏中单击“角度渐变”按钮，在画布中选择起点后按下鼠标左键并拖动鼠标指针到一定距离，松开鼠标后即可填充角度渐变效果，过程如图3-32所示。

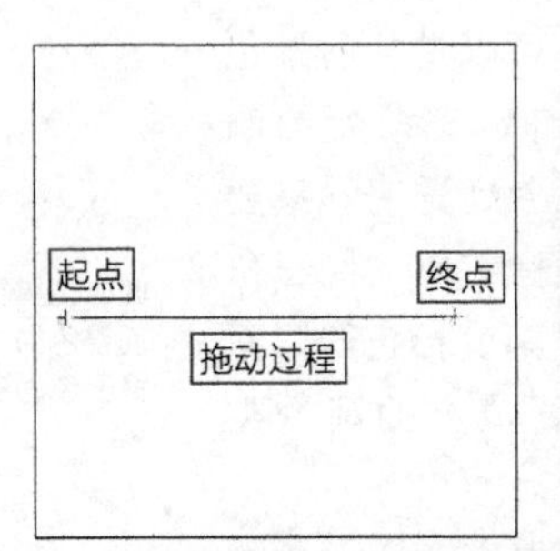

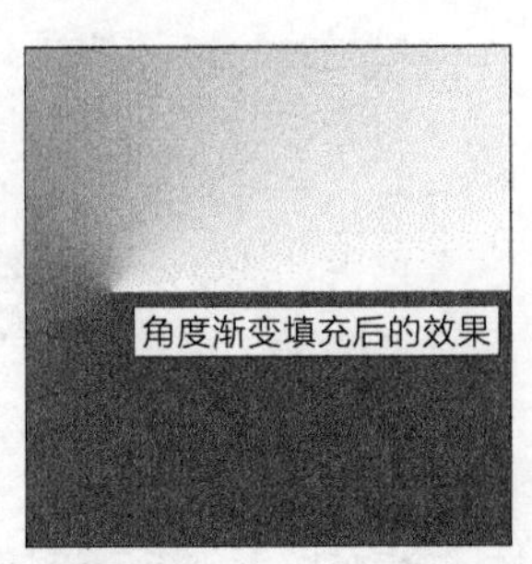

图3-32 角度渐变

对称渐变

从起点到终点做对称直线渐变填充。在属性栏中单击“对称渐变”按钮，在画布中选择起点后按下鼠标左键并拖动鼠标指针到一定距离，松开鼠标后即可填充对称渐变效果，过程如图3-33所示。

菱形渐变

从起点到终点做菱形渐变填充。在属性过程中单击“菱形渐变”按钮，在画布中选择起点后按下鼠标右键并拖动鼠标指针到一定距离，松开鼠标后即可填充菱形渐变效果，过程如图3-34所示。

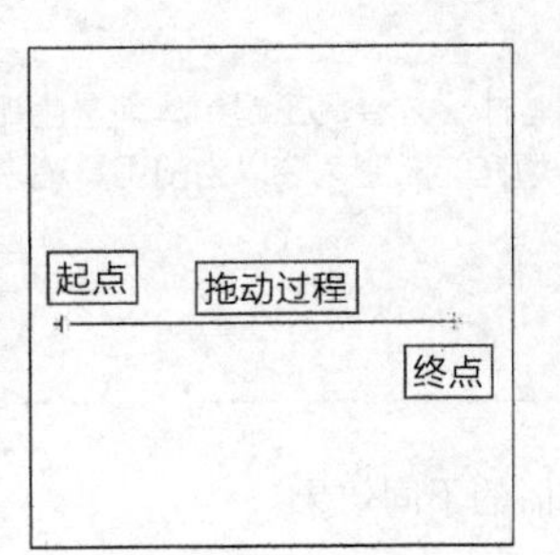

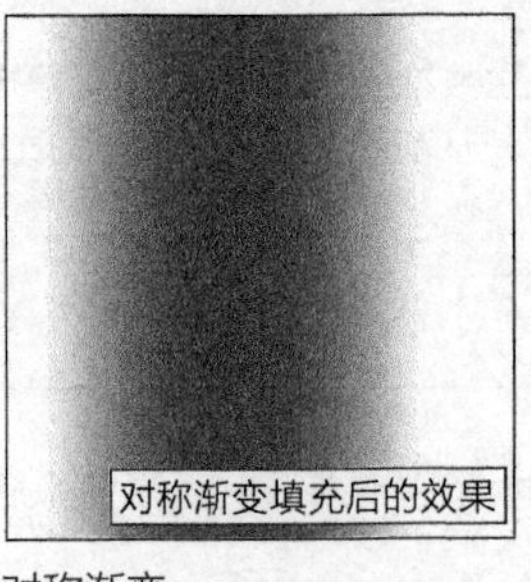

图3-33 对称渐变

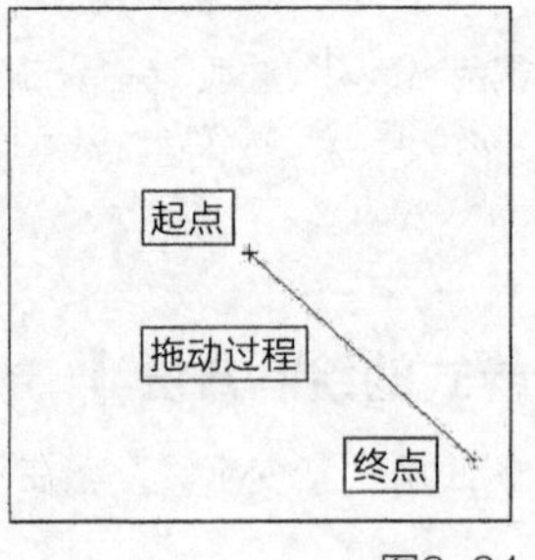

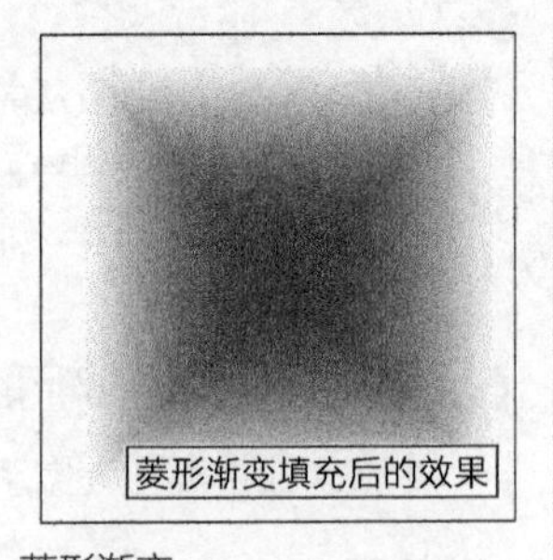

图3-34 菱形渐变

3.2.3 渐变编辑器

在Photoshop CC中使用“渐变工具”进行填充时，很多时候都会希望按照自己创造的渐变颜色进行填充，此时就会使用渐变编辑器对要填充的渐变颜色进行详细的编辑。渐变编辑器的使用方法非常简单，在选择“渐变工具”后，单击“渐变类型”颜色条，就会弹出“渐变编辑器”对话框，如图3-35所示。

其中各项的含义如下。

- **预设**：显示当前的渐变类型，可以直接选择。
- **名称**：当前选取的渐变色的名称，可以自定义渐变名称。

- **渐变类型**：在“渐变类型”下拉列表框中包括“实底”和“杂色”。在选择不同类型时，参数和设置效果也会随之改变。选择“实底”选项时，参数选项设置的变化如图3-36所示；选择“杂色”选项时，参数及选项设置的变化如图3-37所示。

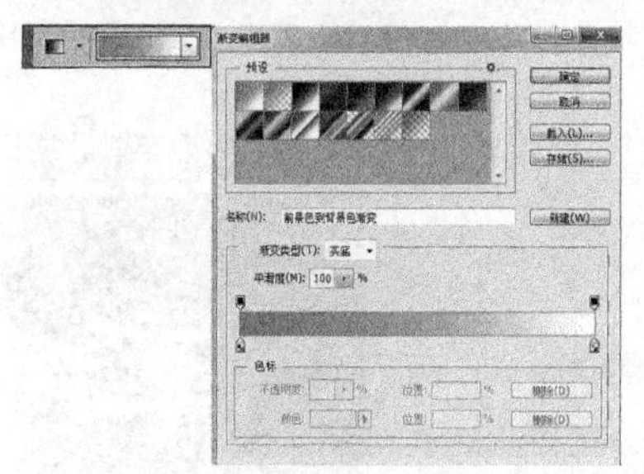

图3-35 “渐变编辑器”对话框

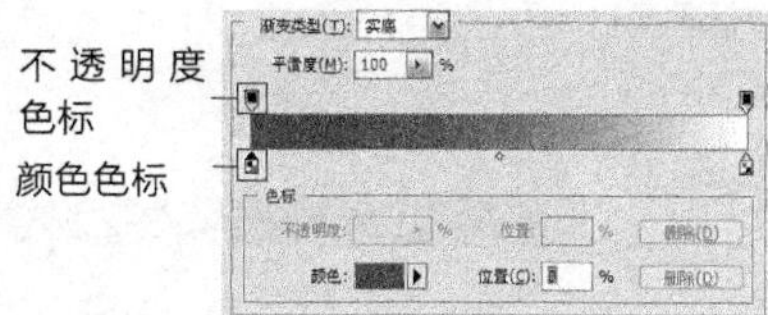

图3-36 选择 “实底”时的设置

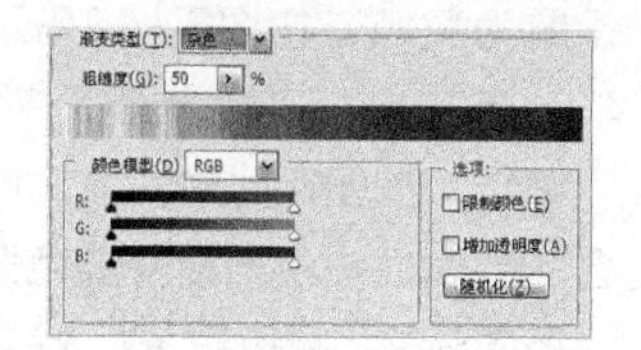

图3-37 选择“杂色”时的设置

平滑度：用来设置渐变颜色过渡时的平滑均匀度，数值越大，过渡越平稳。

色标：用来对渐变色的颜色与不透明度以及颜色与不透明度的位置进行控制的区域。选择“颜色色标”时，可以对当前色标对应的颜色和位置进行设定；选择“不透明度色标”时，可以对当前色标对应的不透明度和位置进行设定。

粗糙度：用来设置渐变颜色过渡时的粗糙程度。数值越大，渐变填充越粗糙，取值范围是0%～100%。

颜色模型：在下拉列表框中可以选择的模型包括“RGB”“HSB”和“Lab”三种。选择不同的模型后，通过下面的颜色条来确定渐变颜色。

限制颜色：勾选该复选框，可以降低颜色的饱和度。

增加透明度：勾选该复选框，可以降低颜色的透明度。

随机化：单击该按钮，可以随机设置渐变颜色。

上机练习：自定义渐变颜色填充

01 在菜单中执行“文件/新建”命令或按Ctrl+N快捷键，在弹出的“新建”对话框中，设置“宽度”与“高度”为10厘米、“分辨率”为100单栏，单击“确定”按钮，新建一个空白文件。使用“矩形选框工具”创建一个矩形选区，选择“渐变工具”，单击属性栏中“渐变类型”的渐变颜色条，弹出“渐变编辑器”对话框。

02 选择左侧的“颜色色标”❶，再单击色标对应的“颜色”色块❷，弹出“选择色标颜色：”对话框，设置色标的颜色为（R: 0，G: 36，B: 255）❸，如图3-38所示。

03 设置完毕单击“确定”按钮，完成色标颜色的设置，在渐变颜色条的下方单击❹，会自动添加一个新色标❺，将其设置为绿色❻，如图3-39所示。

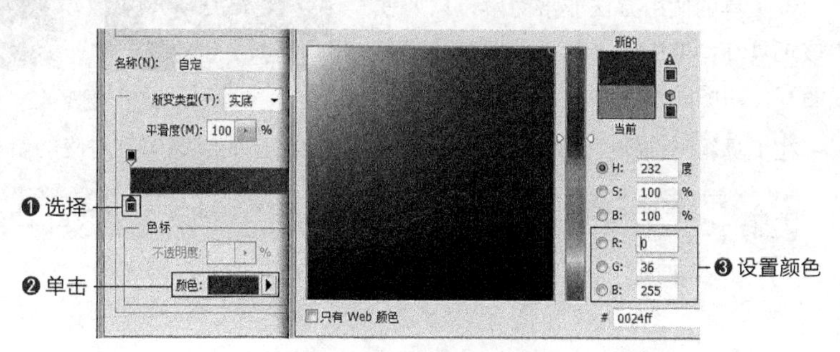

图3-38 设置色标的颜色

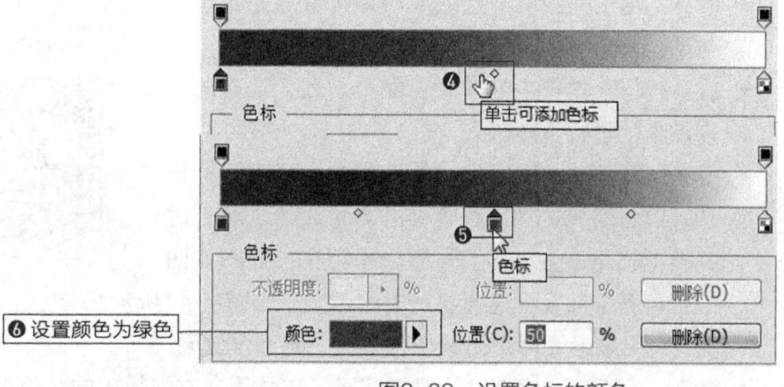

图3-39 设置色标的颜色

第1篇 第2篇 第3篇 第4篇 第5篇 第6篇 第7篇 第8篇 第9篇 第10篇 第11篇

技巧

在渐变条的上面单击鼠标会增加“不透明度”色标，在渐变条下面单击鼠标会增加“颜色”色标。使用鼠标直接拖曳色标可以直接更改位置，向上或向下拖曳可以将选取的色标清除。

04 使用同样的方法，将右侧的颜色色标设置为黄色，如图3-40所示，设置完毕，单击“渐变编辑器”对话框中的“确定”按钮，此时设置好的渐变色便会成为属性栏中的渐变颜色条❼，单击“径向渐变”按钮 ❽，在新建的文件中从中心向外拖动鼠标指针，即可填充渐变色，效果如图3-41所示。

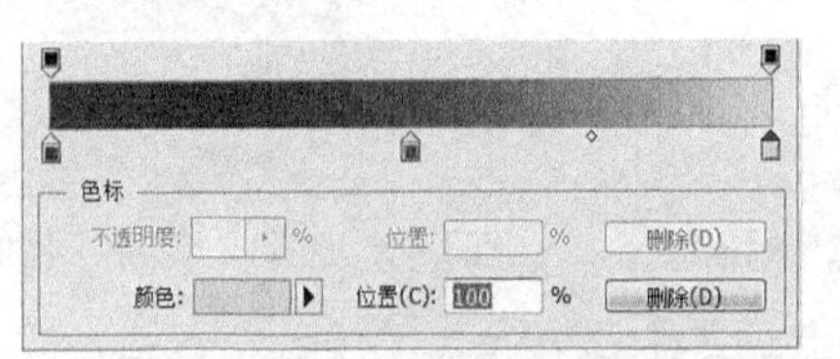

图3-40 设置色标的颜色

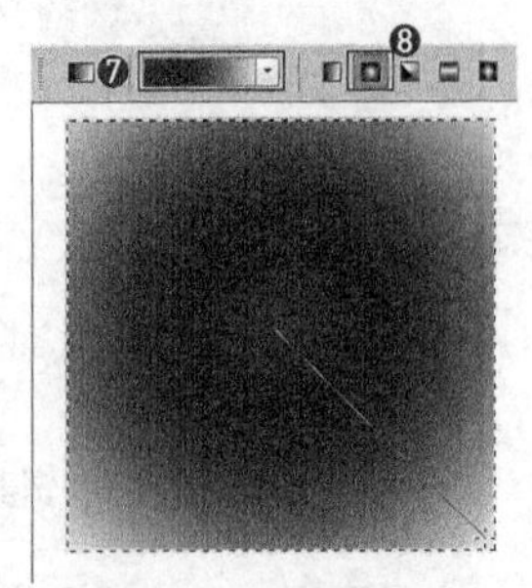
图3-41 填充渐变色

温馨提示

在“渐变编辑器”对话框中设置好的渐变颜色，可以通过单击“新建”按钮，将其添加到“渐变拾色器”中。

3.2.4 油漆桶工具

使用“油漆桶工具”可以在图层、选区或图像中颜色相近的区域中填充前景色或者图案，可以是连续的，也可以是分开的。“油漆桶工具”常被用于快速对图像进行前景色或图案填充。

该工具的使用方法非常简单，只要使用该工具在图像中单击就可以填充前景色或图案，如图3-42所示。

图3-42 使用油漆桶工具填充

在工具箱中选择“油漆桶工具”后，属性栏会变成该工具对应的参数及选项设置，如图3-43所示。

图3-43 油漆桶工具下的属性栏

其中各项的含义如下。

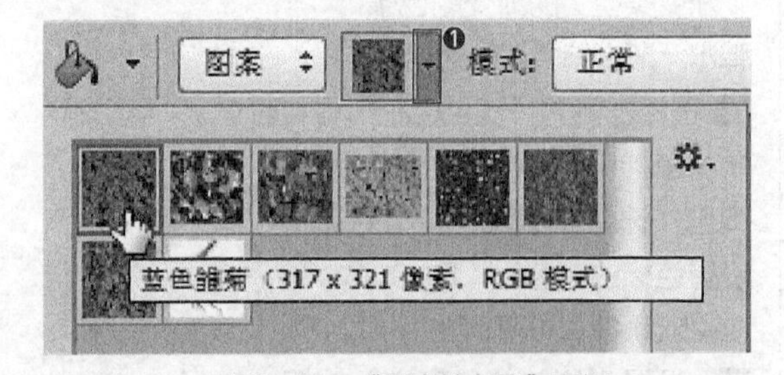

图3-44 “图案拾色器”面板

- **填充**：用于为图层、选区或图像选取填充类型，包括“前景”和“图案”。
- **前景**：与工具箱中的前景色保持一致，填充时会以前景色进行填充。
- **图案**：以预设的图案作为填充对象。只有选择该选项时，右侧的图案拾色器才会被激活，填充时只要单击倒三角形按钮❶，即可在打开的“图案拾色器”面板中选择要填充的图案，如图3-44所示。
- **模式**：用来设置填充图像与背景之间的混合效果。
- **容差**：用于设置填充时的填充范围。在数值文本框输入的数值越小，填充的颜色范围就越接近；输入的数值越大，填充的颜色范围就越广，如图3-45所示。

- **连续的**：用于设置填充时的连贯性，此时填充图像为局部像素或全部像素。如图3-46所示为勾选“连续的”复选框与不勾选“连续的”复选框时的填充效果对比。

图3-45　设置不同容差时的填充效果对比

图3-46　填充勾选“连续的”复选框与否的填充效果对比

技巧

如果在图层中填充但又不想填充透明区域，只要在“图层”面板中锁定该图层的透明区域就可以了。

3.3 选区的描边

对于已经创建的选区，可以对其进行描边处理。通常使用“描边”命令按照设定的颜色、宽度和位置对选区边缘进行描边填充。

创建选区后，通过“描边”命令可以为创建的选区建立内部、居中或居外的描边效果。描边选区的方法如下。

01 新建一个空白文件，使用“椭圆选框工具”，在文件中绘制一个椭圆选区，效果如图3-47所示。

02 在工具箱中设置前景色为蓝色、背景色为绿色，效果如图3-48所示。

03 在菜单中执行“编辑/描边”命令，弹出如图3-49所示的“描边”对话框。

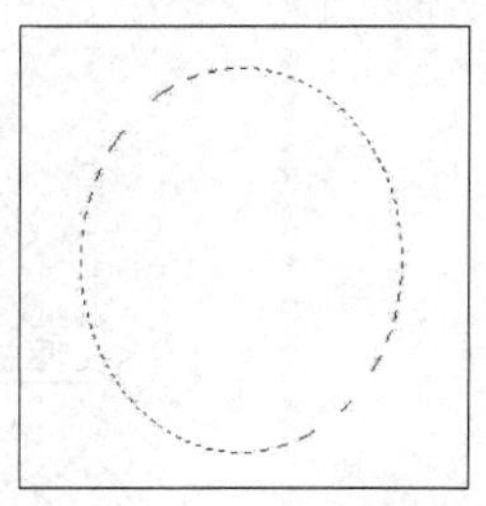

图3-47　创建椭圆选区

前景色为蓝色

背景色为绿色

图3-48　设置前景色和背景色

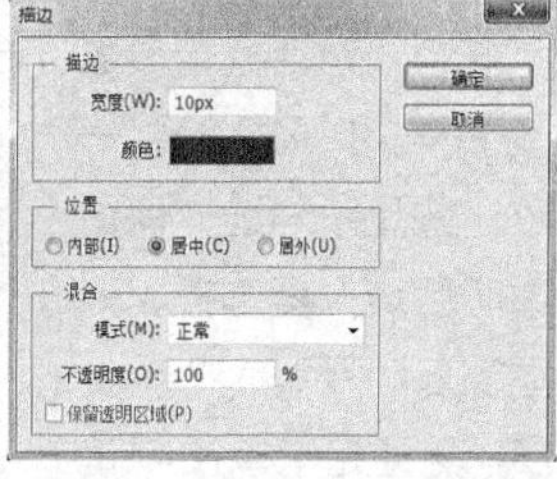

图3-49　“描边”对话框

其中各项的含义如下。

描边：用来设置描边的颜色与宽度。

宽度：设置描边的厚度。

颜色：用于设置描边的颜色。单击右侧的色块，可以在弹出的“拾色器”对话框中设置描边的颜色。

位置：用来设置描边所在的位置。

温馨提示

通常情况下，在“描边”对话框中的描边颜色与工具箱中的前景色相同。

04 在“位置”区域分别单击“内部”“居中”或“居外”单选按钮，单击“确定”按钮后，得到如图3-50～图3-52所示的效果。

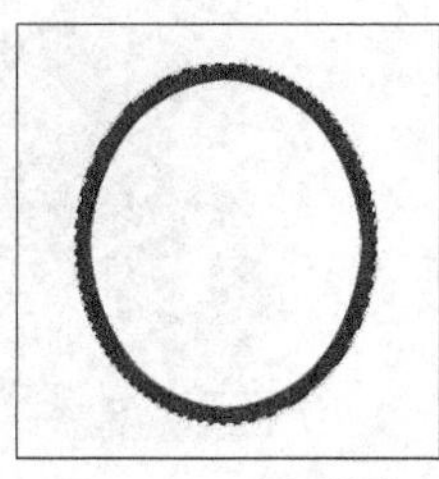

图3-50　内部描边

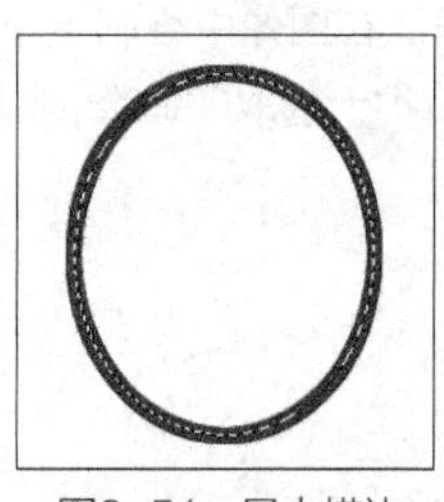

图3-51　居中描边

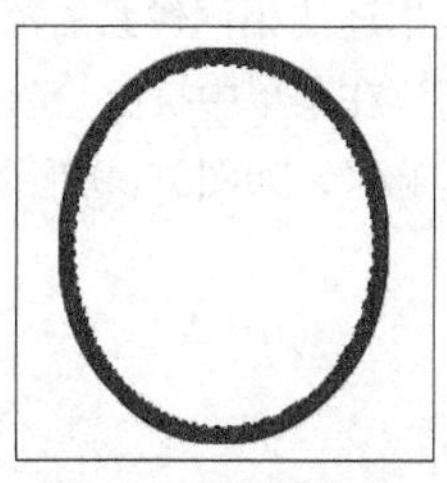

图3-52　居外描边

上机练习：描边保留透明区域

本次实战主要让大家了解应用“描边”对话框对存在空白区域的图像进行选区描边时产生不同效果的方法。

操作步骤

01 打开随书附带光盘中的文件“素材/第3章/创意蔬菜01.png”，如图3-53所示。

02 使用“矩形选框工具”▭在打开的素材文件中绘制一个矩形选区，效果如图3-54所示。

03 选区创建完毕，执行“编辑/描边”命令，弹出“描边”对话框。在“描边”选区中设置“宽度”为10px、“颜色”为淡蓝色❶；在“位置”选区中单击“内部”单选按钮❷；在“混合”选区中勾选“保留透明区域”复选框❸，其他参数不变，如图3-55所示。

04 设置完毕单击“确定”按钮，效果如图3-56所示。

图3-53　打开素材

图3-54　创建选区

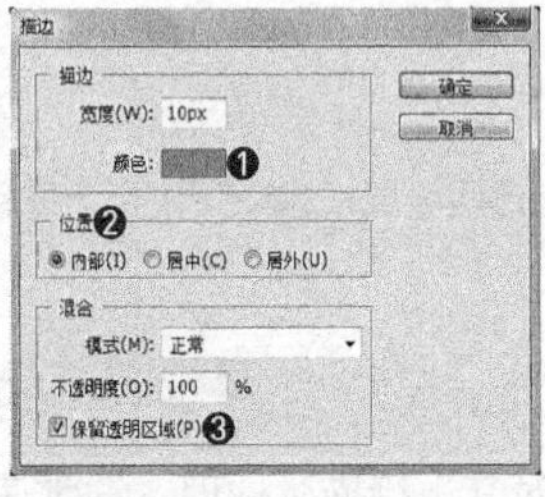

图3-55　“描边”对话框

图3-56　描边后

05 按Ctrl+Z快捷键返回上一步，执行“编辑/描边”命令，弹出“描边”对话框，参数设置与步骤03中一致，只是不勾选“保留透明区域”复选框，如图3-57所示。

06 设置完毕单击“确定”按钮，效果如图3-58所示。

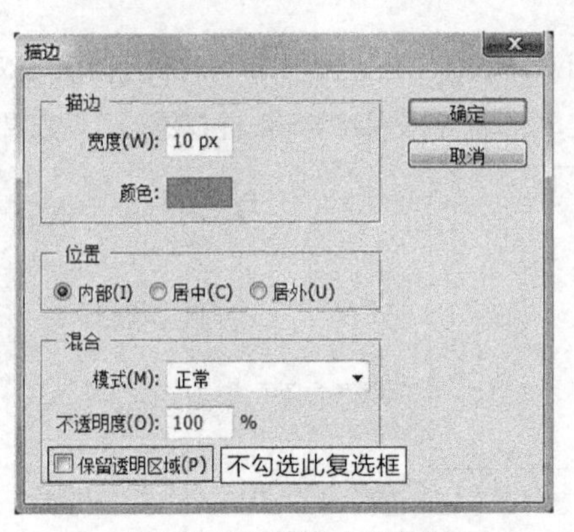

图3-57　“描边”对话框

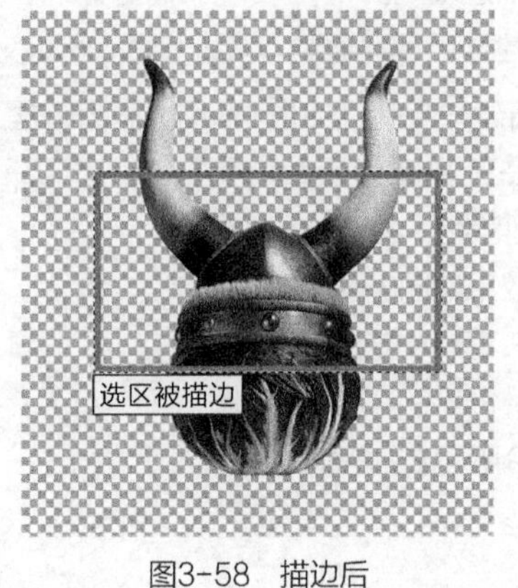

图3-58　描边后

3.4 扩大选取与选取相似

在Photoshop CC中，通过“扩大选取”“与选取相似”命令可以实现将当前选区的范围变大的效果。不同的是，一个与原选区相连，一个会出现多个选取范围的效果。

3.4.1 扩大选取

“扩大选取”命令可以将选区扩大到与当前选区相连的相同像素的范围。在图像中绘制一个选区后，在菜单中执行“选择/扩大选取”命令，即可扩展选区，如图3-59所示。

图3-59　扩大选取

3.4.2 选取相似

“选取相似”命令可以将图像中与选区像素相同的所有像素都添加到选区。在图像中绘制一个选区后，在菜单中执行“选择/选取相似”命令，即可扩展选区，如图3-60所示。

图3-60　选取相似

技巧

使用“扩大选取”命令和“选取相似”命令扩大选区时，选取容差范围与“魔棒工具”的容差值大小有关，容差越大，选取的范围越广，如图 3-61 所示。

图3-61　不同“容差”值下的扩大选取 效果

3.5 选区反选与取消选择

在Photoshop CC中，“选区反选”与“取消选择”指的是将选取范围反选和取消选取范围。

3.5.1 选区反选

在Photoshop CC中，反选选区操作可以将当前选取范围以外的区域转换为选取范围。使用“反向”命令，可以将当前选区进行反选。在图像中创建选区后，在菜单中执行“选择/反向”命令，或按Shift+Ctrl+I快捷键，即可将当前的选取范围反选，如图3-62所示。

图3-62　反选选区

3.5.2 取消选择

在编辑图像时，有时创建的选区不是想要的，此时就要考虑如何将创建的选区清除。在Photoshop CC中，可以通过在菜单中执行“选择/取消选择”命令或按Ctrl+D快捷键将图像中的选区清除，如图3-63所示。

图3-63　取消选择

3.6 移动选区与移动选区内容

在Photoshp CC中，经常会遇到对创建的选区进行位置的改变或对选区内容进行移动等操作。“移动选区”指的是只对创建选区的蚂蚁线进行移动，而选区内的图像不进行移动；“移动选区内容”指的是创建选区后，使用“移动工具”拖动，即可将选区内的图像内容进行移动。本节就为大家讲解移动选区与移动选区内容的方法。

3.6.1 移动选区

01 在Photoshop CC中打开一幅自己喜欢的图像，使用“椭圆选框工具”创建一个选区，如图3-64所示。

02 创建选区后，在属性栏中单击“新选区”按钮后，此时按下鼠标左键进行拖动，即可将选区移动，效果如图3-65所示。

图3-64　新建选区

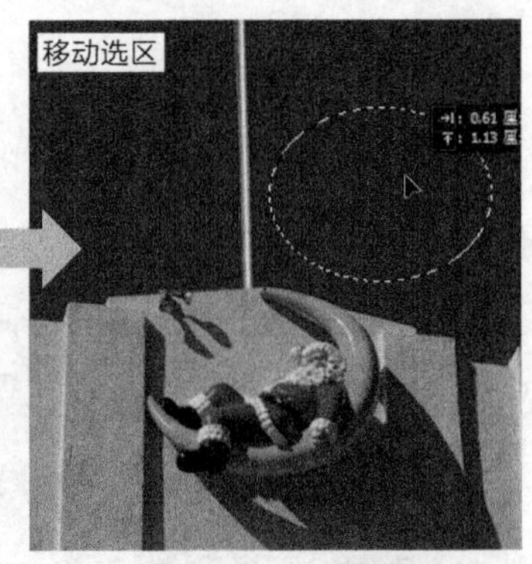

图3-65　移动选区

3.6.2 移动选区内容

01 在Photoshop CC中打开一幅自己喜欢的图像，使用“椭圆选框工具”创建一个选区，如图3-66所示。

02 创建选区后，在工具箱中选择“移动工具”，按下鼠标左键拖动，即可将选区内的图像移动，效果如图3-67所示。

图3-66　新建选区

图3-67　移动选区内容

> **技巧**
>
> 使用选区工具创建选区后，当鼠标指针变成形状时，可以直接按下鼠标拖动选区到任意地方，或者直接按键盘上的方向键移动选区；按住 Ctrl 键当鼠标指针变成形状时拖动选区时，可以将选区内的图像移动

3.7 变换选区、变换选区内容和内容识别比例

在Photoshop CC中，“变换选区”命令与“变换选区内容”命令是不同的。一个是针对创建选区的蚂蚁线进行变换，一个是针对选取内容进行变换。“内容识别变换”可以自动根据选区内图像的像素而进行有选择的变换。本节针对三个不同的命令进行详细的讲解。

3.7.1 变换选区

“变换选区”命令指的是可以直接改变创建选区的蚂蚁线的形状而不会对选取的内容进行变换。在图像中创建选区后，在菜单中执行“选择/变换选区”命令，此时会调出变换框，只要拖动变换控制点即可对创建的选区进行变换；再在菜单中执行“编辑/变换”命令或在变换框内单击鼠标右键，在弹出的子菜单中选择具体的变换样式，如图3-68所示：分别选择“缩放”“旋转”“斜切”“扭曲”和“透视”选项，再拖动变换控制点以改变选区形状，得到如图3-69～图3-73所示的效果。

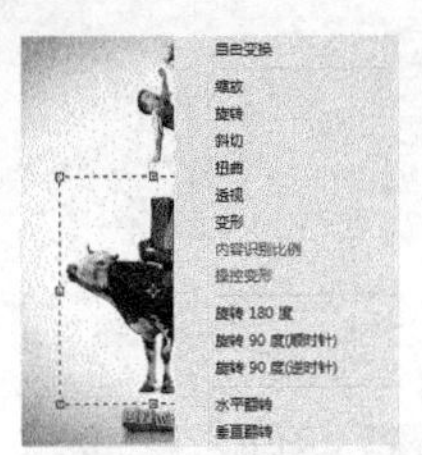
图3-68 变换样式

图3-69 缩放

图3-70 旋转

图3-71 斜切

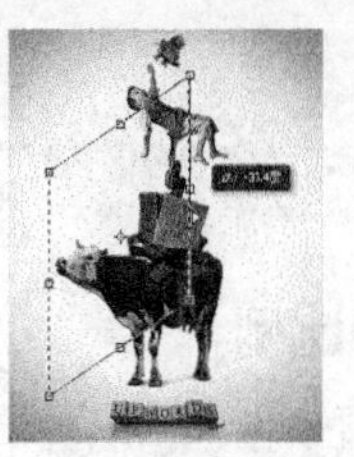
图3-72 扭曲

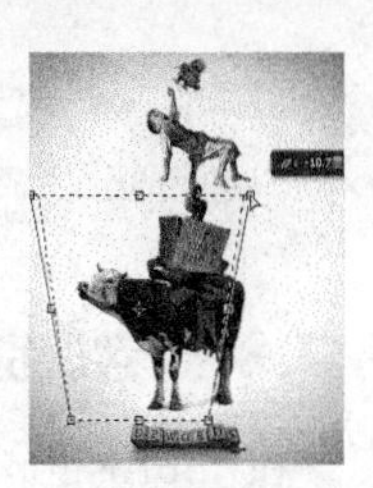
图3-73 透视

在弹出的了菜单中选择“变形”选项时，可以对选区执行“变形”操作，此时属性栏会变成“变形”对应的参数及选项模式，如图3-74所示。

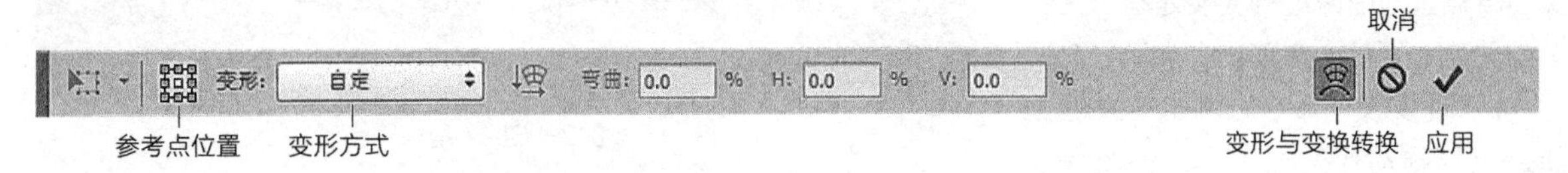

图3-74 “变形”属性栏

其中各项的含义如下。

- **参考点位置**：用来设置变换与变形的中心点。
- **变形**：用来设置变形方式。单击右侧的三角形按钮可以打开下拉列表框，如图3-75所示，在其中可以选择相应的变形模式。选择“自定”选项时，可以通过拖动变换控制点来对选区进行直接变形，如图3-76所示。选择其他“变形”选项时，可以通过在属性栏中的“弯曲”“水平扭曲”与“垂直扭曲”数值文本框中输入数值来确定变形的效果，也可以拖动变换控制点来完成。如图3-77所示为选择“凸起”选项时的变形效果，图3-78所示为选择“旋转扭曲”选项时的变形效果。

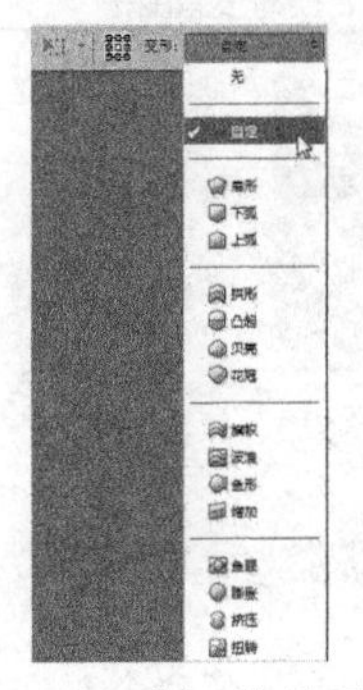
图3-75 “变形”选项

图3-76 自定

图3-77 凸起

图3-78 扭转

3.7.2 变换选区内容

“变换选区内容”命令指的是可以改变创建的选区内图像内容的形状。在图像中创建选区后，在菜单中执行“编辑/变换”命令或按Ctrl+T快捷键调出变换框，在变换框内单击鼠标右键，在弹出的子菜单中可以选择具体的变换样式。选择“旋转”与“透视”选项，效果如图3-79和图3-80所示；在“变形”下拉列表框中选择“旗帜”与“扭曲”选项，效果如图3-81和图3-82所示。

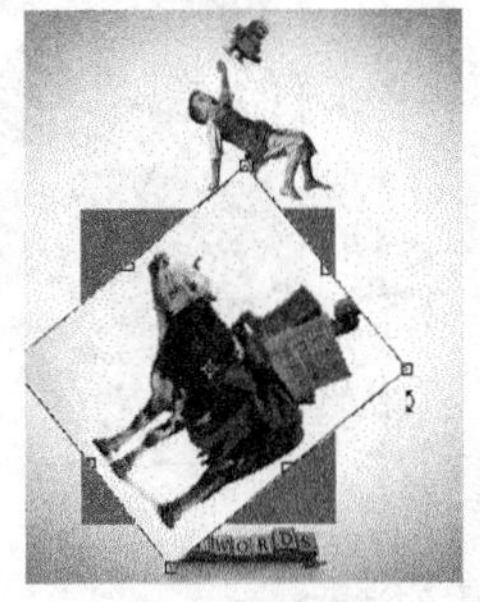
图3-79 旋转

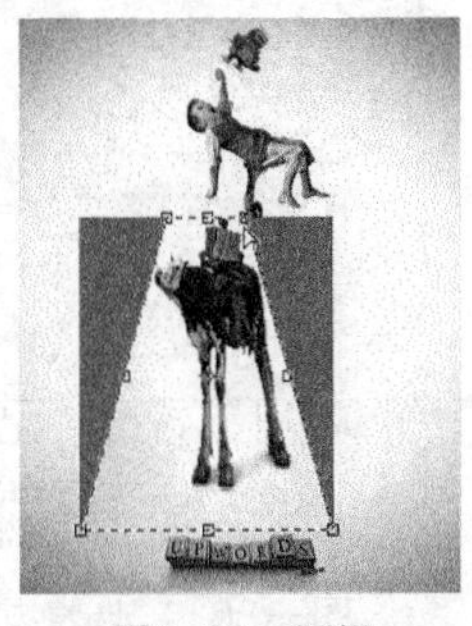
图3-80 透视

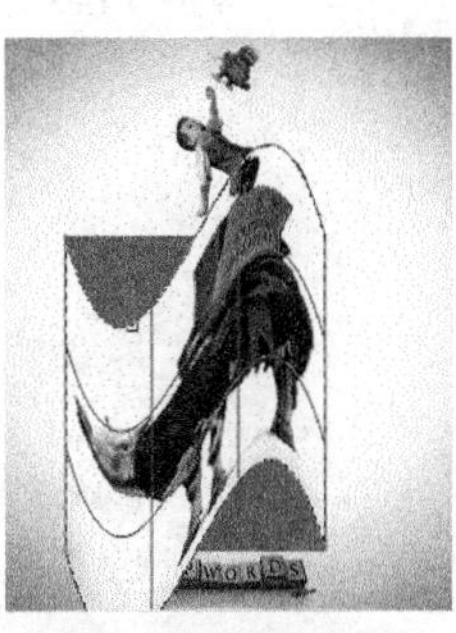
图3-81 旗帜

图3-82 扭曲

温馨提示

“变换选区”命令与“变换选区内容”命令的属性设置是相同的。

3.7.3 内容识别比例

在Photoshop CC中，“内容识别变换”命令指的是可以根据变换框的调整，来改变选区内特定区域像素的效果。应用该命令后，系统会自动根据图像的特点来对图像进行变换处理。在图像中创建选区后，在菜单中执行“编辑/内容识别变换”命令，调出变换框。使用鼠标拖动变换控制点，将图像变窄，此时会发现，图像中的人物基本没有发生变换，被变换的只是人物与人物之间的像素，如图3-83所示。

图3-83　内容识别比例

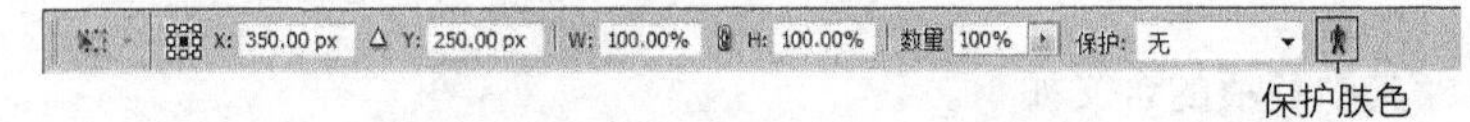

图3-84　内容识别变换的属性栏

对选区或图层应用“内容识别变换”命令后，属性栏也会随之变为对应的参数及选项设置，如图3-84所示。其中各项的含义如下。

- **数量**：用于设置内容识别变换的阈值，最大限度地减低扭曲度；输入数值为0%~100%，数值越大，识别效果越好。
- **保护**：用来选择“通道”作为保护区域。
- **保护肤色**：单击该按钮，系统在识别时会自动保护人物肤色区域，如图3-85所示。

图3-85　内容识别变换的保护肤色效果

3.8 选区的调整

在Photoshop CC中选区创建完毕，可以通过“调整边缘”“收缩”“扩展”和“边界”等命令对选区进行调整。

3.8.1 调整边缘

使用“调整边缘”命令，可以对已经创建的选区进行半径、对比度、平滑和羽化等调参数的调整。创建选区后，在菜单中执行“选择/调整边缘”命令，弹出“调整边缘”对话框，如图3-86所示。

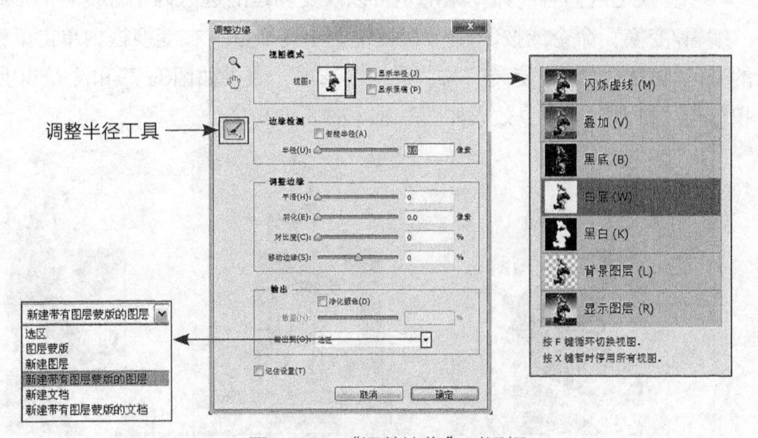

图3-86　“调整边缘”对话框

温馨提示

“调整边缘”对话框的功能简介，可以参考第 2 章的“2.5.5 调整边缘”的机关内容。

使用“调整边缘”命令可以对选区进行非常精细的调整，如图3-87所示。

图3-87　调整边缘

上机练习：为人物发丝抠图

本次实战为大家讲解通过“调整边缘”命令对人物发丝抠图的方法。

操作步骤

01 打开随书附带光盘中的文件“素材文件/第3章/模特02.jpg”，使用“快速选择工具”在图像的人物上拖动，创建一个选区，效果如图3-88所示。

02 创建选区后，在菜单中执行“选择/调整边缘”命令，弹出“调整边缘”对话框，选择“调整半径工具”❶，在人物发丝的边缘处向外按下鼠标左键进行拖动❷，如图3-89所示。

图3-88　为素材创建选区

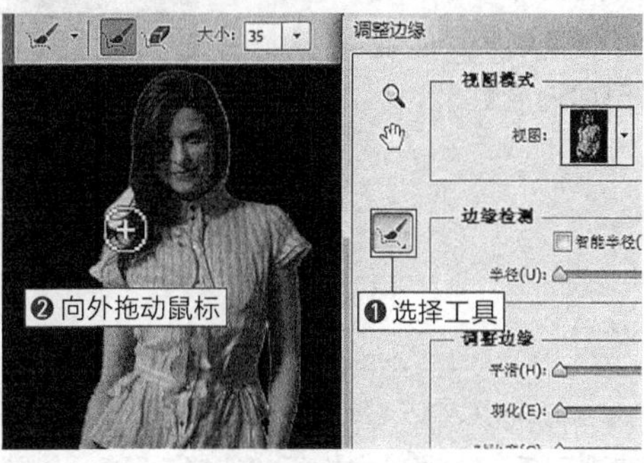

图3-89　编辑选区

03 细心涂抹之后，此时发现发丝边缘已经出现在编辑界面中，拖动过程如图3-90所示。

04 涂抹后发现发丝边缘处有多余的部分，此时只要按住Alt键在多余处拖动，就会将其复原，效果如图3-91所示。

图3-90　编辑发丝

图3-91　编辑选区

05 设置完毕单击“确定”按钮，调出编辑后的选区，再打开随书附带光盘中的文件“素材文件/第3章/风景.jpg”，如图3-92所示。

06 使用“移动工具”将选区内的图像拖动到“风景”文件中，最终效果如图3-93所示。

图3-92 选区和风景素材

图3-93 最终效果

3.8.2 边界

在Photoshop CC中，使用“边界”命令可以在原选区的基础上向内外两侧扩大选区，扩大后的选区会形成新的选区。在图像中创建选区后，在菜单中执行“选择/修整/边界”命令，弹出如图3-94所示的“边界选区”对话框。

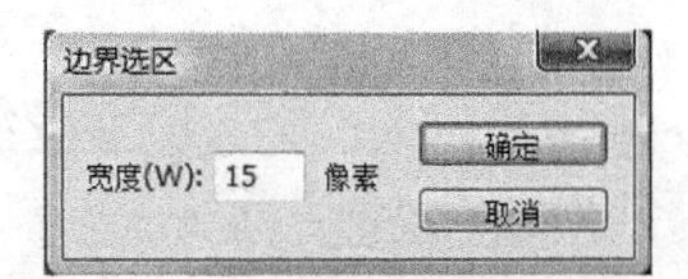

图3-94 “边界选区”对话框

对话框中选项的含义如下。

- **宽度**：用来控制重新生成选区的宽度。如图3-95所示为创建选区后应用“宽度”为15像素的边界时的选区效果。

图3-95 应用“边界”命令

3.8.3 平滑

在Photoshop CC中，“平滑”命令可以被用来控制选区的平滑程度。在图像中创建选区后，在菜单中执行“选择/修整/平滑”命令，弹出如图3-96所示的“平滑选区”对话框。

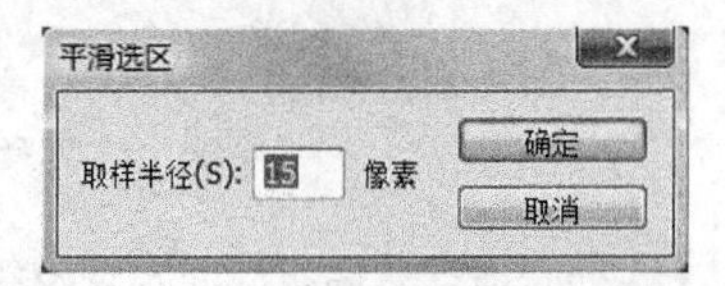

图3-96 “平滑选区”对话框

对话框中各项的含义如下。

- **取样半径**：用来设置平滑圆角的大小，数值越大越接近圆形，如图3-97所示的图像为创建选区后应用“取样半径”为15时的选区效果。

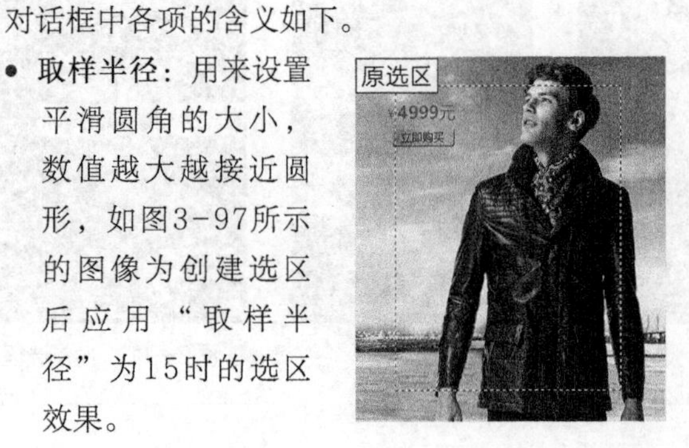

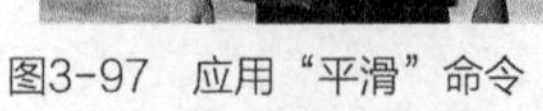

图3-97 应用“平滑”命令

3.8.4 扩展

在Photoshop CC中，使用“扩展”命令可以扩大选区并平滑边缘。在图像中创建选区后，在菜单中执行“选择/修整/扩展”命令，弹出如图3-98所示的“扩展选区”对话框。

图3-98　“扩展选区”对话框

对话框中选项的含义如下。

- **扩展量**：用来设置原选区与扩展后的选区之间的距离。如图3-99所示为创建选区后应用“扩展量”为15像素时的选区效果。

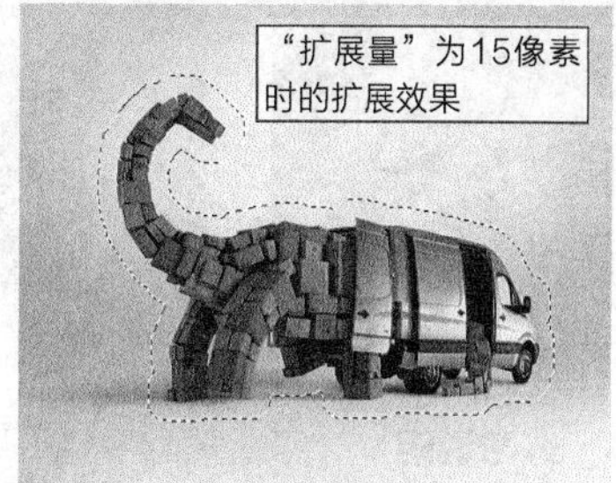

图3-99　应用“扩展”命令

3.8.5 收缩

在Photoshop CC中，使用“收缩”命令可以缩小选区。在图像中创建选区后，在菜单中执行“选择/修整/收缩”命令，弹出如图3-100所示的“收缩选区”对话框。

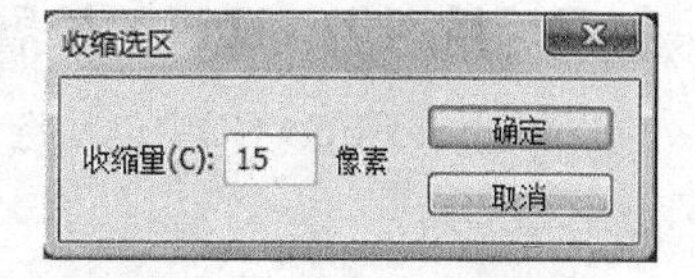

图3-100　“收缩选区”对话框

对话框中选项的含义如下。

- **收缩量**：用来设置原选区与收缩后的选区之间的距离。如图3-101所示为创建选区后应用“收缩量”为15像素时的选区效果。

图3-101　应用“收缩”命令

3.8.6 羽化

在Photoshop CC中，使用“羽化”命令可以对选区进行柔化处理。在填充羽化后的选区或移动选区时，会对选区边界进行模糊处理。在图像中创建选区后，在菜单中执行“选择/修整/羽化”命令，弹出如图3-102所示的“羽化选区”对话框。

图3-102　“羽化选区”对话框

对话框中选项的含义如下。

- **羽化半径**：用来设置选区边缘的柔化程度。如图3-103所示为创建选区后应用“羽化半径”为15像素时的选区效果。

图3-103　应用“羽化”命令

3.9 课后练习

课后练习1：通过“边界”命令制作图像的边框

在Photoshop CC中通过“边界”命令将选区边框变为选区，进行填充后即可得到边框效果，过程如图3-104所示。

图3-104　快速选择工具创建精确选区

练习说明

1. 打开素材。
2. 全选图像，调出选区。
3. 应用“边界”命令编辑选区。
4. 填充选区。

课后练习2：通过“扩展”命令制作剪纸效果

在Photoshop CC中创建选区后，通过“扩展”命令将选区范围扩大，填充选区后添加投影，过程如图3-105所示。

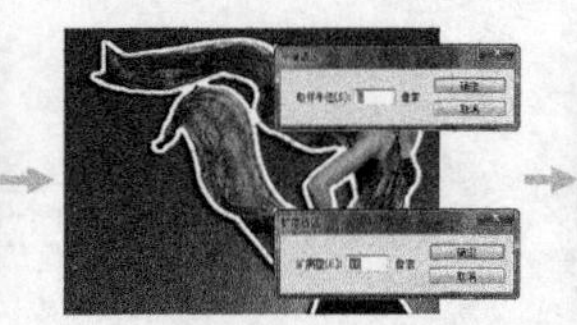

图3-105　通过扩展命令制作剪纸效果

练习说明

1. 打开素材。
2. 在人物上创建选区。
3. 复制选区内容。
4. 调出人物的选区，应用“扩展”与“平滑”命令。
5. 填充白色后添加投影。

第 04 章

选区技术的应用

本章重点：

- 通过选区工具对图像进行抠图

4.1 选区抠图技巧——使用多边形套索工具抠图

实例目的

通过制作如图4-1所示的效果图，了解使用“多边形套索工具”对图像局部进行抠图的方法。

图4-1 效果图

实例要点

- 打开文件
- 使用“多边形套索工具”创建选区
- 应用“Camera Raw”滤镜

操作步骤

01 在菜单中执行“文件/打开”命令或按Ctrl+O快捷键，打开随书附带光盘中的文件“素材文件/第4章/极限运动.jpg”，如图4-2所示。

02 在工具箱中选择“多边形套索工具”❶，设置属性栏中的“羽化”为1像素❷，在红衣人物的手臂处单击，创建选区的起点❸，如图4-3所示。

图4-2 素材

图4-3 创建选区的起点

03 沿人物的边缘单击以创建选区，过程如图4-4所示。

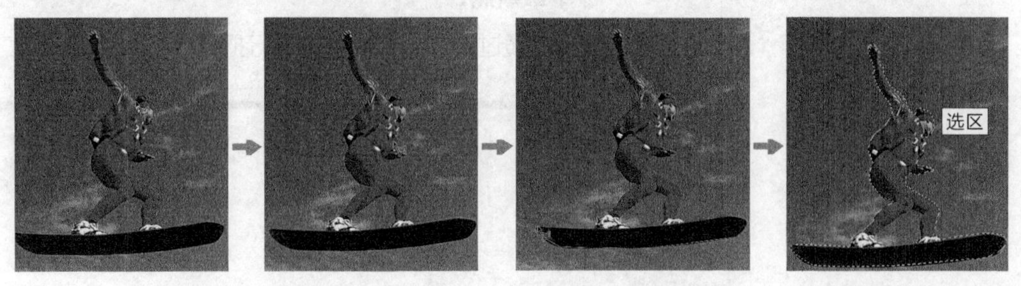

图4-4 创建选区

04 整个选区创建完毕，在属性栏中单击“从选区中减去”按钮，将人物腿部附近的多余区域去除，过程如图4-5所示。

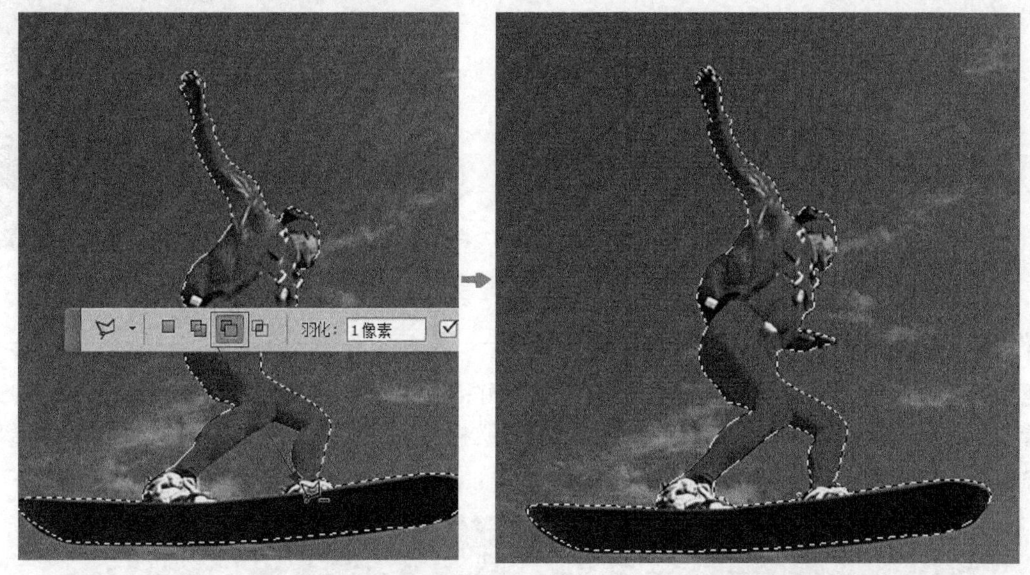

图4-5　选区编辑

05 在菜单中执行“文件/打开”命令或按Ctrl+O快捷键，打开随书附带光盘中的文件“素材文件/第4章/观望.jpg”，如图4-6所示。

06 使用“移动工具”将选区内的图像拖动到“观望”文件中，效果如图4-7所示。

07 按Ctrl+T快捷键调出变换框，拖动变换控制点将图像缩小，效果如图4-8所示。

图4-6　素材

图4-7　移动图像

图4-8　变换

08 按回车键完成变换操作，此时发现背景中的蓝天不是太蓝，下面将其进行一下调整。在菜单中执行“滤镜/Camera Raw滤镜”命令，弹出“Camera Raw”对话框，在“基本”标签中调整“高光、白色”和“清晰度”设置，如图4-9所示。

图4-9　“Camera Raw滤镜”对话框

09 设置完毕单击“确定”按钮。至此，本例制作完成，效果如图4-10所示。

图4-10　最终效果

操作补充

通常情况下，使用“多边形套索工具”抠图时，最好将“羽化”值设置为1像素，这样可以使边缘更好地与背景相融合；在进行抠图操作时最好将边缘向里靠，这样更能体现抠图的精确性。如图4-11所示为直接沿边缘抠图和向里靠一点抠图的效果对比。

图4-11　抠图效果对比

4.2 选区抠图技巧——使用磁性套索工具抠图

实例目的

通过制作如图4-12所示的效果图，了解使用“磁性套索工具”对图像局部进行抠图的方法。

图4-12　效果图

实例要点

- 打开文件
- 使用“磁性套索工具”创建选区
- 变换图像

操作步骤

01 在菜单中执行“文件/打开”命令或按Ctrl+O快捷键，打开随书附带光盘中的文件“素材文件/第4章/飞艇.jpg”，如图4-13所示。

02 在工具箱中选择“磁性套索工具” ❶，设置属性栏中的“羽化”为1像素 ❷，“宽度”为10像素、“对比度”为15%、“频率”为57 ❸，在飞艇尾部单击创建选区的起点 ❹，如图4-14所示。

图4-13　素材

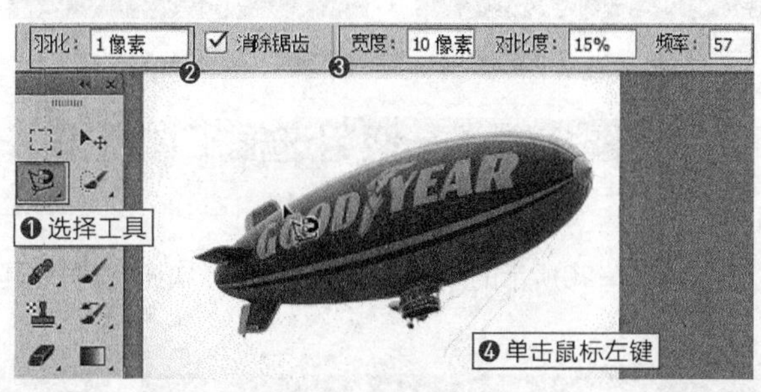

图4-14　创建选区的起点

03 沿飞艇的边缘拖动鼠标指针，系统会自动创建锚点，创建过程如图4-15所示。

图4-15　创建锚点

04 当终点与起点相交时单击鼠标左键，完成整个选区的创建，效果如图4-16所示。

05 在菜单中执行“文件/打开”命令或按Ctrl+O快捷键，打开随书附带光盘中的文件“素材文件/第4章/牛皮纸.jpg”，如图4-17所示。

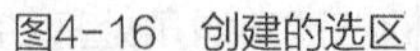

图4-16　创建的选区

图4-17　素材

06 使用“移动工具”将选区内的图像拖动到“牛皮纸”文件中，按Ctrl+T快捷键调出变换框，拖动变换控制点将飞艇缩小，效果如图4-18所示。

07 按回车键完成变换操作，最终效果如图4-19所示。

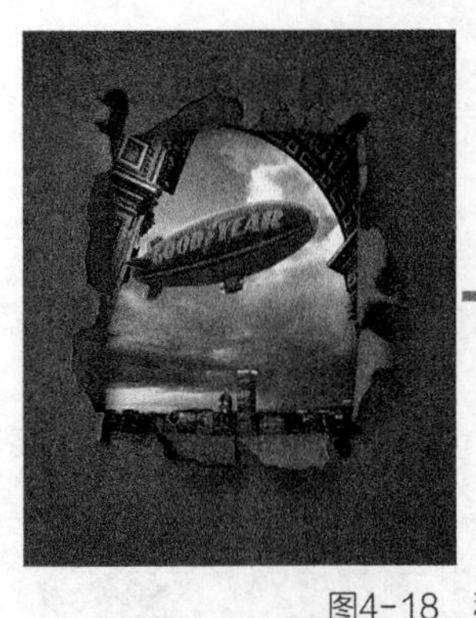

图4-18 移动与变换

图4-19 最终效果

4.3 选区抠图技巧——使用选框工具抠图并合成图像

实例目的

通过制作如图4-20所示的效果图，了解使用“矩形选框工具”对图像创建选区并合成图像的方法。

图4-20 效果图

实例要点

- 使用“打开”菜单命令
- 使用“移动工具”与“矩形选框工具”
- 使用“水平翻转”菜单命令

操作步骤

01 在菜单中执行“文件/打开”命令或按Ctrl+O快捷键，打开随书附带光盘中的文件“素材文件/第4章/瑜伽.jpg”，如图4-21所示。

02 在工具箱中选择“矩形选框工具”，在画面中按住鼠标右键向对角处拖动，松开鼠标后得到矩形选区，效果如图4-22所示。

03 按Ctrl+C快捷键复制图像，再按Ctrl+V快捷键粘贴图像，在“图层”面板中出现“图层1”，如图4-23所示。

图4-21 素材

图4-22 绘制选区

图4-23 粘贴

04 使用“移动工具”，按住鼠标左键将“图层1”中的图像拖曳到画布的右侧，如图4-24所示。

05 在菜单中执行“编辑/变换/水平翻转”命令，将“图层1”中的图像水平翻转。至此，本例制作完成，最终效果如图4-25所示。

图4-24 移动图像

图4-25 最终效果

操作延伸

通常情况下对图像创建选区后，可以制作出镜像效果，如图4-26所示。

图4-26 镜像

4.4 选区抠图技巧——使用魔棒工具抠图

实例目的

通过制作如图4-27所示的效果图，了解使用“魔棒工具”创建选区并替换背景的方法。

图4-27 效果图

实例要点

- 使用“打开”菜单命令
- 使用“魔棒工具”创建选区
- 移动选区内的图像到新背景中

操作步骤

01 在菜单中执行“文件/打开”命令或按Ctrl+O快捷键，打开随书附带光盘中的文件“素材文件/第4章/城墙.jpg”，如图4-28所示。

02 打开素材后，对图像进行抠图。选择“魔棒工具”❶，在属性栏中不勾选“连续”复选框，设置“容差”为50，单击“添加到选区”按钮❷，如图4-29所示。

图4-28 素材

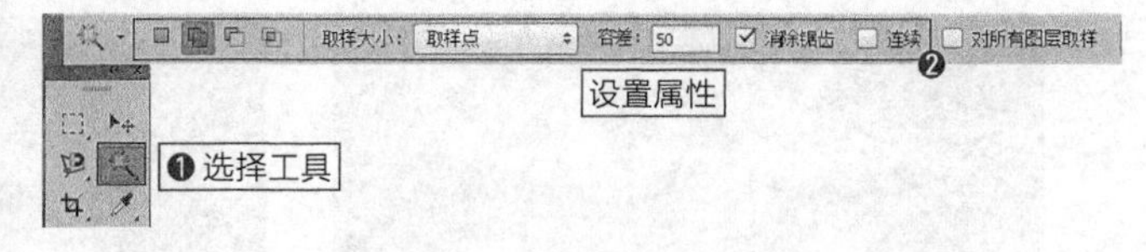

图4-29 设置工具的属性

03 设置完毕，将鼠标指针移动到天空处单击❶，然后在没有创建选区的区域单击❷，创建选区如图4-30所示。

04 在菜单中执行“选择/反向”命令或按Ctrl+Alt+I快捷键将选区反选，此时选取范围为建筑和城墙，如图4-31所示。

图4-30 创建选区

图4-31 反选

05 按Ctrl+C快捷键复制选区内的图像。在菜单中执行“文件/打开”命令或按Ctrl+O快捷键，打开随书附带光盘中的文件“素材文件/第4章/天空.jpg”，如图4-32所示。

06 按Ctrl+V快捷键将刚才复制的图像复制到“天空”文件中，按Ctrl+T快捷键调出变换框，拖动变换控制点缩小图像，效果如图4-33所示。

07 按回车键完成变换操作，最终效果如图4-34所示。

图4-32 素材

图4-33 变换

图4-34 最终效果

4.5 选区抠图技巧——使用快速选择工具抠图

实例目的

通过制作如图4-35所示的效果图，了解使用“快速选择工具”创建选区并替换背景的方法。

图4-35 效果图

实例要点

- 使用“打开”菜单命令
- 使用“快速选择工具”创建选区
- 复制粘贴选区内的图像到新背景中

操作步骤

01 在菜单中执行“文件/打开”命令或按Ctrl+O快捷键，打开随书附带光盘中的文件“素材文件/第4章/T恤美女.jpg”，如图4-36所示。

图4-36 素材

02 选择"快速选择工具"❶，在人物的头部按下鼠标左键并进行拖动❷，如图4-37所示。

03 在拖动鼠标指针创建选区的过程中，要根据像素区域的大小改变笔尖的大小，选区创建过程如图4-38所示。

图4-37　创建选区

图4-38　选区创建过程

04 在属性栏中单击"从选区中减去"按钮，使用"快速选择工具"在人物手臂与头部之间的背景处拖动以去除多余选区，效果如图4-39所示。

05 选区创建完成后，按Ctrl+C快捷键复制选区内的图像。在菜单中执行"文件/打开"命令或按Ctrl+O快捷键，打开随书附带光盘中的文件"素材文件/第4章/海景.jpg"，如图4-40所示。

06 按Ctrl+V快捷键将刚才复制的图像粘贴到"海景"文件中，使用"移动工具"将图像拖动到相应的位置处上，最终效果如图4-41所示。

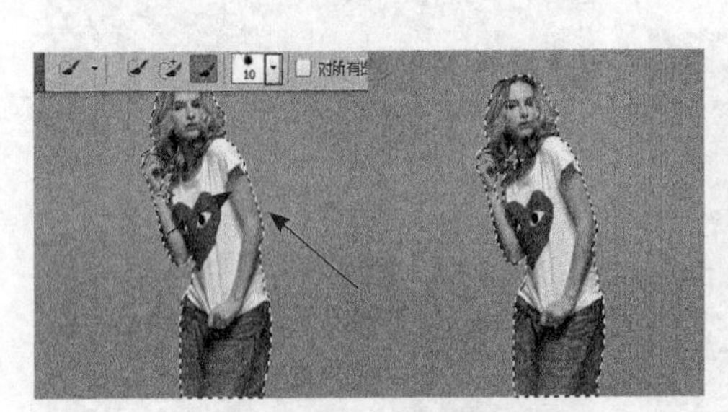

图4-39　编辑选区

图4-40　素材

图4-41　最终效果

操作补充

通常情况下使用"快速选择工具"在图像中创建选区后，中间多余选区的去除操作可以通过"多边形套索工具"来完成，过程如图4-42所示。

图4-42　去除多余选区

4.6 课后练习

课后练习1：使用快速选择工具结合“调整边缘”命令为发丝创建选区

在Photoshop CC中使用“快速选择工具”创建整体选区后，结合“调整边缘”命令对发丝处的选区进行细致调整，过程如图4-43所示。

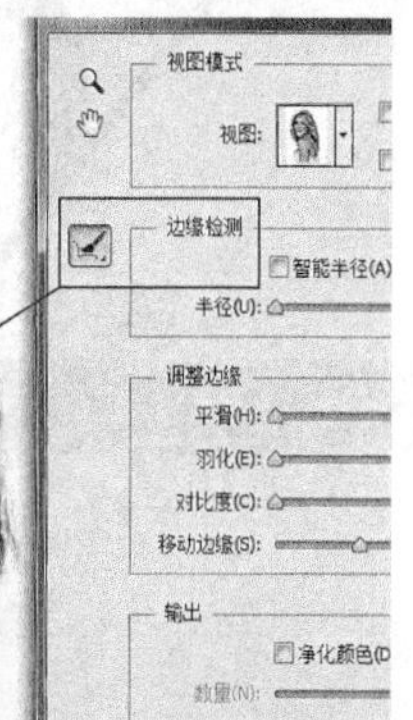

图4-43 使用快速选择工具创建精确选区

练习说明

1. 打开素材。
2. 使用“快速选择工具”对人物整体创建选区。
3. 使用“调整边缘”对话框选区对边缘进行调整。
4. 将选区内的图像移入新背景中。

课后练习2：变换选区

在Photoshop CC中调出选区后，对选区进行变换操作，过程如图4-44所示。

图4-44 变换选区

练习说明

1. 打开素材。
2. 变换图像。
3. 调出选区。
4. 变换选区形状。
5. 填充选区。

第 05 章 绘图与编辑图像工具

本章重点：

- 绘图工具的使用方法
- 擦除工具的使用方法
- 编辑图像工具的使用方法

在Photoshop CC中，“绘图”指的是在用于被编辑的文件中，可以对图像的整体或局部使用单色、多色或复杂的图像进行覆盖；而“擦除”正好与之相反，是用于将图像的整体或局部进行清除；“编辑图像”则指的是将原有图像进行模糊、修正瑕疵等处理。

本章主要介绍Photoshop CC中关于绘图与编辑图像工具方面的知识。

5.1 绘图与编辑图像的工具

在编辑图像时，使用工具可以更加准确和快速地对图像进行编辑。Photoshop CC为大家提供了绘图与编辑图像的工具，如图5-1~图5-22所示为Photoshop CC各个工具编辑图像时的预览效果。

图5-1　画笔工具

图5-2　铅笔工具

图5-3　颜色替换画笔工具

图5-4　混合器画笔工具

图5-5　橡皮擦工具

图5-6　背景橡皮擦工具

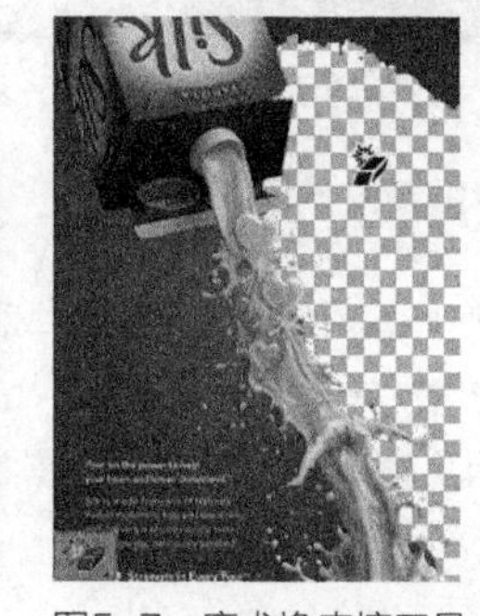

图5-7　魔术橡皮擦工具

图5-8　减淡工具

图5-9　加深工具

图5-10　海绵工具

图5-11　模糊工具

图5-12 锐化工具

图5-13　涂抹工具

图5-14　污点修复画笔工具

图5-15　修复画笔工具

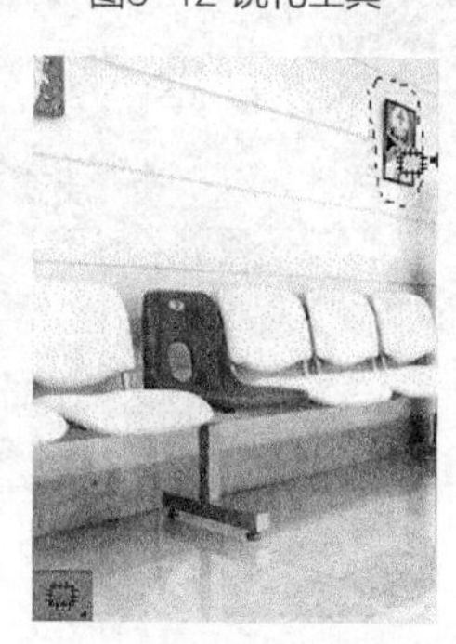

图5-16　修补工具

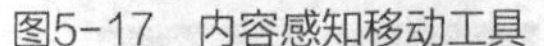

图5-17　内容感知移动工具

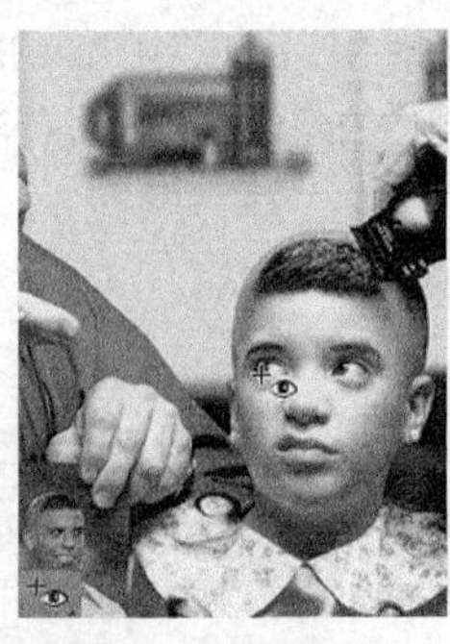

图5-18　红眼工具

图5-19　仿制图章工具

图5-20　图案图章工具

图5-21　历史记录画笔工具

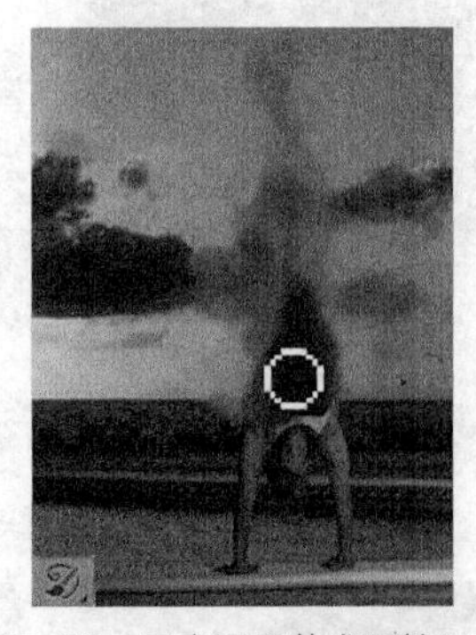

图5-22　历史记录艺术画笔工具

5.2 画笔工具组

在 Photoshop CC中，可被用于直接在图像中绘画或画笔经过的位置自动以相应的颜色替换的工具被集中在了画笔工具组中。画笔工具组包含“画笔工具”、“铅笔工具”、“颜色替换工具”和“混合器画笔工具”，如图5-23所示。

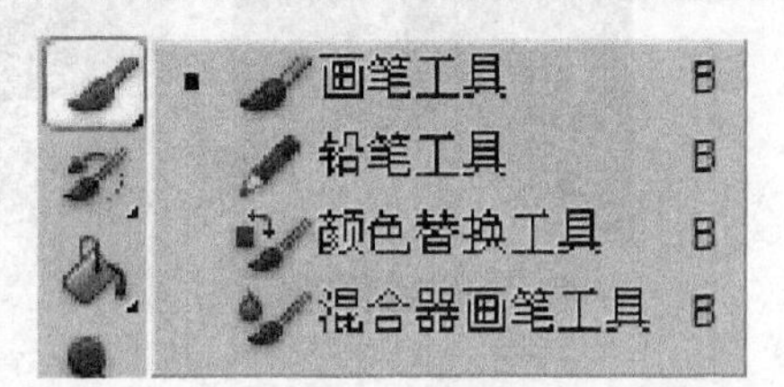

图5-23　画笔工具组

5.2.1 画笔工具

使用“画笔工具”，可以将预设的笔尖图案直接绘制到当前的图像中，也可以将其绘制到新建的图层内。“画笔工具”一般常被用于绘制预设画笔笔尖图案或绘制不太精确的线条。

该工具的使用方法与现实中的画笔较相似。只要选择相应的画笔笔尖后，在文件中按下鼠标左键进行拖动，鼠标指针经过的位置便是绘制区域，被绘制的笔尖颜色以前景色为准，如图5-24所示。

图5-24　画笔绘制

技巧

使用“画笔工具”绘制线条时，按住 Shift 键可以以水平、垂直的方式绘制直线。

操作延伸

选择“画笔工具”后，属性栏会变成该工具对应的参数及选项设置，如图5-25所示。

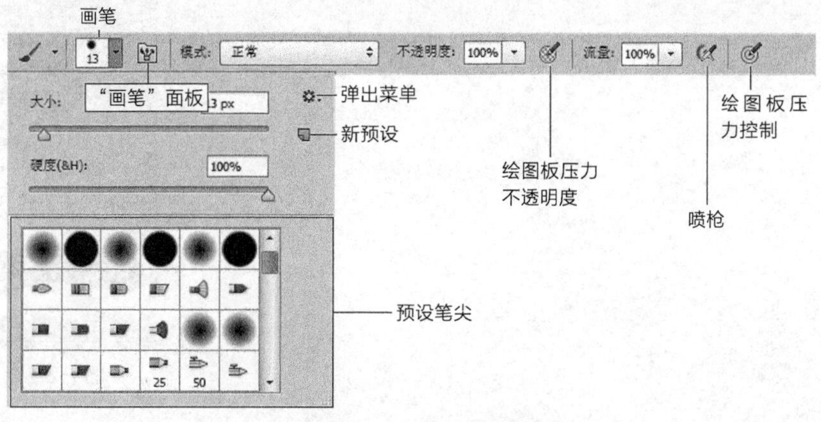

图5-25　画笔工具的属性栏

其中各项的含义如下。

- **大小**：用来设置画笔的大小。
- **硬度**：用来设置画笔的柔和度，数值越小，画笔的边缘越柔和。取值范围是1%~100%。
- **弹出菜单**：单击可以打开下拉菜单，在其中可以对“画笔预设选取器”进行更好的管理，如替换画笔预设等。
- **新预设**：可以将当前调整的画笔添加到“画笔预设选取器”中进行储存。
- **模式**：用来设置画笔与背景图像的混合模式。此处的混合模式与图层中的混合模式其原理是一致的，具体的混合效果请大家参考第11章中的“11.1图层的混合模式”。
- **不透明度**：用来设置画笔的透明程度。
- **绘图板压力不透明度**：此功能需要连接绘图板后才能被真正使用，指的是通过绘图板上的画笔压力来自动调节不透明度。
- **流量**：用来设置画笔绘制时的流动速率。数值越大，效果越浓；数值越小，效果越淡。

技巧

在使用“画笔工具”绘制或编辑图像时，设置不同的不透明度或流量其产生的效果也是不同的。如图 5-26 所示为设置不同不透明度与流量的效果对比。

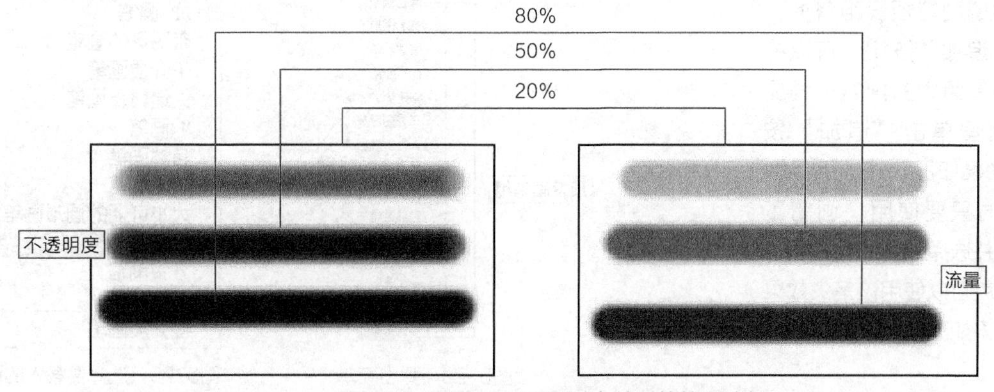

图5-26　设置不同不透明度与流量的效果对比

- **喷枪**：单击该按钮后，“画笔工具”在绘制图案时将具有喷枪功能。
- **绘图板压力控制**：连接绘图板后，画笔与绘图板自动按照使用力度的大小直接产生压力。
- **“画笔”面板**：单击该按钮后，系统会自动打开如图5-27所示的“画笔”面板，从中可以对选取的笔尖进行更精确的设置。

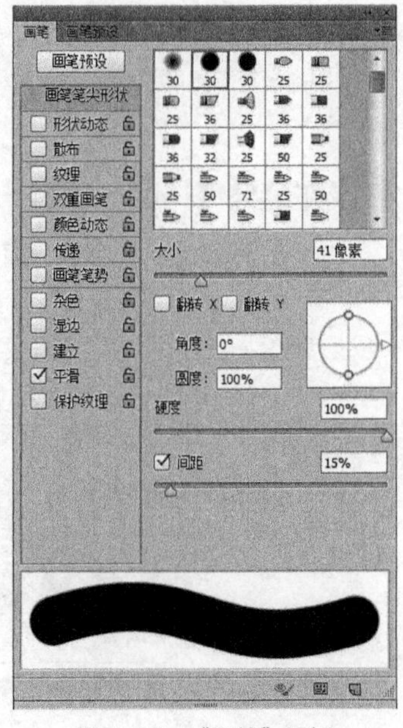

图5-27　“画笔”面板

上机练习：绘制其他预设组中的画笔笔尖

使用“画笔工具”不但可以直接绘制本组画笔中的笔尖效果，还可以绘制隐藏在弹出菜单中的其他组画笔中的笔尖效果。具体操作如下。

操作步骤

01 新建一个空白文件，选择“画笔工具”后，单击属性栏中“画笔”右侧的倒三角形按钮❶，在弹出的“画笔预设选取器”面板中单击“弹出菜单”按钮❷，即可弹出如图5-28所示的菜单。

02 在预设画笔组中选择一种要载入的画笔组❸，如图5-29所示。

03 选择相应的画笔组的名称后，单击即可弹出如图5-30所示的警告对话框。

04 单击“确定”按钮，可以将之前的画笔预设组替换；单击“追加”按钮，可以将两个画笔组中的内容一同显示。这里单击“追加”按钮，效果如图5-31所示。

05 此时只要使用“画笔工具”并选择相应的画笔，在画布中就可以使用该笔尖效果了，效果如图5-32所示。

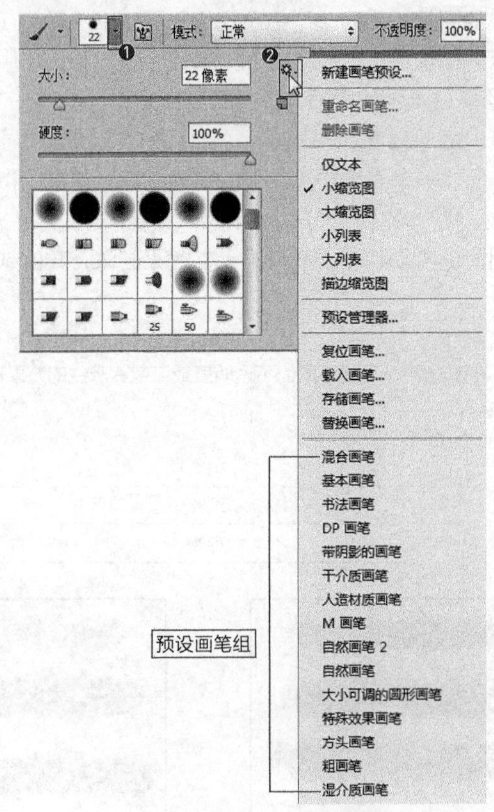

图5-28　弹出菜单

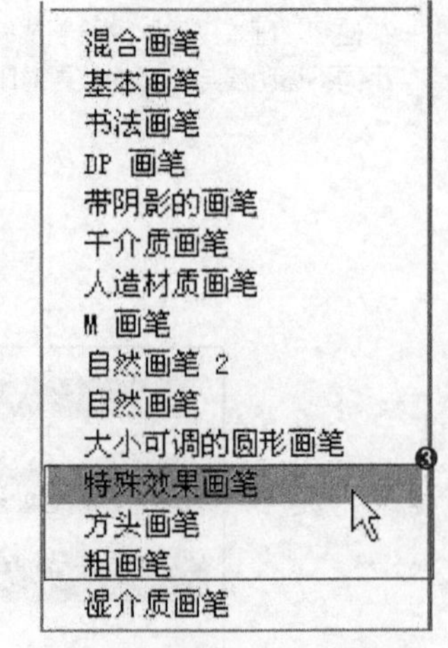

图5-29　选择要载入的画笔组

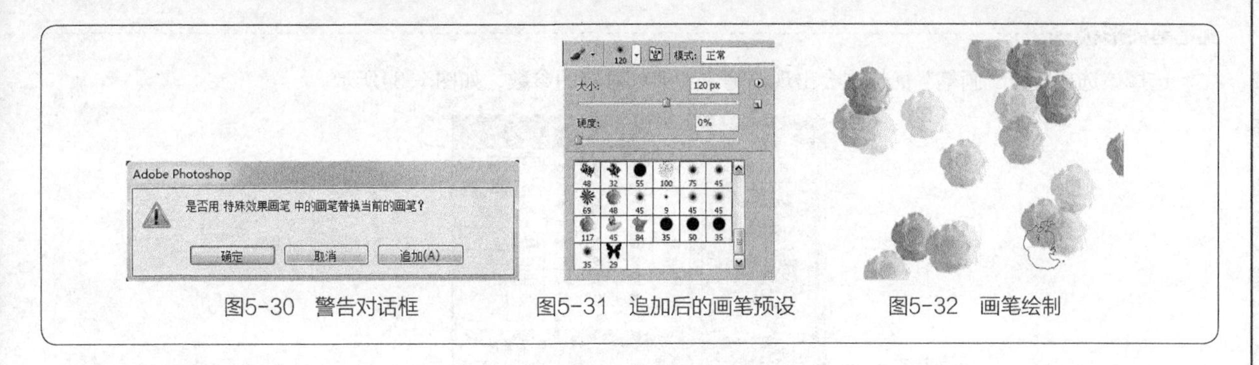

图5-30　警告对话框　　图5-31　追加后的画笔预设　　图5-32　画笔绘制

温馨提示

如果想返回原来的预设画笔组效果，只要在画笔“预设选取器”面板的弹出菜单中选择“复位画笔”命令即可。

5.2.2 “画笔”面板

在使用“画笔工具”进行绘制时，有时会对其进行一些设置，这样可以更加完美地绘制画笔笔尖效果，这些相应的设置可以在“画笔”面板中完成。

画笔预设

选择“画笔工具”后，按F5键即可打开“画笔”面板。在“画笔”面板中单击“画笔预设”按钮时，系统会自动打开“画笔预设”面板，此时在面板中会显示当前预设画笔组中的画笔笔尖，如图5-33所示。

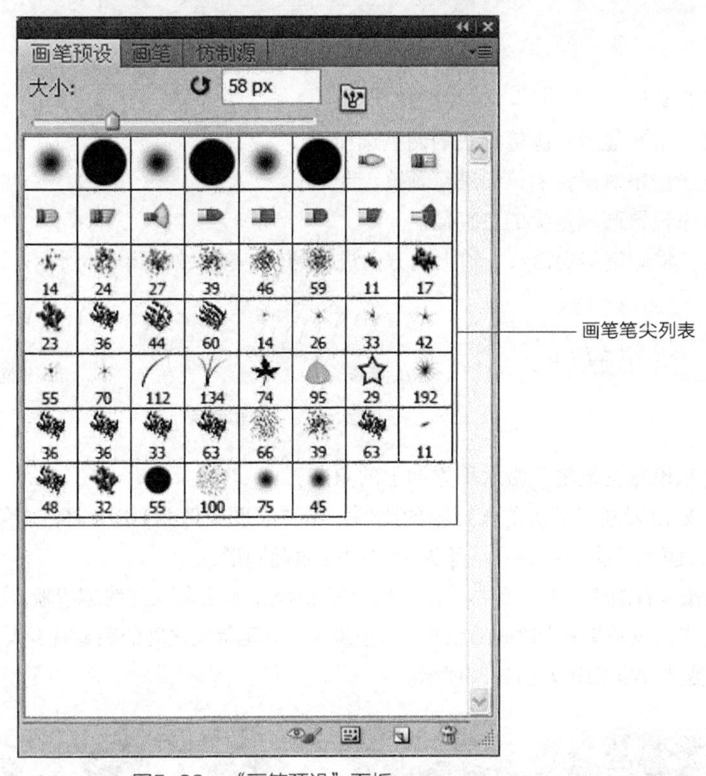

图5-33　“画笔预设”面板

其中各项的含义如下。

- **画笔笔尖列表**：显示当前预设画笔组中的所有笔尖，在图标上单击即可选择该笔尖。
- **大小**：用来设置画笔笔尖的主直径。

画笔笔尖形状

选择该选项后，“画笔”面板中会出现画笔笔尖形状对应的参数，如图5-34所示。

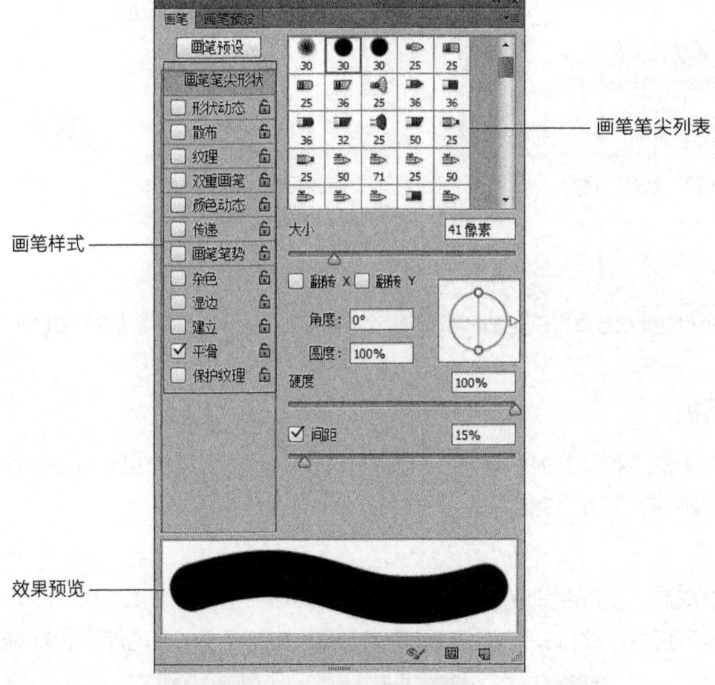

图5-34 画笔笔尖形状选项

其中各项的含义如下。

- **画笔样式**：用来显示对画笔样式的调整选项。
- **效果预览**：用来对设置的笔尖进行预览。
- **大小**：用来设置画笔笔尖的主直径。
- **翻转*x*、*y***：将画笔笔尖沿*x*、*y*轴上的方向进行翻转，效果如图5-35所示。

图5-35 翻转效果

- **角度**：用来设置画笔笔尖沿水平方向上的角度。
- **圆度**：用来设置画笔笔尖的长短轴的比例。当“圆度”值为100%时，画笔笔尖为圆形；当“圆度”值为0%时，画笔笔尖为线性；介于两者之间时为椭圆形。
- **硬度**：用来设置画笔笔尖硬度中心的大小。数值越大，画笔笔尖边缘越清晰，取值范围是0%～100%。
- **间距**：用来设置画笔笔尖之间的距离。数值越大，画笔笔尖之间的距离就越大，取值范围是1%～1000%，不同间距的绘制效果对比如图5-36所示。

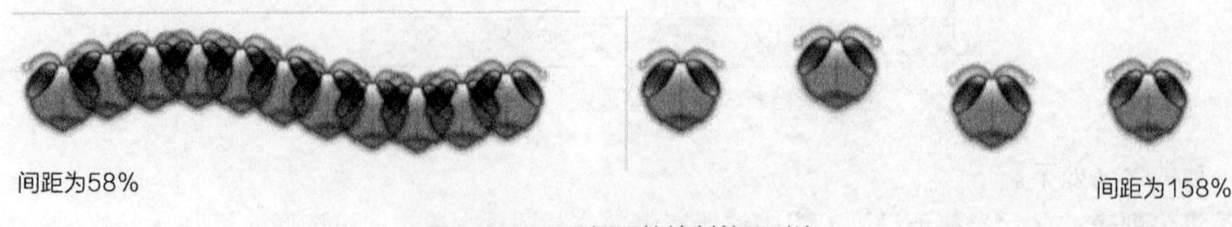

图5-36 不同间距的绘制效果对比

形状动态

选择该选项后，“画笔”面板中会出现形状动态对应的参数及选项，如图5-37所示。

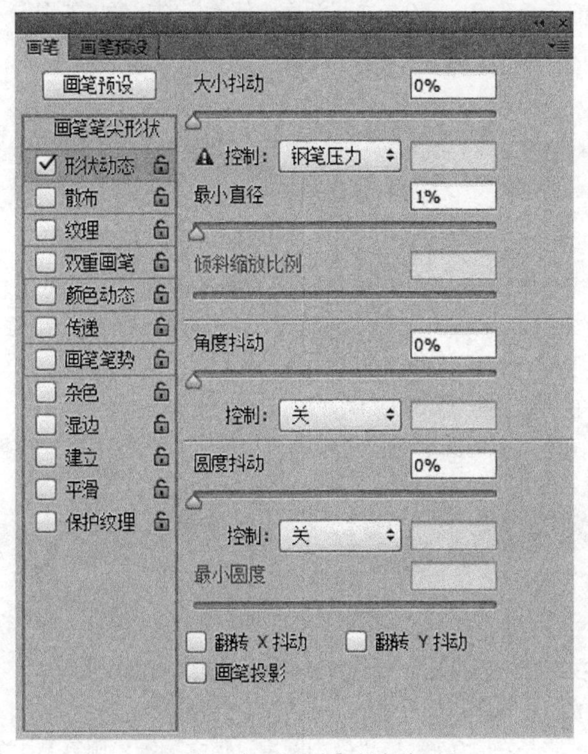

图5-37　“形状动态”的参数及选项

其中各项的含义如下。

- **大小抖动**：用来设置画笔笔尖大小之间变化的随机性，数值越大，变化越明显。
- **（大小抖动）控制**：在下拉列表框中可以选择改变画笔笔尖大小的变化方式。

  关：不控制画笔笔尖的大小变化。

  渐隐：可按指定数量的步长在初始直径和最小直径之间渐隐画笔笔尖的大小。每个步长等于画笔笔尖的一个笔尖，取值范围是1～9999。如图5-38所示分别是步长为5和8时的效果。

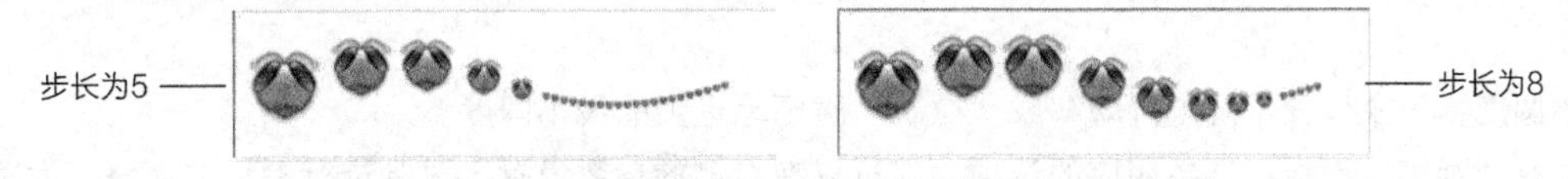

图5-38　大小渐隐

- **钢笔压力/钢笔斜度/光轮笔**：基于钢笔压力、钢笔斜度、钢笔拇指轮的位置来改变初始直径和最小直径之间画笔笔尖的大小。这几项只有在安装了绘图板或压感笔时才可以产生效果。
- **最小直径**：指定当启用“大小抖动”或“控制”时画笔笔尖可以缩放的最小百分比，可通过输入数值或拖动控制滑块来改变百分比。数值越大，变化越小。
- **倾斜缩放比例**：在“控制”下拉列表框中选择“钢笔斜度”选项后，此参数才可以使用。在旋转前应用于画笔高度的比例因子。可通过输入数值或拖动控制滑块来改变百分比。
- **角度抖动**：设置画笔笔尖随机角度的改变方式，设置不同角度抖动时的效果对比如图5-39所示。

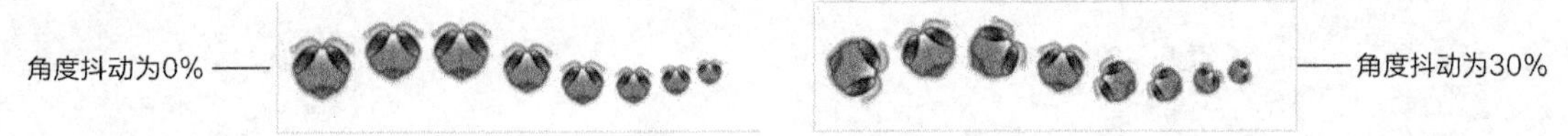

图5-39　角度抖动

- **（角度抖动）控制**：在下拉列表框中可以选择设置角度的动态控制。

  关：不控制画笔笔尖的角度变化。

  渐隐：可按指定数量的步长在 0～360° 之间渐隐画笔笔尖的角度。如图5-40所示，从左到右分别是渐隐步长为1、3、6时的效果。

图5-40　角度渐隐

- **钢笔压力/钢笔斜度/光轮笔/旋转**：基于钢笔压力、钢笔斜度、钢笔拇指轮的位置或钢笔的旋转。在 0～360° 之间改变画笔笔尖的角度。这几项只有在安装了绘图板或压感笔时才可以产生效果。
- **初始方向**：使画笔笔尖的角度基于画笔描边的初始方向。
- **方向**：使画笔笔尖的角度基于画笔描边的方向。
- **圆度抖动**：用来设定画笔笔尖的圆度在描边中的改变方式，设置不同圆度抖动时的效果对比如图5-41所示。

图5-41　圆度抖动

- **（圆度抖动）控制**：在下拉列表框中可以选择设置画笔笔尖圆度的变化。

  关：不控制画笔笔尖的圆度变化。

  渐隐：可按指定数量的步长在 100% 和“最小圆度”值之间渐隐画笔笔尖的圆度。如图5-42所示分别是渐隐步长为1和10时的效果。

图5-42　圆度渐隐

  钢笔压力/钢笔斜度/光轮笔/旋转：基于钢笔压力、钢笔斜度、钢笔拇指轮的位置或钢笔的旋转，在 100% 和“最小圆度”值之间改变画笔笔尖的圆度。这几项只有在安装了绘画板或压感笔时才可以产生效果。

- **最小圆度**：用来设置“圆度抖动”或“控制”时画笔笔尖的最小圆度。
- **只要在“画笔”面板中选择相应的选项，就可以在右侧的参数设置区对其进行参数的调整，大家认真练习就可以了解其中的门道。如图5-43～图5-47所示分别为散布、纹理、双重画笔、颜色动态和传递的部分演示效果。**

图5-43　散布

图5-44　纹理

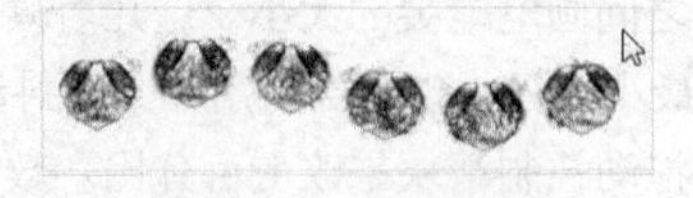

图5-45　双重画笔

图5-46　颜色动态

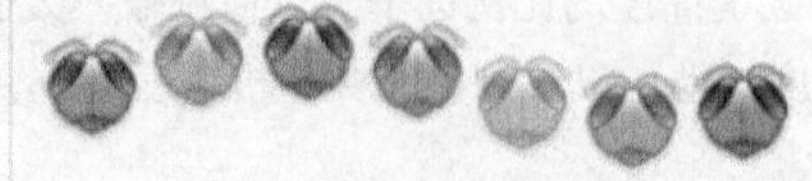

图5-47　传递

杂色

“杂色”选项可以为画笔笔尖添加随机性的杂色效果。

湿边

“湿边”选项可以沿画笔描边的边缘增大油彩量，从而创建水彩效果。

建立

“建立”选项可以被用于对图像应用渐变色调，以模拟传统的喷枪手法。

平滑

“平滑”选项可以在画笔描边中产生较平滑的曲线。当使用光笔进行快速绘制时，此选项最有效，但是它在描边渲染中可能会导致轻微的滞后。

保护纹理

“保护纹理”选项可以对所有具有纹理的画笔预设应用相同的图案和比例。选择此选项后，在使用多个纹理画笔笔尖进行绘制时，可以模拟一致的画布纹理。

实时画笔笔尖预览

在使用绘画工具时，会发现默认状态下“画笔”面板中增加了几个硬毛刷画笔。这几个画笔可以通过“画笔”面板中的“切换硬毛刷画笔预览”按钮来进行绘制时的效果预览，如图5-48所示为显示预览时的画笔效果。

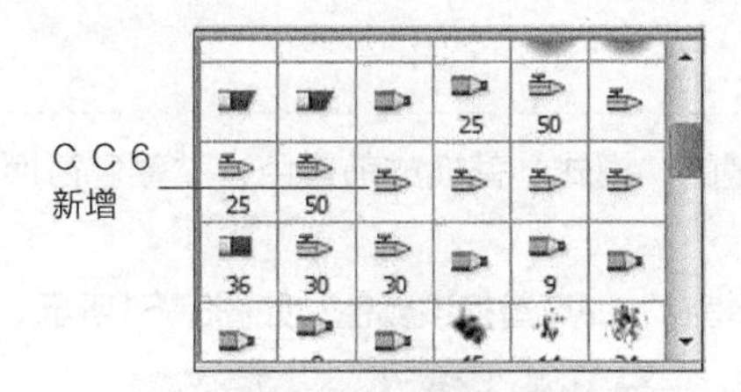

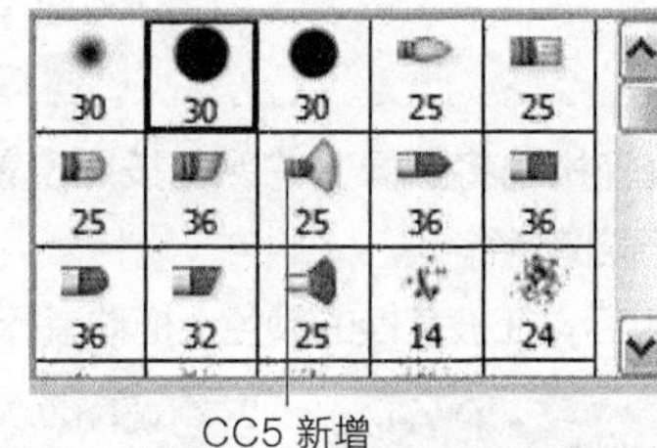

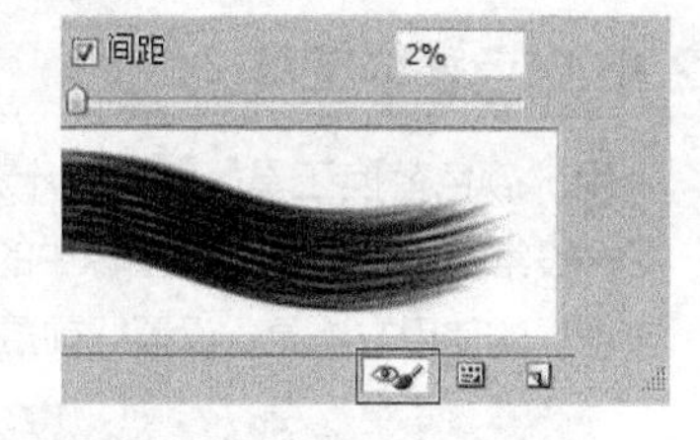

图5-48　预览时的画笔效果

5.2.3 铅笔工具

“铅笔工具”的使用方法与“画笔工具”大致相同。该工具能够真实地模拟铅笔绘制出的折线，铅笔绘制的图像边缘较硬且有棱角。

选择“铅笔工具”后，属性栏会变成该工具对应的参数及选项设置，如图5-49所示。

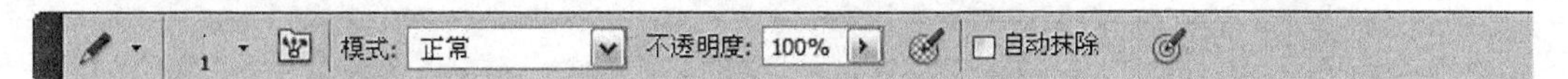

图5-49　铅笔工具的属性栏

其中各项的含义如下。

- **自动抹除**："自动抹除"是铅笔工具的特殊功能。勾选该复选框后，如果在与前景色一致的颜色区域拖动鼠标指针时，所拖动的痕迹将以背景色填充；如果在与前景色不一致的颜色区域拖动鼠标指针时，所拖动的痕迹将以前景色填充。勾选"自动抹除"复选框后的操作效果如图5-50所示。

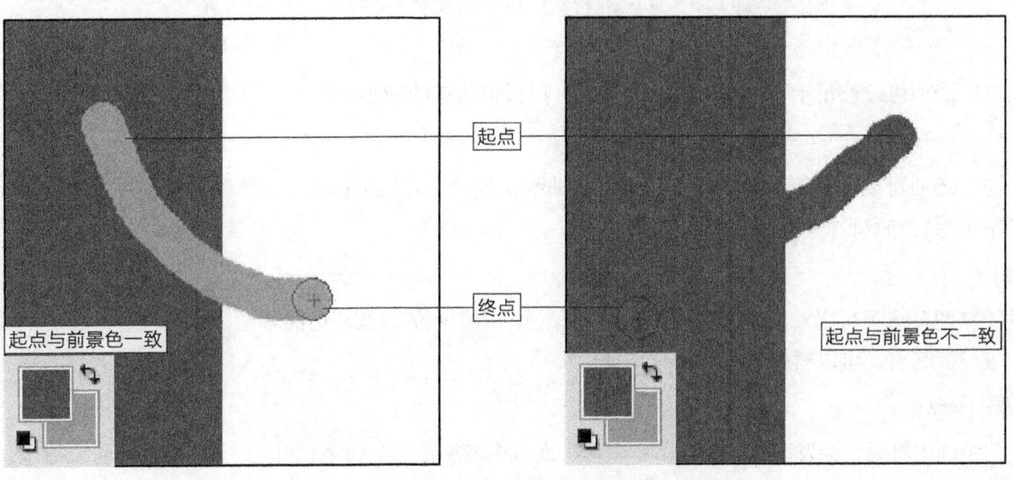

图5-50 勾选"自动抹除"复选框的操作效果

5.2.4 颜色替换工具

使用"颜色替换工具"可以十分轻松地将图像中的颜色按照设置的"模式"替换成前景色。"颜色替换工具"一般常被用于快速替换图像中的局部颜色。

该工具的使用方法是：设置好前景色后，在被替换的颜色上拖动鼠标指针，即可替换该颜色，如图5-51所示。

图5-51 替换颜色

操作延伸

选择"颜色替换工具"后，属性栏会变成该工具对应的参数及选项设置，如图5-52所示。

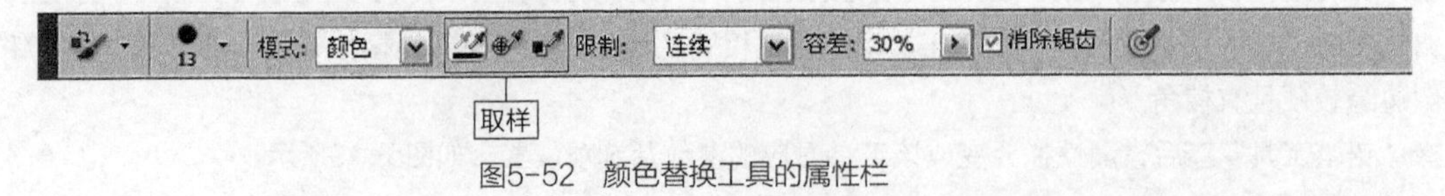

图5-52 颜色替换工具的属性栏

其中各项的含义如下。

- **模式**：用来设置替换颜色时的混合模式，包括“色相”“饱和度”“颜色”和“明度”。如图5-53所示为将前景色设置为蓝色时替换颜色的不同混合效果。

图5-53　替换颜色的不同混合效果

- **取样**：用来设置替换图像颜色的方式，包括“连续”、“一次”和“背景色板”。

连续：可以将鼠标指针经过的所有颜色作为选择色并对其进行替换，效果如图5-54所示。

图5-54　连续

一次：在图像中需要替换的颜色上按下鼠标左键，此时选取的颜色将自动作为替换色，只要不松手即可一直在图像中替换该颜色区域，效果如图5-55所示。

背景色板：选择此选项后，“颜色替换工具”只能替换与背景色一样的颜色区域，效果如图5-56所示。

图5-55 一次

图5-56 背景色板

- **限制**：用来设置替换时的限制条件。在“限制”下拉列表框中的选项包括“不连续”、“连续”和“查找边缘”。

不连续：可以在选定的色彩范围内多次重复替换。

连续：在选定的色彩范围内只可以进行一次替换，也就是说，必须在选定颜色后连续替换。

上机练习：通过颜色替换工具替换小朋友T恤的颜色

本次实战主要让大家了解在图像中使用“颜色替换工具”替换T恤颜色的具体方法。

操作步骤

01 在菜单中执行“文件/打开”命令或按Ctrl+O快捷键，打开随书附带光盘中的文件“素材文件/第5章/小朋友”，如图5-57所示。

02 在工具箱中选择“颜色替换工具❶”，在属性栏中的“模式”下拉列表框中选择“色相”选项，单击“取样”中的“一次”按钮，设置“容差”为40% ❷，设置前景色为蓝色❸，在图像中的T恤上按下鼠标左键，如图5-58所示。

图5-57 素材

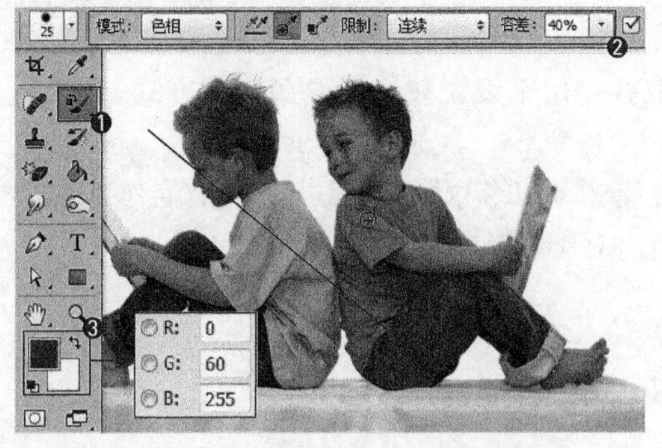

图5-58 设置颜色替换工具的属性

03 设置相应的画笔大小，在T恤上进行拖动，如图5-59所示。

04 在整个T恤上进行涂抹以替换颜色，如图5-60所示。

05 此时如果发现还有没被替换的位置，松开鼠标后，移动鼠标指针到没有被替换的黄色位置，按下鼠标左键继续拖动，直到颜色完全被替换为止，最终效果如图5-61所示。

图5-59　拖动

图5-60　替换过程

图5-61　最终效果

5.2.5 混合器画笔工具

使用“混合器画笔工具”，可以通过选定不同的画笔笔尖对照片或图像进行轻松地描绘，使其产生类似实际绘画的艺术效果。“混合器画笔工具”通常被用于将素材图像转换为绘画效果。

该工具不需要具有绘画的基础就能绘制出艺术的画作，从而可圆成为画家的梦想。该工具的使用方法与现实中的画笔较相似，选择相应的画笔笔尖后，在文件中按下鼠标左键进行拖动，便可以进行绘制（如果使用数位板，该工具的效果会变得更好），如图5-62所示。

图5-62　混合器画笔工具的使用效果

操作延伸

选择“混合器画笔工具”后，属性栏会变成该工具对应的参数及选项设置，如图5-63所示。

图5-63　混合器画笔工具的属性栏

其中各项的含义如下。

- **当前载入画笔**：用来设置使用时载入的画笔与清除画笔，包括“载入画笔”“清理画笔”和只“载入纯色”，如图5-64所示。

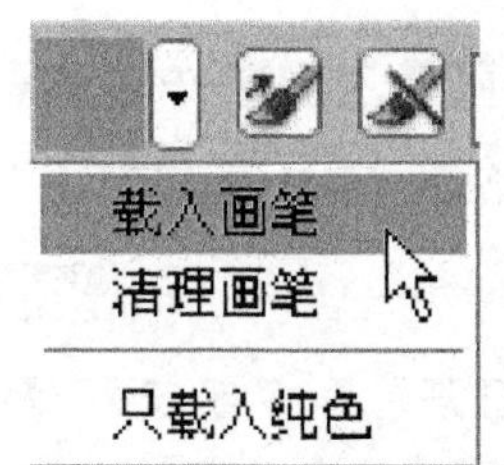

图5-64　当前载入画笔

- **每次描边后载入画笔**：单击此按钮后，每次绘制完成松开鼠标后，系统会自动载入画笔，如图5-65所示。

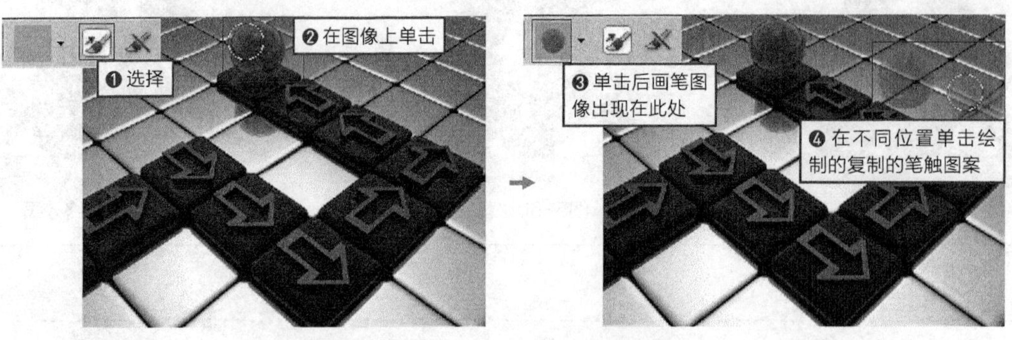

图5-65 每次描边后载入画笔

- **每次描边后清理画笔**：单击此按理后，每次绘制完成松开鼠标后，系统自动将之前的画笔清除。
- **有用的混合画笔组合**：用来设置不同的混合预设效果。
- **潮湿**：用来设置画布拾取的油彩量，数字越大，油彩越浓。
- **载入**：用来设置画笔的油彩量。
- **混合**：用来设置绘画时颜色的混合比。
- **流量**：用来设置绘制时画笔的流动速率。
- **对所有图层取样**：勾选该复选框后，画笔会自动在多个图层中起作用。

技巧

使用“混合器画笔工具”绘制图像时，可以按住 Alt 键在图像中进行取样；松开鼠标后，移动鼠标指针到另一位置，按下鼠标左键进行拖动，即可将画笔笔尖按照取样点的图像进行绘制，过程如图 5-66 所示。

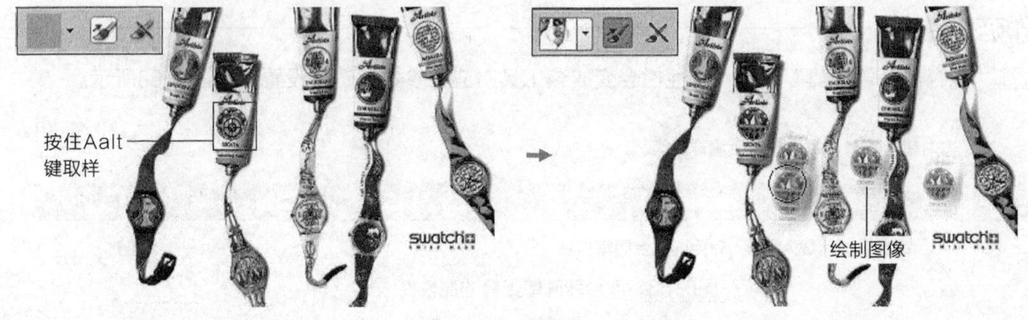

图5-66 取样绘制

上机练习：通过混合器画笔工具制作油彩画

本次实战主要让大家了解使用“混合器画笔工具”将图像转换成绘画作品的具体操作方法。

操作步骤

01 执行菜单中的“文件/打开”命令或按Ctrl+O快捷键，打开随书附带光盘中的文件“素材文件/第5章/帆船.jpg”，如图5-67所示。

02 单击“图层”面板中的“创建新图层”按钮❶，新建图层1❷，如图5-68所示。

图5-67 素材

图5-68 新建图层

03 在工具箱中选择“混合器画笔工具”❶，在属性栏的“画笔预设选取器”面板中选择画笔笔尖为“干画笔尖浅描”❷，单击“每次描边后载入画笔”按钮和“每次描边后清理画笔”按钮❸，设置“有用的混合画笔组合”为“湿润，深混合”❹，如图5-69所示。

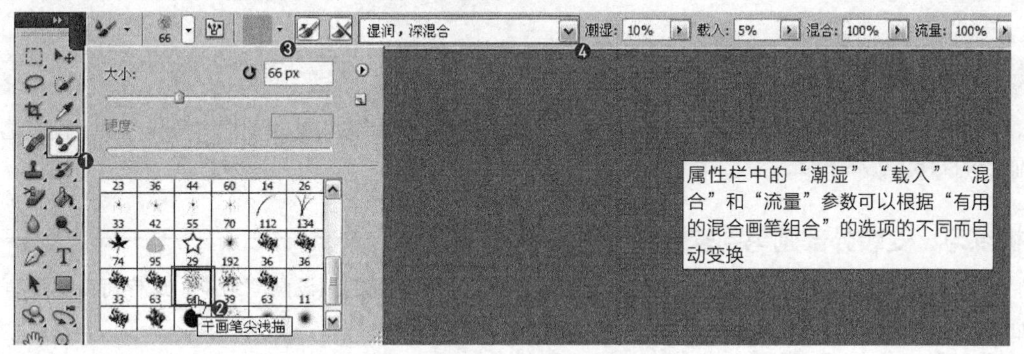

图5-69　设置混合器画笔工具的属性

04 在属性栏中勾选“对所有图层取样”复选框❺后，使用“混合器画笔工具”在图像中进行涂抹，效果如图5-70所示。

图5-70　涂抹效果

05 继续使用“混合器画笔工具”在图像中进行细致的涂抹，涂抹过程如图5-71所示。

图5-71　涂抹过程

06 整个图像都被涂抹一遍后，完成本例的制作，最终效果如图5-72所示。

图5-72　最终效果

温馨提示

在使用“混合器画笔工具”绘制图像效果时，可以根据图像的大小程度，对工具的画笔大小进行适当调整，这样可以得到更好的效果。

5.3 自定画笔笔尖

在 Photoshop CC中，可以将大量的外部笔尖安装到软件中，还可以将喜欢的图案直接定义为画笔笔尖，不喜欢时则可以将其从软件中删除。

上机练习：安装外部画笔到软件中

在Photoshop CC中，可以将自己喜欢的画笔下载后安装到当前的预设画笔组中，这样可以更加有效地加以利用，设计时也可以节省大量时间。具体的安装过程如下。

操作步骤

01 在工具箱中选择“画笔工具”❶，在属性栏中单击“画笔”右侧的倒三角形按钮❷，在弹出的”画笔预设选取器“面板中单击“弹出菜单”按钮❸，在弹出的菜单中选择“载入画笔”命令❹，如图5-73所示。

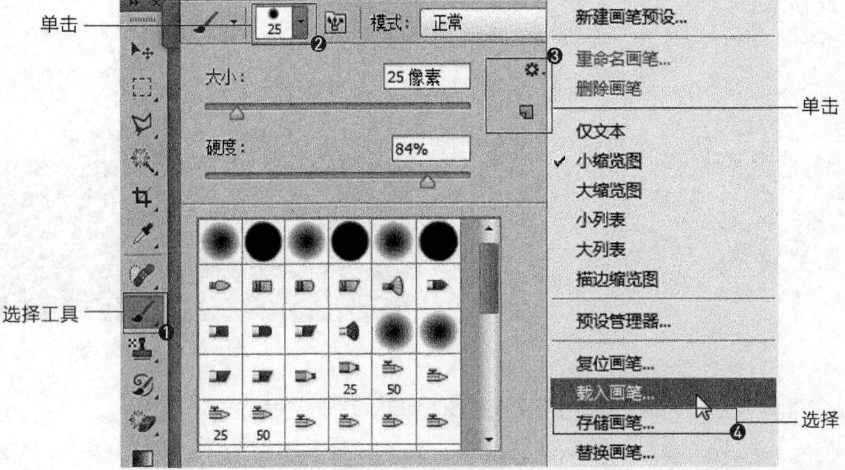

图5-73 载入画笔

02 系统会弹出如图5-74所示的“载入”对话框，找到画笔笔尖所在的路径位置，选择“树-1”画笔，单击“载入”按钮，完成时外部画笔的安装。

图5-74 选择画笔

03 此时在当前的“画笔预设选取器”面板中可以看到载入的“树-1”画笔，如图5-75所示，使用“画笔工具”可以在文件中绘制选中的“树-1”画笔效果，如图5-76所示。

图5-75　框选树笔触　　图5-76　绘制的画笔效果

上机练习：自定义画笔并进行绘制

在使用“画笔工具”进行绘制时，有时候在“画笔预设选取器”面板中没有需要的画笔笔尖，这时就要自己动手将需要的图案定义成画笔笔尖。本次实战就讲解如何定义自己喜欢的图案为画笔笔尖。

操作步骤

01 执行菜单中的“文件/打开”命令或按Ctrl+O快捷键，打开随书附带光盘中的文件“素材文件/第5章/创意蔬菜.jpg”，如图5-77所示。

02 打开素材文件后，执行菜单中的“编辑/定义画笔预设”命令，弹出“画笔名称”对话框，设置“名称”为“胡萝卜”❶，单击“确定”按钮❷，如图5-78所示。

图5-77　素材

图5-78　“画笔名称”对话框

03 选择“画笔工具”，打开“画笔预设选取器”面板，这时就可以看到“胡萝卜”笔尖了，如图5-79所示 。

04 将画笔的“大小”调小，在打开的“创意蔬菜”素材文件中单击，即可以将自定义的笔尖效果绘制出来，如图5-80所示。

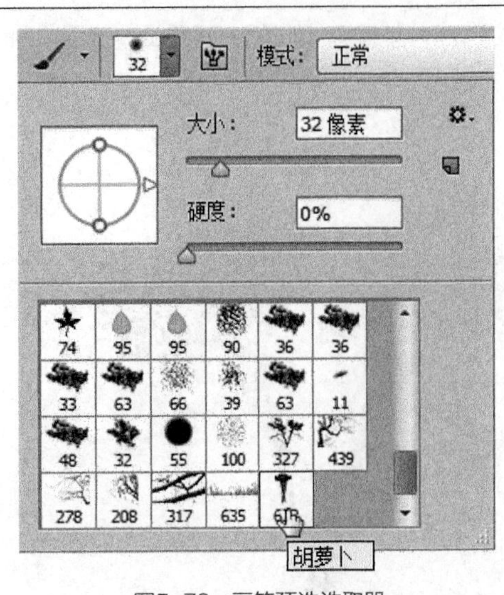

图5-79　画笔预选选取器

图5-80　自定义笔尖的绘制效果

技巧

在自定义画笔笔尖时，如果想得到实色图形，就必须是白色背景下的黑色图案。如果是彩色图像，在定义画笔预设时会得到不同透明度的图像效果。

温馨提示

如果只想将打开的图像中的某个部位定义为画笔，只要在该部位周围创建选区即可。

上机练习：删除画笔

当自定义的画笔不再使用时，可以在“画笔预设选取器”面板中将其删除，载入的画笔组也可以通过“复位画笔”命令将其删除。具体操作如下。

操作步骤

01 打开“画笔预设选取器”面板，在预设画笔中找到“卡通蜡烛”笔尖，单击鼠标右键在弹出的菜单中选择“删除画笔”命令，即可将其删除，过程如图5-81所示。

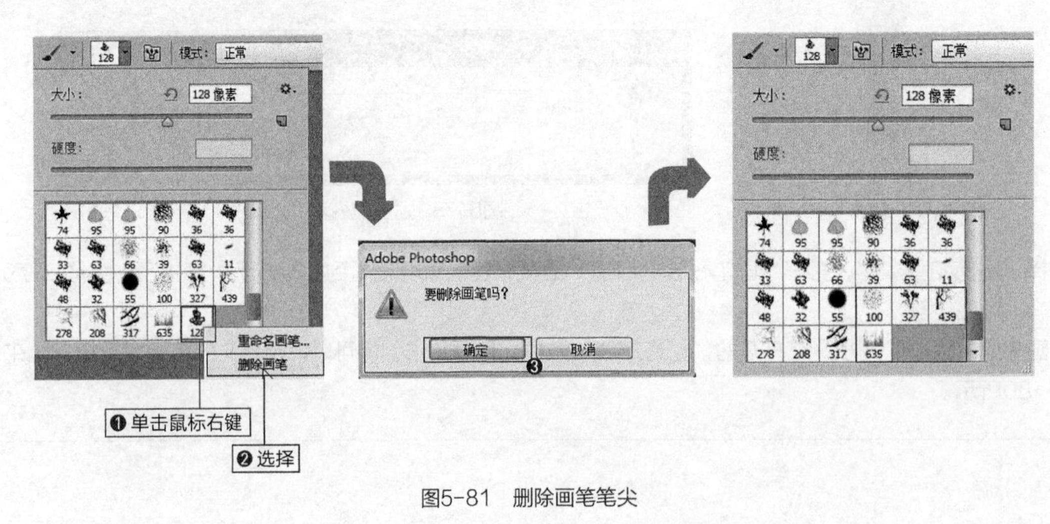

图5-81　删除画笔笔尖

02 在“画笔预设选取器”面板中单击“弹出菜单”按钮，在弹出的菜单中选择“复位画笔”命令，可以将之前载入的画笔从当前组中删除，过程如图5-82所示。

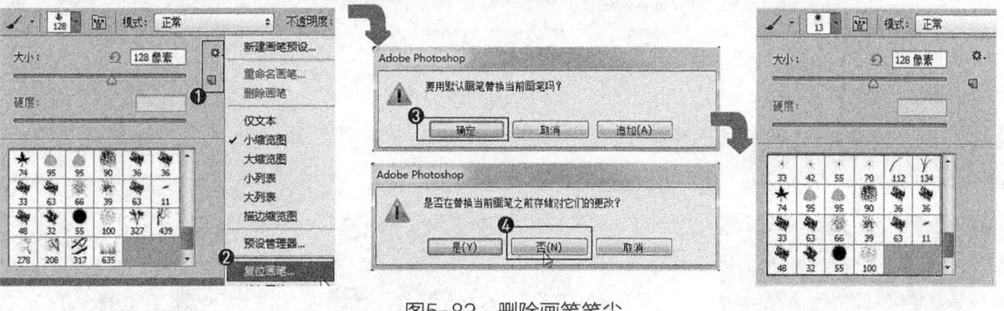

图5-82 删除画笔笔尖

5.4 橡皮擦工具组

在Photoshop CC中，用于擦除的工具被集中在橡皮擦工具组中。使用该组中的工具，可以将打开的图像整体或局部进行擦除，也可以单独对选取的某个区域进行擦除。该工具组中包含“橡皮擦工具”、“背景橡皮擦工具”和“魔术橡皮擦工具”，如图5-83所示。

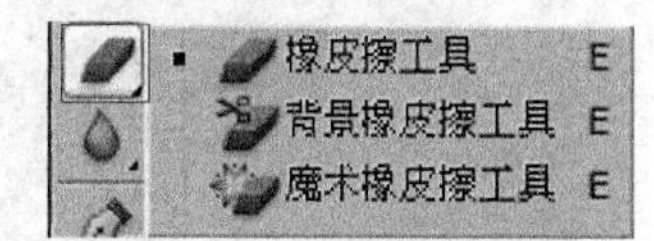

图5-83 橡皮擦工具组

5.4.1 橡皮擦工具

在Photoshop CC中，能够对图像的局部进行随意擦除的工具只有“橡皮擦工具”。“橡皮擦工具”通常被用于对编辑图像时产生的多余部分进行擦除的使图像更加完美。

该工具的使用方法是：在图像中按下鼠标左键进行拖动，即可将鼠标指针经过的位置擦除，并以背景色或透明色来显示被擦除的部分，效果如图5-84所示。

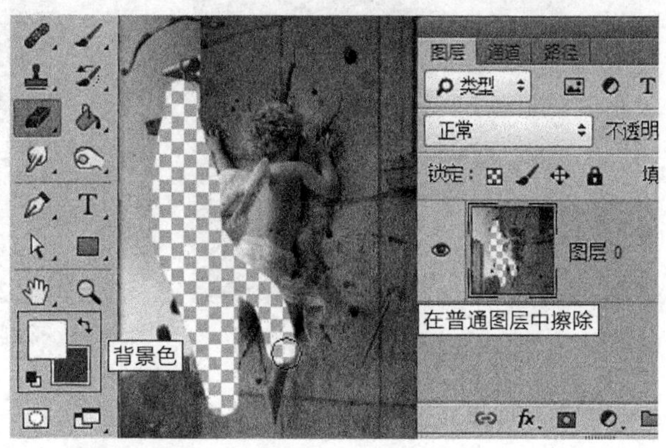

图5-84 擦除图像

温馨提示

如果在“背景”图层或在透明像素被锁定的图层中进行擦除时，像素会以背景色填充“橡皮擦工具”经过的区域。

技巧

在通过笔尖类工具进行修饰或绘制时，按住 Alt 键的同时按住鼠标右键在图像中水平拖动会更改笔尖的大小，向左会减小笔尖，向右加大笔尖。

选择“橡皮擦工具”后，属性栏会变成该工具对应的参数及选项设置，如图5-85所示。

图5-85　橡皮擦工具的属性栏

其中各项的含义如下。

- **模式**：用来设置橡皮擦工具的擦除方式，包括“画笔”“铅笔”和“块”。擦除效果如图5-86～图5-88所示。

图5-86　“画笔”擦除效果

图5-87　“铅笔”擦除效果

图5-88　“块”擦除效果

- **抹到历史记录**：结合“历史记录”面板，可以任意按照之前的操作步骤进行擦除，如图5-89所示。

图5-89　抹到历史记录

技巧

在使用“橡皮擦工具”时，按住 Shift 键，可以以直线的方式进行擦除；按住 Ctrl 键，可以暂时将“橡皮擦工具”换成移动工具；按住 Alt 键，系统会在鼠标光标经过时自动还原被擦除的区域。

5.4.2 背景橡皮擦工具

使用“背景橡皮擦工具”可以在图像中擦除指定颜色的图像像素，鼠标指针经过的位置将会变为透明区域。即使是在“背景”图层中擦除图像时，也会将“背景”图层自动转换成可编辑的普通图层。“背景橡皮擦工具”一般常被用于擦除指定图像中的颜色区域，也可以被用于为图像去掉背景。

该工具的使用方法是：设置“取样”后在图像中进行拖动，即可将鼠标指针经过的区域擦除，如图5-90所示。

图5-90　使用背景橡皮擦工具擦除背景

选择“背景橡皮擦工具”后，属性栏会变成该工具对应的参数及选项设置，如图5-91所示。

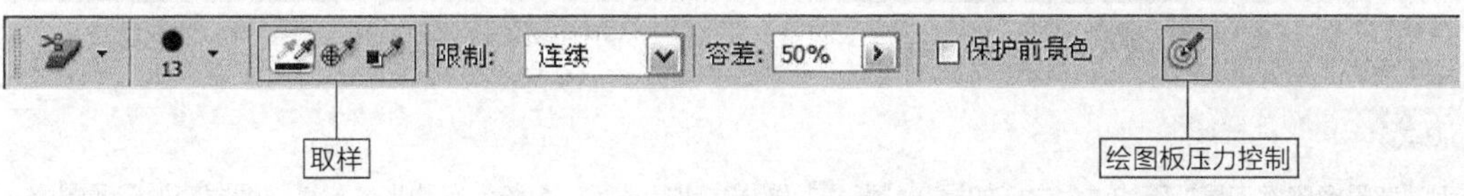

图5-91　背景橡皮擦工具的属性栏

其中各项的含义如下。

- **取样**：用来设置替换图像颜色的方式，包括“连续”、“一次”和“背景色板”。
- **保护前景色**：勾选该复选框后，图像中与前景色一致的颜色将不会被擦除，如图5-92所示。

图5-92　保护前景色擦除效果

温馨提示

“背景橡皮擦工具”的属性栏与“颜色替换工具”的属性栏其具体功能基本相似，这里不再赘述，大家可以参考“颜色替换工具”属性栏的参数讲解。

上机练习：设置不同取样时擦除图像背景

本次实战主要让大家了解“背景橡皮擦工具”属性栏中不同“取样”设置的使用方法。

- 取样：连续

01 执行菜单中的“文件/打开”命令或按Ctrl+O快捷键，打开随书附带光盘中的文件“素材文件/第5章/机翼.jpg”，如图5-93所示。

02 选择“背景橡皮擦工具”❶，在属性栏中单击“取样”中的“连续”按钮 ❷，使用鼠标指针在打开的素材文件中上进行涂抹 ❸，此时该工具的功能相当于“橡皮擦工具”，擦除后的效果如图5-94所示。

图5-93　素材

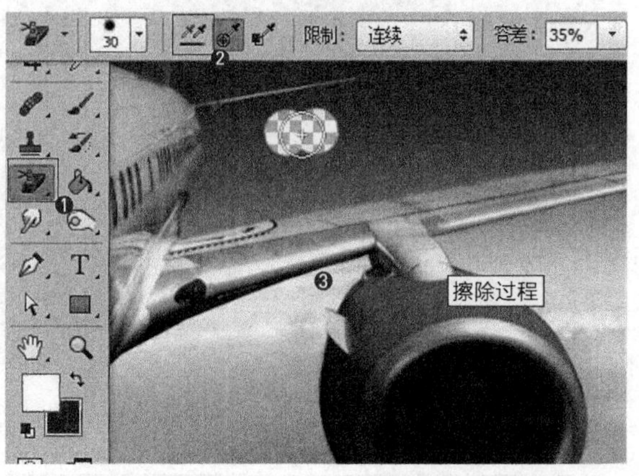

图5-94　选择“连续”取样时的擦除效果

温馨提示

在使用“背景橡皮擦工具”的过程中，如果在“背景”图层中进行擦除，系统会自动将“背景”图层变为普通图层。

- 取样：一次

03 恢复素材原貌。

04 选择“背景橡皮擦工具”❶，在属性栏中单击“取样”中的“一次”按钮 ❷，选择要擦除的颜色范围，将鼠标指针移动到该区域按下鼠标左键 ❸，在整个图像中进行涂抹，此时发现只有与第一次取样相近的颜色会被擦除，效果如图5-95所示。

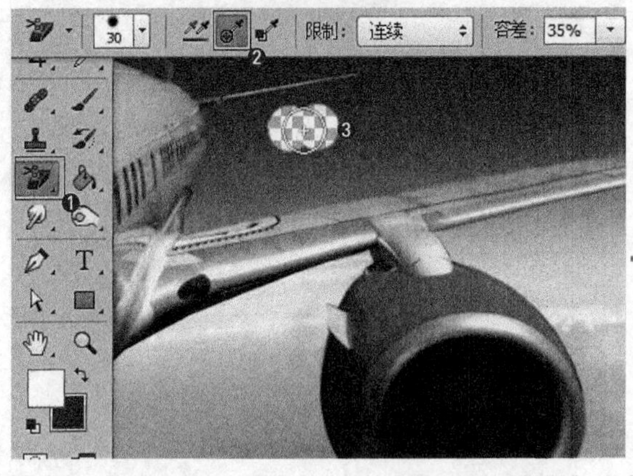

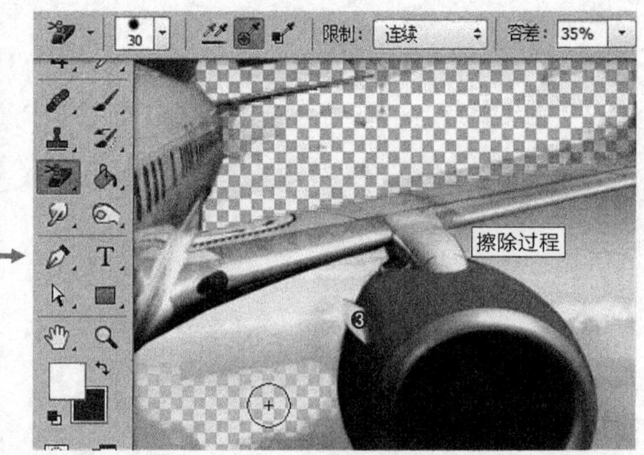

图5-95　选择“一次”取样时的擦除效果

- 取样：背景色板

05 恢复素材原貌。

06 选择“背景橡皮擦工具”❶，在属性栏中单击“取样”中的“背景色板”按钮❷，设置工具箱中的背景色为要擦除的颜色，这里将背景色设置为图像中机翼的红色❸，使用鼠标指针在素材文件中进行涂抹，擦除后的效果如图5-96所示。

图5-96　选择“背景色板”取样时的擦除效果

5.4.3 魔术橡皮擦工具

在Photoshop CC中，使用“魔术橡皮擦工具”可以快速去掉图像的背景。“魔术橡皮擦工具”一般常被用于为图像进行快速抠图。

该工具的使用方法非常简单，只要选择要清除的颜色范围，单击鼠标左键即可将其清除，过程如图5-97所示。

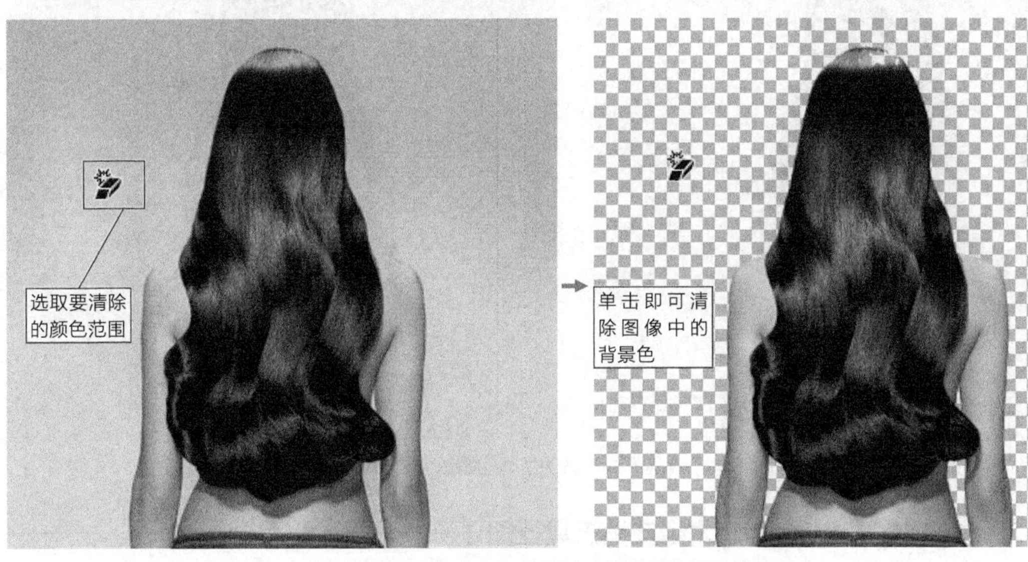

图5-97　魔术橡皮擦工具的擦除效果

选择“魔术橡皮擦工具”后，属性栏会变成该工具对应的参数及选项设置，如图5-98所示。

图5-98　魔术橡皮擦工具的属性栏

其中各项的含义如下。

- 容差：用来设置魔术橡皮擦工具擦除图像的范围。数值越大，擦除的颜色范围的像素越多；数值越小，擦除的颜色范围的像素越少。

- **连续**：对连续的像素或相隔的像素进行清除，效果如图5-99所示。

图5-99 勾选“连续”与不勾选“连续”复选框时的效果对比

- **对所有图层取样**：勾选该复选框后，可以将多图层的文件看成是单一图层的文件。
- **不透明度**：用来设置擦除图像时的透明效果，效果如图5-100所示。

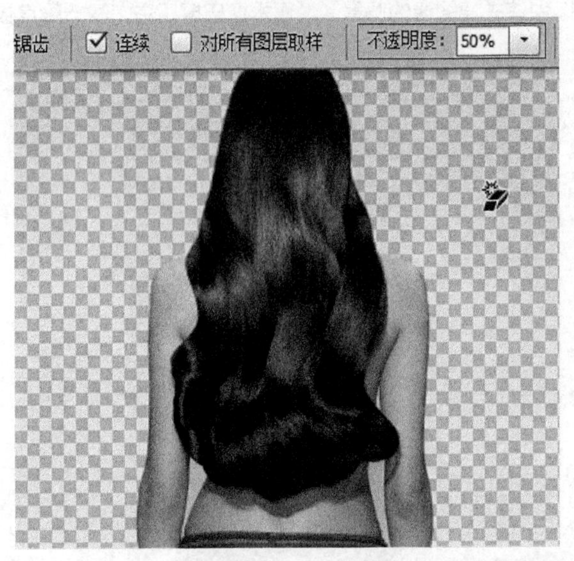

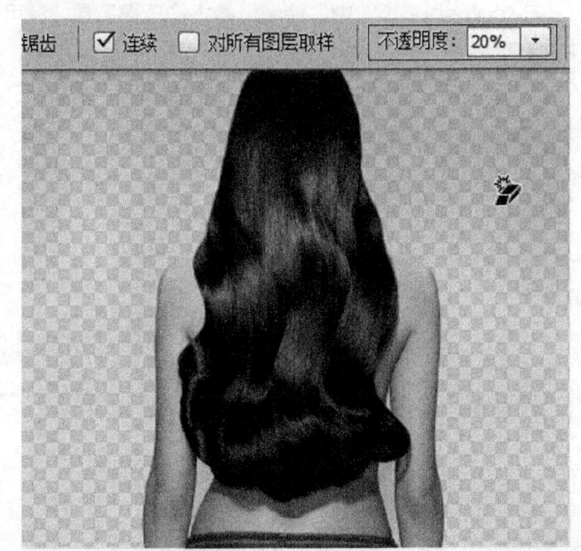

图5-100 设置不同不透明度时的擦除效果对比

上机练习：抠图技巧——使用魔术橡皮擦工具抠图

本次实战主要让大家了解使用“魔术橡皮擦工具”快速抠图的方法。具体操作如下。

操作步骤

01 在菜单中执行“文件/打开”命令或按Ctrl+O快捷键，打开随书附带光盘中的文件“素材文件/第5章/茶具.jpg”，如图5-101所示。

02 选择“魔术橡皮擦工具”后，在属性栏中设置“容差”为40 ❶，不勾选“连续”复选框 ❷，在白色背景处单击鼠标左键 ❸以去掉背景，效果如图5-102所示。

图5-101　素材

图5-102　去掉背景

03 在文件中剩余的图像处使用“多边形套索工具”围绕多余的背景创建选区，按Delete键清除选区，过程如图5-103所示。

图5-103　去掉背景的过程

04 按Ctrl+D键去掉选区。在菜单中执行“文件/打开”命令或按Ctrl+o键，打开随书附带光盘中的“素材文件/第5章/中国风.jpg”素材，如图5-104所示。

05 使用“移动工具”拖动“茶具”文件中的图像到“中国风”文件中，完成抠图的操作，最终效果如图5-105所示。

图5-104　素材

图5-105　最终效果

5.5 减淡工具组

在 Photoshop CC中，用来对图像进行减淡、加深以及增色、减色的工具被集中在减淡工具组中。该工具组包括“减淡工具”、“加深工具”和“海绵工具”，如图5-106所示。

减淡工具　O
加深工具　O
海绵工具　O

图5-106　减淡工具组

5.5.1 减淡工具

“减淡工具”可以改变图像中的亮调与暗调，其原理来源于胶片曝光显影后经过部分暗化或亮化可改变曝光效果。“减淡工具”一般常被用于为图像中的某部分像素加亮。

该工具的使用方法是：在图像中拖动鼠标指针，鼠标指针经过的位置就会被加亮，过程如图5-107所示。

图5-107　加亮过程

选择“减淡工具”后，属性栏会变成该工具对应的参数及选项设置，如图5-108所示。

图5-108　减淡工具的属性栏

其中各项的含义如下。

- **范围**：用于对图像进行减淡时的范围选取，包括“阴影”“中间调”和“高光”。选择“阴影”选项时，加亮的范围只局限于图像的暗部，效果如图5-109所示；选择“中间调”选项时，加亮的范围只局限于图像的灰色调区域，效果如图5-110所示；选择“高光”选项时，加亮的范围只局限于图像的亮部，效果如图5-111所示。

图5-109　“阴影”减淡效果

图5-110　“中间调”减淡效果

图5-111　“高光”减淡效果

- **曝光度**：用于控制图像的曝光强度。数值越大，曝光强度就越明显。建议在使用“减淡工具”时将曝光度设置得尽量小一些。
- **保护色调**：对图像进行减淡处理时，可以对图像中存在的颜色进行保护，效果如图5-112所示。

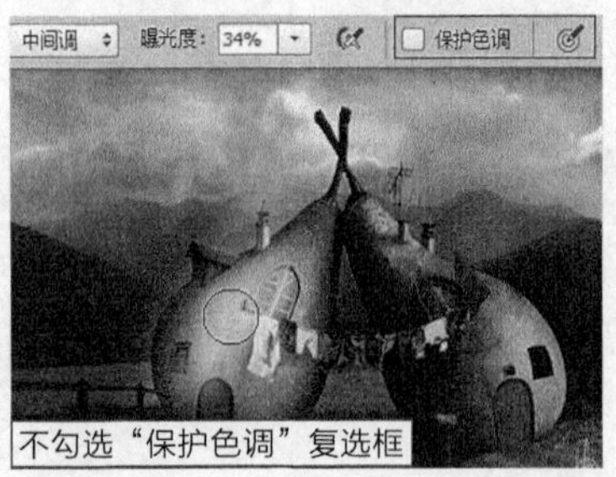

中间调　曝光度：34%　☑保护色调

勾选“保护色调”复选框

图5-112　勾选与不勾选“保护色调”复选框时的效果对比

上机练习：通过减淡工具为人物的肌肤美白

本次实战主要让大家了解使用“减淡工具”美白肌肤的方法。具体操作如下。

操作步骤

01 在菜单中执行“文件/打开”命令或按Ctrl+O快捷键，打开随书附带光盘中的文件“素材文件/第5章/模特01.jpg”，从素材文件中可以看到人物的肌肤已经很白了，如图5-113所示。下面通过“减淡工具”将人物的肌肤调整得更加美白。

02 选择“减淡工具”，在属性栏中设置“范围”为“中间调”、“曝光度”为34%，勾选“保护色调”复选框，使用“减淡工具”在人物裸露在外面的肌肤处进行涂抹，如图5-114所示。

03 在人物的肌肤处继续涂抹，鼠标描述经过的区域会使人物的肌肤更美白，如图5-115所示。

图5-113　素材

图5-114　设置参数并进行涂抹

图5-115　继续涂抹

04 在人物的整个肌肤处继续涂抹，此时会发现人物的肌肤已经比之前美白了很多，最终效果如图5-116所示。

图5-116　最终效果

5.5.2 加深工具

“加深工具”的功能正好与“减淡工具”相反，使用该工具可以将图像中的亮度变暗，效果如图5-117所示。

“加深工具”的属性栏参数与“减淡工具”一致。

图5-117　加深效果

温馨提示

在使用“减淡工具”或“加深工具”对图像进行加亮或增暗的过程中，最好将“曝光度”设置得小一些。

5.5.3 海绵工具

使用“海绵工具”可以精确地更改图像中某个区域的色相饱和度。当增加色相饱和度时，其灰度就会减少，图像的颜色变得更加浓烈；当降低色相饱和度时，其灰度就会增加，图像的颜色变得灰暗。“海绵工具”一般常被用于为图像中的某部分像素增加颜色或去除颜色。

该工具的使用方法是：在图像中拖动鼠标指针，鼠标指针经过的区域就会被加色或去色，效果如图5-118所示。

图5-118　海绵工具的加色与去色效果对比

在工具箱中选择“海绵工具”后，属性栏会变成该工具对应的参数及选项设置，如图5-119所示。

图5-119　海绵工具的属性栏

其中各项的含义如下。

- **模式**：用于对图像进行加色或去色，在其下拉列表框中的选项包括“降低饱和度”和“饱和”。
- **自然饱和度**：从灰色调到饱和色调的调整，用于提升饱和度不够的图片，可以调整出非常优雅的灰色调。

技巧

使用“减淡工具”或“加深工具”时，在键盘中输入相应的数字便可以改变“曝光度”。0代表“曝光度”为100%，1代表曝光度为10%，43代表“曝光度”为43%，以此类推。只要输入相应的数字，就会改变曝光度，范围为1%～100%。如果是“海绵工具”，则改变的是“流量”。

上机练习：通过减淡工具与加深工具制作立体图像

本次实战主要让大家了解“减淡工具”与“加深工具”的结合使用。操作方法如下。

操作步骤

01 在菜单中执行“文件/打开”命令或按Ctrl+O快捷键，打开随书附带光盘中的文件“素材文件/第5章/渐变背景”，将其作为背景，如图5-120所示。

02 在“图层”面板中单击“创建新图层”按钮❶，新建“图层1”❷，使用“矩形选框工具”和“椭圆选框工具”在画布中创建选区，如图5-121所示。

图5-120 素材

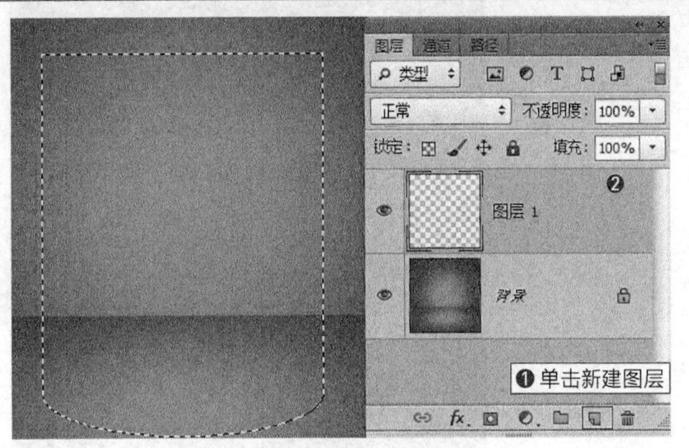

图5-121 创建选区

03 将前景色设置为灰色❶，按Alt+Delete快捷键填充前景色❷，效果如图5-122所示。

04 按Ctrl+D快捷键去掉选区，选择“减淡工具”❶，在属性栏中设置画笔的“大小”为195像素“硬度”为0% ❷，设置“范围”为“阴影”❸、“曝光度”为20% ❹，使用“减淡工具”在填充的灰色处上下拖动进行减淡处理 ❺，如图5-123所示。

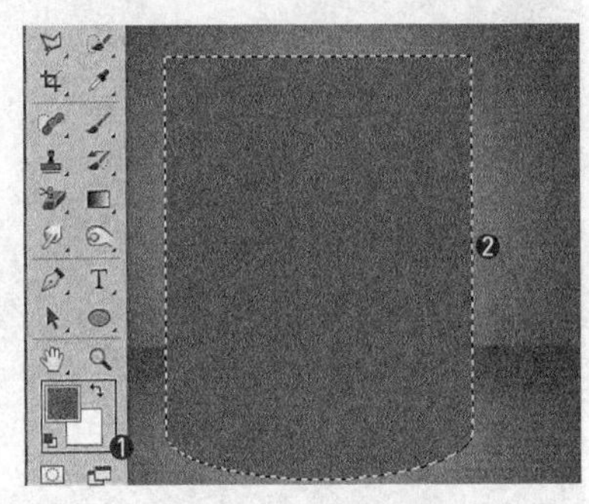

图5-122 填充效果

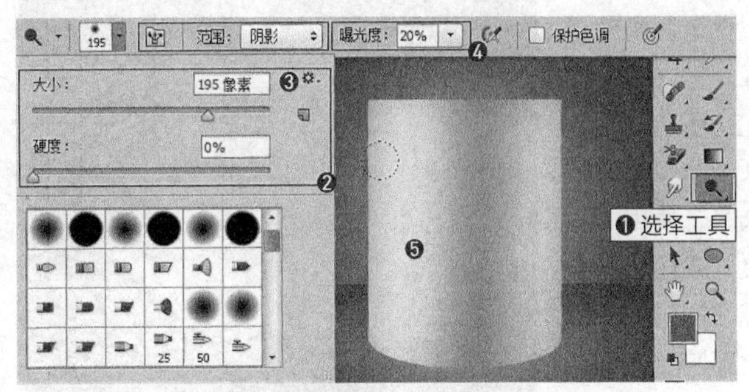

图5-123 减淡效果

05 使用“椭圆选框工具”绘制选区并填充前景色，效果如图5-124所示。

06 使用“减淡工具”在选区内上下拖动进行减淡处理，效果如图5-125所示。

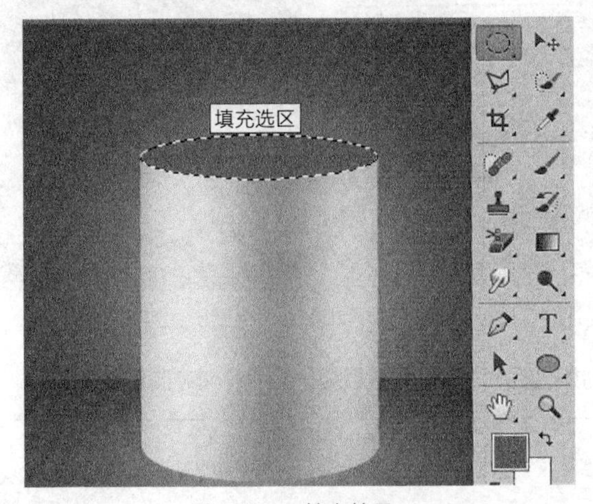

图5-124 填充效果

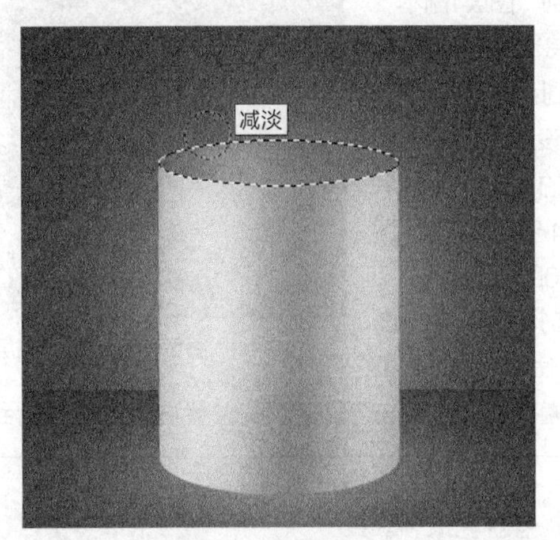

图5-125 减淡效果

07 在菜单中执行“选择/变换选区”命令，调出变换框，拖动变换控制点将选区缩小，效果如图5-126所示。

08 按回车键确定操作，使用“减淡工具”在选区内上下拖动进行减淡处理，效果如图5-127所示。

图5-126 变换选区

图5-127 减淡效果

09 使用“加深工具”，在属性栏中设置“范围”为“高光”，在选区局部进行加深处理，效果如图5-128所示。

10 按Ctrl+D快捷键去掉选区，使用“加深工具”在整个图像边缘进行加深处理，效果如图5-129所示。

图5-128 加深效果

图5-129 加深效果

11 复制“图层1”❶，得到“图层1副本”❷，将“图层1副本”移动到“图层1”的下方，设置“图层1副本”的“不透明度”为24% ❸，如图5-130所示。

12 选择“背景”图层，使用“加深工具”在立体图像与背景接触的位置进行加深，得到如图5-131所示的最终，至此，本列制作完成。

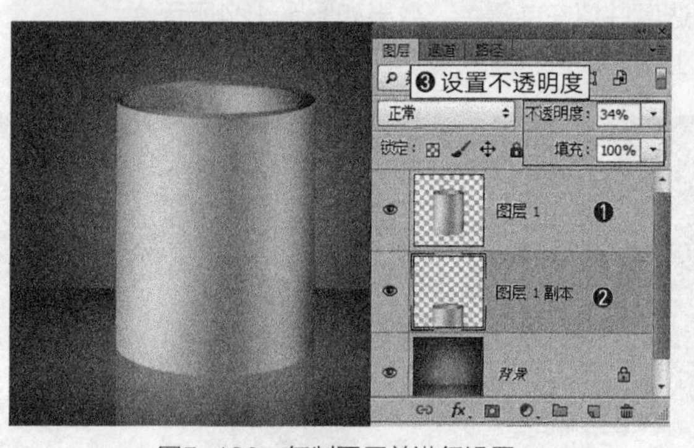

图5-130 复制图层并进行设置

图5-131 最终效果

5.6 模糊工具组

在 Photoshop CC中，用来对图像进行模糊、锐化和涂抹的工具被集中在模糊工具组中。该工具组包含“模糊工具”、“锐化工具”和“涂抹工具”，如图5-132所示。

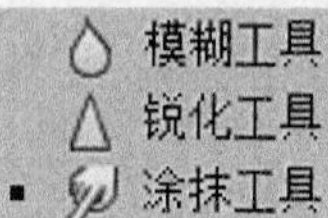

图5-132 模糊工具组

5.6.1 模糊工具

使用“模糊工具”可以对图像中被拖动的区域进行柔化处理以使其显得模糊，原理是降低像素之间的反差。“模糊工具”一般常被用来模糊图像。

该工具的使用方法是：“在图像中拖动鼠标指针，鼠标指针经过的像素就会变得模糊，效果如图5-133所示。

图5-133　模糊效果

选择“模糊工具”后，属性栏会变成该工具对应的参数及选项设置，如图5-134所示。

图5-134　模糊工具的属性栏

其中各项的含义如下。

- **模式**：用于对图像进行模糊时的混合效果设置。如图5-135所示为选择“变暗”模式和“变亮”模式时的涂抹效果对比。

图5-135　选择不同模式时的模糊效果对比

- **强度**：用于设置对图像模糊的力度，数值越大，模糊效果越明显。

5.6.2 锐化工具

"锐化工具"的功能正好与"模糊工具"相反。它可以增加图像的锐利度，使图像看起来更加清晰，原理是增强像素之间的反差。"锐化工具"一般常被用来使图像看起来更加清晰。

"锐化工具"使用方法与"模糊工具"一致，效果如图5-136所示。

图5-136 锐化效果

5.6.3 涂抹工具

使用"涂抹工具"在图像中进行涂抹就像使用手指在未干的油漆上进行涂抹一样，会将颜色进行混合或产生水彩般的效果。"涂抹工具"一般常被用来对图像的局部进行涂抹修整。

该工具的使用方法是：在图像中拖动鼠标指针，鼠标指针经过的像素会随之移动，效果如图5-137所示。

图5-137 涂抹效果

选择"涂抹工具"后，属性栏会变成该工具对应的参数及选项设置，如图5-138所示。

图5-138 涂抹工具的属性栏

其中各项的含义如下。

- **强度**：用来控制涂抹区域的长短，数值越大，涂抹点会越长。
- **手指绘画**：勾选此复选框，涂抹图像时的痕迹将会是前景色与图像的混合效果，如图5-139所示。

图5-139　勾选“手指绘画”复选框后的涂抹效果

上机练习：使用模糊工具与锐化工具制作照片的景深

本次实战主要让大家了解使用“锐化工具”与“模糊工具”编辑图像的方法。具体操作如下。

操作步骤

01 在菜单中执行“文件/打开”命令或按Ctrl+O快捷键，打开随书附带光盘中的文件“素材文件/第5章/背影”，如图5-140所示。

02 在工具箱中选择“模糊工具”，在属性栏中设置“模式”为“正常”❶、“强度”为87% ❷，在人物前面的天空、铁门和建筑上进行拖动 ❸以添加模糊效果，如图5-141所示。

图5-140　素材

图5-141　模糊效果

03 使用“模糊工具”在人物周围继续进行细致的涂抹，效果如图5-142所示。

04 使用“锐化工具”在人物上涂抹以进行锐化处理，使其变得更清晰一些，最终效果如图5-143所示。

图5-142　模糊效果

图5-143　最终效果

5.7 仿制与记录

在Photoshop CC中，可以直接对整个图像或图像中的某个部分进行绘画式的仿制或通过缩放、旋转等功能来仿制；记录可以对操作的某个步骤进行。有针对性的恢复或编辑。本节就带大家进一步了解仿制图章工具组、历史记录画笔工具组、“仿制源”面板和“历史记录”面板的使用方法。

5.7.1 仿制图章工具

使用“仿制图章工具”可以十分轻松地将整个图像或图像中的一部分进行复制。“仿制图章工具”一般常被用于对图像中的某个区域进行复制。使用“仿制图章工具”复制图像时，可以是在同一文件中的同一图层在❷，也可以是在不同图层，还可以是在不同文件之间进行复制。

该工具的使用方法是，在需要被仿制的图像周围按住Alt键单击鼠标左键设置源文件的鼠标选取点❶后，松开鼠标将指针移动到要修复的地方，按住鼠标左键跟随目标选取点拖动❷，便可以轻松进行仿制❸，如图5-144所示为仿制图像的过程。

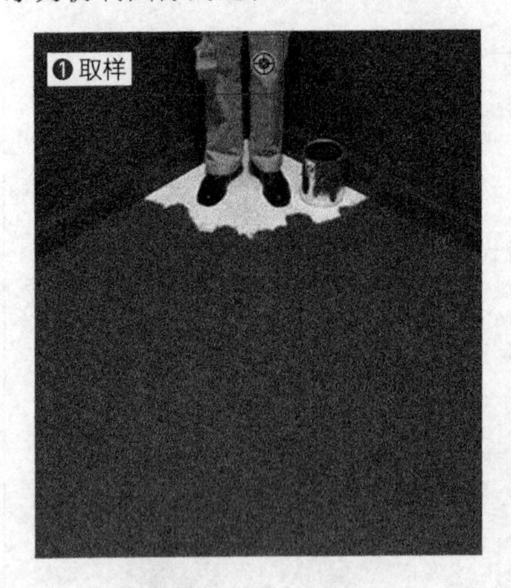

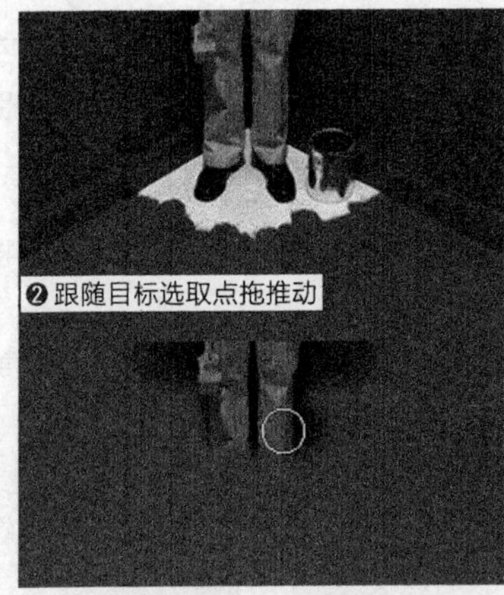

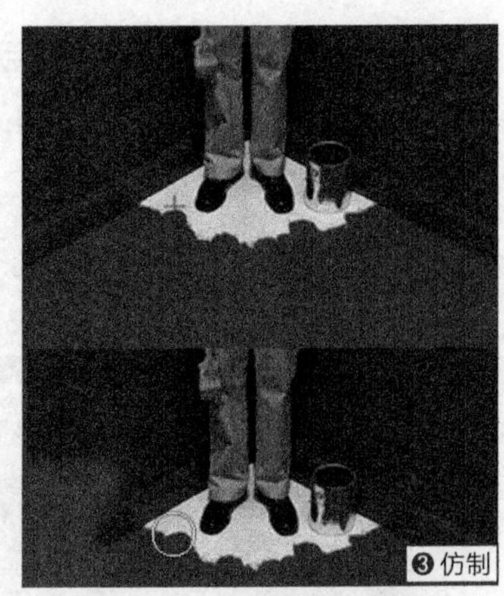

图5-144 仿制过程

选择“仿制图章工具”后，属性栏会变成该工具对应的参数及选项设置，如图5-145所示。

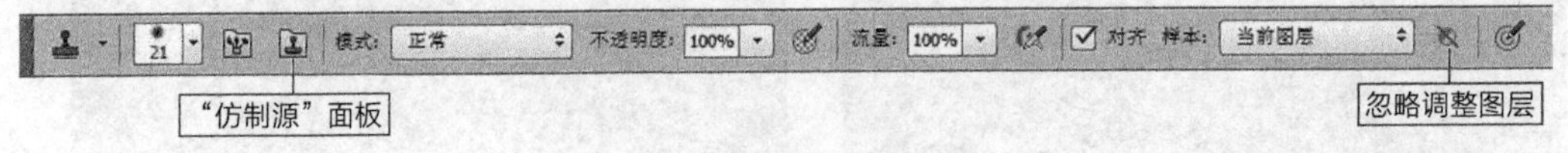

图5-145 仿制图章工具的属性栏

其中各项的含义如下。

- “仿制源”面板：单击该按钮，可以打开“仿制源”面板，在面板中可以对仿制的对象进行缩放、旋转、位移等设置，还可以设置多个取样点。
- 模式：用来设置仿制图像与当前图层中像素的混合模式。
- 对齐：勾选该复选框后，只能用一个固定位置的同一图像来进行修复。如图5-146所示为勾选“对齐”复选框“对齐”和不勾选复选框时的仿制效果对比。

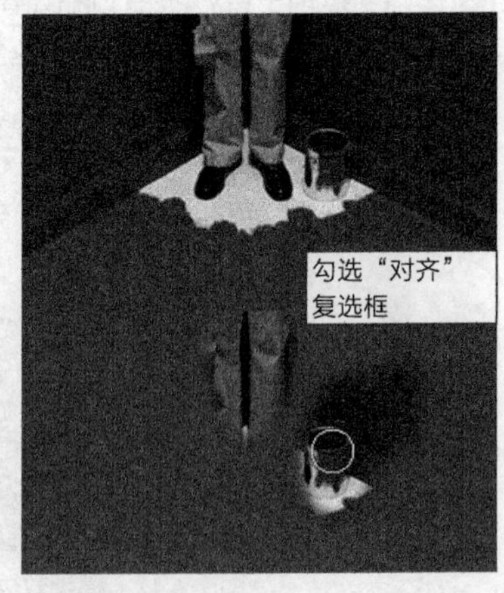

图5-146 仿制效果对比

- **样本**：选择复制图像时的源目标选取点所在个的图层位置，包括“当前图层”“当前图层和下面图层”与“所有图层”三种。

  当前图层：正在处于工作中的图层。

  当前图层和下面图层：处于工作中的图层和其下面的图层。

  所有图层：将多图层文件视为单图层文件。

- **忽略调整图层**：单击该按钮，在修复时可以忽略调整图层调整后的效果，仿制的图像保持没调整之前的效果，效果如图5-147所示。

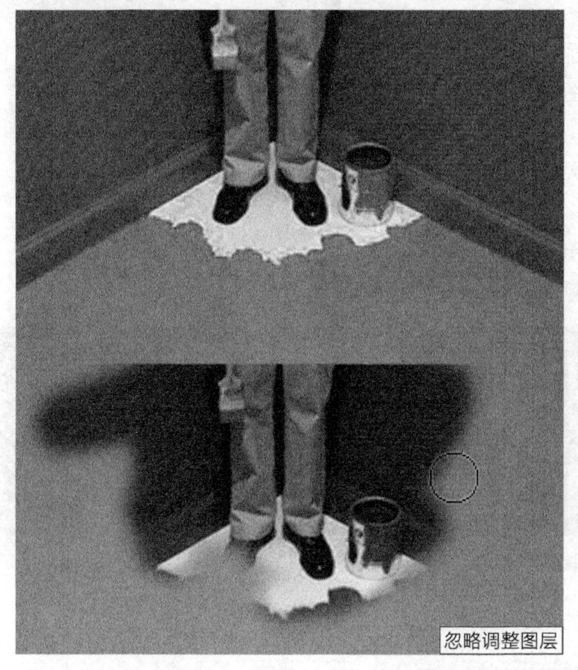

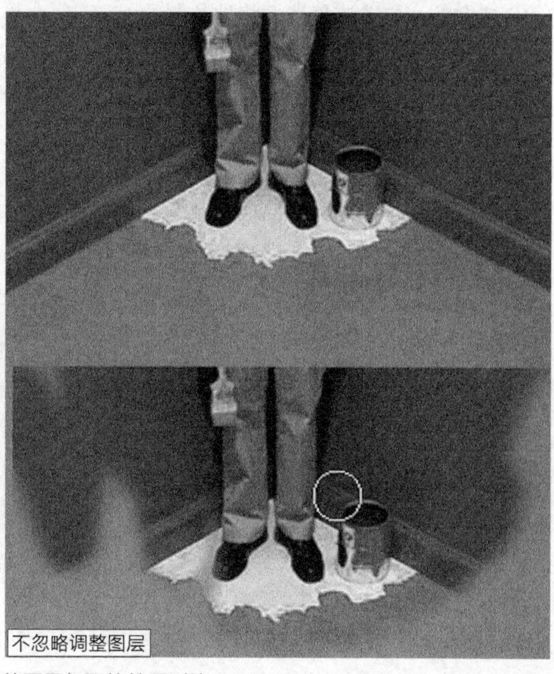

图5-147　忽略调整图层与否的效果对比

5.7.2 “仿制源”面板

通过“仿制源”面板可以将复制的图像进行缩放、旋转、位移等设置，还可以设置多个取样点。在菜单中执行“窗口/仿制源”命令，即可打开“仿制源”面板，如图5-148所示。

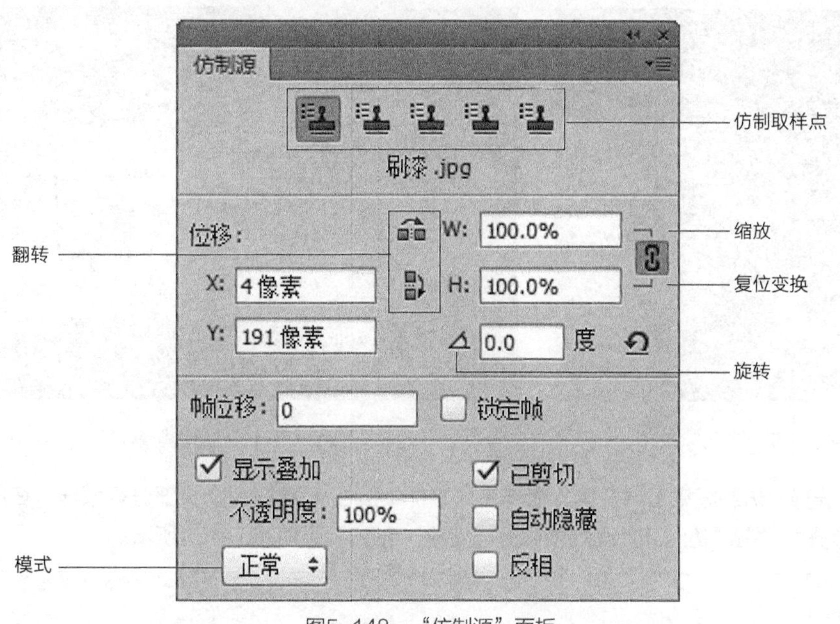

图5-148　“仿制源”面板

其中各项的含义如下。

- **仿制取样点**：用来设置取样复制的取点，可以一次设置5个取样点。
- **位移**：用来设置复制源在图像中的坐标值。
- **缩放**：用来设置被仿制图像的缩放比例，如图5-149所示。
- **旋转**：用来设置被仿制图像的旋转角度，如图5-150所示。
- **复位变换**：单击该按钮，可以清除设置的仿制变换。
- **帧位移**：勾选该复选框设置动画中帧的位移。
- **锁定帧**：勾选该复选框将被仿制的帧锁定。
- **显示叠加**：勾选该复选框，可以在仿制的时候显示预览效果。
- **不透明度**：用来设置仿制复制的同时会出现采样图像的图层的不透明度。
- **模式**：显示仿制采样图像的混合模式。
- **已剪切**：勾选该复选框，剪切图像到当前仿制效果中。
- **自动隐藏**：勾选该复选框，仿制时将叠加层隐藏。
- **反相**：勾选该复选框，将叠加层的效果以负片显示。
- **翻转**：可以将被仿制的原图像进行水平或垂直翻转，如图5-151所示。

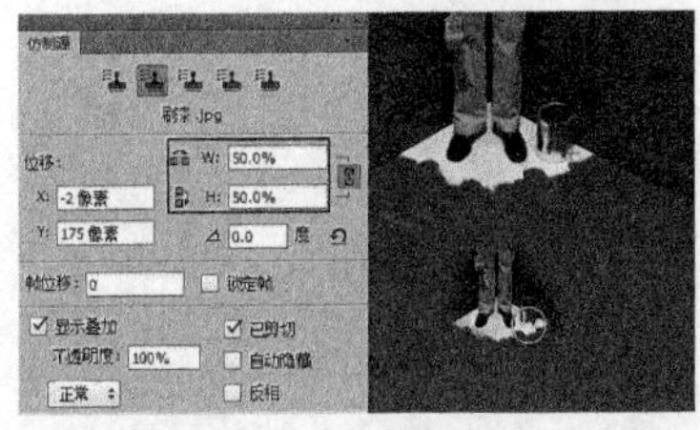

图5-149　缩放仿制效果

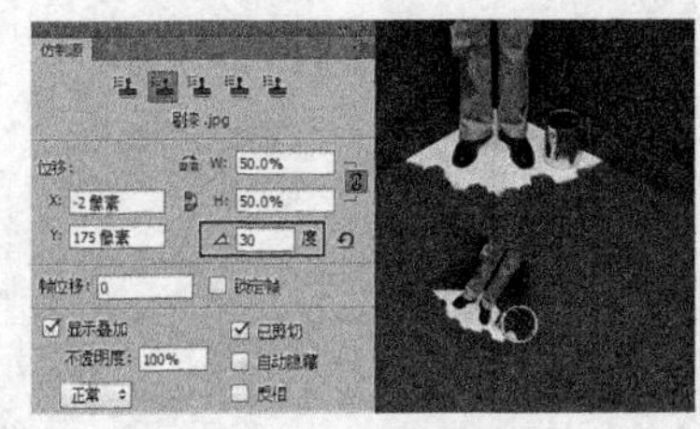

图5-150　旋转仿制效果

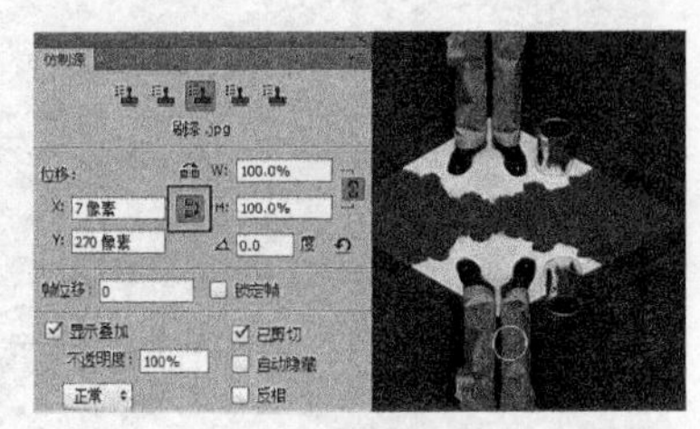

图5-151　垂直翻转仿制效果

上机练习：仿制不同文件中的图像

本次实战主要让大家了解“仿制图章工具”仿制图像的方法。具体操作如下。

操作步骤

01 在菜单中执行“文件/打开”命令或按Ctrl+O快捷键，打开随书附带光盘中的文件“素材文件/第5章/飞.jpg、海边.jpg”，如图5-152和图5-153所示。

图5-152　“飞”素材

图5-153　“海边”素材

02 在工具箱中选择“仿制图章工具”，在“飞”文件中按住Alt键在人物头部进行取样，在属性栏中设置“模式”为“柔光”，在“仿制源”面板中设置“缩放”为50%，如图5-154所示。

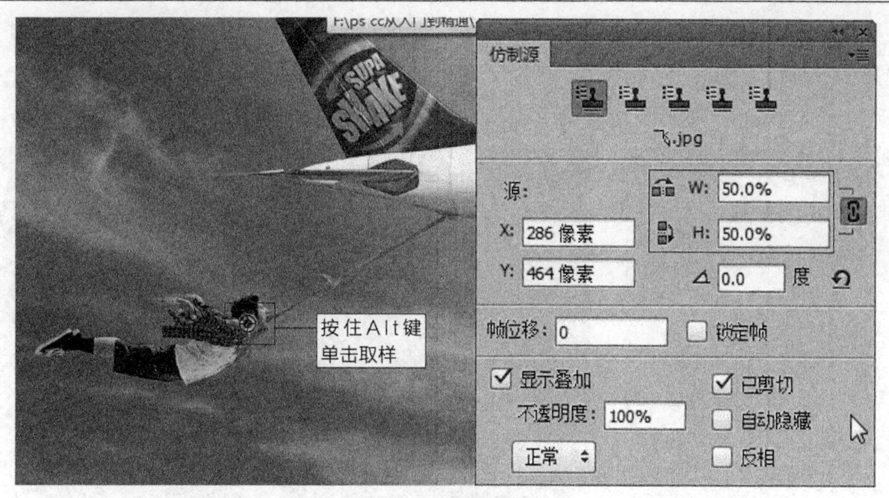

图5-154　取样设置

03 取样完毕，选择“海边”文件，在属性栏中设置“模式”为“正片叠底”，在海边天空的位置按住鼠标左键进行仿制，如图5-155所示。

04 按住鼠标左键进行拖动，将整个人物仿制到海滩中，最终效果如图5-156所示。

图5-155　设置混合模式并仿制

图5-156　最终效果

上机练习：使用“仿制源”面板仿制垂直地面

本次实战主要让大家了解使用“仿制图章工具”结合“仿制源”面板仿制图像的方法。具体操作如下。

操作步骤

01 在菜单中执行“文件/打开”命令或按Ctrl+O快捷键，打开随书附带光盘中的文件“素材文件/第5章/刷漆.jpg”，如图5-157所示，在工具箱中选择“仿制图章工具”，在“刷漆”素材中按住Alt键在人物腿部进行取样，如图5-158所示。

图5-157　素材

图5-158　取样

02 在菜单中执行“窗口/仿制源”命令，打开“仿制源”面板，单击“垂直翻转”按钮，其他参数不变，如图5-159所示。

03 设置完毕，选择仿制取样点按住鼠标进行仿制，最终效果如图5-160所示。

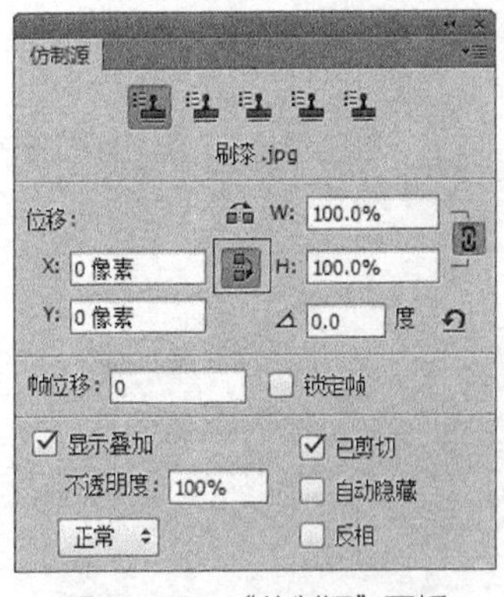

图5-159 “仿制源”面板

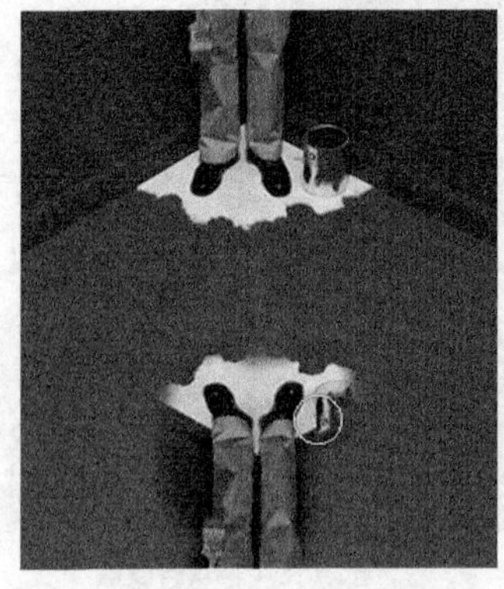

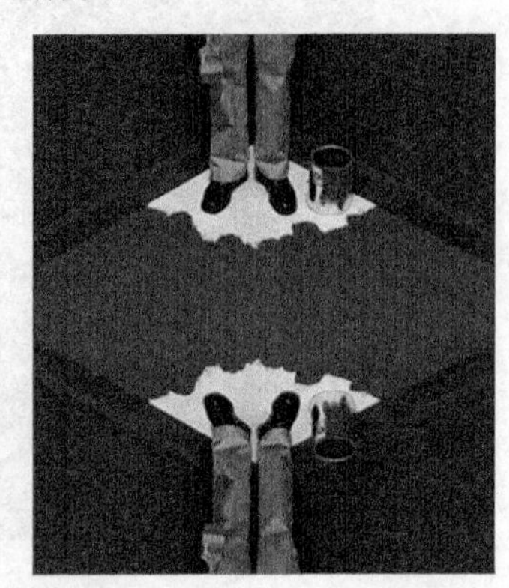

图5-160 最终效果

5.7.3 图案图章工具

使用“图案图章工具”可以将预设的图案或自定义的图案复制到当前文件中，通常用于快速仿制预设或自定义的图案。该工具的使用方法非常简单，选择图案后，在文件中按下鼠标左键进行拖动即可复制。

选择“图案图章工具”后，属性栏会变成该工具对应的参数及选项设置，如图5-161所示。

图5-161 图案图章工具的属性栏

其中各项的含义如下。

- **图案**：用来放置要被仿制的源图案。单击右侧的倒三角形按钮，打开“图案拾色器”面板，在其中可以选择要被用来复制的源图案。
- **印象派效果**：勾选该复选框，使仿制的图案效果具有一种印象派的画风效果，如图5-162所示。
- **缩放**：用来设置被仿制图像的缩放比例。

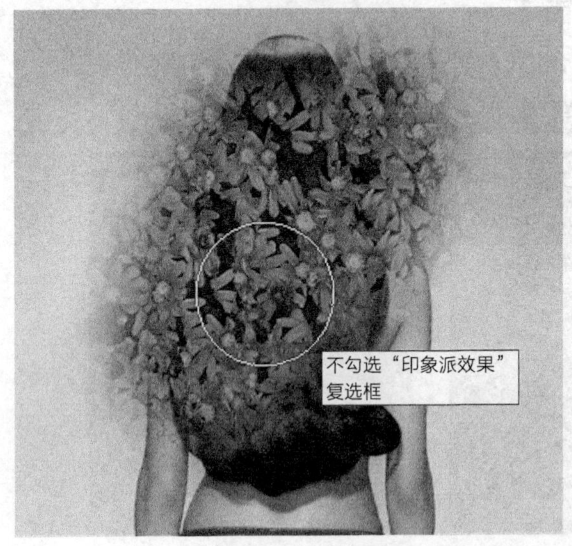

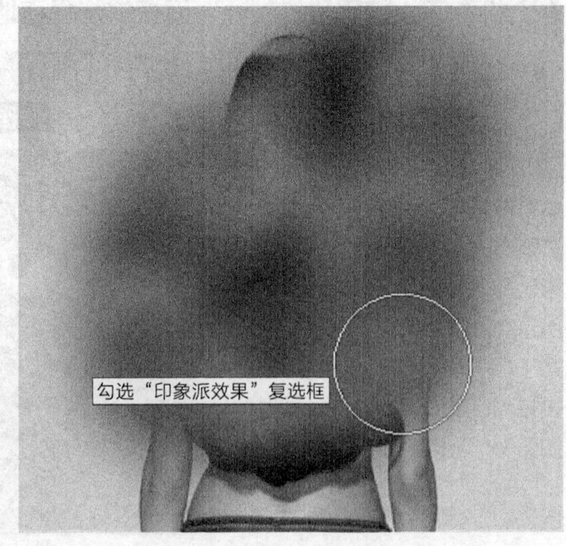

图5-162 仿制图案效果

上机练习：仿制自定义图案

本次实战主要让大家了解使用“图案图章工具”仿制图案的方法。具体操作如下。

操作步骤

01 在菜单中执行“文件/打开”命令或按Ctrl+O快捷键，打开随书附带光盘中的文件“素材文件/第5章/炸弹鸟.jpg”，如图5-163所示。

02 在菜单中执行“编辑/定义图案”命令，弹出“图案名称”对话框，设置“名称”为“愤怒的小鸟”，如图5-164所示，单击“确定”按钮。

图5-163　素材

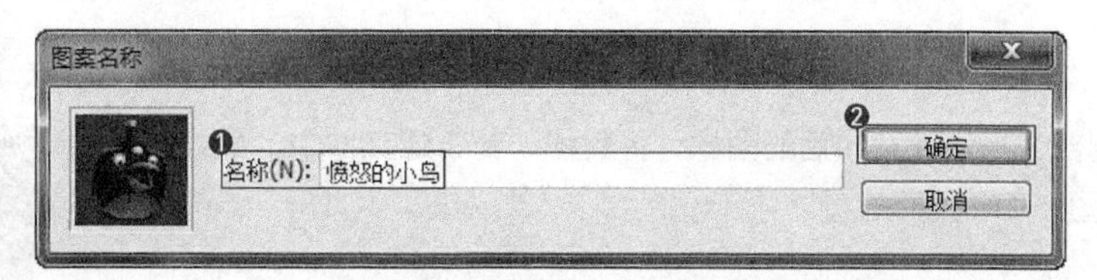

图5-164　图案名称对话框

03 此时系统会自动将图案定义到“图案拾色器”中，在工具箱中选择“图案图章工具”❶，再在属性栏中单击“图案”右侧的倒三角形按钮 ❷，打开“图案拾色器” 面板，选择之前定义的图案 ❸，效果如图5-165所示。

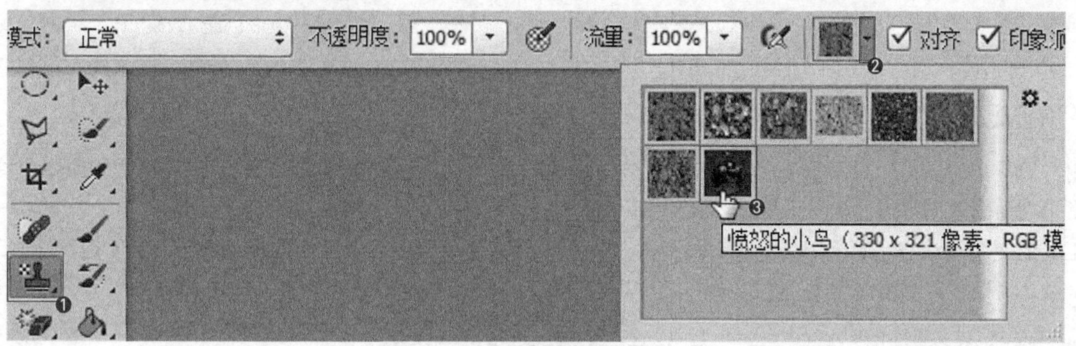

图5-165　设置图案图章工具

04 选择图案后，在菜单中执行“文件/新建”命令或按Ctrl+N快捷键，弹出“新建”对话框，新建一个30厘米×30厘米，分辨率为300像素/英寸的空白文件，使用“图案图章工具”在文件中涂抹以仿制图案，如图5-166所示。

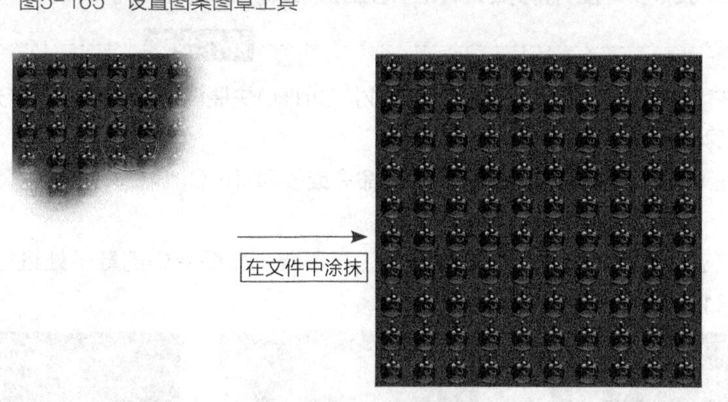

图5-166　仿制自定义图案

05 打开随书附带光盘中的文件“素材文件/第5章/小鸟.jpg、文字.jpg”，使用“魔术橡皮擦工具”将打开的所有素材文件的背景清除，如图5-167所示。

图5-167　清除背景

06 局部选择清除背景后的图像，将其移动到新建文件中，最终效果如图5-168所示。

> **温馨提示**
>
> 如果在仿制的过程中松开了鼠标，再想以原来的仿制效果继续仿制的话，需要在仿制之前在属性栏中勾选“对齐”复选框。

图5-168　最终效果

5.7.4 历史记录画笔工具

使用“历史记录画笔工具”结合“历史记录”面板可以很方便地恢复图像之前任意操作。“历史记录画笔工具”常用在为图像恢复操作步骤。

该工具的使用方法与“画笔工具”都是绘画工具，只是需要结合“历史记录”面板才能更方便地发挥该工具功能，默认时该工具会恢复上一步的效果。

上机练习：使用历史记录画笔工具表现图像局部

操作步骤

01 在菜单中执行“文件/打开”命令或按Ctrl+O快捷键，打开随书附带光盘中的文件“素材文件/第5章/微观世界.jpg”，如图5-169所示。

02 在菜单中执行“图像/调整/去色”命令或按Shift+Ctrl+U快捷键去掉素材图像的颜色，效果如图5-170所示。

03 在工具箱中选择“历史记录画笔工具”，在图像中的鞋子处进行涂抹，使其恢复颜色，效果如图5-171所示。

图5-169　素材

图5-170　去色效果

图5-171　恢复局部颜色

5.7.5 历史记录艺术画笔工具

使用“历史记录艺术画笔工具”结合“历史记录”面板，可以很方便地使图像恢复至任意操作步骤下的效果，并产生艺术效果。“历史记录艺术画笔工具”常被用于制作艺术图像效果。

该工具的使用方法与“历史记录画笔工具”相同。

选择“历史记录艺术画笔工具”后，属性栏会变成该工具对应的参数及选项设置，如图5-172所示。

图5-172　历史记录艺术画笔工具的属性栏

其中各项的含义如下。

- **样式**：用来控制产生艺术效果的风格，具体效果如图5-173～图5-182所示。
- **区域**：用来控制产生艺术效果的范围。取值范围是0～500，数值越大，范围越广。
- **容差**：用来控制图像的色彩保留程度。

图5-173　紧绷短　图5-174　紧绷中　图5-175　紧绷长　图5-176　松散中等　图5-177　松散长

图5-178　轻涂　图5-179　紧绷卷曲　图5-180　紧绷卷曲长　图5-181　松散卷曲　图5-182　松散卷曲长

5.7.6 “历史记录”面板

在Photoshop CC中，“历史记录”面板可以记录所有的制作步骤。在菜单中执行“窗口/历史记录”命令，即可打开“历史记录”面板，如图5-183所示。

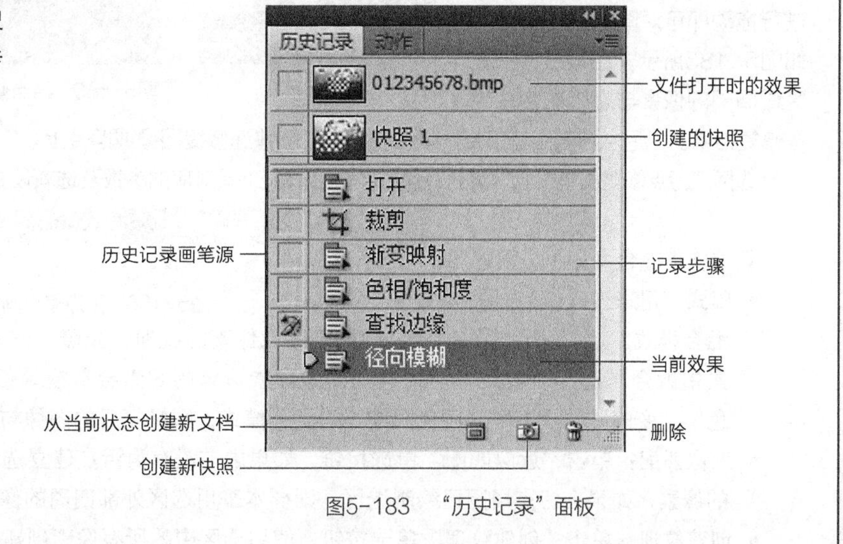

图5-183　“历史记录”面板

其中各项的含义如下。

- **文件打开时的效果**：显示最初刚打开时的文件效果。
- **创建的快照**：用来显示创建的快照的效果。
- **记录步骤**：用来显示操作中出现的命令步骤，直接选择其中的命令就可以在图像中看到该命令得到的效果。

- **历史记录画笔源**：在面板左侧的空白处单击，可以在该空白处出现，此图标出现在什么步骤前面就表示该步骤为所有以下步骤的新历史记录画笔源。此时结合“历史记录画笔工具”，就可以将图像或图像的局部恢复到出现画笔图标时的步骤效果。
- **当前效果**：显示选取步骤时的图像效果。
- **从当前状态创建新文档**：单击此按钮，可以为当前操作得到的图像效果创建一个新的图像文件。
- **创建新快照**：单击此按钮，可以为当前操作得到的图像效果建立一个照片效果以存在面板中。
- **删除**：选择某个状态步骤后，单击此按钮就可以将其删除；或直接拖动某个状态步骤到该按钮上，同样可以将其删除。

温馨提示

在“历史记录”面板中新建一个执行到此命令时的图像效果的快照，可以保留此状态下的图像不受任何操作的影响。

5.8 修复工具组

在Photoshop CC中修整及修复图像的方法是多样的，用来修整及修复图像的工具主要集中在修复工具组中，其中包括“污点修复画笔工具”、“修复画笔工具”、“ 修补工具”、“内容感知移动工具”和“红眼工具”，如图5-184所示。

污点修复画笔工具 J
修复画笔工具 J
修补工具 J
内容感知移动工具 J
红眼工具 J

图5-184 修复工具组

5.8.1 污点修复画笔工具

使用“污点修复画笔工具”可以十分轻松地将图像中的瑕疵修复。该工具的使用方法非常简单，只要将鼠标指针移动到要修复的位置，按下鼠标左键进行拖动即可对图像进行修复，如图5-185所示，原理是将修复区域周围的像素与之相融合来完成修复结果。“污点修复画笔工具”一般常被用于快速修复图像或照片上。

图5-185 污点修复

选择“污点修复画笔工具”后，属性栏会变成该工具对应的参数及选项设置，如图5-186所示。

图5-186 污点修复画笔工具的属性栏

其中各项的含义如下。

- **模式**：用来设置修复时的混合模式。选择“正常”模式，则修复图像像素的纹理、光照、透明度和阴影与所修复图像边缘的像素相融合；选择“替换”模式，则图像像素边缘的像素会替换掉修复区域；选择“正片叠底”“滤色”“变暗”“变亮”“颜色”或“明度”模式，则修复后的图像与原图像会进行相应的混合效果。
- **近似匹配**：单击“近似匹配”单选按钮，如果之前没有为污点建立选区，则样本自动采用污点外部四周的像素；如果在污点周围已绘制选区，则样本采用选区外部四周的像素。
- **创建纹理**：单击“创建纹理”单选按钮，使用选区中的所有像素创建一个用于修复该区域的纹理。如果纹理不起作用，请尝试再次拖过该区域。
- **内容识别**：该项为智能修复功能。单击”内容识别“单选按钮，使用工具在图像中进行涂抹，系统会自动使用鼠标指针周围的像素将其经过的位置进行填充修复。

温馨提示

在使用“污点修复画笔工具”修复图像时。最好将画笔调整得比污点大一些。如果修复区域边缘的像素反差较大，建议在修复区域周围先创建选取范围再进行修复。

上机练习：通过污点修复画笔工具清除图像中的文字

本次实战主要让大家了解使用“污点修复画笔工具”修复图像的方法。具体操作如下。

操作步骤

01 执行菜单中的“文件/打开”命令或按Ctrl+O快捷键，打开随书附带光盘中的文件“素材文件/第5章/海报.jpg”，如图5-187所示。

02 选择“污点修复画笔工具”，在属性栏中设置“模式”为“替换”❶，单选“内容识别”单选按钮❷，设置“画笔”的“大小”为145px、硬度为68%❸，如图5-188所示。

03 使用鼠标指针沿左侧的白色文字从上向下进行拖动❹，得到如图5-189所示的效果。

图5-187　素材

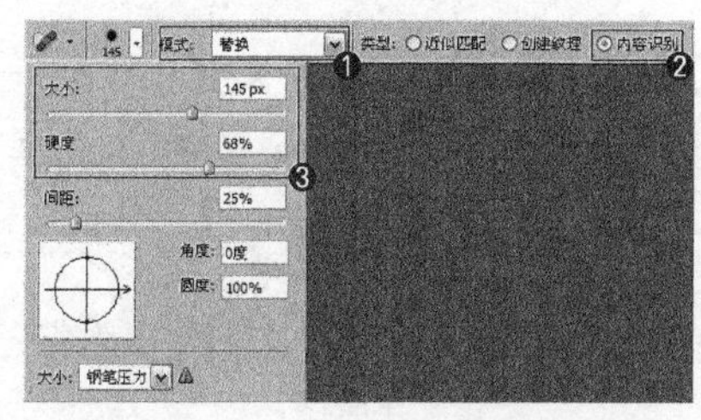

图5-188　设置污点修复画笔工具

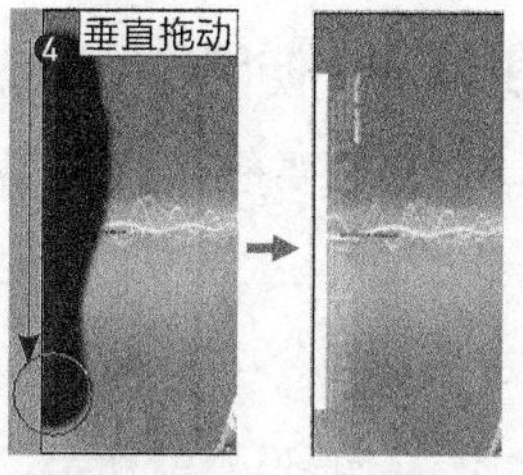

图5-189　一次修复

04 修复后会发现只是将文字变淡了，再反复拖动一次❺，得到如图5-190所示的效果。

05 此时会发现左侧的文字与白色直线都被修复了，图像中只残留了一点黑色文字，在属性栏中将“模式”设置为“正常”❻，使用“污点修复画笔工具”在黑色文字上拖动❼，如图5-191所示。

06 松开鼠标后，会发现文字已经被修复掉了。至此,本例制作完毕，效果如图5-192所示。

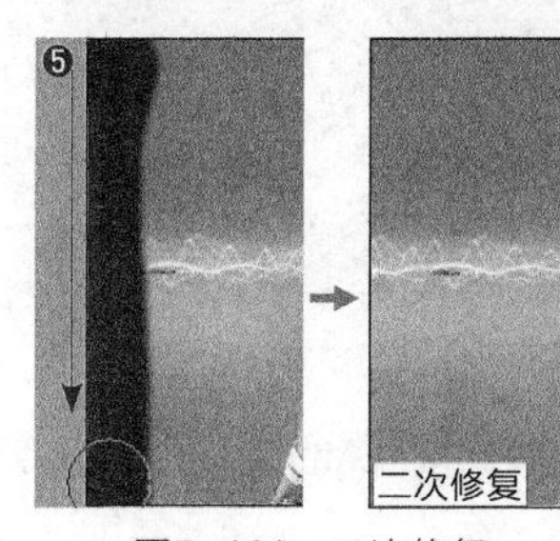

图5-190　二次修复

图5-191　三次修复

图5-192　最终效果

5.8.2 修复画笔工具

使用“修复画笔工具”可以对被破坏的图像或有瑕疵的图像进行修复。使用该工具进行修复时，首先要进行取样（取样方法为：按住Alt键在图像中单击），然后使用鼠标指针在被修的位置上涂抹。使用样本像素进行修复的同时，可以把样本像素的纹理、光照、透明度和阴影与所修复的像素相融合。“修复画笔工具”一般被常被用于修复瑕疵图像。

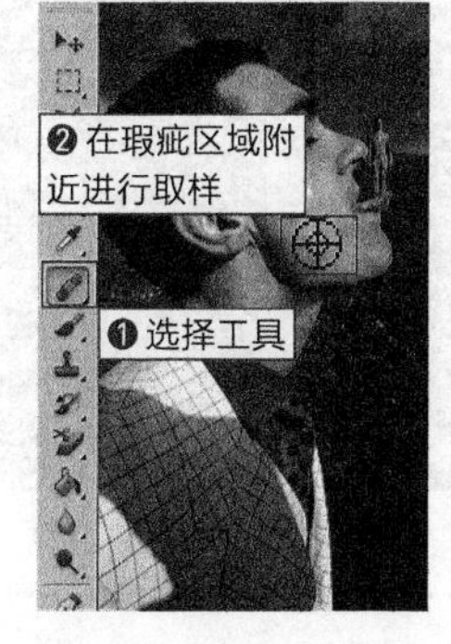

图5-193　修复瑕疵

❹修复结果

“修复画笔工具”的使用方法是：在需要被修复的图像周围按住Alt键

单击鼠标左键设置源文件的目标选取点，松开鼠标后将鼠标指针移动到要修复的地方按住鼠标左键跟随目标选取点拖动，便可以轻松修复图像。如图5-193所示为修复图像的过程。

选择“修复画笔工具”后，属性栏会变成该工具对应的参数及选项设置，如图5-194所示。

其中各项的含义如下。

- **模式**：用来设置修复时的混合模式。如果选择“正常”模式，则使用样本像素进行绘制的同时把样本像素的纹理、光照、透明度和阴影与所修复的像素相融合；如果选择“替换”模式，则只使用样本像素替换目标像素且与目标位置没有任何融合（也可以在修复前先建立一个选区，则选区限定了要修复的范围在选区内而不在选区外）。
- **取样**：单击“取样”单选按钮后，必须按住Alt键单击取样并使用当前取样点修复目标。
- **图案**：单击“图案”单选按键后，可以在“图案拾色器”面板中选择一种图案来修复目标。

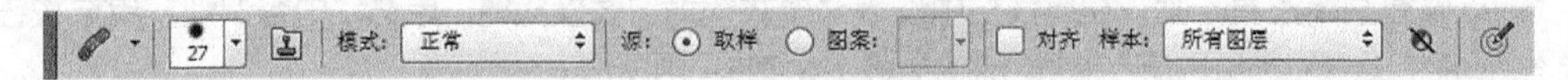

图5-194 修复画笔工具的属性栏

上机练习：使用修复画笔工具修复瑕疵照片

本次实战主要是让大家了解使用“修复画笔工具”修复图像的方法。具体操作如下。

操作步骤

01 执行菜单中的“文件/打开”命令或按Ctrl+O快捷键，打开随书附带光盘中的文件“素材文件/第5章/瑕疵照片.jpg”，如图5-195所示。

02 选择“修复画笔工具”❶，在属性栏中设置“画笔”的“大小”为15❷，单击“取样”单选按钮❸，设置“模式”为“正常”❹，如图5-196所示。

图5-195 素材

图5-196 设置修复画笔工具

03 首先修复照片中面部的瑕疵。将鼠标指针移动到与面部瑕疵相同色调的位置，按住Alt键单击鼠标左键进行取样❺，如图5-197所示。。

04 取样后，在取样附近的瑕疵上单击❻，系统会自动将其修复，效果如图5-198所示。

05 使用同样的方法，在面部的不同位置取样，将该取样点边缘的瑕疵修复，效果如图5-199所示。

06 使用同样的方法，将照片的背景位置和衣服位置进行修复。至此，本例制作完毕，效果如图5-200所示。

图5-197 取样

图5-198 修复

图5-199 修复

图5-200 修复结果

温馨提示

在使用“修复画笔工具”修复瑕疵照片时，太简洁的方法是没有的。只有通过细心地取样和修复，才能将有瑕疵的照片还原。

5.8.3 修补工具

“修补工具”会将样本像素的纹理、光照和阴影与需要修复的像素进行匹配。“修补工具”一般常被用于快速修复瑕疵较少的图像。“修补工具”的修复效果与“修复画笔工具”类似，只是使用方法不同。

该工具的使用方法是通过创建的选区来修复目标或源，如图5-201所示。

图5-201　修补工具的修复过程

选择“修补工具”后，属性栏会变成该工具对应的参数及选项设置，如图5-202所示。

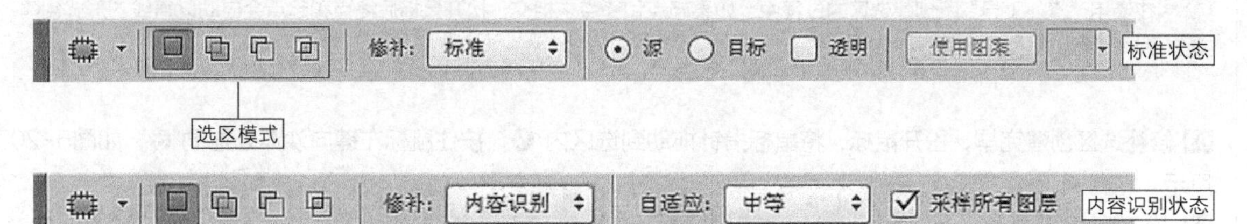

图5-202　修补工具的属性栏

其中各项的含义如下。

- **源**：指要修补的对象是现在选中的区域。
- **目标**：与“源”相反，指要修补的对象是选区被移动后到达的区域而不是移动前的区域。
- **透明**：如果不勾选该复选框，则被修补的区域与周围图像只在边缘处融合，而内部的纹理保留不变，仅在色（修补位置）融合；如果勾选复选框，则被修补的区域除边缘融合外，还有内部的纹理融合，即被修补区域好像做了透明处理，如图5-203所示。
- **使用图案**：单击该按钮，被修补的区域将会以右侧显示的图案来修补，如图5-204所示。
- **自适应**：用来设置修复图像的 边缘与原图像的混合程度。

图5-203　修补效果对比

图5-204　使用图案修补

温馨提示

在使用“修补工具”时，只有创建完选区后，“使用图案”按钮才会被激活。

技巧

在使用“修补工具”修补图像时，可以使用其他的选区工具创建选取范围。

上机练习：通过修补工具去除照片中的文字

本次实战主要让大家了解使用“修补工具”去除照片中文字的方法。具体操作如下。

操作步骤

01 执行菜单中的“文件/打开”命令或按Ctrl+O快捷键，打开随书附带光盘中的文件“素材文件/第5章/带日期的照片”素材，如图5-205所示。在照片中能够看到拍摄日期，下面就使用“修补工具”快速修掉日期。

02 选择“修补工具”❶，在属性栏中设置“修补”为“内容识别”、“适应”为“中”❷，在照片日期处绘制修补选区❸，如图5-206所示。

图5-205　素材

图5-206　修补选区

技巧

在使用“修补工具”创建选区的过程中，如果起点和终点未相交，松开鼠标后终点和起点会自动以直线的形式创建封闭选区。

03 修补选区创建完毕，松开鼠标，将鼠标指针拖动到选区内❹，按住鼠标左键向沙滩处拖动❺，如图5-207所示。

04 松开鼠标完成修补，效果如图5-208所示。

05 按Ctrl+D快捷键去掉选区，完成本例的操作，最终效果如图5-209所示。

图5-207　拖动

图5-208　修补效果

图5-209　最终效果

5.8.4 内容感知移动工具

使用“内容感知移动工具”可以修补选区内的图像或将选区内的图像复制到另一区域并与原图像混合。

“内容感知移动工具”一般常被用于快速移动照片中的局部图像或复制局部图像。

该工具的使用方法与“修补工具”相似，都是绘制选区后移动选区内的图像；不同的是，该工具能够将选区内的图像移动或复制到另一位置，移动或复制后选区内的图像会自动与原图像混合，如图5-210所示。

选择“内容感知移动工具”后，属性栏会变成该工具对应的参数及选项设置，如图5-211所示。

图5-210　内容感知移动工具的使用

混合: 移动　自适应: 宽松　采样所有图层

图5-211　内容感知移动工具的属性栏

其中各项的含义如下。

- **混合**：用来设置当前选区内图像的属性，包括“移动”和“扩展”。选择“移动”选项，能够将选区内的图像移动到另一位置；选择“扩展”选项，能够对选区内的图像进行复制。

上机练习：内容感知移动工具的应用

本次实战主要为大家讲解使用“内容感知移动工具”的具体操作过程。

操作步骤

01 在菜单中执行“文件/打开”命令或按Ctrl+O快捷键，打开随书附带光盘中的文件“素材文件/第5章/邮箱.jpg”，选择“内容感知移动工具”，在邮箱周围按住鼠标左键创建选区，过程如图5-212所示。

图5-212　在素材中创建选区

02 在属性栏中设置“自适应”为“严格”，分别设置“混合”为“移动”或“扩展”，使用“内容感知移动工具”，将选区内的图像移动到另一位置，得到如图5-213所示的两种效果。

图5-213　混合效果

5.8.5 红眼工具

使用“红眼工具”可以将在数码相机拍照过程中产生的红眼效果轻松去除，并与周围的像素相融合。

该工具的使用方法非常简单，只要在红眼上单击鼠标左键即可将红眼去掉，过程如图5-214所示。

图5-214　使用红眼工具清除红眼效果

选择“红眼工具”后，属性栏会变成该工具对应的参数及选项设置，如图5-215所示。

图5-215　红眼工具的属性栏

其中各项的含义如下。

- **瞳孔大小**：用来设置眼睛的瞳孔或中心的黑色部分的比例大小，数值越大，黑色范围越广。
- **变暗量**：用来设置瞳孔的变暗量，数值越大效果越暗。

5.9 课后练习

课后练习1：使用“历史记录”面板制作彩色嘴唇

在Photoshop CC中，通过使用“历史记录画笔工具”结合“历史记录”面板制作局部彩色效果，过程如图5-216所示。

图5-216 制作彩色嘴唇

练习说明

1. 打开素材。
2. 使用“污点修复画笔工具”修复脸上的痘痘。
3. 对图像去色。
4. 在“历史记录”面板中进行设置后，通过“历史记录画笔工具”进行上色。

课后练习2：使用修复画笔工具修复手指上的伤口

在Photoshop CC中，使用“修复画笔工具”对图像中手指上的伤口进行修复，过程如图5-217所示。

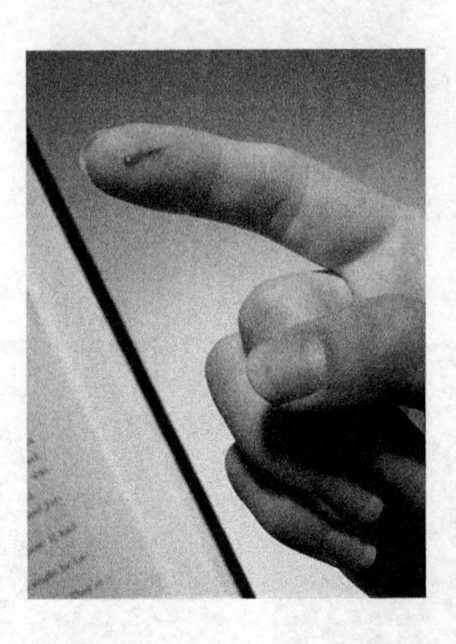
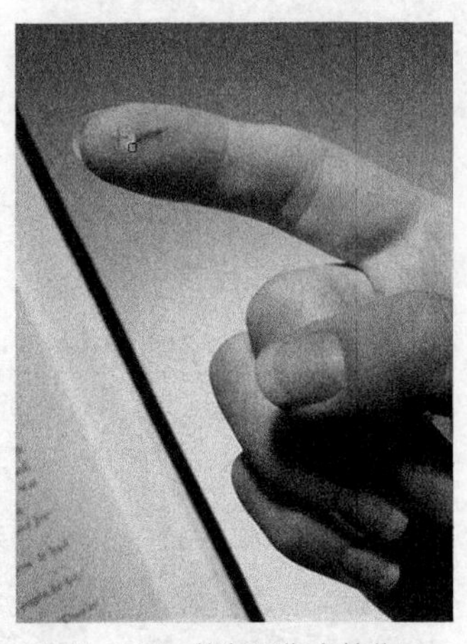
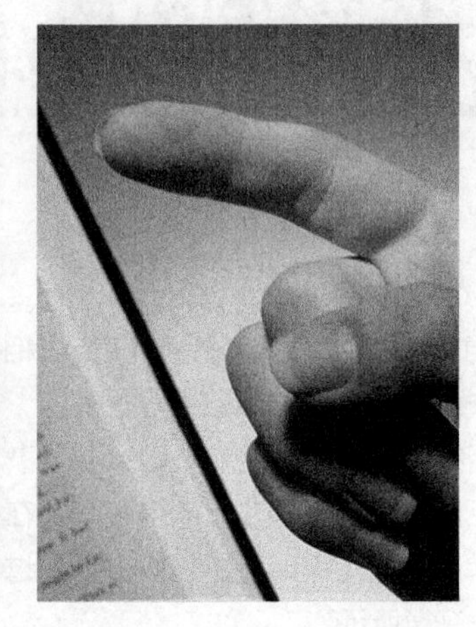

图5-217 修复手指上的伤口

练习说明

1. 打开素材。
2. 使用“修复画笔工具”取样。
3. 修复伤口。
4. 将整个伤口抚平。

第 3 篇
图像校正

第 06 章

图像模式的转换

本章重点：

- 颜色模式
- 图像格式
- 颜色模式之间的转换

在Photoshop CC中了解所学知识的同时，还应该对操作对象的颜色模式、图像格式有一定的了解，只有这样才能做到所学为所用。

本章主要介绍Photoshop CC中关于颜色模式、图像格式和颜色模式转换方面的知识。

6.1 Photoshop图像的颜色模式

在 Photoshop CC中了解“模式”的概念是很重要的，因为颜色模式决定了显示和打印电子图像的色彩模型（简单说，色彩模型是用于表现颜色的一种数学算法），即一幅电子图像以什么样的方式在计算机中显示或打印输出。常见的颜色模式包括位图模式、灰度模式、双色调模式、HSB（表示色相、饱和度、亮度）颜色模式、RGB（表示红色、绿色、蓝色）颜色模式、CMYK（表示青、洋红、黄、黑色）颜色模式、Lab颜色模式、索引颜色模式、多通道模式以及8位/16位模式，每种模式的图像描述、重现色彩的原理以及所能显示的颜色数量是不同的。颜色模式除确定图像中能显示的颜色数之外，还影响着图像的通道数和文件大小。这里提到的“通道”也是Photoshop中的一个重要概念，每个Photoshop图像具有一个或多个通道，每个通道都存放着图像中颜色元素的信息。图像中默认的颜色通道数取决于其颜色模式。例如，CMYK图像至少有四个通道，分别代表青、洋红、黄和黑色信息。除了这些默认的颜色通道，也可以将被称为“Alpha通道”的额外通道添加到图像中，以便将选区作为蒙版板存放和编辑，并且可以添加专色通道。

6.1.1 灰度模式

灰度模式只存在灰度，它由0~256个灰阶组成。当一幅彩色图像被转换为灰度模式时，图像中的色相及饱和度等相关颜色信息将被消除掉，只留下亮度。亮度是唯一能影响灰度图像的因素。当灰度值为0（最小值）时，生成的颜色是黑色；当灰度值为255（最大值）时，生成的颜色是白色。如图6-1所示为将彩色图像转换为灰度模式的效果。

转换为灰度模式

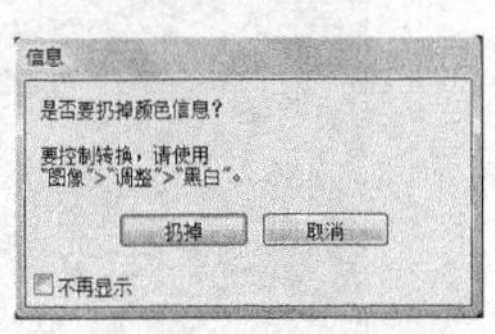

图6-1　转换的灰度模式

6.1.2 位图模式

位图模式包含两种颜色，所以其图像也被称为“黑白图像”。由于位图模式只用黑白做色表示图像的像素，在进行颜色模式的转换时会失去大量的细节，因此，Photoshop提供了几种算法来模拟图像中失去的细节。在宽度、高度和分辨率相同的情况下，位图模式的图像尺寸最小，约为灰度模式的1/7和RGB模式的1/22以下。要将彩色图像转换成位图模式时，首先要将彩色图像转换成灰度模式以去掉图像中的颜色信息，然后在转换成位图模式时会出现如图6-2所示的“位图”对话框。

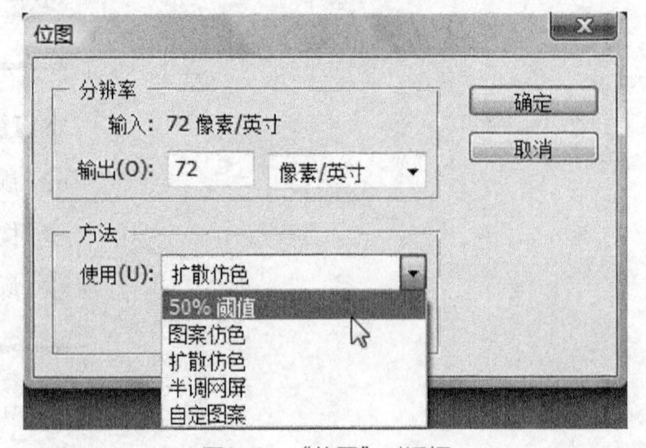

图6-2　“位图”对话框

其中各项的含义如下。

- **输出**：用来设定转换成位图后的分辨率。
- **使用**：用来设定转换成位图后的五种减色方法。

  50%阈值：将大于50%的灰度像素全部转换为黑色，将小于50%的灰度像素全部转换为白色。

  图案仿色：此方法可以使用图形来处理灰度模式。

  扩散仿色：将大于50%的灰度像素转换成黑色，将小于50%的灰度像素转换成白色。由于转换过程中的误差，会使图像出现颗粒状的纹理。

  半调网屏：选择此选项后，在转换位图时会弹出如图6-3所示的对话框，在其中可以设置频率、角度和形状。

  自定图案：可以选择自定义的图案作为处理位图的减色效果。选择该选项时，下面的“自定图案”选项会被激活，在其中选择相应的图案即可。

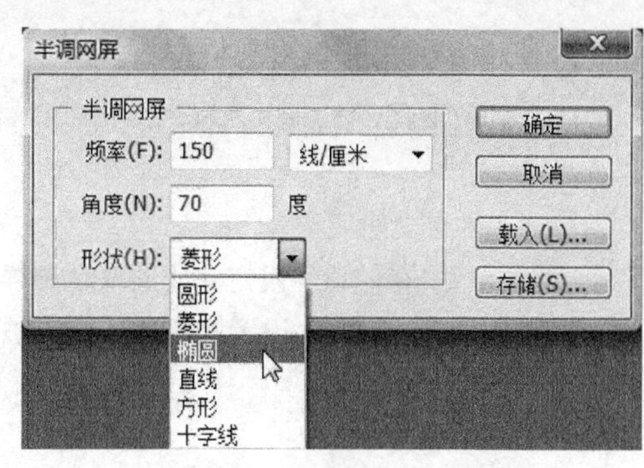

图6-3　“半调网屏”对话框

温馨提示

只有灰度模式的图像才可以被转换成位图模式。

选择不同转换方法后会得到相应的效果，如图6-4~图6-9所示分别为灰度模式的原图与设置不同减色方法进行转换后的效果。

图6-4　原图

图6-5　50%阈值

图6-6　图案仿色

图6-7　扩散仿色

图6-8　半调网屏

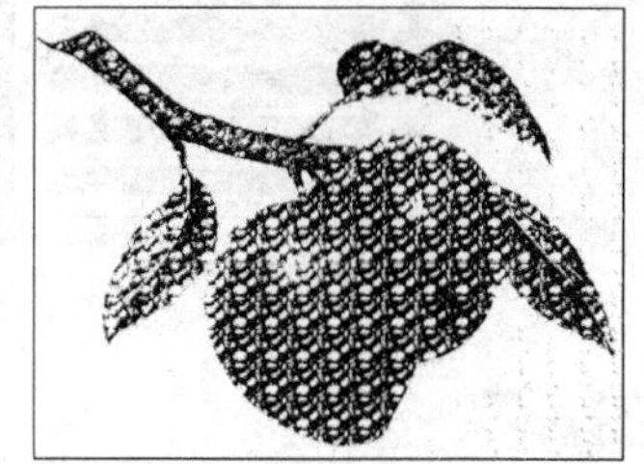

图6-9　自定图案

6.1.3 双色调模式

双色调模式采用两到四种彩色油墨由双色调（两种颜色）、三色调（三种颜色）和四色调（四种颜色）混合其色阶来组成图像。使用双色调模式最主要的用途是使用尽量少的颜色表现尽量多的颜色层次，这对于减少印刷成本是很重要的，因为在印刷时每增加一种色调都需要更大的成本。在将灰度图像转换为双色调模式的过程中，可以对色调进行编辑以产生特殊的效果。此时会弹出如图6-10所示的“双色调选项”对话框。

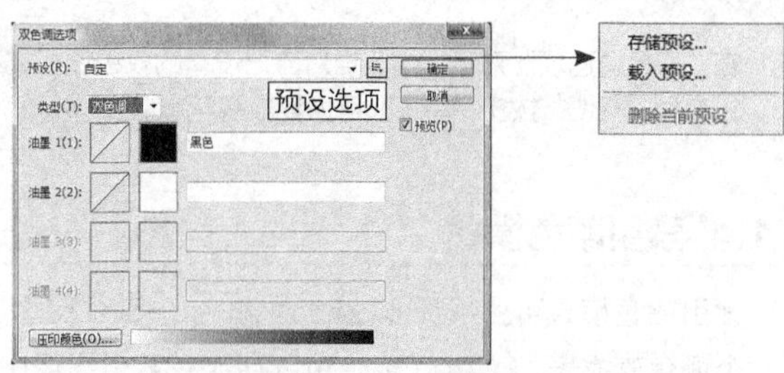

图6-10　“双色调选项”对话框

技巧

只有灰度模式的图像才能被转换为双色调模式。

其中各项的含义如下。

- **预设**：用来存储已经设定完成的双色调样式，在下拉列表框中可以看到预设的选项。
- **预设选项**：用来对设置的双色调样式进行储存或删除，还可以载入其他双色调预设样式。

温馨提示

选取自行储存的双色调样式时，“删除当前预设”选项才会被激活。

- **类型**：用来选择双色调的类型。
- **油墨1/油墨2**：可根据选择的双色调类型对其进行编辑。单击曲线图标❶，会弹出如图6-11所示的“双色调曲线”对话框，通过拖动曲线来改变油墨的百分比；单击“油墨1”右侧的色块❷，会弹出如图6-12所示的“选择油墨颜色”对话框；单击“油墨2”右侧的色块❸，会弹出如图6-13所示的。
- **压印颜色**：相互打印在对方之上的两种无网屏油墨。单击“压印颜色”按钮❹，会弹出如图6-14所示的“压印颜色”对话框，在对话框中可以设置压印颜色在屏幕上的外观。

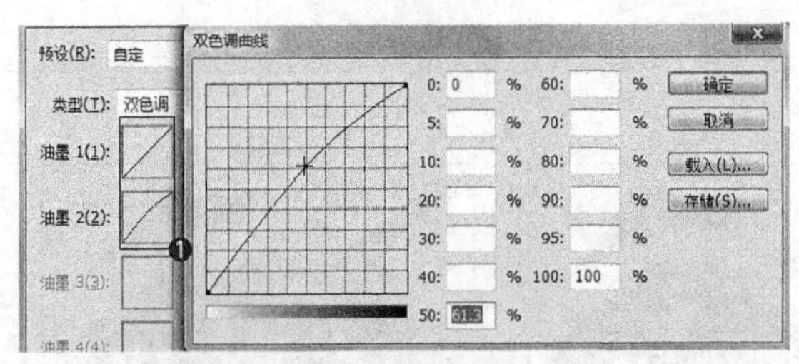

图6-11 “双色调曲线”对话框

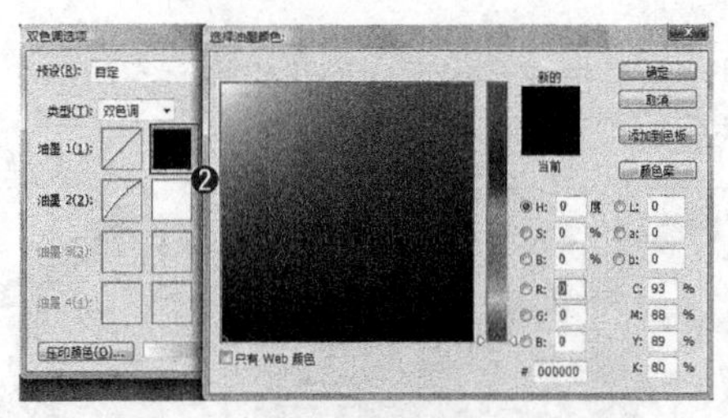

图6-12 “选择油墨颜色”对话框

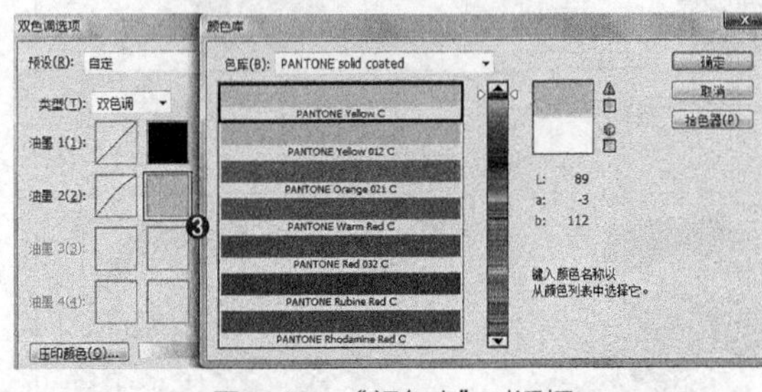

图6-13 “颜色库”对话框

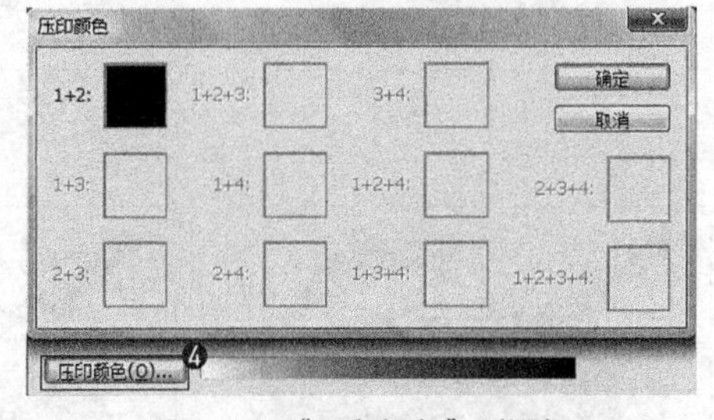

图6-14 “压印颜色”对话框

温馨提示

在双色调模式的图像中，每种油墨都可以通过一条单独的曲线来指定颜色如何在阴影和高光内分布，它将使原图像中的每个灰度值映射到一个特定的油墨百分比；通过拖动曲线或直接输入相应的油墨百分比数值，可以调整每种油墨的双色调曲线。

技巧

在“双色调选项”对话框中，当对自己设置的双色调模式不满意时，只要按住键盘上的Alt键，将对话框中的“取消”按钮变为“复位”按钮，单击即可恢复最初状态。

6.1.4 索引颜色模式

索引颜色模式可生成最多 256 种颜色的 8 位图像文件。当将图像转换为索引颜色模式时，Photoshop 将构建一个颜色查找表（CLUT），用以存放并索引图像中的颜色。如果原图像中的某种颜色没有出现在该表中，则系统将选取最接近的一种，或使用仿色以现有颜色来模拟该颜色。

尽管其调色板很有限，但索引颜色能够在保持多媒体演示文稿、Web 页等所需的视觉品质的同时，减少文件的大小。在这种模式下，只能进行有限的编辑。要想进一步进行编辑，应将图像临时转换为 RGB 颜色模式。索引颜色文件可以被存储为 Photoshop、BMP、DICOM、GIF、Photoshop EPS、大型文档格式 （PSB）、PCX、Photoshop PDF、Photoshop Raw、Photoshop 2.0、PICT、PNG、Targa 或 TIFF 格式。

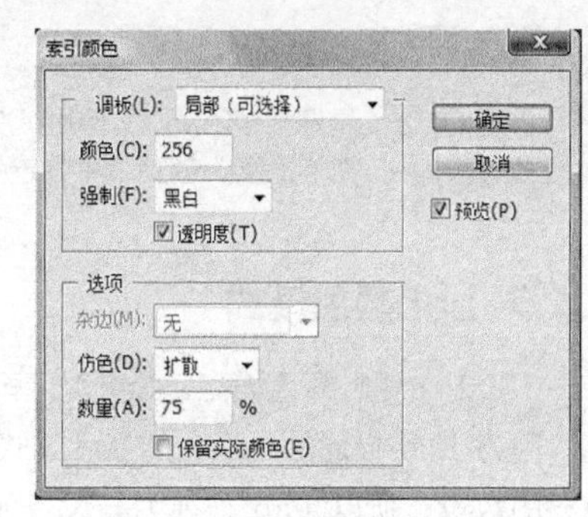

图6-15 “索引颜色”对话框

在将一幅RGB颜色模式的图像转换成索引颜色模式时，会弹出如图6-15所示的“索引颜色”对话框。

其中各项的含义如下。

- **调板**：用来选择转换为索引模式时用到的调板。
- **颜色**：用来设置索引颜色的数量。
- **强制**：在下拉列表框中可以选择某种颜色并将其强制放置到颜色表中。
- **选项**：用来控制转换或索引模式的选项。

杂边：用来设置填充与图像的透明区域相邻的消除锯齿边缘的背景色。

仿色：用来设置仿色的类型，包括“无”“扩散”“图案”“杂色”。

数量：用来设置扩散的数量。

保留实际颜色：勾选此复选框后，转换成索引颜色模式后的图像将保留图像的实际颜色。

温馨提示

灰度模式与双色调模式可以被直接转换成索引颜色模式，将 RGB 颜色模式转换成索引颜色模式时会弹出“索引颜色”对话框，设置相应参数后才能将图像转换成索引颜色模式；转换为索引颜色模式后，图像会丢失一部分颜色信息，再将图像转换为 RGB 颜色模式后，丢失的信息不会复原。

注意

索引颜色模式的图像是 256 色以下的图像，在整幅图像中最多只有 256 种颜色，因此，索引颜色模式的图像只可被当作特殊效果使用或被用于专门用途而不能被用于常规的印刷中。索引颜色也被称为“映射色彩”，索引颜色模式的图像只能通过间接方式创建而不能直接获得。

6.1.5 RGB颜色模式

RGB 颜色模式使用 RGB颜色模型，并为每个像素分配一个强度值。在 8 位/通道的图像中，彩色图像中的每个 RGB（红色、绿色、蓝色）分量的强度值为 0（黑色）到 255（白色）。例如，亮绿色的 R 值可能为 10，G 值为 250，而 B 值为 20：当所有分量的值相等时，结果是中性灰度级：当所有分量的值均为 255 时，结果是纯白色；当所有分量的值均为 0 时，结果是纯黑色。RGB 颜色模式是Photoshop最常用的一种颜色模式。在RGB颜色模式中，三种颜色叠加时会自动映射出纯白色。

6.1.6 CMYK颜色模式

在 CMYK颜色模式下，可以为每个像素的每种印刷油墨指定一个百分比值。为最亮（高光）的颜色指定的印刷油墨的百分比较低；而为较暗（阴影）的颜色指定的印刷油墨的百分比较高。例如，亮红色可能包含 2% 青色、93% 洋红、90% 黄色和 0% 黑色。在 CMYK 图像中，当四种分量的值均为 0% 时，就会产生纯白色。

在制作要用印刷色打印的图像时，应使用 CMYK颜色模式。将 RGB 图像转换为 CMYK颜色模式时即产生分色。如果从 RGB 图像开始，则最好先在 RGB颜色模式下编辑，然后在处理结束时将其转换为 CMYK颜色模式。在 RGB 颜色模式下，可以使用“校样设置”命令模拟 CMYK 颜色模式转换后的效果，而无需真的更改图像数据。当然，也可以使用 CMYK颜色模式直接处理从高端系统扫描或导入的 CMYK 图像。

注意

尽管 CMYK 是标准颜色模型，但是其准确的颜色范围随印刷和打印条件的变化而变化。Photoshop 中的 CMYK 颜色模式会根据在“颜色设置”对话框中指定的工作空间的设置而不同。

6.1.7 Lab颜色模式

CIE L*a*b* 颜色模型（Lab） 基于人眼对颜色的感觉。Lab 中的数值描述正常视力的人能够看到的所有颜色。因为 Lab 描述的是颜色的显示方式，而不是设备（如显示器、桌面打印机或数码相机）生成颜色所需的特定色料的数量，所以 Lab 被视为与设备无关的颜色模型。颜色管理系统使用 Lab 作为色标，以将颜色从一个色彩空间转换到另一个色彩空间。

Lab 颜色模式的亮度分量 （L）的范围是 0 ~ 100。在 Adobe的拾色器和“颜色”面板中，a 分量（绿色—红色轴）和 b 分量（蓝色—黄色轴）的范围是 +127 ~ −128。

温馨提示

Lab 色彩空间涵盖了 RGB 和 CMYK。

6.1.8 多通道模式

多通道模式图像在每个通道中包含 256 个灰阶，对于特殊打印很有用。多通道模式图像可以被存储为 Photoshop、大文档格式（PSB）、Photoshop 2.0、Photoshop Raw 或 Photoshop DCS 2.0 格式。

当将图像转换为多通道模式时，可以使用下列原则。

- 原始图像中的颜色通道在转换后的图像中变为专色通道。
- 通过将 CMYK 图像转换为多通道模式，可以创建青色、洋红、黄色和黑色专色通道。
- 通过将 RGB 图像转换为多通道模式，可以创建青色、洋红和黄色专色通道。
- 通过从 RGB、CMYK 或 Lab 图像中删除一个通道，可以自动将图像转换为多通道模式。
- 若要输出多通道图像，请以 Photoshop DCS 2.0 格式存储图像。

6.2 工作中常用的文件格式

在计算机中的图像文件可以被保存为多种格式，这些图像格式都有其各自的用途及特点。在处理图像时经常用到的文件格式主要有PSD、JPEG、TIFF、GIF、PNG、 BMP、EPS、PDF和PSB格式等。

PSD格式

由Adobe公司建立的位图图像文件格式，可保存多图层。PSD/PDD是Adobe公司的图形图像设计软件Photoshop的专用格式。PSD文件可以被存储成RGB或CMYK颜色模式，可以自定义颜色数并加以存储，还可以保存Photoshop的层、通道、路径等信息，是目前唯一能够支持全部Adobe公司软件的图像格式。

JPEG格式

JPEG图像在打开时自动解压缩。压缩级别越高，得到的图像品质越低；压缩级别越低，得到的图像品质越高。在大多数情况下，“最佳”品质选项产生的结果与原图像几乎无分别。

JPEG格式图像可以保留 RGB 图像中的所有颜色信息，但通过有选择地扔掉数据来压缩文件的大小。

TIFF格式

TIFF格式支持具有 Alpha 通道的CMYK、RGB、Lab、索引颜色和灰度图像，以及没有Alpha通道的位图模式图像。Photoshop 可以在 TIFF 文件中存储图层，但是如果在另一个应用程序中打开该文件，则只有拼合图像是可见的。Photoshop 也能够以TIFF 格式存储批注、透明度和多分辨率金字塔数据。

在 Photoshop 中，TIFF 图像文件的位深度为 8 、16 或 32 /通道，可以将高动态范围图像存储为 32 位/通道 TIFF 文件。

TIFF 文件的最大文件大小可达 4 GB。Photoshop CS 和更高版本支持以 TIFF 格式存储的大型文件。但是，大多数其他应用程序和旧版本的 Photoshop 不支持文件大小超过 2 GB 的文件。

用于印刷的图像大多被保存为TIFF 格式，该格式可以得到正确的分色结果。

GIF格式

图形交换格式（GIF）是在网络及其他联机服务上常用的一种文件格式，用于显示超文本标记语言（HTML）文档中的索引颜色图形和图像。GIF是一种用 LZW 压缩的格式，目的在于最小化文件大小和电子传输时间。GIF格式保留索引颜色图像中的透明度，但不支持 Alpha 通道。

GIF格式支持动画和透明背景，被广泛应用在网页文档中。但是GIF格式使用8位颜色，仅包含256种颜色，因此，将24位图像转换为8位的GIF格式时会损失掉部分颜色信息。

PNG格式

便携网络图形（PNG）格式是作为 GIF 的无专利替代品开发的，用于无损压缩和在网络中显示图像。与 GIF 格式 不同，PNG格式支持 24 位图像并产生无锯齿状边缘的透明背景；但是，某些网络浏览器不支持 PNG 图像。PNG 格式支持无 Alpha 通道的 RGB颜色、索引颜色、灰度和位图模式的图像。PNG格式保留灰度图像和 RGB 图像中的透明度。

温馨提示

用于网络的图像被压缩得越小，在网页中打开的速度就越快，但是被压缩后的图像会丢失自身的一些颜色信息。

BMP格式

BMP 是 DOS 和 Windows 兼容计算机上的标准 Windows 图像格式。BMP 格式支持 RGB颜色、索引颜色、灰度和位图模式，但不能够保存Alpha通道。由于BMP 格式的RLE 压缩不是一种强有力的压缩方法，因此，BMP 格式的图像都较大。

EPS格式

内嵌式 Postscript （EPS）语言文件格式可以同时包含矢量图形和位图图像，并且几乎所有的图形、图像、图表和页面排版程序都支持该格式。EPS 格式用于在应用程序之间传递 PostScript图形图像。当打开包含矢量图形的 EPS 文件时，Photoshop会栅格化图形，并将矢量图形转换为像素。

EPS 格式支持 Lab颜色、CMYK颜色、RGB颜色、索引颜色、双色调、灰度和位图模式，但不支持 Alpha 通道。EPS格式还支持剪贴路径。桌面分色（DCS）格式是标准 EPS 格式的一个版本，可以存储 CMYK 图像的分色。使用 DCS 2.0 格式可以导出包含专色通道的图像。若要打印 EPS 文件，必须使用 PostScript 打印机。

Photoshop 中的 EPS TIFF 和 EPS PICT 格式用于打开以创建预览时使用的、但不受 Photoshop 支持的文件格式（如 QuarkXPress®）所存储的图像，可以编辑和使用打开的预览图像，就像任何其他低分辨率的文件一样。

注意

EPS PICT 预览只适用于 Mac OS。

PDF格式

便携文档格式（PDF）是一种跨平台、跨应用程序的灵活的文件格式。基于 PostScript 成像模型，PDF 文件精确地显示并保留字体、页面版式以及矢量图形和位图图像。另外，PDF 文件的可以包含电子文档的搜索和导航功能（如电子链接）。PDF格式支持 16 位/通道的图像。Adobe Acrobat 还有一个 Touch Up Object 工具，用于对 PDF 中的图像进行较小的编辑。

PSB格式

PSB格式可以支持最高达到300 000像素的超大图像文件，可保持图像中的通道、图层样式、滤镜效果不变。PSB格式的文件只能在Photoshop中打开。

6.3 图像颜色模式的转换

在Photoshop CC中，不同的颜色模式有其自己所特有的图像颜色效果，应用不同的颜色模式时所对应的颜色通道也是不同的，如图6-16所示。

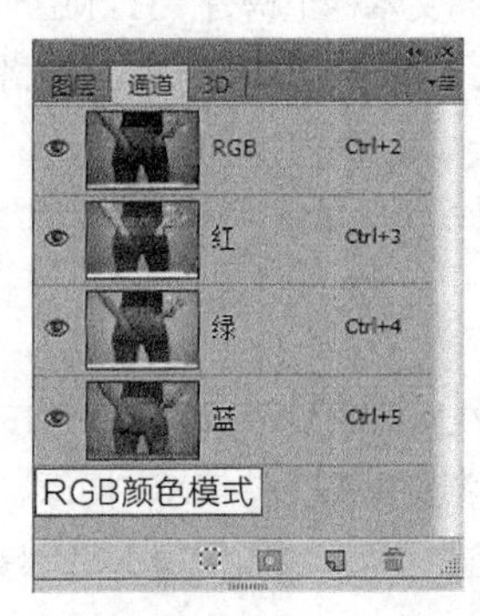

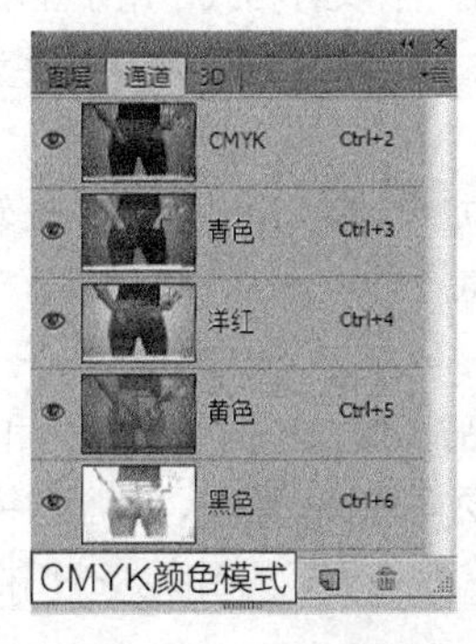

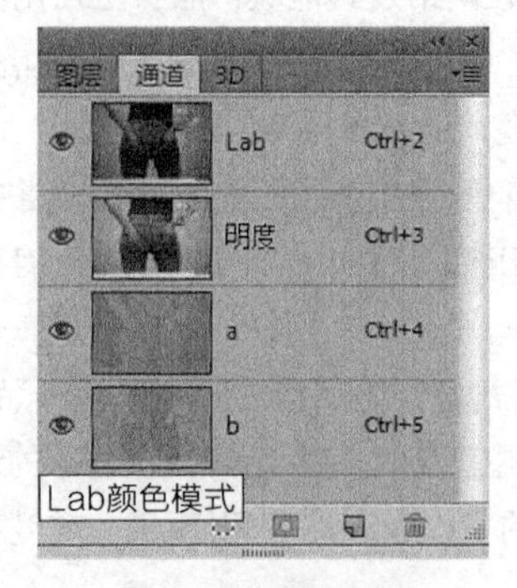

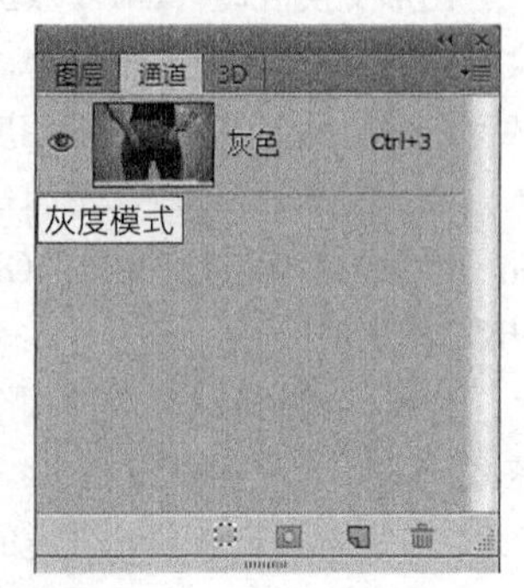

图6-16 不同颜色模式的颜色通道

上机练习：通过双色调模式制作双色调图像

只有灰度模式才能被转换双色调模式。图像被转换成灰度模式后会自动将颜色扔掉，变为黑白效果，再将其转换为双色调模式，将灰度图像调整为双色调效果。

操作步骤

01 在菜单中执行"文件/打开"命令或按Ctrl+O快捷键，打开随书附带光盘中的文件"素材文件/第6章/花.jpg"，将其作为背景，如图6-17所示。

02 此时发现打开的图像为RGB颜色模式，在菜单中执行"图像/模式/灰度模式"命令，弹出如图6-18所示的"信息"对话框。

03 单击"扔掉"按钮，系统会自动将当前图像转换成灰度模式下的单色图像，如图6-19所示。

图6-17 素材

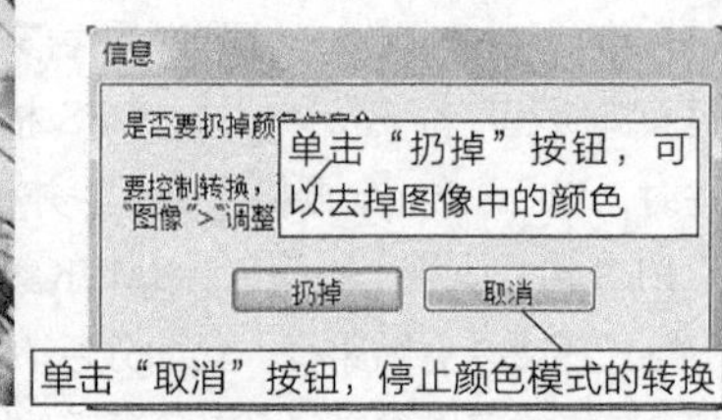

图6-18 "信息"对话框

04 在菜单中执行"图片/模式/双色调"命令，弹出"双色调选项"对话框，设置"类型"为"双色调"❶，分别单击"油墨1"和"油墨2"右侧的色块❷❸，在弹出的"选择油墨颜色"对话框中将其设置为蓝色和绿色，单击"确定"按钮回到"双色调选项"对话框，设置效果如图6-20所示。

05 设置完毕单击"确定"按钮，即可完成对图像的双色调效果设置，储存文件后，最终效果如图6-21所示。

图6-19 灰度图像

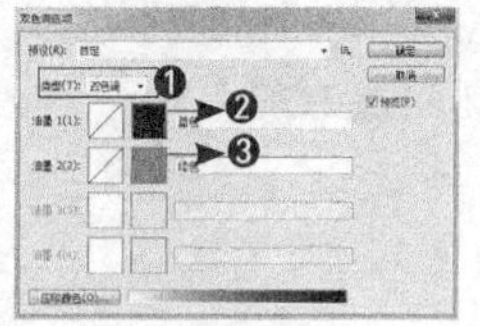

图6-20 "双色调选项"对话框

图6-21 双色调图像

上机练习：将RGB颜色模式转换为位图模式

只有灰度模式才能被转换为位图模式。RGB图像被转换成灰度模式后会自动将颜色扔掉，变为黑白效果，再将其转换为位图模式，将灰度图像调整为位图效果。

操作步骤

01 在菜单中执行“文件/打开”命令或按Ctrl+O快捷键，打开随书附带光盘中的文件“素材文件/第6章/汽车”，将其作为背景，如图6-22所示。

02 此时发现打开的图像为RGB颜色模式，在菜单中执行“图像/模式/灰度模式”命令，弹出如图6-23所示的“信息”对话框。

图6-22　素材

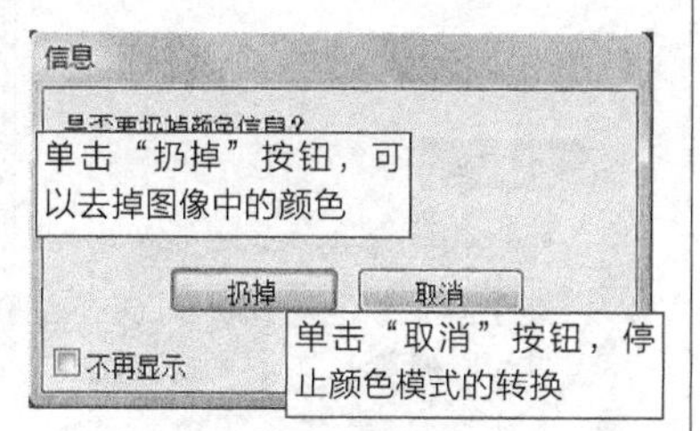

图6-23　“信息”对话框

03 单击“扔掉”按钮，系统会自动将当前图像转换成灰度模式下的单色图像，如图6-24所示。

04 在菜单中执行“图像/模式/位图”命令，弹出“位图”对话框，在“使用”下拉列表框中选择“扩散仿色”选项，其他参数以默认值为准，如图6-25所示。

05 设置完毕单击“确定”按钮，即可完成图像颜色模式的转换，效果如图6-26所示。

图6-24　灰度图像

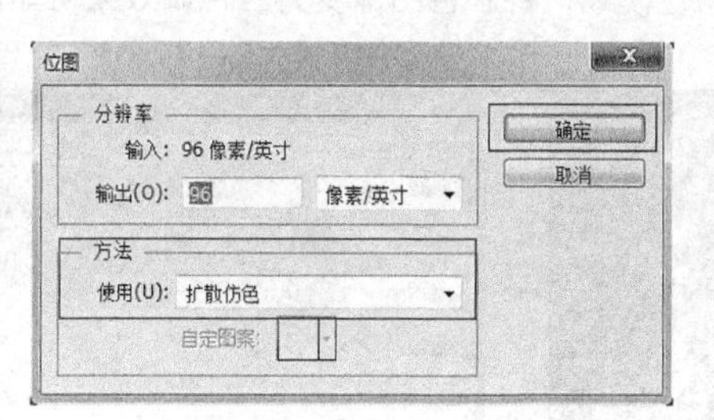

图6-25　“位图”对话框

图6-26　位图图像

上机练习：通过索引颜色模式中的颜色表对图像进行抠图

本次实战主要让大家了解如何将RGB颜色模式的图像转换为索引颜色模式，并通过索引颜色模式中的颜色表去掉图像背景。

操作步骤

01 在菜单中执行“文件/打开”命令或按Ctrl+O快捷键，打开随书附带光盘中的文件“素材文件/第6章/拿伞美女”，如图6-27所示。

02 此时发现打开的图像为RGB颜色模式，在菜单中执行“图像/模式/索引”颜色命令，弹出“索引颜色”对话框，其中的参数及设置如图6-28所示，单击“确定”按钮。

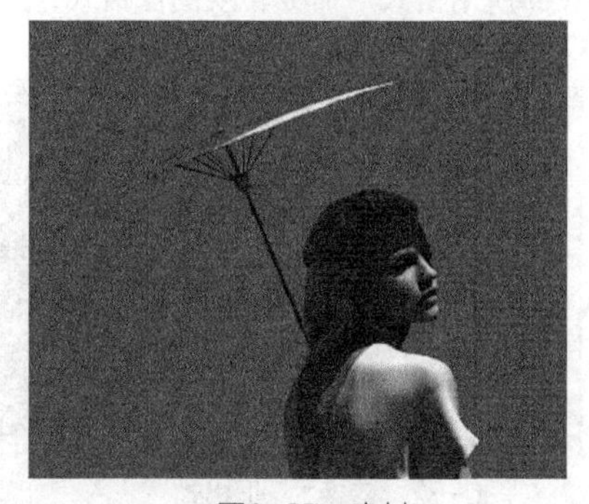

图6-27　素材

图6-28　“索引颜色”对话框

03 再执行“图像/模式/颜色表”命令，弹出“颜色表” 对话框，在“颜色表”下拉列表框中选择“自定”选项，单击“吸管工具”，在颜色表中单击左上角的蓝色色块，如图6-29所示。

04 设置完毕单击“确定”按钮，此时会发现图像中的蓝色背景已经被清除，效果如图6-30所示。

注意

“颜色表”命令只有在图像处于索引颜色模式状态时才可以被激活

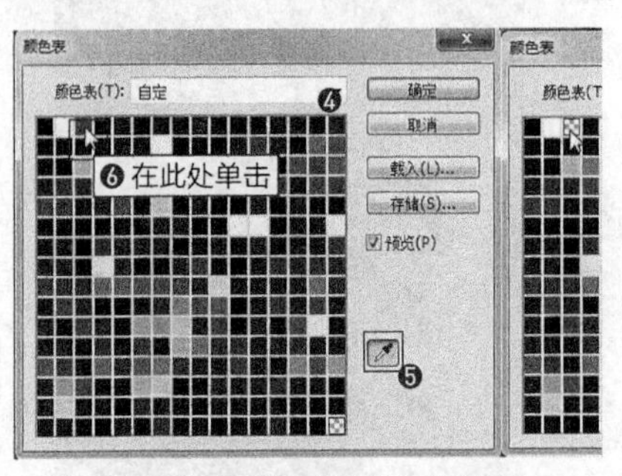

图6-29 “颜色表”对话框

图6-30 去掉背景效果

6.4 课后练习

课后练习1：制作三色调图像

在PhotoshopCC中通过转换颜色模式，将彩色图像变为三色调效果，如图6-31所示。

图6-31 三色调图像效果

练习说明

1. 打开素材。
2. 转换颜色模式为灰度。
3. 再转换颜色模式为双色调模式。
4. 设置参数为蓝色、绿色和淡黄色。

课后练习2：将PSD格式转换为GIF格式

在Photoshop CC中通过“储存为Web所用格式”命令转换图像格式，如图6-32所示。

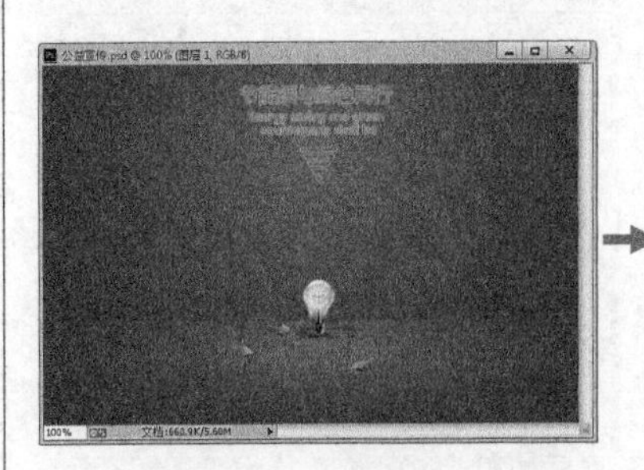

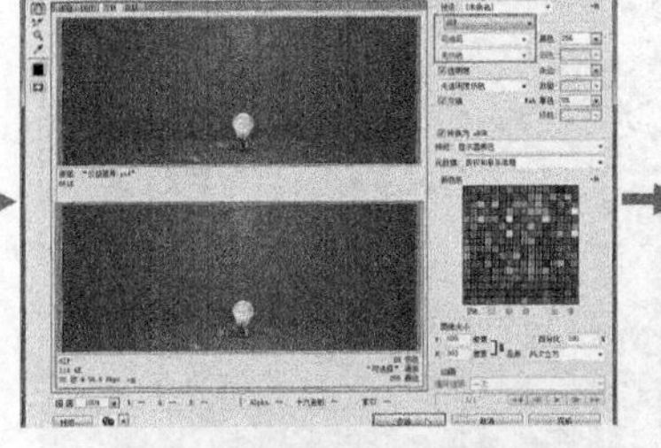

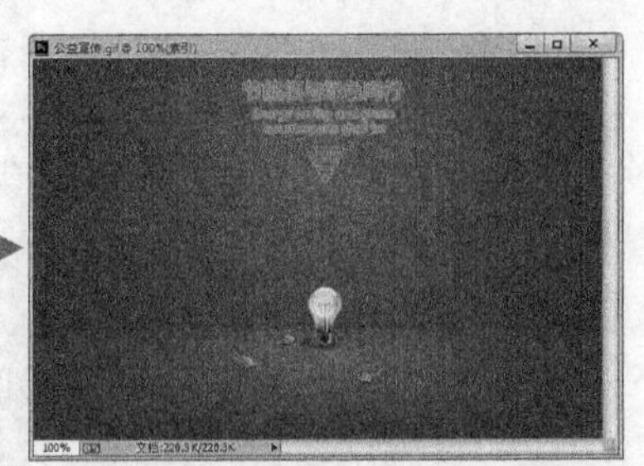

图6-32 转换为GIF格式

练习说明

1. 打开素材。
2. 执行“储存为Web所用格式”命令。
3. 储存图像。

第 07 章

图像外观的校正

本章重点：

- 裁剪校正倾斜
- 校正透视
- 修复边缘光晕
- 校正广角效果
- 校正模糊的图像

本章主要为大家介绍如何解决Photoshop CC编修图像时遇到的图像外观问题。

7.1 裁剪与修正倾斜图像

在拍摄照片时由于角度或姿势等问题，会把照片拍摄成倾斜效果。如果对这张照片的景色非常喜欢，又不能重新去拍，就要通过Photoshop CC来对其进行重新构图和修正了。通过裁剪，可以将多个图像裁剪为统一大小的图像，也可以解决图像倾斜的问题。

上机练习：裁剪多个统一大小的图像

在Photoshop中，能够将图像进行快速裁切的工具只有“裁剪工具”。使用“裁剪工具”可以剪切图像，并可以重新设置图像的大小和分辨率。该工具的使用方法非常简单，只要在图像中按住鼠标左键进行拖动，松开鼠标后，按回车键即可完成对图像的裁切，过程如图7-1所示。

在制作应用于网页的图像时会出现统一大小的要求，本次实战为大家讲解使用“裁剪工具”将多个图像裁剪成统一大小的方法。处理过程如下。

图7-1 裁剪图像

操作步骤

01 执行菜单中的“文件/打开”命令或按Ctrl+O快捷键，打开随书附带光盘中的文件“素材文件/第7章/图01、图02、图03”，如图7-2所示。

图7-2 素材

02 为了方便本次操作，使用“图01”素材进行讲解。打开素材后，在工具箱中选择“裁剪工具”❶，在属性栏中选择“宽×高×分辨率”选项设置“宽度”为“5厘米”、“高度”为“7厘米”。由于是设置上传到网页的图像，所以将“分辨率”设置为“72像素/厘米”❷，如图7-3所示。

图7-3 设置裁剪工具

03 工具属性设置完成后，使用鼠标指针在图像中选择裁切的起点❶，在图像中按下鼠标左键进行拖动，松开鼠标的位置即是裁剪框的终点❷，如图7-4所示。

图7-4 创建裁剪框

> **温馨提示**
>
> 使用“裁剪工具”裁剪图像时，设置属性“宽度”与“高度”后，在图像中无论创建的裁剪框是多大，裁剪后的最终图像的大小是一致的。设置的属性可以被应用到所有打开的图像中。

04 裁剪框创建完毕后，按回车键完成裁切操作，效果如图7-5所示，在另外两幅素材图像中拖动以创建裁剪框并裁剪图像，效果如图7-6所示。

05 执行菜单中的“图像/图像大小”命令，弹出“图像大小”对话框，在对话框中可以看到裁剪后图像的大小和分辨率，如图7-7所示。

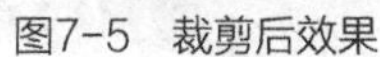

图7-5　裁剪后效果

图7-6　裁剪后效果

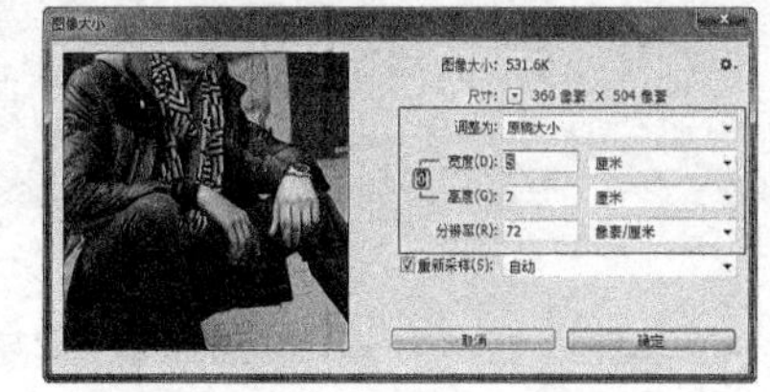

图7-7　“图像大小”对话框

上机练习：使用裁剪工具校正倾斜图像

本次实战为大家讲解使用“裁剪工具”校正倾斜图像的处理方法。处理过程如下。

操作步骤

01 在菜单中执行“文件/打开”命令或按Ctrl+O快捷键，打开随书附带光盘中的文件“素材文件/第7章/倾斜图像01.jpg”，如图7-8所示。

02 选择“裁剪工具”❶后，在属性栏中单击“拉直”按钮，如图7-9所示。

03 使用择“裁剪工具”在图像中水平拖动鼠标指针❸❹，如图7-10所示。

04 按回车键完成对倾斜图像的校正，效果如图7-11所示。

图7-8　素材

图7-9　选择并设置工具

图7-10　拖动水平线

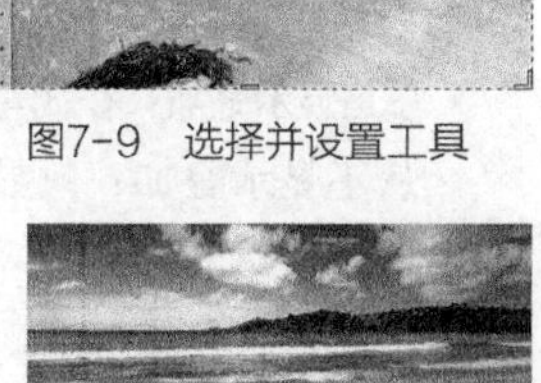

图7-11　校正后效果

操作延伸

选择“裁剪工具”后，属性栏会变成该工具对应的参数及选项设置，如图7-12所示。

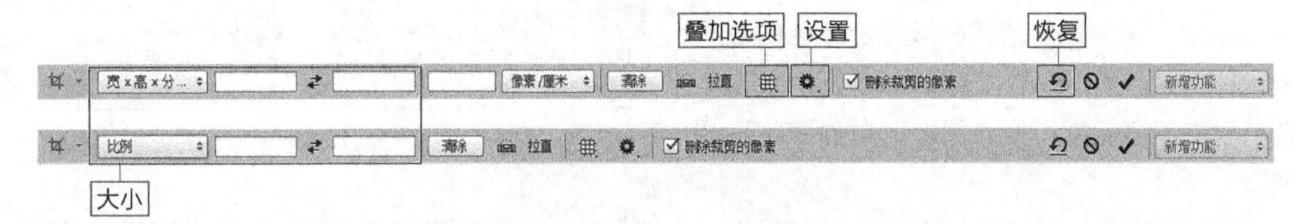

图7-12　裁剪工具的属性栏

其中各项的含义如下。

- **大小**：用来设置裁切后图像的大小或比例。
- **清除**：单击该按钮，可以将数值文本框中的高度、宽度与分辨率清除或将设置的比例清除。
- **拉直**：通过绘制线段校正倾斜照片，如图7-13所示。
- **叠加选项**▦：使用此功能，能够对要裁剪的图像进行更加细致的划分，如图7-14所示。

图7-13　拉直裁剪

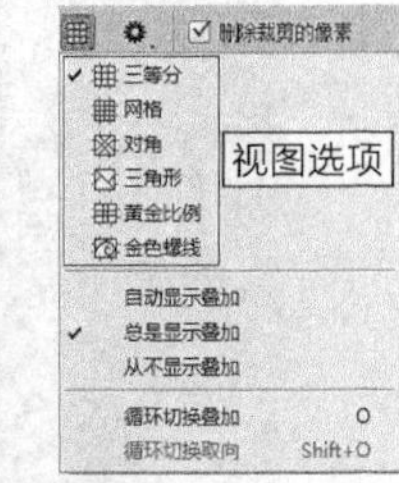

图7-14　叠加选项

视图选项：选择不同的选项，可以在图像中按照不同的视图模式进行显示，如图7-15所示。

图7-15　不同视图

自动显示叠加：选择该选项时，视图选项只能在移动裁剪框时才能显示。

总是显示叠加：在裁剪框中总是显示视图选项。

从不显示叠加：只显示一个裁剪框，其他效果不显示。

循环切换叠加：按顺序显示叠加视图选项。

循环切换取向：只有在选择“三角形”⊠和“金色螺线”⊠选项时，该选项才能被激活，它可以改变叠加视图的方向，如图7-16所示。

图7-16　切换取向

- **设置**✿：用来设置对裁剪图像的控制方式。

  网格控制：使用网格控制裁剪区域。

  自动对齐中心：自动将被裁剪图像对齐到文件窗口的中心。

  显示裁剪区域：用来控制被裁剪像边缘的显示与否。勾选该复选框，能够看到整个图像；不勾选该复选框，只能看到最终保留的区域。

  启用裁切保护：遮蔽裁剪区域。

  颜色：用来设置裁剪区域的显示颜色或原画布。

  不透明度：用来设置裁剪区域遮蔽颜色的透明程度。

  自动调整不透明度：拖动图像时自动调整不透明度。

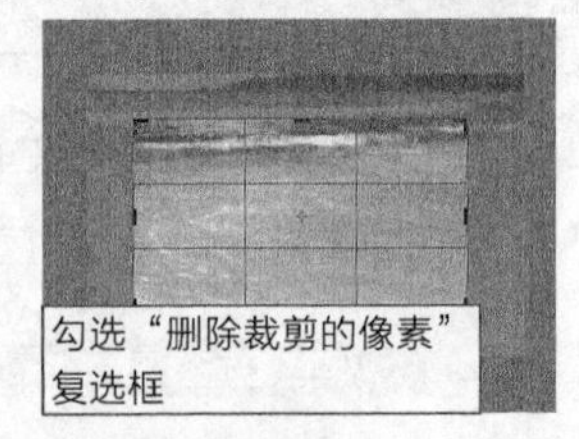

图7-17　删除裁剪的像素与否的效果对比

- **删除裁剪的像素**：用来控制第二次裁剪图像的显示范围。不勾选该复选框时，在第二次裁剪时还是会显示打开原图的大小；勾选该复选框时，只能显示之前裁剪的图像范围，如图7-17所示。
- **恢复**↺：单击该按钮，可以将本次裁剪效果复原。

上机练习：裁剪透明图像

将图像制作成无背景的效果后，在不同软件之间进行编辑时可以省去很多不必要的麻烦。实际操作中通常使用的格式为GIF和PNG两种，在Photoshop 中进行转换是件非常容易的事。具体的操作步骤如下。

操作步骤

01 执行菜单中的“文件/打开”命令或按Ctrl+O快捷键，打开随书附带光盘中的文件“第7章/长靴”，如图7-18所示。

02 使用“快速选择工具”在素材中的人头和靴子处进行拖动的创建选区，过程如图7-19所示。

图7-18　素材

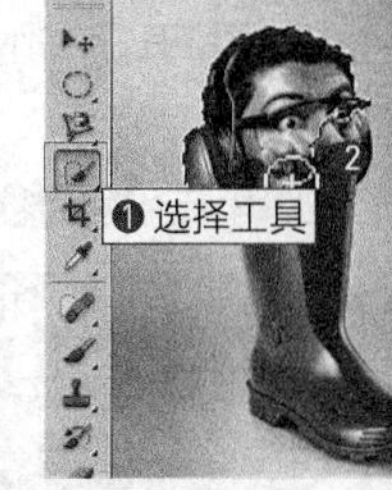

图7-19　创建选区

03 选区创建完毕，按Ctrl+J快捷键复制选区内的图像，得到“图层1”，如图7-20所示。

04 在“背景”图层前面的眼睛图标处单击，隐藏“背景”图层，效果如图7-21所示。

05 执行菜单中的“图像/裁切”命令，打开“裁切”对话框，如图7-22所示。

06 设置完毕单击“确定”按钮，裁切后的效果如图7-23所示。

07 执行菜单中的“文件/储存为”命令，弹出“储存为”对话框，设置“格式”为PNG，如图7-24所示。

图7-20　复制图像

图7-21　隐藏“背景”图层

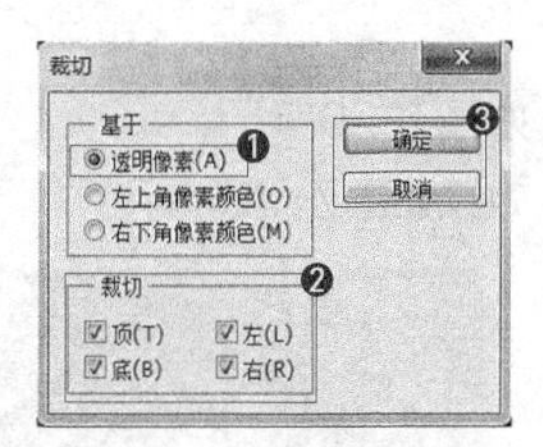

图7-22　“裁切”对话框

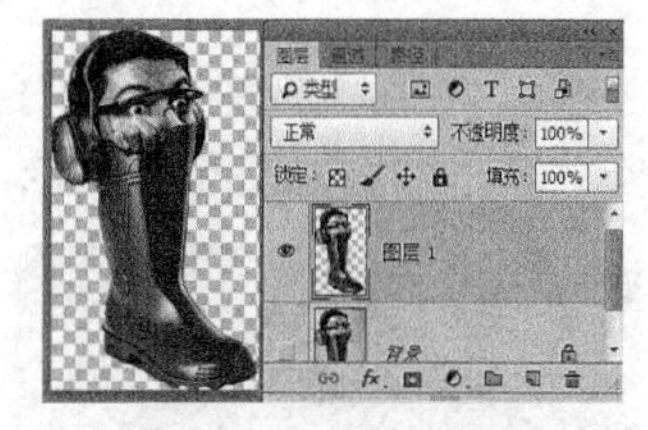

图7-23　裁切效果

08 设置完毕单击“保存”按钮，弹出“PNG选项”对话框，如图7-25所示。

09 按照默认值设置即可，单击“确定”按钮，完成无背景图像的储存。在Flash8中导入该图像，会发现图像为无背景效果，如图7-26所示。

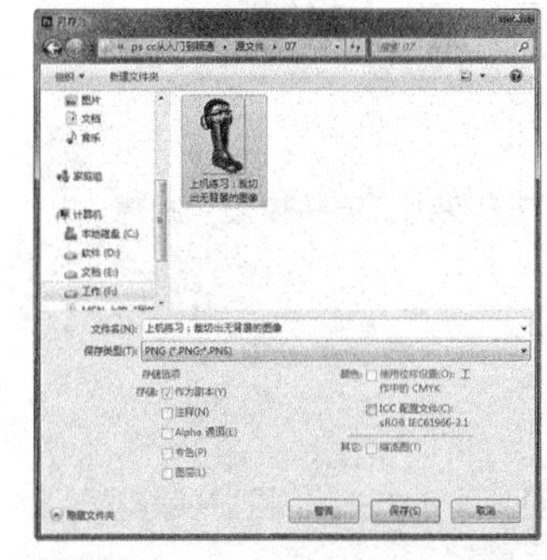

图7-24　“存储为”对话框

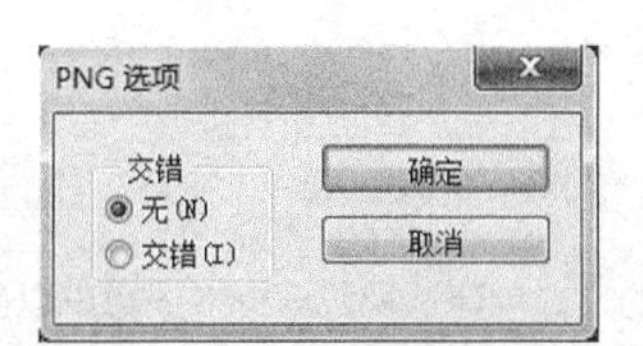

图7-25　“PNG选项”对话框

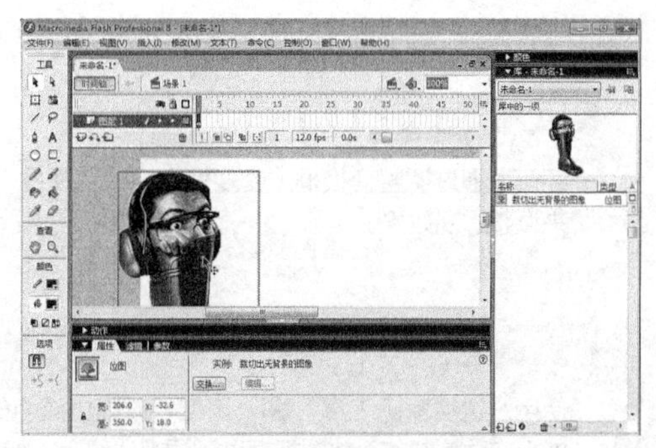

图7-26　Flash8中导入素材

7.2 修正透视图像

在拍摄照片时由于角度、距离或相机问题，常常会出现照片中被拍摄的人物或景物产生了透视效果，让人看起来非常不舒服，这时使用Photoshop CC只要轻松的几步就能将其修复。

上机练习：使用透视裁切工具校正透视图像

使用“透视裁切工具”可以在图像中创建透视裁剪框，该工具使校正透视图像变得非常轻松。校正过程如下。

操作步骤

01 在菜单中执行“文件/打开”命令或按Ctrl+O快捷键，打开随书附带光盘中的文件“素材文件/第7章/透视图像.jpg”，如图7-27所示。

02 选择“透视裁切工具”❶后，在图像中沿房子的边缘单击❷❸❹❺创建透视裁剪框，效果如图7-28所示。

图7-27　素材

图7-28　创建裁透视剪框

03 在图像中向左右拖动透视裁剪框，如图7-29所示。

04 按回车键完成对透视图像的校正，效果如图7-30所示。

图7-29　拖动透视裁剪框

图7-30　校正效果

> **技巧**
>
> 还可以通过调整变换框（变换换作中的变换框），直接将透视效果变换成正常效果；或者使用“镜头校正”滤镜来调整透视效果。

> **温馨提示**
>
> 使用“透视裁切工具”，不但可以以创建点的方式创建透视裁剪框，还可以以创建矩形的方式创建透视裁剪框，然后拖动控制点，将透视框贴到透视边缘上，如图 7-31 所示。

图7-31　校正过程

7.3 校正图像边缘的黑色晕影

在拍摄照片时由于对相机的镜头把握不好，经常会出现照片的周围有一圈黑色晕影的情况。在Photoshop CC中校正黑色晕影非常简单，本节就为大家讲解使用“镜头校正”滤镜校正图像的方法。

上机练习：使用“镜头校正”滤镜去除照片中的晕影

使用Photoshop CC中的“镜头校正”滤镜，可以校正摄影时产生的镜头缺陷，如桶形失真、枕形失真、晕影以及色差等。本次实战讲解去除晕影的方法，调整过程如下。

操作步骤

01 在菜单中执行 “文件/打开”命令或按Ctrl+O快捷键，打开随书附带光盘中的文件“素材文件/第7章/晕影照片.jpg”，如图7-32所示。

02 在菜单中执行“滤镜/镜头校正”命令，弹出“镜头校正”对话框，在对话框中设置的参数，如图7-33所示。

图7-32　素材

图7-33　镜头校正

03 设置完毕单击“确定”按钮，完成镜头校正的操作，最终效果如图7-34所示。

图7-34　最终效果

操作延伸

在菜单中执行“滤镜/镜头校正”命令，即可弹出如图7-35和图7-36所示的“镜头校正”对话框。

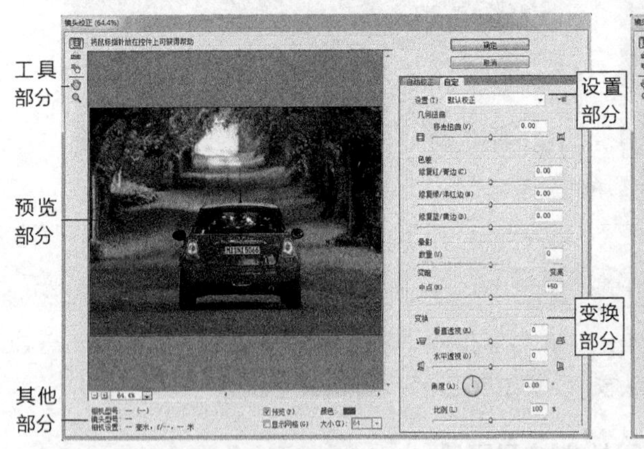

图7-35　自定调整状态下的“镜头校正”对话框

图7-36　自动校正状态下的“镜头校正”对话框

其中各项的含义如下。

自定以下是一个标签的设置界面。

工具部分

- **移去扭曲工具**：使用该工具可以校正镜头的枕形或桶形失真，从中心向边缘拖动鼠标指针会将图像向外凸起，从边缘向中心拖动鼠标指针会将图像向内凹陷，效果如图7-37所示。
- **拉直工具**：使用该工具在图像中绘制一条直线，可以将图像重新拉直到横轴或纵轴，拉直到纵轴的效果如图7-38所示。

图7-37　凸起与凹陷效果

图7-38　按纵轴调整角度

- **移动网格工具**：使用该工具在图像中拖动可以移动网格，使其重新对齐。
- **缩放工具**：用来缩放预览框的视图，在预览框内单击鼠标左键会将图像放大，按住Alt键单击鼠标左键会将图像缩小。
- **抓手工具**：当图像放大到超出预览框时，使用“抓手工具”可以移动图像以查看局部。

设置部分

- **设置**：用来选择一种预设的调整数据。

  移去扭曲：通过输入数值或拖动控制滑块，对图像进行校正处理。当输入的数值为负值或向左拖动控制滑块时，可以修复枕形失真；当输入的数值为正值或向右拖动控制滑块时，可以修复桶形失真。
- **色差**：用来校正图像的色差。

  修复红/青边：通过输入数值或拖动控制滑块，来调整图像内围绕边缘细节的红边和青边。

  修复绿/洋红边：通过输入数值或拖动控制滑块，来调整图像内围绕边缘细节的绿色和洋红边。

  修复蓝/黄边：通过输入数值或拖动控制滑块，来调整图像内围绕边缘细节的蓝边和黄边。
- **晕影**：用来校正由于镜头缺陷或镜头遮光处理不正确而导致的图像边缘较暗的现象。

  数量：调整围绕图像边缘的晕影量。

  中点：选择晕影中点，来影响晕影校正的外延。

变换部分

- **垂直透视**：用来校正图像顶端或底端的垂直透视。
- **水平透视**：用来校正图像左侧或右侧的水平透视。
- **角度**：用来校正图像的旋转角度，与“拉直工具”类似。
- **比例**：用来调整图像的大小，但不影响文件的大小。

其他部分

- **预览**：勾选该复选框后，可以在原图中看到校正结果。
- **显示网格**：勾选该复选框后，可以在预览框中为图像显示网格以便对齐。
- **大小**：控制显示网格的大小。
- **颜色**：控制显示网格的颜色。

预览部分

用来显示当前校正的图像并可以进行调整。

自动校正

按照不同的相机，对图像进行快速调整并校正扭曲。

- **自动缩放图像**：勾选该复选框后，图像会自动填满当前图像的画布。
- **边缘**：选择对校正边缘的填充方式。

  透明度：以透明像素填充校正边缘。

边缘扩展：以图像边缘的像素进行扩展填充。

黑色：使用黑色填充校正边缘。

白色：使用白色填充校正边缘。

搜索条件：选取相机的制造商、型号、镜头型号。

镜头配置文件：当前选取镜头对应的校正参数。

7.4 校正广角效果

“自适应广角”滤镜是Photoshop CC版本新增加的滤镜。使用“自适应广角”滤镜命令可以对摄影时产生的镜头缺陷进行校正，例如鱼眼、透视以及完整球面等。

上机练习：使用“自适应广角”滤镜校正鱼眼效果

本次上级实战为大家讲解在Photoshop中通过“自适应广角”滤镜校正拍摄时产生的鱼眼效果，校正过程如下：

操作步骤

01 在菜单中执行 “文件/打开” 命令或按Ctrl+O快捷键，打开随书附带光盘中的文件“素材文件/第7章/鱼眼照片.jpg”，如图7-39所示。

02 在菜单中执行“滤镜/自适应广角”命令，弹出“自适应广角”对话框，在对话框中选择“多边形约束工具”，在图像中鱼眼的边缘处单击以创建约束框，效果如图7-40所示。

图7-39 素材

图7-40 创建约束框

03 约束框的创建过程，如图7-41所示。

图7-41 约束框的创建过程

04 约束框创建完毕，效果如图7-42所示。

05 在“校正”下拉列表框中“色眼”选项，设置“缩放”为114%、“焦距”为27毫米、“裁剪因子”为1.25，如图7-43所示。

06 设置完毕单击“确定”按钮，最终效果如图7-44所示。

图7-42　约束框创建完毕

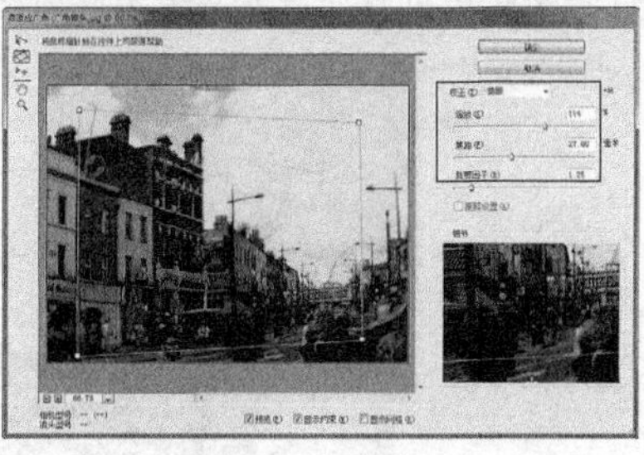

图7-43　设置参数

图7-44　最终效果

操作延伸

在菜单中执行“滤镜/自适应广角”命令，弹出如图7-45所示的“自适应广角”对话框。

图7-45　“自适应广角”对话框

其中各项的含义如下。

工具部分

- **约束工具**：使用该工具可以校正镜头产生的广角效果。单击图像或拖动鼠标指针，即可对图像添加约束。按住Shift键单击鼠标左键，可以添加水平或垂直约束；按住Alt键单击鼠标左键，可以删除约束，如图7-46所示。

图7-46　约束工具的使用

- **多边形约束工具**：使用该工具在图像中可以通过连续单击产生多边形约束线，在起点与终点相交时完成约束，按住Alt键单击鼠标右键可以删除节点，如图7-47所示。

图7-47　多边形约束工具的使用

- **移动工具**：使用该工具可以移动预览框中的图像。
- **缩放工具**：用来缩放预览框的视图，在预览框内单击鼠标左键会将图像放大，按住Alt键单击鼠标左键会将图像缩小。
- **抓手工具**：当图像放大到超出预览框时，使用“抓手工具”可以移动图像以查看图像局部。

设置部分

- **校正**：用来设置对原图进行校正的不同样式。
- **缩放**：校正后缩放图像。
- **焦距**：用来指定图像被校正后的镜头焦距效果。
- **裁剪因子**：指定裁剪因子，用来控制校正后的图像边缘的裁剪效果，如图7-48所示。

图7-48　设置不同裁剪因子的效果对比

- **原照设置**：勾选该复选框，可以对原图进行设置。
- **细节**：在预览框中鼠标指针放置的位置，会在“细节”区域进行单独显示。

其他部分

- **预览**：勾选该复选框后，可以在原图中看到校正结果。
- **显示网格**：勾选该复选框后，可以在预览框中为图像显示网格以便对齐。
- **显示约束**：显示对图像进行约束的效果。
- **显示大小**：控制预览框中图像显示的百分比。

预览部分

用来显示当前校正的图像并可以进行调整。

7.5 校正模糊的图像

在拍摄照片时由于晃动、外界光线或环境的影响，导致照片效果有一种模糊感，变得不是十分清晰。本节就为大家讲解将模糊的图像变清晰的方法。

上机练习：校正模糊的图像

在拍摄时受到晃动、外界光线或环境的影响，常常会使照片效果有一种朦胧、模糊的感觉。本例就教大家使用Photoshop CC快速解决此类问题的方法。

操作步骤

01 在菜单中执行“文件/打开”命令或按Ctrl+O快捷键，打开随书附带光盘中的文件“素材文件/第7章/模糊数码照片.jpg”，如图7-49所示。

02 打开素材文件后，发现照片的清晰度不是很理想，现在就快速对其进行锐化处理。在菜单中执行 “滤镜/锐化/进一步锐化”命令，此时会发现照片的轮廓比之前清晰了很多，效果如图7-50所示。

图7-49　素材

图7-50　进一步锐化后的效果

03 下面将图像处理成更加清晰的效果。首先拖动“背景”图层❶到“创建新图层”按钮上❷，得到“背景拷贝”图层❸，如图7-51所示。

图7-51　复制图层

技巧

选择图层后，按 Ctrl+J 快捷键可以快速复制出当前图层的一个副本，只是此时的图层名称会变成“图层 1”，如图 7-52 所示。

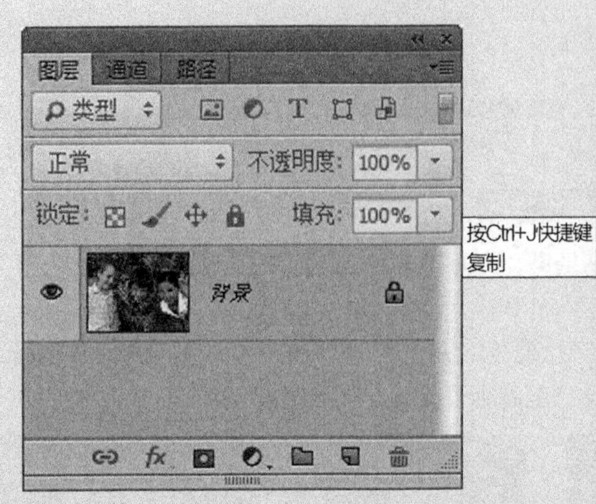

按Ctrl+J快捷键复制

图7-52　快捷键复制效果

04 复制图层后，按Ctrl+F快捷键再次执行“进一步锐化”命令，使当前图层中的图像变得更加锐利，效果如图7-53所示。

05 此时会发现图像有些锐化过头了，但是只要将上面一层的图像设置得透明一些，就会使图像变得非常完美，“图层”面板的设置如图7-54所示。

06 至此，本次实战制作完成，最终效果如图7-55所示。

图7-53　再次进一步锐化后的效果

图7-54　降低不透明度

图7-55　最终效果

温馨提示

对于整体效果都需要锐化的图像，可以使用相应的锐化命令。但是对于只想将图像局部变得清晰的情况，就不能再使用锐化命令了.此时工具箱中的“锐化工具”将会是非常便利的武器，只要使用工具轻轻涂抹，就会将经过的地方变得清晰，效果如图 7-56 所示。

图7-56　锐化工具的锐化效果

上机练习：校正抖动模糊图像

在拍摄时由于被拍摄的人物动了或拿相机时手抖动了一下，常常会使照片效果有一种抖动模糊的感觉。本例就教大家使用Photoshop CC快速解决此类问题。

操作步骤

01 在菜单中执行“文件/打开”命令或按Ctrl+O快捷键，打开随书附带光盘中的文件“素材文件/第7章/抖动照片.jpg”，如图7-57所示。

02 在菜单中执行“滤镜/锐化/防抖”命令，弹出“防抖”对话框，其中的参数设置如图7-58所示。

03 设置完毕单击“确定”按钮，效果如图7-59所示。

图7-57 素材

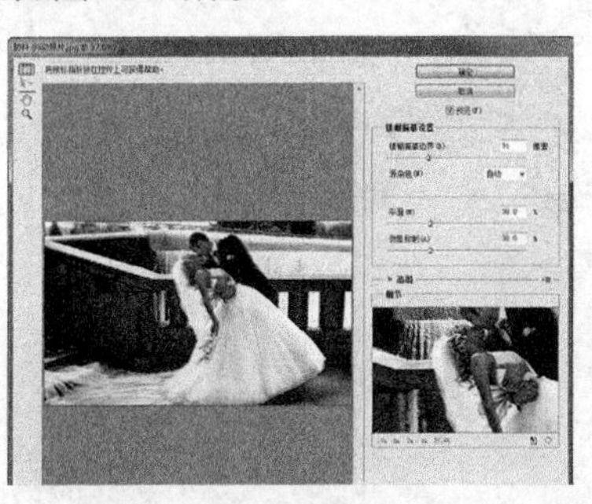

图7-58 “防抖”对话框

图7-59 修复抖动效果

操作延伸

在菜单中执行“滤镜/锐化/防抖”命令，弹出如图7-60所示的“防抖”对话框。

图7-60 “防抖”对话框

其中各项的含义如下。

工具部分

- **模糊评估工具**：使用该工具在预览框中单击，可以在“细节”区域对单击处进行放大，如图7-61所示。如果将“设置部分”的“高级”参数展开，可以使用该工具在预览框中创建矩形框来进行模糊评估，如图7-62所示。
- **模糊方向工具**：使用该工具在预览框中拖动，可以手动指定直接模糊的描摹长度与角度，如图7-63所示。按[和]键可以微调长度，按Ctrl+[或Ctrl+]快捷键可以微调角度。

图7-61 单击放大模糊评估区域

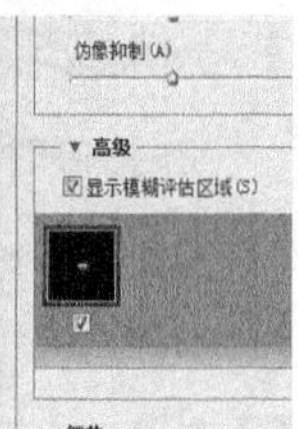

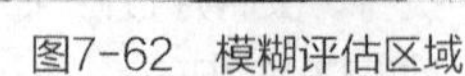

图7-62 模糊评估区域

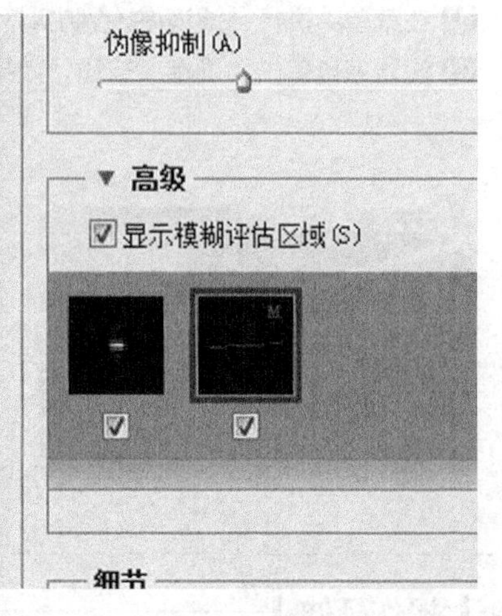

图7-63 模糊方向工具的使用

设置部分

- **模糊描摹设置**：用来模糊的长度、角度、平滑等设置。
- **模糊描摹长度**：指定模糊描摹的长度。
- **模糊描摹方向**：指定模糊描摹的方向角度。

  平滑：平滑锐化导致的杂色。

  伪像抑制：抑制较大的伪象。
- **高级**：展开后可以勾选“显示模糊评估区域”复选框，按照不同的工具在此处显示评估方式。
- **细节**：对模糊图像进行调整时的细节显示区，可以对此区域进行放大显示，还可以将此区域进行悬浮显示，如图7-64所示。

图7-64 浮动细节显示区

7.6 课后练习

课后练习1：增加图像的清晰效果

在Photoshop CC中通过在Lab颜色模式下执行“USM锐化”命令，将模糊的图像变得清晰，再将其转换为RGB颜色模式，过程如图7-65所示。

图7-65　增加图像的清晰效果

练习说明

1. 打开素材。
2. 转换颜色模式为Lab。
3. 应用“USM锐化”命令调整图像的清晰度。
4. 再将图像转换为RGB颜色模式，完成图像清晰度的调整。

课后练习2：校正倾斜的图像

在Photoshop CC中通过使用“标尺工具”并结合“任意角度”命令校正倾斜的图像，过程如图7-66所示。

图7-66　校正倾斜的图像

练习说明

1. 打开素材。
2. 使用“标尺工具”沿水平方向绘制线条。
3. 执行“任意角度”命令。
4. 校正图像的倾斜度。

第 08 章

颜色及颜色校正

本章重点：

- 调整颜色的建议
- 保留图像的原有细节
- 颜色的基本原理
- 颜色管理
- 颜色的基本设置
- 快速调整
- 曝光调整
- 颜色调整
- 色调调整
- 其他调整

本章主要为大家介绍如何解决Photoshop CC编修图像时遇到的颜色和色调调整等方面的相关知识，让大家可以轻松玩转Photoshop CC的图像校正功能。

8.1 调整颜色的建议

人物	发丝应当尽可能清晰。牙齿应当洁白，纯白会使图像失真，发黄或发灰看起来会觉得不舒服。
织物	黑色或白色不要过于鲜亮，否则会失真。黄色值的百分比太高会使白色显得灰暗。青色值太低会使红色发生振荡。黄色值太低会使蓝色发生振荡，颜色纯度产生。
户外景色	检查图像中的灰色物体，确保灰色没有偏色。对于天空色彩的调整，洋红和青色的关系决定了天空的明暗，洋红增多时天空会由亮蓝变为墨蓝。
雪景	雪不应该为纯白色，否则会丢失细节。应集中精力在高光区域添加细节。
夜景	黑色区域不应为纯黑色，否则会丢失细节。应集中精力在阴影区域添加细节。

8.2 保留图像的原有细节

或许会有人以为编修图像可以修复所有的图像问题，实际上并非如此。必须先有个观念，即图像修复的程度取决于原图所记录的细节：细节越多，编修的效果越好；反之细节越少，或是根本没有将被摄物的细节记录下来，那么再厉害的图像软件也很难无中生有，变出想要的图像效果。因此，若希望编修出好照片，记住，原照片的质量不能太差。

8.3 颜色的基本原理

了解如何创建颜色以及如何将颜色相互关联，可以在 Photoshop 中更有效地工作。只有对基本颜色理论有所了解，才能将作品生成想要的结果，而不是偶然获得某种效果。在对颜色进行创建的过程中，可以依据加色原色（RGB）、减色原色（CMYK）和色轮来完成最终效果。

“加色原色”是指三种色光（红色、绿色和蓝色），当按照不同的组合将这三种色光添加在一起时，可以生成可见色谱中的所有颜色，如图8-1所示。添加等量的红色、蓝色和绿色光，可以生成白色。完全缺少红色、蓝色和绿色光，将生成黑色。计算机的显示器是使用加色原色来创建颜色的设备的。

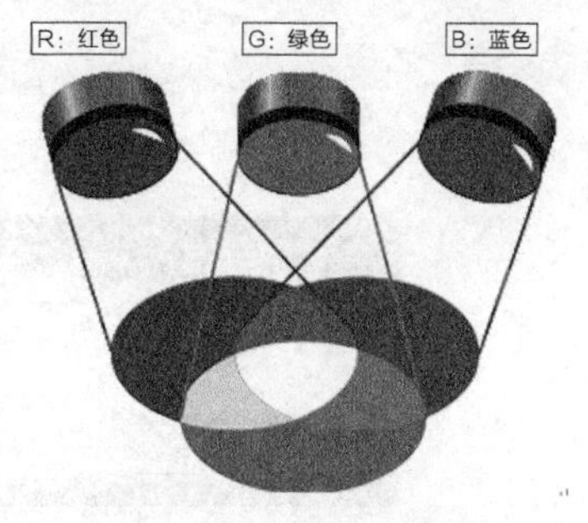

图8-1　加色原色（RGB颜色）

“减色原色”是指一些颜料，当按照不同的组合将这些颜料添加在一起时，可以创建一个色谱，如图8-2所示。与显示器不同，打印机使用减色原色（青色、洋红色、黄色和黑色颜料）并通过减色混合来生成颜色。使用“减色”这个术语，是因为这些原色都是纯色，将它们混合在一起后生成的颜色都是原色的不纯版本。例如，橙色是通过将洋红色和黄色进行减色混合而创建的。

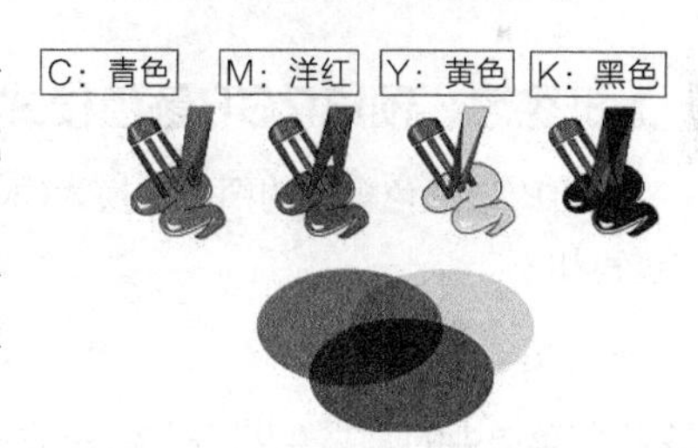

图8-2　减色原色（CMYK颜色）

如果是第一次调整颜色分量，在处理色彩平衡时手头有一个标准色轮会很有帮助，如图8-3所示。可以使用色轮来预测一个颜色分量中的更改如何影响其他颜色，并了解这些更改如何在 RGB 和 CMYK 颜色模型之间进行转换。

例如，通过增加色轮中相对颜色的数量，可以减少图像中某一颜色的数量，反之亦然。在标准色轮上，处于相对位置的颜色被称为“补色”。同样，通过调整色轮中两个相邻的颜色，甚至将两个相邻的颜色调整为与其相对的颜色，可以增加或减少一种颜色。

在 CMYK 图像中，可以通过减少洋红色的数量或增加其补色的数量来减淡洋红色，洋红色的补色为绿色（在色轮上位于洋红色的相对位置）。在 RGB 图像中，可以通过删除红色和蓝色或通过添加绿色来减少洋红色。所有这些调整都会得到一个包含较少洋红色的整体色彩平衡。

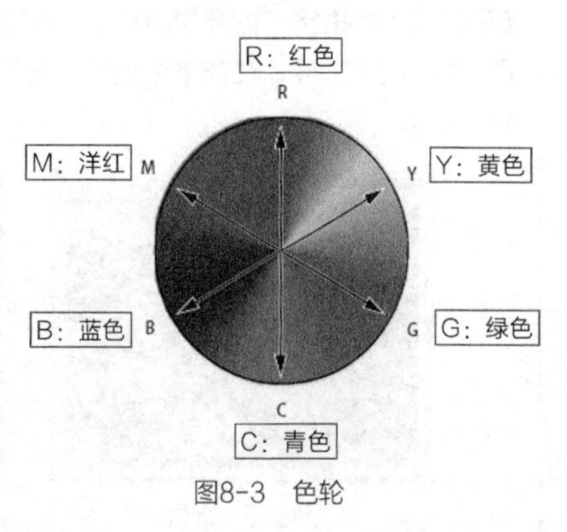

图8-3　色轮

8.4 颜色管理

颜色管理是使颜色空间保持一致的过程。也就是说，作为一幅图像，在不同的显示器中显示、在RGB和CMYK颜色模式之间转换、在不同的应用程序中被打开或在不同的外部设备中被打印，都应保持精确、一致。

Photoshop管理颜色的一种方法，就是使用国际协会（ICC）概貌。一个ICC概貌描述了一种颜色空间，这种颜色空间可以是显示器使用的特殊RGB颜色空间，也可以是编辑图像采用的RGB颜色空间，还可以是用于打印的彩色激光打印机的CMYK颜色空间。ICC概貌正在变为图形图像工业的一个标准，可以有助于在不同的平台、设备、ICC兼容应用程序（如Photoshop和InDesign）之间很容易地精确复制颜色。一旦指定了ICC概貌，Photoshop就可以将它们嵌入到图像文件中，这样Photoshop和其他能够使用ICC概貌的应用程序就可以以图像文件里的ICC概貌来自动管理图像的颜色了。

8.4.1 识别色域范围外的颜色

大多数扫描的照片在CMYK色域里都包含RGB颜色，将图像转换为CMYK颜色模式时会轻微地改变这些颜色。数字化创建的图像经常包含CMYK色域以外的RGB颜色。

注意

色域以外的颜色可以被“颜色”面板、拾色器和“信息”面板里颜色样本旁边的惊叹号来标识，如图 8-4 所示。

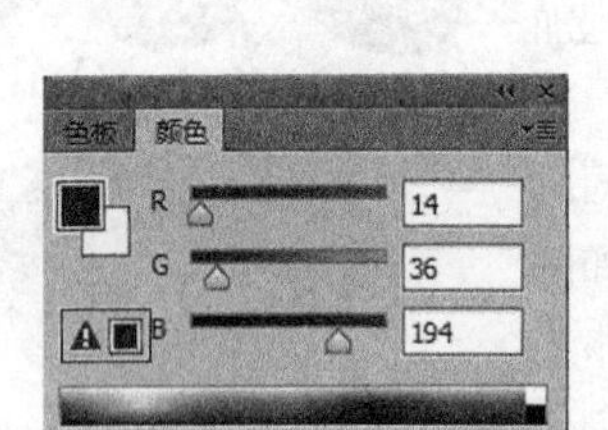

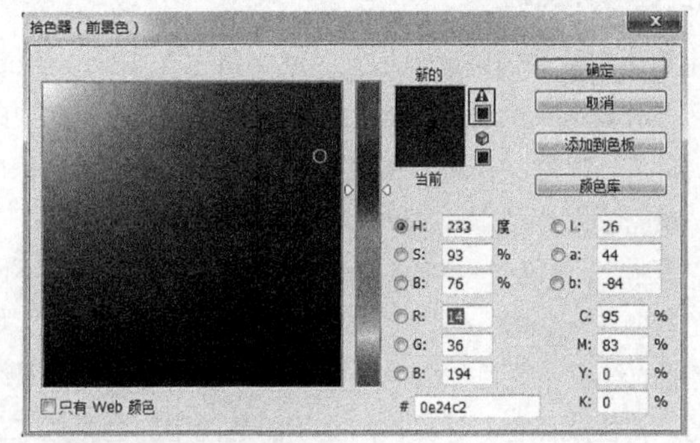

图8-4　标识色域以外的颜色

上机练习：预览RGB颜色模式里的CMYK颜色

在将RGB颜色模式的图像转换为CMYK颜色模式时，可以预览仍在RGB颜色模式里的CMYK颜色。操作过程如下。

操作步骤

01 执行菜单中的“文件/打开”命令或按Ctrl+O快捷键，打开随书附带光盘中的文件“素材文件/第8章/创意海滩.jpg”，如图8-5所示。

02 在菜单中执行“图像/复制”命令，复制一个当前文件的副本。

03 选择副本文件，在菜单中执行“视图/校样设置/工作中的CMYK”命令，得到CMYK图像预览效果，如图8-6所示。

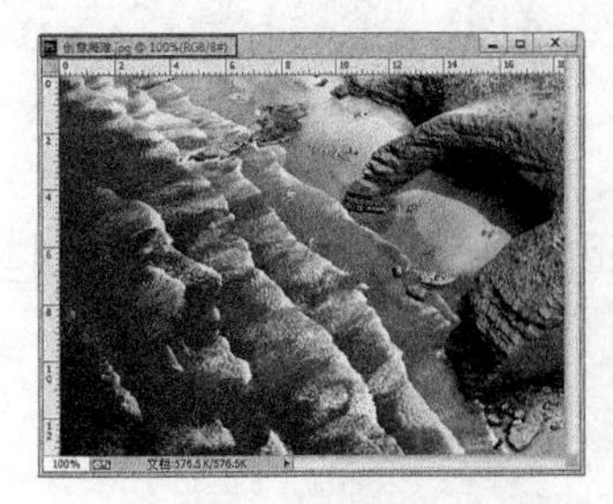

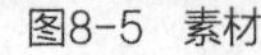

图8-5　素材

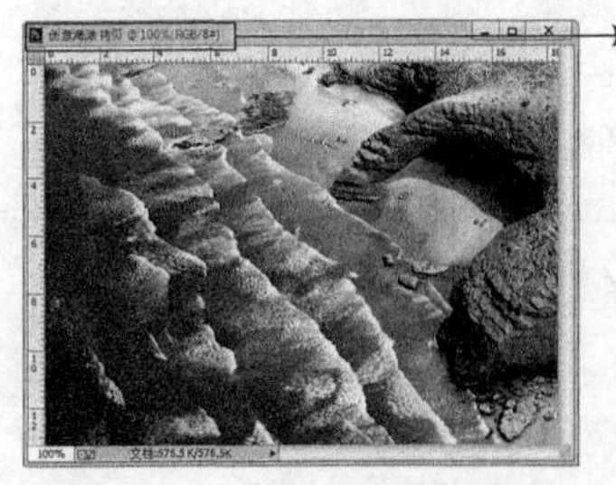

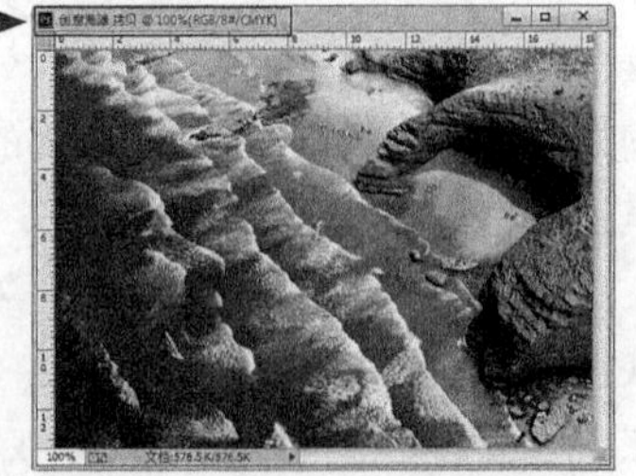

图8-6　CMYK图像预览

上机练习：识别图像色域外的颜色

“色域外的颜色”指的是打印时超出颜色范围的颜色识别方法如下。

操作步骤

01 在菜单中执行“文件/打开”命令或按Ctrl+O快捷键，打开随书附带光盘中的文件“素材文件/第8章/荷花.jpg”，如图8-7所示。在菜单中执行“视图/色域警告”命令，Photoshop CC将创建一个颜色转换表并用中性灰色显示在色域以外的颜色，如图8-8所示。

图8-7　素材

图8-8　色域警告

02 为了将颜色放到CMYK色域中，在菜单中执行“图像/模式/CMYK颜色”命令，此时色域警告的颜色会消失，警告对话框及效果如图8-9所示。

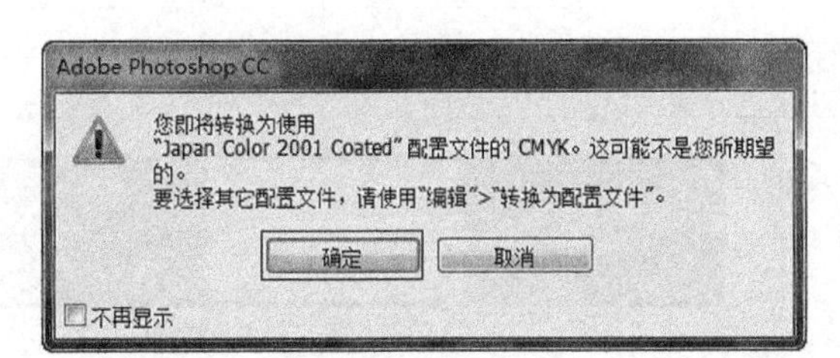

图8-9　转换为CMYK颜色模式

技巧

色域警告显示的颜色可以在“首选项”对话框中进行更改。在菜单中执行“编辑 / 首选项 / 透明度与色域”命令，在弹出的对话框中设置“色域警告”区的“颜色”即可。这里设置颜色为青色，如图 8-10 所示，设置完毕单击“确定”按钮。此时再次在菜单中执行“视图 / 色域警告”命令时，显示色域警告颜色为刚才设置的颜色，如图 8-11 所示。

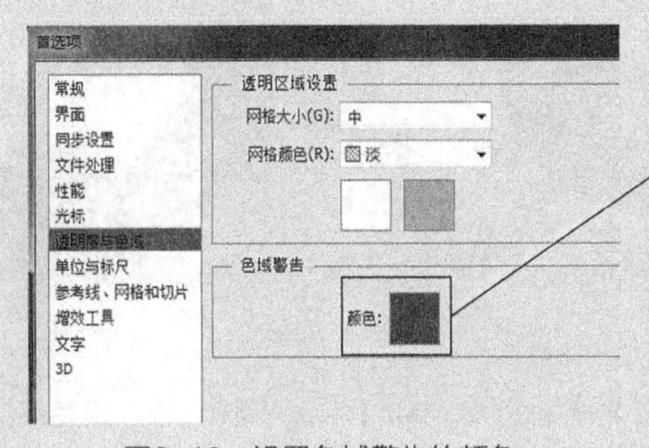

图8-10　设置色域警告的颜色

图8-11　色域警告

8.4.2 设置RGB颜色范围

由于每个人使用Photoshop做的工作不同，计算机的配置也不同，这里将“颜色设置”设置为最为普通的模式。在菜单中执行“编辑/颜色设置”命令，弹出“颜色设置”对话框。按照不同的提示，可以自行设置颜色设置，只要将鼠标指针移动到“工作空间”的色彩配置上，在下方的说明框中就会显示非常精确的文字说明。设置完毕单击“确定”按钮后，便可使用自己设置的颜色设置进行工作了，如图8-12所示。

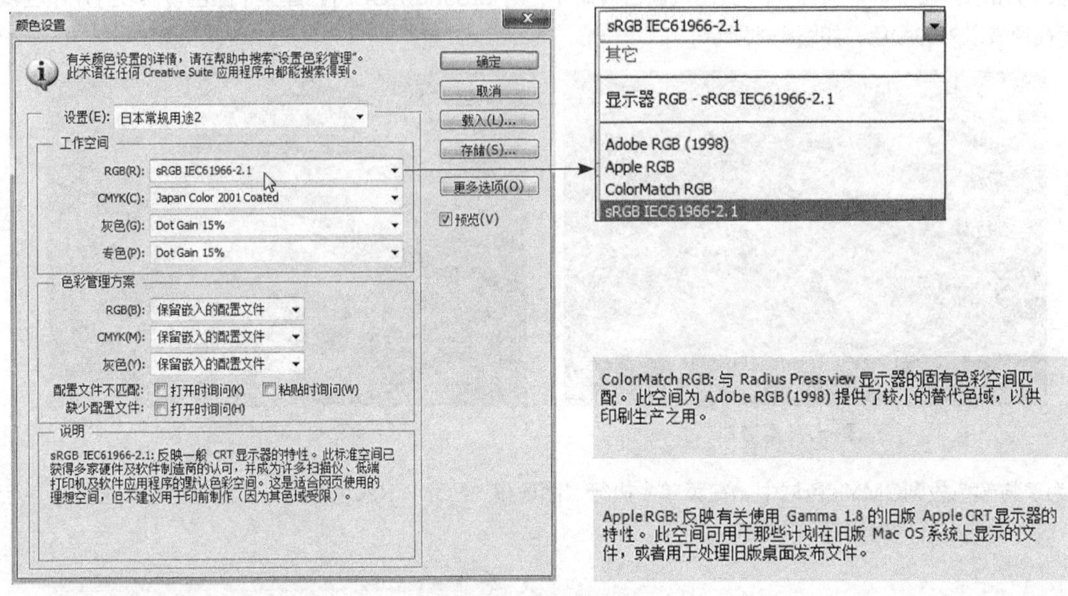

图8-12 颜色设置

8.4.3 色彩的分类

在具体的分类中，色彩可以被分为无彩色和有彩色两种.

无彩色

“无彩色”指的是由黑、白相混合所组成的不同灰度的灰色系列，在光的色谱中是不能被看到的，所以被称为“无彩色”，如图8-13所示。

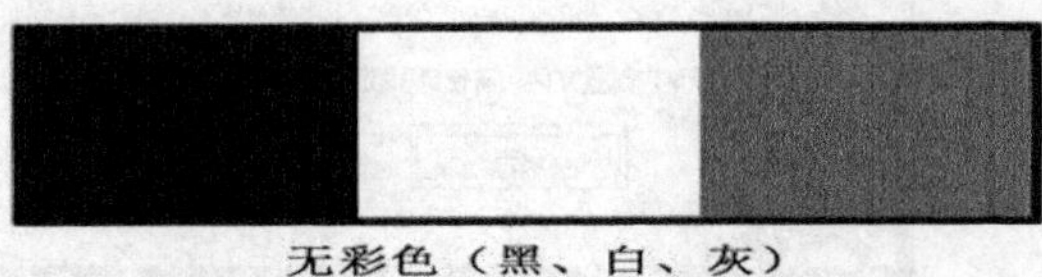

图8-13 无彩色

有彩色

带有某一种标准色倾向的颜色（也就是带有冷暖倾向的颜色），被称为“有彩色”。光谱中的全部颜色都属于有彩色。有彩色是无数的，它以红、绿、蓝作为基本色。基本色之间不同量的混合，以及基本色与黑、白、灰（无彩色）之间不同量的混合，会产生成千上万种有彩色。有彩色的色轮如图8-14所示。

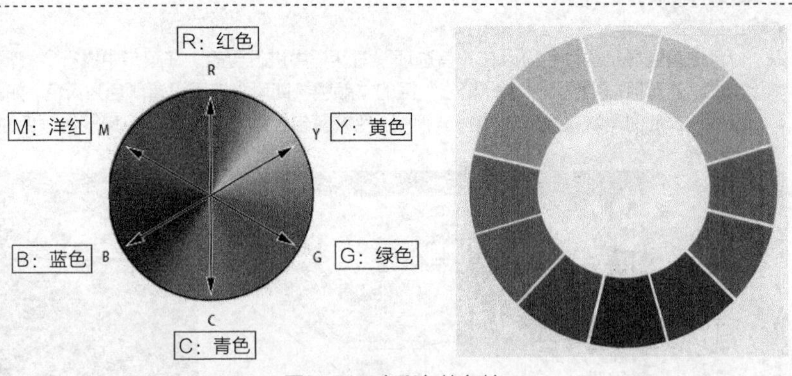

图8-14 有彩色的色轮

“有彩色”是指除了从白到黑的一系列中性灰色以外的各种颜色，如红、黄、蓝、绿、紫色等。有彩色除了具有一定的明度值以外，还具有彩度值（包括色调和鲜艳度）。

三原色：RGB颜色模，即由红、绿、蓝三种颜色定义的原色，主要被运用于电子设备中（如电视和电脑），在传统摄影中也有应用。在电子时代之前，基于人类对颜色的感知，RGB颜色模型已经有了坚实的理论支撑，如图8-15所示。

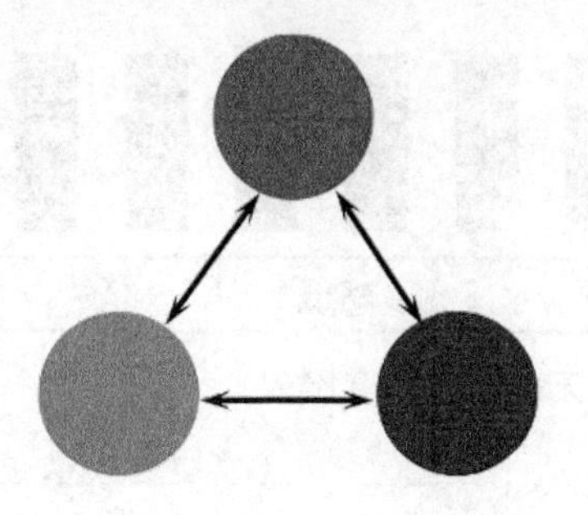

图8-15　RGB颜色模型

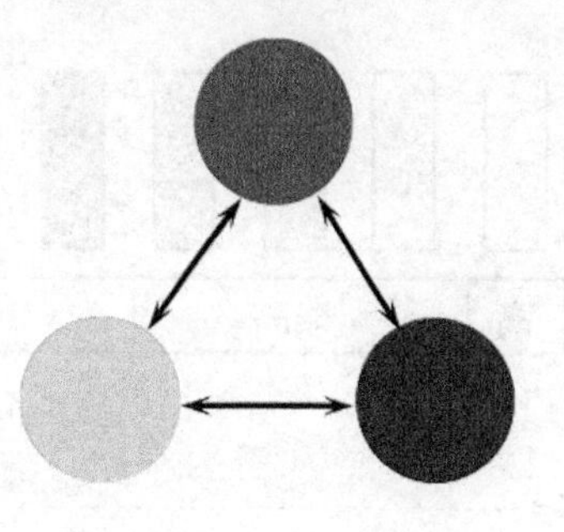

图8-16　美术中的三原色

在美术中，又把红、黄、蓝定义为“色彩三原色”，如图8-16所示。但是，用黄、品红、青三色能调配出更多的颜色，而且纯正、鲜艳：品红加适量黄可以调配出大红（红=M100+Y100），而大红却无法调配出品红；青加适量品红可以得到蓝（蓝=C100+M100），而蓝加绿得到的却是不鲜艳的青；用青加黄调配出的绿（绿=Y100+C100），比蓝加黄调配出的绿更加纯正、鲜艳，而后者调配出的绿却较为灰暗；品红加青调配出的紫很纯正（紫=C20+M80），而大红加蓝只能得到灰紫，等等。此外，从调配其他颜色的情况来看，都是以黄、品红、青为其原色所得到的颜色更为丰富，色光更为纯正而鲜艳。在3DS MAX中，三原色为红、黄、蓝。

二次色：在RGB颜色模型中，由红色+绿色变为黄色，红色+蓝色变为紫色，蓝色+绿色变为青色，如图8-17所示；在美术中，三原色的二次色为红色+黄色变为橙色、黄色+蓝色变为绿色，蓝色+红色变为紫色，如图8-18所示。

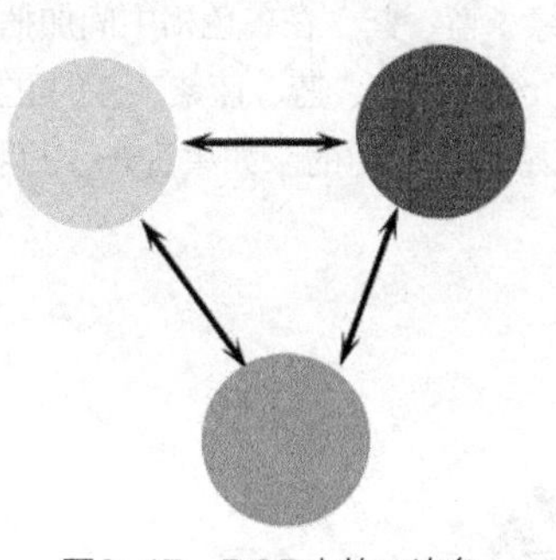

图8-17　RGB中的二次色

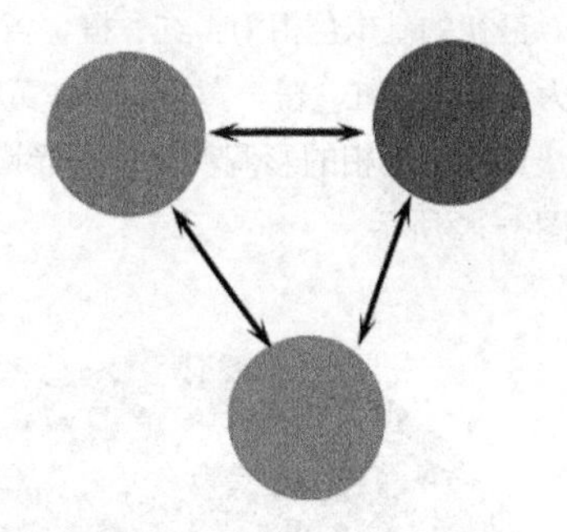

图8-18　美术中的二次色

8.4.4 色彩的三要素

视觉所能感知的一切色彩形象，都具有明度、色相和纯度（饱和度）三种性质，这三种性质是色彩最基本的构成元素。

明度

“明度”指的是色彩的明暗程度。在无彩色中，明度最高的颜色为白色，明度最低的颜色为黑色，中间存在一个从亮到暗的灰色系列，如图8-19所示。在有的彩色中，任何一种纯度色都有自己的明度特征，如图8-20所示。例如，黄色为明度最高的颜色，处于光谱的中心位置；紫色是明度最低的颜色，处于光谱的边缘。一个彩色物体表面的光反射率越大，对视觉刺激的程度越大，看上去越亮，该颜色的明度就越高。

明度在色彩的三要素中具较强的独立性，它可以不带任何色相的特征而通过黑、白、灰的关系单独呈现出来。色相与纯度则必须依赖一定的明暗才能显现。色彩一旦发生，明暗关系就会同时出现。在进行素描的过程中，需要把对象的有彩色关系抽象为明暗色调，这就需要对明暗有敏锐的判断力。可以把这种抽象出来的明度关系看成色彩的骨骼，它是色彩结构的关键。

温馨提示

在网店装修中，明度的应用主要表现为在使用同一颜色时明暗不同的网页效果。

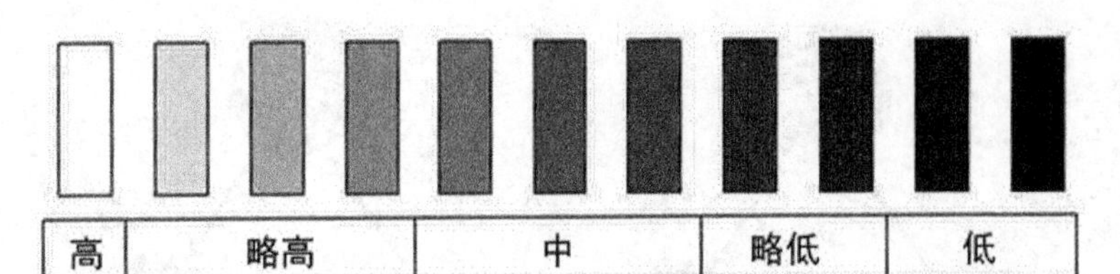

图8-19 无彩色中的明度分布

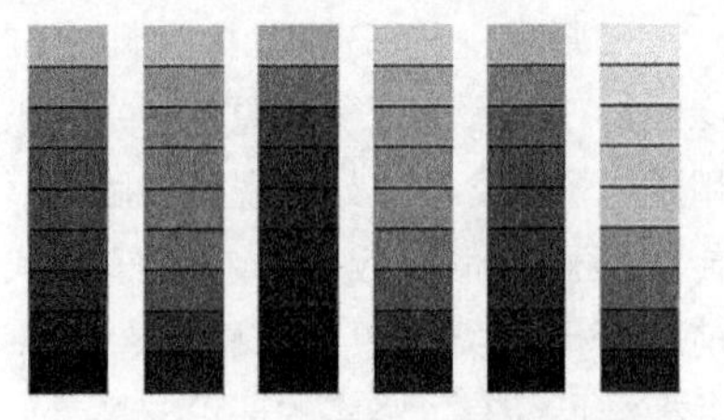

图8-20 有彩色中的明度分布

色相

“色相”指的是色彩的相貌。在可见光谱上，人们的视觉能感受到红、橙、黄、绿、蓝、紫这些不同特征的颜色，人们给这些可以相互区别的颜色定出名称。当称呼其中某一颜色的名称时，就会有一个特定的色彩印象，这就是“色相”的概念。正是由于色彩具有这种具体相貌的特征，人们才能感受到一个五彩缤纷的世界。

如果说明度是色彩隐秘的骨骼，那么色相就像色彩外表的华美肌肤。色相体现着色彩的外向性格，是色彩的灵魂。

在可见光谱中，红、橙、黄、绿、蓝、紫每一种色相都有自己的波长与频率。它们从短到长按顺序排列，就像音乐中的音阶，有序而和谐。大自然偶尔将这光谱的秘密显示给人们，那就是雨后的彩虹，它是自然界中最美的景象。光谱中的色相散发着色彩的原始光辉，它们构成了色彩体系中的基本色相。

最初的基本色相为：红、橙、黄、绿、蓝、紫。在各色相中间加插一两个中间色，其头尾色相相连，按光谱顺序为：红、橙红、橙、黄橙、黄、黄绿、绿、绿蓝、蓝、蓝紫、紫、红紫，可得到十二色相环，如图8-21所示。

这十二色相的彩调变化，在光谱色感上是均匀的。如果进一步再找出其中间色，便可以得到二十四色相环，如图8-22所示。

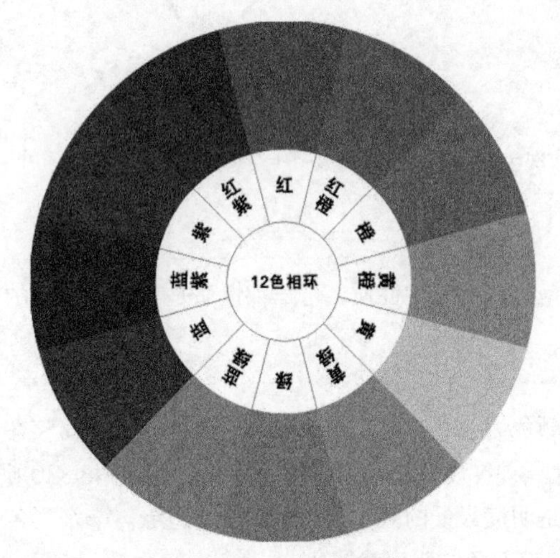

图8-21 十二色相环

1~14
4~15
6~16
8~18
10~21
12~23
互为补色

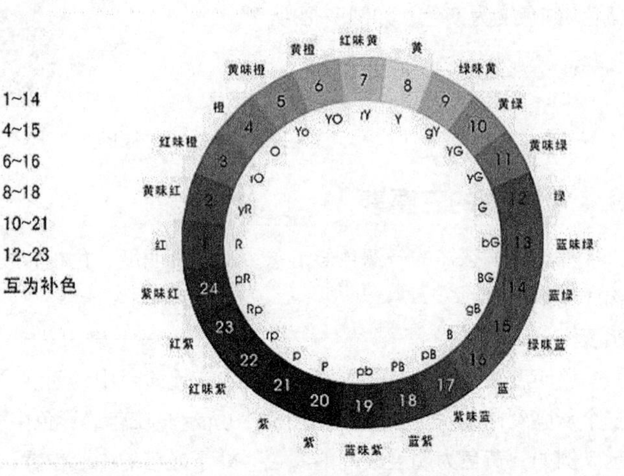

图8-22 二十四色相环

纯度

“纯度”指的是色彩的鲜艳程度，它取决于一种颜色波长的单一程度。人们的视觉能辨认出的有色相感的颜色，都具有一定程度的鲜艳度。例如，红色，当它混入白色时，虽然仍旧具有红色的色相特征，但鲜艳度降低了，明度提高了，成为淡红色；当它混入黑色时，鲜艳度降低了，明度也降低了，成为暗红色；当它混入与红色明度相似的中性灰时，明度没有改变，纯度降低了，成为灰红色，如图8-23所示为纯度色标。

不同的色相不但明度不同，纯度也不同。例如，红色的纯度最高，黄色的纯度也较高，但绿色就不同了，它的纯度几乎才达到红色的一半左右。

在人们的视觉所能感受到的色彩范围内，绝大部分是非高纯度的颜色，也就是说，大量都是含灰的颜色。有了纯度的变化，才使色彩显得极其丰富。

纯度体现了色彩的内向性格。同一个色相，即使纯度发生了细微的变化，也会立即带来色彩性格的变化，如图8-24所示为纯度环和纯度对比图。

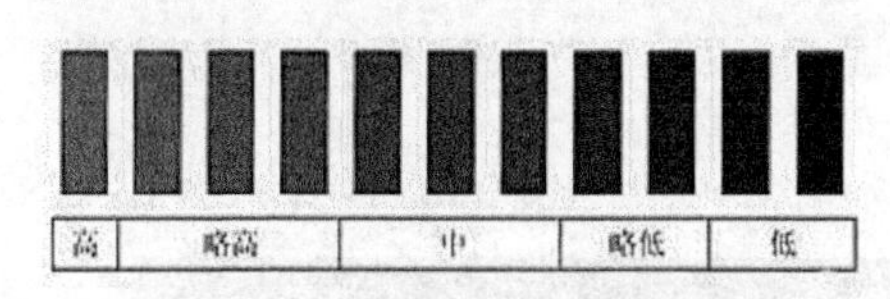

图8-23　纯度色标

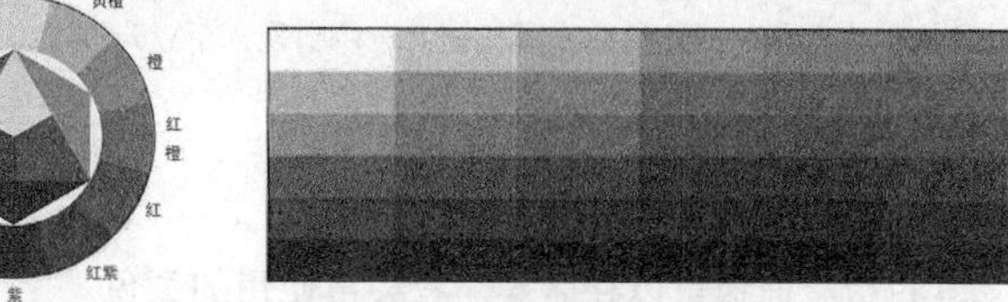

图8-24　纯度环和纯度对比图

8.5 颜色的基本设置

在Photoshop 中设置颜色是非常重要的一个环节，可以完全掌握一个作品的生死，结合加色原色、减色原色与色轮，可以更有效地进行工作。本节就为大家详细讲解通过“色板”面板和“颜色”面板设置颜色的方法。

8.5.1 “颜色”面板

“颜色”面板可以显示当前前景色和背景色的颜色值。使用“颜色”面板中的滑块，可以利用几种不同的颜色模型来编辑前景色和背景色，也可以从显示在面板底部的四色曲线图中的色谱中选取前景色或背景色，在菜单中执行“窗口/颜色”命令，即可打开“颜色”面板，如图8-25所示。

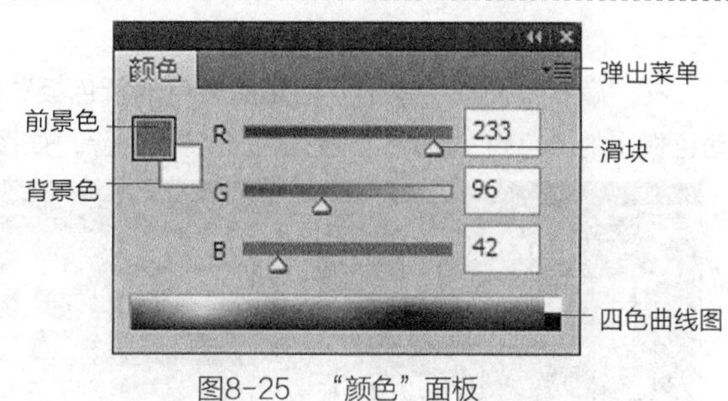

图8-25　“颜色”面板

选择“前景色”图标，可以通过拖动滑块设置前景色，也可以在四色曲线图中设置前景色，如图8-26所示。

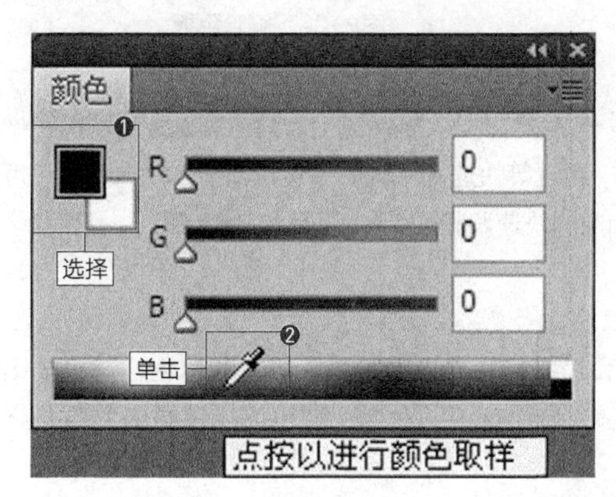

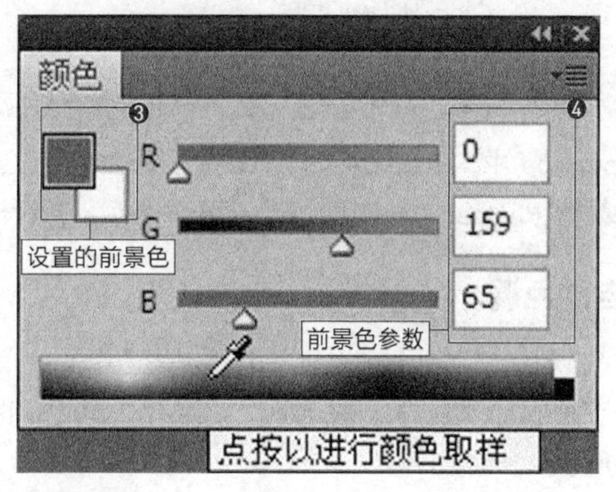

图8-26　设置前景色

背景色的设置方法与前景色相同，单击“弹出菜单”按钮会弹出对应的菜单，在此处可以选择其他颜色模式。不同颜色模式下“颜色”面板也是不同的，选择过程如图8-27所示。

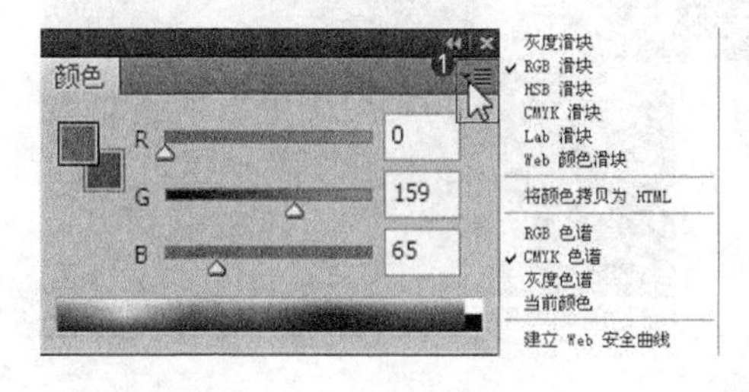

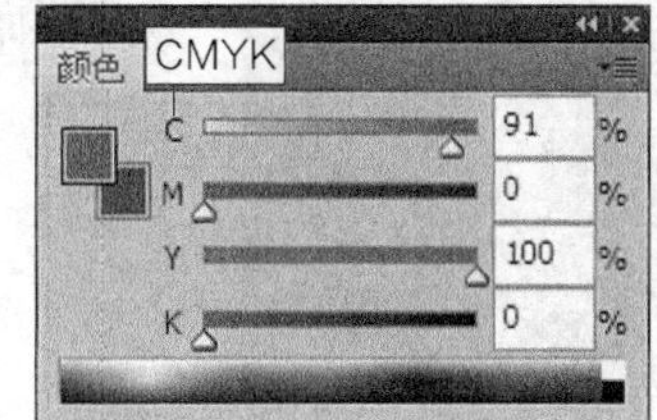

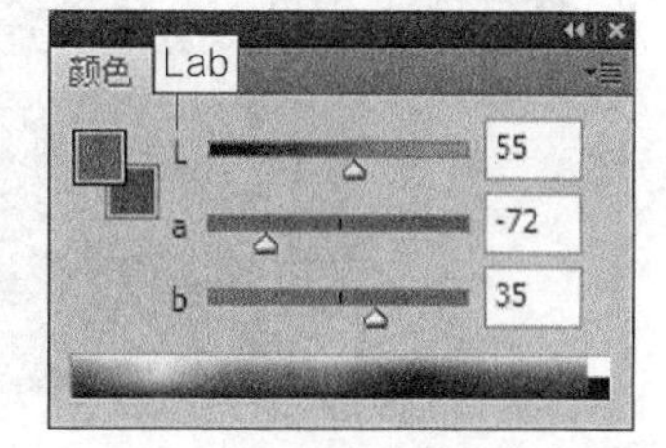

图8-27　更改颜色模式

温馨提示

当选取的颜色不能使用CMYK油墨打印时，四色曲线图左侧上方将出现一个内含惊叹号的三角形 ；当选取的颜色不是Web安全色时，四色曲线图左侧上方将出现一个立方体 。

8.5.2 “色板”面板

“色板”面板可以存储操作者经常使用的颜色。可以在面板中添加或删除颜色，或者为不同的项目显示不同的颜色库。在菜单中执行“窗口/色板”命令，即可打开“色板”面板，如图8-28所示。

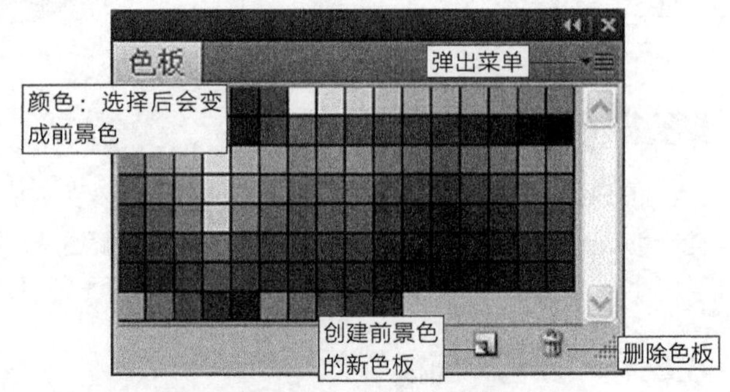

图8-28 “色板”面板

在“色板”面板中单击“创建前景色的新色板”按钮，可以将前景色添加到色板中，如图8-29所示；拖动色板中的颜色到“删除”按钮上会将其删除，如图8-30所示。

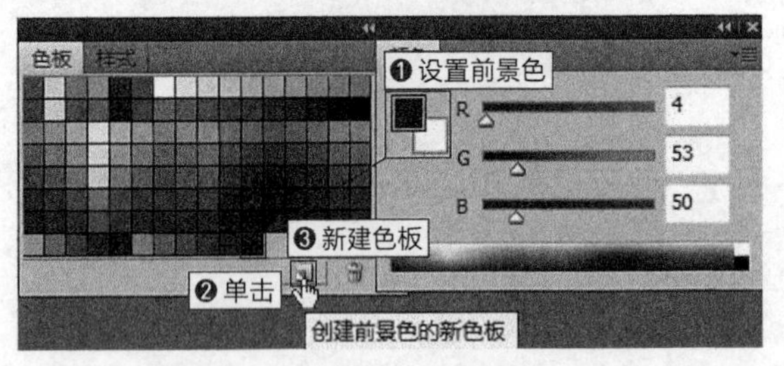

图8-29 添加色板

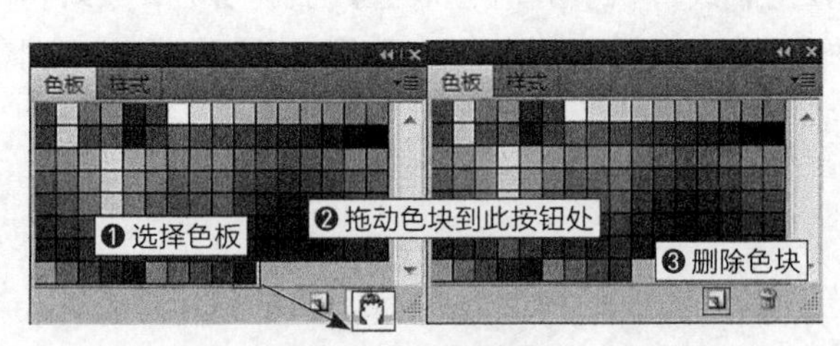

图8-30 删除色板

8.6 快速调整

在Photoshop 中，系统已经预设了一些对图像中的颜色、色阶等快速调整的命令，从而能加快操作的进度，使初学者也能够体验Photoshop的神奇功能。打开图像后，执行相应的快速调整命令，就可以完成效果。

8.6.1 自动色调

使用“自动色调”命令可以将各个颜色通道中的最暗和最亮的像素自动映射为黑色和白色，然后按比例重新分布中间色调的像素值。打开图像后，在菜单中执行“图像/自动色调”命令，即可完成图像的色调调整，效果如图8-31所示。

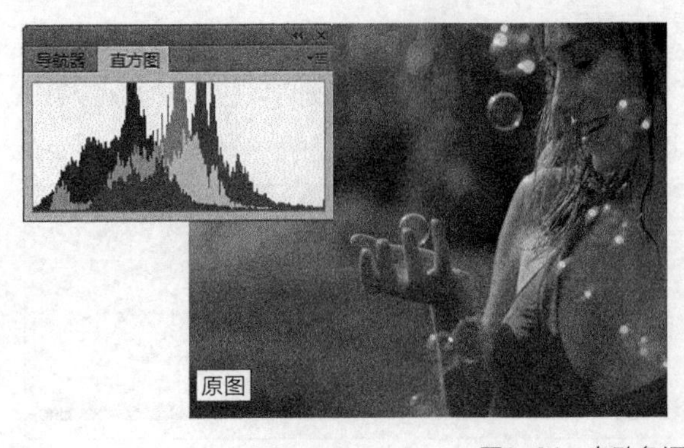

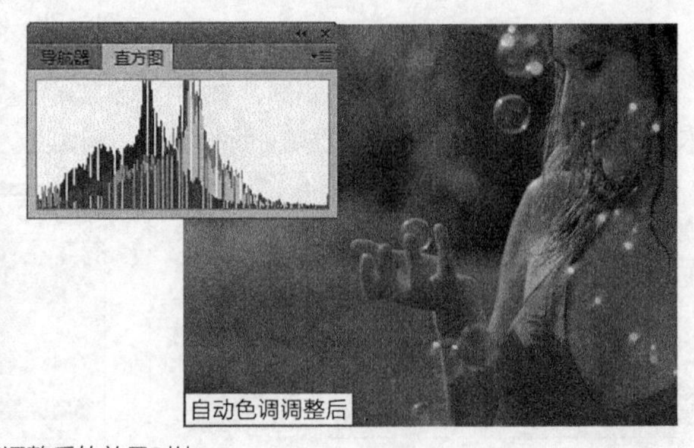

图8-31 自动色调调整后的效果对比

温馨提示

使用“自动色调”调整命令得到的效果，与使用“色阶”对话框中的“自动”按钮得到的效果相一致。因为“自动色调”调整命令单独调整每个颜色通道，所以在执行“自动色调”调整命令时，可能会消除色偏，也可能会加大色偏。

8.6.2 自动对比度

使用“自动对比度”命令可以自动调整图像中颜色的总体对比度。打开图像后，在菜单中执行“图像/自动对比度”命令，即可完成对图像对比度的调整，效果如图8-32所示。

图8-32 自动对比度调整后的效果对比

温馨提示

“自动对比度”调整命令不能调整颜色单一的图像，也不能单独调整颜色通道，所以不会导致色偏；但也不能消除图像中已经存在的色偏。

“自动对比度”调整命令的原理是：将图像中最亮和最暗的像素映射为白色和黑色，使暗调更暗而高光更亮。“自动对比度”调整命令可以改进许多摄影照片或连续色调图像的外观。

8.6.3 自动颜色

使用“自动颜色”命令可以自动调整图像中的色彩平衡，原理是：首先确定图像中的中性灰色像素，然后选择一种平衡色来填充图像的灰色像素，以起到平衡色彩的作用。打开图像后，在菜单中执行“图像/自动颜色”命令，即可完成图像的颜色调整，效果如图8-33所示。

图8-33 自动颜色调整后的效果对比

温馨提示

“自动颜色”调整命令只能被应用于 RGB 颜色模式。

8.6.4 去色

使用“去色”命令，可以将当前颜色模式中的色彩去掉，将其变为当前颜色模式下的灰度图像。在菜单中执行“图像/调整/去色”命令或按Shift+Ctrl+U快捷键，即可将彩色图像的颜色去掉，效果如图8-34所示。

图8-34　去色后的效果对比

8.6.5 反相

使用“反相”命令可以将一幅照片图像转换成负片，也就是人们通常所见到的底片效果，原理是：将通道中每个像素的亮度值都转化为256级亮度值刻度上相反的值。在菜单中执行“图像/调整/反相”命令，即可将图像转换成负片效果，效果如图8-35所示。

图8-35　反相后的效果对比

8.6.6 色调均匀

使用“色调均匀”命令可以重新分布图像中像素的亮度值，使它们更均匀地呈现所有范围的亮度级别，将图像中最亮的像素转换为白色，最暗的像素转换为黑色，而将中间的值均匀地分布在整个灰度中。在菜单中执行“图像/调整/色调均匀”命令，效果如图8-36所示。

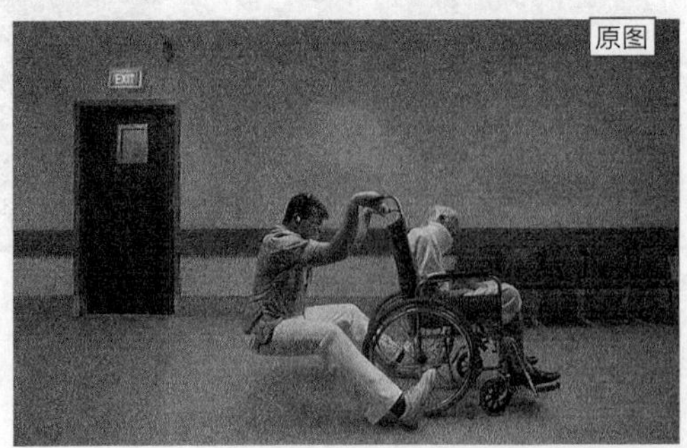

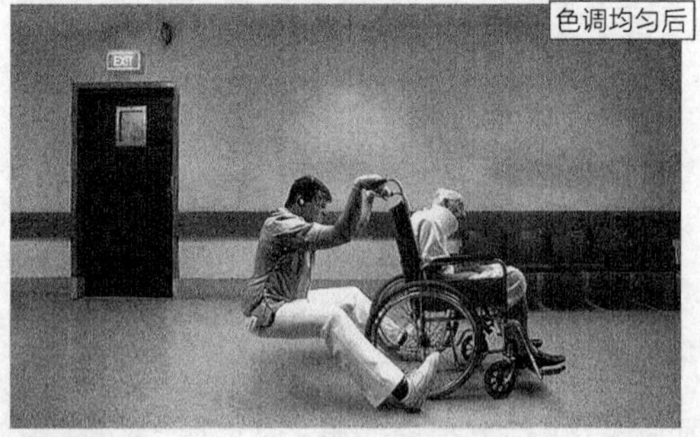

图8-36　色调均匀后的效果对比

8.7 照片曝光的调整

在Photoshop CC中调整图像的亮度时，可以对当前图像的显示状态进行更加细致的调整，大致从曝光、亮度等几个方面进行。

8.7.1 曝光度

使用“曝光度”命令可以调整HDR图像的色调，该图像可以是8位或16位图像；也可以对曝光不足或曝光过度的图像进行调整。在菜单中执行“图像/调整/曝光度”命令，弹出如图8-37所示的“曝光度”对话框。

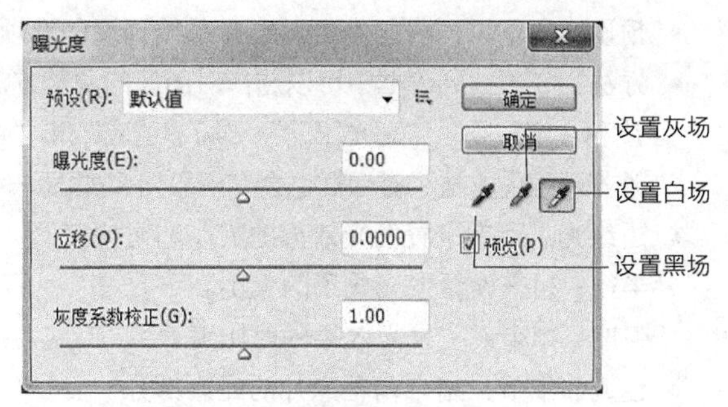

图8-37　“曝光度”对话框

其中各项的含义如下。

- **曝光度**：用来调整色调范围的高光，可对极限阴影产生轻微的影响。
- **位移**：用来使阴影和中间调变暗，可对高光产生轻微的影响。
- **灰度系数校正**：用来设置高光与阴影之间的差异。
- **设置黑场**：用来设置图像中阴影的范围。在“曝光度”对话框中单击“设置黑场”按钮后，在图像中选取相应的点并单击鼠标左键，单击后图像中比选取点更暗的像素的颜色将会变得更深（黑色选取点除外）。使用鼠标指针在黑色区域再次单击后会恢复图像效果。
- **设置灰场**：用来设置图像中中间调的范围。使用鼠标指针在黑色区域或白色区域单击后会恢复图像效果。
- **设置白场**：与设置黑场的方法正好相反，用来设置图像中高光的范围。在“曝光度”对话框中单击“设置白场”按钮后，在图像中选取相应的点并单击鼠标左键，单击后图像中比选取点更亮的像素的颜色将会变得更浅（白色选取点除外）。使用鼠标指针在白色区域再次单击后会恢复图像效果。

技巧

在“设置黑场”、“设置灰场”或“设置白场”按钮上双击鼠标左键，会弹出相应的“拾色器”对话框，在对话框中可以选择不同的颜色作为最亮或最暗的色调。

上机练习：使用“曝光度”命令调整曝光不足的照片

本次实战主要让大家了解使用“曝光度”命令调整拍照时产生的曝光问题。

操作步骤

01 在菜单中执行“文件/打开”命令或按Ctrl+O快捷键，打开随书附带光盘中的文件“素材文件/第8章/曝光不足的照片1.jpg”，如图8-38所示。

02 在菜单中执行“图像/调整/曝光度”命令，弹出“曝光度”对话框，设置“曝光度”为1.16、“位移”为0、“灰度系数校正”为1，如图8-39所示。

03 设置完毕单击“确定”按钮，完成曝光校正，效果如图8-40所示。

图8-38　素材

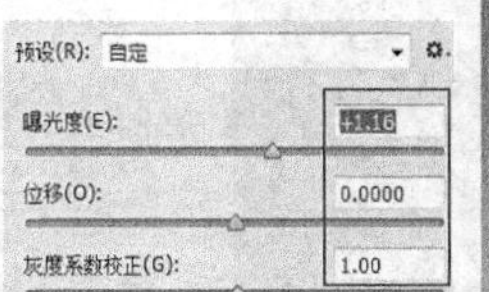

图8-39　“曝光度”对话框

图8-40　调整效果

第1篇 第2篇 第3篇 第4篇 第5篇 第6篇 第7篇 第8篇 第9篇 第10篇 第11篇

8.7.2 HDR色调

使用“HDR色调”命令可以对图像中的边缘光、色调和细节、颜色等方面进行更加细致的调整。在菜单中执行“图像/调整/ HDR色调”命令，弹性如图8-41所示的“HDR色调”对话框。

图8-41 “HDR色调”对话框

其中各项的含义如下。

- **预设**：在下拉列表框中可以选择系统预设的选项。
- **方法**：在下拉列表框中可以选择对图像的调整方法，其中包括“曝光度和灰度系数”“高光压缩”“局部适应”和“色调均化直方图”。选择不同的方法，对话框也会有所不同，如图8-42~图8-44所示。
- **边缘光**：用来设置发光效果的大小和对比度。

  半径：用来设置发光效果的大小。

  强度：用来设置发光效果的对比度。
- **色调和细节**：用来调整照片的光影部分。

  细节：用来设置图像的细节。

  阴影：调整阴影部分的明暗度。

  高光：调整高光部分的明暗度。
- **颜色**：用来调整照片的色彩。

  自然饱和度：可以对图像进行从灰色调到饱和色调的调整，用于提升图像的饱和度，或调整出非常优雅的灰色调。取值范围是-100~100，数值越大，色彩越浓烈。

  饱和度：用来设置图像色彩的浓度。
- **色调曲线和直方图**：用曲线、直方图的方式对图像进行色彩与亮度的调整。

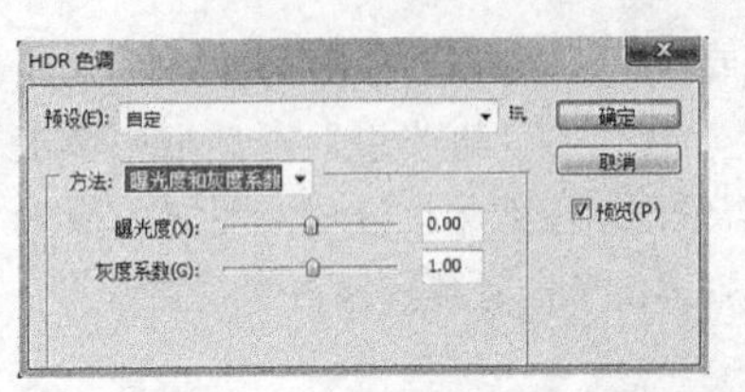

图8-42 选择“曝光度和灰度系数”选项

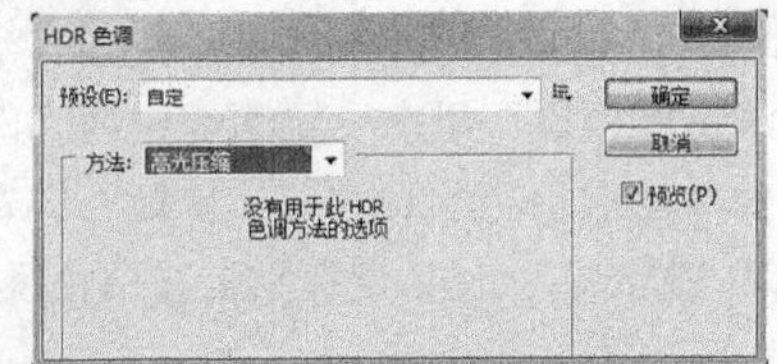

图8-43 选择“高光压缩”选项

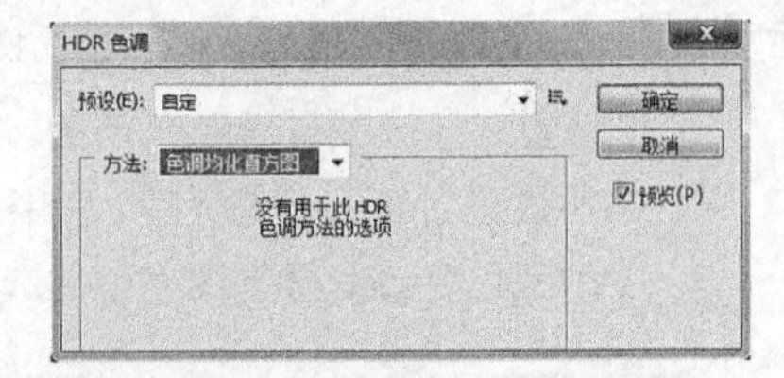

图8-44 选择“色调均化直方图”选项

上机练习：使用“HDR色调”命令调整有曝光问题的照片

本次实战主要让大家了解如何使用“HDR色调”命令调整拍照时产生的曝光问题。

操作步骤

01 在菜单中执行“文件/打开”命令或按Ctrl+O快捷键，打开随书附带光盘中的文件“素材文件/第8章/曝光问题照片.jpg”，如图8-45所示。

02 在菜单中执行“图像/调整/ HDR色调”命令，弹出“HDR色调”对话框，在“方法”下拉列表框中选择“曝光度和灰度系数”选项，设置“曝光度”为2.34、“灰度系数”为1，如图8-46所示。

03 设置完毕单击“确定”按钮，完成照片的校正，效果如图8-47所示。

图8-45 素材

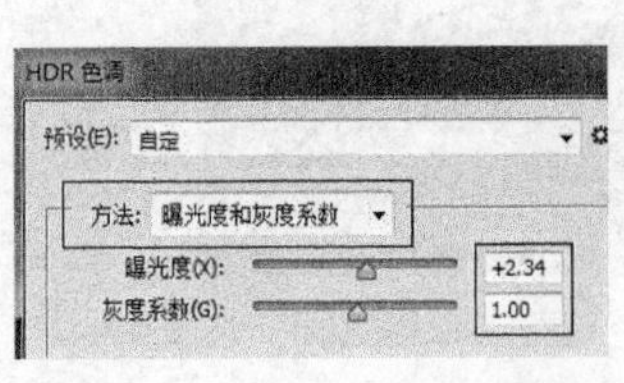

图8-46 “HDR色调”对话框

图8-47 调整效果

8.7.3 阴影/高光

使用“阴影/高光”命令主要是修整在强背光条件下拍摄的照片所产生的问题。在菜单中执行“图像/调整/阴影/高光”命令，弹出如图8-48所示的“阴影/高光”对话框。

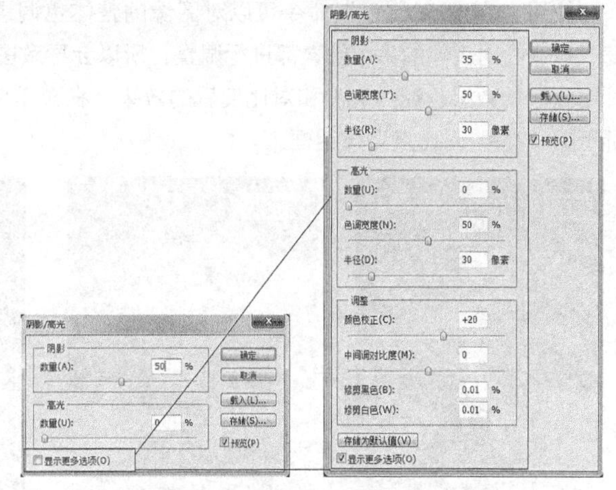

图8-48 “阴影/高光”对话框

其中各项的含义如下。

- **阴影**：用来设置暗部在图像中所占数量的多少。
- **高光**：用来设置亮部在图像中所占数量的多少。

数量：用来调整“阴影”或“高光”的浓度。“阴影”的“数量”越大，图像中的暗部就越亮；“高光”的“数量”越大，图像中的亮部就越暗。

色调宽度：用来调整“阴影”或“高光”的色调范围。“阴影”的“色调宽度”数值越小，调整的范围就越集中于暗部；“高光”的“色调宽度”数值越小，调整的范围就越集中于亮部。当“阴影”或“高光”的“色调宽度”数值太大时，也可能会出现色晕现象。

半径：用来调整每个像素周围的局部相邻像素的大小，相邻像素是用来确定像素是在“阴影”还是在“高光”中。通过调整“半径”数值，可获得焦点对比度与背景相比的焦点的级差加亮（或变暗）之间的最佳平衡。

颜色校正：用来校正图像中已做调整的区域色彩。数值越大，色彩饱和度越高；数值越小，色彩饱和度越低。

中间调对比度：用来校正图像中中间调的对比度。数值越大，对比度越高；数值越小，对比度就越低。

修剪黑色/修剪白色：用来设置在图像中会将多少阴影或高光剪切到新的极端阴影（色阶为0）和高光（色阶为255）的颜色。数值越大，生成图像的对比度越强，但会丢失图像的细节。

上机练习：通过“阴影/高光”命令调整背光照片

在拍摄照片时经常会遇到人物后面的光源非常强，导致拍出的照片中人物的面部变得很黑的问题。本次实战主要让大家了解使用“阴影/高光”命令调整背光照片的方法。

操作步骤

01 在菜单中执行“文件/打开”命令或按Ctrl+O快捷键，打开随书附带光盘中的文件“素材文件/第8章/背光照片.jpg”，如图8-49所示。

02 打开素材文件后，发现照片中的人物面部较暗，在菜单中执行“图像/调整/阴影/高光”命令，弹出“阴影/高光”对话框，设置“阴影”的“数量”为50%、“高光”的“数量”为0%，如图8-50所示。

03 设置完毕单击“确定”按钮，调整背光照片后的效果如图8-51所示。

图8-49 素材

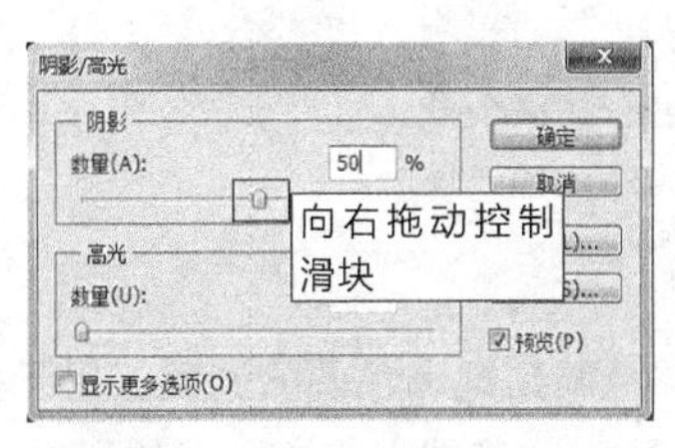

图8-50 “阴影/高光”对话框

图8-51 调整背光效果

8.7.4 亮度/对比度

使用“亮度/对比度”命令可以对图像的整体色调进行调整，从而改变图像的亮度和对比度。“亮度/对比度”命令会对图像的每个像素都进行调整，所以会导致图像细节的丢失。如图8-52所示分别为原图、增加亮度和对比度后的效果、减少亮度和对比度后的效果。在菜单中执行“图像/调整/亮度/对比度”命令，弹出如图8-53所示的“亮度/对比度”对话框。

图8-52 调整亮度和对比度后的效果

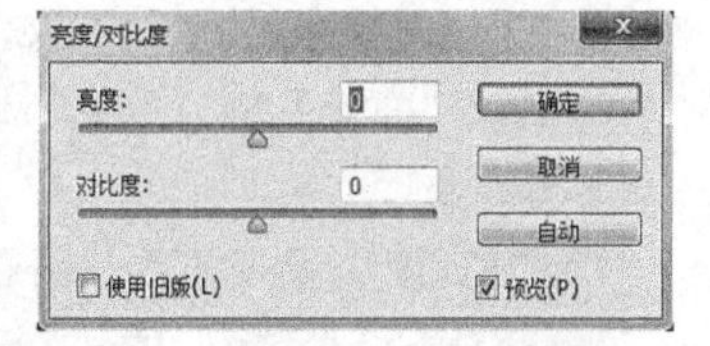

图8-53 “亮度/对比度”对话框

其中各项的含义如下。

- **亮度**：用来控制图像的明暗度。负值会调暗图像，正值会加亮图像，取值范围是－100～100。
- **对比度**：用来控制图像的对比度。负值会降低图像的对比度，正值会提高图像的对比度，取值范围是－100～100。
- **使用旧版**：将“亮度/对比度”对话框变为老版本的调整功能。

8.8 照片颜色的调整

在Photoshop中，可以对当前图像的颜色进行更加细致的修正。通常颜色之间是互补的关系，例如，添加青色、洋红色或黄色时，就会对其补色（红色、绿色、蓝色）进行消减。

8.8.1 自然饱和度

使用“自然饱和度”命令可以对图像进行从灰色调到饱和色调的调整，用于提升图像的饱和度，或调整出非常优雅的灰色调。如图8-54所示分别为原图、增加自然饱和度后的效果和降低自然饱度”后的效果。在菜单中执行“图像/调整/自然饱和度”命令，弹出如图8-55所示的“自然饱和度”对话框。

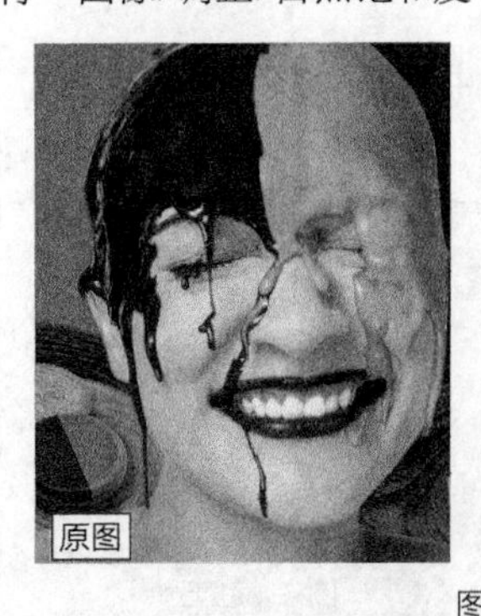

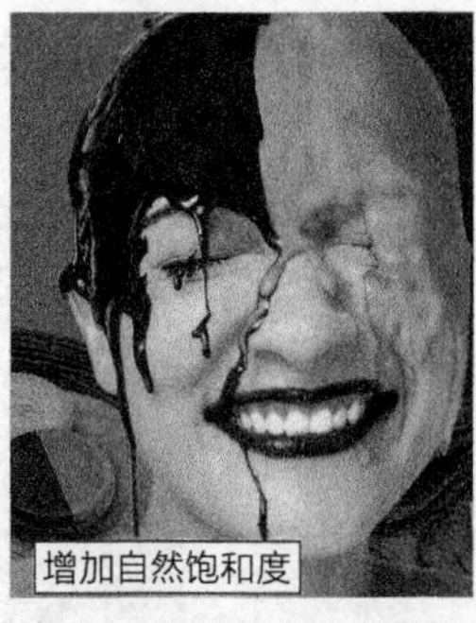

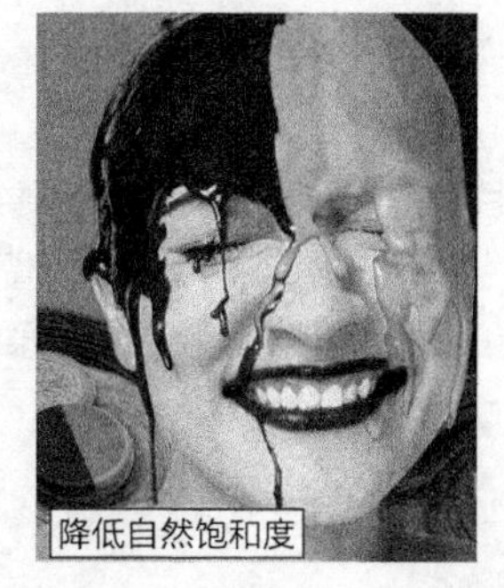

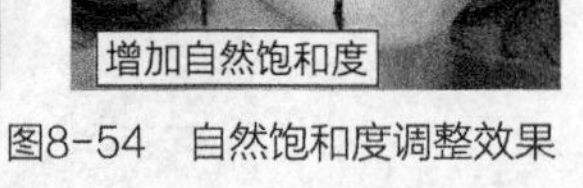

图8-54 自然饱和度调整效果

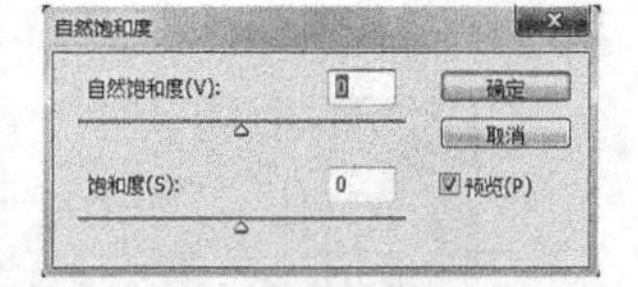

图8-55 “自然饱和度”对话框

其中各项的含义如下。

- **自然饱和度**：可以对图像进行从灰色调到饱和色调的调整，用于提升图像的饱和度，或调整出非常优雅的灰色调。取值范围是－100～100，数值越大，色彩越浓烈。
- **饱和度**：通常指的是颜色的纯度。颜色纯度越高，饱和度越大；颜色纯度越低，相应颜色的饱和度就越小。取值范围是－100～100，数值越小，颜色纯度越低，越接近灰色。

上机练习：使用“自然饱和度”命令为掉色的图像加色

本次实战主要让大家了解如何使用“自然饱和度”命令调整照片中的颜色问题。

操作步骤

01 在菜单中执行“文件/打开”命令或按Ctrl+O快捷键，打开随书附带光盘中的文件“素材文件/第8章/褪色船照片.jpg”，如图8-56所示。

02 在菜单中执行“图像/调整/自然饱和度”命令，弹出“自然饱和度”对话框，设置“自然饱和度”为53、“饱和度”为65，如图8-57所示。

03 设置完毕单击“确定”按钮，完成照片颜色调整后的效果如图8-58所示。

图8-56　素材

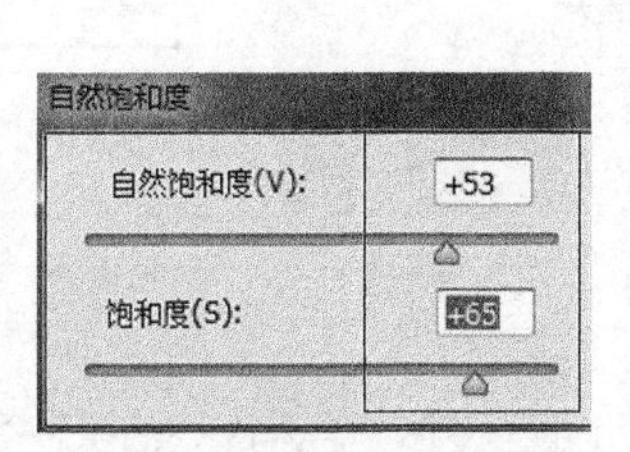

图8-57　“自然饱和度”对话框

图8-58　调整效果

8.8.2 色相/饱和度

使用“色相/饱和度”命令可以调整整个图像或图像中单个颜色的色相、饱和度和亮度。在菜单中执行“图像/调整/色相/饱和度”命令，弹出如图8-59所示的“色相/饱和度”对话框。

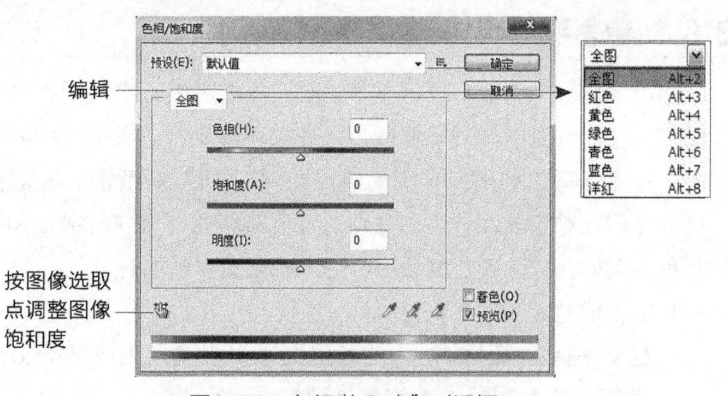

图8-59　色相/饱和度”对话框

其中各项的含义如下。

- **预设**：用来选择系统保存的调整数据。
- **编辑**：用来设置调整的颜色范围。

  色相：通常指的是颜色，即红色、黄色、绿色、青色、蓝色和洋红色。

  饱和度：通常指的是颜色的纯度。颜色纯度越高，饱和度越大；颜色纯度越低，饱和度就越小。

  明度：通常指的是色调的明暗度。
- **着色**：勾选该复选框后，只可以为全图调整色调，并将彩色图像自动转换成单一色调的图像。
- **按图像选取点调整图像饱和度**：单击此按钮，使用鼠标指针在图像的相应位置拖动时，会自动调整被选取区域颜色的饱和度；按住Ctrl键拖动鼠标指针时，会改变色相。

在“色相/饱和度”对话框的“编辑”下拉列表框中选择单一颜色后，“色相/饱和度”对话框的其他功能会被激活，如图8-60所示。

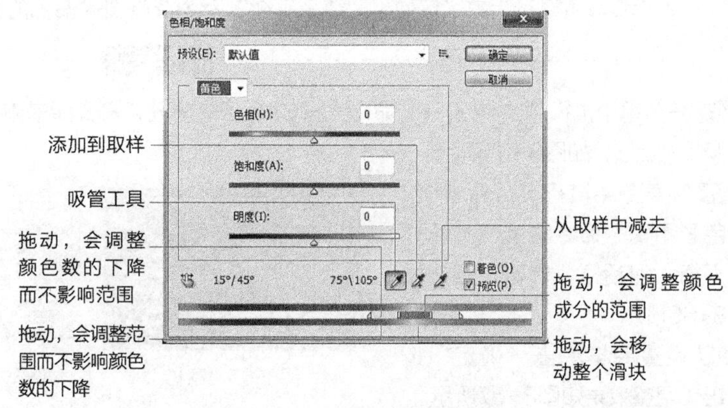

图8-60　“色相/饱和度”对话框

其中各项的含义如下。

- “吸管工具”：可以在图像中选择具体编辑的色调。
- “添加到取样”：可以在图像中为已选取的色调增加调整范围。
- “从取样中减去”：可以在图像中为已选取的色调减少调整范围。

上机练习：通过“色相/饱和度”命令改变图像的色调

本次实战主要让大家了解“色相/饱和度”命令的使用方法。

操作步骤

01 在菜单中执行“文件/打开”命令或按Ctrl+O快捷键，打开随书附带光盘中的文件“素材文件/第8章/创意勺子.jpg”，如图8-61所示。

图8-61 素材

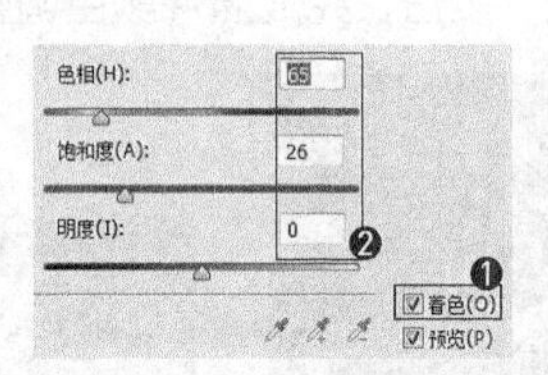

图8-62 对话框

图8-63 调整效果

02 在菜单中执行“图像/调整/色相/饱和度”命令，弹出“色相/饱和度”对话框，勾选“着色”复选框❶，设置“色相”为65、“饱和度”为26、“明度”为0❷，如图8-62所示。

03 设置完毕单击“确定”按钮，调整效果如图8-63所示。

8.8.3 色彩平衡

使用“色彩平衡”命令可以单独对图像的阴影、中间调和高光进行调整，从而改变图像的整体颜色。在菜单中执行“图像/调整/色彩平衡”命令，弹出如图8-64所示的“色彩平衡”对话框。在对话框中有三组相互对应的互补色，分别为青色对红色、洋红对绿色和黄色对蓝色。例如，减少青色就会由红色来补充减少的青色。

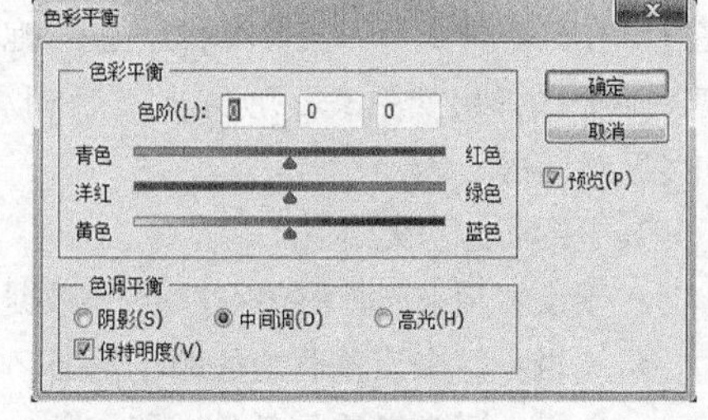

图8-64 “色彩平衡”对话框

其中各项的含义如下。

- **色彩平衡**：可以在对应的数值文本框中输入相应的数值或拖动下面的控制滑块来使颜色增加或减少。
- **色调平衡**：可以选择在“阴影”、“中间调”或“高光”中调整色彩平衡。

保持明度：勾选此复选框，在调整色彩平衡时可以保持图像的亮度不变。

上机练习：通过“色彩平衡”命令调整图像的偏色

本次实战主要让大家了解使用“色彩平衡”命令调整图像偏色的方法。

操作步骤

01 在菜单中执行“文件/打开”命令或按Ctrl+O快捷键，打开随书附带光盘中的文件“素材文件/第8章/偏色照片.jpg”，如图8-65所示。

02 在菜单中执行“图像/调整/色彩平衡”命令，弹出“色彩平衡”对话框，参数设置如图8-66所示。

03 设置完毕单击“确定”按钮，调整效果如图8-67所示。

图8-65 素材

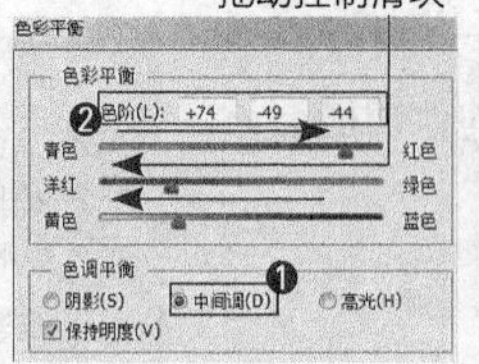

图8-66 对话框

图8-67 调整效果

8.8.4 通道混合器

使用“通道混合器”命令调整图像，是通过设置单个颜色通道所占的百分比来创建高品质的灰度、棕褐色调或其他彩色的图像。在菜单中执行“图像/调整/通道混合器”命令，弹出如图8-68所示的“通道混合器”对话框。

其中各项的含义如下。

- **预设**：用来选择系统保存的调整数据。
- **输出通道**：用来设置调整图像的通道。
- **源通道**：根据颜色模式的不同，会出现不同的颜色调整通道。
- **常数**：用来调整输出通道的灰度值。正值可增加白色，负值可增加黑色。200%时输出的通道为白色；-200%时输出的通道为黑色。
- **单色**：勾选该复选框，可将彩色图像变为单色图像，而图像的颜色模式与亮度保持不变。

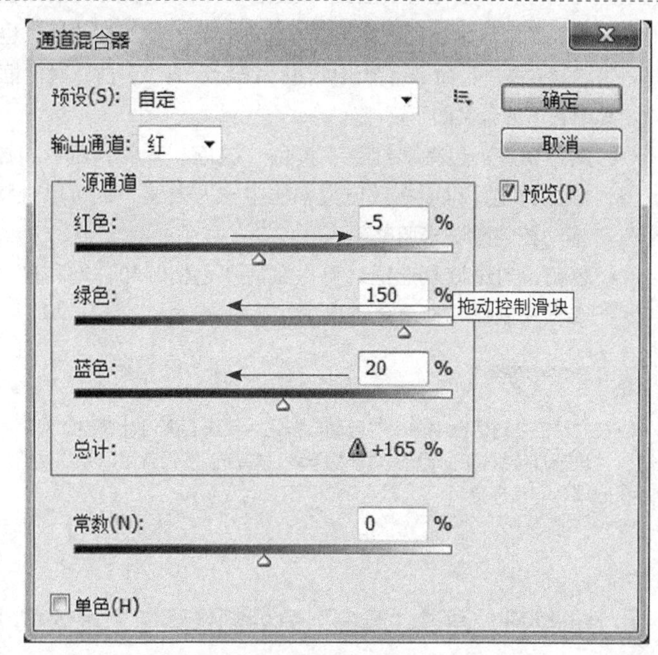

图8-68 “通道混合器”对话框

上机练习：通过“通道混合器”命令增强夜色的对比

本次实战主要让大家了解使用“通道混合器”命令调整颜色的方法。

操作步骤

01 在菜单中执行“文件/打开”命令或按Ctrl+O快捷键，打开随书附带光盘中的文件“素材文件/第8章/创意04.jpg”，如图8-69所示。

02 按Ctrl+J快捷键复制“背景”图层，得到“图层1”，如图8-70所示。

03 在菜单中执行“图像/调整/通道混合器”命令，弹出“通道混合器”对话框，设置“输出通道”为“红”❶，设置“红色”为100%、“绿色”为-200%、“蓝色”为200%❷，设置“常数”为-2❸，如图8-71所示。

04 设置完毕单击“确定”按钮，效果如图8-72所示。

05 在“图层”面板中设置“图层1”的“混合模式”为“柔光”、“不透明度”为56%，如图8-73所示。

06 至此，本例制作完毕，最终效果如图8-74所示。

图8-69 素材

图8-70 复制图层

图8-71 对话框

图8-72 调整效果

图8-73 设置图层属性

图8-74 最终效果

8.8.5 黑白

使用“黑白”命令可以将图像调整为较艺术的黑白效果，也可以调整为不同单色的艺术效果。在菜单中执行“图像/调整/黑白”命令，弹出如图8-75所示的“黑白”对话框。

其中各项的含义如下。

- **颜色调整**：包括对红色、黄色、绿色、青色、蓝色和洋红的调整，可以在数值文本框中输入数值，也可以直接拖动控制滑块来调整颜色。
- **色调**：勾选该复选框，可以激活“色相”和“饱和度”参数来制作其他单色效果。

温馨提示

在“黑白”对话框中单击“自动”按钮，系统会通过计算自动对照片进行最佳状态的调整。对于初学者，单击该按钮就可以完成调整效果，非常方便。

颜色调整

图8-75 “黑白”对话框

上机练习：通过“黑白”命令制作黑白艺术效果

本次实战主要让大家了解使用“黑白”命令调整图像的方法。

操作步骤

01 在菜单中执行“文件/打开”命令或按Ctrl+O快捷键，打开随书附带光盘中的文件“素材文件/第8章/吸烟.jpg”，如图8-76所示。

02 在菜单中执行“图像/调整/黑白”命令，弹出“黑白”对话框，其中的参数设置如图8-77所示。

03 设置完毕单击“确定”按钮，效果如图8-78所示。

图8-76 素材

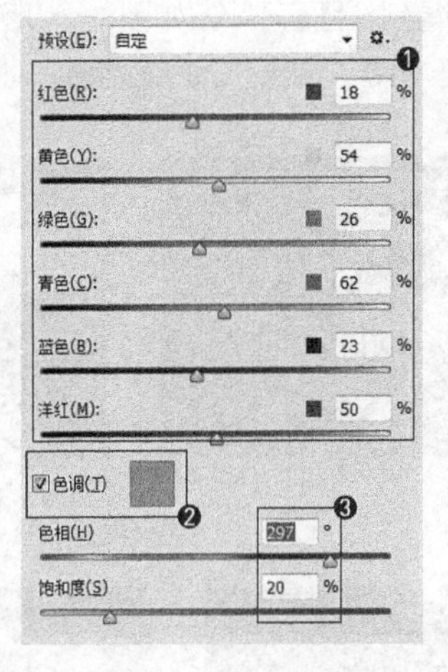

图8-77 对话框

图8-78 调整效果

8.8.6 照片滤镜

使用“照片滤镜”命令可以将图像调整为冷、暖色调，效果如图8-79所示。在菜单中执行“图像/调整/照片滤镜”命令，弹出如图8-80所示的“照片滤镜”对话框。

图8-79　照片滤镜调整效果

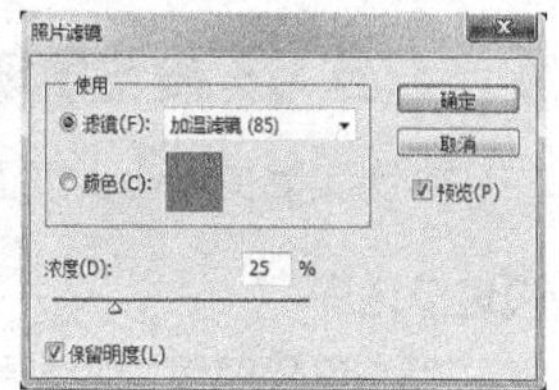

图8-80　“照片滤镜颜色”对话框

其中各项的含义如下。

- **滤镜**：单击此单选按钮后，可以在右侧的下拉列表框中选择系统预设的冷、暖色调选项。
- **颜色**：单击此单选按钮后，可以根据单击右侧色块所弹出的“照片滤镜颜色”对话框选择定义冷、暖色调的颜色。
- **浓度**：用来调整应用到照片中的颜色数量，数值越大，颜色越接近饱和。

8.9 照片色调的调整

在调整色调时，通常情况下是对图像中的亮度与对比度进行调整。有时需要扩大图像的色调范围，即从图像的最亮点到最暗点之间的色调范围。

8.9.1 色阶

使用“色阶”命令可以校正图像的色调范围和色彩平衡。色阶直方图可以用为调整图像基本色调的直观参考。在“色阶”对话框中通过调整图像的阴影、中间调和高光的强度级别，可以达到最佳效果。在菜单中执行“图像/调整/色阶”命令，弹出如图8-81所示的“色阶”对话框。

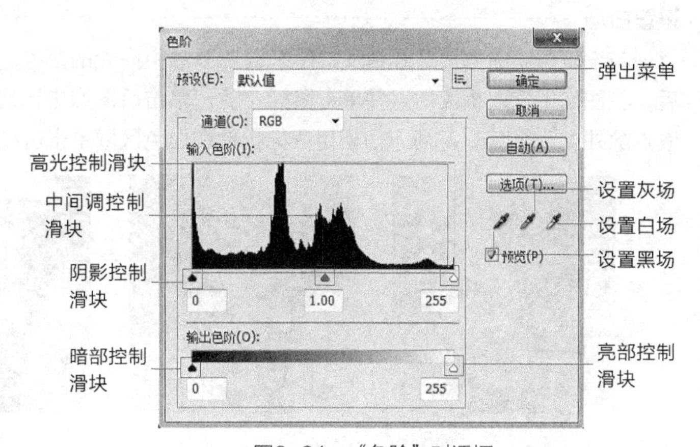

图8-81　“色阶”对话框

其中各项的含义如下。

- **预设**：用来选择已经调整完毕的色阶效果。
- **通道**：用来选择调整色阶的通道。

  输入色阶：在“输入色阶”对应的数值文本框中输入数值或拖动控制滑块来调整图像的色调范围，以提高或降低图像的对比度。

  输出色阶：在“输出色阶”对应的数值文本框中输入数值或拖动控制滑块来调整图像的亮度范围。“暗部”可以使图像中较暗的部分变亮；“亮部”可以使图像中较亮的部分变暗。
- **弹出菜单**：单击该按钮，可以弹出下拉菜单，其中包括“储存预设”“载入预设”和“删除当前预设”。

  储存预设：选择此命令，可以将当前设置的参数进行储存，在“预设”下拉列表框中可以看到被储存的选项。

  载入预设：选择此命令，可以载入一个色阶文件用于对当前图像的调整。

  删除当前预设：选择此命令，可以将当前选择的预设删除。
- **自动**：单击该按钮，可以将“暗部”和“亮部”自动调整到最暗和最亮，得到的效果与“自动色阶”命令的调整效果相同。
- **选项**：单击该按钮，可以弹出“自动颜色校正选项”对话框，在对话框中可以设置“阴影”和“高光”所占的比例。

技巧

在“通道”面板中按住 Shift 键在不同的通道上单击可以选择多个通道，再在“色阶”对话框中对其进行调整。此时在“色阶”对话框中的“通道”选项中将会出现选取通道的名称的字母缩写。

上机练习：设置黑场、白场和灰场的方法

本次实战主要让大家了解在“色阶”对话框中设置黑场、白场和灰场的方法。

设置黑场

用来设置图像中阴影的范围。在“色阶”对话框中单击“设置黑场”按钮后，在图像中选取相应的点并单击鼠标左键，单击后图像中比选取点更暗的像素颜色将会变得更深（黑色选取点除外），如图8-82所示。使用鼠标指针在黑色区域单击后会恢复图像效果，如图8-83所示。

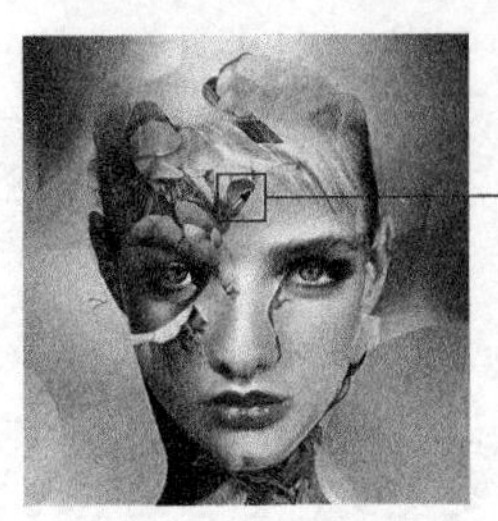

图8-82 设置黑场

图8-83 恢复黑场

设置灰场

用来设置图像中中间调的范围。在“色阶”对话框中单击“设置灰场”按钮后，在图像中选取相应的点并单击鼠标左键，效果如图8-84所示。使用鼠标指针在黑色区域或白色区域单击后会恢复图像效果。

设置白场

与设置黑场的方法正好相反，用来设置图像中高光的范围。在“色阶”对话框中单击“设置白场”按钮后，在图像中选取相应的点并单击鼠标左键，单击后图像中比选取点更亮的像素颜色将会变得更浅（白色选取点除外），如图8-85所示。使用鼠标指针在白色区域单击后会恢复图像效果。

图8-84 设置灰场

图8-85 设置白场

上机练习：通过“色阶”命令调整偏色的照片

本次实战主要让大家了解“色阶”命令的使用方法。

操作步骤

01 在菜单中执行“文件/打开”命令或按Ctrl+O快捷键，打开随书附带光盘中的文件“素材文件/第8章/打球.jpg”，如图8-86所示。

02 在菜单中执行“图像/调整/色阶”命令，弹出“色阶”对话框，选择“蓝”通道，向左拖动“高光”控制滑块和“中间调”控制滑块，增加图像中的蓝色，如图8-87所示。

03 设置完毕单击“确定”按钮，效果如图8-88所示。

图8-86 素材

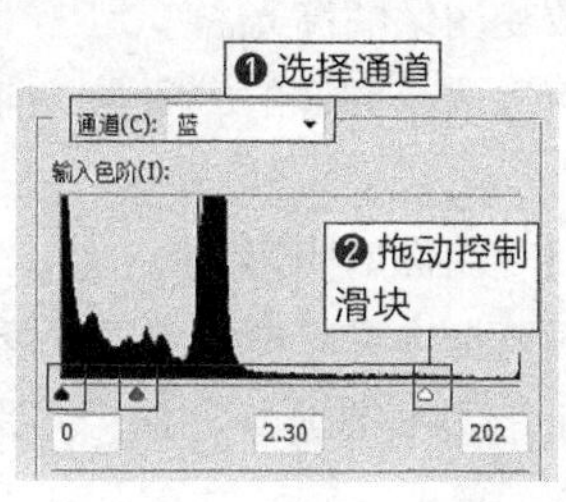

图8-87 “色阶”对话框

图8-88 调整效果

04 选择“RGB”通道，向右拖动“阴影”控制滑块，向左拖动“高光”控制滑块，增强一些对比，如图8-89所示。

05 设置完毕单击“确定”按钮，调整后的效果如图8-90所示。

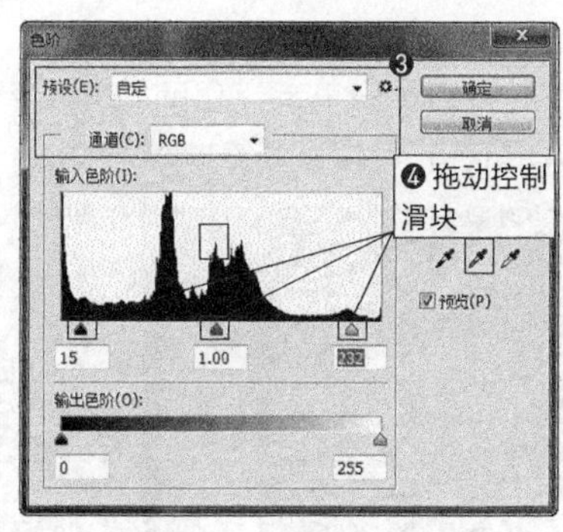

图8-89 “色阶”对话框

图8-90 调整效果

8.9.2 曲线

使用“曲线”命令可以调整图像的色调和颜色。在设置曲线形状时，将曲线向上或向下移动将会使图像变亮或变暗，具体情况取决于对话框是设置为显示色阶还是显示百分比。

曲线中较陡的部分表示对比度较高的区域，曲线中较平的部分表示对比度较低的区域。如果将“曲线”对话框设置为显示色阶而不是显示百分比，则会在曲线的右上角呈现高光。移动曲线顶部的点将调整高光，移动曲线中心的点将调整中间调，而移动曲线底部的点将调整阴影。要使高光变暗，将曲线顶部附近的点向下移动。将点向下或向右移动，会将“输入”值映射到较小的“输出”值，并会使图像变暗。要使阴影变亮，将曲线底部附近的点向上移动。将点向上或向左移动，会将较小的“输入”值映射到较大的“输出”值，并会使图像变亮。在菜单中执行“图像/调整/曲线”命令，弹出如图8-91所示的“曲线”对话框。

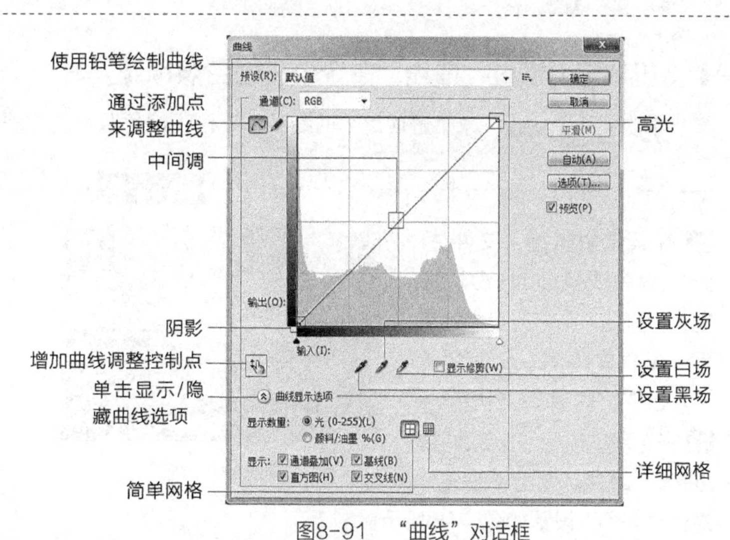

图8-91 “曲线”对话框

其中各项的含义如下。

- **通过添加点来调整曲线**：可以在曲线上添加控制点来调整曲线，拖动控制点即可改变曲线的形状。

- **使用铅笔绘制曲线**：可以随意在直方图内绘制曲线。此时“平滑”按钮被激活，用来控制铅笔绘制曲线的平滑度。
- **高光**：拖动曲线中的高光控制点可以改变图像的高光。
- **中间调**：拖动曲线中的中间调控制点可以改变图像的中间调，向上弯曲会将图像变亮，向下弯曲会将图像变暗。
- **阴影**：拖动曲线中的阴影控制点可以改变图像的阴影。
- **显示修剪**：勾选该复选框后，可以在预览框中显示图像中发生修剪的位置。
- **显示数量**：包括“光（0-255）”和“颜料/油墨%”两个单选按钮，分别代表加色与减色颜色模式状态。
- **显示**：包括显示不同通道的曲线、显示对角线那条浅灰色的基准线、显示色阶直方图、显示拖动曲线时水平和竖直方向的参考线。
- **显示网格大小**：包括“简单网格”和“详细网格”两个按钮。单击这两个按钮，可以在直方图中显示不同大小的网格。“简单网格”是指以 25% 的增量显示网格线，如图8-92所示；“详细网格”是指以 10% 的增量显示网格，如图8-93所示。
- **添加曲线调整控制点**：单击此按钮后，使用鼠标指针在图像中单击，会自动按照单击的像素点的明暗，在曲线上创建控制点，按下鼠标左键在图像中拖动鼠标指针即可调整曲线，如图8-94所示。

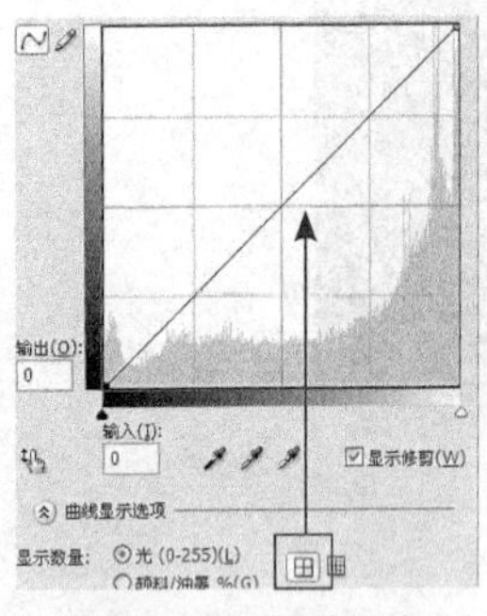
图8-92 简单网格

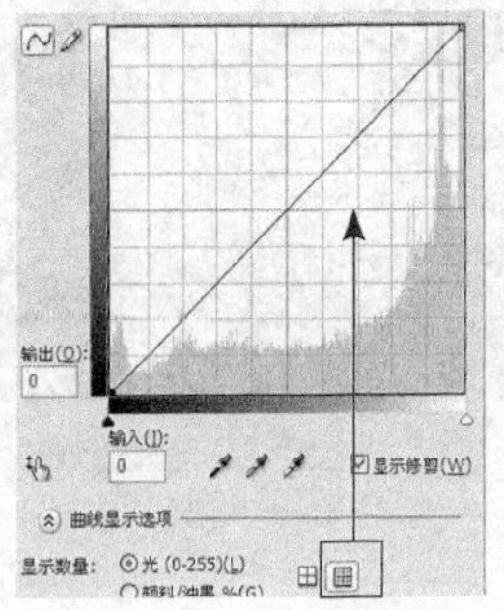
图8-93 详细网格

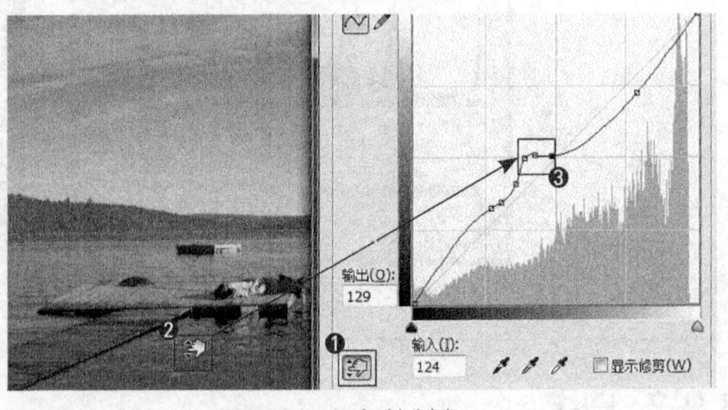

图8-94 添加控制点

上机练习：通过“曲线”命令校正偏色照片

本次实战主要让大家了解使用“曲线”命令校正偏色照片的方法。

操作步骤

01 在菜单中执行“文件/打开”命令或按Ctrl+O快捷键，打开随书附带光盘中的文件“素材文件/第8章/偏色照片2.jpg”，如图8-95所示。

图8-95 素材

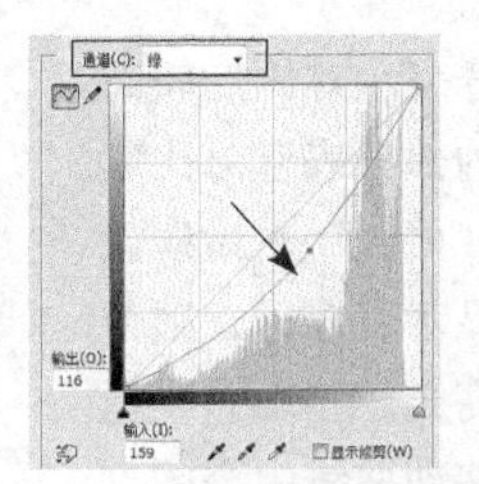
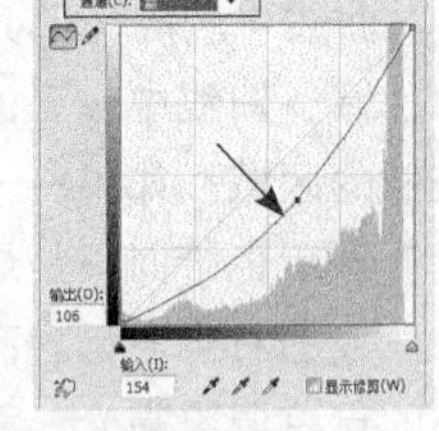
图8-96 设置曲线

02 在菜单中执行“图像/调整/曲线”命令，弹出“曲线”对话框，参数设置如图8-96所示。

03 颜色调整完毕，选择“RGB”通道，将曲线的高光部分向直方图中像素分布的区域靠拢，如图8-97所示。

04 设置完毕单击“确定”按钮，调整效果如图8-98所示。

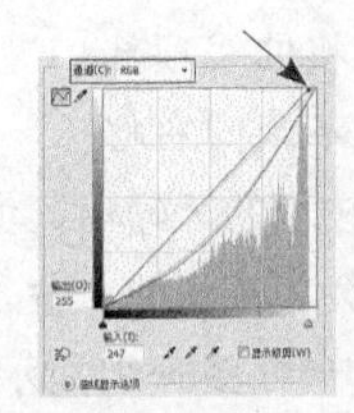
图8-97 设置曲线

图8-98 调整效果

8.9.3 渐变映射

使用“渐变映射”命令可以将相等的灰度颜色进行等量递增或等量递减运算，从而得到渐变填充效果。如果指定双色渐变填充，图像中的暗调映射到渐变填充的一个端点颜色，高光映射到渐变填充的另一个端点颜色，中间调映射为两种颜色混合的结果。通过“渐变映射”命令，可以将图像映射为一种或多种颜色。在菜单中执行“图像/调整/渐变映射”命令，弹出如图8-99所示的“渐变映射”对话框。

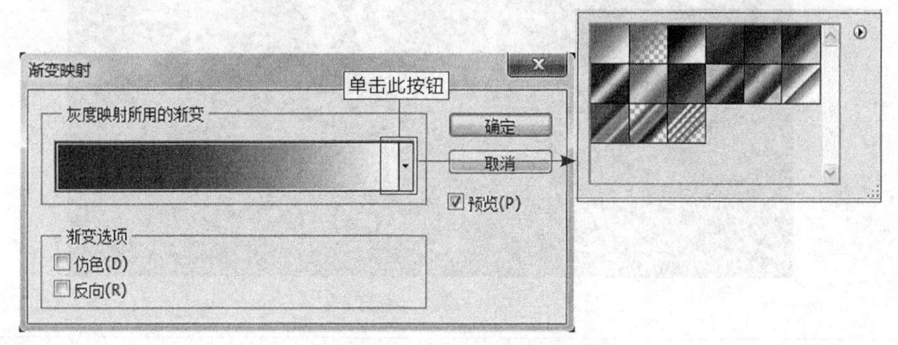

图8-99 “渐变映射”对话框

其中各项的含义如下。

- **灰度映射所用的渐变**：单击渐变颜色条右侧的倒三角形按钮，在打开的“渐变拾色器”面板中可以选择系统预设的渐变类型作为映射的渐变色。单击渐变颜色条，会弹出“渐变编辑器”对话框，在对话框中可以设定自己喜爱的渐变映射类型。
- **仿色**：用于平滑渐变填充的外观并减少带宽效果。
- **反向**：用于切换渐变填充的顺序。

上机练习：通过“渐变映射”命令制作渐变发光效果

本次实战主要让大家了解使用“渐变映射”命令制作渐变反光效果的使用方法。

操作步骤

01 在菜单中执行“文件/打开”命令或按Ctrl+O快捷键，打开随书附带光盘中的文件“素材文件/第8章/发光效果.jpg”，如图8-100所示。

02 在菜单中执行“图像/调整/渐变映射”命令，弹出“渐变映射”对话框，单击渐变颜色条，弹出“渐变编辑器”对话框，将颜色从左到右分别设置为黑色、蓝色、青色和白色，如图8-101所示。

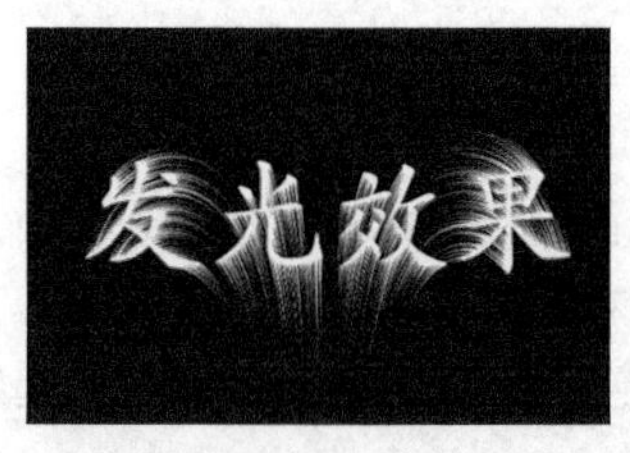

图8-100 素材

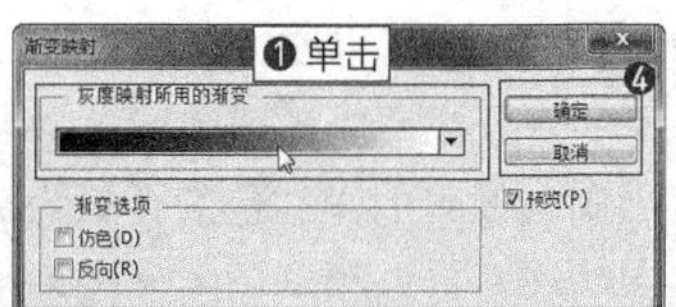

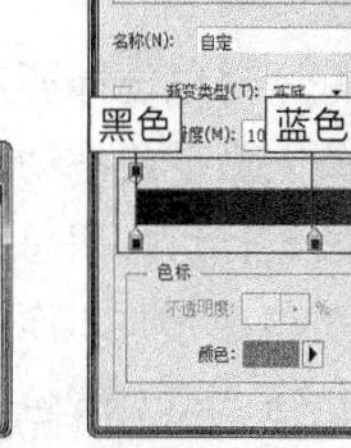

图8-101 设置渐变颜色

03 设置完毕单击“确定”按钮，完成渐变映射的调整，效果如图8-102所示。

图8-102　调整效果

8.9.4 可选颜色

使用“可选颜色”命令可以调整颜色中的印刷色数量而不影响其他颜色。例如，调整“红色”中的“黄色”的数量，而不影响“黄色”在其他主要颜色中的数量，从而可以对颜色进行校正与调整。调整方法是：选择要调整的颜色，再拖动该颜色中的控制滑块即可。在菜单中执行“图像/调整/可选颜色”命令，弹出如图8-103所示的“可选颜色”对话框。

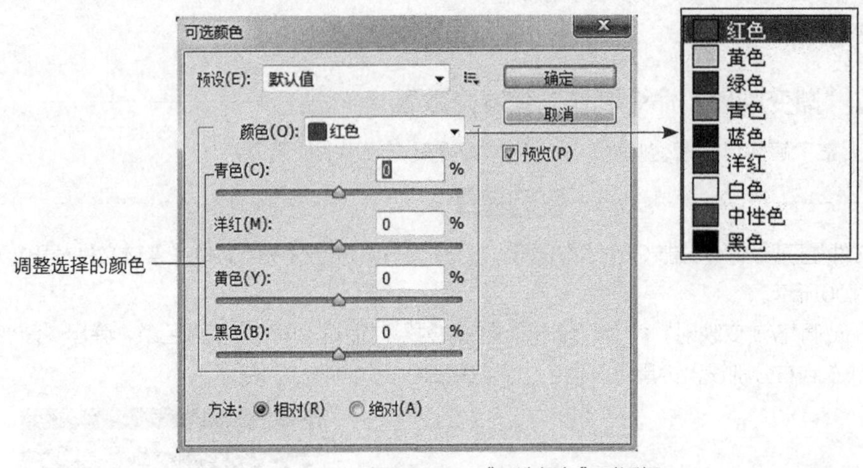

图8-103　“可选颜色”对话框

其中各项的含义如下。

- **颜色**：在下拉列表框中可以选择要进行调整的颜色。
- **调整选择的颜色**：输入数值或拖动控制滑块，可以改变青色、洋红、黄色和黑色的含量。
- **相对**：单击该单选按钮，可按照总量的百分比调整当前的青色、洋红、黄色和黑色的含量。例如，为起始含有40%洋红色的像素增加20%，则该像素的洋红色的含量为50%。
- **绝对**：单击该单选按钮，可对青色、洋红、黄色和黑色的含量采用绝对值进行调整。例如，为起始含有40%洋红色的像素增加20%，则该像素的洋红色的含量为60%。

技巧

“可选颜色”命令主要被用于微调颜色，从而可以增减所用颜色的油墨百分比。在“信息”面板弹出菜单中选择“调板选项”命令，将“模式”设置为“油墨总量”，将吸管移到图像中便可以查看油墨的总体百分比。

上机练习：通过“可选颜色”改变童装的颜色

本次实战主要让大家了解“可选颜色”命令的使用方法。

操作步骤

01 在菜单中执行“文件/打开”命令或按Ctrl+O快捷键，打开随书附带光盘中的文件“素材文件/第8章/木马.jpg”，如图8-104所示。

02 在菜单中执行“图像/调整/可选颜色”命令，弹出“可选颜色”对话框，其中的参数设置如图8-105所示。

03 设置完毕单击“确定”按钮，调整效果如图8-106所示。

图8-104　素材

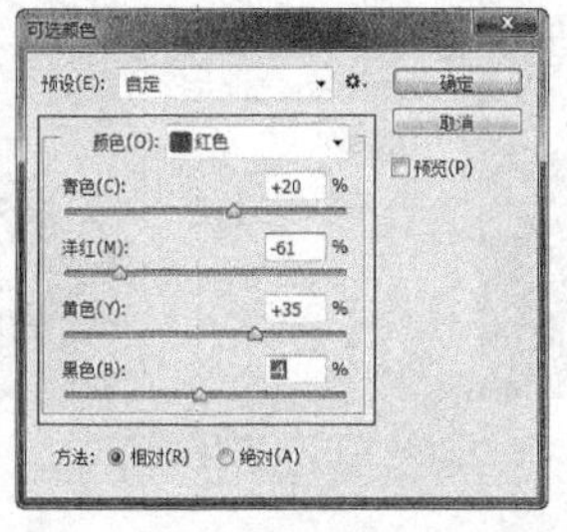

图8-105　“可选颜色”对话框

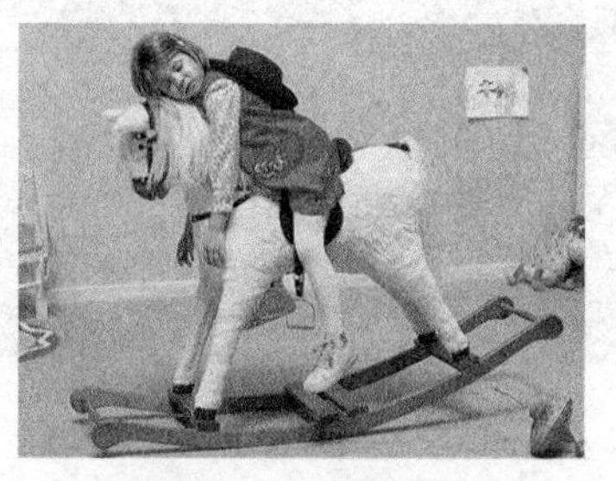

图8-106　调整效果

8.9.5 变化

使用“变化”命令可以非常直观地调整图像或选区的色彩平衡、对比度和饱和度。它对于色调平均、不需要精确调整的图像十分有用。“变化”命令的使用方法非常简单，只要在不同的变化缩览图上单击即可完成对图像的调整。在菜单中执行“图像/调整/变化”命令，弹出如图9-107所示的“变化”对话框。

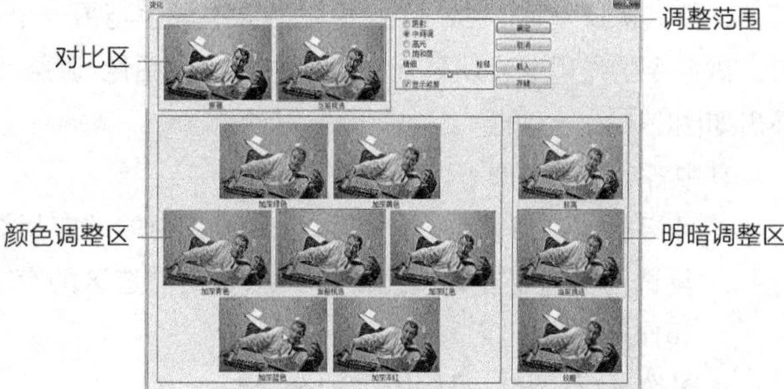

图8-107　“变化”对话框

其中各项的含义如下。

- **对比区**：用来查看调整前后的对比效果。
- **颜色调整区**：单击相应的加深颜色缩览图，可以在对比区中查看效果。
- **明暗调整区**：调整图像的明暗。
- **调整范围**：用来设置图像被调整的固定区域。

阴影：单击该单选按钮，可调整图像中较暗的区域。

中间色调：单击该单选按钮，可调整图像中中间色调的区域。

高光：单击该单选按钮，可调整图像中较亮的区域。

饱和度：单击该单选按钮，可调整图像中的颜色饱和度。单击后，左下角的缩览图会变成只用于调整颜色饱和度的缩览图。如果同时勾选“显示修剪”复选框，当调整效果超出最大的颜色饱和度时，颜色可能会被剪切并以霓虹灯效果显示图像，如图8-108所示。

图8-108　饱和度调整

精细/粗糙：用来控制每次调整图像的幅度，滑块每移动一格，可使调整数量双倍增加或成少。

显示修剪：勾选该复选框，在图像中因过度调整而无法显示的区域会以霓虹灯效果显示。

温馨提示

在“变化”对话框中设置“调整范围”为“中间色调”时，即使勾选“显示修剪”复选框，也不会显示无法调整的区域。

只要在不同的变化缩览图上单击即可完成对图像的调整，这里单击“加深绿色”“加深黄红”和“加深蓝色”，如图9-109所示。

单击“加深绿色”“加深青红”和“加深蓝色”

图8-109　变化调整

8.10 其他调整

Photoshop CC软件提供的其他调整功能，可以作为色调调整和自定义调整的一个补充。

8.10.1 匹配颜色

使用“颜色匹配”命令可以匹配不同图像、多个图层或多个选区之间的颜色，使其保持一致。当一个图像中的某些颜色与另一个图像中的颜色一致时，该命令的作用非常明显。在菜单中执行“图像/调整/匹配颜色”命令，弹出如图8-110所示的“匹配颜色”对话框。

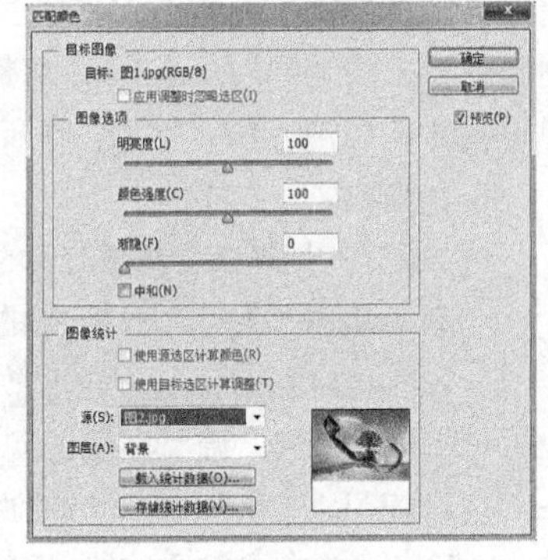

图8-110　“匹配颜色”对话框

其中各项的含义如下。

- **目标图像**：当前打开的工作图像。其中的“应用调整时忽略选区”复选框指的是在调整图像时会忽略当前选区的存在而只对整个图像起作用。
- **图像选项**：调整目标图像的选项。

  明亮度：控制当前目标图像的明暗度。当数值为100时，目标图像将会与源图像拥有一样的亮度；当数值变小时，图像会变暗；当数值变大时，图像会变亮。

  颜色强度：控制当前目标图像的饱和度，数值越大，饱和度越强。

  渐隐：控制当前目标图像的调整强度，数值越大，调整强度越弱。

  中和：勾选该复选框，可消除图像中的色偏。
- **图像统计**：设置匹配与被匹配的选项。

  使用源选区计算颜色：如果在源图像中存在选区，勾选该复选框，可使用源图像选区中的颜色计算调整；不勾选该复选框，则会使用整幅图像进行匹配。

  使用目标选区计算调整：如果在目标图像中存在选区，勾选该复选框，可以对目标选区进行计算调整。

  源：在下拉列表框中可以选择用来与目标图像相匹配的源图像。

  图层：用来选择匹配图像的图层。

  载入统计数据：单击此按钮，可以弹出“载入”对话框，找到已存在的调整文件。此时，无需在Photoshop中打开源图像文件，就可以对目标图像文件进行匹配。
- **存储统计数据**：单击此按钮，可以将设置完成的当前文件进行保存。

上机练习：匹配图像的颜色

本次实战主要让大家了解使用“匹配颜色”命令统一色调的方法。

操作步骤

01 在菜单中执行“文件/打开”命令或按Ctrl+O快捷键，打开随书附带光盘中的文件“素材文件/第8章/图1.jpg、图2.jpg”，如图8-111所示。

02 选择“图1”素材文件，在菜单中执行“图像/调整/匹配颜色”命令，弹出“匹配颜色”对话框，在“源”下拉列表框中选择“图2”❶，再调整“图像选项”的参数❷，如图8-112所示。

03 设置完毕单击“确定”按钮，匹配效果如图8-113所示。

图8-111　素材

图8-112　“匹配颜色”对话框

图8-113　匹配效果

8.10.2 替换颜色

使用“替换颜色”命令可以将图像中的某种颜色提出并替换成另外的颜色，原理是：在图像中基于一种特定颜色创建一个临时蒙版，然后替换图像中的特定颜色。在菜单中执行“图像/调整/替换颜色”命令，弹出“替换颜色”对话框。在对话框中单击“选区”单选按钮时，显示效果如图8-114所示；在对话框中单击“图像”单击按钮时，显示效果如图8-115所示。

图8-114　单击“选区”单选按钮时

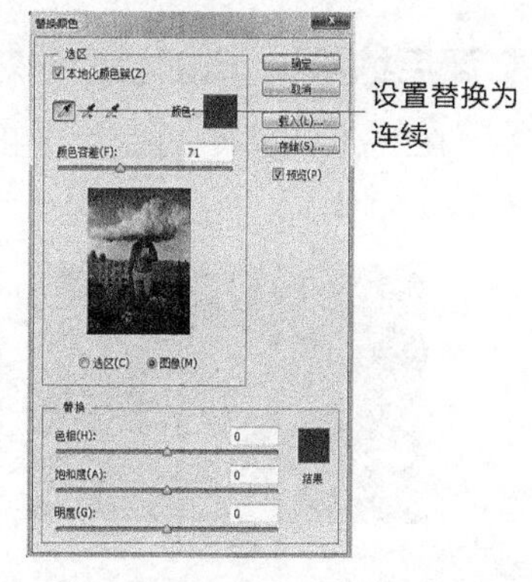

图8-115　单击“图像”单选按钮

其中各项的含义如下。

- **本地化颜色簇**：勾选此复选框后，替换范围会被集中设置在选取点的周围，效果对比如图8-116所示。
- **颜色容差**：用来设置被替换的颜色的选取范围。数值越大，被替换的颜色的选取范围越广；数值越小，被替换的颜色的选取范围就越窄。

图8-116　效果对比

- **选区**：单击该单选按钮，将在预览框中显示蒙版。未被蒙版覆盖的区域显示为白色，即选取的区域；被蒙版覆盖的区域显示的黑色，即未选取的区域；部分被蒙版覆盖的区域（覆盖有半透明蒙版）会根据不透明度而显示不同亮度的灰色。
- **图像**：单击该单选按钮，将在预览框中显示图像。
- **替换**：用来设置替换后的颜色。

第1篇 第2篇 第3篇 第4篇 第5篇 第6篇 第7篇 第8篇 第9篇 第10篇 第11篇

上机练习：替换图像中汽车的颜色

本次实战主要让大家了解使用“替换颜色”命令替换图像颜色的方法。

操作步骤

01 在菜单中执行“文件/打开”命令或按Ctrl+O快捷键，打开随书附带光盘中的文件“素材文件/第8章/汽车.jpg”，如图8-117所示。

02 在菜单中执行“图像/调整/替换颜色”命令，弹出“替换颜色”对话框，单击“图像”单选按钮❶，单击“吸管工具”按钮❷，在汽车的红色车身上单击❸，设置“颜色容差”为200❹，然后再在“替换”区调整参数❺，如图8-118所示。

03 设置完毕单击“确定”按钮，替换颜色后的效果如图8-119所示。

图8-117 素材

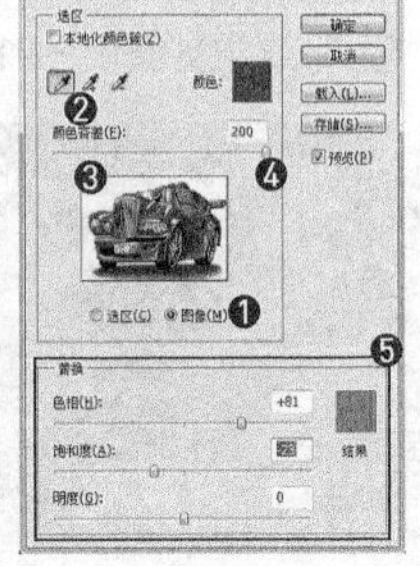

图8-118 “替换颜色”对话框

图8-109 替换颜色后的效果

8.11 课后练习

课后练习1：增加图像的对比效果

在Photoshop CC中通过使用“色阶”命令增加图像的对比效果，使图像更加具有层次感，过程如图8-120所示。

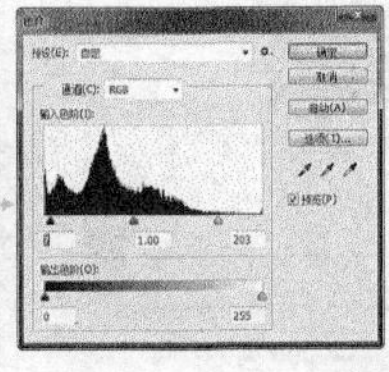

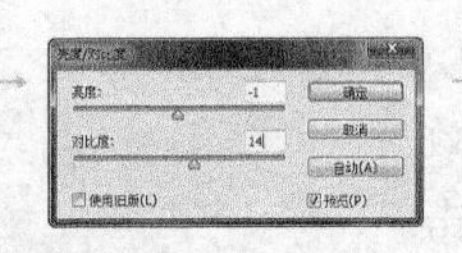

图8-120 增加图像的对比效果

练习说明

1. 打开素材。
2. 使用“色阶”命令调整图像。
3. 使用“亮度/对比度”命令调整图像。

课后练习2：改变图像的色调

在Photoshop CC中通过使用“色相/饱和度”和“照片滤镜”命令调整图像的色调，过程如图8-121所示。

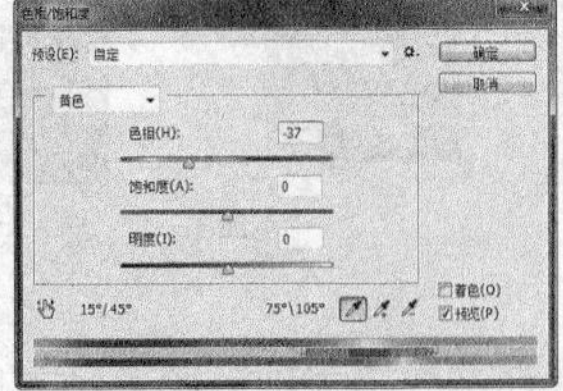

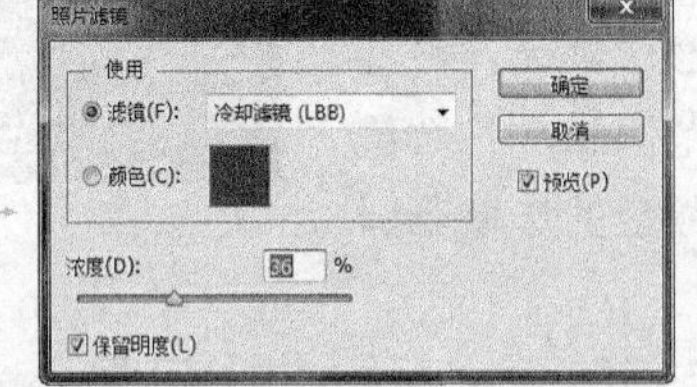

图8-121 调整图像的色调

练习说明

1. 打开素材。
2. 使用“色相/饱和度”命令调整黄色。
3. 使用“照片滤镜”命令调整色温。

第 09 章

图像校正技术的应用

本章重点：

- 图像校正技术的应用

本章主要通过实例的方式讲解Photoshop CC在图像校正方面的应用。

9.1 清除模特面部的雀斑

实例目的

通过制作如图9-1所示的效果图，了解使用“历史记录画笔工具”并结合“高斯模糊”滤镜，对模特面部的雀斑进行清除的方法。

图9-1 效果图

实例要点

- 打开文件
- 使用“污点修复画笔工具”修复大雀斑
- 使用“高斯模糊”滤镜模糊图像
- 使用“历史记录画笔工具”修复面部

操作步骤

01 在菜单中执行“文件/打开”命令或按Ctrl+O快捷键，打开随书附带光盘中的文件“素材文件/第9章/雀斑照片.jpg”，如图9-2所示。

02 选择“污点修复画笔工具”❶，在属性栏中设置“模式”为“正常”、“类型”为“内容识别”❷，在模特面部雀斑较大的位置单击❸，对其进行初步修复，如图9-3所示。

03 在菜单中执行“滤镜/模糊/高斯模糊”命令，弹出“高斯模糊”对话框，设置“半径”为7像素❹，如图9-4所示。

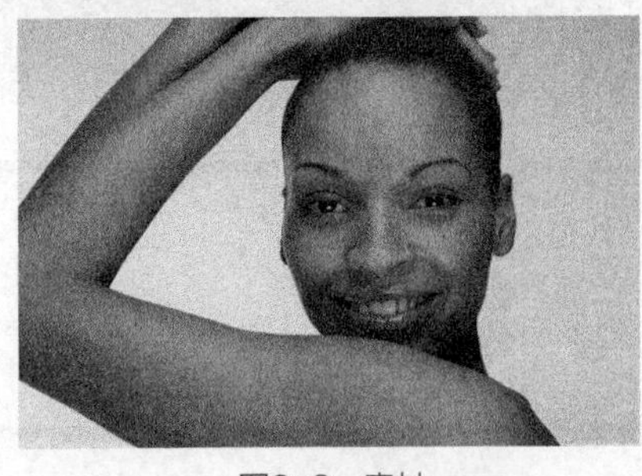

图9-2 素材

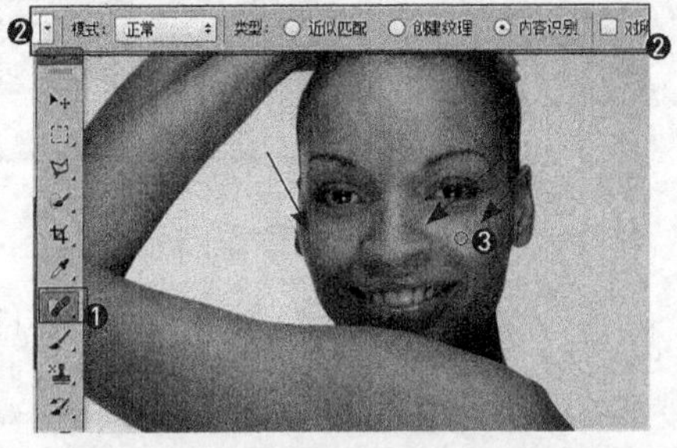

图9-3 使用污点修复画笔工具修复雀斑

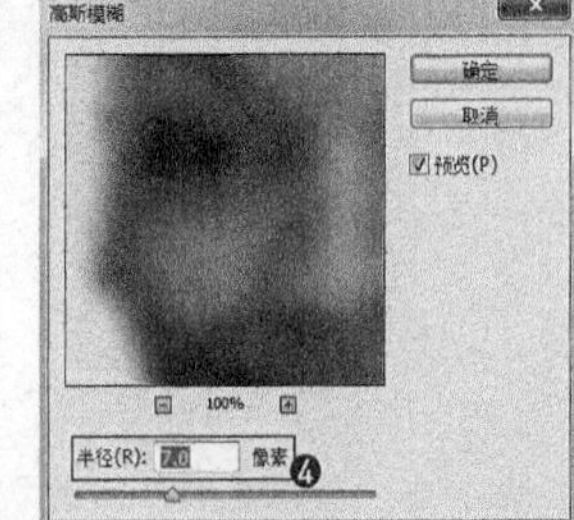

图9-4 “高斯模糊”对话框

04 设置完毕单击“确定”按钮，效果如图9-5所示。

05 选择“历史记录画笔工具”❺，在属性栏中设置“不透明度”为“38%”、“流量”为“38%”❻，在菜单中执行“窗口/历史记录”命令，打开“历史记录”面板，在面板中“高斯模糊”步骤前单击以调出恢复源❼，再选择最后一个“污点修复画笔”选项❽，使用“历史记录画笔工具”在模特的面部进行涂抹❾，效果如图9-6所示。

图9-5　模糊效果

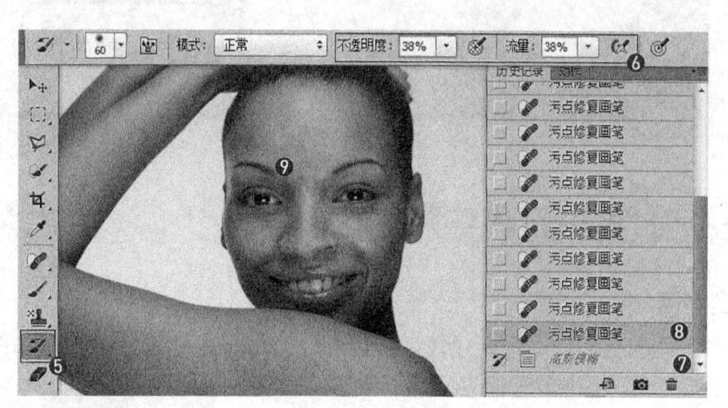

图9-6　恢复效果

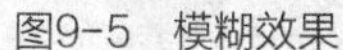

温馨提示

在使用“历史记录画笔工具”恢复某个步骤时，将“不透明度”与“流量”设置得小一些，可以避免在恢复的过程中出现较生硬的效果；将数值设置得小一些，还可以在同一位置进行多次的涂抹修复，而不会对图像造成太大的破坏。

06 使用“历史记录画笔工具”在模特面部需要美容的位置进行涂抹，可以在同一位置进行多次涂抹，恢复过程如图9-7所示。

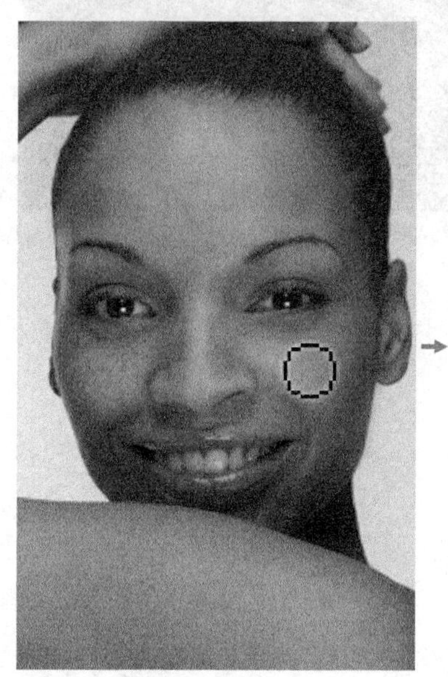

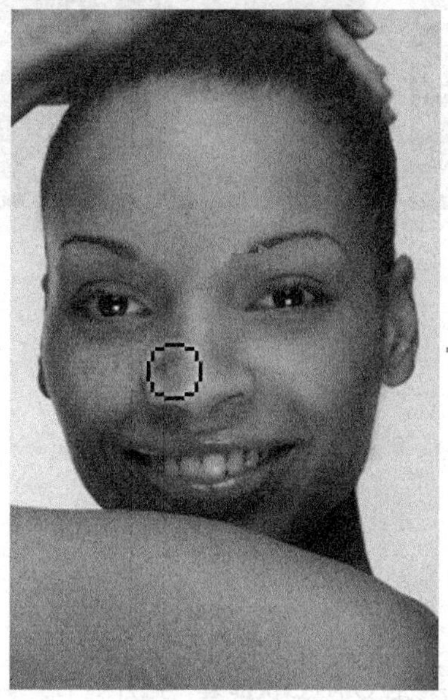

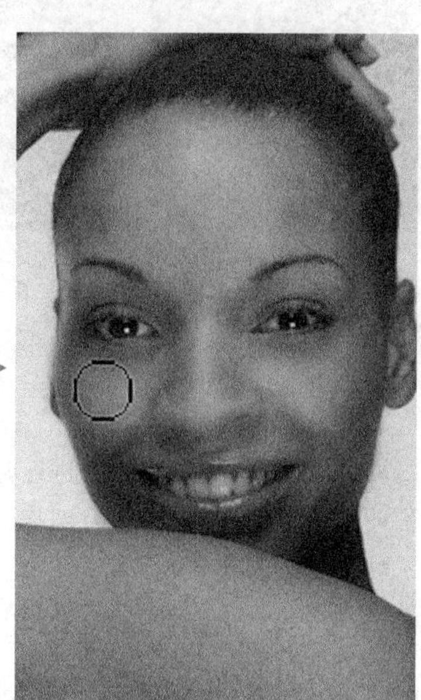

图9-7　恢复过程

07 在模特的肌肤上进行精心的涂抹，直到自己满意为止，效果如图9-8所示。

08 模特的面部雀斑修正完毕，再为模特的肤色增加一些红润度。在菜单中执行“图像/调整/色阶”命令，弹出“色阶”对话框，其中的参数设置如图9-9所示。

09 设置完毕单击“确定”按钮，此时模特照片调整完成，最终效果如图9-10所示。

图9-8　效果

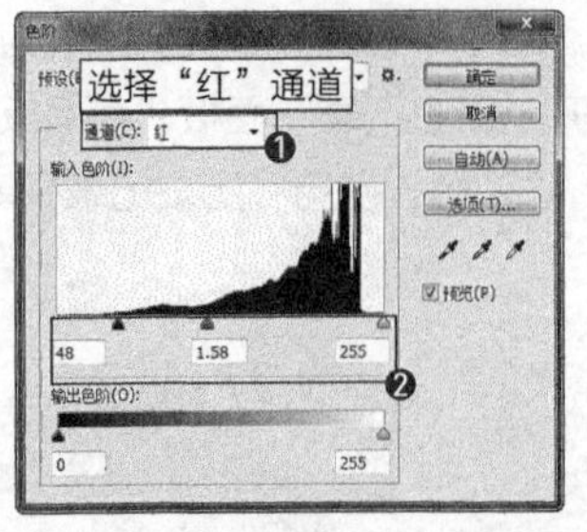

图9-9　“色阶”对话框

图9-10　最终效果

9.2 将白天调整为黄昏效果

实例目的

通过制作如图9-11所示的效果图，了解使用“色阶”“曲线”和“照片滤镜”调整命令调整图像的方法。

图9-11　效果图

实例要点

- 打开文件
- 复制图层
- 使用“照片滤镜”命令进行调整
- 使用“曲线”命令进行调整
- 使用“色阶”命令进行调整

操作步骤

01 在菜单中执行“文件/打开”命令或按Ctrl+O快捷键，打开随书附带光盘中的文件“素材文件/第9章/打球.jpg”，如图9-12所示。

图9-12　素材

02 打开素材后，按Ctrl+J快捷键复制“背景”图层，得到“图层1”❶，在“图层1”前面的眼睛图标上单击以隐藏“图层1”❷，选择“背景”图层❸，如图9-13所示。

图9-13　复制并隐藏图层

03 在菜单中执行“图像/调整/照片滤镜”命令，弹出“照片滤镜”对话框，其中的参数设置如图9-14所示。

04 设置完毕单击“确定”按钮，效果如图9-15所示。

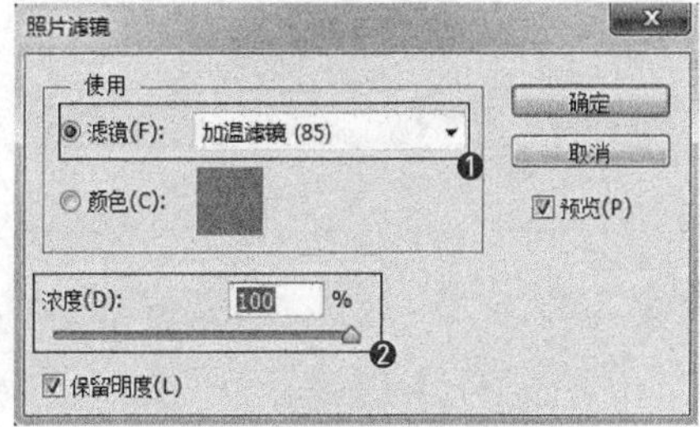

图9-14　“照片滤镜”对话框

图9-15　照片滤镜调整效果

05 在菜单中执行“图像/调整/曲线”命令，弹出“曲线”对话框，其中的参数设置如图9-16所示。

06 设置完毕单击“确定”按钮，效果如图9-17所示。

07 在菜单中执行“图像/调整/色阶”命令，弹出“色阶”对话框，其中的参数设置如图9-18所示。

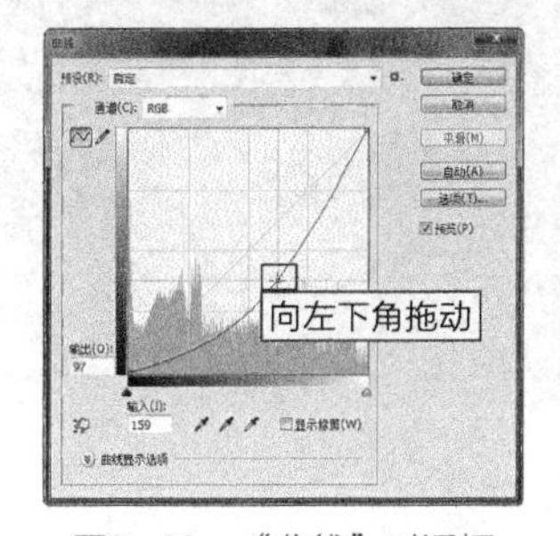

图9-16　“曲线”对话框

图9-17　曲线调整效果

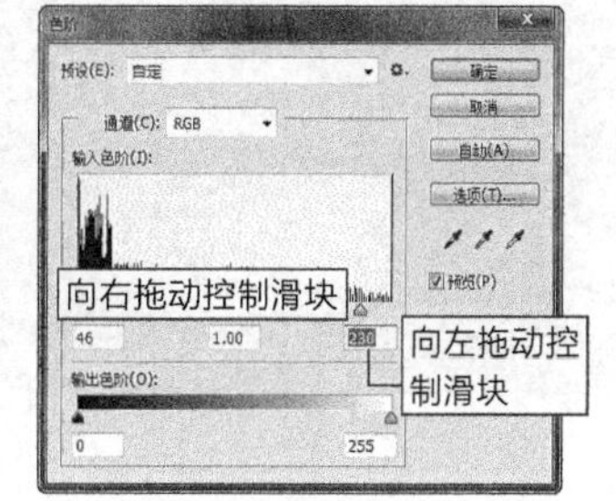

图9-18　“色阶”对话框

08 设置完毕单击“确定”按钮，效果如图9-19所示。

图9-19　色阶调整效果

第1篇 第2篇 第3篇 第4篇 第5篇 第6篇 第7篇 第8篇 第9篇 第10篇 第11篇

09 显示并选择“图层1”，设置“不透明度”为34%，如图9-20所示。

10 此时白天已被调整为黄昏效果，最终效果如图9-21所示。

图9-20 设置图层的不透明度

图9-21 最终效果

9.3 校正照片的偏色

实例目的

通过制作如图9-22所示的效果图，了解使用“色阶”命令中的“设置灰场”按钮校正偏色的方法。

图9-22 效果图

实例要点

- 打开文件
- 复制图层
- 设置“差值”混合模式
- 使用“阈值”命令进行调整
- 使用“色阶”对话框中的“设置灰场”按钮

实例要点

操作步骤

01 在菜单中执行“文件/打开”命令或按Ctrl+O快捷键，打开随书附带光盘中的文件“素材文件/第9章/偏色照片.jpg”，如图9-23所示。

02 按Ctrl+J快捷键复制“背景”图层，得到“图层1”，如图9-24所示。

03 新建“图层2”，将前景色设置为（R:125， G:125， B:125），按Alt+Delete快捷键填充前景色，如图9-25所示。

图9-23 素材

图9-24 复制图层

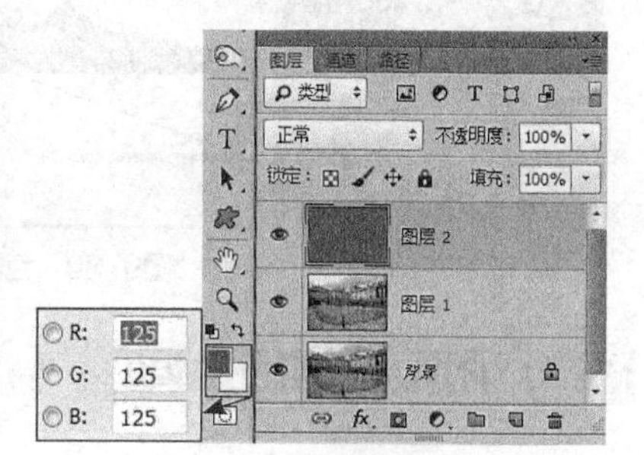

图9-25 填充前景色

04 设置“图层2”的“混合模式”为“差值”，效果如图9-26所示。

05 按Ctrl+E快捷键，向下合并图层。在菜单中执行“图像/调整/阈值”命令，弹出“阈值”对话框，设置“阈值色阶”为25，如图9-27所示。

图9-26 设置混合模式

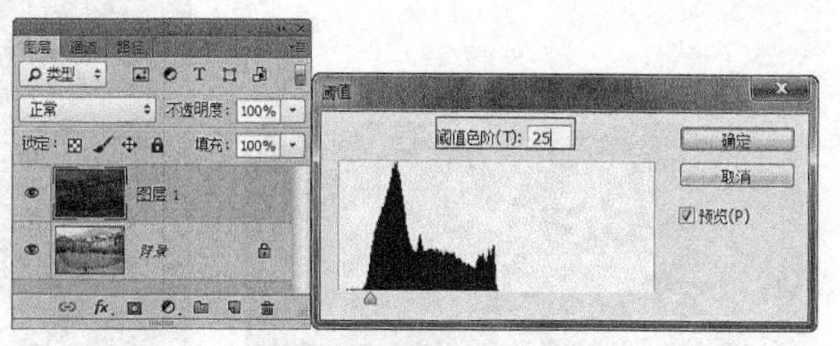

图9-27 “阈值”对话框

06 设置完毕单击“确定”按钮，此时再使用“颜色取样器工具”在图像中的黑色区域单击以进行取样，如图9-28所示。

07 将“图层1”隐藏，选择“背景”图层，如图9-29所示。

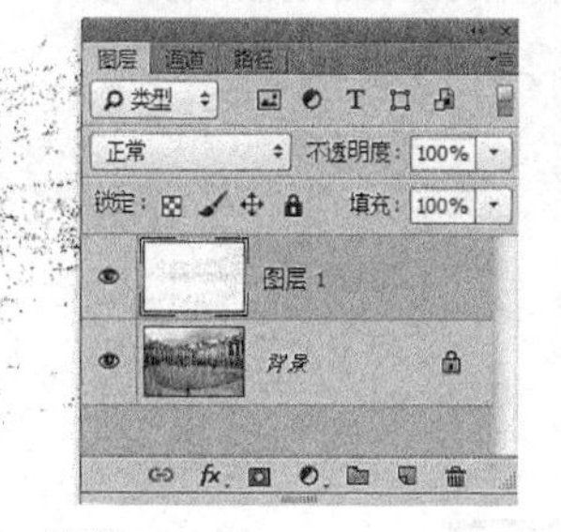

图9-28 取样

图9-29 隐藏图层

温馨提示

在黑色区域取样，是为了对图像进行更加准确的颜色校正。此处的黑色区域，就是原图像中的灰色区域。

08 在菜单中执行“图像/调整/色阶”命令，弹出“色阶”对话框，单击“设置灰场”按钮，将鼠标指针移动到图像中的取样点处点击，如图9-30所示。

09 此时偏色已经被校正过来，最终效果如图9-31所示。

图9-30　色阶调整

图9-31　最终效果

9.4 调整图像的色调

实例目的

通过制作如图9-32所示的效果图，了解使用“曲线”“反相”和“照片滤镜”命令调整色调的方法。

图9-32　效果图

实例要点

- 打开文件
- 使用“自动颜色”命令
- 复制图层
- 使用“曲线”命令进行调整
- 使用“反相”命令进行调整
- 使用“照片滤镜”命令进行调整

操作步骤

01 在菜单中执行“文件/打开”命令或按Ctrl+O快捷键，打开随书附带光盘中的文件“素材文件/第9章/草地.jpg”，如图9-33所示。

图9-33　素材

02 打开素材后，在菜单中执行“图像/自动颜色”命令，效果如图9-34所示。

03 在“图层”面板中拖动“背景”图层到“创建新图层”按钮上，复制“背景”图层，得到“背景 拷贝”图层，如图9-35所示。

04 在菜单中执行“图像/调整/曲线”命令，弹出“曲线”对话框，其中的参数设置如图9-36所示。

图9-34　自动颜色调整效果

图9-35　复制图层

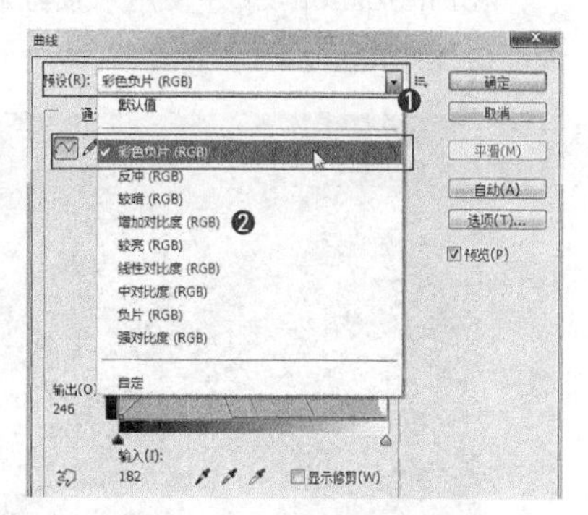

图9-36　“曲线”对话框

05 设置完毕单击“确定”按钮，效果如图9-37所示。

06 在菜单中执行“图像/调整/反相”命令或按Ctrl+I快捷键，将图像进行反相处理，效果如图9-38所示。

07 在“图层”面板中设置“背景 拷贝”图层的“混合模式”为“颜色”、“不透明度”为33%，如图9-39所示。

图9-37　曲线调整效果

图9-38　反相效果

图9-39　设置图层属性

08 在菜单中执行“图像/调整/照片滤镜”命令，弹出“照片滤镜”对话框，设置“颜色”为绿色、“浓度”为100%，如图9-40所示。

09 设置完毕单击“确定”按钮。至此，本例制作完毕，最终效果如图9-41所示。

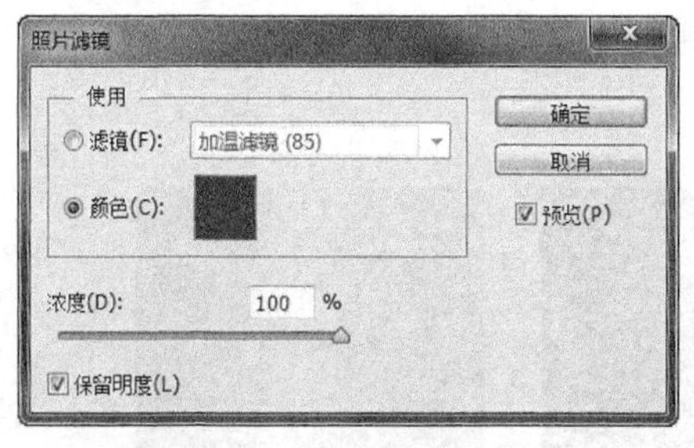

图9-40　“照片滤镜”对话框

图9-41　最终效果

9.5 课后练习

课后练习1：裁剪图像并增加颜色的鲜艳度

在Photoshop CC中使用“裁剪工具”裁剪图像，再使用“自然饱和度”命令增加图像颜色的鲜艳度，过程如图9-42所示。

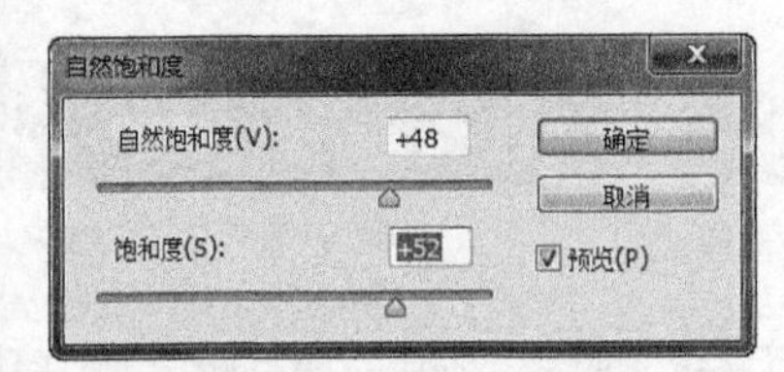

图9-42 裁剪图像并增加图像颜色的鲜艳度

练习说明

1. 打开素材。
2. 使用“裁剪工具”对图像进行裁剪。
3. 使用“自然饱和度”命令调整图像的颜色。

课后练习2：修复头上的伤疤

在Photoshop CC中使用“污点修复画笔工具”和“修补工具”对人物头上的瑕疵与伤疤进行修复，过程如图9-43所示。

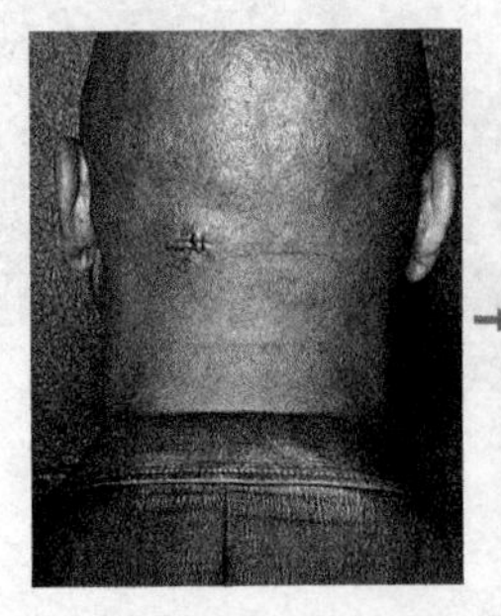

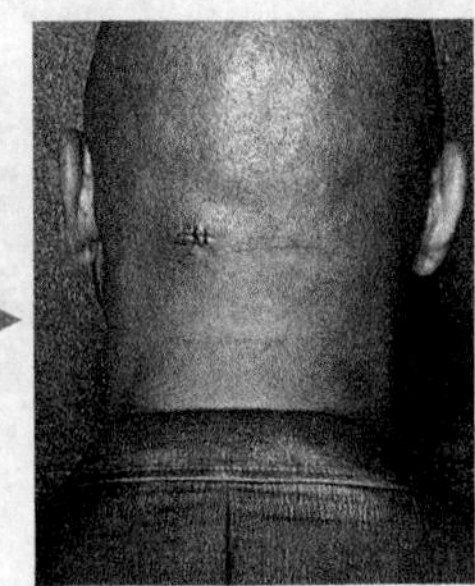

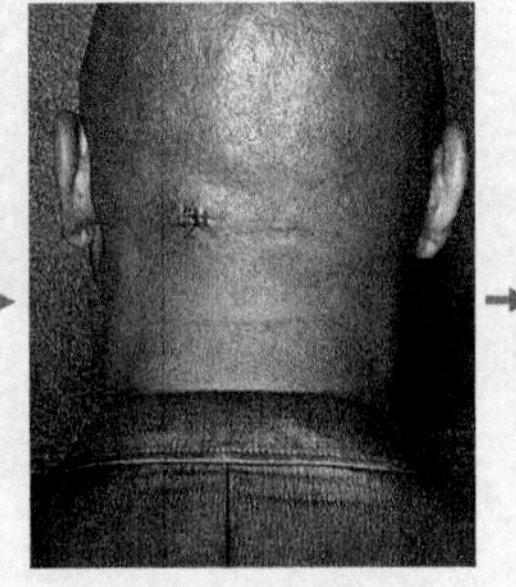

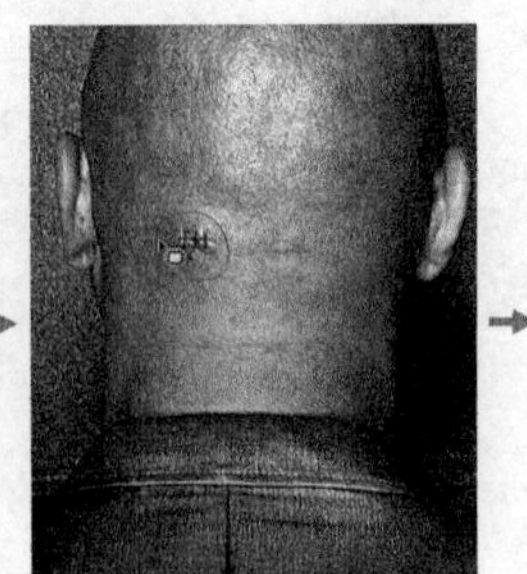

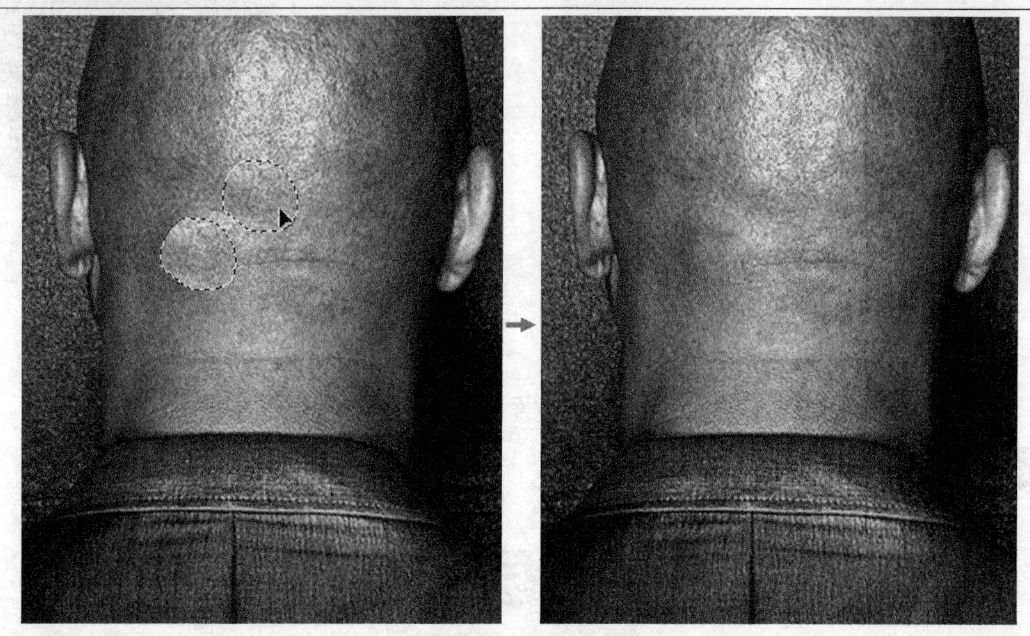

图9-43　修复头上的伤疤

练习说明

1. 打开素材。
2. 使用“污点修复画笔工具”对小伤口进行修复。
3. 使用“修补工具”修补缝针处的伤疤。

第10章 图层的基本操作

本章重点：

- 认识图层
- 掌握“图层”面板

10.1 对于图层的认识

可以说，图层操作是Photoshop CC中使用最为频繁的一项功能。通过建立图层，然后在各个图层中分别编辑图像中的元素，可以产生既富有层次又彼此关联的整体图像效果。因此，在编辑图像时，图层是必不可缺的。

10.1.1 什么是图层

每一个图层都是由许多像素组成的，这些图层又通过上下叠加的方式来组成整个图像。打个比喻，一个图层就像是一扇透明的“玻璃”，而图层内容就画在这些“玻璃”上；如果“玻璃”上什么都没有，就是完全透明的空图层；当各扇“玻璃”上都有图像时，自上而下俯视所有图层，就形成了图像的显示效果。对图层的编辑，可以通过菜单或面板来完成。图层被存放在“图层”面板中，其中包含当前图层、文字图层、背景图层、智能对象图层等。在菜单中执行“窗口/图层”命令，即可打开“图层”面板，“图层”面板中所包含的内容如图10-1所示。

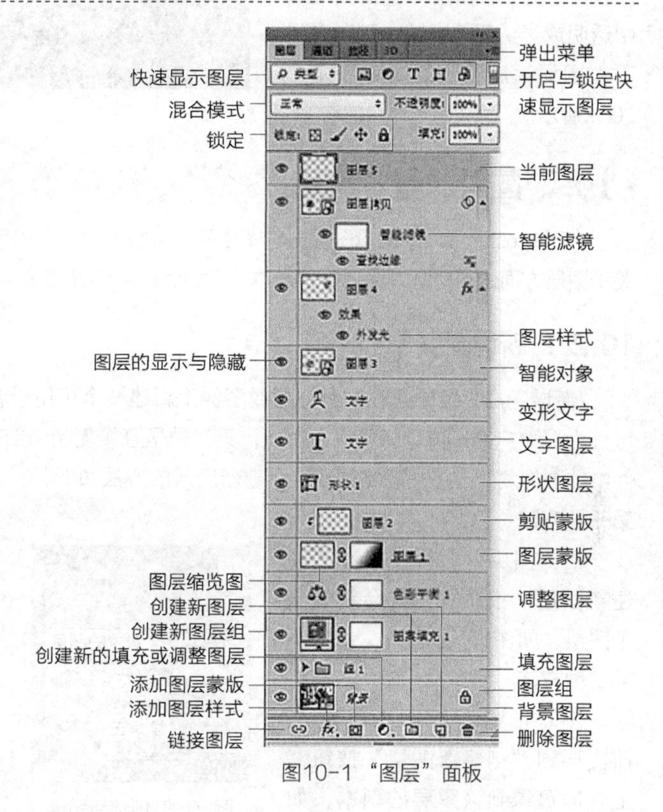

图10-1 “图层”面板

其中各项的含义如下。

- **弹出菜单**：单击此按钮，可弹出“图层”面板的编辑菜单，用于在图层中进行编辑操作。
- **快速显示图层**：用来对多图层文档中的特色图层进行快速显示，在其下拉列表框中包含“类型”“名称”“效果”“模式”“属性”和“颜色”。当选择某项命令时，在右侧会出现与之对应的选项。例如，选择“类型”选项时，在右侧会出现“过滤像素图层”“过滤调整图层”“过滤文本图层”“过滤路径图层”和“过滤智能对象”等等。
- **开启与锁定快速显示图层**：单击滑块到上面时，激活快速显示图层功能；拖动滑块到下面时，会关闭此功能，使“图层”面板恢复老版本“图层”面板的功能。
- **混合模式**：用来设置当前图层中的图像与下面图层中的图像之间的混合效果。
- **不透明度**：用来设置当前图层的透明程度。
- **锁定**：包含“锁定透明像素”、“锁定图像像素”、“锁定位置”和“锁定全部”。
- **图层的显示与隐藏**：单击此图标，即可将图层在显示与隐藏之间进行转换。
- **图层**：用来显示“图层”面板中可以编辑的各种图层。
- **链接图层**：可以将选中的多个图层进行链接。
- **添加图层样式**：单击此按钮，弹出“图层样式”下拉菜单，在其中可以选择相应的图层样式应用到图层中。
- **添加图层蒙版**：单击此按钮，可以为当前图层创建一个图层蒙版。
- **创建新的填充或调整图层**：单击此按钮，在下拉菜单中可以选择相应的填充或调整命令，之后会在“属性”面板中进行进一步的编辑。
- **创建新图层组**：单击此按钮，会在“图层”面板中新建一个用于放置图层的组。
- **创建新图层**：单击此按钮，会在“图层”面板中新建一个空白图层。
- **删除图层**：单击此按钮，可以将当前图层从“图层”面板中删除。

10.1.2 图层的原理

图层与图层之间并不等于白纸与白纸的完全重合。图层的工作原理类似于在印刷中使用的一张张重叠在一起的醋酸纤纸，透过图层中透明或半透明的区域，可以看到下一图层相应区域的内容，如图10-2所示。

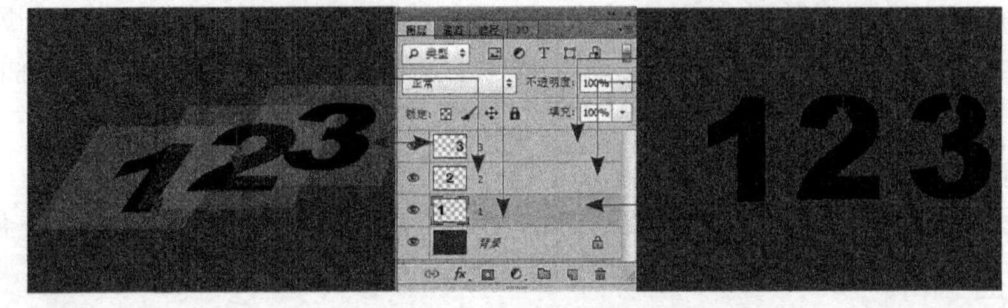

图10-2 图层的原理

10.2 图层的基本编辑

在Photoshop CC中编辑图像时，图层是不可缺少的一个关键因素。在对图层中的图像进行编辑之前，一定要了解关于图层方面的一些基本编辑操作。本节就为大家详细介绍关于图层方面的一些基本编辑操作。

10.2.1 新增图层

“新增图层”指的是在原有图层或图像上新建一个可用于参与编辑的图层。在“图层”面板中新增图层的方法可分为三种：第一种是新建空白图层，第二种是直接复制当前文件中的图层而得到图层的副本，第三种是将另外文件中的图像复制过来而得到图层。创建新图层的方法如下。

第一种方法

在“图层”面板中单击“创建新图层”按钮，就会新建一个图层，如图10-3所示。

第二种方法

在“图层”面板中拖动当前图层到“创建新图层”按钮上，即可得到该图层的副本，如图10-4所示。

第三种方法

使用“移动工具”拖动图像或选区内的图像到另一文件中，此时在另一文件中会新建一个图层，如图10-5所示。

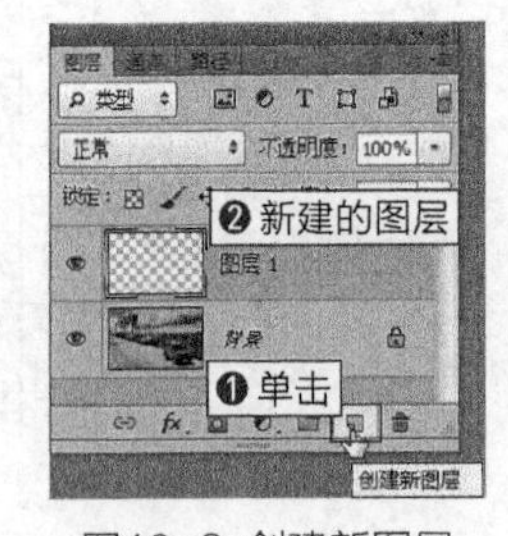

图10-3 创建新图层

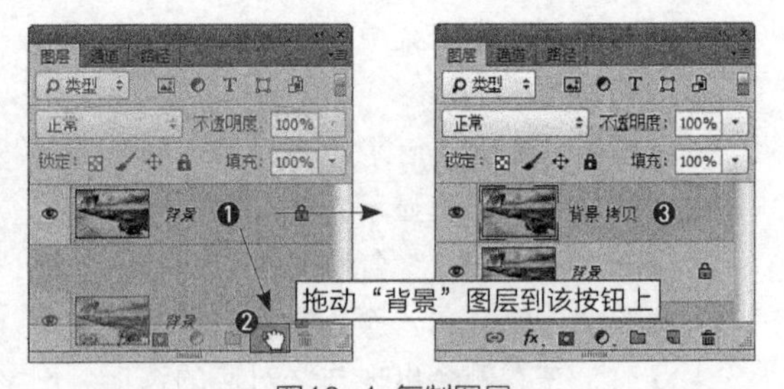

图10-4 复制图层

图10-5 拖动选区内的图像到另一文件中

10.2.2 应用菜单命令新增图层

新建图层

01 在菜单中执行“图层/新建/图层”命令或按Shift+Ctrl+N快捷键，弹出如图10-6所示的“新建图层”对话框。

02 在“新建图层”对话框中设置参数，单击“确定”按钮，即可新建一个图层。

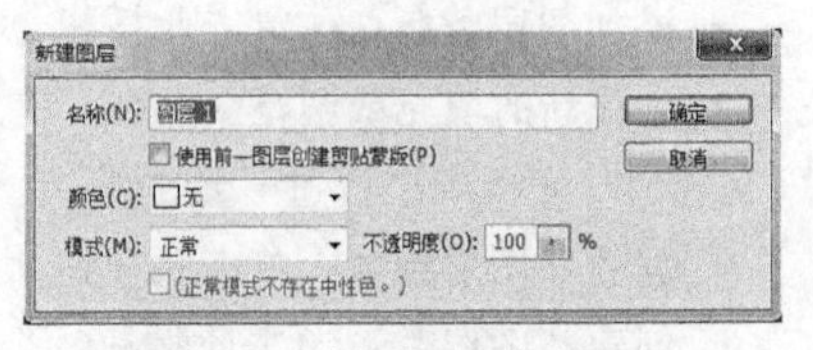

图10-6 “新建图层”对话框

其中各项的含义如下。

- **名称**：用来设置新建图层的名称。
- **使用前一图层创建剪贴蒙版**：勾选该复选框，新建的图层将会与其下面的图层创建剪贴蒙版，如图10-7所示。
- **颜色**：用来设置新建图层在“图层”面板中显示的颜色。在下拉列表框中选择“绿色”选项，效果如图10-8所示。
- **模式**：用来设置新建图层与下面图层的混合效果。
- **不透明度**：用来设置新建图层的透明程度。
- **正常模式不存在中性色**：该复选框只有在选择除“正常”以外的模式时才会被激活，并以该模式的50%灰色填充图层，如图10-9所示。

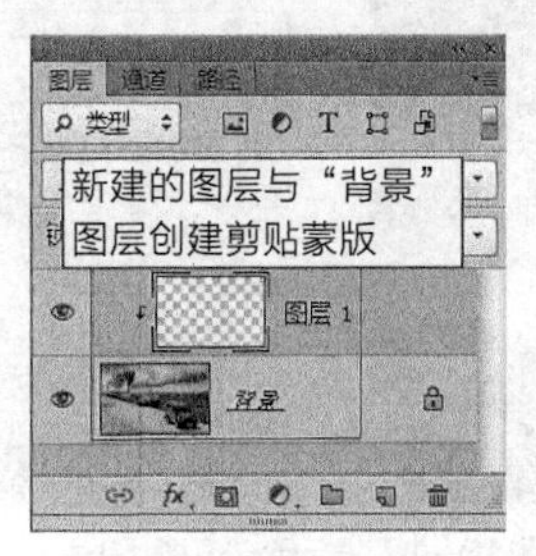

图10-7 创建剪贴蒙版

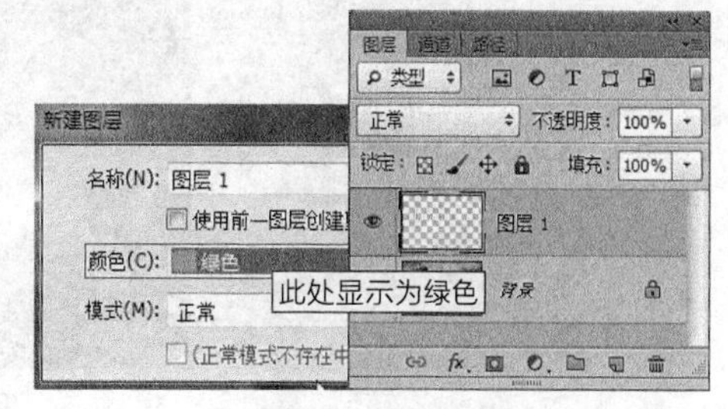

图10-8 图层颜色

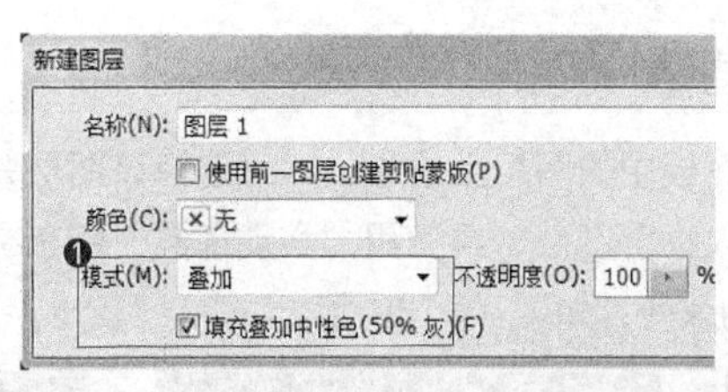

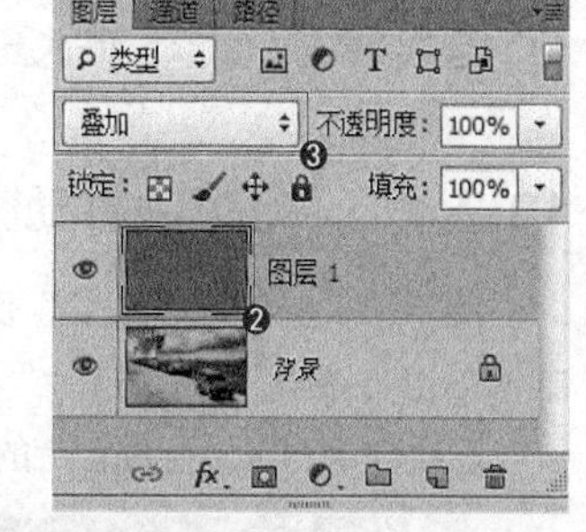

图10-9 叠加模式的50%灰色

直接复制图层

01 在菜单中执行“图层/复制图层”命令，弹出如图10-10所示的“复制图层”对话框。

其中各项的含义如下。

- **复制**：被复制的源图像。
- **为**：复制的图层名称。
- **目标**：用来设置被复制的目标。

  文档：默认情况下显示当前打开文件的名称。在下拉列表框中选择“新建”选项时，被复制的图层会自动创建一个该图层所对应的文件。

  名称：在“文档”下拉列表框中选择“新建”选项时，该选项才会被激活，用来设置以图层新建的文件的名称。

图10-10 “复制图层”对话框

02 参数设置完毕单击“确定”按钮，会在“图层”面板中得到一个副本图层，如图10-11所示。

图10-11 复制后的图层

技巧

在菜单中执行“图层 / 新建 / 通过复制的图层”命令或按 Ctrl+J 快捷键，可以快速复制当前图层中的图像到新图层中。

10.2.3 显示与隐藏图层

显示与隐藏图层可以将被选择图层中的图像在文件中进行显示与隐藏。在“图层”面板中单击“指示图层可见性”图标（即眼睛图标），即可将图层在显示与隐藏之间进行转换，如图10-12所示。

图10-12 显示与隐藏图层

温馨提示

显示图层后，在眼睛图标上再次单击，会将显示的图层隐藏起来。

10.2.4 选择图层并移动图像

使用鼠标指针在“图层”面板中的图层上单击，即可选择该图层并将其变为当前工作图层。在“草地”素材中，单击“图层”面板中的“人物”图层，再使用“移动工具”在文件中按住鼠标右键进行拖动，即可对“人物”图层中的图像进行位置上的改变，如图10-13所示。

图10-13 选择图层并移动图层中的图像

技巧

按住 Ctrl 键或 Shift 键在“图层”面板中单击不同图层，可以选择多个图层。

温馨提示

选择“移动工具”，在属性栏中勾选“自动选择图层”复选框并选择“图层”选项后，在图像中单击，即可将该图像对应的图层选取，如图 10-14 所示。

图10-14 自动选择图层

10.2.5 更改图层的堆叠顺序

“更改图层的堆叠顺序”指的是在“图层”面板中更改图层之间的上下顺序。更改方法如下。

01 在菜单中执行“图层/排列”命令，然后在弹出的子菜单中选择相应的命令，就可以对图层的顺序进行改变。

02 在“图层”面板中，拖动当前图层到该图层的上面图层以上或下面图层以下的缝隙处，此时鼠标指针会变成小手的形状，松开鼠标即可更改图层的顺序，如图10-15所示。

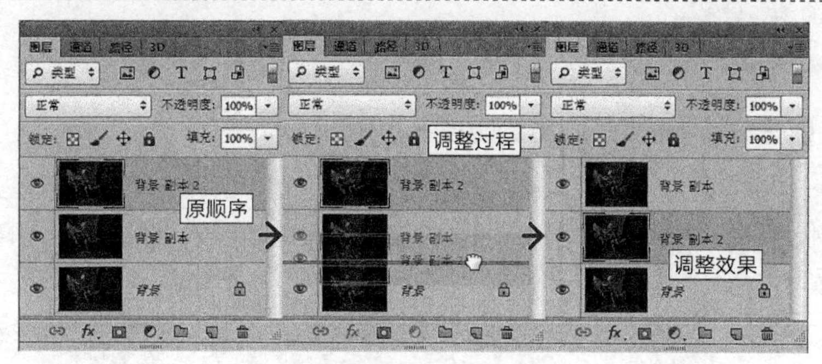

图10-15 更改图层的堆叠顺序

10.2.6 链接图层

“链接图层”是指将两个以上的图层链接到一起，被链接的图层可以被一同移动或变换。链接方法是：在“图层”面板中按住Ctrl键，在要链接的图层上单击，将其选中后，单击“图层”面板中的“链接图层”按钮，此时会在面板中的链接图层中出现链接符号，如图10-16所示。

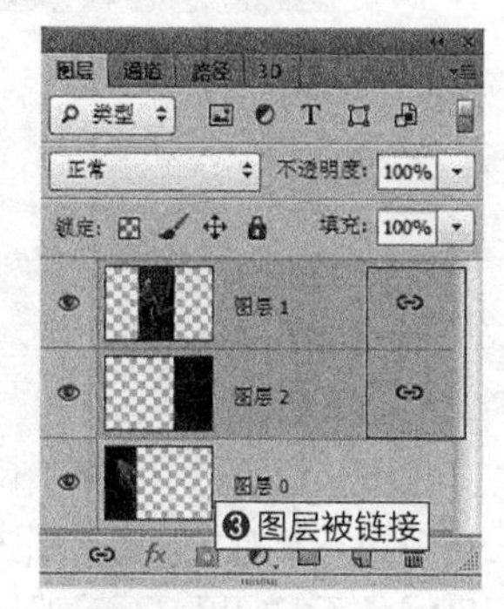

图10-16 链接图层

10.2.7 命名图层

“命名图层”指的是为当前选择的图层设置名称。在“图层”面板中选择相应的图层后双击图层名称，此时文本框会被激活，在其中输入文字，按回车键完成命名设置，如图10-17所示。

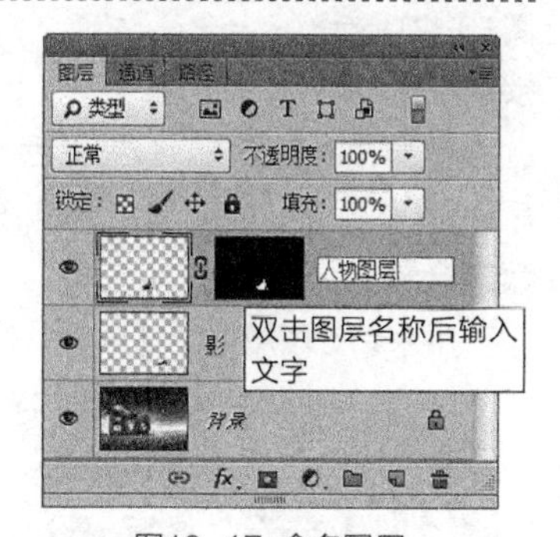

图10-17 命名图层

10.2.8 调整图层的不透明度

“图层的不透明度”指的是当前图层中图像的透明程度。调整方法是：在“不透明度”的数值文字文本框中输入数值或拖动控制滑块，以更改图层的不透明度，如图10-18所示。“不透明度”的数值越小，图像越透明，取值范围是0%～100%。

图10-18 调整图层的不透明度

技巧

使用键盘直接输入数字，即可调整图层的不透明度。

10.2.9 调整填充的不透明度

“填充的不透明度”指的是当前图层中实际图像的透明程度，取值范围是0%~100%。调整填充的不透明度时，图层中的图层样式不受影响，方法与调整图层的不透明度相同。如图10-19所示为添加“描边”图层样式后调整填充的不透明度后的效果。

图10-19 调整填充的不透明度

10.2.10 锁定图层

在“图层”面板中选择相应的图层后，单击面板中适合的锁定按钮，即可将当前选取的图层进行锁定，这样做的好处是在编辑图像时会对锁定的区域进行保护。

锁定透明区域

单击“锁定透明区域”按钮，图层的透明区域将会被锁定，此时图层中的图像部分可以被移动并可以对其进行编辑。例如，锁定透明区域后，使用“画笔工具”在图层中进行绘制时，只能在有图像的区域绘制，在透明区域是不能使用“画笔工具”的，如图10-20所示。

锁定像素

单击“锁定像素”按钮后，图层内的图像可以被移动和变换，但是不能对该图层进行调整或应用滤镜，如图10-21所示。

锁定位置

单击“锁定位置”按钮后，图层内的图像是不能被移动的，但是可以对该图层进行编辑。例如，锁定位置后，可以使用“画笔工具”在图层中有像素的区域和空白区域都进行涂抹，如图10-22所示。

锁定全部

用来锁定图层的全部内容，使其不能进行操作。

图10-20 锁定透明区域

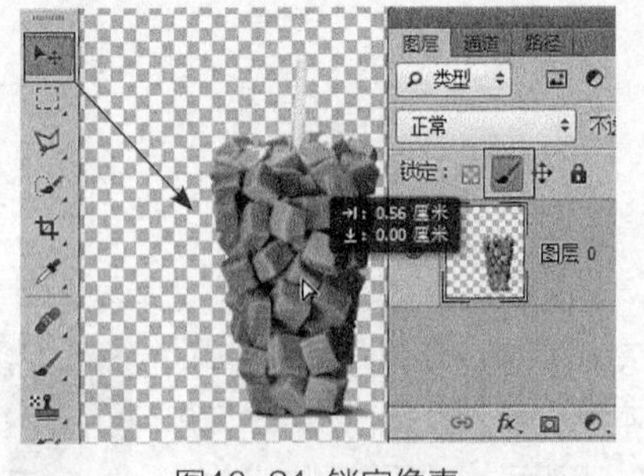

图10-21 锁定像素

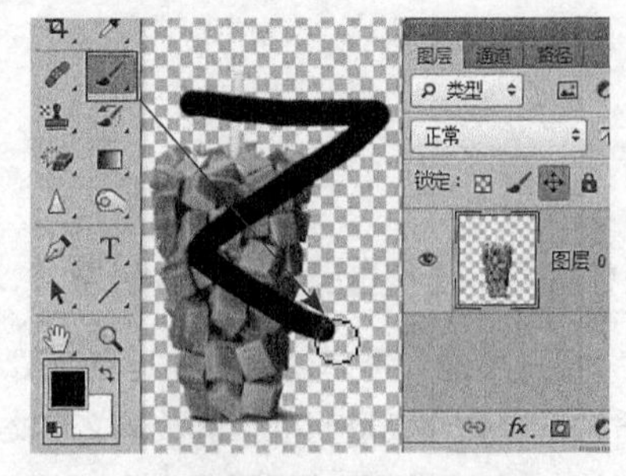

图10-22 锁定位置

10.2.11 删除图层

“删除图层”指的是将选择的图层从“图层”面板中清除。在“图层”面板中拖动选择的图层到“删除图层”按钮上，即可将其删除。

温馨提示

当“图层”面板中存在隐藏图层时，在菜单中执行“图层 / 删除 / 隐藏图层”命令，即可将隐藏的图层删除。

10.3 快速显示图层内容

Photoshop CC在“图层”面板中提供了对于多图层进行快速显示相应图层内容的选项。

10.3.1 类型

在“图层”面板中将快速显示图层功能设置为“类型”后，在右侧会出现“过滤像素图层”、“过滤调整图层”、“过滤文字图层”、“过滤路径图层”和“过滤智能对象”按钮。当单击相应的按钮后，在“图层”面板中会只显示过滤后的图层。如图10-23所示为单击“显示像素图层”按钮后“图层”面板的显示效果，如图10-24所示为单击“显示调整图层”按钮后“图层”面板的显示效果。

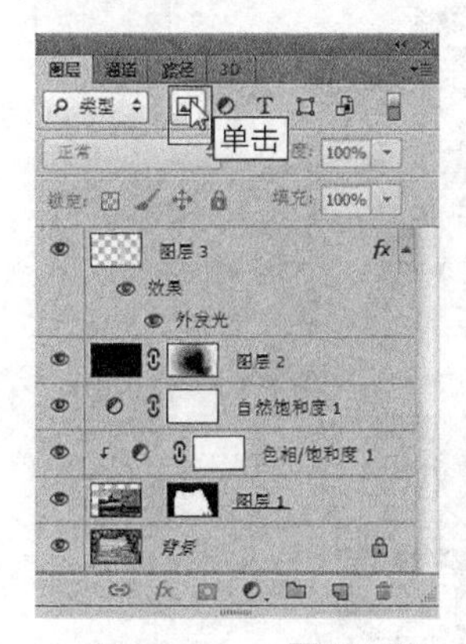

图10-23　显示像素图层

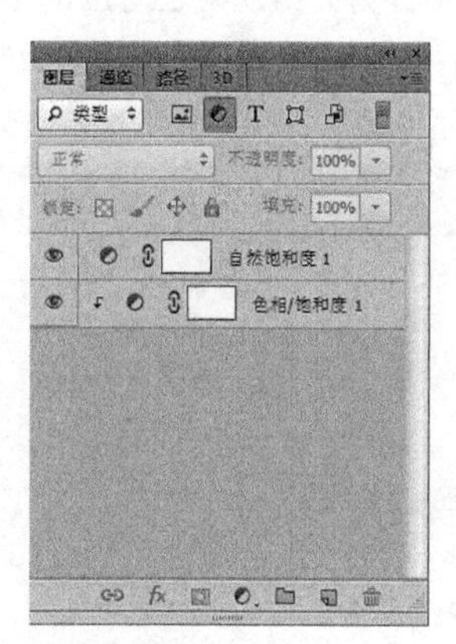

图10-24　显示调整图层

10.3.2 名称

在“图层”面板中将快速显示图层功能设置为“名称”后，在右侧会出现与之对应的文本框，输入相应的文字后，会在面板中显示名称中含有该文字的图层。例如，输入“图层”，此时面板中会显示存在文字“图层”的所有图层，如图10-25所示。

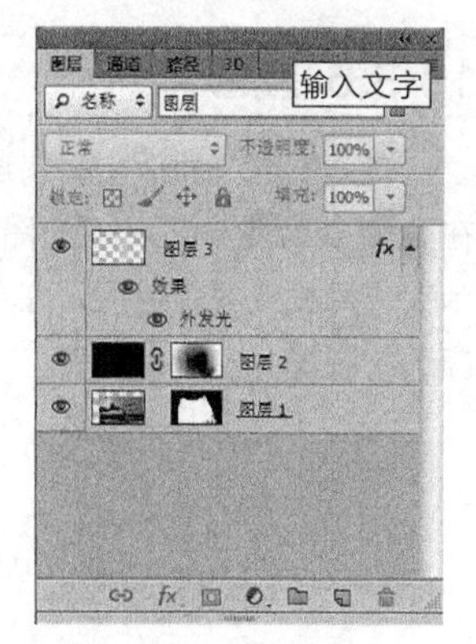

图10-25 显示名称含有“图层”的图层

10.3.3 效果

在“图层”面板中将快速显示图层功能设置为“效果”后，在右侧会出现与之对应的图层样式下拉列表框，如图10-26所示，选择不同的图层样式，会快速过滤掉未添加该图层样式的图层，如图10-27所示。

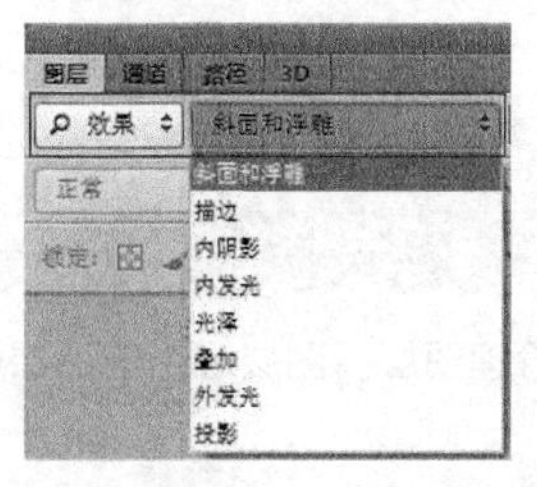

图10-26　选择“效果”选项

图10-27　选择“外发光”图层样式后的显示效果

10.3.4 模式

在“图层”面板中将快速显示图层功能设置为“模式”后，在右侧会出现与之对应的混合模式下拉列表框，如图10-28所示，选择不同的混合模式，会快速过滤并显示有该混合模式的图层。

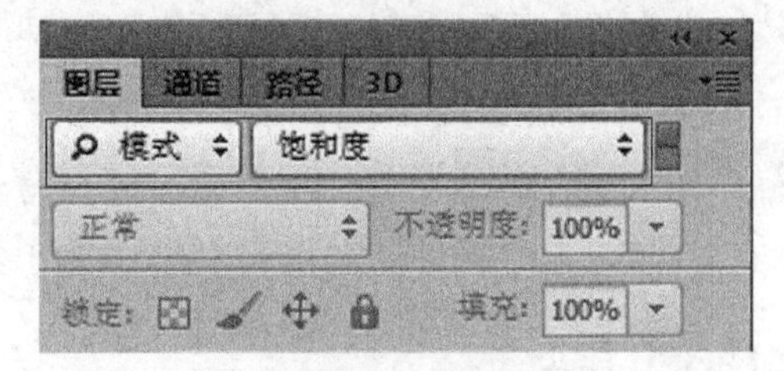

图10-28 选择“模式”选项

10.3.5 属性

在“图层”面板中将快速显示图层功能设置为“属性”后，在右侧会出现与之对应的图层属性下拉列表框。例如，在“属性”右侧选择了“图层蒙版”选项后，在“图层”面板中会只显示应用了图层蒙版的图层，如图10-29所示。

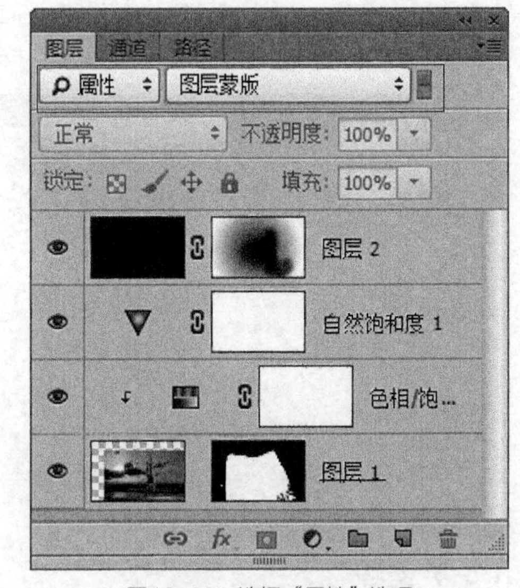

图10-29 选择“属性”选项

10.3.6 颜色

在“图层”面板中将快速显示图层功能设置为“颜色”后，在右侧会出现与之对应的图层颜色下拉列表框，如图10-30所示，选择相应的颜色后，在“图层”面板中会只显示应用了所选颜色的图层。

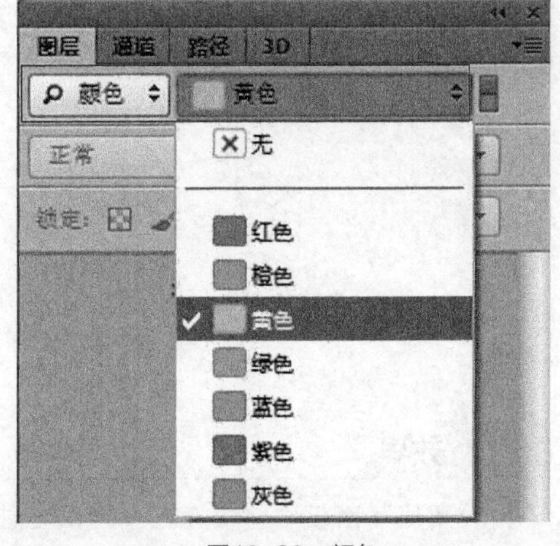

图10-30 颜色

10.4 图层组

使用图层组可以更方便地管理图层。图层组中的图层可以被统一进行移动或变换，还可以被单独进行编辑，对于图层组的操作大致与图层相同。

10.4.1 新建图层组

“新建图层组”指的是在在“图层”面板中新建一个用于存放图层的组。创建图层组的操作可以在“图层”菜单中完成、也可以直接通过“图层”面板来完成。创建新图层组的方法如下。

01 在菜单中执行“图层/新建/组”命令，弹出如图10-31所示的“新建组”对话框，设置完毕单击“确定”按钮，即可新建一个图层组。

02 在“图层”面板中单击“创建新图层组”按钮，在“图层”面板中即可新建一个图层组，如图10-32所示。

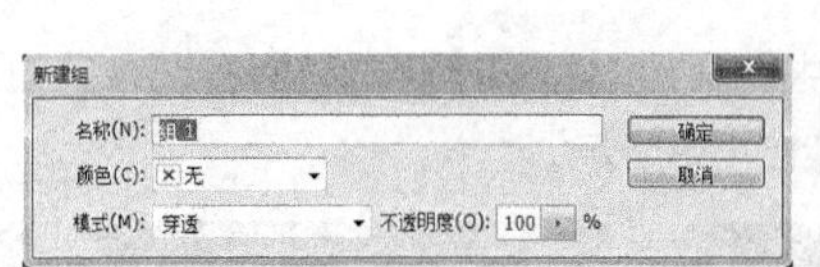

图10-31 “新建组”对话框

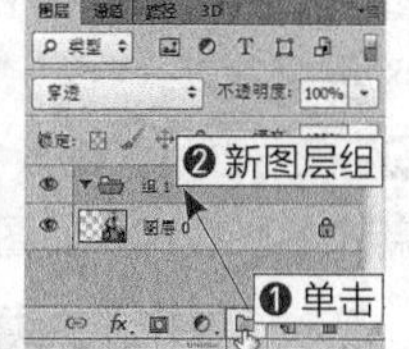

图10-32 创建新图层组

> **温馨提示**
>
> 如果当前图层组处于折叠状态，新建图层时会在图层组外创建；如果当前图层组处于展开状态，新建图层时会将其自动创建到当前图层组中。

10.4.2 将图层移入或者移出图层组

移入图层组

在“图层”面板中，拖动当前图层到图层组上或组内的图层中，松开鼠标后即可将其移入到当前图层组中，如图10-33所示。

移出图层组

拖动图层组内的图层到当前图层组的上方或图层组外图层的上方，松开鼠标后即可将其移出图层组，如图10-34所示。

图10-33 移入图层组

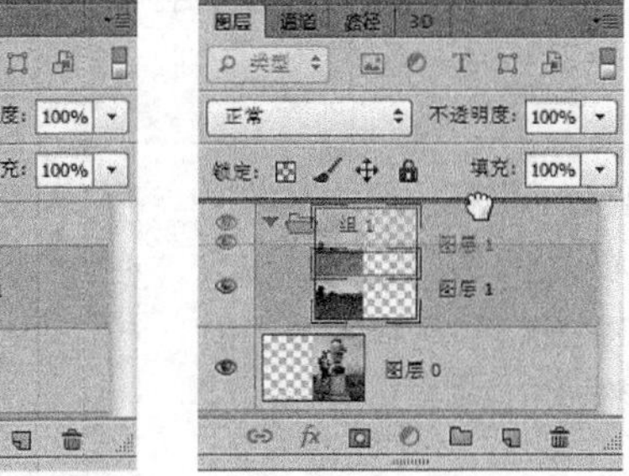

图10-34 移出图层组

10.4.3 复制图层组

复制图层组的操作可以在“图层”菜单中完成，也可以直接通过“图层”面板来完成。复制图层组的方法如下。

01 执行菜单中的“图层/复制组“命令，弹出如图10-35所示的“复制组”对话框。设置相应参数后单击“确定”按钮，即可得到一个当前图层组的副本。

02 在“图层”面板中拖动当前图层组到“创建新图层”按钮上，即可得到该图层组的副本，如图10-36所示。

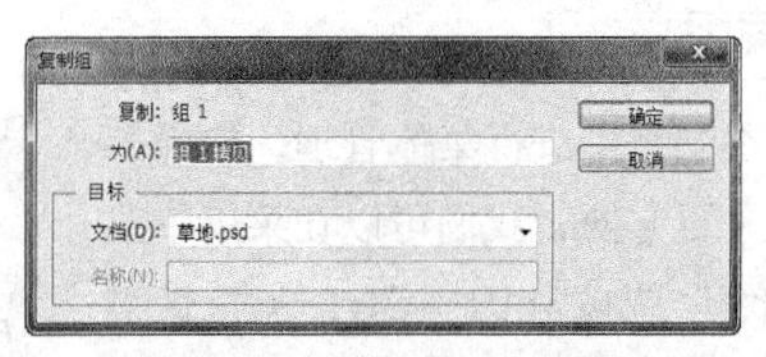

图10-35 “复制组”对话框

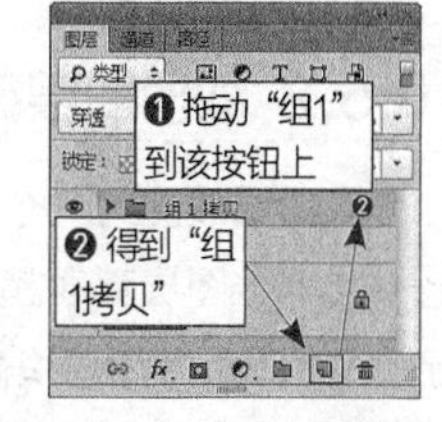

图10-36 复制图层组

> **技巧**
>
> 在“图层”面板中拖动当前图层组到“创建新图层组”按钮上，可以将当前图层组嵌套在新建的图层组中；在“图层”面板中拖动当前图层到“创建新图层组”按钮上，可以从当前图层创建新图层组；在菜单中执行“图层/新建/从图层建立组”命令，可以将当前图层创建到新建图层组中。

10.4.4 重命名图层组

“重命名图层组”指的是为图层组重新起名。此操作可以在“图层”菜单中完成，也可以直接通过“图层”面板来完成。重命名图层组的方法如下。

01 执行菜单中的“图层/重命名组”命令，此时“图层”面板中该图层组的名称处会变为可编辑状态，如图10-37所示。

02 在“图层”面板中图层组的名称处双击鼠标右键，此时会将该名称变为可编辑状态，在其中输入内容即可重新命名图层组，如图10-38所示。

图10-37 图层组的名称变为可编辑状态

图10-38 重命名图层组

10.4.5 删除图层组

“删除图层组”指的是将当前选择的图层组删除。删除图层组的方法与删除图层的方法相同，执行菜单中的“图层/删除/组”命令或拖动当前图层组到“删除”按钮上，即可将图层组删除。

10.5 图层编组与取消编组

图层编组操作可以将选择的多个图层放置到一个图层组中，以便于管理。

10.5.1 图层编组

打开一个多图层文件，按住Ctrl键在“图层”面板中单击多个图层以进行选取，在菜单中执行“图层/创建图层编组”命令或按Ctrl+G快捷键将选择的图层创建为一个图层组，创建过程如图10-39所示。

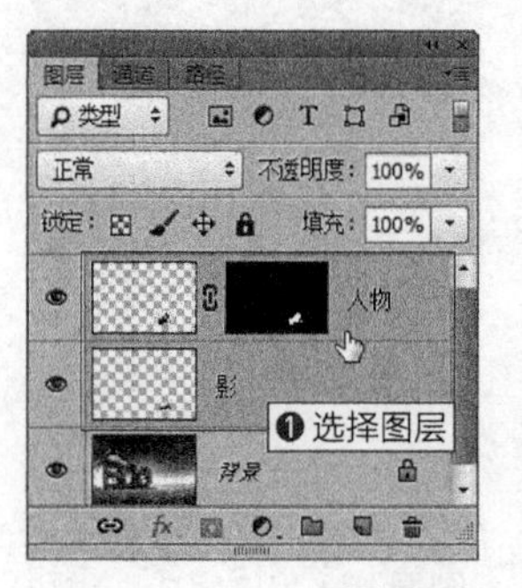

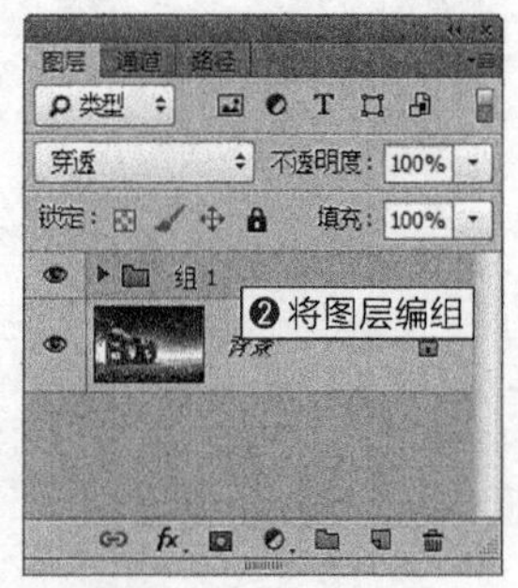

图10-39 图层编组

10.5.2 取消图层编组

将图层放置到一个图层组中进行集体管理，如果感觉不如单个图层管理起来更方便，我们可以在菜单中执行“图层 / 取消图层编组”或按Shift + Ctrl + G快捷键取消图层编组功能将图层组内的图层恢复为自由图层，如图10-40所示。

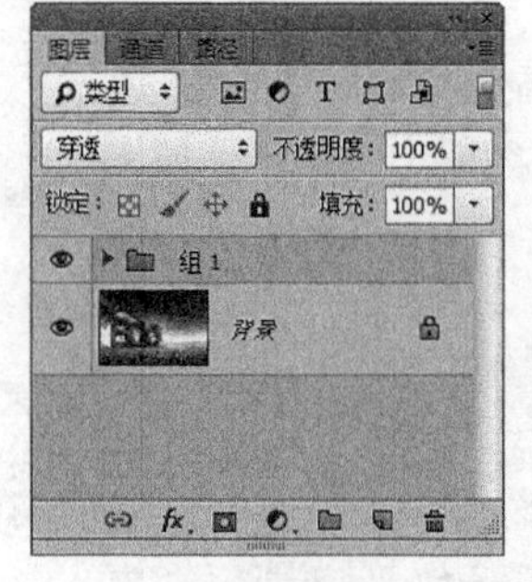

图10-40 取消图层编组

10.6 对齐与分布图层

在Photoshop CC中的“对齐”与“分布”命令可以将多图层中的像素进行更细化的对齐或分布。

10.6.1 对齐图层

使用“对齐”命令，可以将当前选择的多个图层或与当前图层存在链接关系的图层中的图像进行对齐调整；如果存在选区，那么图层中的图像将会与选区对齐。在菜单中执行“图层/对齐”命令，弹出如图10-41所示的“对齐”命令子菜单，其中包括“顶边”、“垂直居中”、“底边”、“左边”、“水平居中”和“右边”。

图10-41　“对齐”命令子菜单

其中各项的含义如下。

- **顶边**：所有选取或链接的图层都与图层中最顶端的像素对齐，或者与选区边框的顶边对齐。
- **垂直居中**：所有选取或链接的图层都与图层中像素的垂直中心点对齐，或者与选区边框的垂直中心对齐。
- **底边**：所有选取或链接的图层都与图层中最底端的像素对齐，或者与选区边框的底边对齐。
- **左边**：所有选取或链接的图层都与图层中最左端的像素对齐，或者与选区边框的左边对齐。
- **水平居中**：所有选取或链接的图层都与图层中像素的水平中心点对齐，或者与选区边框的水平中心对齐。
- **右边**：所有选取或链接的图层都与图层中最右端的像素对齐，或者与选区边框的右边对齐。

10.6.2 分布图层

使用“分布”命令，可以将当前选择的三个以上的图层或存在链接关系的图层中的图像进行分布调整。在菜单中执行“图层/分布”命令，弹出如图10-42所示的“分布”命令子菜单，其中包括“顶边”、“垂直居中”、“底边”、“左边”、“水平居中”和“右边”。

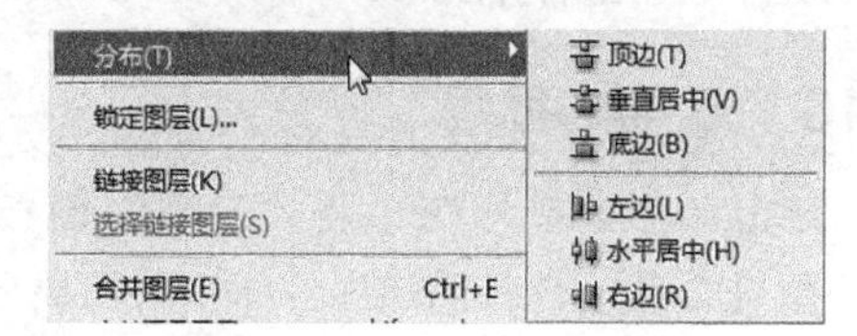

图10-42　“分布”命令子菜单

其中各项的含义如下。

- **顶边**：以所选图层中每个图层的顶端的图像像素为基准，均匀分布图层。
- **垂直居中**：以所选图层中每个图层的垂直居中的图像像素为基准，均匀分布图层。
- **底边**：以所选图层中每个图层的底端的图像像素为基准，均匀分布图层。
- **左边**：以所选图层中每个图层的左端的图像像素为基准，均匀分布图层。
- **水平居中**：以所选图层每个图层中的水平居中的图像像素为基准，均匀分布图层。
- **右边**：以所选图层中每个图层的右端的图像像素为基准，均匀分布图层。

技巧

在应用“对齐”命令时，选择的图层必须最少是两个图层；在应用“分布”命令时、选择的图层必须最少是三个图层。

10.7 合并图层

合并图层操作可以减小当前编辑的图像在磁盘中占用的空间，但当文件重新打开后合并的图层将不能再被拆分。

10.7.1 拼合图像

拼合图像操作可以将多图层中的图像以可见图层的模式合并为一个图层，被隐藏的图层将会被删除。在菜单中执行“图层/拼合图像”命令，弹出如图10-43所示的警告对话框，单击“确定”按钮，即可完成拼合操作。

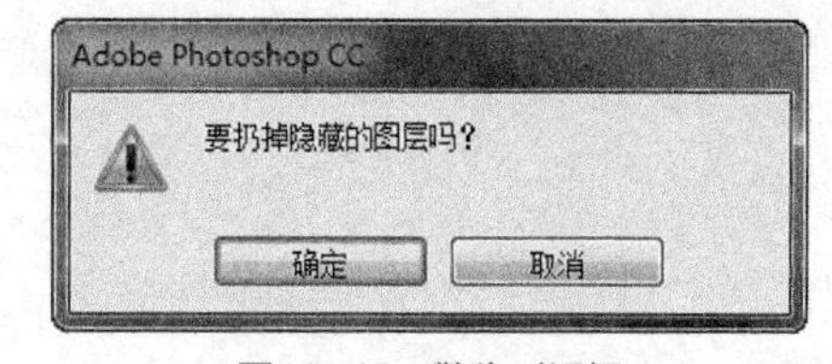

图10-43　警告对话框

10.7.2 向下合并图层

向下合并图层操作可以将当前图层与下面的一个图层合并。在菜单中执行“图层/合并图层”命令或按Ctrl+E快捷键，即可完成当前图层与下一图层的合并操作。

10.7.3 合并所有可见图层

合并所有可见图层操作可以将“图层”面板中显示的图层合并为一个单一图层，隐藏图层不被删除。在菜单中执行“图层/合并可见图层”命令或按Shift+Ctrl+E快捷键，即可将显示的图层合并，合并过程如图10-44所示。

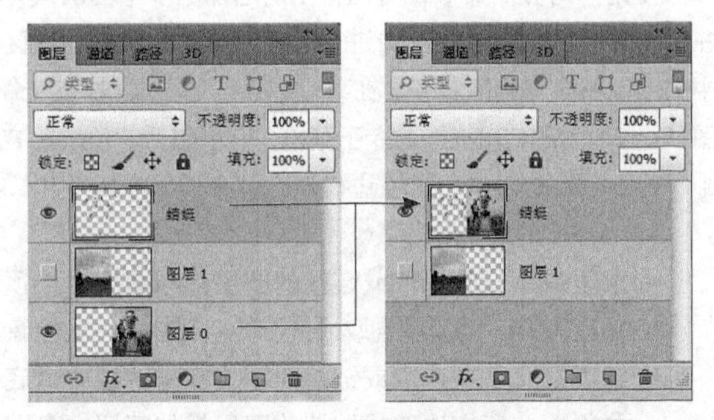

图10-44 合并可见图层

10.7.4 合并选择的图层

合并选择的图层操作可以将“图层”面板中被选择的图层合并为一个图层。选择两个以上的图层后，在菜单中执行“图层/合并图层”命令或按Ctrl+E快捷键，即可将选择的图层合并为一个图层。

10.7.5 盖印图层

盖印图层操作可以将“图层”面板中显示的图层合并到一个新图层中，原来的图层还存在。按Ctrl+Shift+Alt+E快捷键，即可对文件执行盖印操作，如图10-45所示。

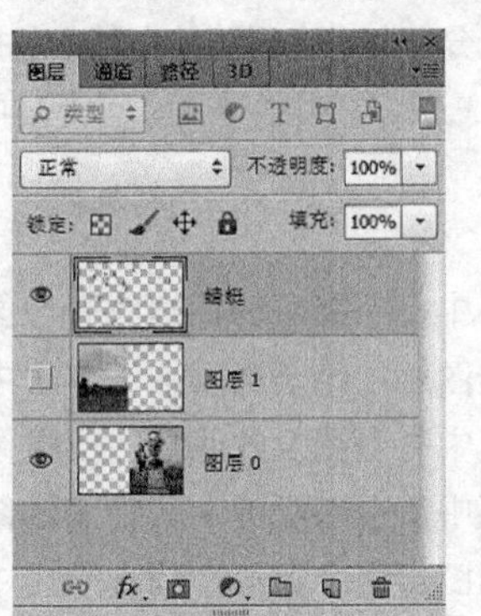

图10-45 盖印图层

10.7.6 盖印选择的图层

盖印选择的图层操作可以将在“图层”面板中选择的多个图层盖印为一个合并图层，原来的图层还存在。按Ctrl+Alt+E快捷键，即可将选择的图层盖印为一个合并的图层。如图10-46所示。

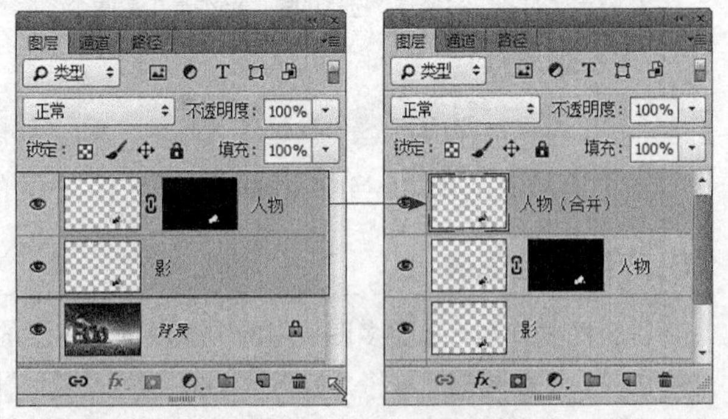

图10-46 盖印选择的图层

10.7.7 合并图层组

合并图层组操作可以将整个图层组中的图层合并为一个图层。在“图层”面板中选择图层组后，在菜单中执行“图层/合并组”命令，即可将图层组中的所有图层合并为一个单独的图层，如图10-47所示。

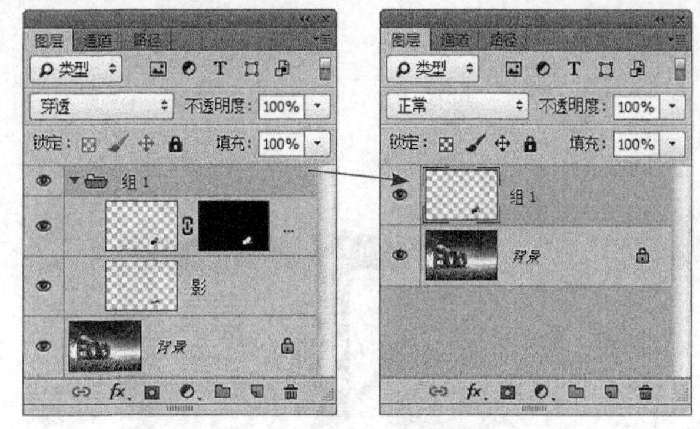

图10-47　合并图层组

10.8 课后练习

课后练习1：新建、复制并命名图层

在Photoshop CC中新建图层、复制图层并进行图层的重新命名，如图10-48所示。

图10-48　新建、复制并命名图层

练习说明

1. 打开素材。
2. 新建图层并进行命名。
3. 复制“背景”图层并进行命名。

课后练习2：新建、复制图层并进行图层编组

在Photoshop CC中新建图层并复制图层，然后选取图层进行编组，如图10-49所示。

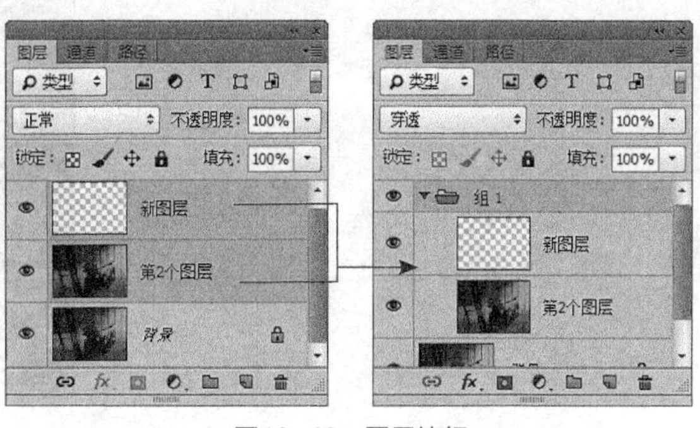

图10-49　图层编组

练习说明

1. 打开素材。
2. 新建图层并复制“背景”图层。
3. 将新建的图层与复制的图层一同选取。
4. 将选取的图层进行编组。

第 11 章

图层的应用

本章重点：

- 混合模式
- 图层样式
- 创建新的填充与调整图层
- 智能对象
- 图层中的文字处理

对图层的基本操作在上一章中已经进行了详细的讲解，本章对图层操作进一步深化，将在图层的混合模式、图层样式、创建新的填充或调整图层、智能对象和图层中的文字处理等方面进行详细的阐述，并根据理论完成相应的实践操作。

11.1 图层的混合模式

图层的混合模式通过将当前图层中的像素与下面图层中的像素相混合，从而产生奇幻效果。当"图层"面板中存在两个以上的图层时，为上面的图层设置混合模式后，会在文件中看到应用该混合模式后的效果。

在具体讲解图层的混合模式之前，先介绍三种颜色概念。

- **基色**：指的是图像中的原有颜色；也就是要应用混合模式时，两个图层中下面图层中的颜色。
- **混合色**：指的是通过绘画或编辑工具产生的颜色；也就是要应用混合模式时，两个图层中上面图层中的颜色。
- **结果色**：指的是应用混合模式后的颜色。

打开两个图像素材并将其放置到一个文件中，此时在"图层"面板中的图像分别是上面图层中的图像（如图11-1所示）和下面图层中的图像（如图11-2所示）。

在"图层"面板中单击"模式"右侧的倒三角形按钮，会弹出如图11-3所示的下拉列表框。

图11-1　上面图层中的图像

图11-2　下面图层中的图像

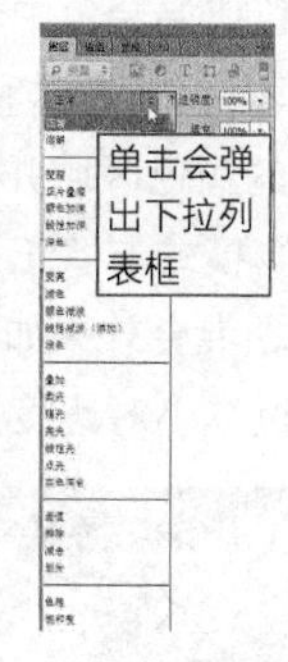

图11-3　混合模式

其中各项的含义如下。

- **正常**：系统默认的混合模式，混合色的显示与不透明度的设置有关。当不透明度为100%，上面图层中的图像区域会覆盖下面图层中该位置的图像区域。只有不透明度小于100%时，才能实现简单的图层混合，如图11-4所示为不透明度为80%时的效果。
- **溶解**：当不透明度为100%时，该混合模式不起作用。只有当不透明度小于100%时，结果色由基色或混合色的像素随机替换。混合效果如图11-5所示。
- **变暗**：选择基色或混合色中较暗的颜色作为结果色。颜色比混合色亮的像素被替换，颜色比混合色暗的像素保持不变。"变暗"模式将导致比背景颜色亮的颜色从结果色中被去掉。混合效果如图11-6所示。

图11-4　"正常"模式

图11-5　"溶解"模式

图11-6　"变暗"模式

- **正片叠底**：将基色与混合色复合，结果色总是较暗的颜色。任何颜色与黑色复合产生黑色，任何颜色与白色复合保持不变。混合效果如图11-7所示。

- **颜色加深**：通过增加对比度使基色变暗以反映混合色。如果与白色混合。将不会产生变化。“颜色加深”模式的混合效果和“正片叠底”模式的混合效果比较类似，混合效果如图11-8所示。
- **线性加深**：通过减小亮度使基色变暗以反映混合色。如果混合色与基色中的白色混合，将不会产生变化。混合效果如图11-9所示。
- **深色**：将上下两个图层混合后，混合色中较亮的区域被基色替换以显示结果色，混合效果如图11-10所示。

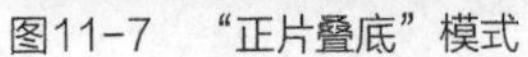

图11-7 “正片叠底”模式　　图11-8 “颜色加深”模式　　图11-9 “线性加深”模式

- **变亮**：选择基色或混合色中较亮的颜色作为结果色。颜色比混合色暗的像素被替换颜色，颜色比混合色亮的像素保持不变。 在这种与“变暗”模式相反的模式下，较亮的颜色区域在最终的结果色中占有主要地位；较暗的颜色区域并不出现在最终的结果色中。混合效果如图11-11所示。
- **滤色**：“滤色”模式与“正片叠底”模式正好相反，它将基色与混合色结合起来，产生比两种颜色都亮的第三种颜色，混合效果如图11-12所示。
- **颜色减淡**：通过减小对比度使基色变亮以反映混合色。与黑色混合，则不产生变化。应用“颜色减淡”

图11-10 “深色”模式　　图11-11 “变亮”模式　　图11-12 “滤色”模式

混合模式时，基色中的暗区域都会消失，混合效果如图11-13所示。

- **线性减淡（添加）**：通过增加亮度使基色变亮以反映混合色。与黑色混合时不产生变化。混合效果如图11-14所示。
- **浅色**：将上下两个图层混合后，混合色中较暗的区域被基色替换以显示结果色，效果与“变亮”模式类似，混合效果如图11-15所示。

图11-13 “颜色减淡”模式　　图11-14 “线性减淡”模式　　图11-15 “浅色”模式

- **叠加**：把基色与混合色相混合，产生一种中间色。基色比混合色暗的颜色会加深，比混合色亮的颜色将被遮盖，而图像内的高亮部分和阴影部分保持不变。因此，对黑色或白色像素着色时，“叠加”模式不起作用。混合效果如图11-16所示。
- **柔光**：可以产生一种柔光照射的效果。如果混合色比基色的像素更亮一些，那么结果色将更亮；如果混合色比基色的像素更暗一些，那么结果色将更暗，使图像的亮度反差增大。混合效果如图11-17所示。
- **强光**：可以产生一种强光照射的效果。如果混合色比基色的像素更亮一些，那么结果色将更亮；如果混合色比基色的像素更暗一些，那么结果色将更暗。除了根据背景中的颜色而使背景色是多重的或屏蔽的之外，这种模式的效果实质上同“柔光”模式是一样的，但比“柔光”模式更强烈一些。混合效果如图11-18所示。

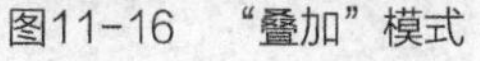

图11-16 “叠加”模式　图11-17 “柔光”模式　图11-18 “强光”模式

- **亮光**：通过增加或减小对比度来加深或减淡颜色，具体取决于混合色。如果混合色比 50%灰色亮，则通过减小对比度使图像变亮；如果混合色比50% 灰色暗，则通过增加对比度使图像变暗。混合效果如图11-19所示。
- **线性光**：通过减小或增加亮度来加深或减淡颜色，具体取决于混合色。如果“混合色”比 50% 灰色亮，则通过增加亮度使图像变亮；如果混合色比 50% 灰色暗，则通过减小亮度使图像变暗。混合效果如图11-20所示。
- **点光**：主要是替换颜色，具体取决于混合色。如果混合色比 50% 灰色亮，则替换比混合色暗的像素，而不改变比混合色亮的像素；如果混合色比 50% 灰色暗，则替换比混合色亮的像素，而不改变比混合色暗的像素。这对于向图像添加特殊效果非常有用。混合效果如图11-21所示。

图11-19 “亮光”模式　图11-20 “线性光”模式　图11-21 “点光”模式

- **实色混合**：通过将基色与混合色相加，产生混合后的结果色。该模式能够产生颜色较少、边缘较硬的图像效果，混合效果如图11-22所示。
- **差值**：从图像中基色的亮度值减去混合色的亮度值。如果结果为负，则取正值，产生反相效果。由于黑色的亮度值为0，白色的亮度值为255，因此，用黑色着色时不会产生任何影响，用白色着色时则产生与着色的原始像素颜色反相的效果。“差值”模式创建背景颜色的相反色彩，混合效果如图11-23所示。
- **排除**：“排除”模式与“差值”模式相似，但是具有高对比度和低饱和度的特点，比用“差值”模式获得的效果更柔和、更明亮一些。其中，与白色混合将反转基色，而与黑色混合则不产生变化。混合效果如图11-24所示。

图11-22 “实色混合”模式

图11-23 “差值”模式

图11-24 “排除”模式

- **减去**：将基色与混合色中两个像素的绝对值相减，得到混合的效果，混合效果如图11-25所示。
- **划分**：将基色与混合色中两个像素的绝对值相加，得到混合的效果，混合效果如图11-26所示。
- **色相**：使用混合色的色相值进行着色，而饱和度值和亮度值保持不变。当基色与混合色的色相值不同时，才能使用描绘颜色（混合色）进行着色处理。混合效果如图11-27所示。

图11-25 “减去”模式

图11-26 “划分”模式

图11-27 “色相”模式

- **饱和度**：“饱和度”模式的作用方式与“色相”模式相似，它只用混合色的饱和度值进行着色，而色相值和亮度值保持不变。当基色与混合色的饱和度值不同时，才能使用描绘颜色（混合色）进行着色处理，混合效果如图11-28所示。

> **温馨提示**
>
> 要注意的是，“色相”模式不能在灰度模式的图像中使用。

- **颜色**：使用混合色的饱和度值和色相值同时进行着色，而使基色的亮度值保持不变。“颜色”模式可以被看成是“饱和度”模式和“色相”模式的综合效果。该模式能够使灰色图像的阴影或轮廓透过着色的颜色显示出来，产生某种色彩化的效果，这样可以保留图像中的灰阶，并对于给单色图像上色和给彩色图像着色都非常有用。混合效果如图11-29所示。
- **明度**：使用混合色的亮度值进行着色，而保持基色的饱和度值和色相值不变。其实就是用基色中的色相、饱和度以及混合色的亮度创建结果色。此模式创建的效果与“颜色”模式创建的效果相反，混合效果如图11-30所示。

图11-28 “饱和度”模式

图11-29 “颜色”模式

图11-30 “明度”模式

上机练习：通过设置混合模式制作梦幻效果的照片

本次实战主要让大家对混合模式进行一次实际应用的演练。

操作步骤

01 在菜单中执行“文件/打开”命令或按Ctrl+O快捷键，打开随书附带光盘中的文件“素材文件/第11章/骑马.jpg”，如图11-31所示。

02 在“图层”面板中拖动“背景”图层到“创建新图层”按钮上，得到“背景 拷贝”图层，如图11-32所示。

03 在菜单中执行“滤镜/模糊/高斯模糊”命令，弹出“高斯模糊”对话框，设置“半径”为5.5像素，如图11-33所示。

图11-31　素材

图11-32　复制图层

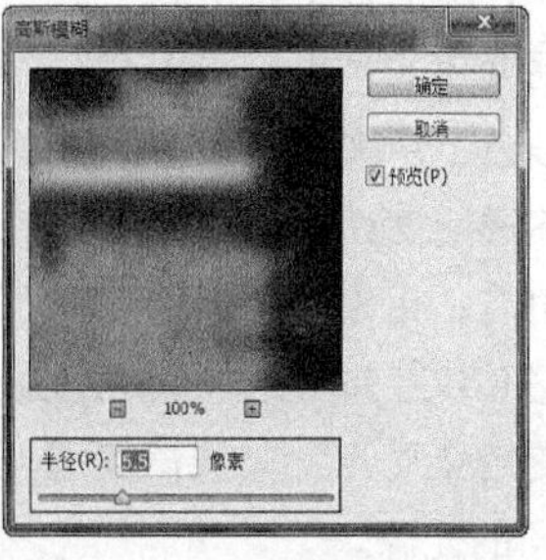

图11-33　“高斯模糊”对话框

04 设置完毕单击“确定”按钮，效果如图11-34所示。

05 在“图层”面板中设置“背景 拷贝”图层的“混合模式”为“浅色”，效果如图11-35所示。

06 在“图层”面板中单击“创建新图层”按钮，新建“图层1”❶，选择“渐变工具”❷，设置“渐变样式”为“径向渐变”❸、“渐变类型”为“色谱”❹，如图11-36所示。

图11-34　模糊效果

图11-35　设置混合模式的效果

图11-36　设置渐变色

07 使用“渐变工具”，按住鼠标右键，在文件中心向右下角拖动鼠标指针填充渐变色，效果如图11-37所示。

08 设置“图层1”的“混合模式”为“叠加”、“不透明度”为30%，如图11-38所示。

09 至此，本例制作完成，最终效果如图11-39所示。

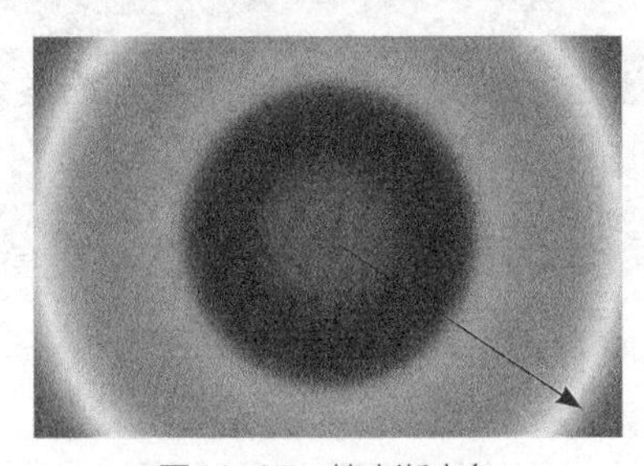

图11-37　填充渐变色

图11-38　设置图层属性

图11-39　最终效果

11.2 图层样式

添加“图层样式”指的是在图层中添加样式效果，从而使图层中的图像产生投影、外发光、内发光、斜面和浮雕效果。各个图层样式的使用方法与设置过程大体相同，本节主要以“投影”图层样式为例，讲解“图层样式”对话框中各参数及选项的作用。

11.2.1 投影

使用“投影”命令可以为当前图层中的图像添加阴影效果。在菜单中执行“图层/图层样式/投影”命令，弹出如图11-40所示的“图层样式”对话框。

图11-40 “图层样式”对话框

其中各项的含义如下。

- **混合模式**：用来设置在图层中添加投影的混合效果。
- **颜色**：用来设置投影的颜色。
- **不透明度**：用来设置投影的透明程度。
- **角度**：用来设置光源照射下投影的方向，可以在数值文本框中输入数值文字或直接拖动角度控制杆。
- **使用全局光**：勾选该复选框后，在图层中的所有样式都使用一个方向的光源。
- **距离**：用来设置投影与图像之间的距离。
- **扩展**：用来设置阴影边缘的细节。数值越大，投影越清晰；数值越小，投影越模糊。
- **大小**：用来设置阴影的模糊范围。数值越大，范围越广，投影越模糊；数值越小，范围越小，投影越清晰。
- **等高线**：用来控制投影的外观现状。单击“等高线”右侧的倒三角形按钮，会弹出“等高线拾色器”面板，在其中可以选择相应的投影外观，如图11-41所示。在“等高线”缩览图上双击，会弹出“等高线编辑器”对话框，从中可以自定义等高线的形状，如图11-42所示。

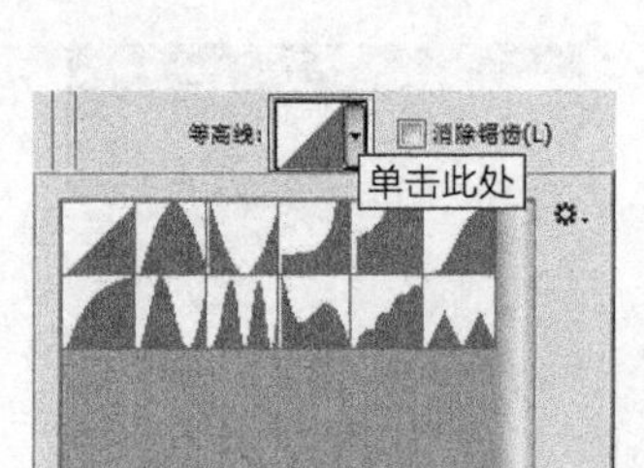

图11-41 “等高线拾色器”面板

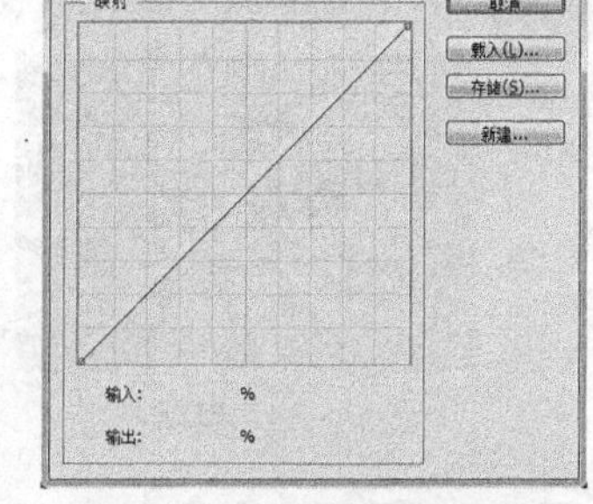

图11-42 “等高线编辑器”对话框

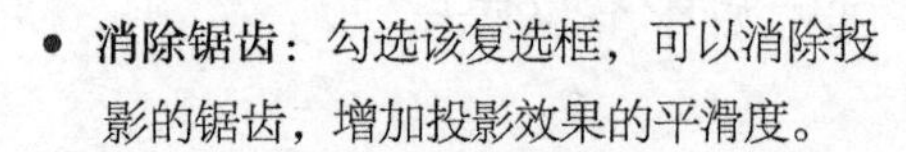

- **消除锯齿**：勾选该复选框，可以消除投影的锯齿，增加投影效果的平滑度。
- **杂色**：用来添加投影的杂色，数值越大，杂色越多。

设置相应的参数后，单击“确定”按钮，即可为图层添加“投影”图层样式，如图11-43所示。

图11-43 添加“投影”图层样式后的效果

11.2.2 内阴影

使用“内阴影”命令可以使图层中的图像产生凹陷到背景中的感觉，效果如图11-44所示。

图11-44 添加“内阴影”图层样式后的效果

11.2.3 外发光

使用“外发光”命令可以在图层中的图像边缘产生向外发光的效果，效果如图11-45所示。

图11-45　添加“外发光”图层样式后的效果

11.2.4 内发光

使用“内发光”命令可以从图层中的图像边缘向内或从图像中心向外产生扩散发光的效果，效果如图11-46所示。

温馨提示

在“内发光”图层样式的对话框中，单击“居中”单选按钮，发光效果是从图像的中心向边缘扩散；单击“边缘”单选按钮，发光效果是从图像的边缘向中心扩散。

图11-46　添加“内发光”后图层样式的效果

11.2.5 斜面和浮雕

使用“斜面和浮雕”命令可以为图层中的图像添加立体浮雕效果及图案纹理，效果如图11-47所示。

温馨提示

在“斜面和浮雕”图层样式的对话框中，可以在“样式”下拉列表框中选择添加浮雕的样式，其中包括“外斜面”“内斜面”“浮雕效果”“枕状浮雕”和“描边浮雕”。

图11-47　添加“斜面和浮雕”图层样式后的效果

11.2.6 光泽

使用“光泽”命令可以为图层中的图像添加光源照射的光泽效果，并可以与原图像进行密切的融合，效果如图11-48所示。

图11-48　添加“光泽”图层样式后的效果

11.2.7 颜色叠加

使用“颜色叠加”命令可以为图层中的图像叠加一种自定义的颜色，效果如图11-49所示。

图11-49　添加“颜色叠加”图层样式后的效果

11.2.8 渐变叠加

使用“渐变叠加”命令可以为图层中的图像叠加一种自定义或预设的渐变颜色，效果如图11-50所示。

图11-50　添加“渐变叠加”图层样式后的效果

11.2.9 图案叠加

使用“图案叠加”命令可以为图层中的图像叠加一种自定义或预设的图案，效果如图11-51所示。

图11-51　添加“图案叠加”图层样式后的效果

11.2.10 描边

使用“描边”命令可以为图层中的图像边缘添加内部、居中或外部的单色、渐变或图案效果，效果如图11-52所示。

图11-52　添加“描边”图层样式后的效果

温馨提示

在应用“描边”图层样式时一定要将其与“编辑”菜单下的“描边”命令区别开。“描边”图层样式添加的是样式；“编辑”菜单下的“描边”命令填充的是像素。

温馨提示

在“样式”面板中出现的样式效果都是由图层样式构建而成的，使用时只要单击相应的样式图标，即可将效果添加到图层中，过程如图 11-53 所示。

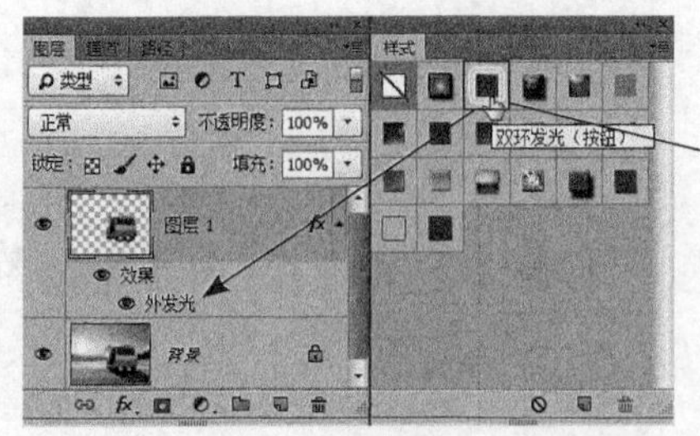

图11-53　添加样式

上机练习：通过添加图层样式制作网店宝贝分类

本次实战为大家讲解通过添加不同的图层样式制作网店宝贝分类的方法。具体操作如下。

操作步骤

01 启动Photoshop CC，新建一个宽度为150像素、高度为50像素“分辨率”为7像素／英寸的空白文件，如图11-54所示。

02 新建“图层1”，选择“圆角矩形工具”，设置“工具模式”为“像素”、“半径”为5像素，设置前景色为黄色（R:241 G:189，B:19），在文件中绘制黄色圆角矩形，效果如图11-55所示。

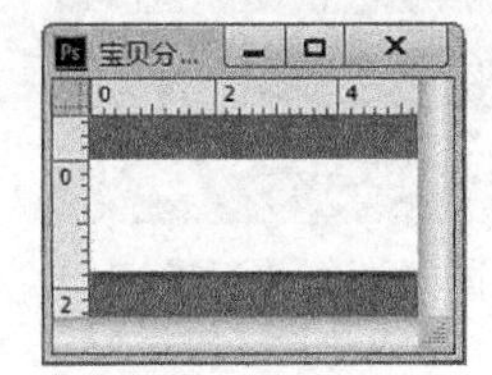

图11-54　新建文件

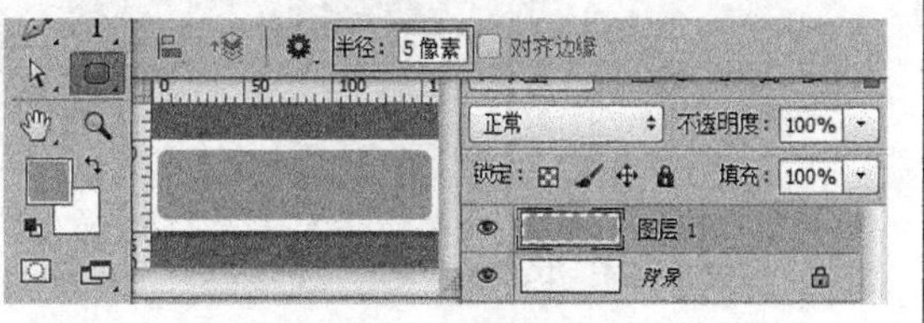

图11-55　绘制圆角矩形

03 在菜单中分别执行“图层/图层样式/描边”命令和“图层/图层样式/投影”命令，弹出“图层样式”对话框，其中的参数设置如图11-56所示。

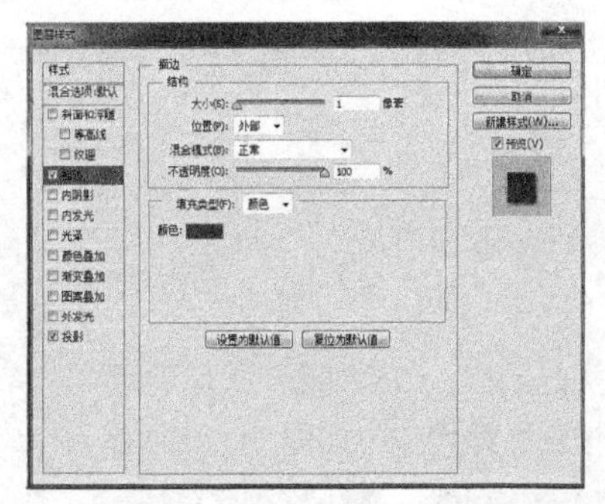

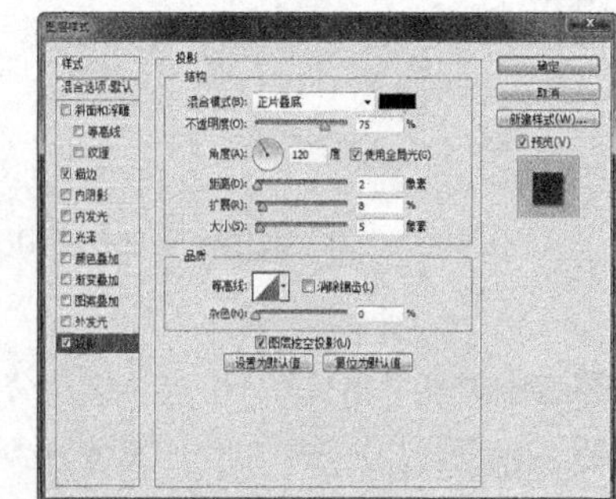

图11-56　设置图层样式

04 设置完毕单击“确定”按钮，效果如图11-57所示。

05 新建“图层2”，使用“钢笔工具”绘制封闭路径，效果如图11-58所示。

图11-57　添加图层样式后的效果

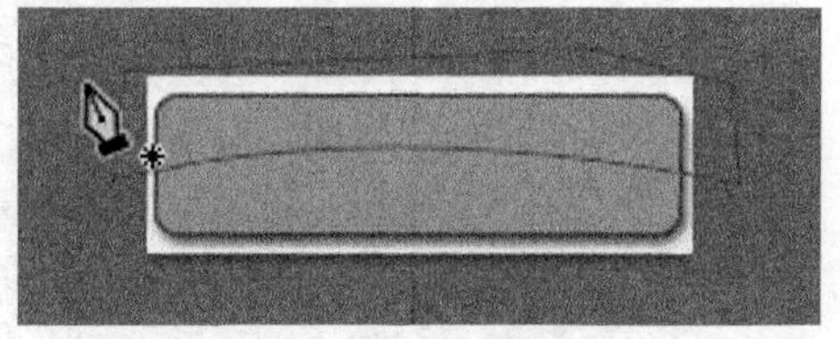

图11-58　绘制路径

> **温馨提示**
>
> “钢笔工具”的使用方法，可以参考“第20章 路径的基础”。

06 按Ctrl+Enter快捷键将路径转换为选区，使用“渐变工具”（如图11-59所示）。从上向下填充由黄色到淡黄色的渐变色。

07 按Ctrl+D快捷键去掉选区，在菜单中执行“图层/创建剪贴蒙版”命令，得到如图11-60所示的效果。

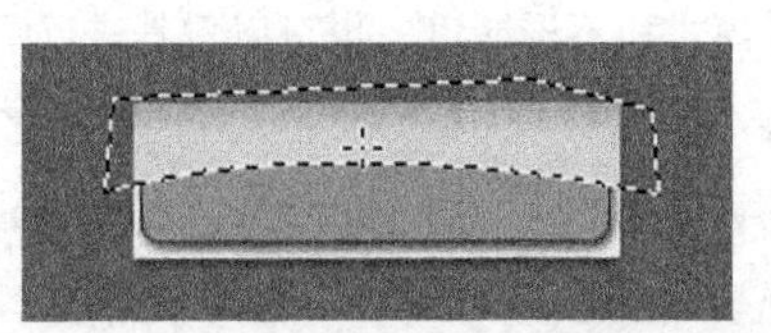

图11-59　转换为选区并填充

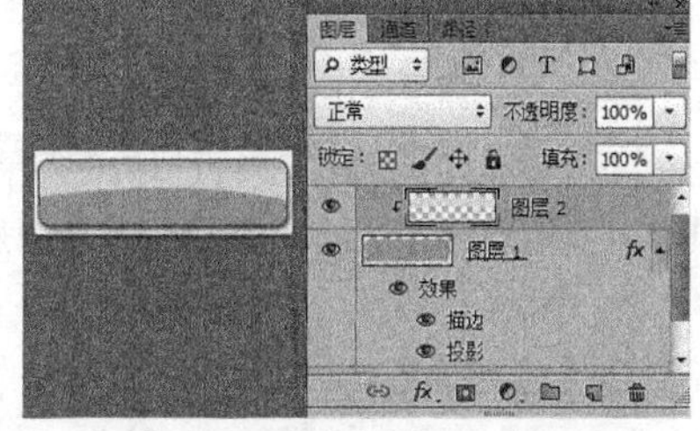

图11-60　创建剪贴蒙版后的效果

> **温馨提示**
>
> 剪贴蒙版的使用方法，可以参考“第12章 图层的高级应用”。

08 在菜单中执行“图层/图层样式/投影”命令，弹出“图层样式”对话框，其中的参数设置如图11-61所示。

09 设置完毕单击“确定”按钮，设置“图层2”的“不透明度”为31%，效果如图11-62所示。

10 在制作的按钮上输入文字，效果如图11-63所示。

11 新建图层，使用“自定形状工具”绘制黄色箭头图案，并为其添加“描边”图层样式，效果如图11-64所示。

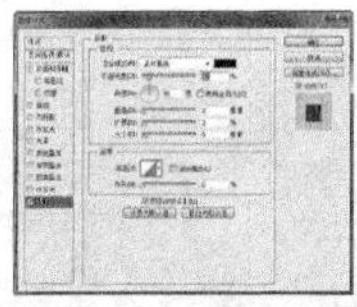

图11-61 “图层样式”对话框

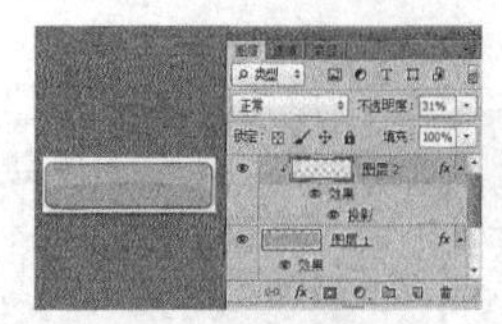

图11-62 设置不透明度后的效果

图11-63 输入文字

图11-64 绘制形状并添加图层样式后的效果

温馨提示

文字的编辑和使用方法，可以参考本章中的“图层中文字的处理”。

温馨提示

“自定形状工具”的使用方法，可以参考“第20章 路径的基础”。

12 复制箭头并将其缩小，完成宝贝分类的制作，效果如图11-65所示。

13 使用同样的方法，制作出其他分类按钮，最终效果如图11-66所示。

图11-65 制作效果

图11-66 最终效果

11.3 应用填充或调整图层

应用“新建填充图层”或“新建调整图层”命令，可以在不更改图像本身像素的情况下对图像整体外观进行调整，使其成为另外一种效果。

11.3.1 创建填充图层

填充图层与普通图层具有相同的混合模式和不透明度，也可以对其进行图层顺序的调整、删除、隐藏、复制和应用滤镜等操作。在菜单中执行“图层/新建填充图层”命令，打开该命令的子菜单，其中包括“纯色”“图案”和“渐变”命令，选择相应的命令后可以在弹出的“拾色器（纯色）”“图案填充”和“渐变填充”对话框中进行设置。默认情况下创建填充图层后，系统会自动生成一个图层蒙版，如图11-67所示。

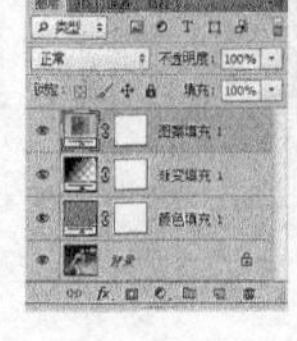

图11-67 新建填充图层

11.3.2 创建调整图层

使用“新建调整图层”命令可以对图像的颜色或色调进行调整。与“图像”菜单中的“调整”命令不同，它不会更改原图像中的像素。在菜单中执行“图层/新建调整图层”命令，打开该命令的子菜单，其中包括“色阶”“色彩平衡”“色相/饱和度”等命令，所有的修改都在“属性”面板中进行，如图11-68所示。此时会在“图层”面板中自动新建一个调整图层，如图11-69所示。调整图层和填充图层，一样可以设置混合模式和不透明度。

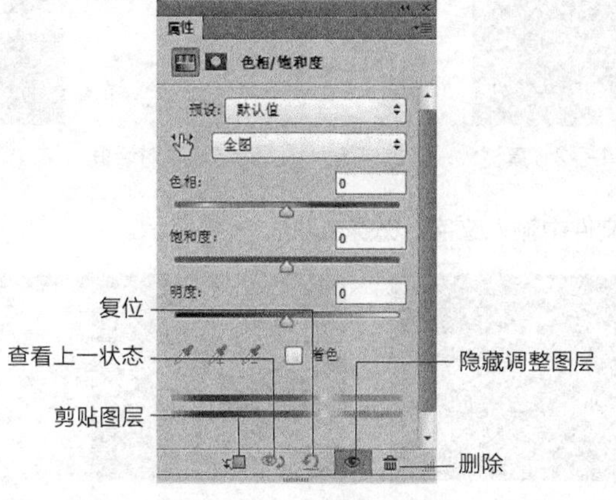

图11-68　“属性”面板

图11-69　调整图层

其中各项的含义如下。

- **剪贴图层**：创建的调整图层对下面的所有图层都起调整作用，单击此按钮，可以只对当前图层起到调整效果。
- **隐藏调整图层**：单击此按钮，可以将当前调整图层在显示与隐藏之间进行转换。
- **查看上一状态**：单击此按钮，可以看到上一次调整的效果。
- **复位**：单击此按钮，可以恢复到“属性”面板最初打开的状态。
- **删除**：单击此按钮，可以将当前调整图层删除。

11.3.3 合并填充图层或调整图层

合并填充图层时，可以将纯色、渐变或图案填充图层直接与下面的图像所在的图层合并为一个图层，此时合并后的图层为最上面的图像效果，如图11-70所示。合并调整图层时，会将调整后的效果作为合并后的图像，如图11-71所示。

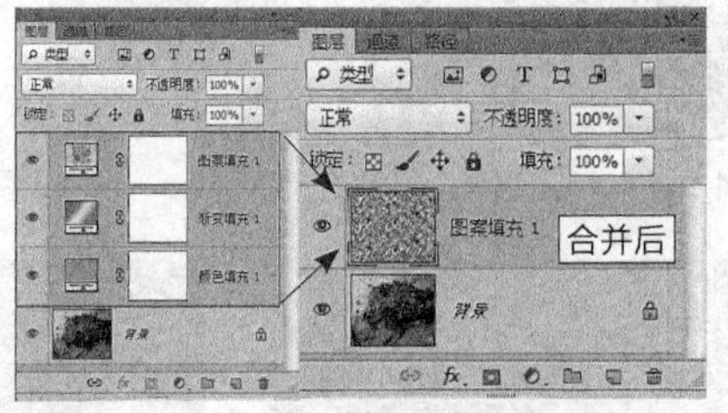

图11-70　合并填充图层

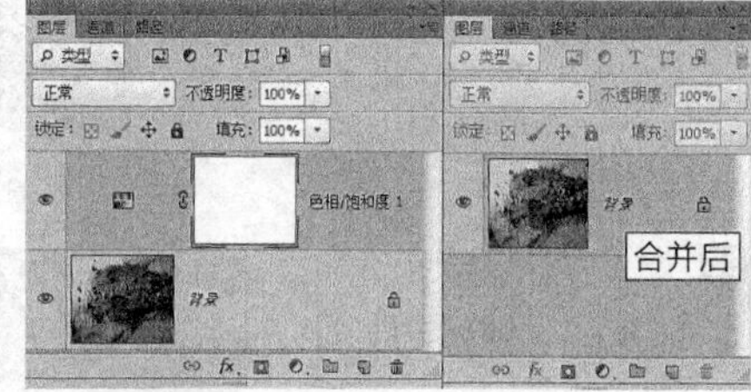

图11-71　合并调整图层

温馨提示

新建后的填充图层或调整图层的合并、复制与删除的应用都与普通图层相同。

上机练习：通过添加样式与创建填充图层制作霓虹灯效果

本次实战主要让大家了解定义图案、填充图案和添加样式的方法具体操作如下。

操作步骤

01 在菜单中执行“文件/打开”命令或按Ctrl+O快捷键，打开随书附带光盘中的文件“素材文件/第11章/墙面.jpg”，如图11-72所示。

02 在菜单中执行“编辑/定义图案”命令，弹出“图案名称”对话框，设置“名称”为“图案1”，如图11-73所示，单击“确定”按钮。

03 新建一个宽度为18厘米、高度为13.5厘米、分辨率为150像素／英寸的空白文件。在菜单中执行“图层/新建填充图层/填充图案”命令，在弹出的“新建图层”对话框中直接单击“确定”按钮，在弹出的“图案填充”对话框中选择刚才定义的图案，效果如图11-74所示，单击确定按钮。

图11-72　素材

图11-73　“图案名称”对话框

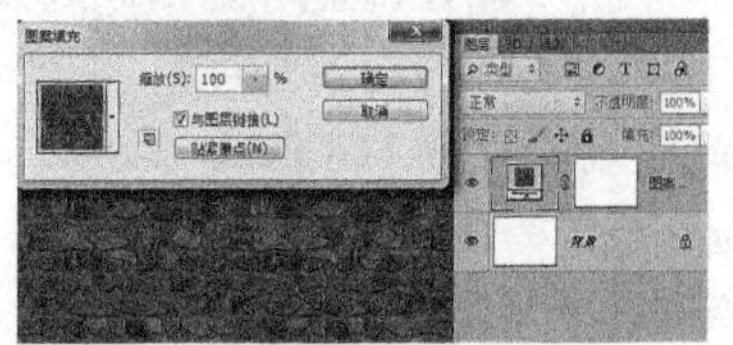

图11-74　填充图案

04 使用“横排文字工具”T在文件中输入文字，效果如图11-75所示。

05 在菜单中执行“窗口/样式”命令，打开“样式”面板，在面板弹出菜单中选择“Web样式”选项，之后再选择“样式”面板中的“红色回环”样式，效果如图11-76所示。

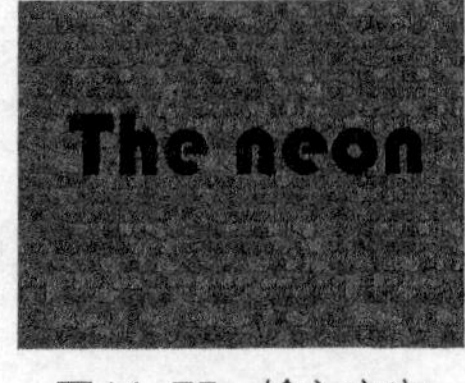

图11-75　输入文字

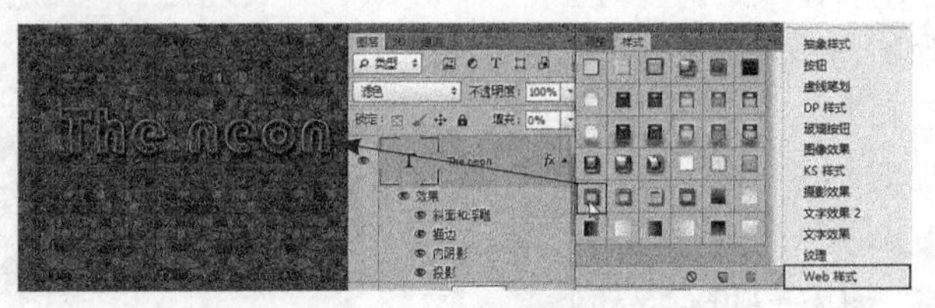

图11-76　添加样式

06 按住Ctrl键单击文字图层的缩览图，调出文字的选区，新建“图层1”，为选区填充红色，效果如图11-77所示。

07 按Ctrl+D键去掉选区。在菜单中执行“滤镜/模糊/高斯模糊”命令，弹出“高斯模糊”对话框，设置“半径”为40像素，如图11-78所示。

图11-77　新建图层并填充选区

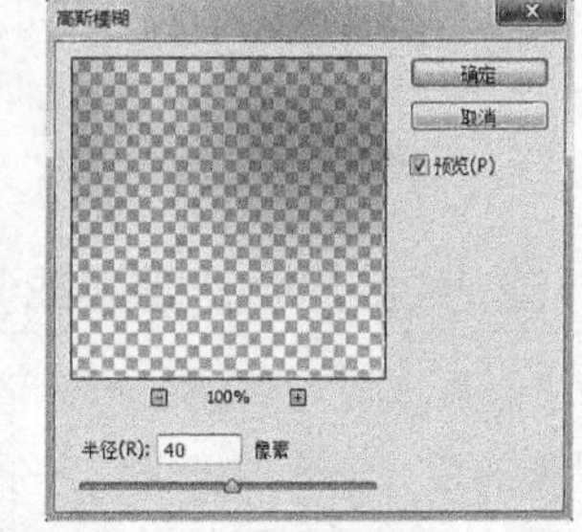

图11-78　“高斯模糊”对话框

08 设置完毕单击“确定”按钮，效果如图11-79所示。

09 使用同样的方法，在“样式”面板中选择“蓝色回环”样式，制作出下面的蓝色文字，最终效果如图11-80所示。

图11-79　模糊效果

图11-80　最终效果

上机练习：使用调整图层制作图案叠加效果

本次实战主要让大家了解定义图案、填充图案、创建调整图层的方法。

操作步骤

01 在菜单中执行“文件/打开”命令或按Ctrl+O快捷键，打开随书附带光盘中的文件“素材文件/第11章/创意汽车广告.jpg”，如图11-81所示。

02 在“图层”面板中单击“创建新的填充或调整图层”按钮，在弹出的菜单中选择“自然饱和度”命令，如图11-82所示。

03 选择“自然饱和度”命令后，系统会打开“属性”面板，在其中可以对“自然饱和度”调整图层进行设置，如图11-83所示。

图11-81　素材

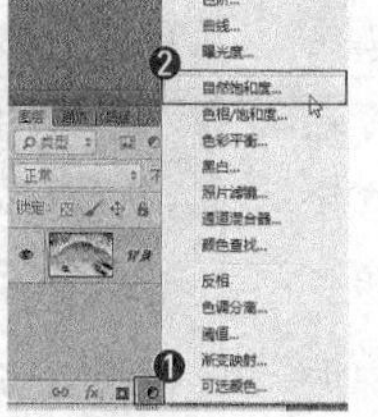

图11-82　选择调整命令

图11-83　设置调整图层

04 设置完毕，效果如图11-84所示。

05 在“图层”面板中单击“创建新的填充或调整图层”按钮，在弹出的菜单中选择“照片滤镜”命令，在打开的“属性”面板中对“照片滤镜”调整图层进行设置，如图11-85所示。

06 设置完毕，效果如图11-86所示。

图11-84　调整效果

图11-85　设置调整图层

图11-86　调整效果

07 在“图层”面板中单击“创建新的填充或调整图层”按钮，在弹出的菜单中选择“填充图案”命令，在弹出的“图案填充”对话框中选择“紫色雏菊”图案，其他参数不变，如图11-87所示。

08 设置完毕单击“确定”按钮，在“图层”面板中设置“混合模式”为“减去”、“不透明度”为21%，如图11-88所示。

09 至此，完成本例的操作，最终效果如图11-89所示。

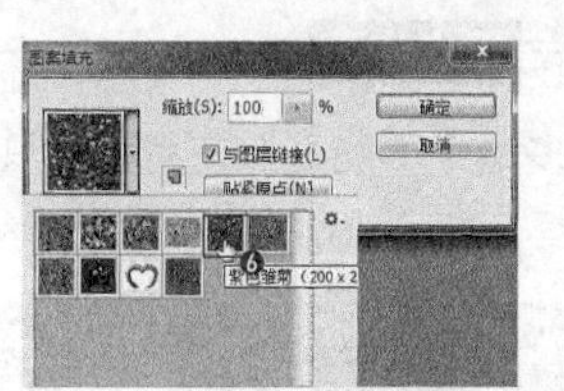

图11-87　选择图案

图11-88　设置混合模式和不透明度

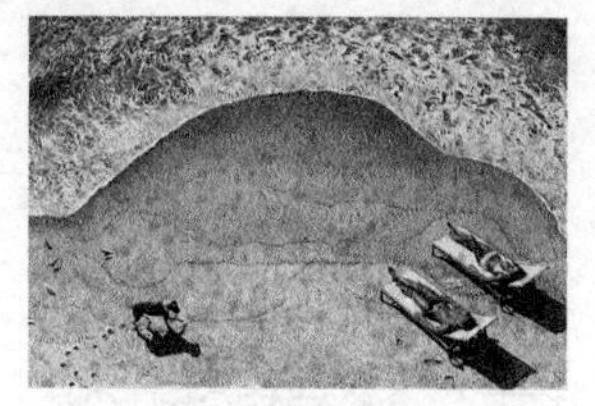

图11-89　最终效果

11.4 智能对象

将图层转换成智能对象后，将其中的图像缩小再恢复到原来的大小，图像的像素不会丢失。智能对象支持多层嵌套功能，并且应用滤镜后可以将应用的滤镜显示在智能对象的下方，如图11-90所示。

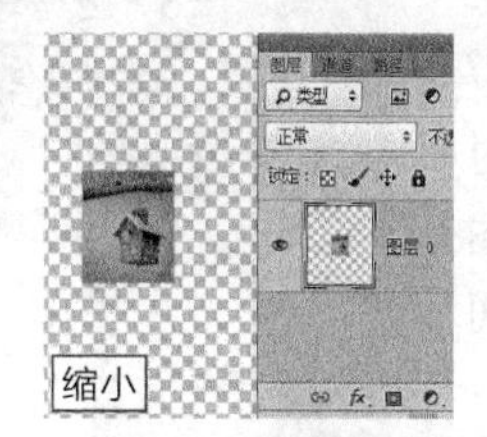

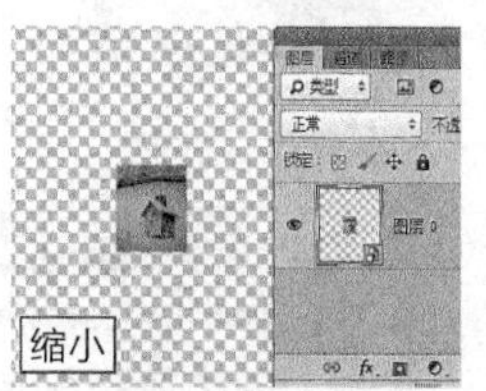

图11-90　智能对象与普通图层的效果对比

温馨提示

通过上面的效果对比，可以十分清楚地看到智能对象与普通图层的区别。

11.4.1 转换为智能对象

在菜单中执行“图层/智能对象/转换为智能对象”命令，可以将单个图层、多个图层转换成一个智能对象，或将选取的普通图层与智能对象转换成一个智能对象。转换成智能对象后，图层缩览图中会出现一个表示智能对象的图标，如图11-91所示。

图11-91　转换为智能对象

11.4.2 编辑智能对象

在Photoshop中，可以对智能对象的编辑文件进行编辑。在编辑并储存智能对象的源文件后，对应的智能对象会随之改变。对于智能对象，有些调整是有限制的。在不能直接对其进行操作时，就要对智能对象进行简单的编辑，从而改变智能对象的局部或全部效果。

上机练习：改变智能对象中局部的颜色

本次实战主要让大家对编辑智能对象有更加深刻的认识。

操作步骤

智能对象在“图像/调整”的子菜单中是好多命令不能直接使用的，只有通过“编辑智能对象”来完成调整命令的应用。

01 在菜单中执行“文件/打开”命令或按Ctrl+O快捷键，打开随书附带光盘中的文件“素材文件/第11章/创意广告03.jpg”，如图11-92所示。

02 在菜单中执行“图层/智能对象/转换为智能对象”命令，将“背景”图层转换成智能对象，如图11-93所示。

图11-92　素材

图11-93　转换为智能对象

03 在菜单中执行“图层/智能对象/编辑内容”命令，弹出如图11-94所示的警告对话框。

04 单击“确定”按钮，系统弹出编辑文件“图层0.Psb，如图11-95所示。

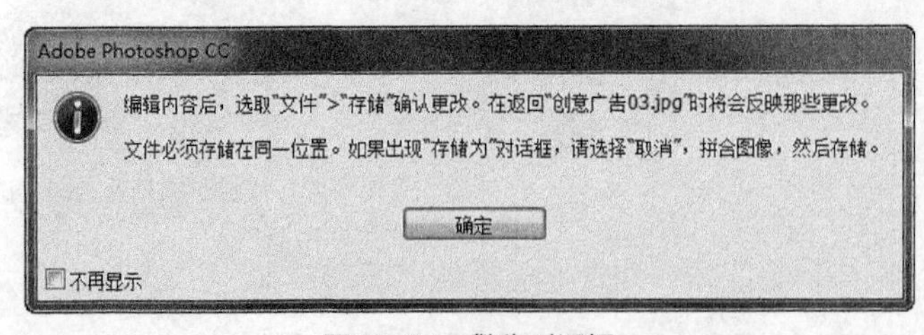

图11-94　警告对话框

图11-95　编辑内容

05 在菜单中执行“图像/调整/色相/饱和度”，其中的参数设置如图11-96所示。

06 设置完毕单击“确定”按钮，调整效果如图11-97所示。

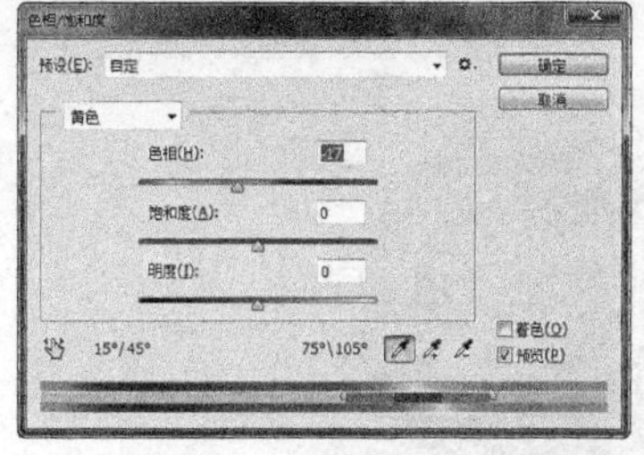

图11-96　“色相/饱和度”对话框

图11-97　调整效果

07 此时发现智能对象没有随之发生变化，关闭编辑文件“图层0.Psb”，弹出如图11-98所示的对话框。

08 单击“是”按钮，此时发现智能对象已经随之发生了变化，效果如图11-99所示。

图11-98　提示对话框

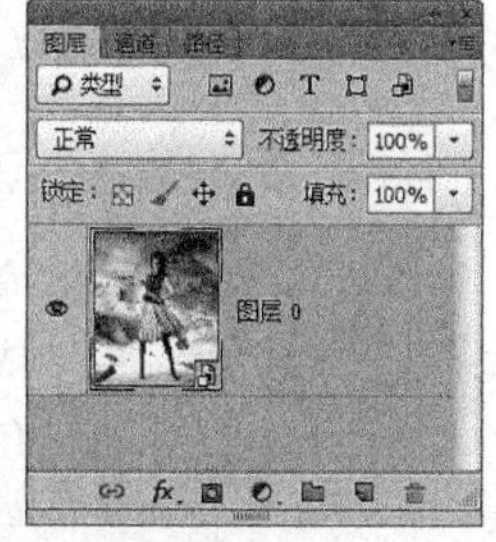

图11-99　发生变化的智能对象

11.4.3 导出和替换智能对象

在菜单中执行“图层/智能对象/导出内容”命令，可以将智能对象的内容按照原样导出到任意驱动器（储存位置）中，智能对象将采用PSB或PDF格式进行储存。

在菜单中执行“图层/智能对象/替换内容”命令，可以用重新选取的图像替换掉当前文件中的智能对象的内容，如图11-100所示。

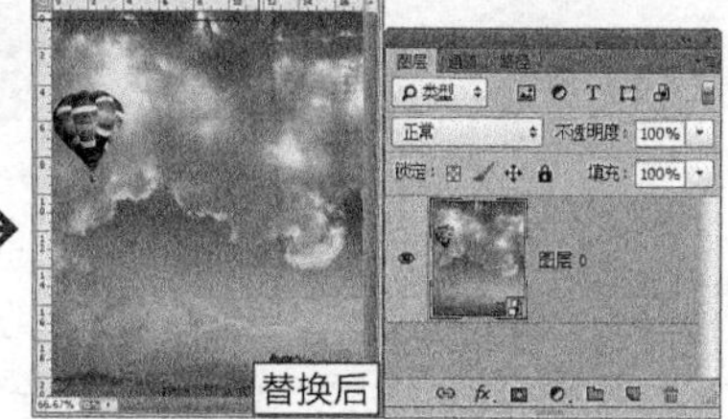

图11-100　替换内容

11.4.4 栅格化智能对象

在菜单中执行“图层/栅格化/智能对象”命令，可以将智能对象转换成普通图层，智能对象拥有的特性将会消失，如图11-101所示。

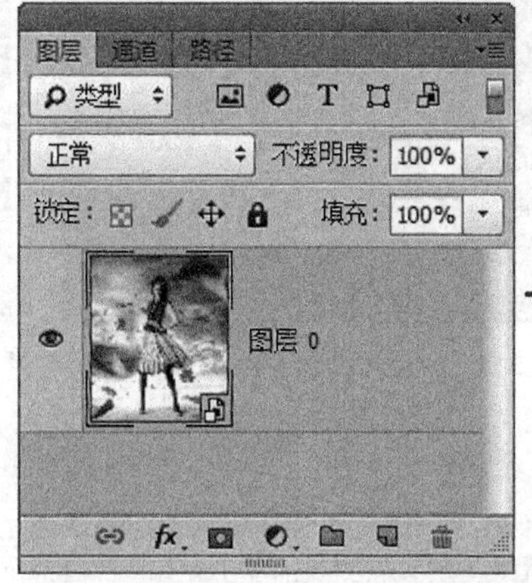

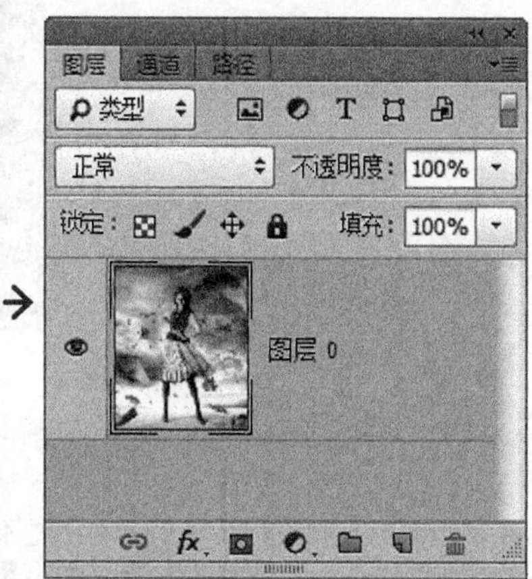

图11-101　栅格化智能对象

11.5 修边

当移动或粘贴选区内容时，选区边框周围的一些像素也会被包含在选区内，这样会在移动或粘贴选区内容时在选区周围出现锯齿或晕圈。使用“修边”命令可以清除不需要的边缘像素。

11.5.1 去边

“去边”命令是用含纯色的邻近像素的颜色替换选区边缘像素的颜色。例如，在红色背景中移动或粘贴选区中的蓝色对象后会出现红色边缘，此时在菜单中执行“图层/修边/去边”命令，在弹出的“去边”对话框中设置“宽度”为1像素，单击“确定”按钮，过程如图11-102所示。

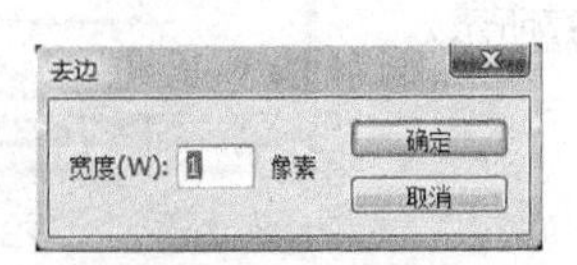

图11-102　去边

11.5.2 移去黑色杂边

“移去黑色杂边”命令可以去除在黑色背景中移动或粘贴选区内容后产生的多余黑色边缘像素。在菜单中执行“图层/修边/移去黑色杂边”命令，得到如图11-103所示的效果。

图11-103　移去黑色杂边

11.5.3 移去白色杂边

“移去白色杂边” 命令可以去除在白色背景中移动或粘贴选区内容后产生的多余白色边缘像素。在菜单中执行“图层/修边/移去白色杂边”命令，得到如图11-104所示的效果。

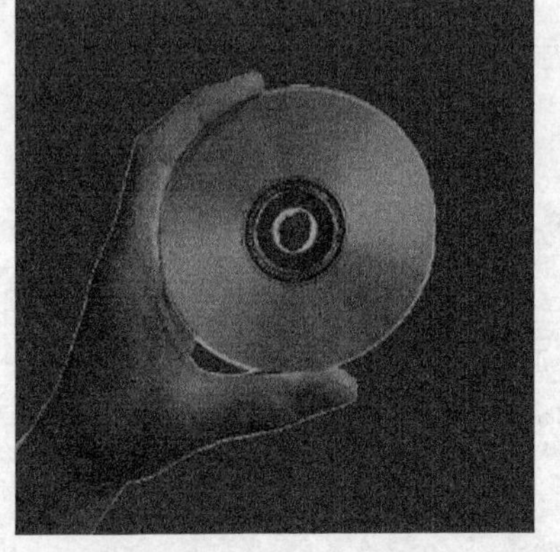

图11-104　移去白色杂边

温馨提示

“移去黑色杂边”命令与“移去白色杂边”命令对于图像的修边效果都是比较微弱的，观察时一定要细心。

11.6 图层中文字的处理

在当前的平面设计领域里，文字是不可或缺的一部分。它不但能够快速呈现当前设计的主题，还可以在设计中作为修饰元素充当点睛之笔。包含文字的作品在人们的眼前随处可见，如平面广告、海报宣传、网页设计和产品宣传等，因此，文字在平面设计中是必不可少的。

文字的主要功能是向大众传达作者的意图等各种视觉信息。要达到这一目的，必须考虑文字的整体诉求效果，要给人以清晰的视觉印象。因此，设计中的文字应避免繁杂、零乱，要使人易认、易懂，切忌为了设计而设计，忘记文字设计的根本目的是为了更好、更有效地传达作者的意图，表达设计的主题和构想意念。

11.6.1 输入文字

在Photoshop CC中可以直接创建文字的工具只有“横排文字工具”和“直排文字工具”。在文件中输入文字后，系统会自动在“图层”面板中创建一个文字图层，如图11-105所示。

横排文字工具

在Photoshop CC中使用“横排文字工具”可以在水平方向上输入文字。该工具是文字工具组中最基本的文字输入工具，同时也是使用最频繁的一个文字输入工具。

“横排文字工具”的使用方法非常简单，只要在工具箱中选择“横排文字工具”，再拖动鼠标指针到画面中要输入文字的地方，单击鼠标左键会出现输入光标，此时输入所需要的文字即可，输入方法如图11-106所示。

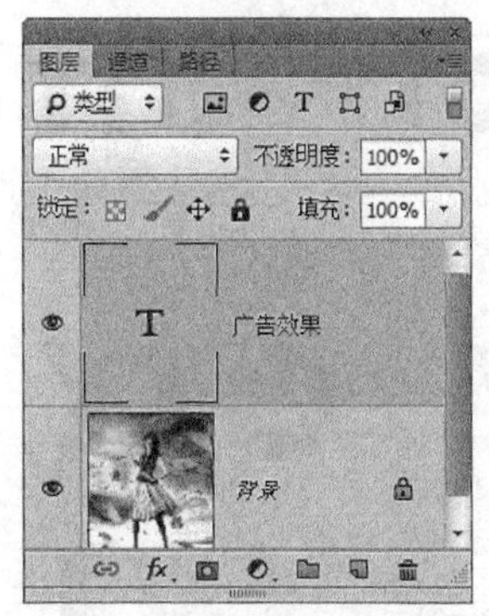

图11-105　文字图层

图11-106　输入的文字横排

温馨提示

文字输入完毕，单击属性栏中的“提交所有当前编辑”按钮或在工具箱中单击一下其他工具，即可确认文字的输入操作。

选择“横排文字工具”后，属性栏会变成该工具对应的参数及选项设置，如图11-107所示。

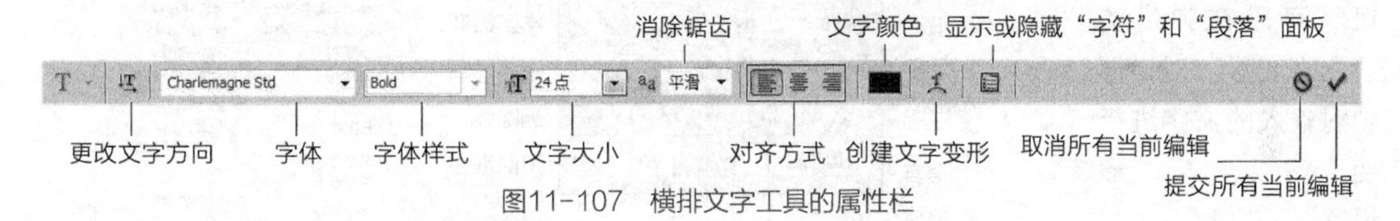

图11-107　横排文字工具的属性栏

其中各项的含义如下。

- **更改文字方向**：单击此按钮，即可将输入的文字在水平与垂直方向之间进行转换，效果如图11-108所示。
- **字体**：用来设置输入文字的字体。单击右侧的倒三角形按钮，可以在弹出的下拉列表框中选择输入文字的字体。
- **字体样式**：选择不同字体时，会在“字体样式”下拉列表框中出现该文字字体对应的不同字体样式。例如，选择“Arial”字体时，在“字体样式”下拉列表框中就会包含四种该文字字体所对应的字体样式，如图11-109所示。选择不同的样式时，输入的文字也会有所不同，如图11-110所示。

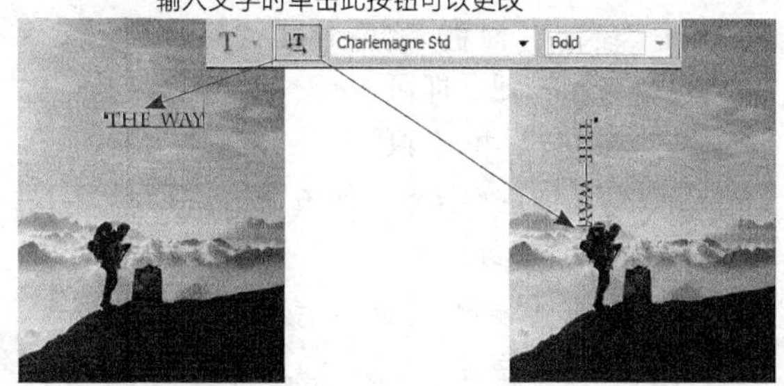

图11-108　更改文字方向

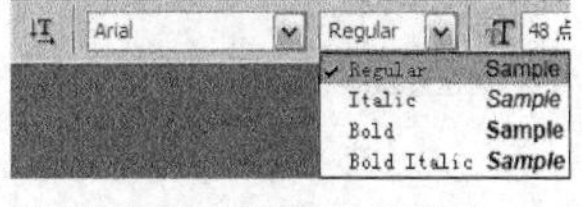

图11-109　字体样式

Photoshop　Photoshop　Photoshop　Photoshop

Regular　Italic　Bold　Bold Italic

图11-110　“Arial”字体的字体样式

温馨提示

不是所有的字体都存在字体样式。

- **文字大小**：用来设置输入文字的大小，可以在下拉列表框中进行选择，也可以直接在数值文本框中输入数值。
- **消除锯齿**：可以通过部分填充边缘像素来产生边缘平滑的文字。在其下拉列表框中包含五个选项，如图11-111所示，该设置只会对当前输入的整个文字起作用，不会对单个字符起作用。输入文字后，分别选择不同“消除锯齿”选项后的效果如图11-112所示。

图11-111 “消除锯齿”选项

CTY CTY CTY CTY CTY

无 锐利 犀利 浑厚 平滑

图11-112 消除锯齿的效果

- **对齐方式**：用来设置输入文字的对齐方式，包括“左对齐”、“居中对齐”和“右对齐”，效果如图11-113所示。

CTY CTY CTY

左对齐 文本居中对齐 右对齐

图11-113 对齐效果

- **文字颜色**：用来控制输入文字的颜色。
- **文字变形创建**：输入文字后单击该按钮，可以在弹出的“文字变形”对话框中对输入的文字进行变形设置。
- **显示或隐藏“字符”和“段落”面板**：单击该按钮，即可将“字符”和“段落”面板组进行显示。如图11-114所示为“字符”面板，如图11-115所示为“段落”面板。

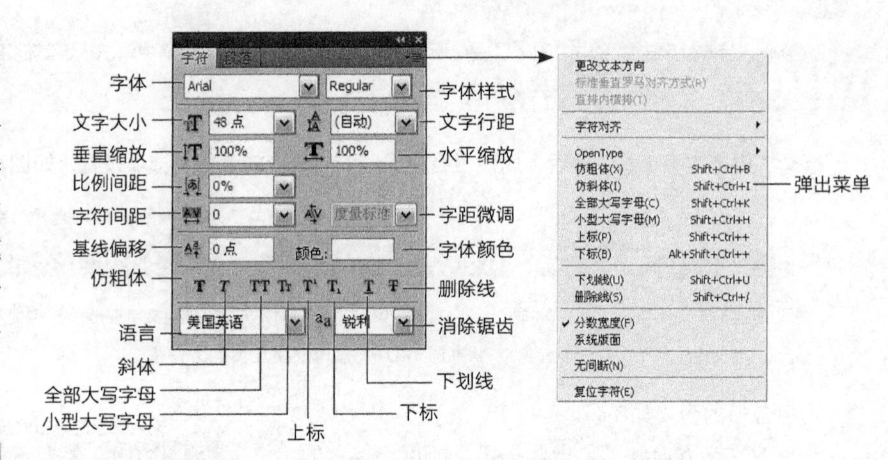

图11-114 “字符”面板

- **取消所有当前编辑**：用来将当前编辑状态下的文字还原。
- **提交所有当前编辑**：用来对正处于编辑状态的文字应用编辑效果。

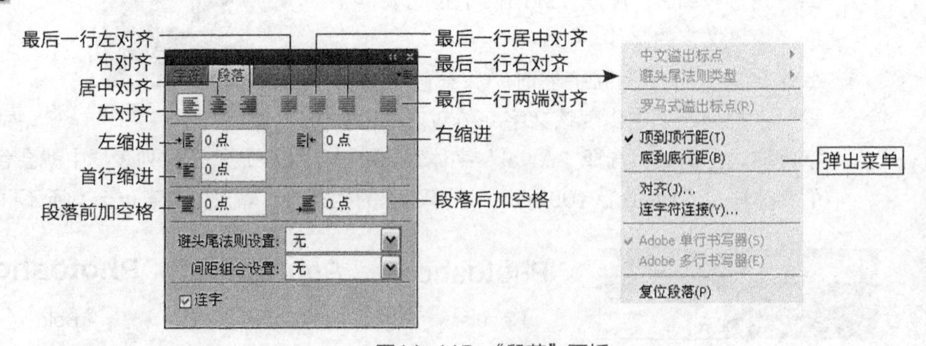

图11-115 “段落”面板

温馨提示

“取消所有当前编辑”按钮⊘与“提交所有当前编辑”按钮 ✓ ，只有在文字处于输入状态时才可以显示出来。

直排文字工具

在Photoshop CC中使用“直排文字工具”[IT]可以在垂直方向上输入文字。该工具的使用方法与“横排文字工具”[T]相同，属性栏也是一模一样的，具体输入方法如图11-116所示。

图11-116　输入的直排文字

11.6.2 创建3D文字

Photoshop CC具有创建3D文字的功能。在文件中输入文字后，在菜单中执行“类型/创建3D文字”命令，即可将输入的平面文字转换为3D效果，此时可以使用3D工具对其进行编辑，如图11-117所示。

图11-117　创建3D文字

11.6.3 编辑文字

在Photoshop CC中，“编辑文字”指的是对已经创建的文字通过使用属性栏、“字符”面板、“段落”面板或“类型”菜单进行重新设置。例如，设置文字行距、文字缩放、基线偏移等。属性栏中针对文字的设置，前面已经讲述过了，本节主要讲解在“字符”面板和“段落”面板中针对文字进行的一些基本编辑。如图11-118所示为“类型”菜单，在此不做赘述。

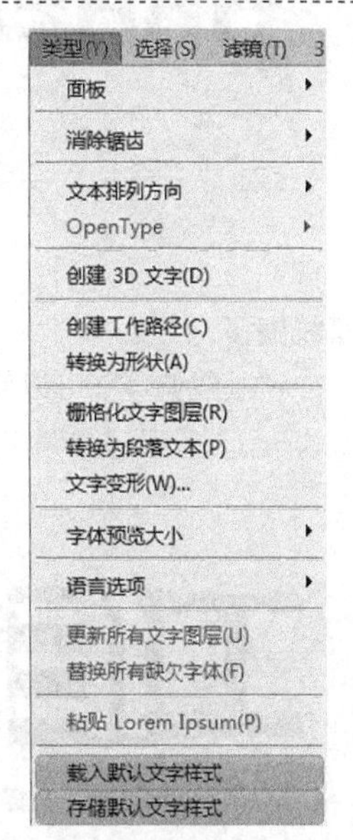

图11-118　“类型”菜单

温馨提示

“类型”菜单是 Photoshop CC 在 Photoshop CS6 中的“文字”菜单的基础上进行改进的。

比例间距

“比例间距”是按指定的百分比值减少字符周围的空间。数值越大，字符间压缩得越紧密，取值范围是0%~100%。输入文字后，在“字符”面板中打开“比例间距”右侧的下拉列表框，在其中选择比例间距为90%，此时字符间距将会缩紧，效果如图11-119所示。

图11-119　比例间距设置效果

> **温馨提示**
>
> 要想使“比例间距”选项出现在“字符”面板中，就必须在“首选项”对话框的“文字”选项中勾选“显示亚洲字体选项”复选框。

字符间距

“字符间距”指的是放宽或收紧字符之间的距离。输入文字后，在“字符”面板中分别选择-100和200，效果如图11-120所示。

图11-120　字符间距设置效果

字距微调

“字距微调”指的是增加或减少特定字符之间的间距的过程。在“字距微调”下拉列表框中包括“度量标准”“视觉”和“0”。输入文字后，分别选择不同选项，效果如图11-121所示。

度量标准　视觉　0

图11-121　字距微调设置效果

水平缩放与垂直缩放

“水平缩放”与“垂直缩放”被用来对输入文字在水平或垂直方向上进行缩放。分别设置垂直缩放与水平缩放为300%，效果如图11-122所示。

原图　垂直缩放　水平缩放

图11-122　字距微调设置效果

基线偏移

“基线偏移”可以使选中的字符相对于基线进行提升或下降。输入文字后，选择其中的一个文字，如图11-123所示，设置基线偏移为10和－10，效果如图11-124和图11-125所示。

图11-123　选择文字

图11-124　设置基线偏移为10的效果

图11-125　设置基线偏移为－10的效果

文字行距

“文字行距”指的是文字基线与下一行文字基线之间的垂直距离。输入文字后，在“字符”面板中“文字行距”的数值文本框中输入相应的数值，会使文字之间的垂直距离发生改变，效果如图11-126和图11-127所示。

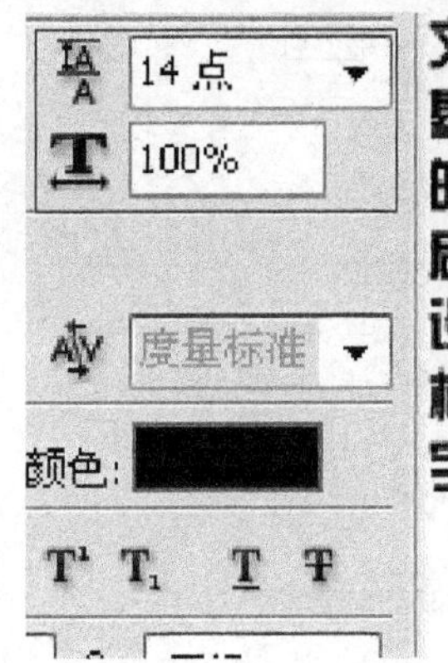

图11-126　设置“文字行距”为14点时的效果

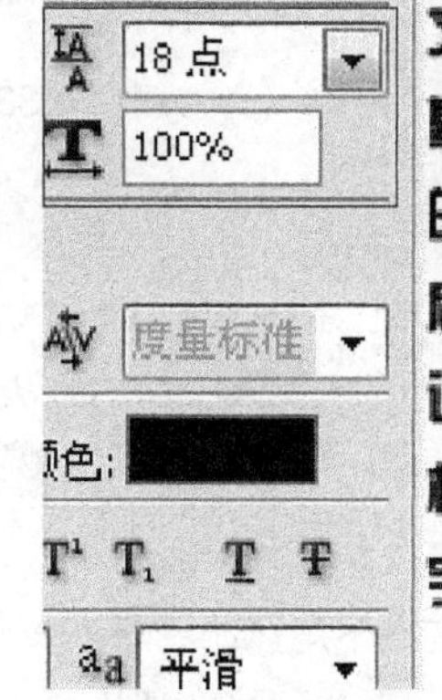

图11-127　设置“文字行距”为18点时的效果

字符样式

“字符样式”指的是输入字符的显示状态。单击不同的按钮，会显示所选字符的样式效果，包括“仿粗体”、“斜体”、“全部大写字母”、“小型大写字母”、“上标”、“下标”、“下划线”和“删除线”。如图11-128～图11-131所示分别为原图和应用斜体、上标和下划线后的效果。

图11-128　原图　　图11-129　斜体　　图11-130　上标　　图11-131　下划线

11.6.4 文字变形

在Photoshop中，通过“文字变形”命令可以对输入的文字进行更加艺术化的变形操作，使文字更加具有观赏感。变形后的文字仍然具有文字所具有的共性。

在输入文字后直接在属性栏中单击“创建文字变形”按钮，或者在菜单中执行“图层/文字/文字变形”命令，会弹出“变形文字”对话框，如图11-132所示。

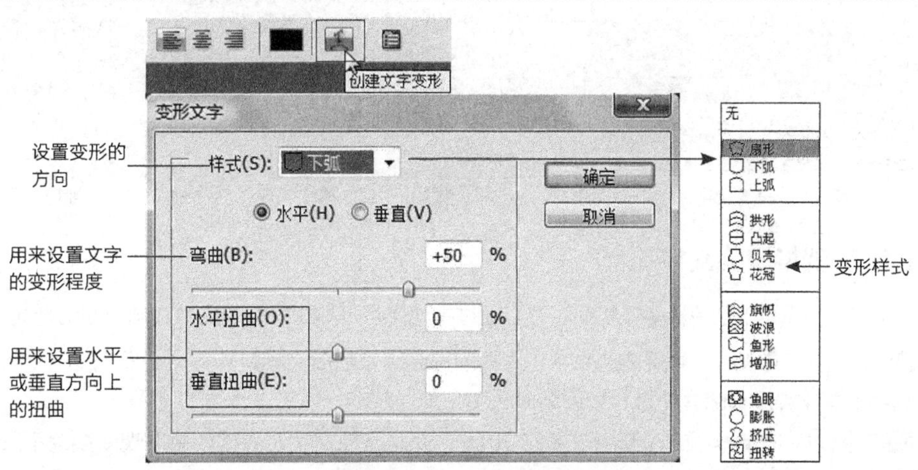

图11-132　“变形文字”对话框

输入文字后，分别对输入的文字应用“扇形”“凸起”和“挤压”样式，并单击“水平”单选按钮，设置“弯曲”为50%，设置“水平扭曲”和“垂直扭曲”为0%，效果如图11-133所示。

图11-133　文字变形效果

11.6.5 创建段落文字

在Photoshop中使用文字工具，不但可以创建点文字，还可以创建大段的段落文字。在创建段落文字时，文字基于文字定界框的尺寸自动换行。创建段落文字的方法如下。

操作步骤

01 使用“横排文字工具” T，在画布中选择相应的位置，按下鼠标左键向右下角拖动鼠标指针，如图11-134所示，松开鼠标后会出现文字定界框，如图11-135所示，此时输入的文字就会只出现在文字定界框内。

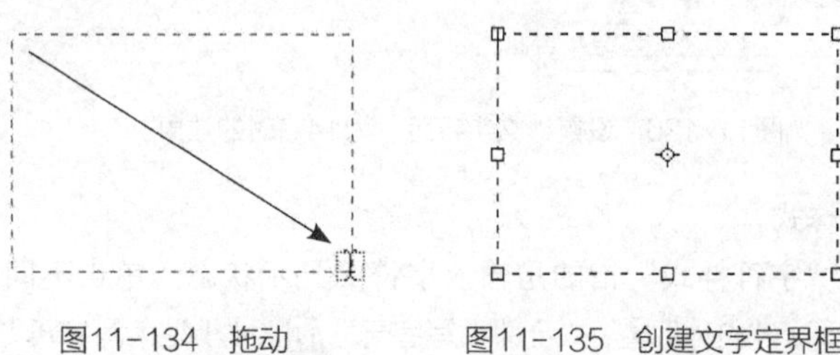

图11-134　拖动　　图11-135　创建文字定界框

02 按住Alt键在画布中拖动鼠标指针或者单击鼠标左键，此时会弹出如图11-136所示的“段落文字大小”对话框，设置“高度”与“宽度”后单击“确定”按钮，可以设置更为精确的文字定界框。

03 输入所需的文字，如图11-137所示。

04 如果输入的文字超出了文字定界框的容纳范围，就会在文字定界框的右下角出现超出范围的符号，如图11-138所示。

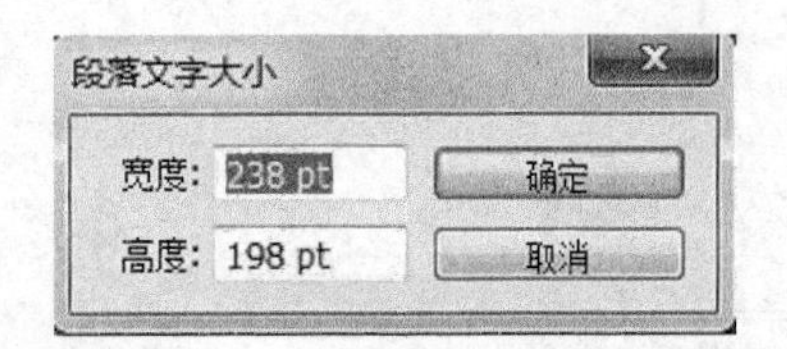

图11-136　“段落文字大小”对话框

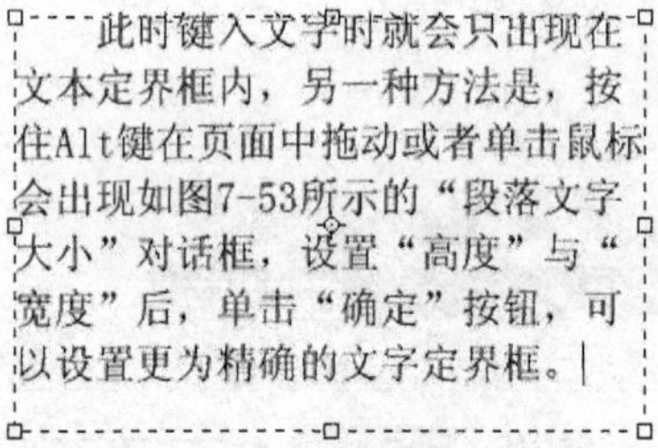

此时键入文字时就会只出现在文本定界框内，另一种方法是，按住Alt键在页面中拖动或者单击鼠标会出现如图7-53所示的“段落文字大小”对话框，设置“高度”与“宽度”后，单击“确定”按钮，可以设置更为精确的文字定界框。

图11-137　输入文字

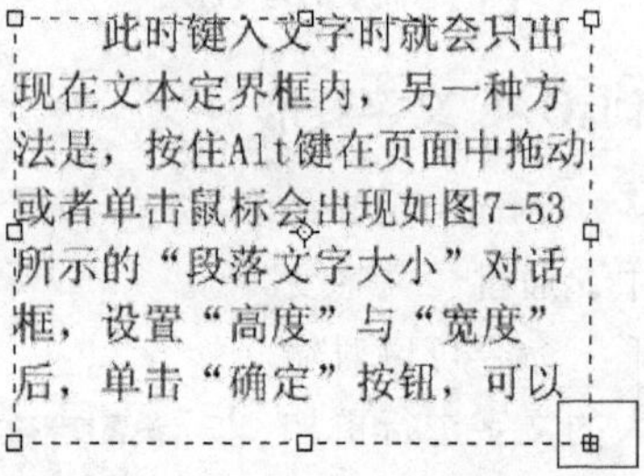

此时键入文字时就会只出现在文本定界框内，另一种方法是，按住Alt键在页面中拖动或者单击鼠标会出现如图7-53所示的“段落文字大小”对话框，设置“高度”与“宽度”后，单击“确定”按钮，可以

图11-138　超出文字定界框

11.6.6 变换段落文字

在Photoshop中创建段落文字后，可以通过拖动文字定界框来改变文字在画布中的样式。

01 创建段落文字后，直接拖动文字定界框的控制点来缩放文字定界框，会发现此时变换的只是文字定界框，其中的文字并没有随之变换，如图11-139所示。

02 在拖动文字定界框的控制点时按住Ctrl键，此时缩放文字定界框，会发现变换的不只是文字定界框，其中的文字也会随之一同变换，如图11-140所示。

03 当将鼠标指针移动到文字定界框四个角的控制点时，鼠标指针会变成旋转的符号，拖动鼠标指针即可将文字定界框旋转，如图11-141所示。

04 按住Ctrl键将鼠标指针移动到文字定界框四条边的控制点时，鼠标指针会变成斜切的符号，拖动鼠标指针即可将文字定界框斜切，如图11-142所示。

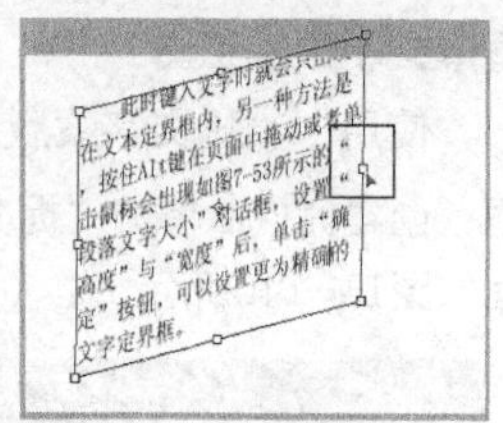

图11-139　直接拖动控制点　图11-140　按住Ctrl键拖动控制点　图11-141　旋转　图11-142　斜切

11.6.7 编辑段落文字

在Photoshop中创建段落文字后，可以通过属性栏、“字符”面板或“段落”面板对文字进行编辑。编辑方法如下。

操作步骤

创建段落文字后，在“段落”面板中单击不同的按钮，效果如图11-143所示。

图11-143　编辑段落文字

11.6.8 将点文字转换为段落文字

在Photoshop中有时创建的点文字非常多，编辑起来不能应用段落文字的功能。在CC版本中，只要在菜单中执行“文字/转换为段落文本”命令，就可以将输入的点文字转换成段落文字了，如图11-144所示。

图11-144　将点文字转换为段落文字

11.6.9 创建文字选区

在Photoshop 中可以用来创建文字选区的工具只有“横排文字蒙版工具”和“直排文字蒙版工具”。

温馨提示

使用“横排文字蒙版工具”或“直排文字蒙版工具”创建选区的过程是在蒙版中进行的。

横排文字蒙版工具

使用“横排文字蒙版工具”可以在水平方向上创建文字选区。该工具的使用方法与“横排文字工具”相同，创建完成后单击“提交所有当前编辑”按钮或在工具箱中选择其他工具，即可确认文字选区的创建操作，过程如图11-145所示。

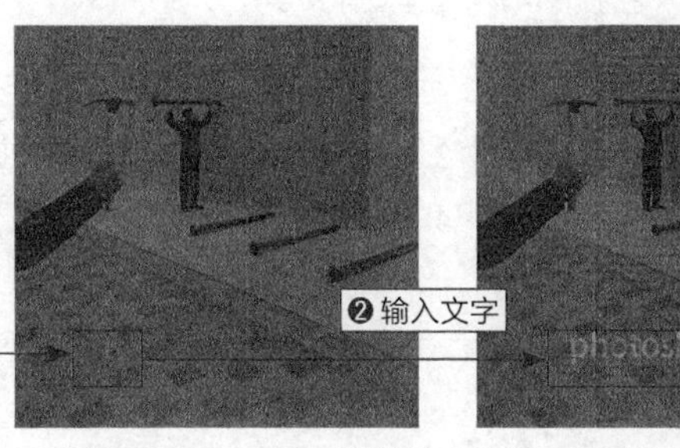

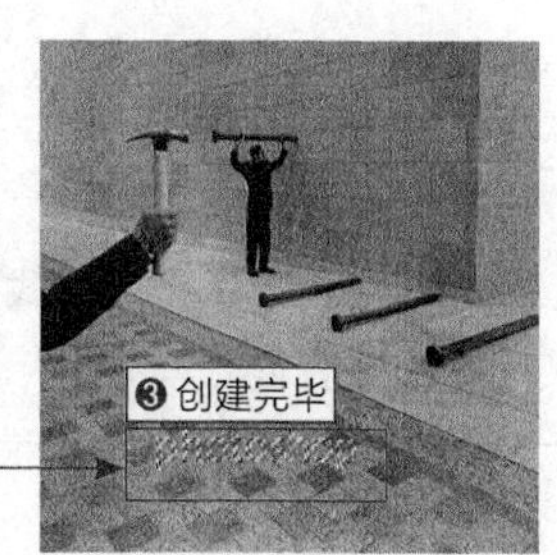

图11-145　使用横排文字蒙版工具创建文字选区

直排文字蒙版工具

使用“直排文字蒙版工具”可以在垂直方向上创建文字选区。该工具的使用方法与“直排文字工具”相同，创建完成后单击“提交所有当前编辑”按钮✓或在工具箱中选择其他工具，即可确认文字选区的创建操作，过程如图11-146所示。

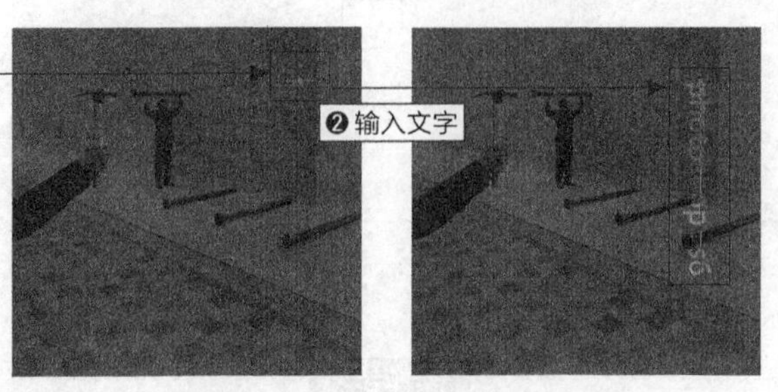

图11-146　使用直排文字蒙版工具创建文字选区

温馨提示

使用“横排文字蒙版工具”或“直排文字蒙版工具”创建选区时，属性栏中的设置只有在输入文字时才起作用，转换为选区后就不起作用了；可以在创建的选区中填充前景色、背景色、渐变色或图案。

11.7 课后练习

课后练习1：通过文字变形以及图层复制制作立体文字

在Photoshop CC中通过使用“文字变形”命令、添加样式和复制图层制作立体纹理字效果，过程如图11-147所示。

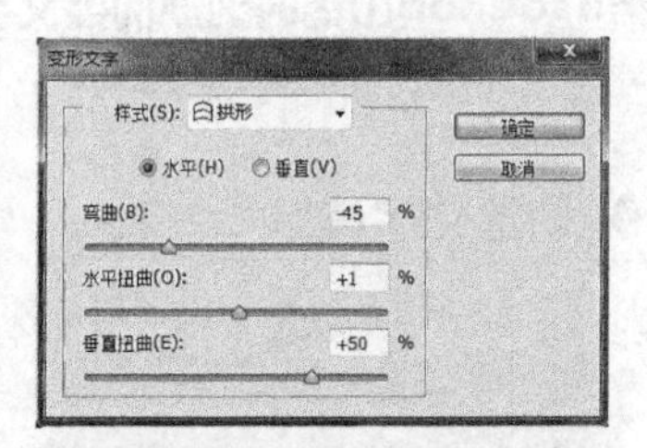

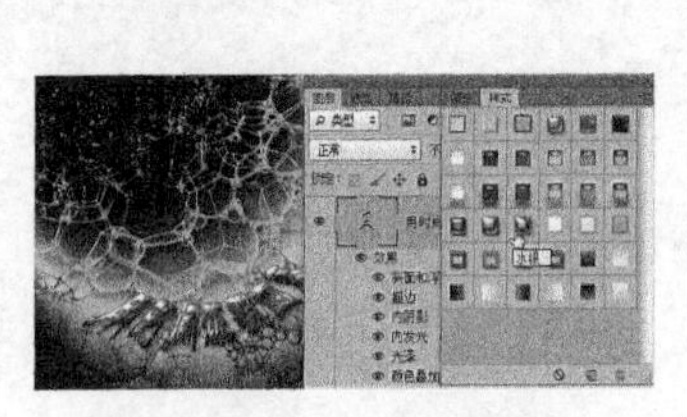

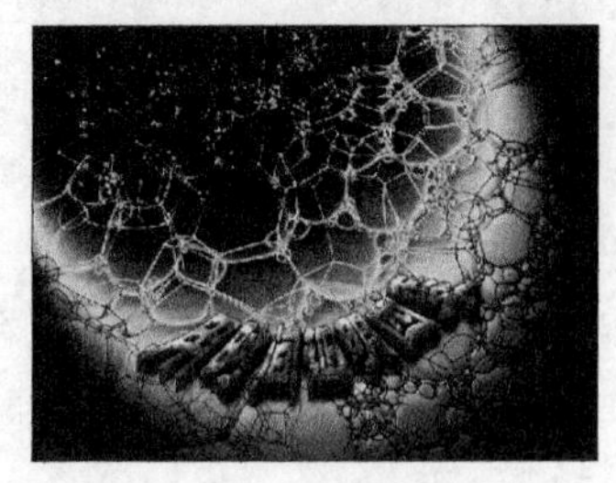

图11-147　制作立体文字

练习说明

1. 打开素材。
2. 输入文字并应用“文字变形”命令。
3. 添加“水银”样式。
4. 复制图层。
5. 设置混合模式。

课后练习2：添加图层样式制作石头墙效果

在Photoshop CC中通过为不同的图层添加图层样式制作石头墙效果，过程如图11-148所示。

图11-148　石头墙

练习说明

1. 打开素材。

2. 为不同的图层分别添加“斜面和浮雕”与“投影”图层样式。

第12章 图层的高级应用

本章重点：

- 图层蒙版
- 图层蒙版的编辑方法
- 矢量蒙版
- 操控变形

图层中所存在的最神秘的区域莫过于图层蒙版。在不破坏图像本身的情况下，对两个或两个以上的图层中的图像进行更加细致的融合，使其成为一个整体，这就是图层蒙版的魔力所在。

矢量蒙版产生的效果与图层蒙版有些相似，不同的是矢量蒙版必须借助于路径才能够实现。它可以将图像的边缘编辑得更加平滑，但是不能像图层蒙版那样出现渐变融合的效果。

通过“操控变形”命令，可以任意将一个设置的图钉作为轴对图层中的像素进行扭曲。

12.1 图层蒙版

图层蒙版可以被理解为在当前图层上覆盖一层“玻璃片”，这层“玻璃片”有透明和不透明两种（前者显示全部，后者隐藏全部），然后使用各种绘制工具在图层蒙版中（即“玻璃片”上）涂色（只能涂黑、白、灰色）：涂黑色的地方，图层蒙版变为不透明，看不见当前图层中的图像；涂白色的地方，图层蒙版变为透明，可看到当前图层中的图像；涂灰色的地方，图层蒙版变为半透明，透明的程度由涂色的深浅决定。

图层蒙版可以被用来在图层与图层之间创建无缝合成的图像效果，并且不对图层中的图像进行破坏。在实际作品的设计应用中，图层蒙版可以参与图像中文字与图像的合成。

关于文字

在设计平面作品时，可以直接输入文字并通过变换对其进行相应的编辑；之后如果想以更加绚丽的效果出现，就会涉及图层蒙版，针对文字产生的蒙版通常以剪贴蒙版或图层蒙版的形式直接参与到编辑中，蒙版效果如图12-1所示。

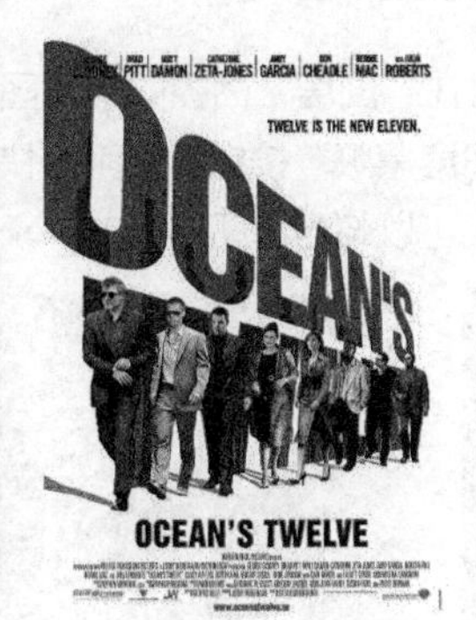

图12-1　图层蒙版的文字编辑效果

关于图像

在设计作品时，如果想将两幅以上的图像合成为一幅图像，应用图层蒙版是必不可少的一个重要环节。通过图层蒙版混合图像的方式主要被应用在海报制作、平面设计、后期处理、广告设计、网页制作以及照片处理等方面，效果如图12-2所示。

图12-2　图层蒙版的图像编辑效果

12.1.1 创建图层蒙版

在实际的设计应用中，往往需要在图像中创建不同的图层蒙版来修饰整体效果，在创建图层蒙版的过程中应用不同的样式会创建不同的图层蒙版。如何才能创建想要的蒙版样式呢？

解决方案

创建的图层蒙版在大体上可以分为整体图层蒙版和选区图层蒙版。下面就为大家介绍各种蒙版的创建方法。

整体图层蒙版

“整体图层蒙版”指的是创建一个对当前图层进行覆盖的图层蒙版，从而对当前图层中的像素进行遮罩隐藏。整体图层蒙版可以分为显示全部和隐藏全部两种。具体的创建方法如下。

01 在菜单中执行“图层/蒙版/显示全部”命令，此时在“图层”面板的相应图层中会出现一个白色的图层蒙版缩览图；在“图层”面板中单击“添加图层蒙版”按钮，同样可以快速创建一个白色的图层蒙版缩览图，如图12-3所示，此时图层蒙版为透明效果。

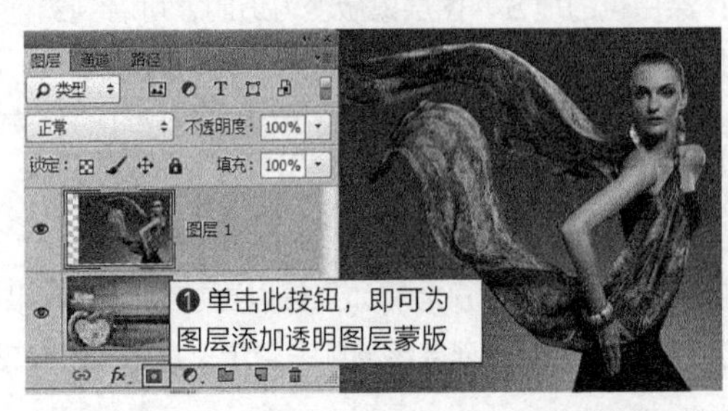

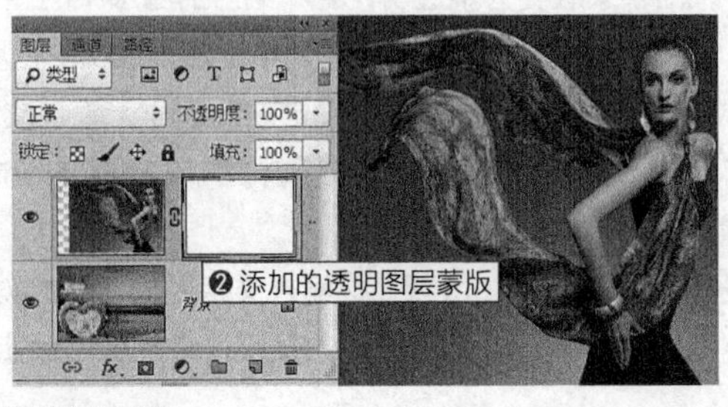

图12-3 添加透明图层蒙版

02 在菜单中执行“图层/蒙版/隐藏全部”命令，此时在“图层”面板的相应图层中会出现一个黑色的图层蒙版缩览图；在“图层”面板中按住Alt键单击“添加图层蒙版”按钮，可以快速创建一个黑色的图层蒙版缩览图，如图12-4所示，此时图层蒙版为不透明效果，可以将当前图层中的像素进行隐藏。

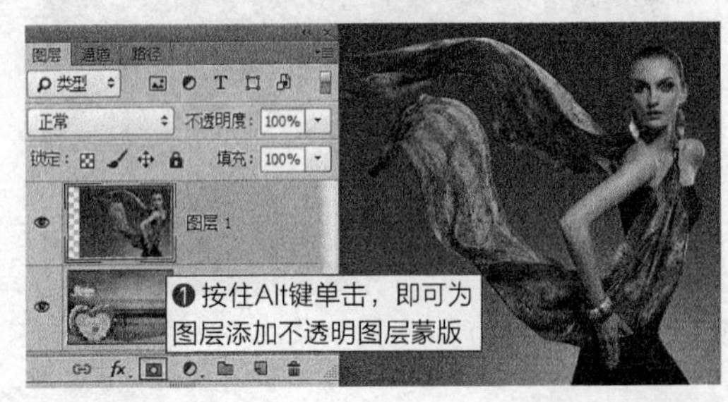

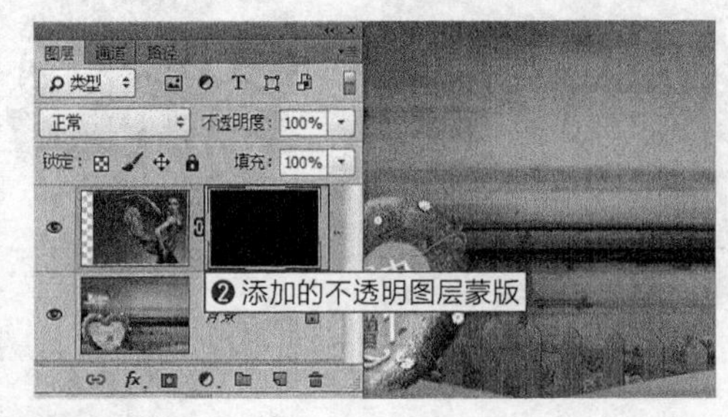

图12-4 添加不透明图层蒙版

温馨提示

在图层中创建的图层蒙版，其黑色区域能够把当前图层中的像素进行隐藏，白色区域会显示当前图层中的像素，灰色区域会根据灰色的强度以半透明的方式进行显示。

技巧

在“图层”面板中直接单击“添加图层蒙版”按钮，可以快速创建显示全部的透明图层蒙版；按住 Alt 键单击“添加图层蒙版”按钮，可以快速创建隐藏全部的不透明图层蒙版。

选区图层蒙版

“选区图层蒙版”指的是在图层中的某个区域以显示或隐藏的方式进行创建的图层蒙版。选区图层蒙版可以分为显示选区和隐藏选区两种。具体的创建方法如下。

01 如果图层中存在选区，在菜单中执行“图层/蒙版/显示选区”命令，或在“图层”面板中单击“添加图层蒙版”按钮，此时选区内的图像会被显示，选区外的图像会被隐藏，如图12-5所示。

图12-5　为选区添加透明图层蒙版

02 如果图层中存在选区，在菜单中执行“图层/蒙版/隐藏选区”命令，或在“图层”面板中按住Alt键单击“添加图层蒙版”按钮，此时选区内的图像会被隐藏，选区外的图像会被显示，如图12-6所示。

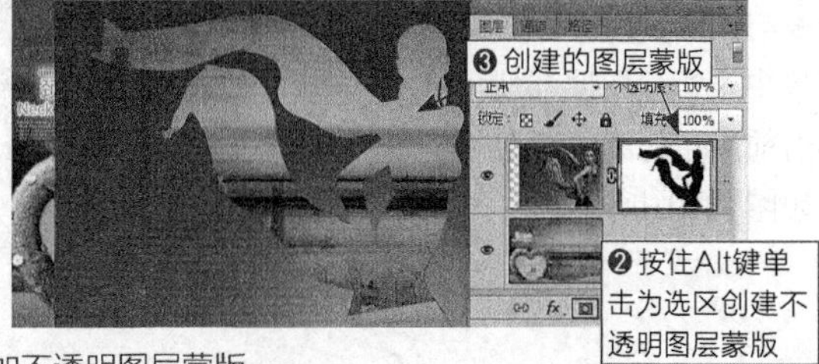

图12-6　为选区添加不透明图层蒙版

温馨提示

当图层中存在选区时，单击“添加图层蒙版”按钮，可以在选区内创建透明图层蒙版，在选区外创建不透明图层蒙版；按住 Alt 键单击“添加图层蒙版”按钮，可以在选区内创建不透明图层蒙版，在选区外创建透明图层蒙版。

12.1.2 显示与隐藏图层蒙版

创建图层蒙版后，可以通过显示与隐藏图层蒙版的方法对整体图像进行预览，查看一下添加图层蒙版后与未添加图层蒙版前的效果对比。在菜单中执行“图层/蒙版/停用”命令，或在图层蒙版缩览图上单击鼠标右键，在弹出的菜单中选择“停用图层蒙版”命令，此时在图层蒙版缩览图上会出现一个红叉，表示此图层蒙版被停用，如图12-7所示；再在菜单中执行“图层/蒙版/启用”命令，或在图层蒙版缩览图上单击鼠标右键，在弹出的菜单中选择“启用图层蒙版”命令，即可重新启用图层蒙版效果。

图12-7　显示与隐藏图层蒙版

12.1.3 删除图层蒙版

“删除图层蒙版”指的是将添加的图层蒙版从图像中删掉。创建图层蒙版后，在菜单中执行“图层/蒙版/删除”命令，即可将当前应用的图层蒙版效果从图层中删除，图像恢复原来效果，如图12-8所示。

图12-8　删除图层蒙版

技巧

拖动图层蒙版缩览图到“删除图层”按钮 上，此时系统会弹出如图12-9所示的对话框，单击“删除”按钮可以将图层蒙版从图层中删除；单击“应用”按钮可以将图层蒙版与图层合为一体；单击“取消”按钮将不参与操作。

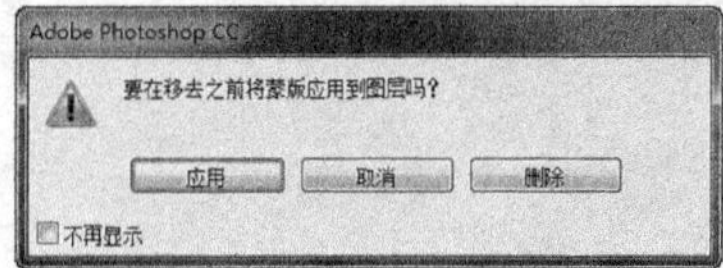

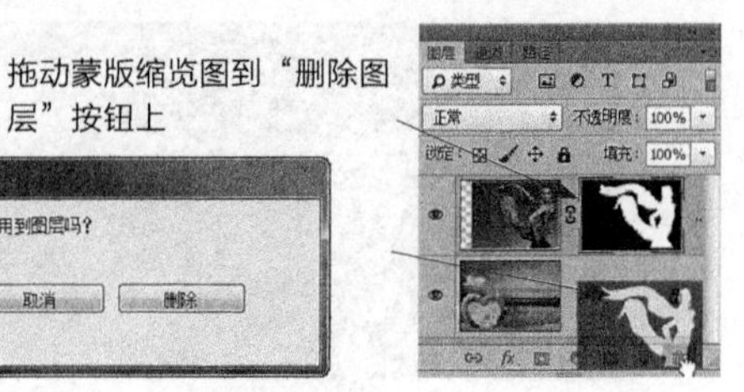

图12-9　删除图层蒙版

12.1.4 应用图层蒙版

“应用图层蒙版”指的是将创建的图层蒙版与图层合为一体。创建图层蒙版后，在菜单中执行“图层/蒙版/应用”命令，即可将当前应用的图层蒙版效果直接与图像合并，如图12-10所示。

图12-10　应用图层蒙版

12.1.5 链接和取消图层蒙版的链接

链接后的图层蒙版可以跟随图层中的图像进行移动、变换等操作。创建图层蒙版后，在默认状态下图层蒙版与对应的图层处于链接状态，在图层缩览图与图层蒙版缩览图之间会出现一个链接图标，此时移动图层中的图像时图层蒙版会随之移动。在菜单中执行“图层/蒙版/取消链接”命令，会在图层与图层蒙版之间取消链接，此时链接图标会隐藏，移动图层中的图像时图层蒙版不随之移动，如图12-11所示。

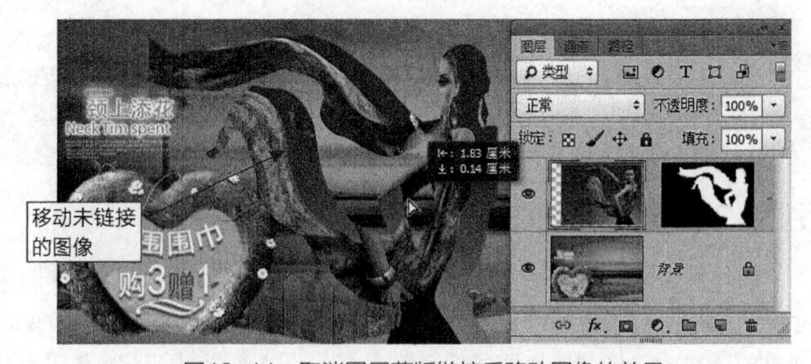

图12-11　取消图层蒙版链接后移动图像的效果

技巧

创建图层蒙版后，在图层缩览图与图层蒙版缩览图之间的链接图标上单击鼠标左键，即可解除图层蒙版与图层的链接；在图标隐藏的位置单击鼠标左键，又会重新建立链接。

12.1.6 在“属性”面板中设置蒙版

当选择图层蒙版缩览图时，在“属性”面板中会显示关于蒙版的参数设置，可以对创建的图层蒙版进行更加细致的调整，使图像的合成更加细腻，使图像的处理更加方便。创建图层蒙版后，在菜单中执行“窗口/属性”命令即可打开如图12-12所示的“属性”面板。

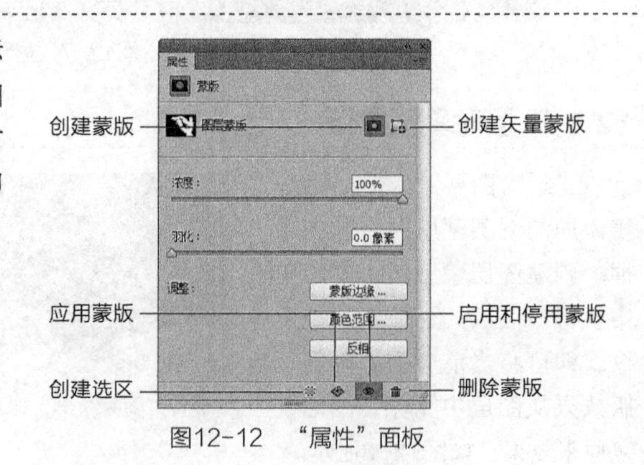

图12-12　“属性”面板

温馨提示

"属性"面板能够在对图层中的对象应用不同效果时，自动产生与之对应的参数及选项设置，如调整图层、智能滤镜等。

其中各项的含义如下。

- **创建蒙版**：用来为图像创建蒙版或在蒙版与图像之间进行选择。
- **创建矢量蒙版**：用来为图像创建矢量蒙版或在矢量蒙版与图像之间进行选择。当图层中不存在矢量蒙版时，只要单击该按钮，即可在图层中新建一个矢量蒙版，如图12-13所示。

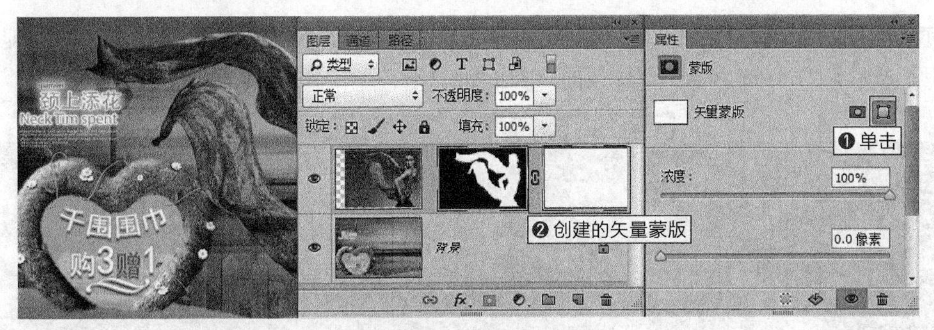

图12-13 创建的矢量蒙版

- **浓度**：用来设置蒙版中黑色区域的透明程度。数值越大，蒙版缩览图中的颜色越接近黑色，蒙版区域也就越透明，如图12-14所示。

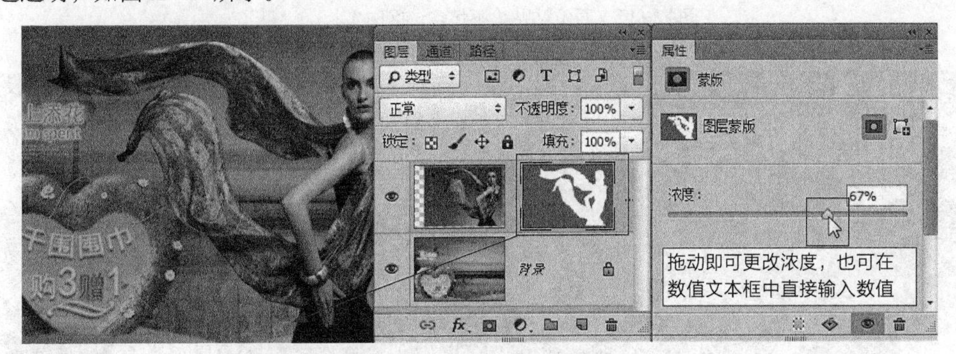

图12-14 降低浓度后的蒙版

- **羽化**：用来设置蒙版边缘的柔和程度，与选区羽化相类似。
- **蒙版边缘**：可以更加细致地调整蒙版的边缘。单击该按钮，会弹出如图12-15所示的"调整蒙版"对话框，设置各项参数及选项即可调整蒙版的边缘，各项的含义可以参考第2章中的"2.5.5调整边缘"。
- **颜色范围**：用来重新设置蒙版的效果。单击该按钮，会弹出"色彩范围"对话框，如图12-16所示，具体使用方法可以参考第2章中的"2.8.2 色彩范围"。
- **反相**：单击该按钮，可以将蒙版中的黑色与白色进行对换。
- **创建选区**：单击该按钮，可以从创建的蒙版中生成选区，被生成选区的部分是蒙版中的白色部分。
- **应用蒙版**：单击该按钮，可以将蒙版与图像合并，效果与在菜单中执行"图层/图层蒙版/应用"命令一致。

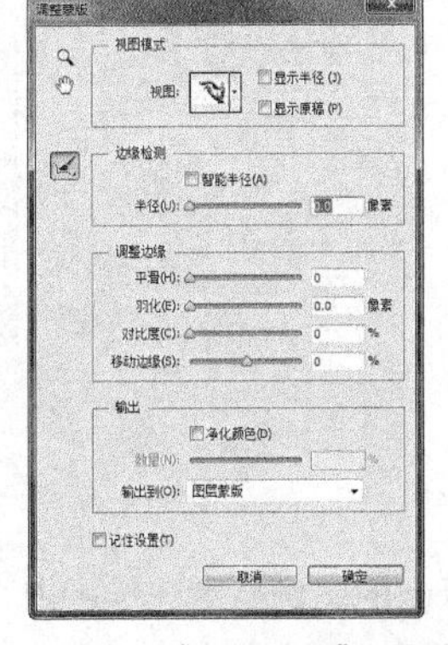

图12-15 "调整蒙版"对话框

图12-16 "色彩范围"对话框

- **启用和停用蒙版**：单击该按钮，可以将蒙版在显示与隐藏之间进行转换。
- **删除蒙版**：单击该按钮，可以将选择的蒙版缩览图从“图层”面板中删除。

12.1.7 选择性粘贴以创建图层蒙版

当图层中存在选区时，复制整个图像或复制图像局部后，执行“编辑/选择性粘贴”命令，然后在弹出的子菜单中选择相应的命令，可以在图层中创建图像蒙版。“选择性粘贴”命令的子菜单包括“原位粘贴”“贴入”和“外部粘贴”三种命令。

原位粘贴

使用“原位粘贴”命令，可以将之前复制的图像的像素按照原来的位置粘贴到另一个文件中，即使另一个文件中存在选区，被粘贴的区域也不会受到选区的约束，如图12-17和图12-18所示。

图12-17　原位粘贴（不包含选区时）

图12-18　原位粘贴（包含选区时）

温馨提示

使用“原位粘贴”命令时，被粘贴的图像是不用考虑目标图像中存在的选区的。但是使用该命令在目标图像的图层中是不会创建图层蒙版的，如图 12-19 所示为原位粘贴前后“图层”面板的显示效果。

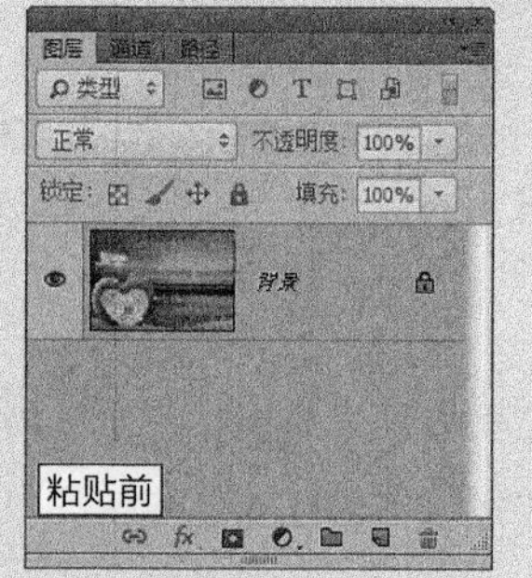

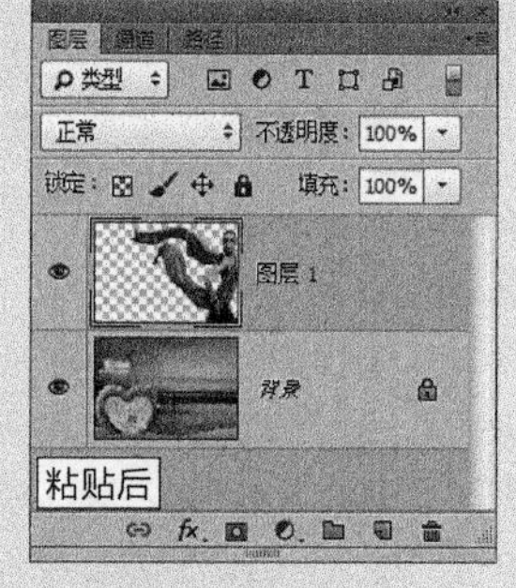

图12-19　“图层”面板

贴入

使用“贴入”命令，可以将复制的图像显示在选区内，选区外的图像会自动被图层蒙版隐藏，如图12-20所示。

图12-20 贴入

外部粘贴

使用“外部粘贴”命令，可以将复制的图像显示在选区外，选区内的图像会自动被图层蒙版隐藏，此命令与“贴入”命令产生的图层蒙版正好相反，如图12-21所示。

图12-21 外部粘贴

温馨提示

使用“外部粘贴”命令或“贴入”命令时，被粘贴的图像其所在图层虽然被添加了图层蒙版，但是图层蒙版与图层之间的链接会被隐藏。

12.1.8 剪贴蒙版

使用“创建剪贴蒙版”命令可以为图层添加剪贴蒙版效果。剪贴蒙版是使用下面图层中图像的形状来控制上面图层中图像的显示区域。在菜单中执行“图层/创建剪贴蒙版”命令或在“图层”面板中两个图层之间按住Alt键，此时鼠标指针会变成形状❶，单击即可转换上面的图层为剪贴蒙版图层；在创建了剪贴蒙版的图层间单击，此时鼠标指针会变成形状❷，单击即可取消剪贴蒙版。如图12-22所示为创建及取消剪贴版时鼠标指针的状态。

创建剪贴蒙版后，会将上层中的图像按照下层中的图像的形状进行显示，如图12-23所示。

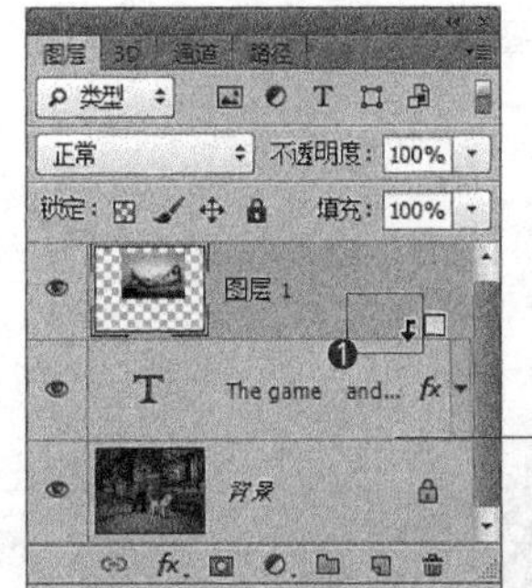

图12-22 创建及取消剪贴蒙版

图12-23 剪贴蒙版效果

上机练习：通过“创建剪贴蒙版”命令制作合成图像

本次实战主要让大家了解使用“创建剪贴蒙版”命令制作完成图像的方法。具体操作如下。

操作步骤

01 在菜单中执行“文件/打开”命令或按Ctrl+O快捷键，打开随书附带光盘中的文件“素材文件/第12章/墙面.jpg、飞机座舱.jpg”，如图12-24所示。

02 使用“横排文字工具”在“墙面”文件中输入英文“FedEx”，字体选择粗一些的，效果如图12-25所示。

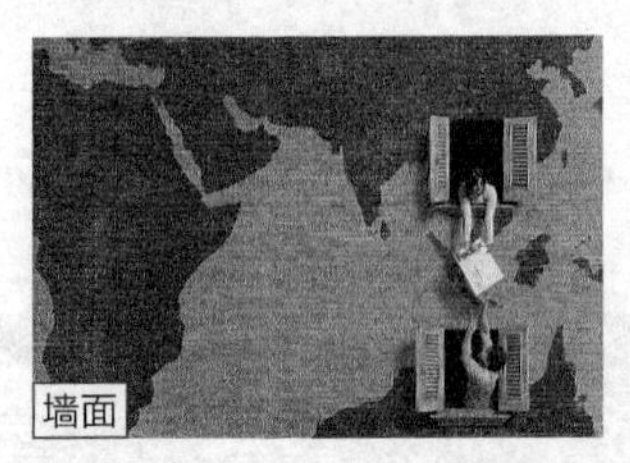

图12-24 素材

图12-25 输入文字

03 在菜单中执行“图层/图层样式/内阴影”命令，弹出“图层样式”对话框，其中的参数设置如图12-26所示。

04 在“图层样式”对话框左侧勾选“外发光”复选框，弹出“外发光”图层样式的参数及选项，在其中进行设置，如图12-27所示。

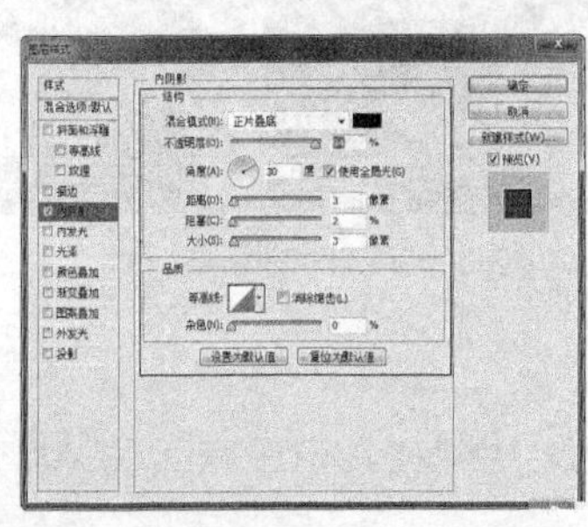

图12-26 “图层样式”对话框

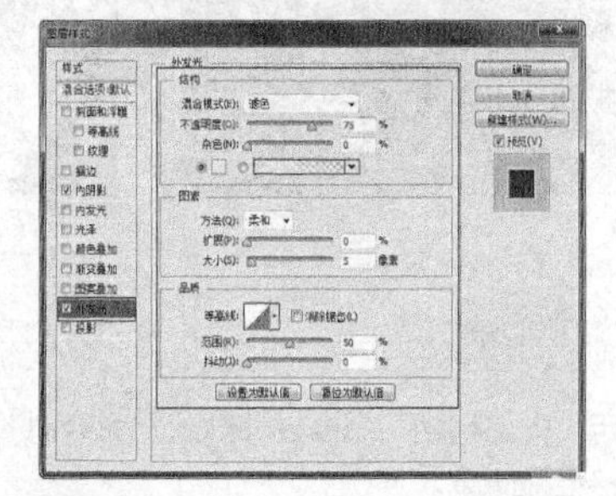

图12-27 “图层样式”对话框

05 设置完毕单击“确定”按钮，应用“内阴影”和“外发光”图层样式后的效果如图12-28所示。

06 使用“移动工具”将“飞机座舱”文件中的图像拖动到“墙面”文件中，将其所在图层放置到文字的上层，如图12-29所示。

07 调整图层位置后，在菜单中执行“图层/创建剪贴蒙版”命令，即可得到剪贴蒙版效果，最终效果如图12-30所示。

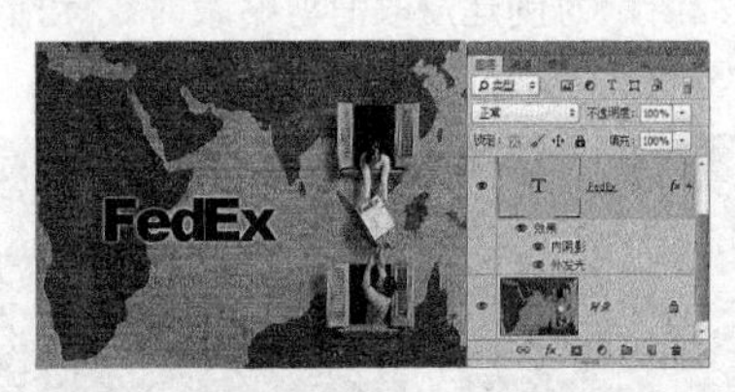

图12-28 添加图层样式后的效果

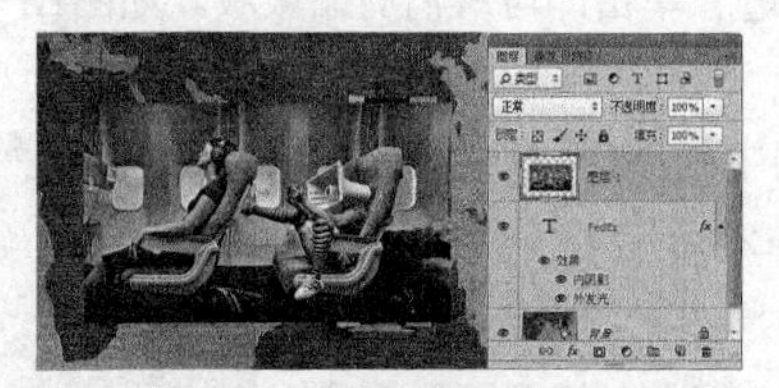

图12-29 调整图层的位置

图12-30 最终效果

温馨提示

要将“飞机座舱”文件中的图像在文字中进行显示，在执行“创建剪贴蒙版”命令之前，一定要将图像所在的图层放置到文字图层的上面。

技巧

剪贴蒙版创建完毕，如果感觉位置不是很理想，可以直接使用“移动工具”调整上层图像的位置，过程如图 12-31 所示。

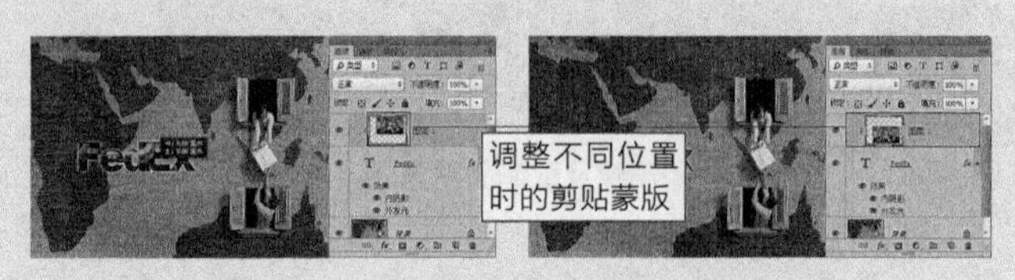

图12-31 改变剪贴蒙版中图像的位置

12.2 图层蒙版的编辑方法

通过对图层蒙版进行相应的编辑，可以在一个文件中将两幅以上的图像合成为非常直观的无缝效果，使多幅图像看起来就像是一幅图像。在编辑过程中，通常会使用“画笔工具”、“橡皮擦工具”、“渐变工具”或者通过选区来直接完成。本节通过具体的实战练习为大家详细讲明图层蒙版的编辑操作。

上机练习：编辑图层蒙版技巧1——通过画笔工具编辑图层蒙版

对于图层蒙版的编辑，可以通过很多种方法进行。使用“画笔工具”编辑图层蒙版，可以更加细致地将两幅图像融合在一起，效果如图12-32所示。本次实战主要让大家了解使用“画笔工具”编辑图层蒙版的方法，下面就进行细致的讲解。具体操作如下。

图12-32 使用画笔工具编辑图层蒙版时的合成图像效果

温馨提示

使用“画笔工具”编辑图层蒙版时，最值得注意的莫过于前景色。当前景色为黑色时，可以将“画笔工具”经过的区域进行遮蔽；当前景色为灰色时，会以半透明的方式对“画笔工具”经过的区域进行遮蔽；当前景色为白色时，将不遮蔽“画笔工具”经过的区域。

操作索引——如果想以背景色为基准编辑图层蒙版，可以参考“上机练习：编辑图层蒙版技巧2一通过橡皮擦工具编辑图层蒙版”。

操作步骤

01 在菜单中执行“文件/打开”命令或按Ctrl+O快捷键，打开随书附带光盘中的文件“素材文件/第12章/郊外.jpg、心形花环.png、孩子.jpg”，如图12-33所示。

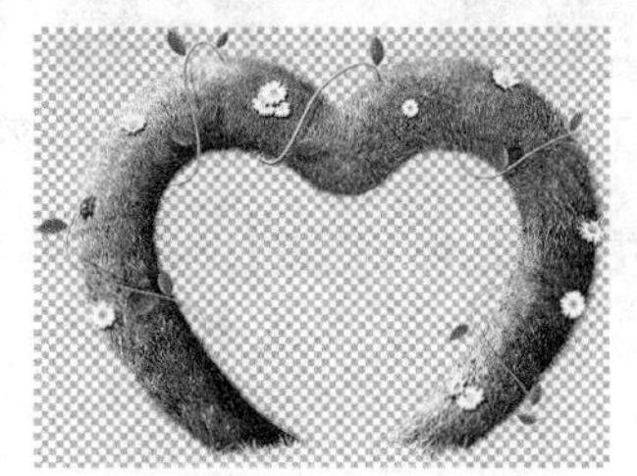

图12- 33 素材

02 使用“移动工具”拖动“心形花环”文件中的图像到“郊外”文件中，此时“心形花环”文件中的图像会出现在“郊外”文件的“图层1”中。按Ctrl+T快捷键调出变换框，拖动变换控制点将图像缩小，按回车键完成变换操作。在菜单中执行“图层/蒙版/显示全部”命令，此时在“图层1”中会出现一个白色的图层蒙版缩览图，如图12-34所示。

图12-34 变换图像并添加图层蒙版

03 将前景色设置为黑色❶，选择“画笔工具”❷，和属性栏中设置“画笔”的“大小”和“硬度”❸，如图12-35所示。

04 使用“画笔工具”在图像中进行涂抹❹，此时系统会自动对空白图层蒙版进行编辑❺，并对图像进行混合，效果如图12-36所示。

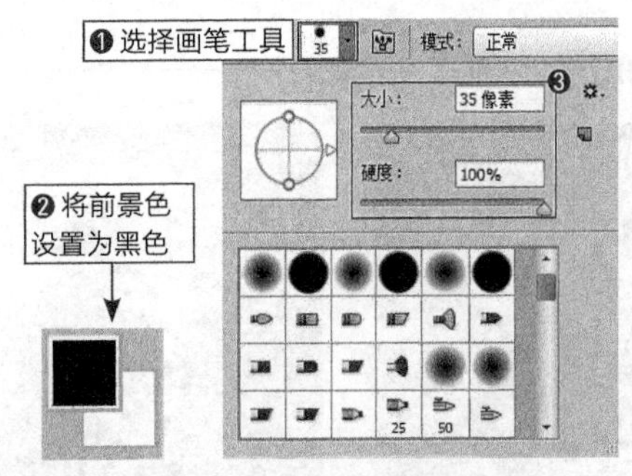

图12-35　设置画笔工具

图12-36　使用画笔工具编辑图层蒙版

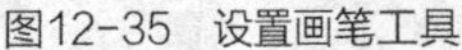

技巧

在使用“画笔工具”编辑图层蒙版时要随时调整画笔的大小，这样可以更加精确地对图像进行融合。英文状态下按键盘上的 [键，可以快速缩小画笔的笔尖；按键盘上的] 键，可以快速放大画笔的笔尖。

05 反复调整画笔的大小和硬度，在图层蒙版中进行更加细致的处理，可以看到使用“笔工具编辑图层蒙版的效果，如图12-37所示。

图12-37　使用画笔工具编辑图层蒙版的效果

06 图像编辑完毕，此时会发现图层蒙版中已经出现了黑白对比的效果，如图12-38所示。

图12-38　图层蒙版效果

07 使用“移动工具”拖动“孩子”文件中的图像到“郊外”文件中，此时“孩子”文件中的图像会出现在“郊外”文件的“图层2”中。按Ctrl+T快捷键调出变换框，拖动变换控制点将图像缩小，按回车键完成变换操作。在菜单中执行“图层/蒙版/显示全部”命令，此时在“图层2”中会出现一个白色的图层蒙版缩览图，如图12-39所示。

08 将前景色设置为黑色，选择“画笔工具”，在属性栏中设置画笔的“大小”和“硬度”，在图像中进行涂抹，此时系统会自动对空白图层蒙版进行编辑，并对图像进行混合，效果如图12-40所示。

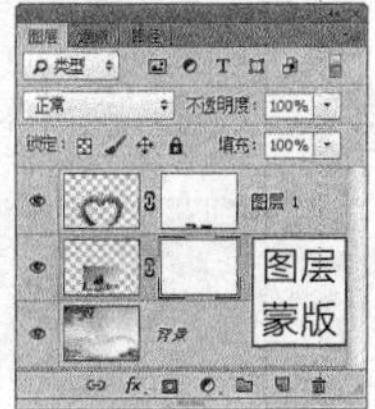

图12-39　变换图像并添加图层蒙版

图12-40　编辑图层蒙版

09 反复调整“画笔工具”的画笔大小、硬度以及不透明度，在图层蒙版中进行更加细致的处理，可以看到使用“画笔工具”编辑图层蒙版的效果，效果如图12-41所示。

图12-41　编辑图层蒙版的效果

10 图像编辑完毕，此时会发现图层蒙版中已经出现了黑白灰对比的效果，如图12-42所示。

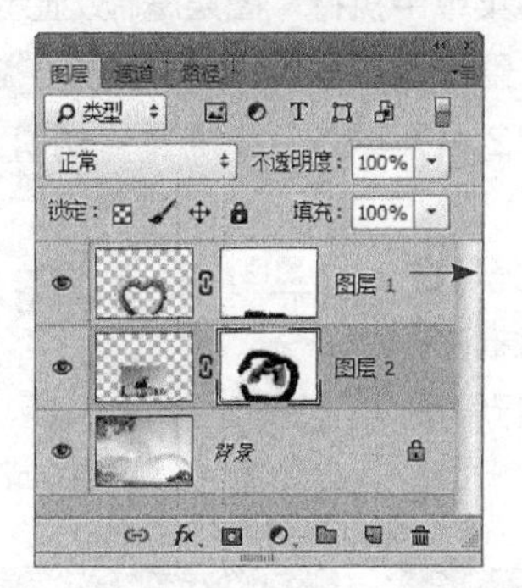

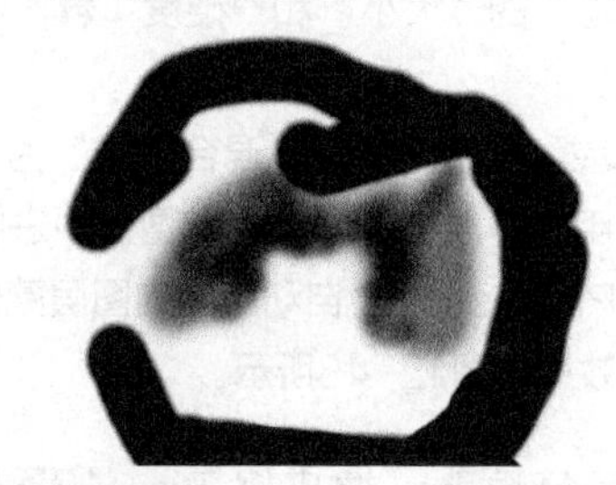

图12-42　图层蒙版效果

操作补充

通常情况下，使用“画笔工具”编辑图层蒙版时主要以工具箱中的前景色作为基准。在实际操作中，使用“铅笔工具”、“涂抹工具”和“混合器画笔工具”编辑图层蒙版时也同样要以前景色为基准，如图12-43和图12-44所示。

图12-43　使用涂抹工具编辑图层蒙版

图12-44　使用混合器画笔工具编辑图层蒙版

上机练习：编辑图层蒙版技巧2——通过橡皮擦工具编辑图层蒙版

本次实战主要让大家了解使用“橡皮擦工具”编辑图层蒙版的方法。

温馨提示

使用“橡皮擦工具”编辑图层蒙版与使用“画笔工具”的方法是相同的，不同的是在操作时“橡皮擦工具”需要与工具箱中的背景色相对应。

操作步骤

01 在菜单中执行“文件/打开”命令或按Ctrl+O快捷键，打开随书附带光盘中的文件“素材文件/第12章/海报1.jpg、海报2.jpg”，如图12-45所示。

图12-45 素材

02 使用“移动工具”拖动“海报2”文件中的图像到“海报1”文件中，此时“海报2”文件中的图像会出现在“海报1”文件的“图层1”中。按Ctrl+T快捷键调出变换框，拖动变换控制点将图像缩小，如图12-46所示。

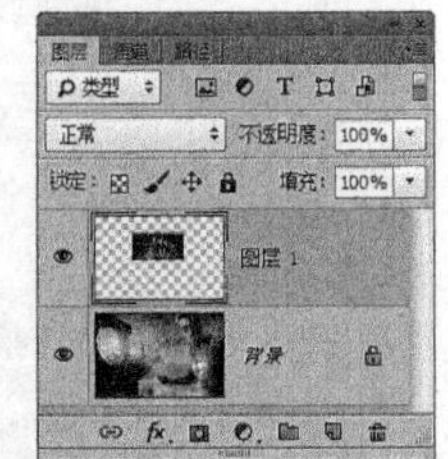

图12-46 变换效果

03 调整完毕，按回车键确定变换操作。在菜单中执行“图层/蒙版/显示全部”命令，此时在“图层1”中便会出现一个白色的图层蒙版缩览图，将背景色设置为黑色❶，选择“橡皮擦工具”❷，在属性栏中设置“画笔”的“大小”和“硬度”❸，如图12-47所示。

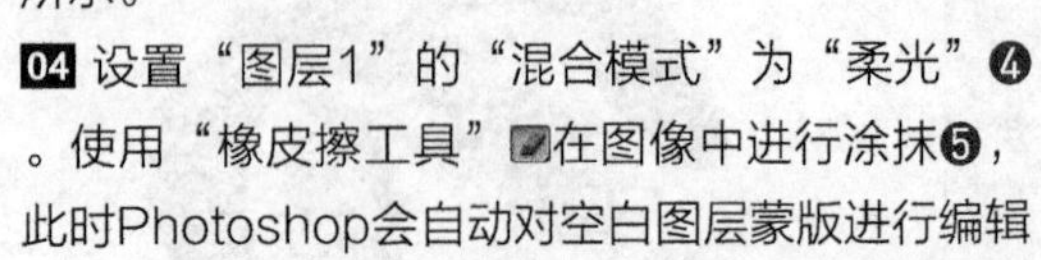

04 设置“图层1”的“混合模式”为“柔光”❹。使用“橡皮擦工具”在图像中进行涂抹❺，此时Photoshop会自动对空白图层蒙版进行编辑❻，效果如图12-48所示。

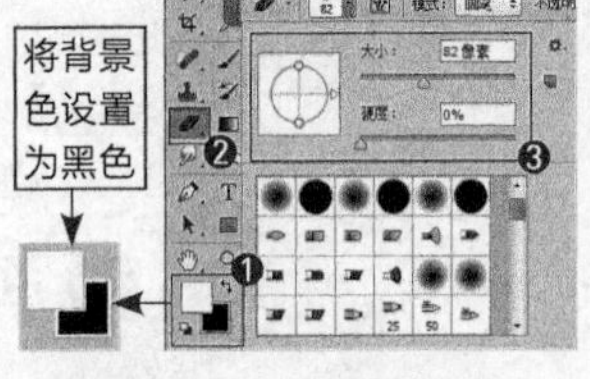

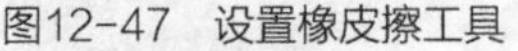

图12-47 设置橡皮擦工具 图12-48 编辑图层蒙版效果

05 反复调整“橡皮擦工具”的画笔大小和硬度，在图层蒙版中进行更加细致的处理，编辑过程如图12-49所示。

图12-49 编辑图层蒙版过程

06 图像编辑完毕，此时会发现图层蒙版中已经出现了黑白对比的效果，如图12-50所示。

07 在“图层”面板中复制“图层1”，得到“图层1拷贝”，此时会发现两幅合成图像中的人物变得比之前清晰了一些。至此，本例制作完毕，最终效果如图12-51所示。

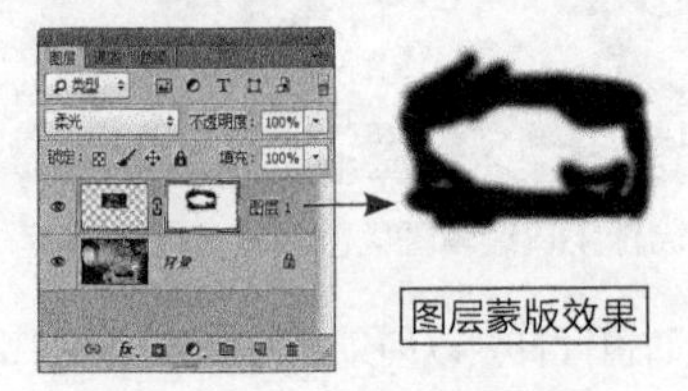

图12-50 图层蒙版效果

图12-51 最终效果

上机练习：编辑图层蒙版技巧3——通过渐变工具编辑图层蒙版

本次实战主要让大家了解使用"渐变工具"编辑图层蒙版的方法。使用"渐变工具"在图层蒙版中进行编辑，可以将两幅以上的图像进行更加渐隐的融合，使其看起来像是一幅图像。在实际操作时，不同的渐变样式所产生的融合效果也是有差异的，具体要看最终效果体现的是局部融合还是大范围融合。如图12-52所示分别为应用不同渐变样式后产生的图层蒙版融合效果。

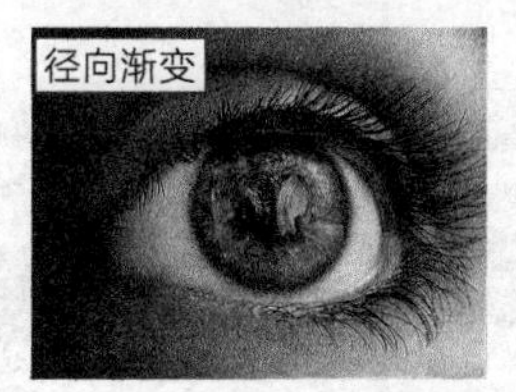

图12-52　使用不同渐变样式后产生的图层蒙版融合效果

温馨提示

使用"渐变工具"编辑图层蒙版时，需要注意的是时渐变顺序的安排。如果将渐变顺序颠倒的话，最终也会出现相反的渐变蒙版融合效果。如图 12-53 所示分别为"从白到黑"和"从黑到白"的渐变蒙版效果。

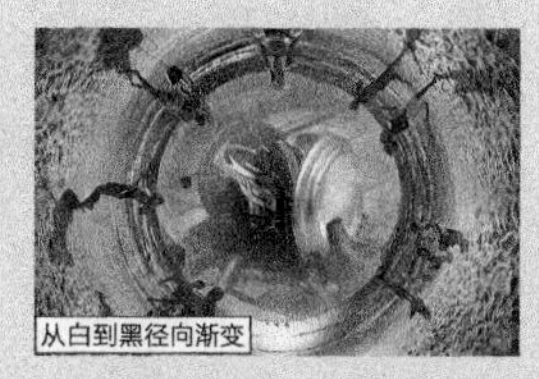

图12-53　相反顺序的渐变色产生的图层蒙版效果

下面就为大家具体讲解使用"渐变工具"编辑图层蒙版的操作方法。

操作步骤

01 在菜单中执行"文件/打开"命令或按Ctrl+O快捷键，打开随书附带光盘中的文件"素材文件/第12章/灯塔.jpg"，如图12-54所示。

02 拖动"背景"图层❶到"创建新图层"按钮上❷，得到"背景 拷贝"图层❸，如图12-55所示。

图12-54　素材

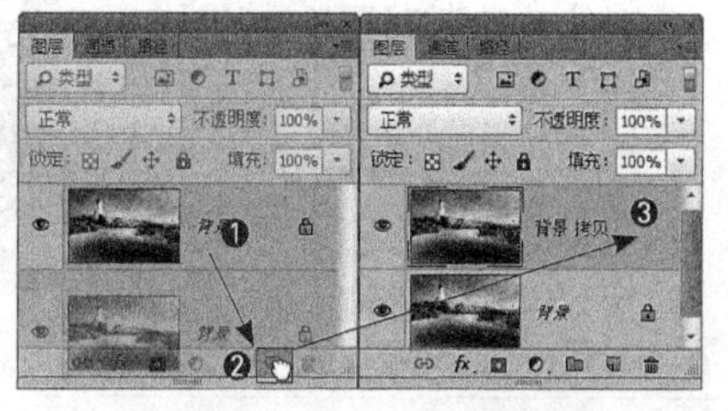

图12-55　复制"背景"图层

03 在菜单中执行"编辑/变换/水平翻转"命令，将图像进行水平翻转，再单击"图层"面板中的"添加图层蒙版"按钮❶，为图层添加一个空白图层蒙版❷，如图12-56所示。

04 选择"渐变工具"❸，在属性栏中设置"渐变样式"为"线性渐变"、"渐变类型"为"黑、白渐变"❹，使用"渐变工具"在图像的中心位置进行水平拖动❺，效果如图12-57所示。

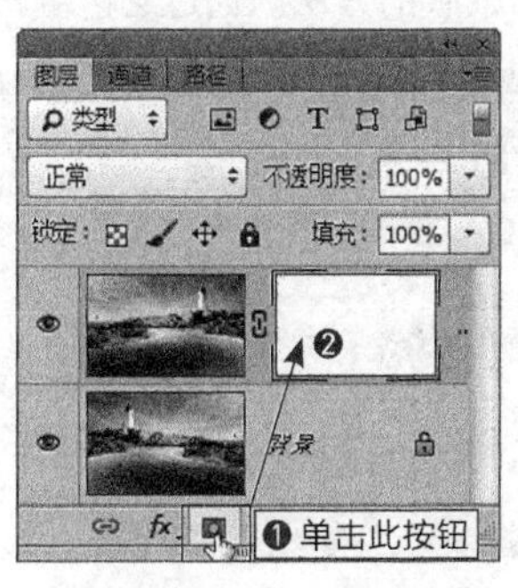

图12-56　添加图层蒙版

图12-57　编辑渐变蒙版

第1篇 第2篇 第3篇 第4篇 第5篇 第6篇 第7篇 第8篇 第9篇 第10篇 第11篇

温馨提示

在使用工具或命令编辑图层蒙版时，一定要注意在“图层”面板中是选择的图层缩览图还是图层蒙版缩览图，这点对于编辑图层蒙版是十分重要的。

05 水平拖动产生的渐变蒙版不同，合成的效果也不同，如图12-58所示。

图12-58 编辑图层蒙版

06 编辑渐变蒙版后的图像看起来对称感特别强烈，这里再使用“画笔工具”对天空部分的图层蒙版进行修整，使对称的天空变得不对称，效果如图12-59所示。

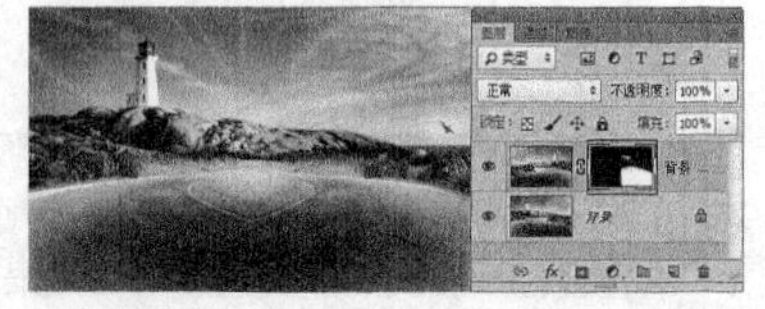

图12-59 使用画笔工具编辑图层蒙版后的两种效果

操作补充

通常情况下使用“渐变工具”编辑图层蒙版时，在属性栏中的“不透明度”为100%主要以两个图像的某个区域进行整体融合，再对另一处位置使用渐变蒙版时，前一处位置的渐变蒙版会自动消失，此时就需要再结合其他工具对另一处位置进行编辑；在属性栏中的“不透明度”小于100%时，可以对多处位置使用渐变蒙版，相交位置的渐变蒙版会出现叠加效果，不相交的位置则会出现后添加的渐变蒙版把之前添加的渐变蒙版减弱的效果，如图12-60所示。

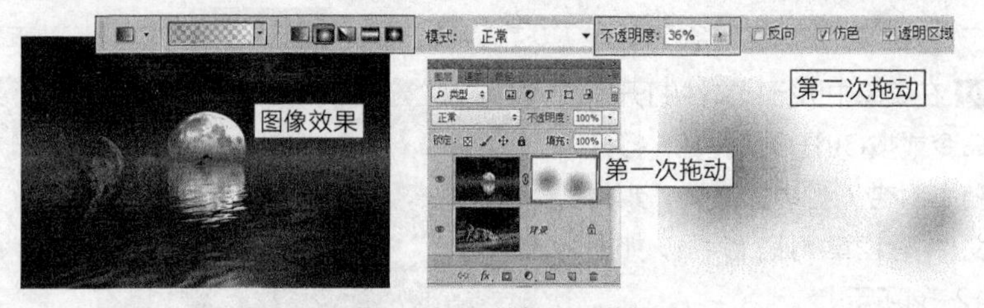

图12-60 编辑图层蒙版

上机练习：编辑图层蒙版技巧4——通过选区编辑图层蒙版

本次实战主要让大家了解使用选区编辑图层蒙版的方法。通过选区编辑图层蒙版的目的，主要是将图像进行更加精确的融合，也就是说，在同一个文件中产生抠图的效果。与使用“画笔工具”和“橡皮擦工具”不同的是，前者为对已经创建的选取范围添加图层蒙版而不破坏原来的图像，后者为在已经创建的图层蒙版中进行细致的加工以保护源图像。如图12-61所示为通过选区添加图层蒙版后的效果。

图12-61 通过选区添加图层蒙版的效果

温馨提示

使用选区编辑图层蒙版时，需要注意的是选区的羽化值。羽化数值越大，边缘融合的范围就越广；羽化数值越小，边缘融合得就越生硬。因此，在使用选区编辑图层蒙版时，一定要根据不同的图像效果来确定选区的羽化程度。如图 12-62 所示分别为设置不同羽化值时产生的选区蒙版效果。

图12-62　设置不同羽化值产生的选区蒙版效果

下面为大家具体讲解通过选区编辑图层蒙版的操作方法。

操作步骤

01 在菜单中执行“文件/打开”命令或按Ctrl+O快捷键，打开随书附带光盘中的文件“素材文件/第12章/人物.jpg、风景.jpg”，如图12-63所示。

02 使用“移动工具”拖动“人物”文件中的图像到“风景”文件中，此时“人物”文件中的图像会出现在“风景”文件中的“图层1”中，如图12-64所示。

图12-63　素材

图12-64　移动图像效果

03 在工具箱中选择“快速选择工具”，在属性栏中设置“画笔”的“大小”为23像素❷，在人物的身体处按下鼠标左键进行拖动以创建选区❸，效果如图12-65所示。

04 继续使用“快速选择工具”在人物的身体处按下鼠标左键进行拖动以创建整个选区，效果如图12-66所示。

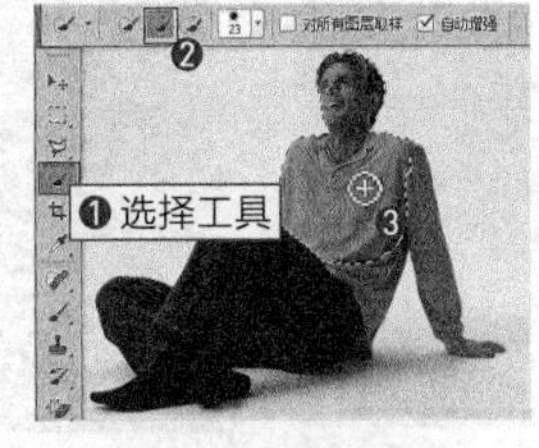

图12-65　创建选区

图12-66　创建选区过程

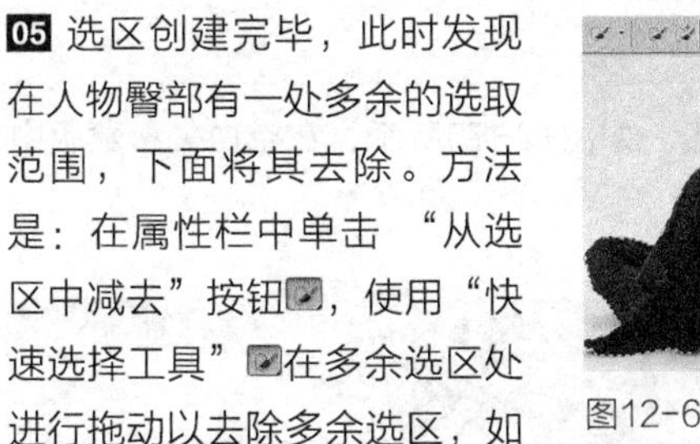

05 选区创建完毕，此时发现在人物臀部有一处多余的选取范围，下面将其去除。方法是：在属性栏中单击“从选区中减去”按钮，使用“快速选择工具”在多余选区处进行拖动以去除多余选区，如图12-67所示。

图12-67　去除多余选区

图12-68　添加选区蒙版效果

06 此时在菜单中执行“图层/图层蒙版/显示选区”命令，即可添加选区蒙版，如图12-68所示。

07 新建“图层2”，按住Ctrl键单击“图层1”的图层蒙版缩览图以调出选区，将选区填充为黑色，效果如图12-69所示。

08 按Ctrl+T快捷键调出变换框，按住Ctrl键拖动变换控制点以调整阴影的形状，效果如图12-70所示。

09 按回车键完成变换操作，再按Ctrl+D快捷键去掉选区，效果如图12-71所示。

10 在菜单中执行“滤镜/模糊/高斯模糊”命令，弹出“高斯模糊”对话框，其中的参数设置如图12-72所示。

11 设置完毕单击“确定”按钮，设置“图层2”的“不透明度”为40%。至此，本次练习制作完成，最终效果如图12-73所示。

图12-69 填充选区

图12-70 调整阴影的形状

图12-71 变换效果

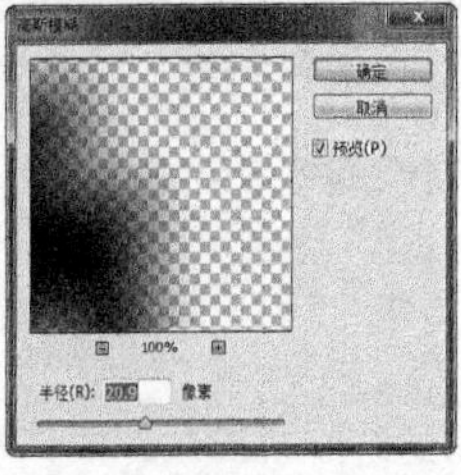

图12-72 “高斯模糊”对话框

图12-73 最终效果

12.3 矢量蒙版

矢量蒙版的作用与图层蒙版类似，只是在创建或编辑矢量蒙版时要使用“钢笔工具”或形状工具，使用“选区工具”、“画笔工具”、“渐变工具”不能编辑矢量蒙版。

12.2.1 从路径创建矢量蒙版

可以直接创建白色的矢量蒙版和黑色的矢量蒙版。在菜单中执行“图层/矢量蒙版/显示全部或“图层/矢量蒙版/隐藏全部”命令，即可在图层中创建白色或黑色的矢量蒙版。在“图层”面板中，矢量蒙版的显示效果与图层蒙版的显示效果相同，这里不再赘述。在图像中创建路径后，执行菜单中的“图层/矢量蒙版/当前路径”命令，即可在路径中创建矢量蒙版，如图12-74所示。

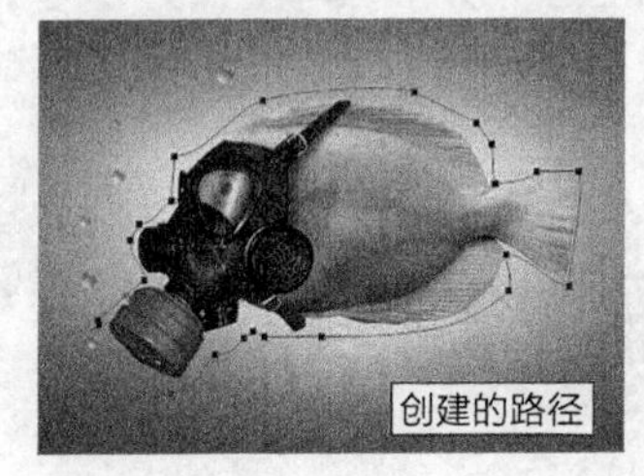

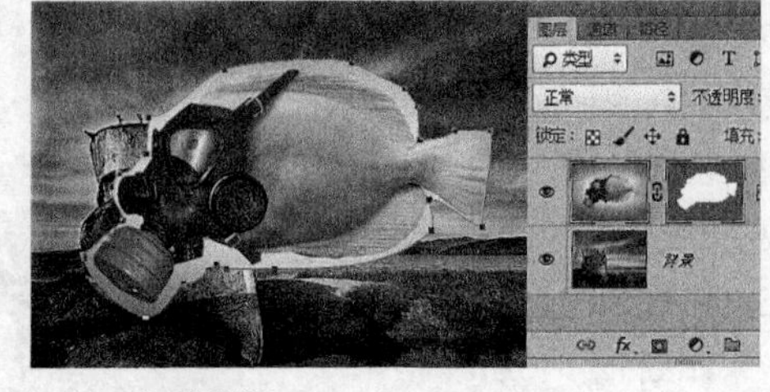

图12-74 矢量蒙版

12.2.2 使用路径编辑矢量蒙版

创建矢量蒙版后，可以通过“钢笔工具”对其进行进一步的编辑。如图12-75所示，在空白矢量蒙版中创建路径，此时Photoshop会自动对矢量蒙版进行编辑。

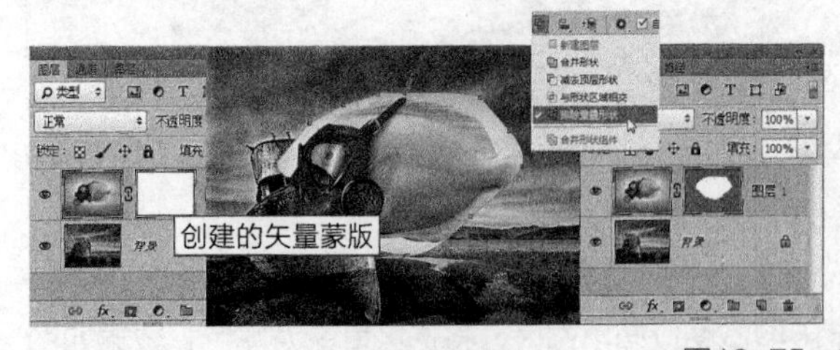

图12-75 编辑矢量蒙版

温馨提示

矢量蒙版中的显示矢量蒙版、隐藏矢量蒙版、删除矢量蒙版、应用矢量蒙版、链接矢量蒙版等操作与图层蒙版中的操作相似，大家可以参考本章 12.1 节的内容。

12.4 操控变形

该功能能够通过添加的显示网格和图钉对图层中的图像进行变形，从而使僵化的变换操作变得更加具有柔性，使变换后的图像更符合创作者的要求，变换过程如图12-76所示。

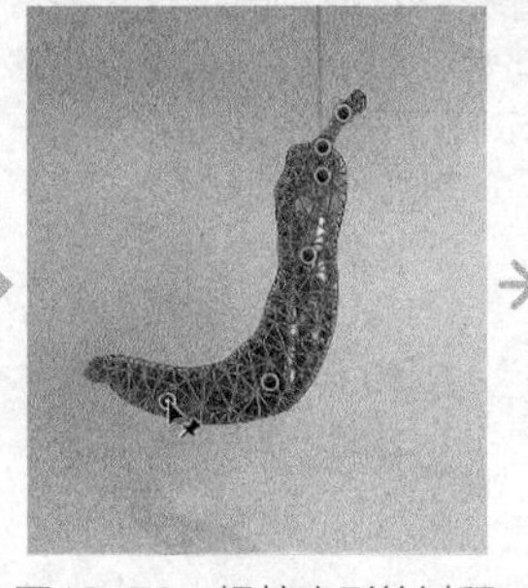

图12-76　操控变形的过程

在图像中选择图层后，在菜单中执行“编辑/操控变形”命令，此时系统会自动为图像添加网格以进行显示，并将属性栏变为操控变形时对应的状态，如图12-77所示。

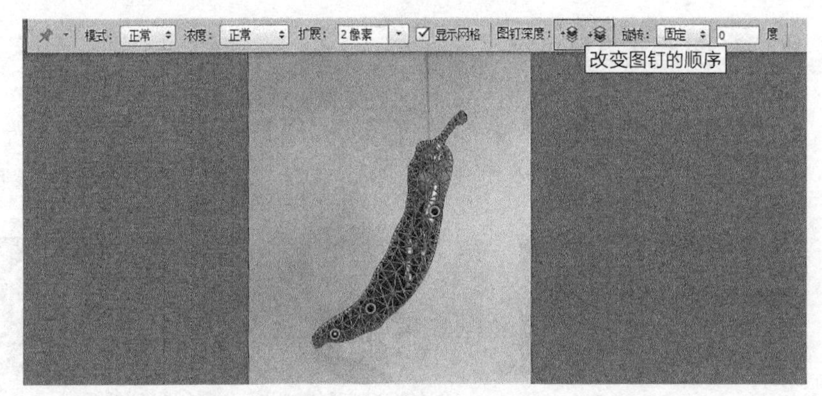

图12-77　操控变形的属性栏

其中各项的含义如下。

- **模式**：用来设置变形时的样式。

  正常：默认刚性。
- **刚性**：更刚性的变形。

  扭曲：适用于校正变形。
- **浓度**：用来设置网格显示的密度以控制变形的品质。
- **扩展**：用来扩展与收缩变换区域。
- **显示网格**：勾选复选框，在变换时显示网格。
- **图钉深度**：用来控制图钉所处的层次，用以分辨多个图钉的顺序。
- **旋转**：控制图钉的旋转角度。

技巧

创建图钉后，在图钉处按住 Alt 键，即可将此处的图钉清除，清除过程如图 12-78 所示。

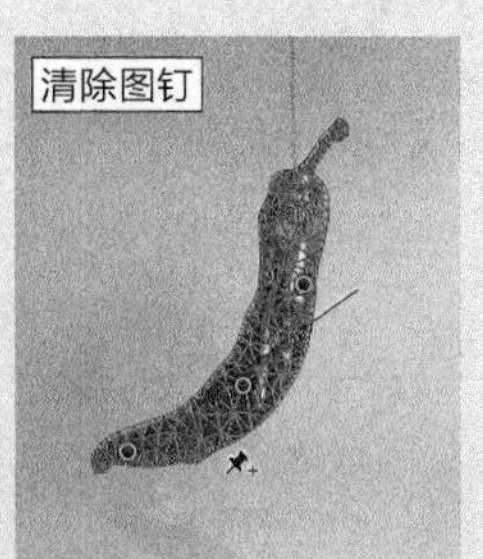

图12-78　清除图钉的过程

技巧

创建图钉后，在图钉周围按住 Alt 键，此时会出现一个圆形旋转框，拖动鼠标指针即可将该图钉所在位置处的图像进行旋转变形，如图 12-79 所示。

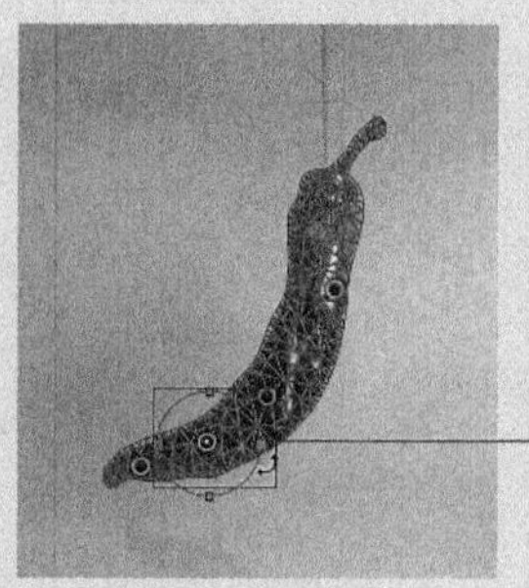

图12-79 变换图钉

12.5 课后练习

课后练习1：通过“贴入”命令添加图层蒙版

在Photoshop CC中通过“拷贝”命令和“贴入”命令为图层添加图层蒙版，过程如图12-80所示。

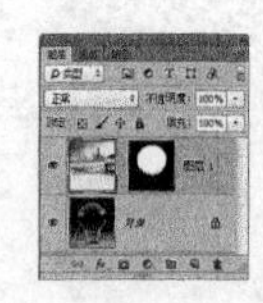

图12-80 通过“贴入”命令添加图层蒙版

练习说明

1. 创建选区，复制整体图像。
2. 执行菜单中的“编辑/选择性粘贴/贴入”命令。
3. 设置“混合模式”和“不透明度”。
4. 在选区内应用“球面化”滤镜。

课后练习2：通过“操控变形”命令改变图像的形状

在Photoshop CC中通过“操控变形”命令对选取的图像进行变形操作，如图12-81所示。

图12-81 通过“操控变形”命令拉长腿部

练习说明

1. 打开素材。
2. 选择图层中的图像。
3. 应用“操控变形”命令，将人物的腿部拉长。

第13章

图层技术的应用

本章重点：

- 图层技术的应用

本章主要通过实例为大家讲解Photoshop CC图层技术的应用方法。

13.1 通过图层合成图像效果

实例目的

通过制作如图13-1所示的效果图，了解“图层”面板在图像处理中的重要作用。

图13-1 效果图

实例要点

- 打开文件
- 移动图像到新文件中
- 为图层添加图层蒙版后使用“画笔工具”进行编辑
- 设置混合模式以及添加图层样式
- 使用“收缩”命令收缩选区

操作步骤

01 在菜单中执行“文件/打开”命令或按Ctrl+O快捷键，打开随书附带光盘中的文件“素材文件/第13章/天空背景.jpg、草球.jpg”，如图13-2所示。

02 使用“移动工具”将“草球”文件中的图像拖动到“天空背景”文件中，效果如图13-3所示。

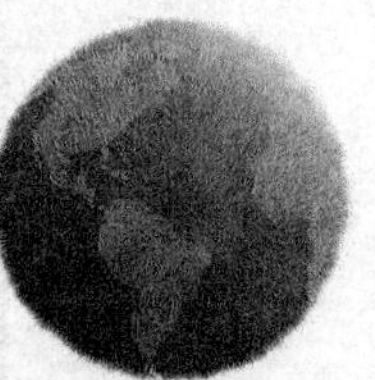

图13-2 素材

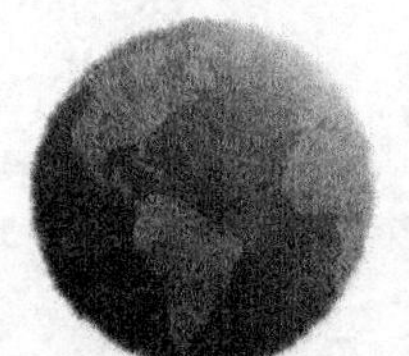

图13-3 移动图像

03 使用“横排文字工具”在文件中输入英文“Love”，效果如图13-4所示。

04 隐藏文字图层，按住Ctrl键单击文字图层的图层缩览图，调出文字选区，效果如图13-5所示。

05 单击“创建新的填充或调整图层”按钮，在弹出的菜单中选择“色相/饱和度”命令，如图13-6所示。

图13-4 输入文字

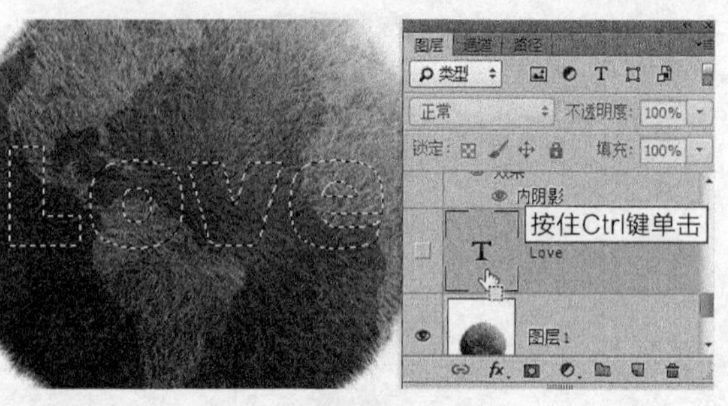

图13-5 调出选区的效果

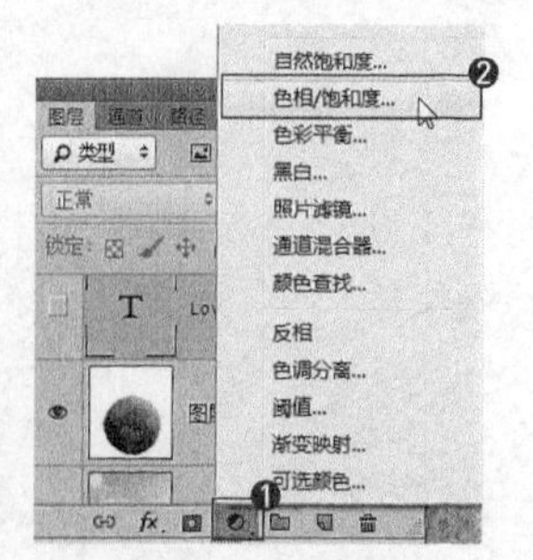

图13-6 选择调整命令

06 在弹出的“属性”面板中设置“色相/饱和度”参数，如图13-7所示。

07 调整完毕，效果如图13-8所示。

08 在菜单中执行“图层/图层样式/内阴影”命令，弹出“图层样式”对话框，其中的参数设置如图13-9所示。

09 设置完毕单击“确定”按钮，效果如图13-10所示。

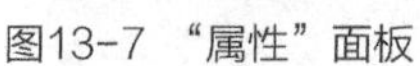

图13-7　“属性”面板

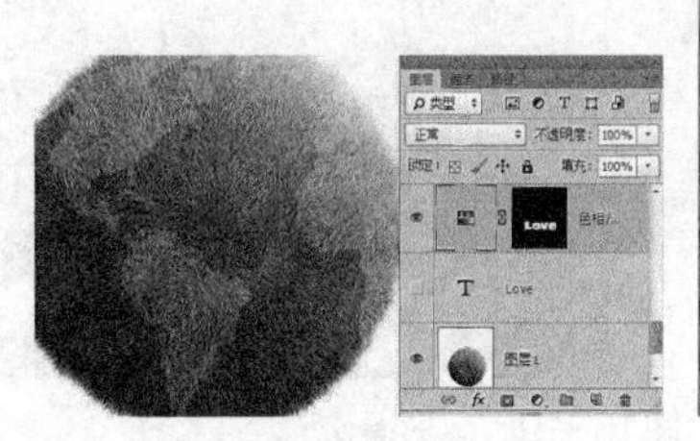

图13-8　调整效果

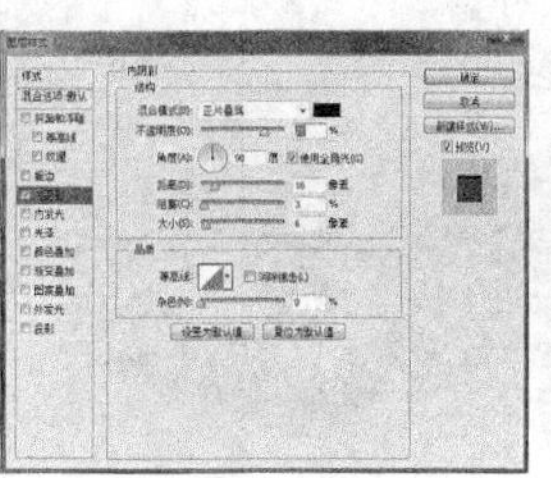

图13-9　设置图层样式

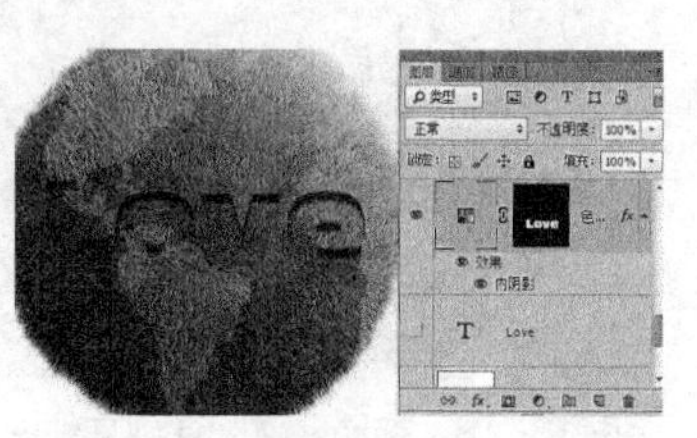

图13-10　应用“内阴影”图层样式后的效果

10 选择图层蒙版缩览图，将前景色设置为白色，选择“画笔工具”，再选择“草”笔尖，如图13-11所示。

11 设置合适的画笔大小，在文字的边框处进行涂抹，如图13-12所示。

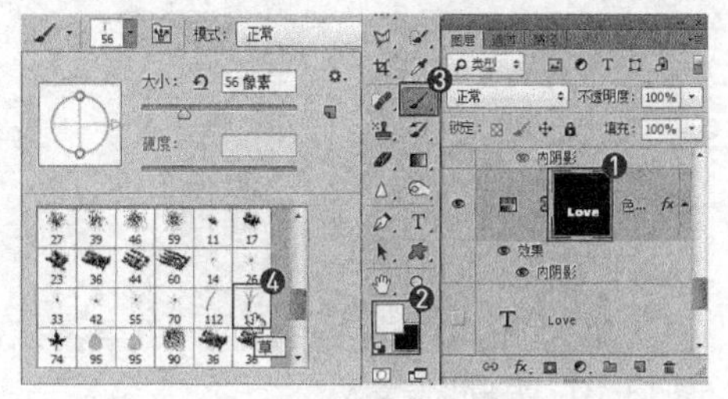

图13-11　设置前景色和画笔工具

图13-12　编辑图层蒙版

12 下面制作铁链。新建图层，使用“椭圆选框工具”在文件中绘制椭圆选区。在选区内填充黑色后，在菜单中执行“选择/修改/收缩”命令，在弹出的“收缩选区”对话框中设置“收缩量”为3像素，单击“确定”按钮，然后按键盘上的Delete键将选区内部清空，过程如图13-13所示。

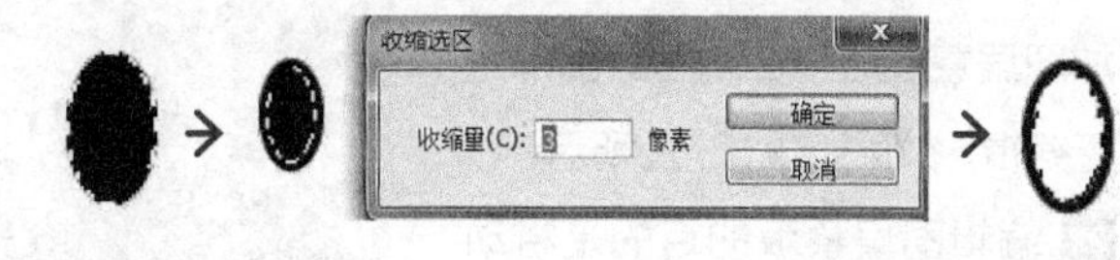

图13-13　制作圆环效果

13 按Ctrl+D键去掉选区后，在圆环下面绘制椭圆，如图13-14所示。

14 按Ctrl+D键去掉选区，复制图层并移动图像，效果如图13-15所示。

15 复制多个图像并将其连成一串，将铁链所在的图层进行合并，设置：草目球“所在的图层的：“混合模式为：正片叠底，”如图13-16所示。

图13-14　绘制椭圆选区并填充

图13-15　复制并移动的效果

图13-16　合并图层

16 在菜单中执行“文件/打开”命令或按Ctrl+O快捷键，打开随书附带光盘中的文件“素材文件/第13章/热气球1、热气球2、大象、长颈鹿、房子.jpg”，如图13-17所示。

图13-1　合并图层后的图像效果

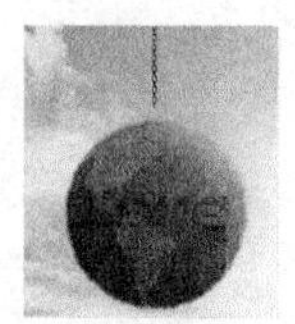

图13-17　素材

17 将素材文件中的图像都拖动到“天空背景”文件中并调整图像的位置，效果如图13-18所示。

18 选择“房子”图像所在的图层，在菜单中执行“编辑/变换/变形”命令，调出变形变换框，拖动变换控制点，将房子进行变形，如图13-19所示。

图13-18　拖动素材图像到文件中

图13-19　变形操作

19 新建一个图层，在房子、大象和长颈鹿与草接触的位置绘制黑色，效果如图13-20所示。

20 为“房子”图像所在的图层添加图层蒙版，使用“草”笔尖以黑色进行编辑，效果如图13-21所示。

图13-20　绘制效果

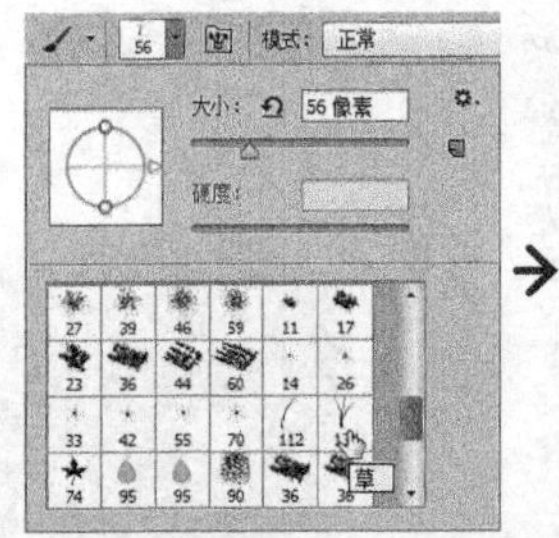

图13-21　编辑图层蒙版

21 使用同样的方法，为“长颈鹿”“大象”图像所在的图层添加图层蒙版后，在动物的脚部进行编辑，效果如图13-22所示。

22 编辑图层蒙版的目的是将动物图像与草地融合得更好。至此，本例制作完毕，最终效果如图13-23所示。

图13-22　编辑图层蒙版

图13-23　最终效果

13.2 通过编辑图层蒙版合成创意图像效果

实例目的

通过制作如图13-24所示的效果图，了解使用“画笔工具”在图层蒙版中进行无损抠图的方法。

图13-24　效果图

实例要点

- 打开文件
- 移动图像到新文件中
- 为图层添加图层蒙版后使用“画笔工具”进行编辑
- 添加图层蒙版使用“橡皮擦工具”进行编辑
- 调整图层的不透明度

操作步骤

01 菜单中执行“文件/打开”命令或按Ctrl+O快捷键，打开随书附带光盘中的文件“素材文件/第13章/墙头.jpg小猫.jpg”，如图13-25所示。

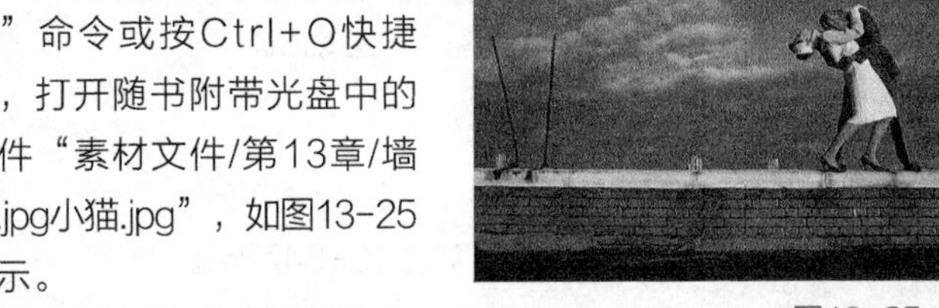

图13-25 素材

图13-26 移动图像并重命名图层

02 使用“移动工具”，将“小猫”文件中的图像拖动到“墙头”文件中，对图层进行重命名，如图13-26所示。

03 单击“添加图层蒙版”按钮，为“小猫”图层添加空白图层蒙版，如图13-27所示。

04 将前景色设置为黑色，使用“画笔工具”在图层蒙版中小猫以外的区域进行涂抹，如图13-28所示。

图13-27 添加图层蒙版

图13-28 编辑图层蒙版

05 反复调整画笔的大小，在小猫的周围继续进行涂抹，直到将小猫抠出为止，过程如图13-29所示。

图13-29 继续编辑图层蒙版

06 按Ctrl+T快捷键调出变换框，拖动变换控制点将图像缩小，效果如图13-30所示。

07 按回车键完成变换操作，选择图层缩览图，使用“加深工具”在小猫的周围进行涂抹以将白边变黑，如图13-31所示。

图13-30　变换操作

图13-31　去除白边

08 在整个小猫的周围继续涂抹，效果如图13-32所示。

09 调整小猫的位置后，在“小猫”图层的下面新建一个图层并将其命名为“影”，如图13-33所示。

10 根据人物影子的方向，使用“多边形套索工具”绘制选区并填充黑色，如图13-34所示。

图13-31　去除白边效果

图13-33　新建图层并进行命名

图13-34　绘制并填充选区

11 按Ctrl+D快捷键去掉选区，单击“添加图层蒙版”按钮，将背景色设置为黑色，选择“橡皮擦工具”，在属性栏中设置“模式”为“块”，在图像中编辑图层蒙版，如图13-35所示。

12 设置“影子”图层的“不透明度”为75%，如图13-36所示

13 至此，本例制作完毕，最终效果如图13-37所示。

图13-35　编辑图层蒙版

图13-36　调整图像的不透明度

图13-37　最终效果

13.3 通过图层蒙版制作图像拼贴效果

实例目的

通过制作如图13-38所示的效果图，了解在“图层”面板中复制蒙版图层的方法。

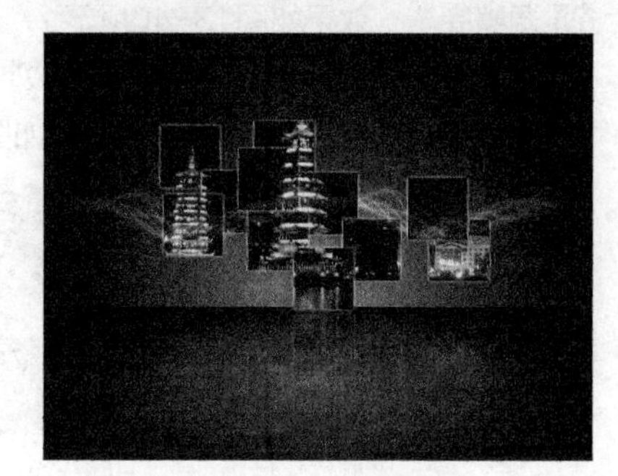

图13-38 效果图

实例要点

- 打开文件，新建图层并填充渐变色
- 使用“通道混合器”命令调整背景的颜色
- 添加图层蒙版后，为图层添加图层样式
- 载入画笔
- 设置混合模式
- 调整图层的不透明度
- 使用“色阶”命令调整整体色调的风格

操作步骤

01 在菜单中执行“文件/打开”命令或按Ctrl+O快捷键，打开随书附带光盘中的文件“素材文件/第13章/夜景.jpg”，如图13-39所示。

02 新建“图层1”，将前景色设置为灰色、背景色设置为黑色，使用“渐变工具”在“图层1”中填充从前景色到背景色的径向渐变，效果如图13-40所示。

图13-39 素材

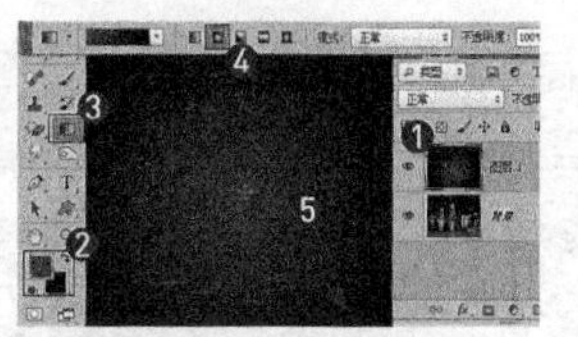

图13-40 填充渐变色

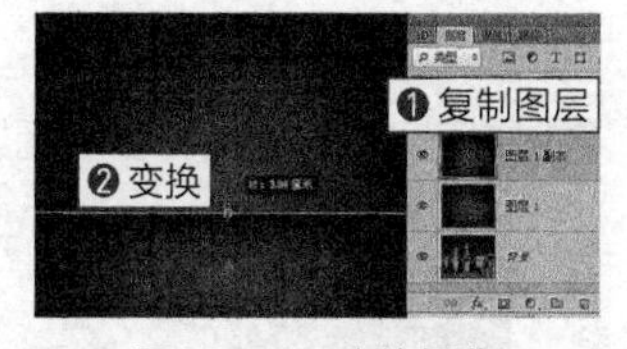

图13-41 变换操作

03 按Ctrl+J快捷键复制“图层1”，得到“图层1副本”，按Ctrl+T快捷键调出变换框，向下拖动变换控制点对图像进行变换操作，如图13-41所示。

04 按回车键确定变换操作，在“图层”面板中单击“创建新的填充或调整图层”按钮，在弹出的菜单中选择“通道混合器”命令，在“属性”面板中设置“通道混合器”的参数，如图13-42所示。

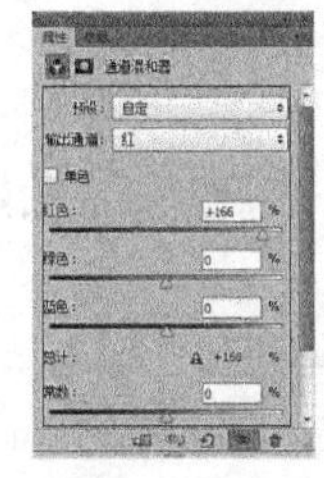

图13-42 “属性面板

图13-43 调整效果

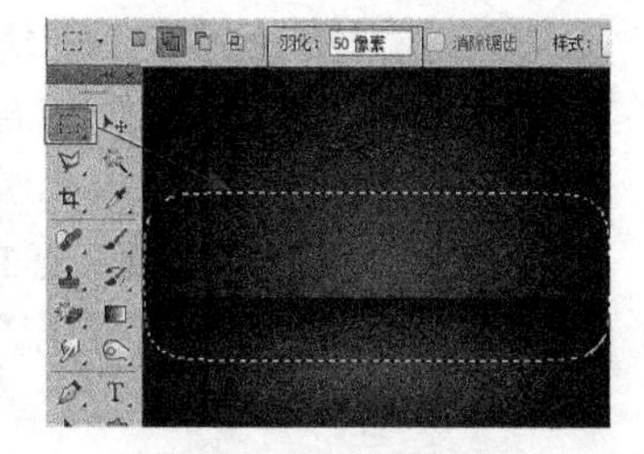

图13-44 绘制选区

05 调整完毕，效果如图13-43所示。

06 使用“矩形选框工具”，在属性栏中设置“羽化”为50像素，在文件中绘制选区，效果如图13-44所示。

07 在“图层”面板中单击“创建新的填充或调整图层”按钮，在弹出的菜单中选择“亮度/对比度”命令，在“属性”面板中设置“亮度/对比度”的参数，如图13-45所示。

08 调整完毕，效果如图13-46所示。

09 复制“背景”图层，得到“背景 副本”图层，将其拖动到“图层”面板的最上层，在其中绘制矩形选区后，单击“添加图层蒙版”按钮添加图层蒙版，如图13-47所示。

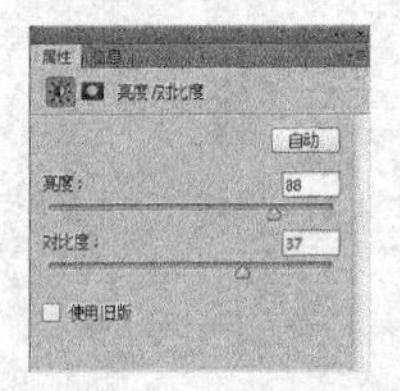

图13-45 “属性”面板

图13-46 调整效果

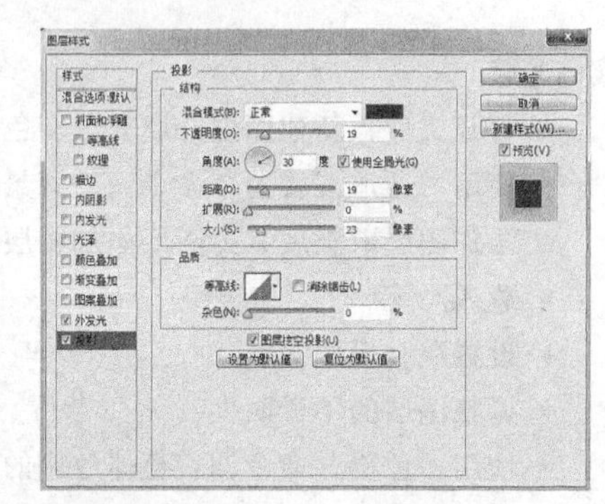

图13-47 为选区添加图层蒙版

10 单击“添加图层样式”按钮，在弹出的菜单中分别选择“外发光”和“投影”命令，“图层样式”对话框中的参数设置如图13-48所示。

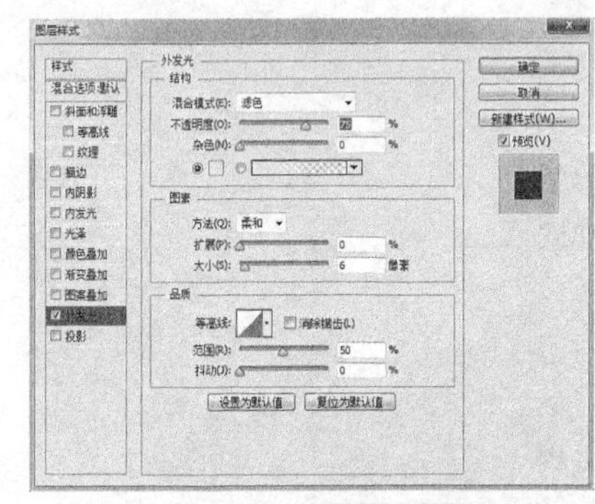

图13-48 设置图层样式

11 设置完毕单击“确定”按钮，在“图层”面板中将图层缩览图与图层蒙版缩览图之间的链接取消，如图13-49所示。

12 复制图层，选择图层蒙版缩览图，使用“移动工具”移动图层蒙版的位置，效果如图13-50所示。

13 使用同样的方法，复制图层并移动图层蒙版，效果如图13-51所示。

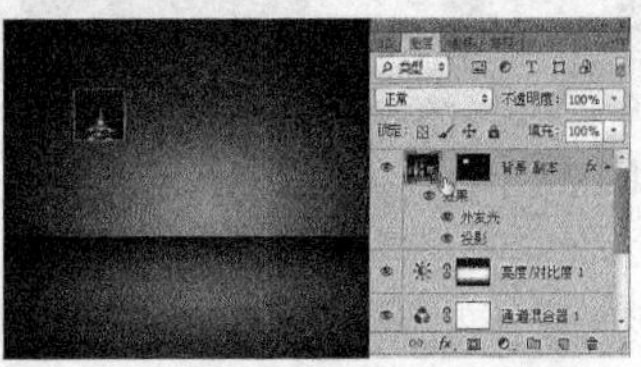

图13-49 取消图层与图层蒙版的链接

图13-50 移动图层蒙版

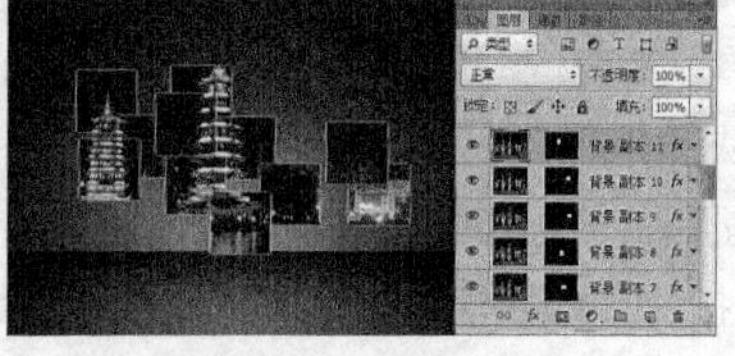

图13-51 移动图层蒙版

14 将所有副本图层一同选取，复制选取的所有图层，按Ctrl+E快捷键将其合并，然后在菜单中执行“编辑/变换/垂直翻转”命令，将图像进行翻转，并将翻转后的图像向下移动，效果如图13-52所示。

15 设置合并后的图层的“不透明度”为77%，添加图层蒙版后，使用“渐变工具”在图层蒙版中填充从白色到黑色的线性渐变，效果如图13-53所示。

16 将前景色设置为黄色，新建“图层2”，在工具箱中选择“画笔工具”❶，调出“画笔预设选取器”面板❷，在面板中单击“弹出菜单”按钮❸，在弹出的菜单中选择“载入画笔”命令❹，如图13-54所示。

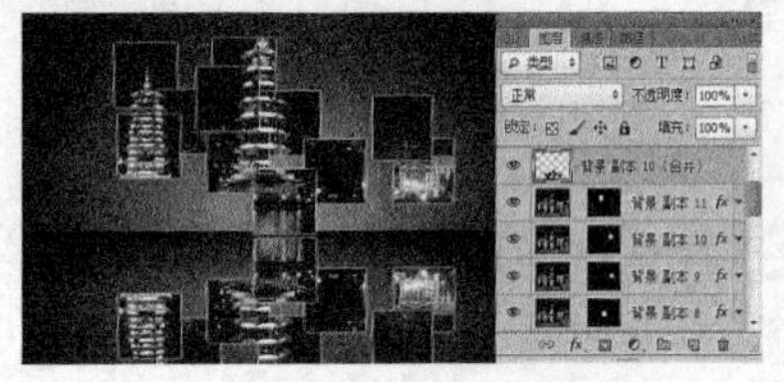

图13-52 操作效果

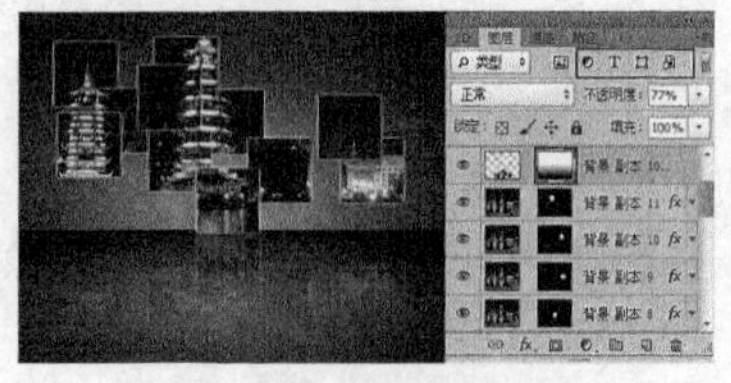

图13-53 编辑图层蒙版

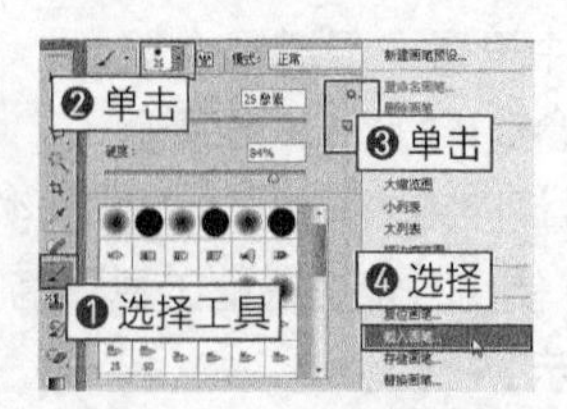

图13-54 选择载入画笔

17 系统弹出“载入”对话框，找到画笔笔尖所在的路径位置，选择“云朵 3”画笔，如图13-55所示。

18 选择“画笔工具”并进行机关设置后，在文件中进行绘制，效果如图13-56所示。

19 设置“图层2”的“混合模式”为“颜色减淡”，效果如图13-57所示。

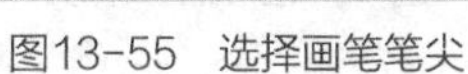
图13-55 选择画笔笔尖

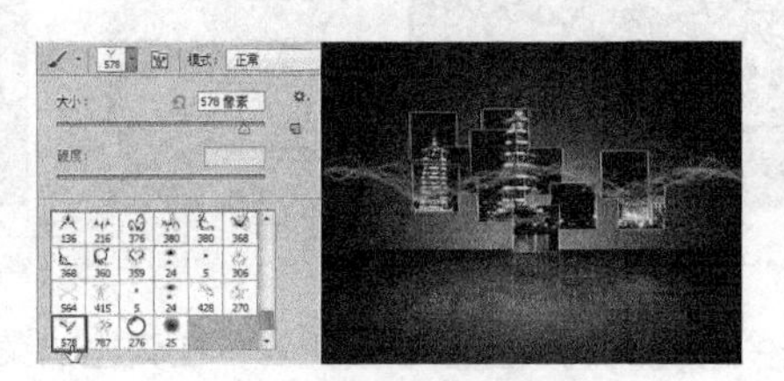
图13-56 绘制笔尖效果

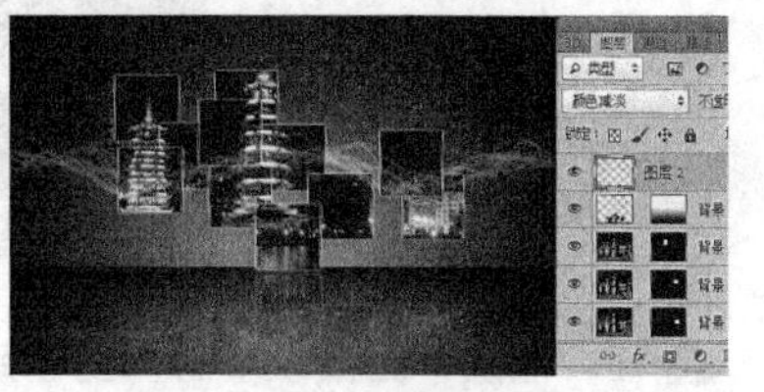
图13-57 设置混合模式

20 复制“图层2”，在菜单中执行“编辑/变换/垂直翻转”命令，将“图层2副本”中的图像垂直翻转并移动到下方的位置后，降低“图层2副本”的不透明度，效果如图13-58所示。

21 选择“图层2副本”，单击“创建新的填充或调整图层”按钮，在弹出的菜单中选择“色阶”命令，在“属性”面板中设置参数，如图13-59所示。

22 至此，完成本例的制作，最终效果如图13-60所示。

图13-58 操作效果

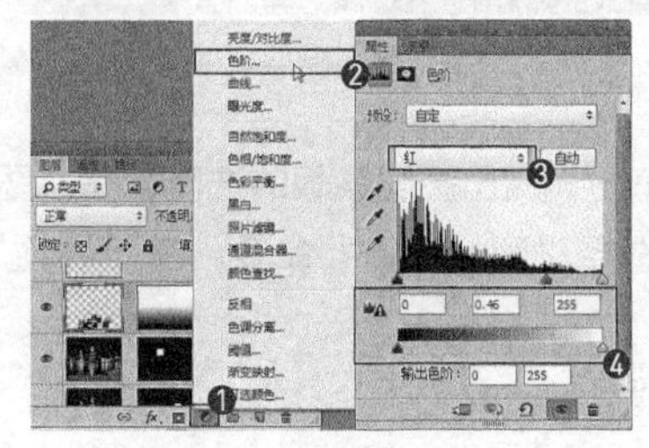
图13-59 选择调整命令并设置参数

图13-60 最终效果

13.4 通过图层的混合模式制作金属锈迹面孔效果

实例目的

通过制作如图13-61所示的效果图，了解在“图层”面板中设置混合模式以及添加调整图层的方法。

图13-61 效果图

实例要点

- 打开文件
- 通过“色相/饱和度”命令调整图像的颜色
- 通过“照片滤镜”命令调整图像的颜色
- 编辑图层蒙版
- 设置混合模式

操作步骤

01 在菜单中执行“文件/打开”命令或按Ctrl+O快捷键，打开随书附带光盘中的文件“素材文件/第13章/电影人物.jpg”，如图13-62所示。

图13-62 素材

图13-63 “属性”面板

图13-64 调整效果

02 在“图层”面板中单击“创建新的填充或调整图层”按钮，在弹出的菜单中选择“色相/饱和度”命令，在“属性”面板中设置“色相/饱和度”的参数，如图13-63所示。

03 调整完毕，效果如图13-64所示。

04 选择图层蒙版缩览图，使用黑色画笔在图层蒙版中将人物的眼睛和除脸部以外的区域涂抹成黑色，效果如图13-65所示。

图13-65 编辑图层蒙版

图13-66 “属性”面板

图13-67 调整效果

05 按住Ctrl键单击图层蒙版缩览图，调出图层蒙版的选区，在“图层”面板中单击“创建新的填充或调整图层”按钮，在弹出的菜单中选择“照片滤镜”命令，在“属性”面板中设置“照片滤镜”的参数，如图13-66所示。

06 调整完毕，效果如图13-67所示。

07 在菜单中执行“文件/打开”命令或按Ctrl+O快捷键，打开随书附带光盘中的文件“素材文件/第13章/锈迹斑斑.jpg”，如图13-68所示。

08 使用“移动工具”将“锈迹斑斑”文件中的图像拖动到“电影人物”文件中，设置“混合模式”为“叠加”，效果如图13-69所示。

09 单击“添加图层蒙版”按钮，添加蒙版，使用“画笔工具”在图层蒙版中除脸部以外的位置涂抹成黑色，效果如图13-70所示，此时的图层蒙版如图13-71所示。

10 至此，本例制作完毕，最终效果如图13-72所示。

图13-68 素材

图13-69 移动图像并设置混合模式

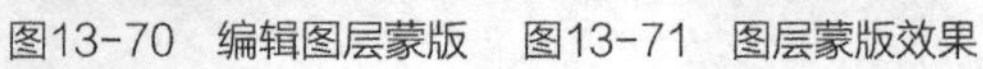

图13-70 编辑图层蒙版

图13-71 图层蒙版效果

图13-72 最终效果

13.5 通过图层操作合成梦幻图像

实例目的

通过制作如图13-73所示的效果图，了解在“图层”面板中设置混合模式以及编辑图层蒙版的方法。

图13-73　效果图

实例要点

- 打开文件
- 填充渐变色
- 设置混合模式
- 编辑图层蒙版
- 制作云彩画笔笔尖

操作步骤

01 在菜单中执行“文件/打开”命令或按Ctrl+O快捷键，打开随书附带光盘中的文件“素材文件/第13章/海面.jpg”，如图13-74所示。

02 新建图层，使用“渐变工具”在文件中绘制“紫色、蓝色、青色和绿色”的径向渐变，设置“图层1”的“混合模式”为“柔光”、“不透明度”为52%，如图13-75所示。

图13-74　素材

图13-75　绘制渐变色并设置图层属性

03 为“图层1”添加图层蒙版，使用“画笔工具”在图层蒙版中鲸鱼的位置绘制黑色以编辑图层蒙版，效果如图13-76所示。

04 打开本章素材文件中的“月球”素材，如图13-77所示。

图13-76　编辑图层蒙版

图13-77　素材

图13-78　移动图像并涂加图层样式后的效果

05 使用“移动工具”将“月球”文件中的图像拖动到“海面”文件中，得到“图层2”，单击“添加图层样式”按钮，在弹出的菜单中选择“外发光”命令，“图层样式”对话框中的参数设置保持默认值即可，效果如图13-78所示。

06 为“图层2”添加图层蒙版，使用“渐变工具”绘制从白色到黑色的线性渐变，编辑图层蒙版后的效果如图13-79所示。

图13-79 编辑图层蒙版

图13-80 素材

图13-81 移动图像并设置混合模式

07 在菜单中执行“文件/打开”命令或按Ctrl+O快捷键，打开随书附带光盘中的文件“素材文件/第13章/岛.jpg”，如图13-80所示。

08 使用“移动工具”将“岛”文件中的图像拖动到“海面”文件中，将“岛”图像所在的图层命名为“岛”设置其“混合模式”为“正片叠底”，效果如图13-81所示。

09 为“岛”图层添加图层蒙版，使用“渐变工具”绘制从白色到黑色的线性渐变，编辑图层蒙版后的效果如图13-82所示。

10 复制“岛”图层，将“岛复制”图层的“混合模式”设置为“正常”，使用“魔术橡皮擦工具”在“岛复制”图层的白色背景中涂抹，将背景清除，效果如图13-83所示。

图13-82 编辑图层蒙版

图13-83 去掉背景的效果

11 选择图层蒙版缩览图，使用“渐变工具”绘制从白色到黑色的线性渐变，编辑图层蒙版后的效果如图13-84所示。

12 在菜单中执行“文件/打开”命令或按Ctrl+O快捷键，打开随书附带光盘中的文件“素材文件/第13章/鸽子.jpg、热气球.jpg、树.jpg、风车.jpg、长颈鹿.jpg”，如图13-85所示。

13 使用“移动工具”将素材文件中的图像拖动到“海面”文件中，效果如图13-86所示。

图13-84 编辑图层蒙版

图13-85 素材

图13-86 移动图像

14 新建图层，将前景色设置为白色，选择“画笔工具”，按F5键打开“画笔”面板，分别设置各项参数，制作云彩画笔笔尖，如图13-87所示。

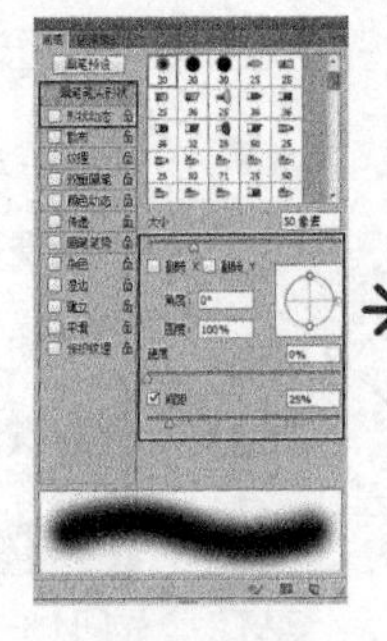

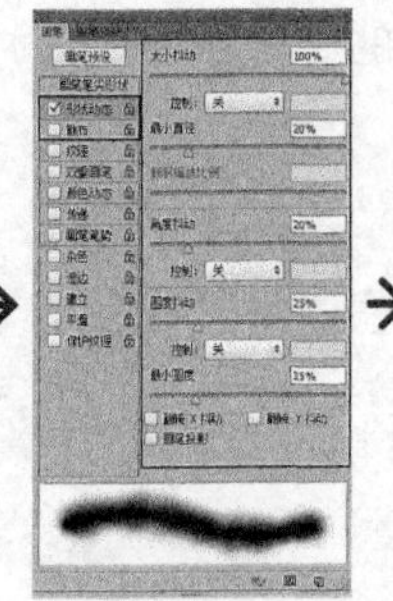

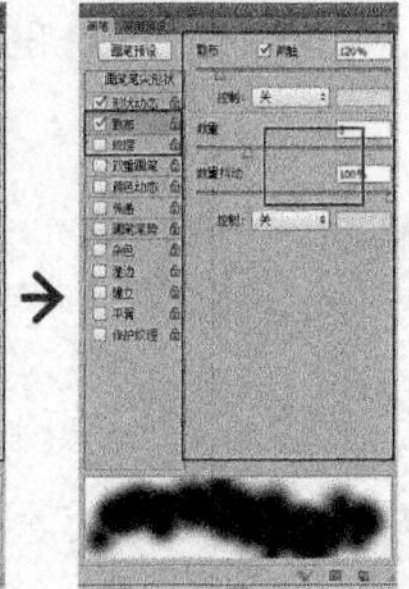

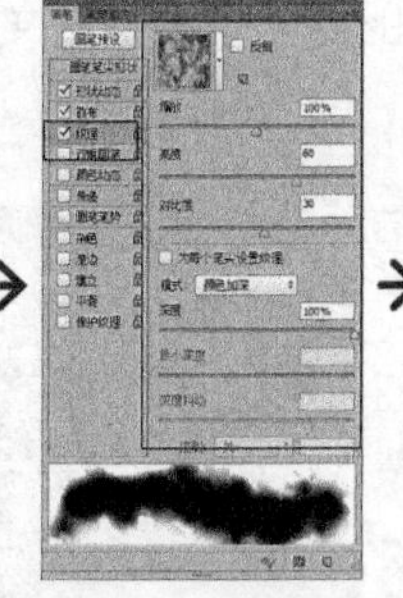

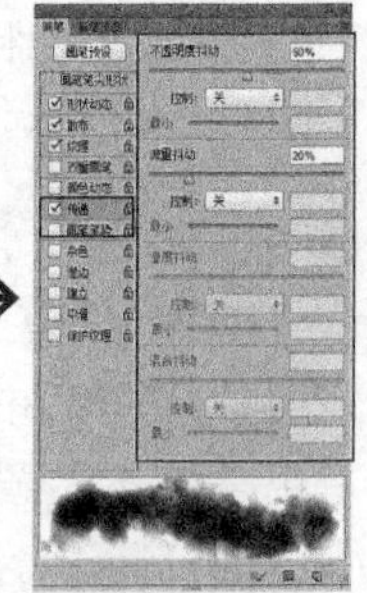

图13-87 设置画笔工具的参数

15 使用“画笔工具”在图像中绘制白色云彩，效果如图13-88所示。

16 将前景色设置为黑色，为图层添加图层蒙版，使用“画笔工具”在图层蒙版中进行涂抹，对云彩进行处理，效果如图13-89所示。

图13-88 绘制云彩

图13-89 编辑图层蒙版

17 新建图层，将前景色设置为白色，选择“画笔工具”，在“画笔预设选取器”面板中选择其他的云彩画笔笔尖，如图13-90所示。

18 在文件中绘制云彩。至此，本例制作完毕，最终效果如图13-91所示。

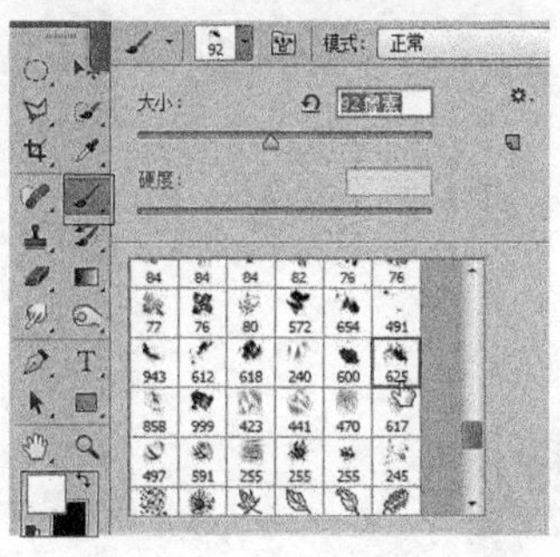

图13-90 选择画笔笔尖

图13-91 最终效果

13.6 课后练习

课后练习1：通过合成图层制作公益海报

在Photoshop CC中创建调整图层并调整色相，然后移入素材图像再对图像进行合成，过程如图13-92所示。

图13-92 通过图层合成制作公益海报

练习说明

1.打开素材。
2.创建“色相/饱和度”调整图层。
3.新建图层并填充青色。
4.移入素材图像并调整位置，为彩虹制作倒影。
5.载入本章制作的云彩画笔，在天空处绘制云彩。
6.绘制椭圆并添加“描边”“内阴影”图层样式。
7.输入文字并制作文字变形效果。

课后练习2：通过混合图层制作生锈汽车

在Photoshop CC中通过创建调整图层改变汽车的色调，合成图像并调整混合模式，添加图层蒙版并进行编辑，过程如图13-93所示。

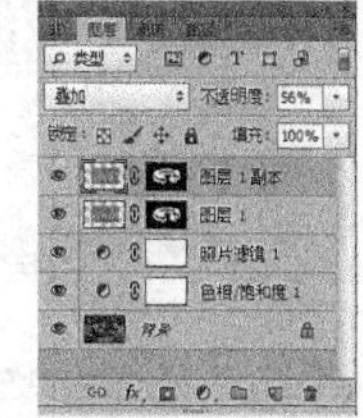

图12-93 通过混合图层制作生锈汽车

练习说明

1.打开素材。
2.创建“色相/饱和度”调整图层。
3.创建“照片滤镜”调整图层。
4.移入素材图像并设置混合模式。
5.添加图层蒙版并对其进行编辑。

第14章 蒙版的基础

本章重点：

- 了解蒙版的概念
- 掌握快速蒙版的创建与编辑

14.1 蒙版的应用

在Photoshop CC中，使用蒙版可以对复杂的图像进行操作，可以对图像的局部区域提供保护。对于蒙版，在Photoshop CC中包括快速蒙版和图层蒙版两种，如图14-1所示。

图14-1　应用蒙版

14.2 蒙版概述

在Photoshop CC中，通过应用蒙版可以对图像的某个区域进行保护。此时在处理其他区域的图像时，被保护的区域将不会被编辑；在处理完成后如果对效果感觉不满意，只要将蒙版取消即可还原图像，此时会发现被编辑的图像根本没有遭到破坏。总之，蒙版可以对图像起到保护作用。

14.2.1 什么是蒙版

蒙版是一种选区，但它跟常规的选区颇为不同。常规的选区表现了一种操作趋向，即将对所选区域进行处理；而蒙版却相反，它是对所选区域进行保护，使其免于操作，而对非遮盖的区域应用操作。通过蒙版，可以创建图像的选区，也可以对图像进行抠图。

14.2.2 蒙版的原理

蒙版是在原来的图层上加上一个看不见的图层，其作用就是显示或遮盖原来的图层。它使原图层的部分区域消失（透明），但并没有被删除掉，而是被蒙版给遮住了。蒙版是一个灰度图像，因此，可以使用所有处理灰度图像的工具去处理，如“画笔工具”、“橡皮擦工具”、部分滤镜等。

14.3 快速蒙版

在Photoshop中，“快速蒙版”指的是在当前图像中创建一个半透明的图像。快速蒙版模式可以将任何选区作为蒙版进行编辑，而不必使用“通道”面板，将选区作为蒙版来编辑的优点是，几乎可以使用任何 Photoshop 工具或滤镜来修改蒙版。例如，创建一个选区后进入快速蒙版模式，可以使用“画笔工具”扩展或收缩选区，使用滤镜设置选区边缘，使用选区工具进行编辑，因为快速蒙版不是选区。

当在快速蒙版模式中工作时，“通道”面板中会出现一个临时的快速蒙版通道，但是所有的蒙版编辑是在文件窗口中完成的。

14.3.1 创建快速蒙版

在工具箱中直接单击“以快速蒙版模式编辑”按钮，就可以进入快速蒙版模式编辑状态，如图14-2所示。当图像中存在选区时，单击“以快速蒙版模式编辑”按钮后，默认状态下选区内的区域为可编辑区域，选区外的区域为受保护区域，如图14-3所示。

图14-2　进入快速蒙版模式编辑状态

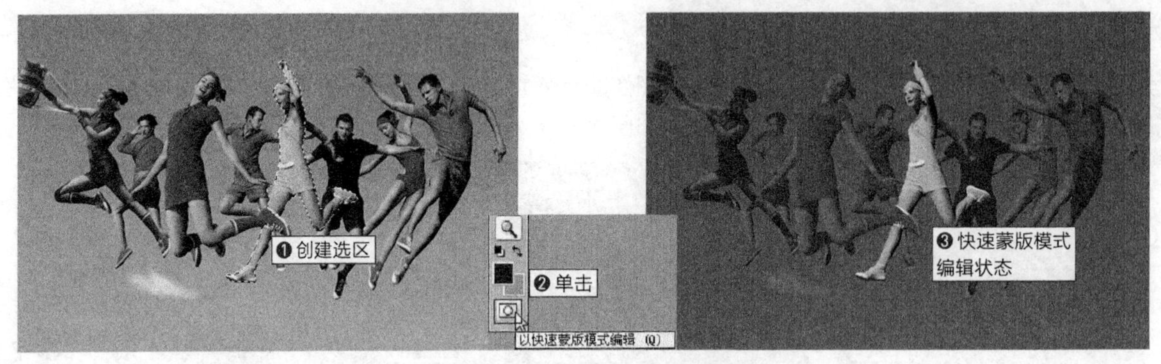

图14-3　为选区创建快速蒙版

14.3.2 快速蒙版选项

“蒙版颜色”指的是覆盖在图像中保护图像某区域的透明颜色，默认状态下为红色，不透明度为50%。在工具箱中的“以快速蒙版模式编辑”按钮上双击，即可弹出如图14-4所示的“快速蒙版选项”对话框。

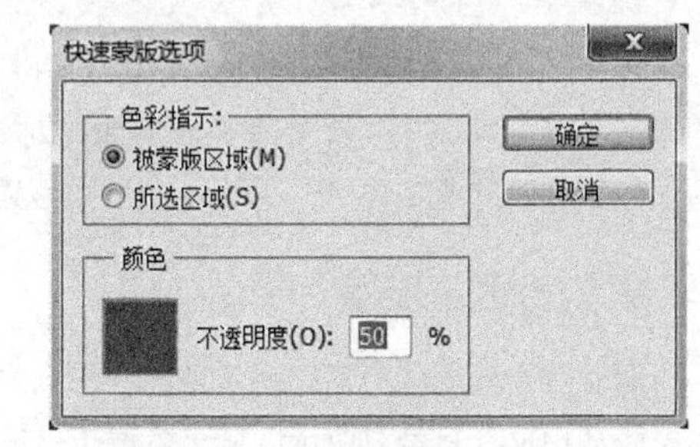

图14-4　“快速蒙版选项”对话框

其中各项的含义如下。

- **色彩指示**：用来设置在快速蒙版模式编辑状态时遮罩的显示位置。
- **被蒙版区域**：单击单选按钮，快速蒙版中有颜色的区域表示被蒙版遮盖的范围，没有颜色的区域则表示选区范围。
- **所选区域**：单击单选按钮，快速蒙版中有颜色的区域表示选区范围，没有颜色的区域则被蒙版遮盖的范围。
- **颜色**：用来设置当前快速蒙版的颜色和透明程度，默认状态下是不透明度为50%的红色。

知识拓展

改变覆盖蒙版的颜色

单击色块即可弹出“选择快速蒙版颜色”对话框，选择的颜色即为快速蒙版模式编辑状态下的蒙版颜色，如图14-5所示即蒙版为绿色时的快速蒙版模式编辑状态。

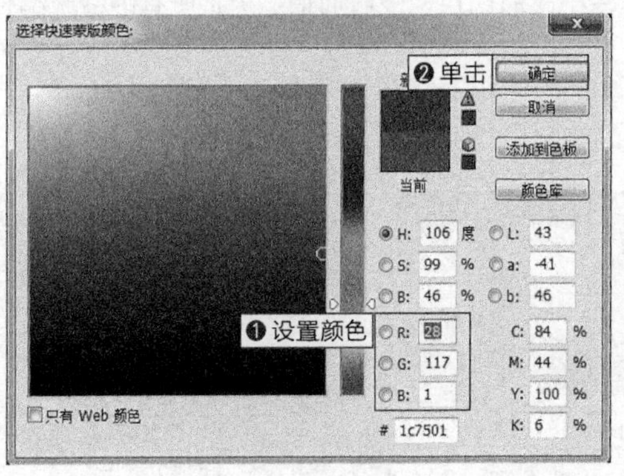

图14-5　更改颜色为绿色

14.3.3 编辑快速蒙版

进入快速蒙版模式编辑状态时，使用相应的工具可以对创建的快速蒙版重新进行编辑。在编辑快速蒙版时，只能使用黑色、白色或灰色，此时的"颜色"面板被限制为256级灰度。

默认状态下，使用黑色在可编辑区域填充时，即可将其转换为蒙版区域；使用白色在蒙版区域填充时，即可将其转换为可编辑区域；使用灰色在蒙版区域填充时，可以产生半透明的蒙版效果。快速蒙版编辑效果如图14-6所示。按Ctrl+T快捷键调出变换框，此时可编辑区域的变换效果与选区内图像的变换效果一致，效果如图14-7所示。

图14-6　快速蒙版编辑效果

图14-7　变换快速蒙版

技巧

默认状态下使用黑色、白色以及灰色编辑快速蒙版时，可以参考下表进行操作。

涂抹颜色	快速蒙版模式编辑状态下的效果	标准模式下的效果
黑色	增加蒙版覆盖区域，减去非保护区	缩减选区
白色	减少蒙版覆盖区域，增加非保护区	扩大选区
灰色	创建半透明效果	产生的选区为半透明

技巧

当使用橡皮擦对蒙版进行编辑时，产生的编辑效果正好与画笔相反。

14.3.4 将快速蒙版作为选区载入

在快速蒙版模式编辑状态下编辑完毕，单击工具箱中的"以标准模式编辑"按钮，即可退出快速蒙版模式编辑状态，此时被编辑的区域会以选区的形式显示，如图14-8所示。

图14-8　将快速蒙版作为选区载入

技巧

按住Alt键单击"以快速蒙版模式编辑"按钮，可以在不弹出"快速蒙版选项"对话框的情况下，自动切换被蒙版遮盖的区域和所选区域，快速蒙版会随之变化。

上机练习：抠图技巧——通过快速蒙版进行抠图

本次实战主要为大家讲解通过快速蒙版对图像局部进行抠图的方法。具体操作如下。

操作步骤

01 在菜单中执行"文件/打开"命令或按Ctrl+O快捷键，打开随书附带光盘中的文件"素材文件/第14章/瑜伽.jpg"，如图14-9所示。

02 在工具箱中单击“以快速蒙版模式编辑”按钮，进入快速蒙版模式编辑状态设置前景色为黑色，使用“画笔工具”在人物的身上涂抹黑色以编辑快速蒙版，如图14-10所示。

图14-9 素材

图14-10 编辑快速蒙版

03 调整画笔的大小，继续在整个人物的身上进行涂抹，效果如图14-11所示。

图14-11 编辑快速蒙版

温馨提示

在使用“画笔工具”编辑快速蒙版时，在图像的边缘处最好随时改变画笔的大小，这样才能将图像抠得更加完美。在英文输入状态下，按【键可以将画笔的笔尖缩小，按】键可以将画笔的笔尖放大。

04 使用“画笔工具”涂抹整个人物后，单击工具箱中的“以标准模式编辑”按钮，即可退出快速蒙版模式编辑状态，此时被编辑的区域会以选区的形式显示，效果如图14-12所示。

05 按Ctrl+Shift+I快捷键将选区反选，打开随书附带光盘中的文件“素材文件/第14章/海滩树桩.jpg”，效果如图14-13所示。

06 使用“移动工具”将选区内的图像拖动到“海滩树桩”文件中，并将其调整到相应的位置，效果如图14-14所示，将图层命名为“人物”。

图14-12 转换成选区

图14-13 反选选区并打开素材

图14-14 移动图像的效果

07 选择“背景”图层后，使用“加深工具”在人物手掌与木桩接触的位置进行涂抹，将其进行加深处理，效果如图14-15所示。

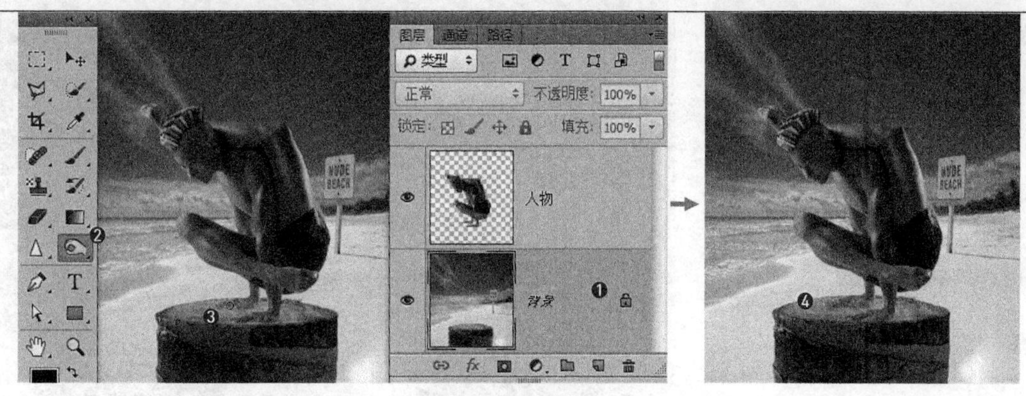

图14-15　加深效果

08 新建图层，将其命名为“影”，使用“套索工具”绘制人影的选区，将选区填充为黑色，效果如图14-16所示。

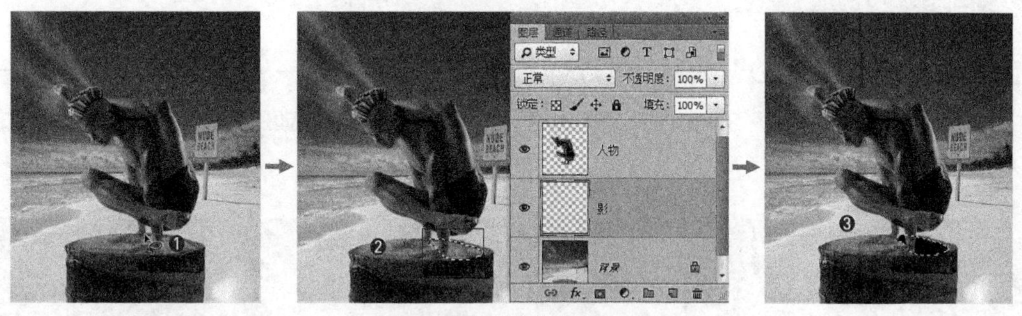

图14-16　绘制并填充选区

09 按Ctrl+D快捷键去掉选区。在菜单中执行“滤镜/模糊/高斯模糊”命令，弹出“高斯模糊”对话框，其中的参数设置如图14-17所示。

10 设置完毕单击“确定”按钮，设置“影”图层的“不透明度”为60%，效果如图14-18所示。

11 在文件右上角处输入不同颜色的中文和英文，效果如图14-19所示。

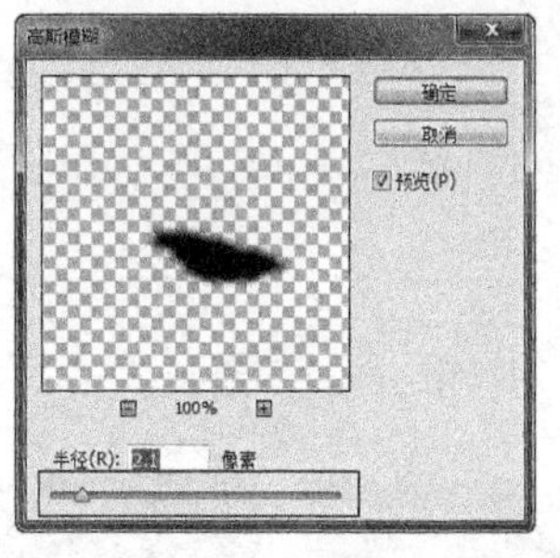

图14-17　“高斯模糊”对话框

图14-18　模糊及设置不透明度后的效果

图14-19　输入文字

12 在菜单中执行“图层/图层样式/描边”、“图层/图层样式/外发光”命令，弹出“图层样式”对话框，其中的参数设置如图14-20所示。

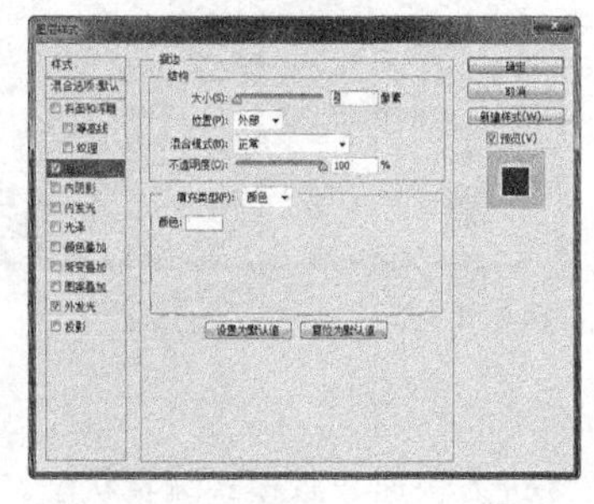

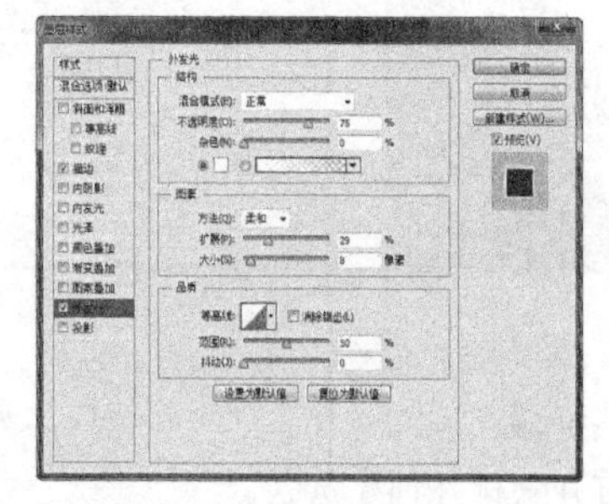

图14-20　设置图层样式

第1篇 第2篇 第3篇 第4篇 第5篇 第6篇 第7篇 第8篇 第9篇 第10篇 第11篇

13 设置完毕单击“确定”按钮，效果如图14-21所示。

14 使用同样的方法，为其他的文字添加“描边”和“外发光”图层样式，根据文字的大小调整参数的设置。至此，本例制作完毕，最终效果如图14-22所示。

图14-21 添加图层样式后的效果

图14-22 最终效果

14.4 课后练习

课后练习1：使用选区工具结合快速蒙版创建精确选区

在Photoshop CC中使用选区工具创建大致的选区，再使用快速蒙版将选区调整为精细选区，过程如图14-23所示。

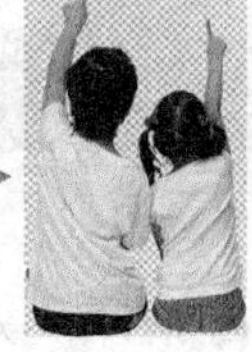

图14-23 使用选区工具结合快速蒙版制作精确选区

练习说明

1.打开素材。 2.创建选区。
3.进入快速蒙版模式编辑状态。 4.编辑快速蒙版。
5.转换为标准模式调出选区。 6.拖动选区内的图像到新背景中。

课后练习2：改变快速蒙版的颜色为绿色和蓝色

在Photoshop CC中创建选区后进入快速蒙版模式编辑状态，设置快速蒙版的颜色，过程如图14-24所示。

图14-24 改变快捷蒙版的颜色

练习说明

1.打开素材并创建选区。 2.进入快速蒙版模式编辑状态。
3.调出“快速蒙版选项”对话框。 4.设置快速蒙版的颜色。

第 5 篇
蒙版

第 15 章

蒙版的高级应用

本章重点：

- 滤镜在蒙版中的应用
- 自动对齐图层与自动混合图层
- 图像的应用与计算

15.1 滤镜在蒙版中的应用

默认状态下在快速蒙版模式编辑状态中应用滤镜时，会因为滤镜的不同而导致产生作用的区域不同，但是大多数滤镜只对非蒙版区域起明显的作用。如图15-1所示为应用“拼贴”滤镜后的效果。

图15-1　为快速蒙版应用滤镜

上机练习：通过将滤镜应用在图层蒙版中制作雾气效果

本次练习为大家讲解通过滤镜编辑图层蒙版制作特效的方法。

操作步骤

01 在菜单中执行“文件/打开”命令或按Ctrl+O快捷键，打开随书附带光盘中的文件“素材文件/第15章/海面.jpg”，如图15-2所示。

02 在“图层”面板中单击“创建新图层”按钮，新建“图层1”，将其填充为白色，如图15-3所示。

03 在“图层”面板中单击“添加图层蒙版”按钮，创建白色的图层蒙版缩览图，如图15-4所示。

04 选择图层蒙版缩览图，在菜单中执行“滤镜/渲染/云彩”命令，对图层蒙版应用滤镜，最终效果如图15-5所示。

图15-2　素材

图15-3　新建图层

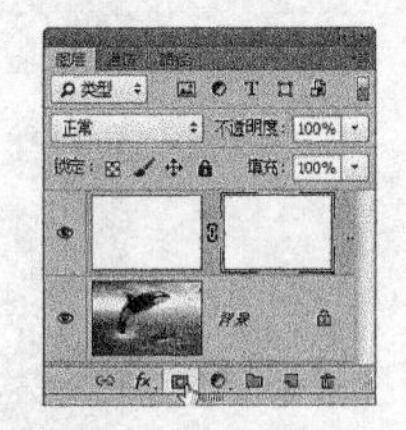

图15-4　添加图层蒙版

图15-5　最终效果

15.2 通过蒙版添加图像边框

在Photoshop中为选区添加的描边效果使用的都是规则的样式，但是经过蒙版的编辑可以改变选区的形状。

上机练习：通过在快速蒙版中应用滤镜制作图像边框

本次实战为大家讲解通过编辑快速蒙版改变选区形状并进行填充以制作图像边框的方法。

操作步骤

01 在菜单中执行“文件/打开”命令或按Ctrl+O快捷键，打开随书附带光盘中的文件“素材文件/第15章/倒立.jpg”，如图15-6所示。

02 在工具箱中选择“矩形选框工具”，在文件中绘制如图15-7所示的选区。

图15-6　素材

图15-7　创建选区

图15-8　快速蒙版

03 在工具箱中直接单击“以快速蒙版模式编辑”按钮，进入快速蒙版模式编辑状态，如图15-8所示。

04 在菜单中执行“滤镜/滤镜库”命令，弹出滤镜库对话框，选择“画笔描边”区中的“喷溅”命令，参数值设置如图15-9所示。

05 设置完毕单击“确定”按钮，效果如图15-10所示。

06 在快速蒙版模式编辑状态下编辑完毕，单击工具箱中的“以标准模式编辑”按钮，即可退出快速蒙版模式编辑状态，此时被编辑的区域会以选区的形式显示，如图15-11所示。

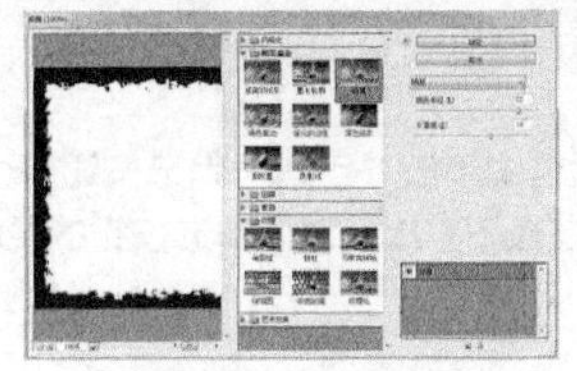

图15-9　滤镜库

图15-10　喷溅效果

图15-11　调出选区

07 按Ctrl+Shift+I快捷键将选区反选，在其中填充黑色后去掉选区，最终效果如图15-12所示。

图15-12　最终效果

15.3 “自动对齐图层”与“自动混合图层”命令

在Photoshop CC中，应用“自动对齐图层”与“自动混合图层”命令可以为拍摄的多个同一景致的照片自动创建全景照片效果或混合效果。

上机练习：使用“自动对齐图层”命令制作全景照片

本次实战主要让大家了解使用“自动对齐图层”命令制作全景照片的方法。

操作步骤

01 在菜单中执行“文件/打开”命令或按Ctrl+O快捷键，打开随书附带光盘中的文件“素材文件/第15章/图1.jpg、图2.jpg和图3.jpg”，如图15-13～图15-15所示。

图15-13　图1

图15-14　图2

图15-15　图3

02 使用“移动工具”将“图2”“图3”文件中的图像拖动到“图1”文件中，按住Ctrl键在面板中的图层上依次单击，将所有图层选取，如图15-16所示。

03 在菜单中执行“编辑/自动对齐图层”命令，

图15-16　选取所有图层

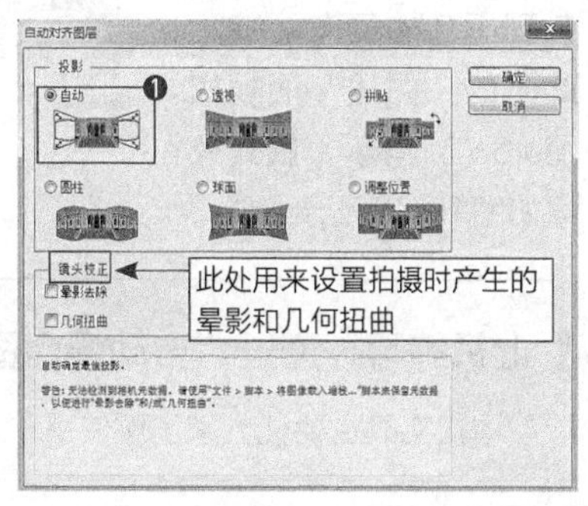

图15-17　“自动对齐图层”对话框

弹出“自动对齐图层”对话框，单击“自动”单选按钮，如图15-17所示。

温馨提示

在一般情况下制作全景照片时，只要在“自动对齐图层”对话框中单击“自动”单选按钮即可得到较好的效果。在对话框中将鼠标指针拖动到“投影”区的各个单选按钮上，会在最下方出现对该单选按钮的说明。

04 设置完毕单击“确定”按钮，系统会自动将图像处理为全景效果，使用“裁剪工具”创建裁剪框后，对图像进行裁剪，效果如图15-18所示。

图15-18 全景效果

温馨提示

在合成全景图像后，当图像周围出现透明区域时，只要使用“裁剪工具”在图像边缘创建裁剪框，对其进行裁剪即可。

05 在“图层”面板中单击“创建新的填充或调整图层”按钮，在弹出的菜单中选择“色相/饱和度”命令，在“属性”面板中调整“色相/饱和度”参数，如图15-19所示。

06 调整完毕，效果如图15-20所示。

图15-19 “属性”面板

图15-20 调整效果

07 在“图层”面板中选择“色相/饱和度”调整图层的图层蒙版缩览图，使用“渐变工具”从图像的中心向边缘拖动鼠标指针，创建从白色到黑色的径向渐变，此时的“图层”面板如图15-21所示，最终效果如图15-22所示。

图15-21 “图层”面板

图15-22 最终效果

上机练习：通过“自动混合图层”命令制作合成图像

本次实战主要让大家了解使用“自动混合图层”命令制作合成图像的方法。

操作步骤

01 在菜单中执行“文件/打开”命令或按Ctrl+O快捷键，打开随书附带光盘中的文件“素材文件/第15章/广告.jpg”，如图15-23所示。

02 复制“背景”图层，在菜单中执行“编辑/变换/水平翻转”命令，将“背景 拷贝”图层中的图像进行水平翻转，效果如图15-24所示。

图15-23　素材

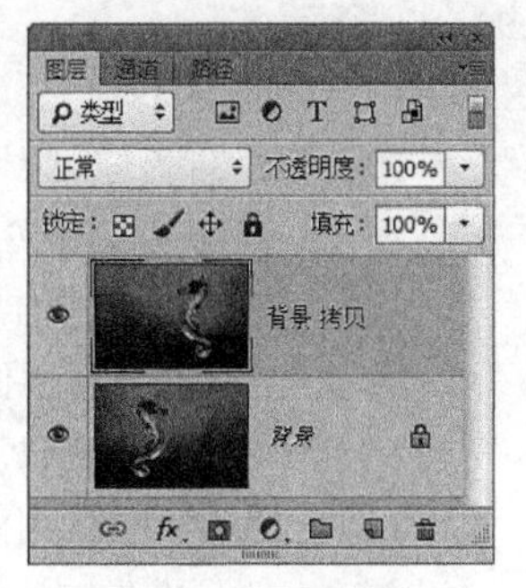

图15-24　水平翻转效果

03 按住Ctrl键在面板中的图层上依次单击，将所有图层选取，在菜单中执行“编辑/自动混合图层”命令，弹出“自动混合图层”对话框，单击“堆叠图像”单选按钮，如图15-25所示。

04 设置完毕单击“确定”按钮，效果如图15-26所示。

图15-25　“自动混合图层”对话框

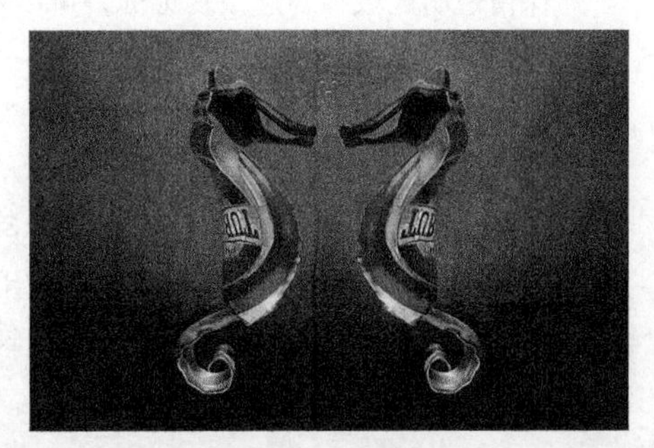

图15-26　混合效果

05 在菜单中执行“文件/打开”命令或按Ctrl+O快捷键，打开随书附带光盘中的文件“素材文件/第15章/广告词.jpg”，如图15-27所示。

06 使用“移动工具”将“广告词”文件中的图像拖动到“广告”文件中，效果如图15-28所示。

图15-27　素材

图15-28　移动图像效果

07 在“图层”面板中单击“添加图层蒙版”按钮，创建白色的图层蒙版，使用黑色画笔在图层蒙版中进行编辑，此时的“图层”面板如图15-29所示，最终效果如图15-30所示。

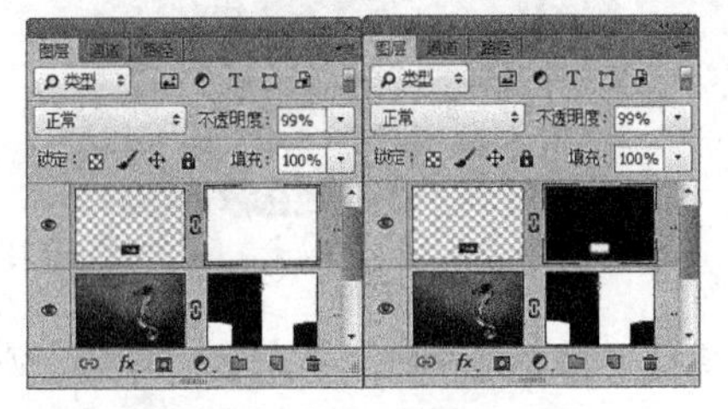

图15-29　编辑图层蒙版

图15-30　最终效果

15.4 “应用图像”与“计算” 命令

在Photoshop中使用“应用图像”或“计算”命令可以通过通道与蒙版的结合而使图像混合更加细致，调出更加完美的选区，生成新的通道和创建新文档。

15.4.1 应用图像

“应用图像”命令可以将源图像的图层或通道与目标图像的图层或通道进行混合，从而创建出特殊的混合效果。在菜单中执行“图像/应用图像”命令，弹出“应用图像”对话框，如图15-31所示。

图15-31 “应用图像”对话框

其中各项的含义如下。

- **源**：用来选择与目标图像相混合的源图像文件。

  图层：如果源图像文件是多图层文件，则可以选择源图像文件中相应的图层作为混合对象。

  通道：用来指定源图像文件参与混合的通道。

  反相：勾选该复选框，可以在混合时使用通道内容的负片。

- **目标**：当前工作的图像文件。

  混合：设置图像的混合模式。

  不透明度：设置图像混合效果的强度。

  保留透明区域：勾选该复选框，可以将效果只应用于目标图像的不透明区域而保留原来的透明区域。如果目标图像只存在“背景”图层，那么该复选框将不可用。

  蒙版：可以应用图像的蒙版进行混合。勾选该复选框，将弹出蒙版设置。

- **图像**：在下拉列表框中选择包含蒙版的图像。

  图层：在下拉列表框中选择包含蒙版的图层。

  通道：在下拉列表框中选择作为蒙版的通道。

  反相：勾选该复选框，可以在计算时使用蒙版的通道内容的负片。

技巧

因为“应用图像”命令是基于像素对像素的方式来处理通道，所以只有当图像的宽度、高度和分辨率相同时，才可以对图像应用此命令。

上机练习：通过“应用图像”命令制作混合效果

本次实战主要让大家了解使用“应用图像”命令混合图像的方法。

操作步骤

01 在菜单中执行“文件/打开”命令或按Ctrl+O快捷键，打开随书附带光盘中的文件“素材文件/第15章/滑板.jpg、公路.jpg”，如图15-32所示。

图15-32 素材

02 选择“公路”文件，在菜单中执行“图像/应用图像”命令，弹出“应用图像”对话框，在“源”下拉列表框中选择“滑板.jpg”文件❶，在“通道”下拉列表框中选择“绿”选项❷，设置“混合”为“强光”❸，如图15-33所示。

03 设置完毕单击“确定”按钮，执行“应用图像”命令后的最终效果如图15-34所示。

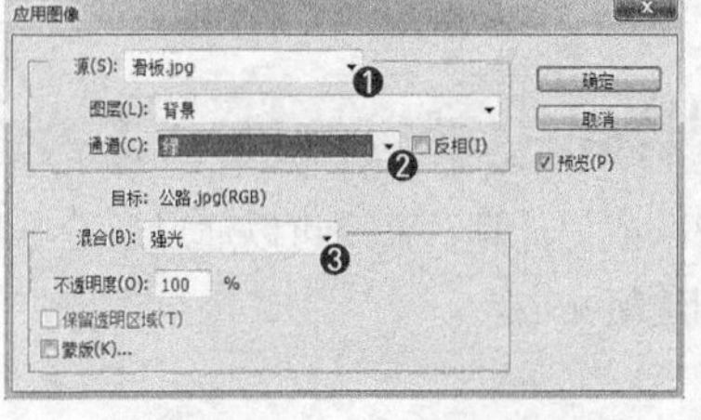

图15-33 “应用图像”对话框

图15-34 最终效果

15.4.2 计算

“计算”命令提供了许多与“应用图像”命令相同的功能。两者都允许通过选择混合选项和改变不透明度来在通道之间产生混合效果，都要求使用的图像具有相同的大小和分辨率。

使用“计算”命令可以混合两个来自一幅或多幅源图像文件的单个通道，从而得到新图像、新通道或当前图像的选区。在菜单中执行“图像/计算”命令，弹出“计算”对话框，如图15-35所示。

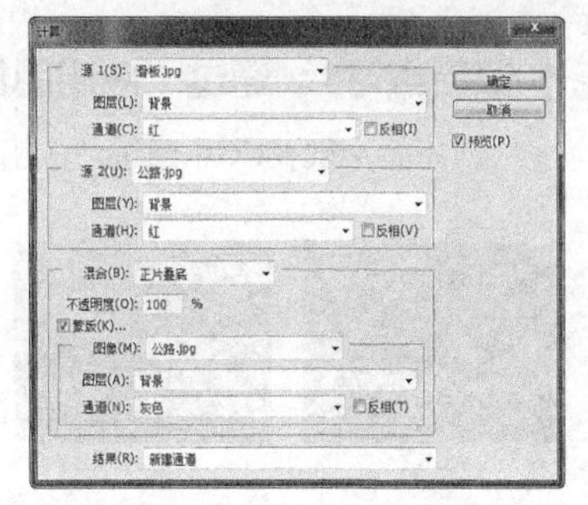

图15-35 “计算”对话框

其中各项的含义如下。

- **通道**：用来指定源图像文件参与计算的通道。在“计算”对话框中的“通道”下拉列表框中不存在复合通道。
- **结果**：用来指定计算后出现的结果，包括“新建文档”“新建通道”和“选区”。

新建文档：选择该选项后，系统会自动生成一个多通道文件。

新建通道：选择该选项后，在当前文件中新建“Alpha1”通道。

选区：选择该选项后，在当前文件中生成选区。

上机练习：通过“计算”命令得出混合图像的选区、通道和文件

本次实战主要让大家了解“计算”命令的使用方法。

操作步骤

01 在菜单中执行“文件/打开”命令或按Ctrl+O快捷键，打开随书附带光盘中的文件“素材文件/第15章/合影.jpg、小码头.jpg”、如图15-36所示。

图15-36 素材

02 选择“小码头”文件，在菜单中执行“图像/计算”命令，弹出“计算”对话框，在“源1”区设置“源1”为“小码头.jpg”、“通道”为“绿”❶，在“源2”区设置“源2”为“合影.jpg”、“通道”为“灰色”❷，设置“混合”为“柔光”❸，选择不同“结果”选项时得到的不同效果如图15-37所示。

图15-37 计算结果

15.5 课后练习

课后练习1：通过“应用图像”命令混合图像

在Photoshop CC中通过“应用图像”命令将两幅图像进行混合，过程如图15-38所示。

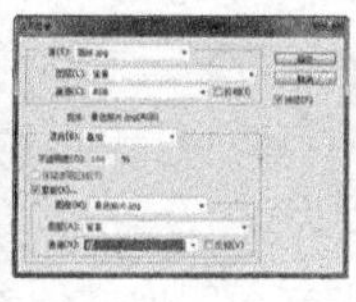

图15-38 通过“应用图像”命令混合图像

练习说明

1. 打开素材。
2. 将两幅图像裁剪成同样的大小。
3. 应用“应用图像”命令制作合成图像。

课后练习2：通过“自动混合图层”命令混合图像

在Photoshop CC中通过“自动混合图层”命令，将两幅图像进行混合，过程如图15-39所示。

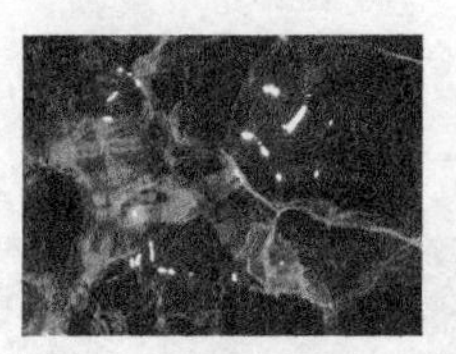

图15-39 通过“自动混合图层”命令制作混合效果

练习说明

1. 打开素材。
2. 将两幅图像合成到一个文件。
3. 选择两个图层。
4. 执行“自动混合图层”命令。

第 5 篇
蒙版

第16章

蒙版技术的应用

本章重点：

- 快速蒙版技术的应用

16.1 在快速蒙版中制作上升火焰字效果

实例目的

通过制作如图16-1所示的效果图，了解快速蒙版在图像处理中的重要作用。

图16-1 效果图

实例要点

- 打开文件
- 输入文字并栅格化文字，然后进行透视变换
- 调出选区，进入快速蒙版模式编辑状态
- 使用“贴入”命令制作图层蒙版
- 复制图层
- 设置混合模式

操作步骤

01 在菜单中执行“文件/打开”命令或按Ctrl+O快捷键，打开随书附带光盘中的文件“素材文件/第16章/奔走.jpg、火焰.jpg”，如图16-2和图16-3所示。

图16-2 “奔走”素材

图16-3 “火焰”素材

02 选择“奔走”文件，使用“横排文字工具”在文件中输入白色英文“Photoshop”，如图16-4所示。在菜单中执行“类型/栅格化文字图层”命令，将文字图层变为普通图层，然后在菜单中执行“编辑/变换/透视”命令，调出透视变换框，拖动变换控制点调整透视效果，如图16-5所示，按

图16-4 输入文字

图16-5 透视变换

图16-6 变换效果

回车键确定透视变换，效果如图16-6所示。

03 按住Ctrl键单击“Photoshop”图层的图层缩览图以调出选区❶，新建“图层1”❷，单击“以快速蒙版模式编辑”按钮❸，进入快速蒙版模式编辑状态，如图16-7所示。

04 在菜单中执行“图像/图像旋转/顺时针旋转90度”命令，将画布进行旋转，效果如图16-8所示。

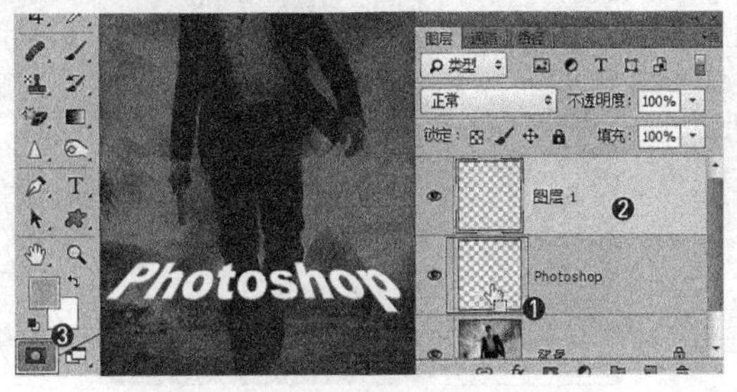

图16-7 快速蒙版模式编辑状态

图16-8 旋转效果

05 在菜单中执行“滤镜/风格化/风”命令，弹出“风”对话框，其中的参数值设置如图16-9所示。

06 设置完毕单击“确定”按钮，按Ctrl+F快捷键重复执行滤镜命令一次，在菜单中执行“图像/图像旋转/逆时针旋转90度”命令，将画布旋转回来，效果如图16-10所示。

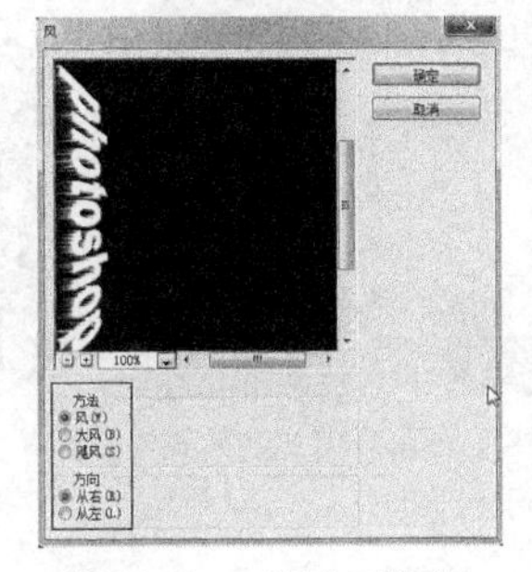

图16-9 “风”对话框

图16-10 应用“风”滤镜并进行旋转的效果

07 在菜单中执行“滤镜/扭曲/波纹”命令，弹出“波纹”对话框，其中的参数设置如图16-11所示。

08 设置完毕单击“确定”按钮，在工具箱中单击“以标准模式编辑”按钮以调出选区，如图16-12所示。

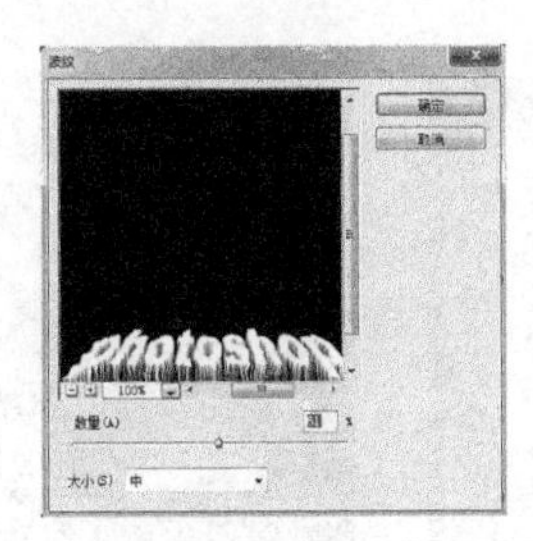

图16-11 “波纹”对话框

图16-12 应用“波纹”滤镜并调出选区的效果

09 选择“火焰”文件，按Ctrl+A快捷键调出整个图像的选区，再按Ctrl+C快捷键进行复制。切换到“奔走”文件中，在菜单中执行“编辑/选择性粘贴/贴入”命令，得到如图16-13所示的效果，隐藏“Photoshop”图层。

10 选择“移动工具”，按住Alt键的同时按键盘上的↑键5次以复制图层，效果如图16-14所示。

图16-13 贴入效果

图16-14 复制图层

技巧

通常情况下选择“移动工具”后，按住 Alt 键的同时按键盘上的方向键，可以在选择的方向上自动复制图层并移动图层中的图像 1 像素的位置；按住 Shift+Alt 快捷键，可以移动图层中的图像 10 像素的位置。按住不同按钮的效果对比如图 16-15 所示。

图16-15　复制效果对比

11 选择最上面的图层，移动图层缩览图中的图像内容，设置该图层的“混合模式”为“线性减淡（添加）”，效果如图16-16所示。

12 选择图层蒙版缩览图，将前景色设置为白色，选择“画笔工具”，在属性栏中设置“不透明度”为20%，在图层蒙版中进行涂抹，效果如图16-17所示。

图16-16　移动并设置混合模式的效果

图16-17　编辑图层蒙版

13 对图层蒙版进行细心编辑后，效果如图16-18所示。

14 按住Ctrl键单击“Photoshop”图层的图层缩览图以调出选区，新建“图层3”，在菜单中执行“编辑/描边”命令，弹出“描边”对话框，其中的参数设置如图16-19所示。

15 设置完毕单击“确定”按钮，效果如图16-20所示。

图16-18　编辑效果

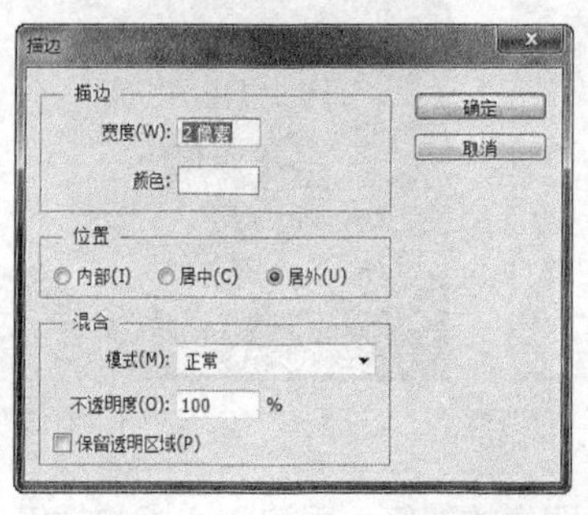

图16-19　“描边”对话框

图16-20　描边效果

16 设置“图层3”的“不透明度”为45%，如图16-21所示，最终效果如图16-22所示。

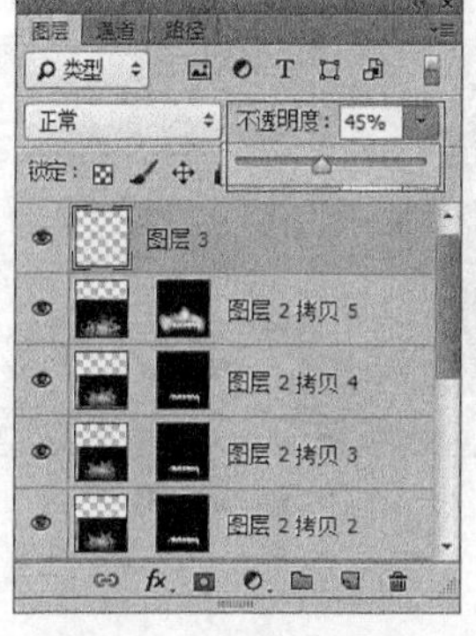

图16-21　调整不透明度

图16-22　最终效果

16.2 使用快速蒙版制作创意合成图像

实例目的

通过制作如图16-23所示的效果图，了解快速蒙版在图像处理中的重要作用。

图16-23　效果图

实例要点

- 打开文件
- 绘制正圆选区，进入快速蒙版模式编辑状态
- 应用滤镜制作边缘燃烧效果
- 使用“色相/饱和度”命令调整色调
- 应用剪贴蒙版

操作步骤

01 在菜单中执行“文件/打开”命令或按Ctrl+O快捷键，打开随书附带光盘中的文件“素材文件/第16章/桌面.jpg、模特.jpg”，如图16-24和图16-25所示。

02 选择“桌面”文件，新建“图层1”，使用“椭圆选框工具”在文件中绘制正圆选区，如图16-26所示。

图16-24　“桌面”素材　图16-25　“模特”素材

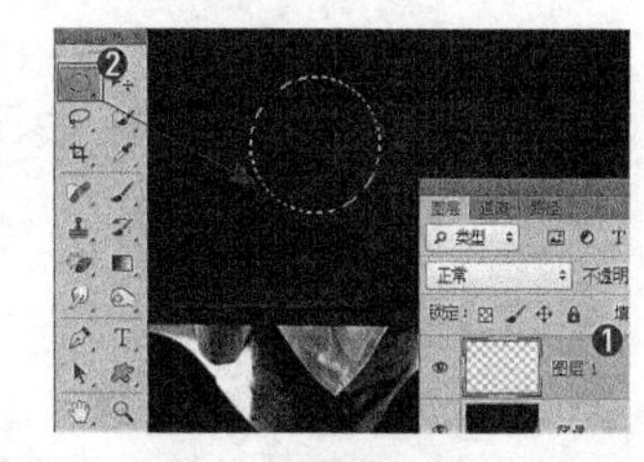

图16-26　新建图层并绘制选区

03 单击“以快速蒙版模式编辑”按钮，进入快速蒙版模式编辑状态，如图16-27所示。

04 在菜单中执行“滤镜/像素化/晶格化”命令，弹出“晶格化”对话框，其中的参数设置如图16-28所示。

05 设置完毕单击“确定”按钮，效果如图16-29所示。

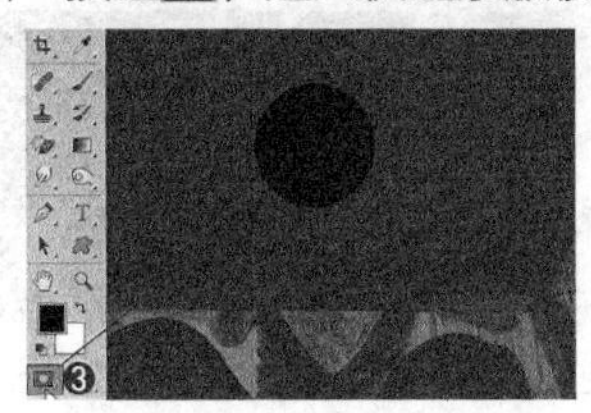

图16-27　模式编辑状态进入快速蒙版

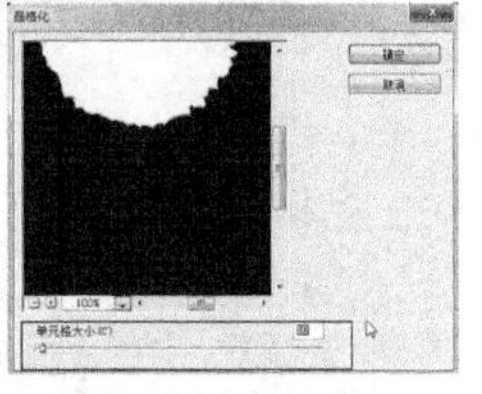

图16-28　“晶格化”对话框

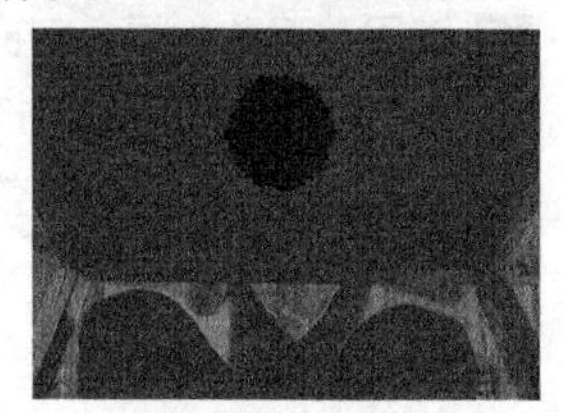

图16-29　应用“晶格化”滤镜效果

06 在菜单中执行“滤镜/滤镜库”命令，弹出滤镜库对话框，选择“画笔描边”区中的“喷溅”命令，其中的参数设置如图16-30所示。

07 设置完毕单击“确定”按钮，在工具箱中单击“以标准模式编辑”按钮以调出选区，如图16-31所示。

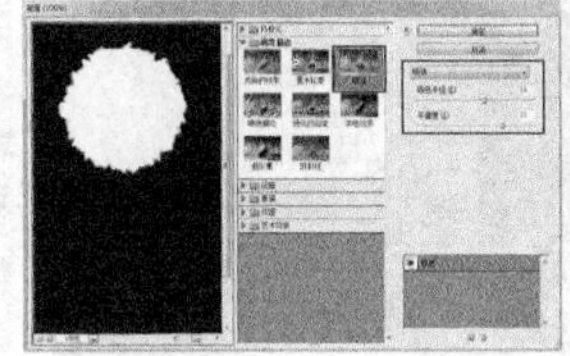

图16-30　滤镜库

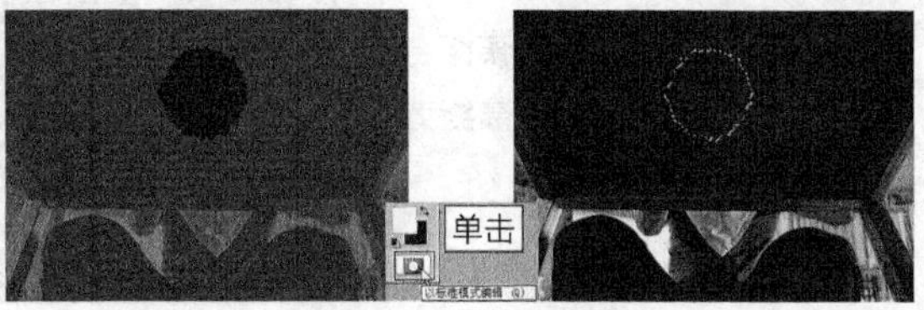

图16-31　调出选区

08 将选区填充为白色，再填充为黑色，效果如图16-32所示。

09 新建“图层2”，在菜单中执行“选择/修改/收缩”命令，弹出“收缩选区”对话框，设置“收缩量”为10像素，单击“确定”按钮后将选区填充为白色，如图16-33所示。

图16-32 填充选区效果

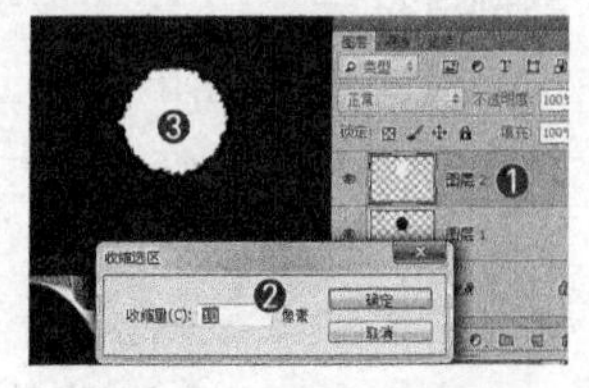

图16-33 收缩并填充选区

10 新建“图层3”，按住Ctrl快捷键单击“图层1”的图层缩览图，调出“图层1”的选区，如图16-34所示。

11 在菜单中执行“选择/修改/收缩”命令，弹出“收缩选区”对话框，设置“收缩量”为5像素，设置完毕，单击“确定”按钮，再在菜单中执行“选择/修改/羽化”命令，弹出“羽化选区”对话框，设置“羽化半径”为3像素，如图16-35所示，设置完毕单击“确定”按钮。

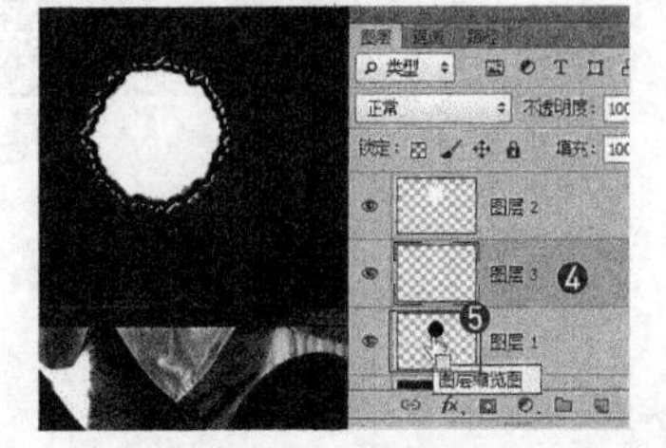

图16-34 调出选区

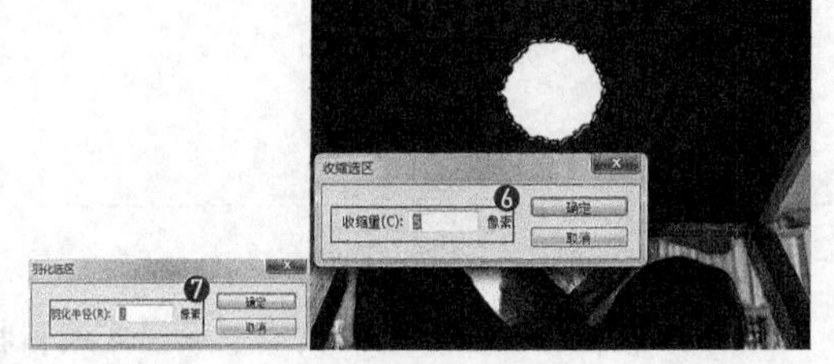

图16-35 修整选区

12 设置前景色为黄色、背景色为红色，在菜单中执行“滤镜/渲染/云彩”命令，得到如图16-36所示的效果。

13 在菜单中执行“滤镜/杂色/添加杂色”命令，打开“添加杂色”对话框，其中的参数值设置如图16-37所示。

14 设置完毕单击“确定”按钮，效果如图16-38所示。

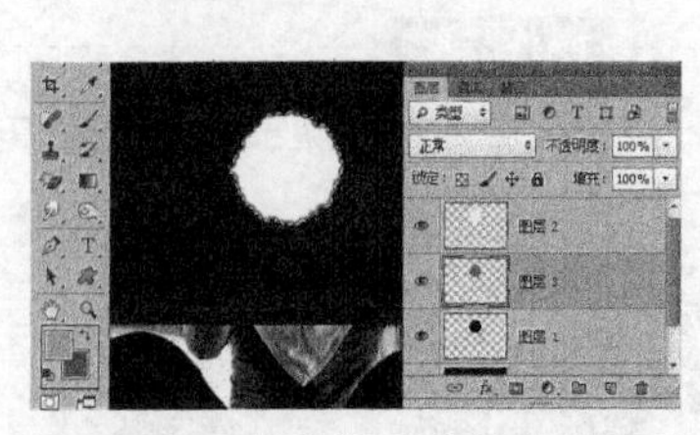

图16-36 应用“云彩”滤镜效果

图16-37 添加“杂色”对话框

图16-38 添加杂色效果

15 按Ctrl+D快捷键去掉选区，在菜单中执行“图像/调整/色相/饱和度”命令，弹出“色相/饱和度”对话框，其中的参数设置如图16-39所示。

16 设置完毕单击“确定”按钮，效果如图16-40所示。

17 使用“移动工具”将“模特”文件中的图像拖动到“桌面”文件中，效果如图16-41所示。

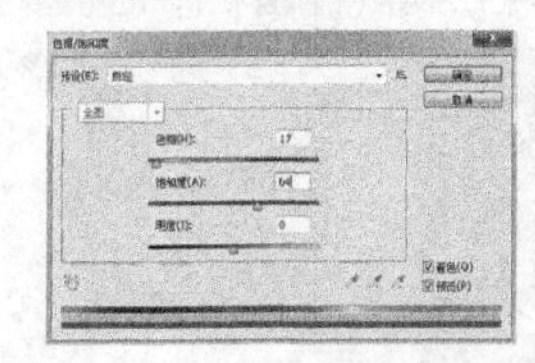

图16-39 “色相/饱和度”对话框

图16-40 调整效果

图16-41 移动图像

18 在菜单中执行“图层/创建剪贴蒙版”命令，为图层创建剪贴蒙版，按Ctrl+T快捷键调出变换框，拖动变换控制点放大并旋转图像，效果如图16-42所示。

19 按回车键确定变换操作。至此，本例制作完毕，最终效果如图16-43所示。

图16-42 创建剪贴蒙版并变换图像

图16-43 最终效果

16.3 课后练习

课后练习1：使用快速蒙版并结合“色相/饱和度”命令调整图像局部颜色

在Photoshop CC中使用快速蒙版创建选区，再通过“色相/饱和度”命令调整颜色，过程如图16-44所示。

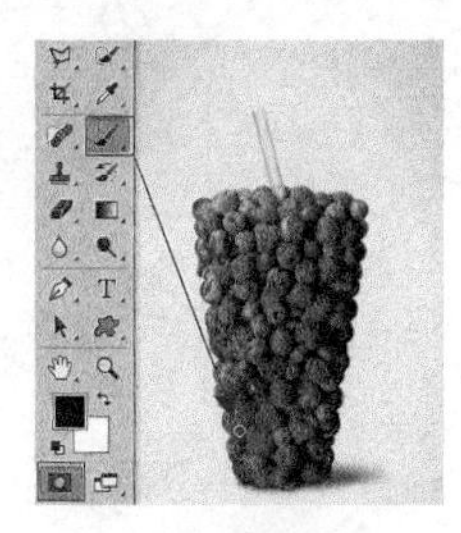

图16-44　使用快速蒙版并结合“色相/饱和度”命令调整图像局部颜色

练习说明

1. 打开素材。
2.进入快速蒙版模式编辑状态并编辑蒙版。
3. 转换蒙版为选区。
4. 调整色相。

课后练习2：在快速蒙版中制作烟雾

在Photoshop CC中使用快速蒙版在图像的边缘区域添加烟雾，过程如图16-45所示。

图16-45　在快速蒙版中制作烟雾

练习说明

1. 打开素材。
2. 创建选区。
3. 进入快速蒙版模式编辑状态。
4. 应用“高斯模糊”命令。
5. 载入画笔，绘制烟雾。
6. 进入标准模式编辑状态，填充渐变色并设置混合模式。

第 17 章

通道的基础

本章重点：

- 通道的基本概念
- “通道”面板的基本运用

17.1 通道的基本概念

在Photoshop中，通道是存储不同类型信息的灰度图像。

颜色通道是在打开新图像时自动创建的。图像的颜色模式决定了所创建的颜色通道的数目。例如，RGB 图像的每种颜色（红色、绿色和蓝色）都有一个通道，并且还有一个用于编辑图像的复合通道。

Alpha 通道将选区存储为灰度图像。可以添加 Alpha 通道来创建和存储蒙版，这些蒙版用于处理或保护图像中的某些区域。

专色通道可以保存专色信息，它具有Alphe通道的特点，也可以具有保存选区等作用。每个专色通道可以存储一种专色信息，而且是以灰度形式来存储的。

一幅图像最多可有 56 个通道。所有的新通道都具有与原图像相同的尺寸和像素数目。

通道所需要的文件大小由通道中的像素信息决定。某些文件格式（包括 TIFF 和 Photoshop 格式）将压缩通道信息以节约空间。当从弹出的菜单中选择“文档大小”命令时，未压缩文件的大小（包括 Alpha 通道和图层）显示在窗口底部状态栏的最右侧。

温馨提示：只要以支持图像颜色模式的格式储存文件，即可保留颜色通道；只有当以Adobe Photoshop、PDF、PICT、TIFF或RAW格式储存文件时，才能保留Alpha通道；DCS 2.0格式只保留专色通道；使用其他格式储存文件时，可能会导致通道信息的丢失。

17.1.1 什么是通道

通道最初是被用来储存一个图像文件中的选区内容及其他信息的。例如，费尽千辛万苦从图像中勾画出一些极不规则的选区，为了使这些选区不会消失，可以利用通道功能将选区储存为一个个独立的通道，需要哪些选区时可以方便地从通道中将其调入。这个功能在特殊效果的照片上色实例中得到了充分的应用。许多标准图像格式（如TIF、TGA等）均可以包含通道信息，这样就极大地方便了不同应用程序间的信息共享。另外，通道的另一主要功能是用于同图像层进行计算合成，从而生成许多不可思议的特殊效果。

“通道”是指存放图像颜色信息的独立的原色平面。可以把通道看成是某一种色彩的集合。例如蓝色通道，记录的就是图像中处于不同位置的蓝色的深浅（即蓝色的灰度），除了红色外，在该通道中不记录其他颜色的信息。大家知道，绝大部分的可见光都可以用红、绿、蓝三原色按照，不同的比例和强度混合来表示，将三原色的灰度分别用一个颜色通道来记录，最后合成各种不同的颜色。计算机显示器使用的就是这种RGB模型的显示颜色，Photoshop中默认的颜色模式也是RGB，如图17-1所示为在RGB图像中单独选择“绿”通道的效果。

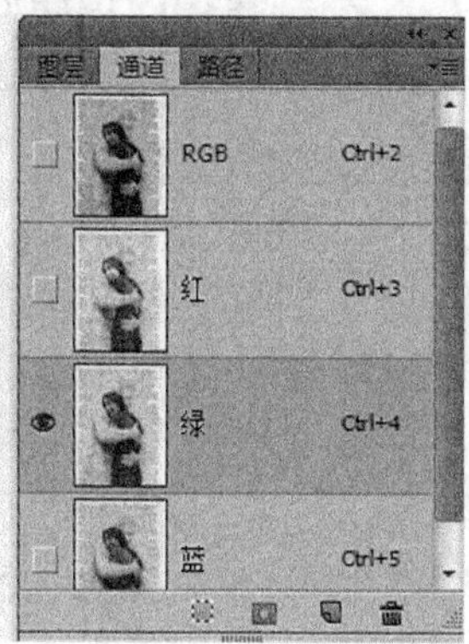

图17-1　在RGB图像中单独选择“绿”通道

17.1.2 通道的原理

通道通常是指将对应颜色模式的图像按照颜色存放在“通道”面板中，通道单独调整一个颜色的通道，可以更改整个图像的色调，Alpha通道能够创建和存储图像的选区并可以对其进行相应的编辑，专色通道可以对有要求的图像进行专色的输出。

17.2 “通道”的面板基本运用

在Photoshop中，通道有自己单独的一个面板，单从这点看就知道通道在Photoshop中的重要性了。

“通道”面板列出了图像中的所有通道。对于 RGB、CMYK 和 Lab 图像，将最先列出复合通道。通道内容的缩览图显示在通道名称的左侧；在编辑通道时会自动更新缩览图。“通道”面板中一般包含复合通道、颜色通道、专色通道和Alpha通道，如图17-2所示。

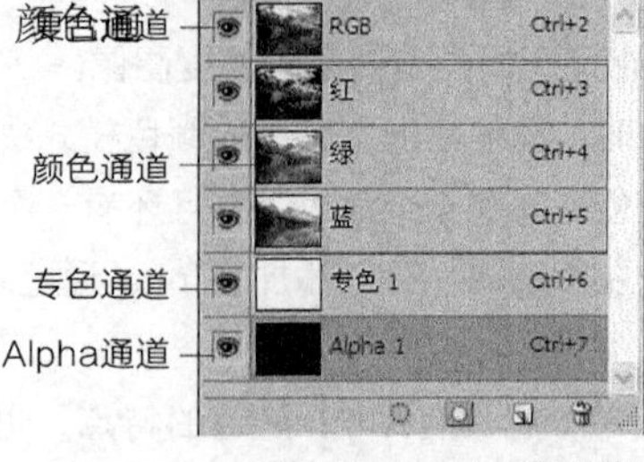

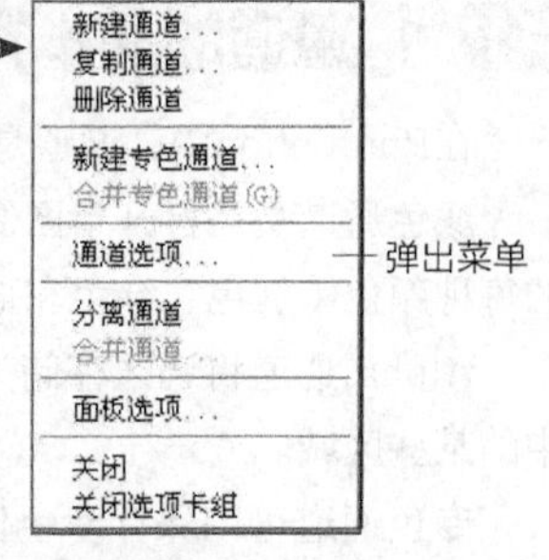

图17-2 RGB图像的“通道”面板

技巧

利用快捷键可以在复合通道、单色通道、专色通道和 Alpha 通道之间转换。按 Ctrl+2 快捷键可以直接选择复合通道，按 Ctrl+3、4、5、6、7 等快捷键可以快速选择单色通道、专色通道和 Alpha 通道。随着“通道”面板中的通道增多，可以顺序按快捷键 Ctrl+ 数字快速选择相应的通道。

17.2.1 选择通道

在“通道”面板中单击显示的通道名称，即可选择对应的单色通道，如图17-3所示。选择复合通道时，会将每个单色通道一同选取，如图17-4所示。

图17-3 选择单色通道

图17-4 选择复合通道

17.2.2 创建Alpha通道

Alpha通道可以直接在“通道”面板中创建，也可以在面板弹出菜单中创建。创建方法如下。

01 在“通道”面板中单击“创建新通道”按钮，就会创建一个黑色的Alpha通道，如图17-5所示。

02 在“通道”面板中单击“弹出菜单”按钮，在弹出的菜单中选择“新建通道”命令，弹出“新建通道”对话框，单击“确定”按钮即可创建一个Alpha通道，如图17-6所示。

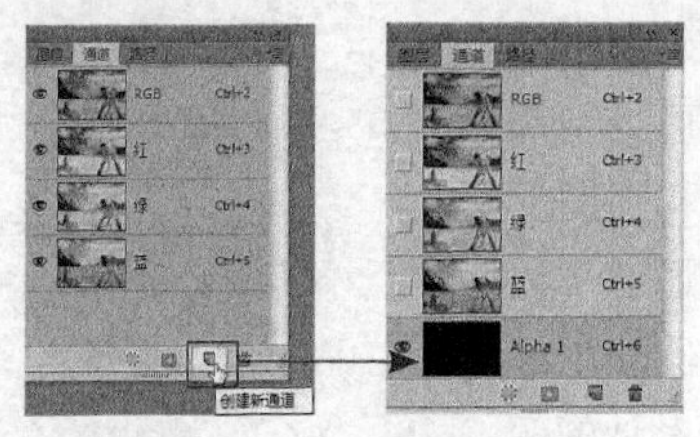

图17-5 创建Alpha通道

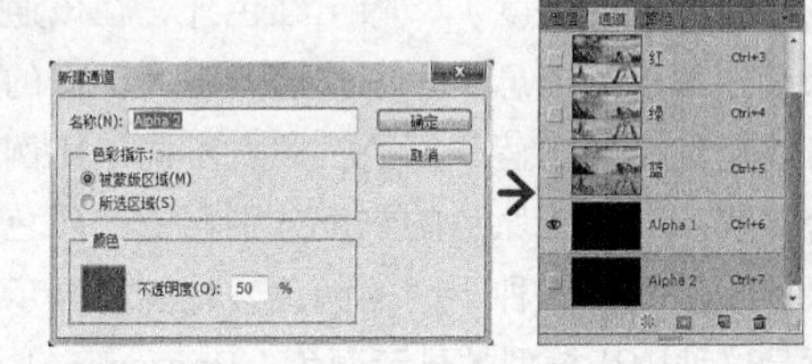

图17-6 “新建通道”对话框

技巧

在“通道”面板中按住 Alt 键单击“创建新通道”按钮，同样会弹出“新建通道”对话框。

17.2.3 复制通道

在“通道”面板中拖动选择的通道到“创建新通道”按钮上，即可得到该通道的副本通道，如图17-7所示。

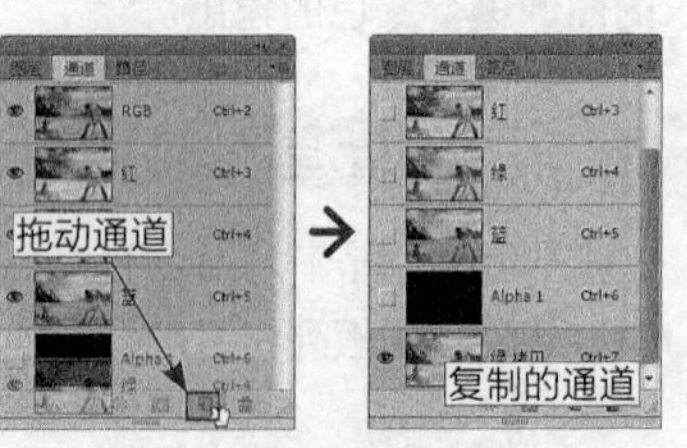

图17-7 复制通道

17.2.4 删除通道

在"通道"面板中拖动选择的通道到"删除通道"按钮上，即可将当前通道从"通道"面板中删除，如图17-8所示。

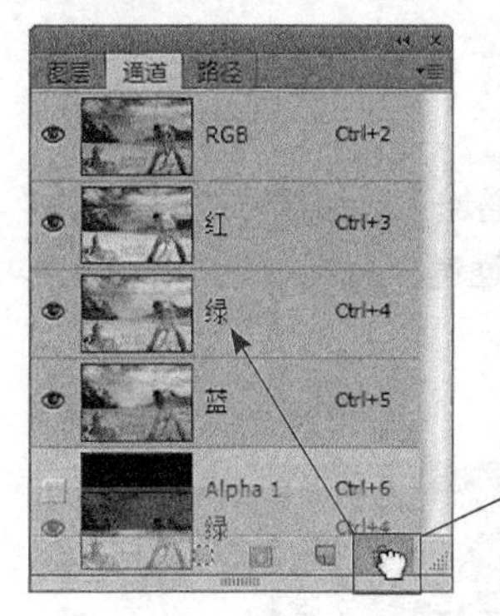
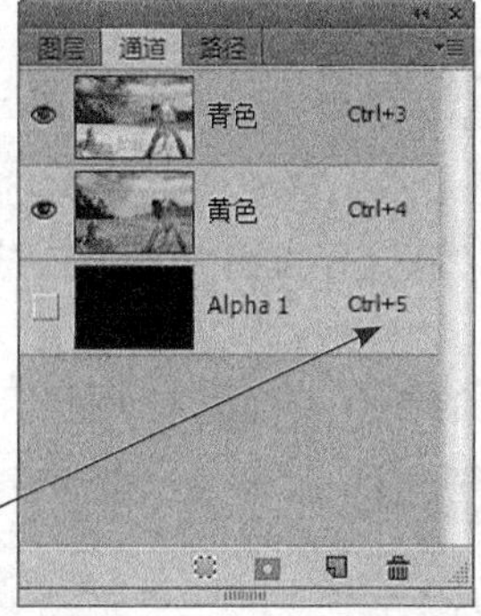
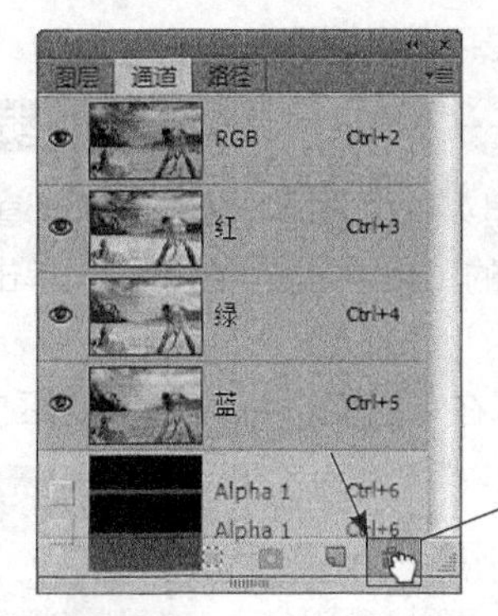
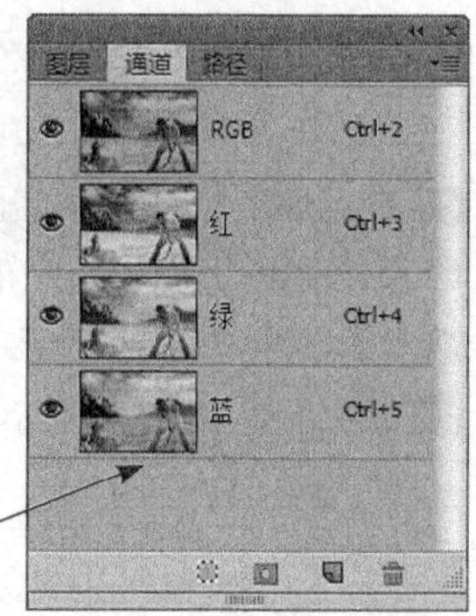

图17-8　删除通道

温馨提示

在"通道"面板中删除图像自带的颜色通道，会改变当前图像的色调，而删除创建的 Alpha 通道，图像的色调不会受到影响。

17.2.5 编辑Alpha通道

创建Alpha通道后，可以通过相应的工具或命令对创建的Alpha通道进行进一步的编辑。在"通道"面板中将Alpha通道前面的眼睛图标显示出来，可以更加直观地编辑通道，编辑方法与编辑快速蒙版类似。默认状态下，Alpha通道中的黑色区域为受保护区域，白色区域为可编辑区域，灰色区域将会创建半透明效果，如图17-9所示。

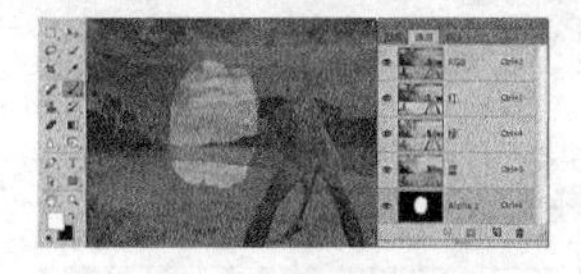

图17-9　编辑Alpha通道

技巧

默认状态下，使用黑色、白色以及灰色编辑通道可以参考下表进行操作。

涂抹颜色	彩色通道显示状态	载入选区
黑色	添加到通道	添加到选区
白色	从通道中减去	从选区中减去
灰色	创建半透明效果	产生的选区为半透明效果

17.2.6 将通道作为选区载入

在"通道"面板中选择要载入选区的通道，单击"将通道作为选区载入"按钮，就会将通道中的浅色区域作为选区载入，如图17-10所示。

技巧

按住 Ctrl 键单击选择的通道，可调出通道中的选区；拖动选择的通道到"将通道作为选区载入"按钮上，也可调出通道中的选区。

图17-10　载入通道的选区

17.2.7 创建专色通道

专色通道可以保存专色信息。它具有Alpha通道的特点，也可以起到保存选区等作用。专色的准确性非常高而且色域很宽，它可以用来替代或补充印刷色，如烫金色、荧光色等。专色中的大部分颜色是CMYK无法呈现的。创建专色通道的方法主要有以下两种。

操作步骤

01 在“通道”面板的弹出菜单中选择“新建专色通道”命令，弹出“新建专色通道”对话框，如图17-11所示，设置“油墨特性”的“颜色”和“密度”，单击“确定”按钮，即可在“通道”面板中新建一个专色通道，如图17-12所示。

02 如果图像中存在选区，在专色通道中可以看到选区内的专色，如图17-13所示。

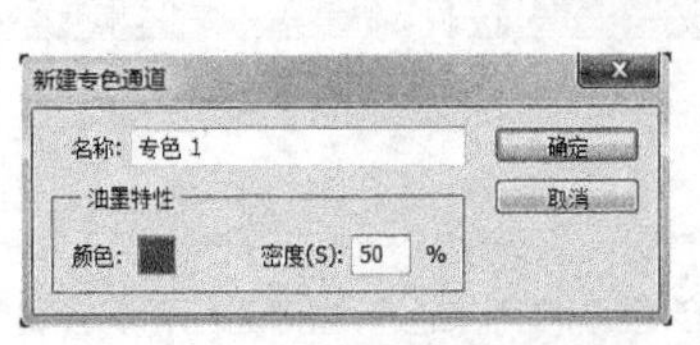

图17-11　新建专色通道对话框

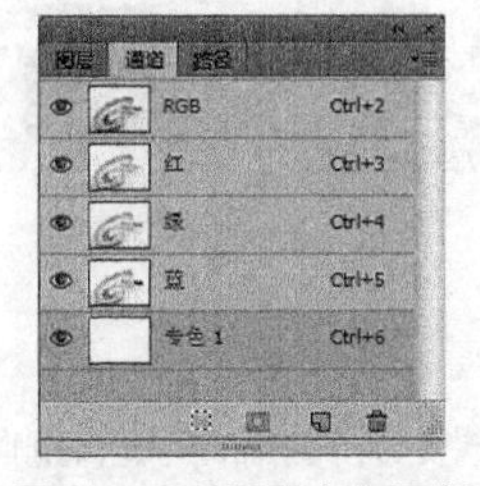

图17-12　新建专色通道

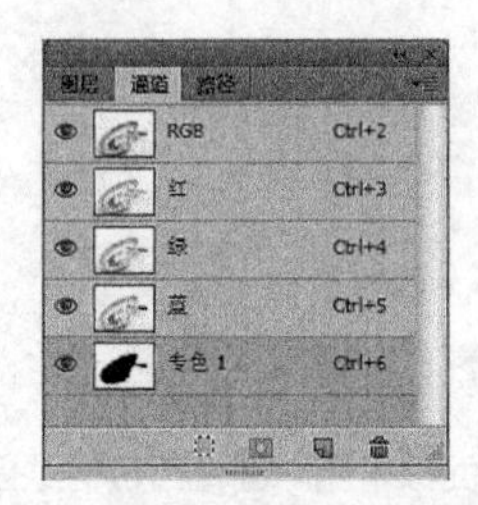

图17-13　存在选区时新建的专色通道

03 双击Alpha通道的通道缩览图，弹出“通道选项”对话框，在对话框中单击“专色”单选按钮并设置通道的“名称”，然后单击“确定”按钮，此时会发现Alpha通道已经被转换成了专色通道，如图17-14所示。

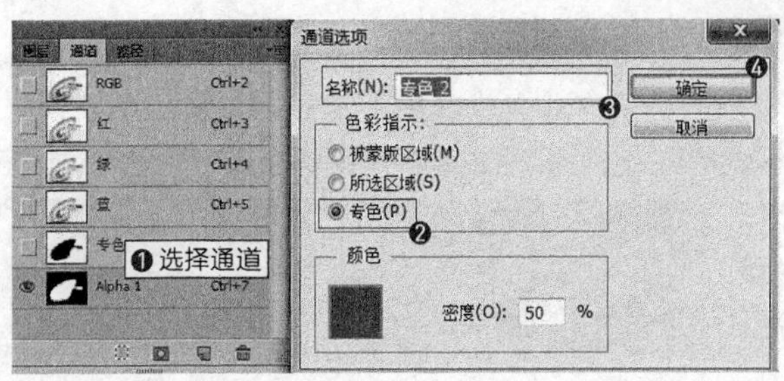

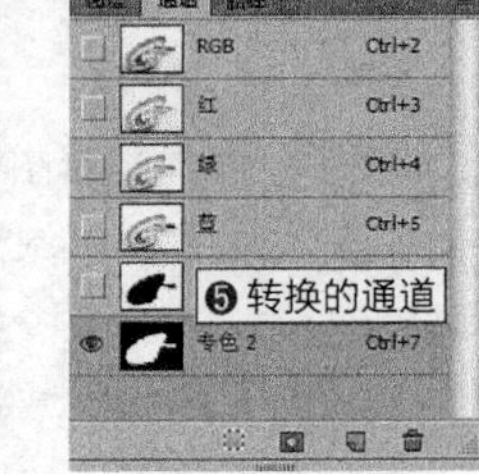

图17-14　转换Alpha通道为专色通道

> **技巧**
>
> 如果在专色通道中使用了定制色彩，就不要为创建的专色通道重新命名了。如果重新命名了该通道，定制色彩就会被其他应用程序所干扰。

> **技巧**
>
> 除了位图模式以外，在其他所有的颜色模式下都可以创建专色通道。只要加上专色，即使是灰度模式的图像，也可以使之呈现出彩色图像的效果。

17.2.8 编辑专色通道

创建专色通道后，可以使用“画笔工具”、“橡皮擦工具”或滤镜命令对其进行相应的编辑。具体操作如下。

操作步骤

01 将背景色设置为黑色，使用“橡皮擦工具”在图像中进行涂抹，此时会将专色进行扩展，如图17-15所示。

图17-15　扩展专色

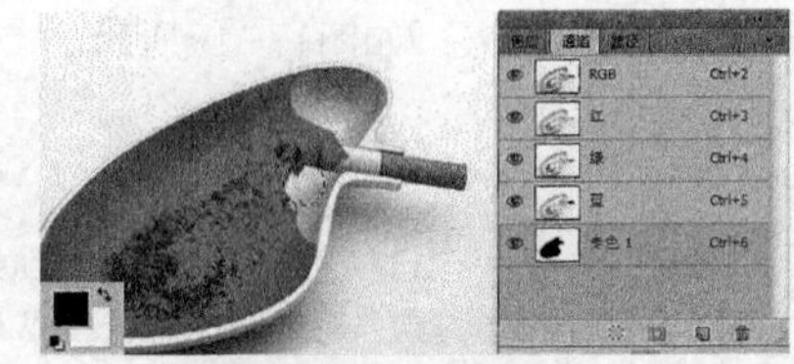

图17-16　收缩专色

02 将背景色设置为白色，使用“橡皮擦工具”在图像中进行涂抹，此时会将专色进行收缩，如图17-16所示。

温馨提示

更改通道蒙版的显示颜色与快速蒙版的改变方法相同。Alpha 通道一般被用来储存选区。专色通道是一种预先混合的颜色，在部分图像打印一种或两种颜色时，常使用专色通道，该通道经常使用在徽标或文字上，用来加强视觉效果。

03 创建专色通道后，在"通道"面板的弹出菜单中执行"合并专色通道"命令，此时会发现专色通道与图像中的复合通道合为一体，如图17-17所示。

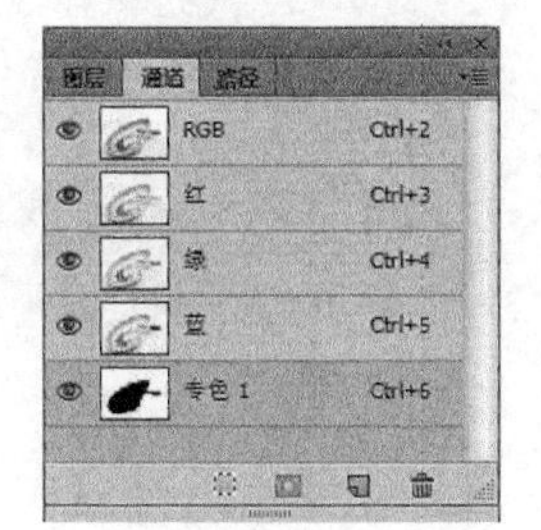
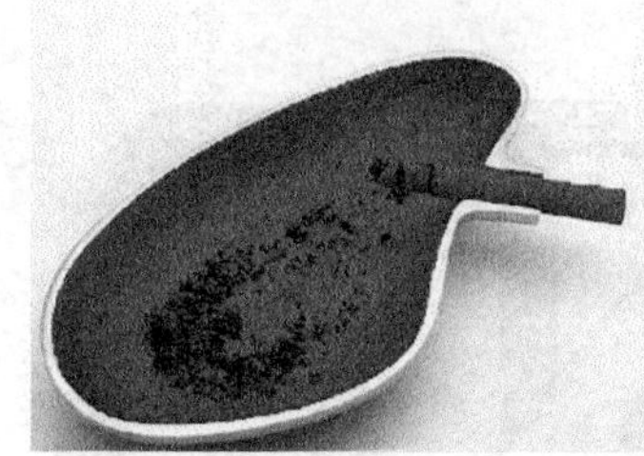
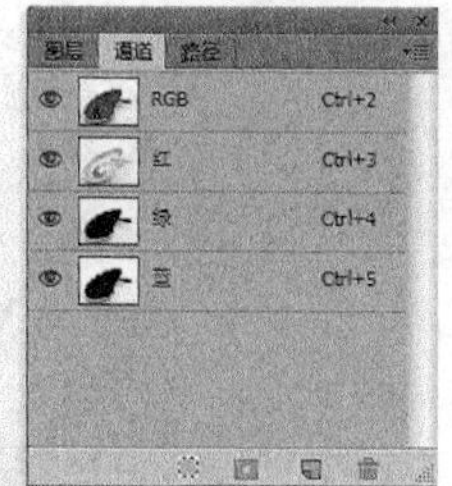

图17-17　合并专色通道

17.3 课后练习

课后练习1：编辑通道的显示颜色

在Photoshop CC的"通道"面板中编辑通道的显示颜色，过程如图17-18所示。

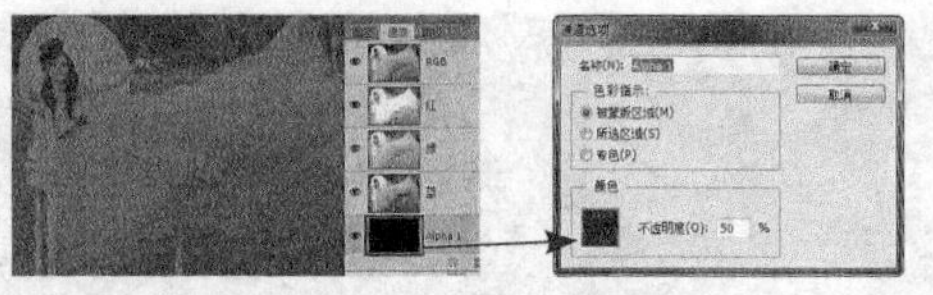
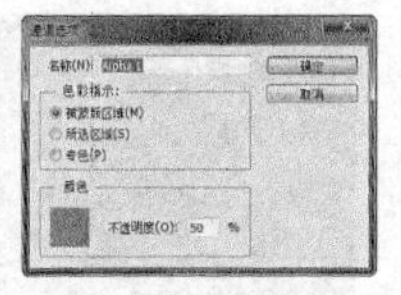
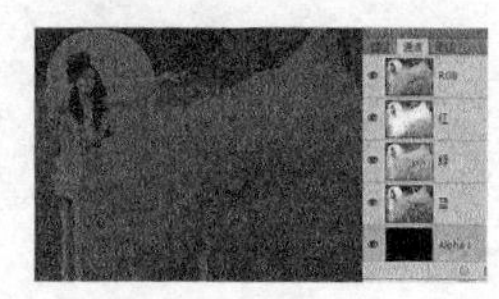

图17-18　编辑通道的显示颜色

练习说明

1.打开素材。　　2. 进入"通道"面板，新建Alpha通道。

3.双击Alpha通道的通道缩览图。　　4. 在"通道选项"对话框中设置"颜色"区的参数

课后练习2：编辑通道以创建选区

在Photoshop CC的"通道"面板中编辑通道以创建选区，过程如图17-19所示。

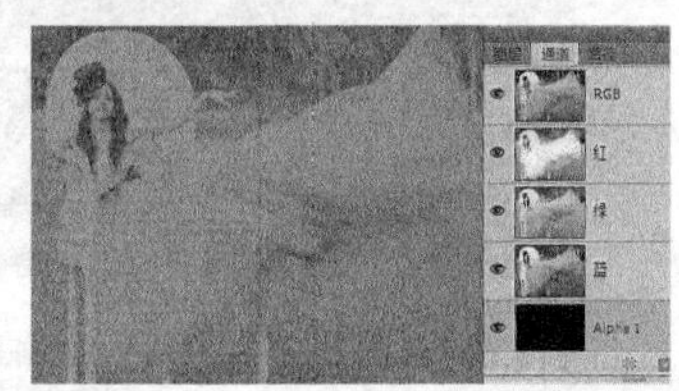

图17-19　编辑通道以创建选区

练习说明

1. 打开素材。　　2. 新建Alpha通道。

3. 使用白色画笔在人物区域涂抹。　　4. 载入选区。

第 18 章

通道的高级应用

本章重点:

- 分离与合并通道
- 储存与载入选区

18.1 分离与合并通道

在Photoshop“通道”面板中，对存在的通道可以进行拆分和重新拼合，拆分后会得到不同通道中图像所显示的灰度效果：对拆分后进行单独调整的图像执行“合并通道”命令，可以将图像还原为彩色效果，只是在设置合并不同的通道时会产生颜色的差异。

18.1.1 分离通道

分离通道操作可以将图像从彩色图像中拆分出来，从而单击显示每个通道对应的灰度图像。具体操作方法为：在“通道”面板的弹出菜单中执行“分离通道”命令，将图像拆分为组成彩色图像的灰度图像。如图18-1所示为分离通道前后的图像显示效果对比。

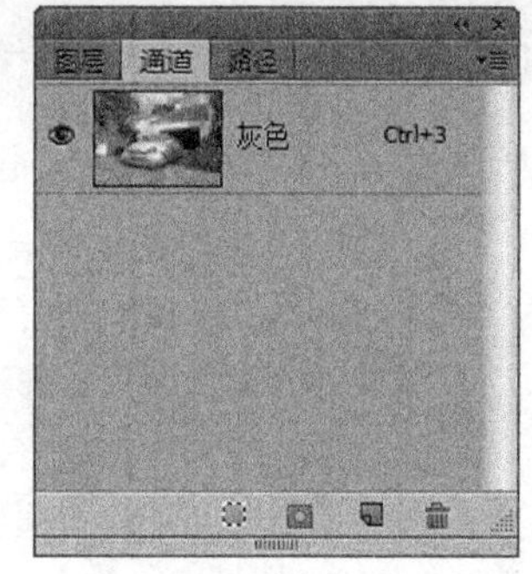

图18-1　分离通道后的效果对比

18.1.2 合并通道

合并通道操作可以将拆分后并进行调整的图像合并。

操作步骤

01 执行“通道”面板弹出菜单中的“合并通道”命令，弹出如图18-2所示的“合并通道”对话框，在“模式”下拉列表框中选择“RGB颜色”选项❶，在“通道”数值文本框中输入“3”❷。

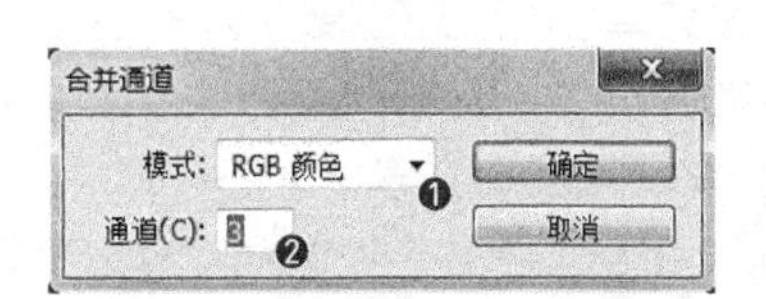

图18-2　“合并通道”对话框

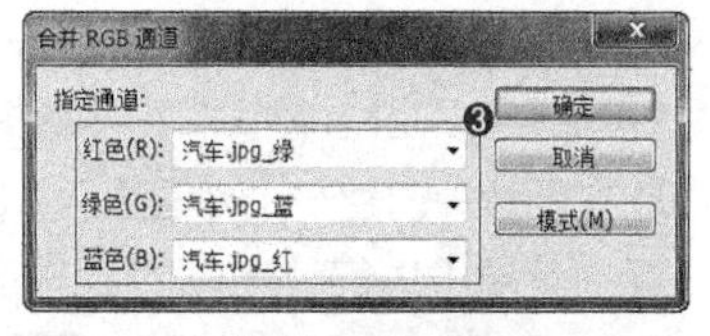

图18-3　“合并RGB通道”对话框

02 调整完毕单击“确定”按钮，弹出“合并RGB通道”对话框，在“指定通道”区中指定合并后的通道❸，如图18-3所示。

03 设置完毕单击“确定”按钮，完成合并效果，如图18-4所示。

图18-4　合并通道效果

18.2 储存与载入选区

在Photoshop CC中储存的选区通常会被放置在Alpha通道中。在将选区载入时，被载入的选区就是存在于Alpha通道中的选区。

18.2.1 储存选区

在处理图像时，如果想对创建的选区进行多次使用，可以将其储存起来，对选区的储存可以通过“存储选区”命令来完成。在一幅打开的图像中创建一个选区，在菜单中执行“选择/存储选区”命令，弹出“存储选区”对话框，如图18-5所示，设置完毕单击“确定”按钮，即可将当前选区储存到Alpha通道中，如图18-6所示。

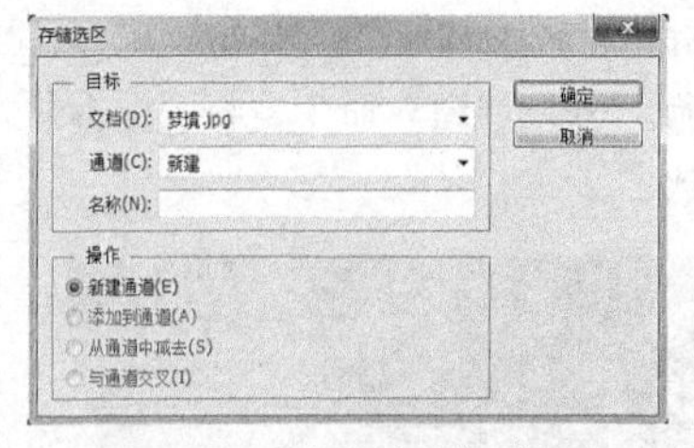

图18-5 “存储选区”对话框

图18-6 储存的选区

其中各项的含义如下。

- **文档**：用来选择储存当前选区的文件。
- **通道**：用来选择储存当前选区的通道。
- **名称**：设置当前选区储存的名称，设置的结果会将Alpha通道名称替换。
- **新建通道**：储存当前选区到新通道中，如果通道中存在Alpha通道，在储存新选区时，在对话框中的“通道”中选择存在的“Alpha”通道时，操作部分的“新建通道”会变成“替换通道”，其他的选项会被激活，如图18-7所示。

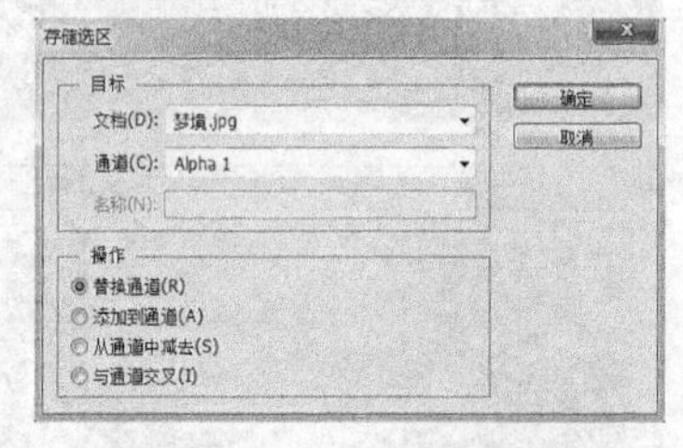

图18-7 替换通道

- **替换通道**：替换原来有通道。
- **添加到通道**：在原有通道中加入新通道，如果选区相交，则组合成新的通道。
- **从通道中减去**：在原有通道中加入新通道，如果选区相交，则合成的选区会去除相交的区域。
- **与通道交叉**：在原有通道中加入新通道，如果选区相交，则合成的选区会只留下相交的区域。

上机练习：“存储选区”命令的使用方法

本次完成主要让大家了解“存储选区”命令的使用方法。

操作步骤

01 在菜单中执行“文件/打开”命令或按Ctrl+O快捷键，打开随书附带光盘中的文件“素材文件/第18章/梦培.jpg素材，在图像中创选区后，在菜单中执行选区/储存选区命令，默认情况下单击“确定”按钮，即可将选区储存到Alpha通道中，可以参考图18-5和图18-6所示的效果。

02 在图像中创建一个椭圆选区，效果如图18-8所示。

03 在菜单中执行“选择/存储选区”命令，弹出“存储选区”对话框，如图18-9所示，分别单击“替换通道”“添加到通道”“从通道中减去”和“与通道交叉”单选按钮，“通道”面板效果分别如图18-10~图18-13所示。

图18-8 创建选区

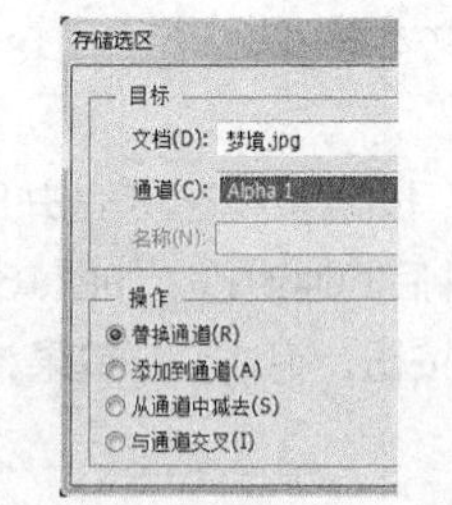

图18-9 “存储选区”对话框

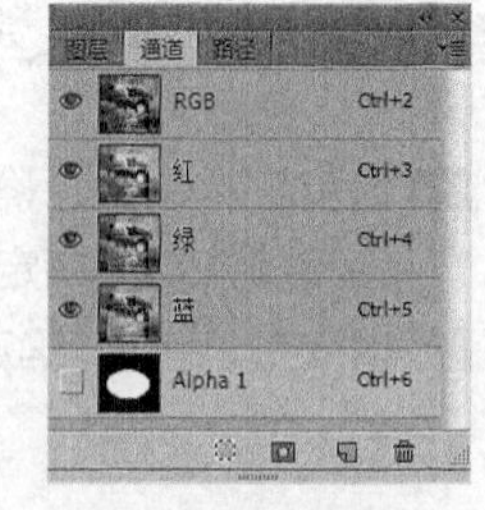

图18-10 替换通道

图18-11　添加到通道

图18-12　从通道中减去

图18-13　与通道交叉

18.2.2 载入选区

在实际的应用中，经常会用到储存的选区。下面就为大家讲解将储存的选区载入的方法。当储存选区后，在菜单中执行“选择/载入选区”命令，弹出“载入选区”对话框，如图18-14所示。

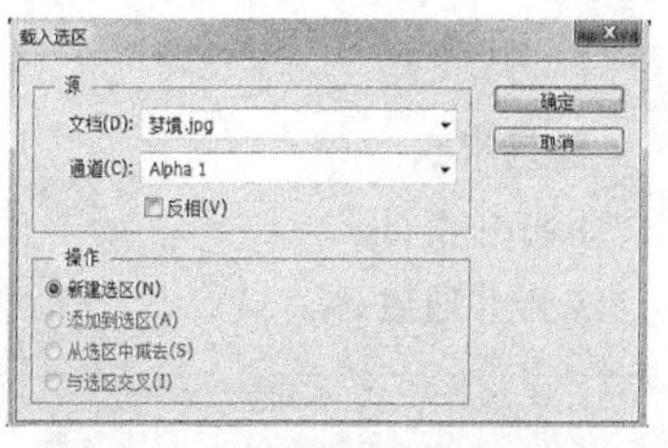

图18-14　“载入选区”对话框

其中各项的含义如下。

- **文档**：用来选择要载入选区的当前文件。
- **通道**：要用来选择要载入选区的通道。
- **反相**：勾选该复选框，会将选区反选。
- **新建选区**：载入通道中的选区时，如果图像中存在选区，单击此单击按钮，可以替换图像中的选区，此时“操作”区的其他单击按钮会被激活，如图18-15所示。
- **添加到选区**：载入通道中的选区时，与图像中的选区合成一个选区。
- **从选区中减去**：载入通道中的选区时，与图像中的选区交叉的区域将会被去除。
- **与选区交叉**：载入通道中的选区时，与图像中的选区交叉的部分将会被保留。

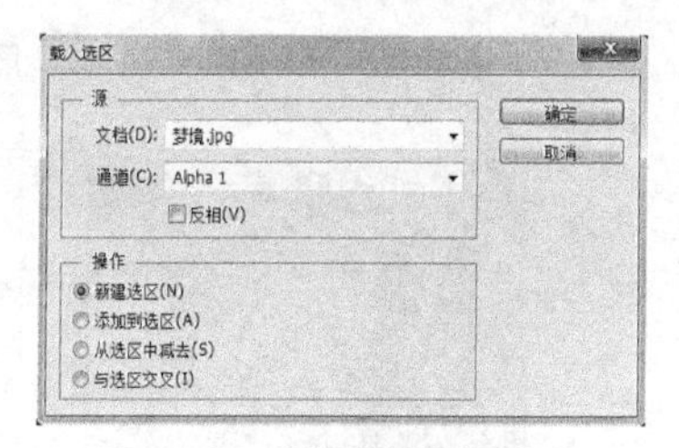

图18-15　激活其他单选按钮

上机练习：“载入选区”命令的使用方法

本次实战主要让大家了解“载入选区”命令的使用方法，使用的是“存储选区”命令的使用方法中“新建通道”的效果作为载入的最初效果。

操作步骤

01 打开刚才储存选区的文件，在图像中新建一个椭圆选区，如图18-16所示。

02 在菜单中执行“选择/载入选区”命令，弹出如图18-17所示的“载入选区”对话框。

03 分别单击“新建选区”“添加到选区”“从选区中减去”和“与选区交叉”单选按钮，效果如图18-18~图18-21所示。

图18-16　椭圆选区

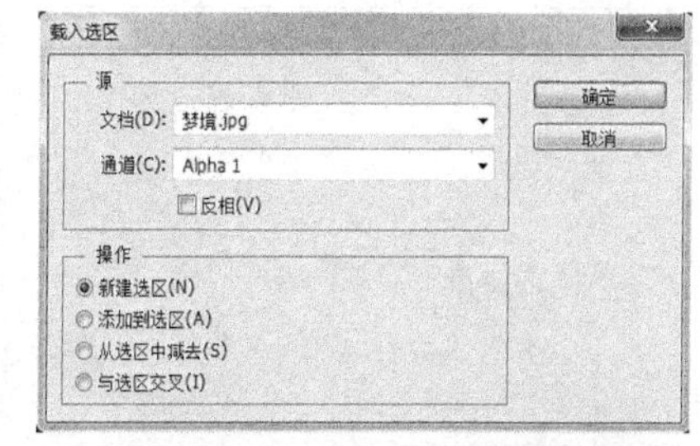

图18-17　“载入选区”对话框

图18-18　新建选区

图18-19　添加到选区

图18-20　从选区中减去

图18-21　选区交叉

18.3 课后练习

课后练习1：分离与合并通道

在Photoshop CC中分离通道，再将分离的通道重新组合，过程如图18-22所示。

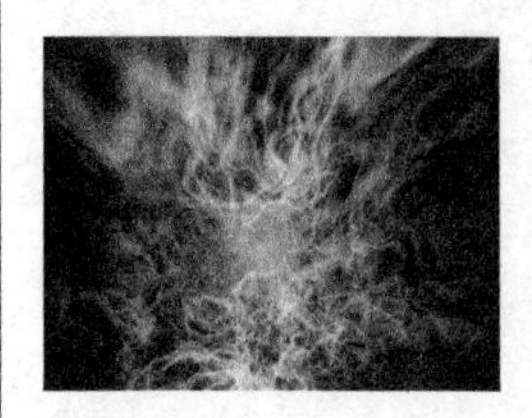
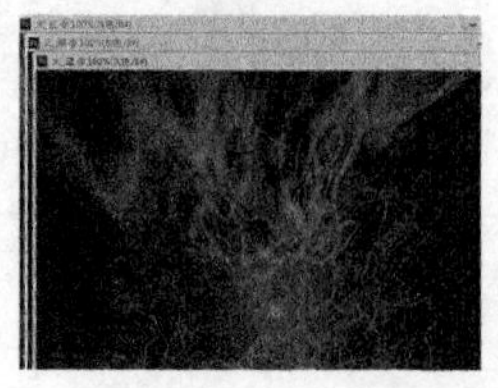
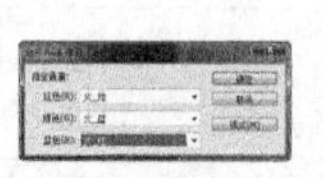

图18-22　分离与合并通道

练习说明

1.打开素材。　　　　　　2.分离通道。

3.合并通道。

课后练习2：改变通道缩览图的大小

在Photoshop CC的“通道”面板中，可以改变通道缩览图的显示大小，过程如图18-23所示。

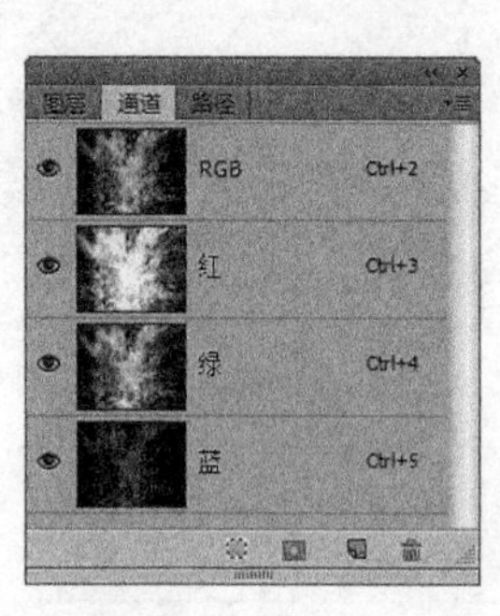

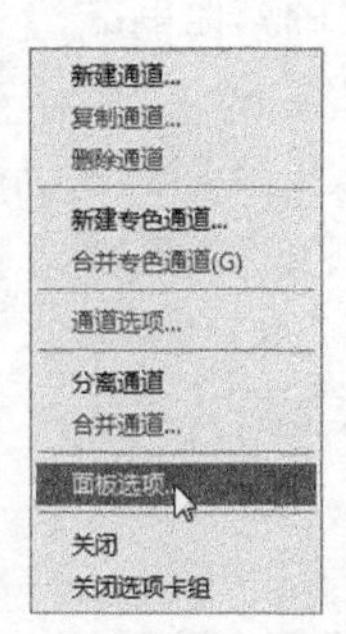

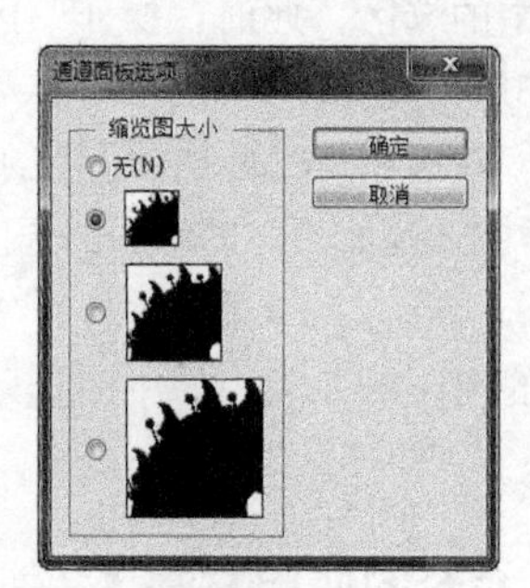

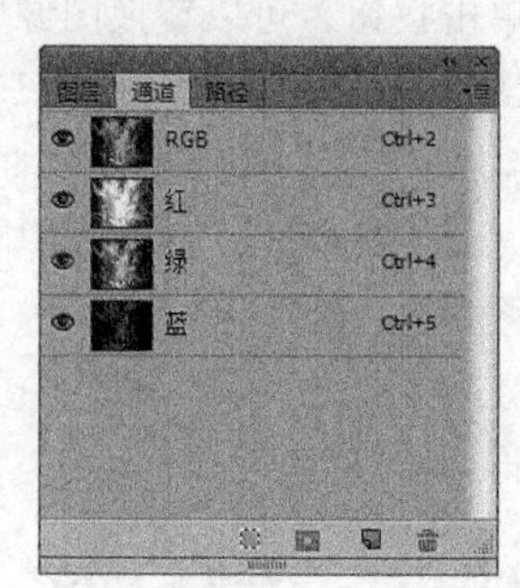

图18-23　改变通道缩览图的大小

练习说明

1.打开“通道”面板。　　　　2.选择面板弹出菜单中的“面板选项”命令。

3.在弹出的菜单中选择通道缩览图的显示大小。

第 19 章

通道技术的应用

本章重点：

- 通道技术的应用

19.1 使用通道进行精确抠图

实例目的

通过制作如图19-1所示的效果图，了解使用在图像中构图的方法。

图19-1 效果图

实例要点

- 打开文件
- 在通道中抠图
- 添加外“发光”图层样式
- 调整图像的色调
- 设置混合模式

操作步骤

01 在菜单中执行“文件/打开”命令或按Ctrl+O快捷键，打开随书附带光盘中的文件“素材文件/第19章/飞碟.jpg、海报.jpg”，如图19-2所示。

02 选择“飞碟”文件，打开“通道”面板，单击“创建新通道”按钮，新建一个黑色的“Alpha1”通道，显示所有通道，效果如图19-3所示。

图19-2 “飞碟”和“海报”素材

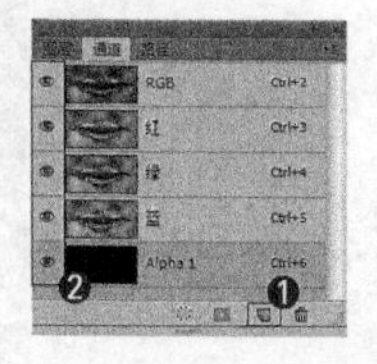

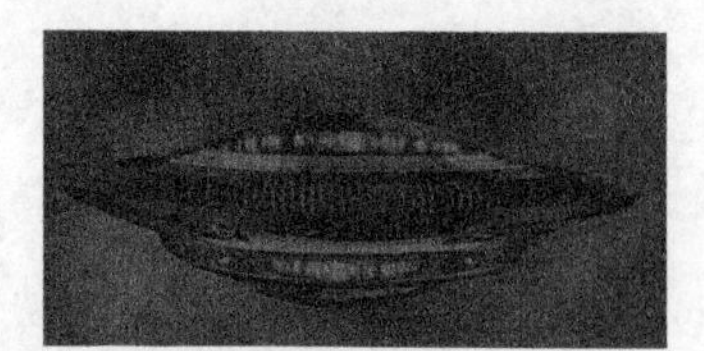

图19-3 新建通道

温馨提示

如果需要打开相应的面板，可以使用“窗口”菜单中的命令。

03 将前景色设置为白色，使用“画笔工具”在“Alpha1”通道中进行涂抹，效果如图19-4所示。

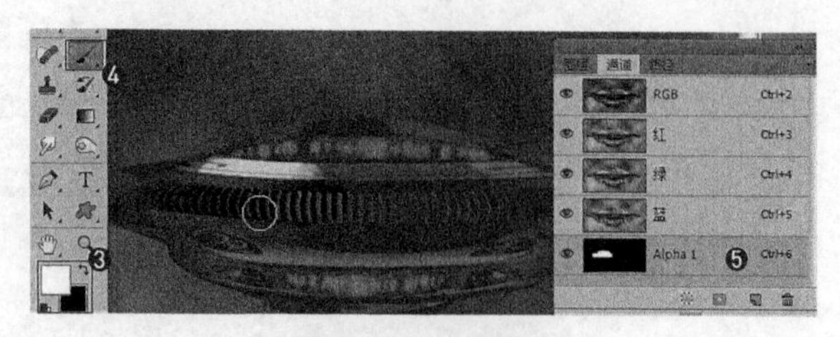

图19-4 编辑通道

04 继续使用“画笔工具”编辑通道，直到整个飞碟被绘制出来，编辑过程如图19-5所示。

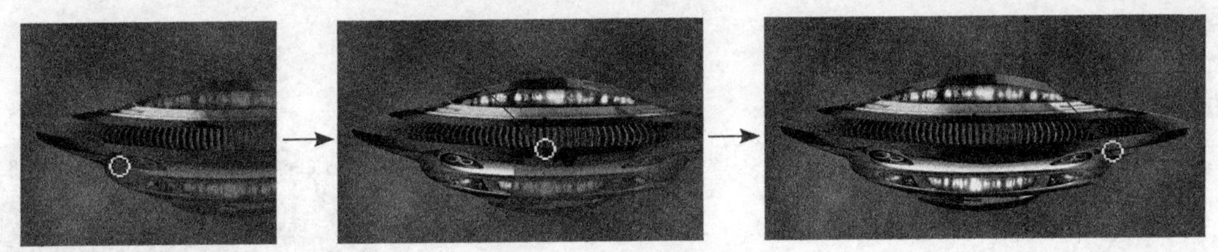

图19-5　继续编辑通道

05 通道编辑完毕，按住Ctrl键单击“Alpha1”通道，调出通道中的选区，然后选择复合通道并隐藏“Alpha1”通道，如图19-6所示。

06 使用“移动工具”将“飞碟”素材中的图像拖曳到“海报”文档中，按Ctrl+T快捷键调出变换框，拖动控制点对图像进行缩小和旋转，如图19-7所示。

07 按回车键确定操作，在菜单中执行“图层/图层样式/外发光”命令，弹出“图层模式”对话框，其中的参数设置如图19-8所示。

图19-6　调出选区并隐藏“Alapha1”通道

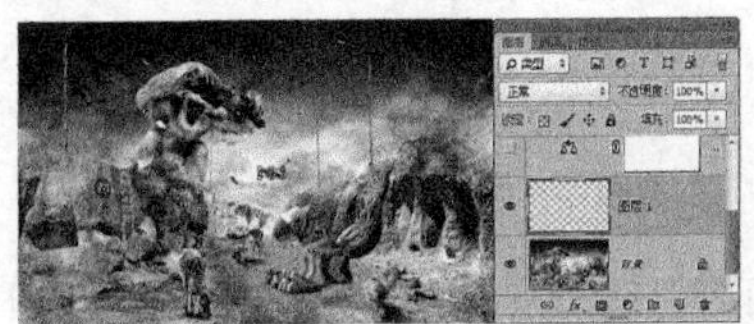

图19-7　移动图像

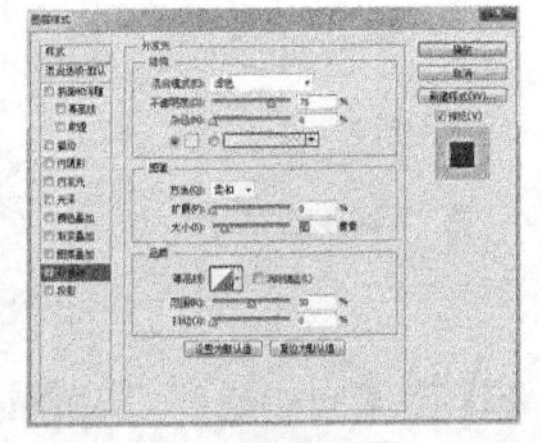

图19-8　“图层样式”对话框

08 设置完毕单击“确定”按钮，效果如图19-9所示。

09 在“图层”面板中单击“创建新的填充或调整图层”按钮，在弹出的菜单中选择“色彩平衡”命令，如图19-10所示。

10 在“属性”面板中设置“色彩平衡”的参数，如图19-11所示，效果如图19-12所示。

图19-9　添加图层样式效果

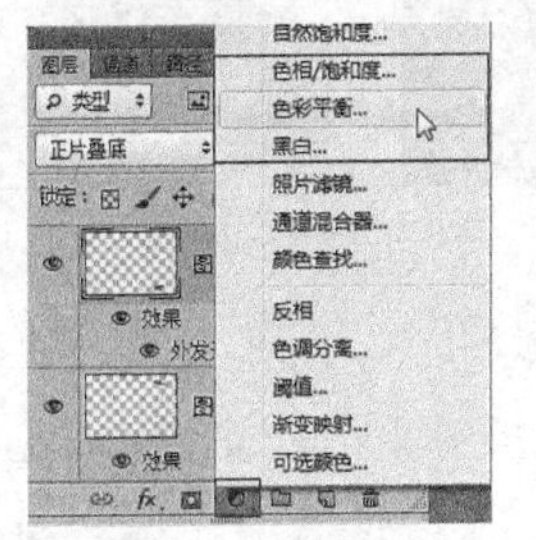

图19-10　选择调整命令

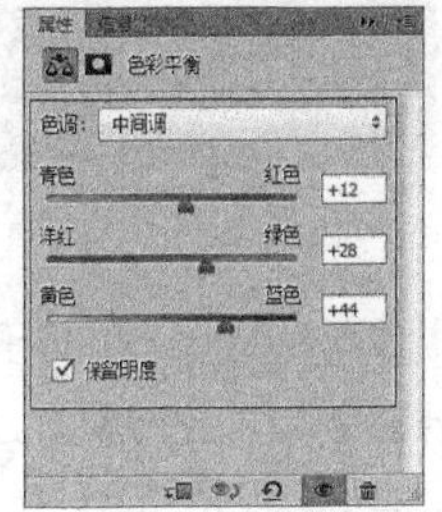

图19-11　设置“色彩平衡”参数

图19-12　色彩平衡调整效果

11 再次单击“创建新的填充或调整图层”按钮，在弹出的菜单中选择“曲线”命令，在“属性”面板中设置“曲线”的参数，如图19-13所示。

12 设置“曲线1”调整图层的“混合模式”为“柔光”、“不透明度”为40%，效果如图19-14所示。

13 继续单击“创建新的填充或调整图层”按钮，在弹出的菜单中选择“色阶”命令，在“属性”面板中设置“色阶”的参数按钮如图19-15所示。

14 至比，完成本例的制作，最终效果如图19-16所示。

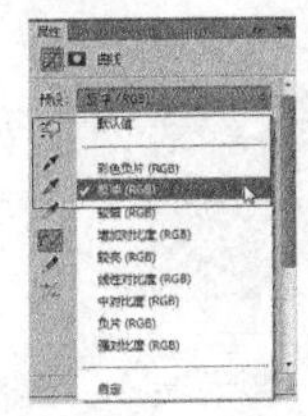

图19-13　设置“曲线”参数

图19-14　调整效果

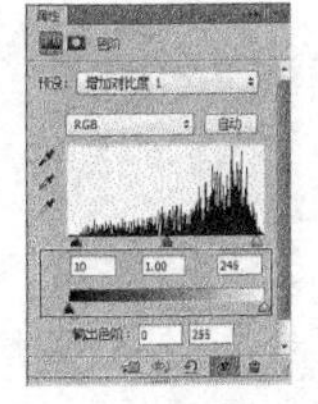

图19-15　设置“色阶”参数

图19-16　最终效果

19.2 使用通道制作降雪效果

实例目的

通过制作如图19-17所示的效果图，了解使用通道为图像添加降雪效果的方法。

图19-17 效果图

实例要点

- 打开文件
- 复制通道
- 新建通道
- 调出选区

操作步骤

01 在菜单中执行“文件/打开”命令或按Ctrl+O快捷键，打开随书附带光盘中的文件“素材文件/第19章/山间小溪.jpg”，如图19-18所示。

02 进入“通道”面板中，选择一个较浅的通道，这里选择“绿”通道❶，将其拖动到“创建新通道”按钮上❷，得到一个“绿 副本”通道❸，如图19-19所示。

03 选择“绿 副本”通道，在菜单中执行“图像/调整/色阶”命令，弹出“色阶”对话框，其中的参数设置❹❺如图19-20所示。

图19-18 素材

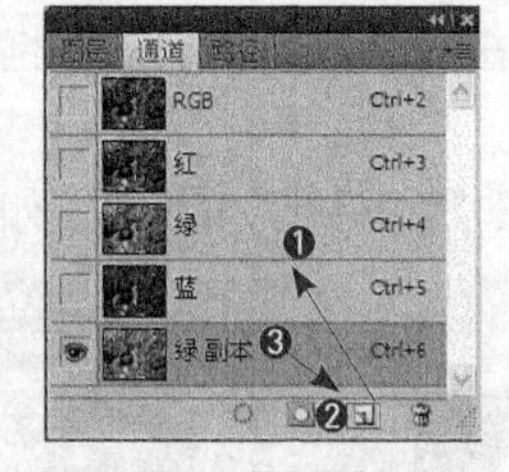

图19-19 “通道”面板

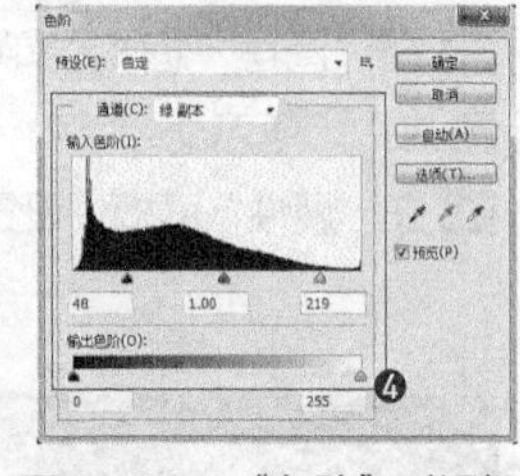

图19-20 “色阶”对话框

04 设置完毕单击“确定”按钮，效果如图19-21所示。

05 按住Ctrl键单击“绿 副本”通道❻以调出选区，切换到“图层”面板，新建“图层1”❼，将选区填充为白色❽，如图19-22所示。

06 按Ctrl+D快捷键去掉选区，复制“图层1”，得到“图层1 副本”，按键盘上的↑键一次，效果如图如图19-23所示。

图19-21 调整色阶效果

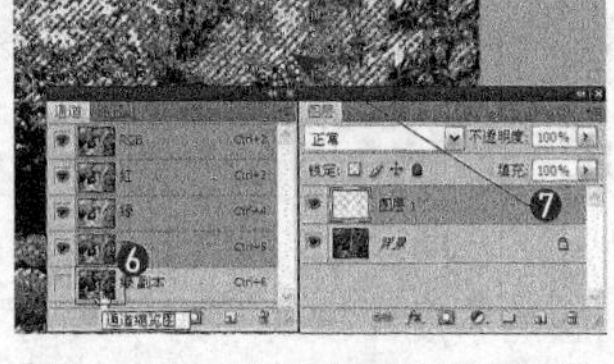
图19-22 调出选区并进行填充

图19-23 复制效果

07 再次切换到“通道”面板，新建“Alpha1”通道，在菜单中执行“滤镜/像素化 / 铜版雕刻”命令，弹出“铜版雕刻”对话框，设置“类型”为“粒状点”❾，如图19-24所示。

08 设置完毕单击“确定”按钮，效果如图19-25所示。

09 在菜单中执行“滤镜/模糊/高斯模糊”命令，弹出“高斯模糊”对话框，其中的参数设置❿如图19-26所示。

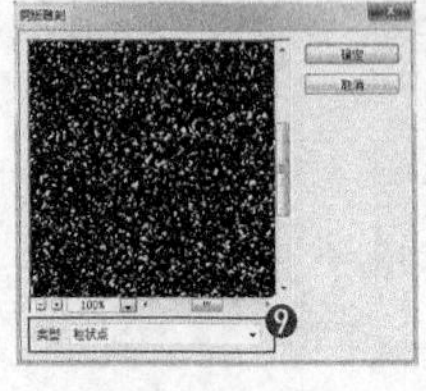
图19-24 “铜版雕刻”对话框

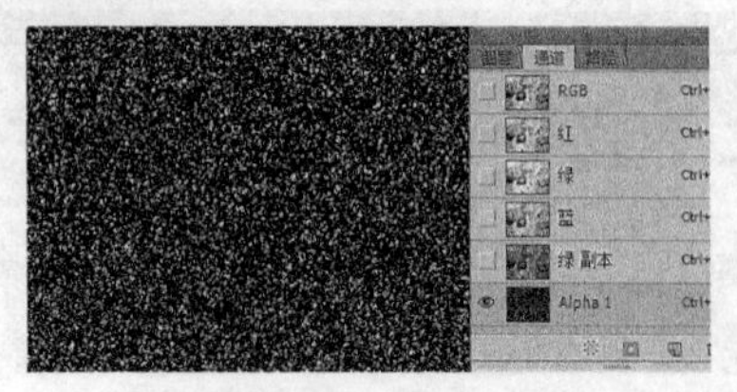

图19-25 应用滤镜效果

图19-26 “高斯模糊”对话框

10 设置完毕单击“确定”按钮，按住Ctrl键单击“Alpha1”通道⓫以调出选区，选择复合通道⓬，如图19-27所示。

11 切换到“图层”面板，新建“图层2”，将选区填充为白色，按Ctrl+D快捷键去掉选区，最终效果如图19-28所示。

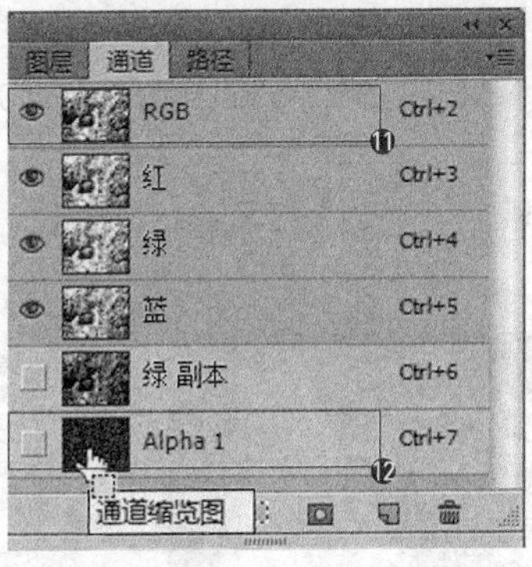

图19-27　调出选区

图19-28　最终效果

19.3 使用通道抠出半透明图像

在Photoshop CC中抠图可以使用很多工具和命令，但是如果想抠出半透明图像，就要使用通道了。下面就对使用通道针对半透明图像进行抠图的方法进行详细的讲解。

实例目的

通过制作如图19-29所示的效果图，了解使用通道抠出半透明图像的方法。

图19-29　效果图

实例要点

- 打开文件
- 在通道中使用“画笔工具”进行编辑
- 在通道中调出选区
- 移动选区内的图像到新文件中
- 变换图像的大小

操作步骤

01 执行菜单中的“文件/打开”命令或按Ctrl+O快捷键，打开随书附带光盘中的文件“第19章/婚纱”，如图19-30所示。

02 进入“通道”面板，拖动“蓝”通道❶到“创建新通道”按钮上❷，得到“蓝 副本”通道❸，如图19-31所示。

03 在菜单中执行“图像/调整/色阶”命令，弹出“色阶”对话框，其中的参数设置❹如图19-32所示。

图19-30　素材

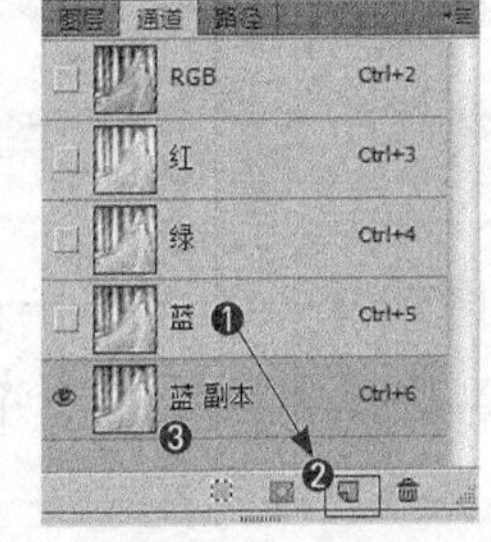

图19-31　复制通道

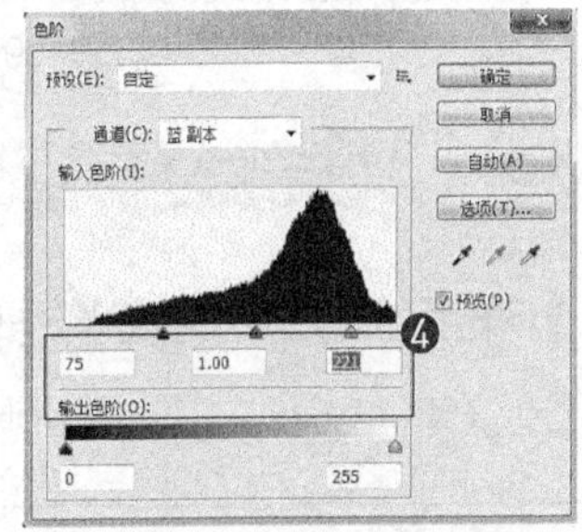

图19-32　“色阶”对话框

04 设置完毕单击“确定”按钮，效果如图19-33所示。

05 将前景色设置为黑色❺，使用“画笔工具”❻在人物以外的区域进行拖动❼，将周围填充为黑色，效果如图19-34所示。

06 再将前景色设置为白色❽，使用“画笔工具”❾在人物区域进行拖动❿，切忌不要在透明的区域进行拖动，效果如图19-35所示。

图19-33　色阶调整效果

图19-34　填充黑色

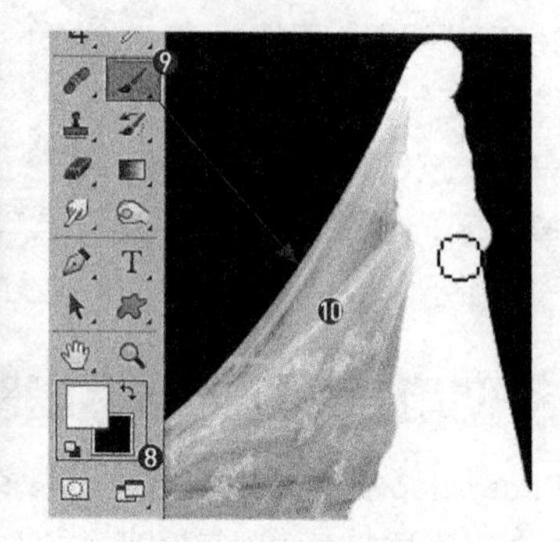

图19-35　涂抹白色

07 选择复合通道，按住Ctrl键单击“蓝 副本”通道⓫以调出选区⓬，如图19-36所示。

08 按Ctrl+C快捷键复制选区内容，在菜单中执行“文件/打开”命令或按Ctrl+O快捷键，打开随书附带光盘中的文件“第19章/海边”，如图19-37所示。

09 按Ctrl+V快捷键在打开的“海边”文件中粘贴复制的内容，按Ctrl+T快捷键调出变换框，拖动变换控制点将粘贴的内容进行适当的缩放，效果如图19-38所示。

10 进行相应调整后，最终效果如图19-39所示。

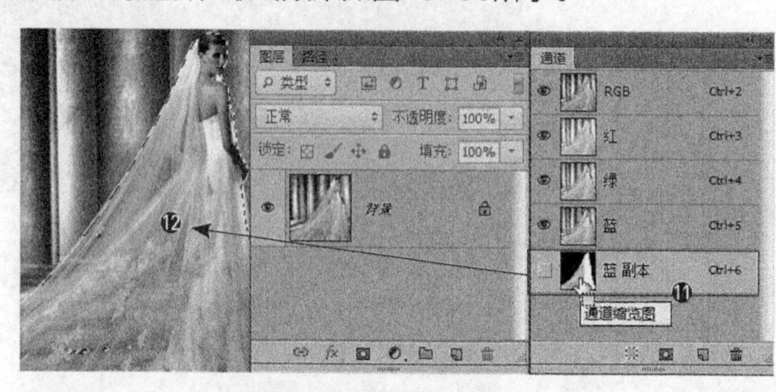

图19-36　调出选区

图19-37　素材

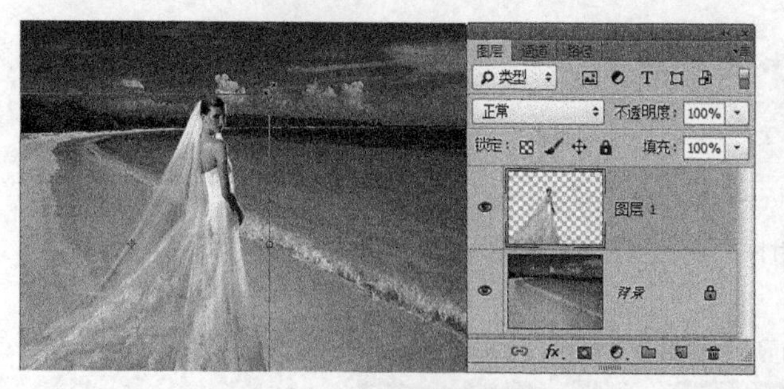

图19-38　变换效果

图19-39 最终效果

19.4 课后练习

课后练习1：抠取半透明图像

在Photoshop CC中编辑通道从创建半透明选区，并最终抠取半透明图像，过程如图19-40所示。

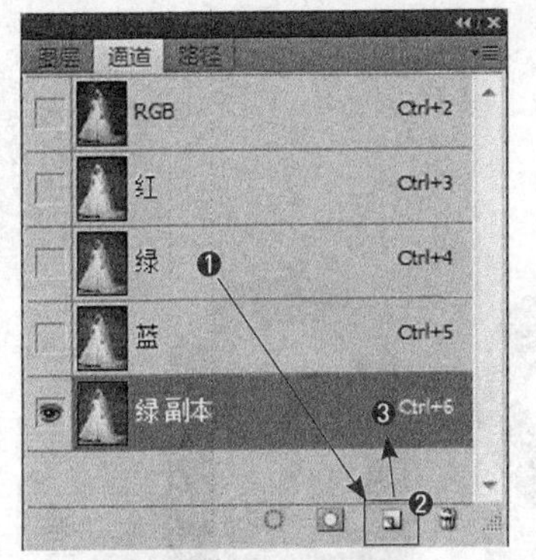

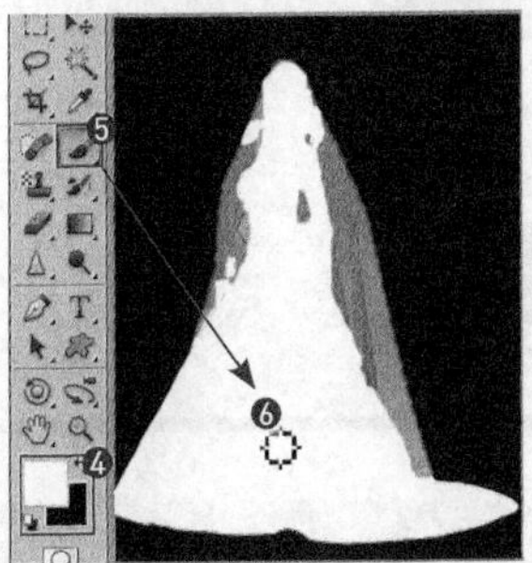

图19-40　抠取半透明图像

练习说明

1.打开素材。

2. 进入“通道”面板，复制通道。

3. 应用“色阶”命令调整通道。

4. 编辑通道中的白色和黑色。

5. 调出选区抠取图像。

6. 移入新背景。

课后练习2：在通道中应用滤镜制作撕边效果

在Photoshop CC的“通道”面板中编辑通道后，应用滤镜制作撕边效果，过程如图19-41所示。

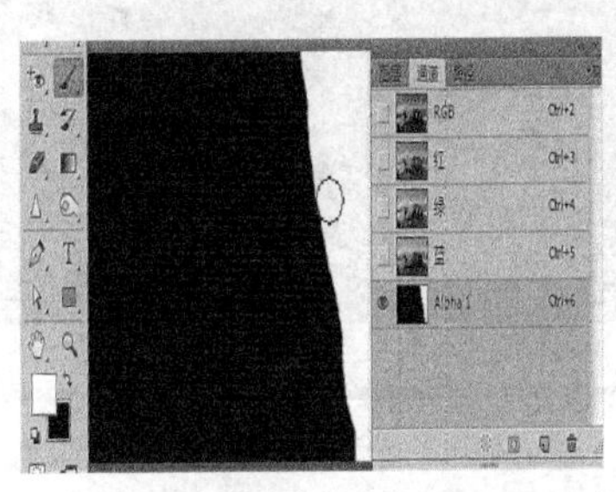

图19-41　在通道中应用滤镜制作撕边效果

练习说明

1. 打开素材。

2. 进入“通道”面板。

3. 新建通道并编辑通道。

4. 应用“喷溅”滤镜。

5. 调出选区。

6. 抠取图像

第20章 路径的基础

本章重点：

- 路径、形状
- 绘制路径
- 绘制形状

20.1 什么是路径

Photoshop中的“路径”指的是在文件中使用路径工具或形状工具创建的贝塞尔曲线轮廓。路径可以是直线、曲线或者封闭的形状轮廓，多被用于自行创建矢量图形或对图像的某个区域进行精确抠图。路径不能够被打印输出，只能被存放于“路径”面板中，如图20-1所示。

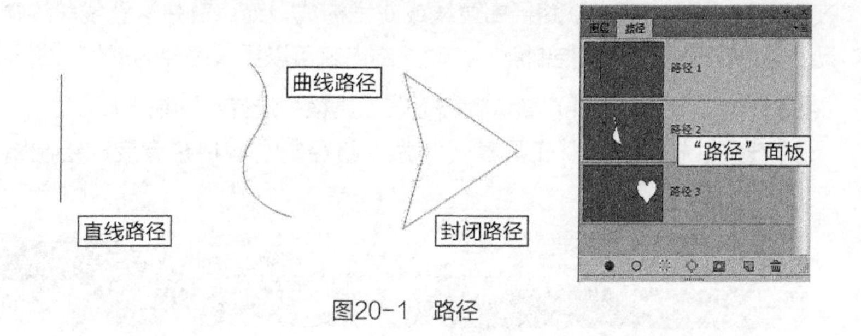

图20-1　路径

20.2 路径与形状的区别

路径与形状都是通过路径工具或形状工具来创建的。二者的区别是：路径表现的是直线、曲线或封闭的轮廓，不可以被打印；形状表现的是矢量图形，以蒙版的形式出现在“图层”面板中。路径与形状如图20-2所示。

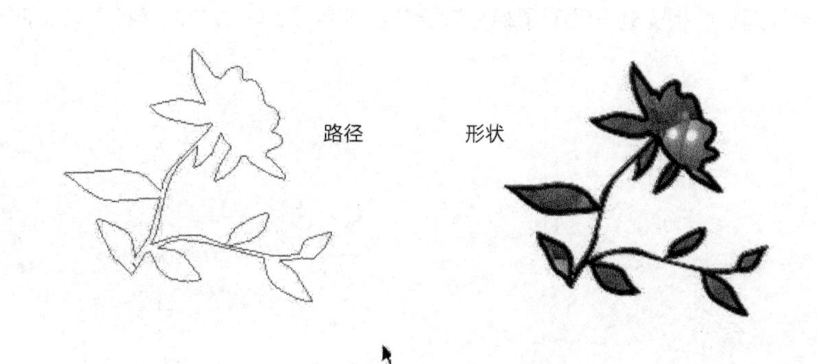

图20-2　路径与形状

20.2.1 形状图层

在Photoshop CC中，形状图层可以通过路径工具或形状工具来创建。形状图层在“图层”面板中一般以矢量蒙版的形式进行显示，更改形状的轮廓可以改变画布中显示的图像。形状图层的创建方法如下。

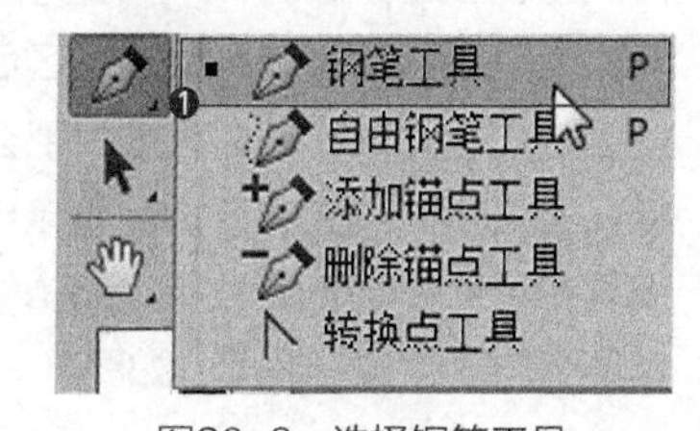

图20-3　选择钢笔工具

01 新建一个空白文件，默认状态下在工具箱中选择“钢笔工具”❶，如图20-3所示。

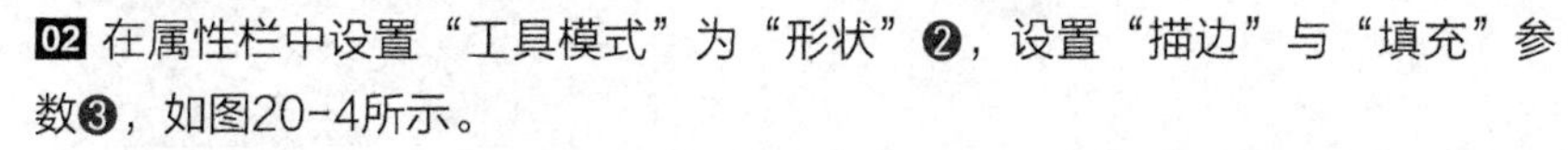

02 在属性栏中设置“工具模式”为“形状”❷，设置“描边”与“填充”参数❸，如图20-4所示。

图20-4　钢笔工具的属性栏

03 设置完毕，使用“钢笔工具”在画布中的起点处单击鼠标右键，移动鼠标指针到另一点后再次单击鼠标右键，直到回到与起点的相交处，此时单击鼠标右键，系统会自动创建如图20-5所示的形状图层。在绘制形状时，系统会自动创建形状图层，形状可以被打印输出和添加图层样式。

图20-5　创建形状图层

20.2.2 路径

在Photoshop CC中，路径由直线或曲线构成，锚点就是这些线段的端点。使用“转换点工具”在锚点处拖动，便会出现控制杆和控制点，拖动控制点就可以更改路径的形状。路径的创建方法如下。

01 新建一个空白文件，默认状态下在工具箱中选择“钢笔工具”。

02 在属性栏中设置“工具模式”为“路径”，属性栏会变成绘制路径时的参数及选项设置，如图20-6所示。

图20-6 属性栏的显示

03 使用“钢笔工具”在画布中的起点处单击鼠标右键，移动鼠标指针到另一点再次单击鼠标左键，直到回到与起点的相交处，此时鼠标指针会变成形状，再次单击鼠标左键，即可创建封闭路径，如图20-7所示。

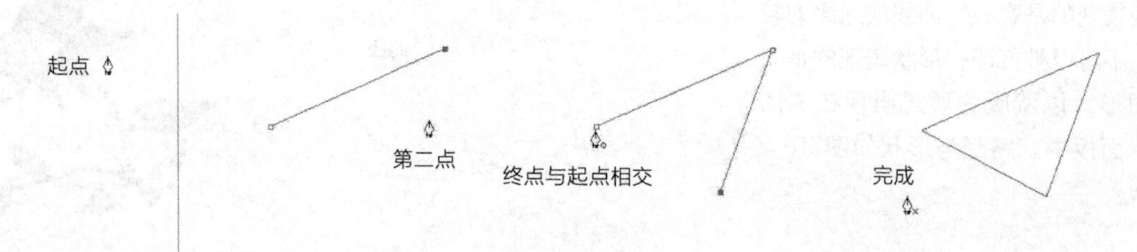

图20-7 绘制封闭路径

20.2.3 填充像素

在Photoshop CC中，“填充像素”可以被认为是使用选区工具绘制选区后，再以前景色填充。如果不新建图层，那么使用“像素”工具模式填充的区域会直接出现在当前图层中，此时是不能被单独编辑的。填充像素不会自动生成新图层，如图20-8所示。

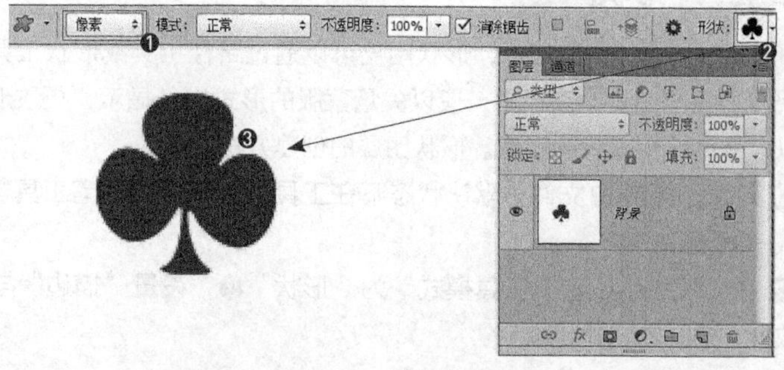

图20-8 填充像素

温馨提示

只有在使用形状工具时，“像素”工具模式才可以被激活；在使用路径工具时，该工具模式处于不可用状态。

20.3 路径的创建

在绘制的路径中包括直线路径、曲线路径和封闭路径。本节为大家详细讲解不同路径的绘制方法和绘制时使用的工具。

20.3.1 钢笔工具

“钢笔工具”是Photoshop CC所有路径工具中最精确的。使用“钢笔工具”可以精确地绘制出直线或光滑的曲线，还可以创建形状图层。

该工具的使用方法非常简单。在画布中的起点处单击鼠标左键，然后移动鼠标指针到下一点再次单击鼠标左键，就会创建直线路径；在下一点按下鼠标左键并拖动，会创建曲线路径。按回车键，绘制的路径会形成不封闭的路径；当起点处的锚点与终点处的锚点相交时，鼠标指针会变成形状，此时单击鼠标左键，系统会将该路径创建成封闭路径。

选择“路径”工作模式时的属性栏

选择“钢笔工具”后，属性栏会变为该工具所对应的参数及选项设置，设置“工具模式”为“路径”时，属性栏的显示如图20-9所示。

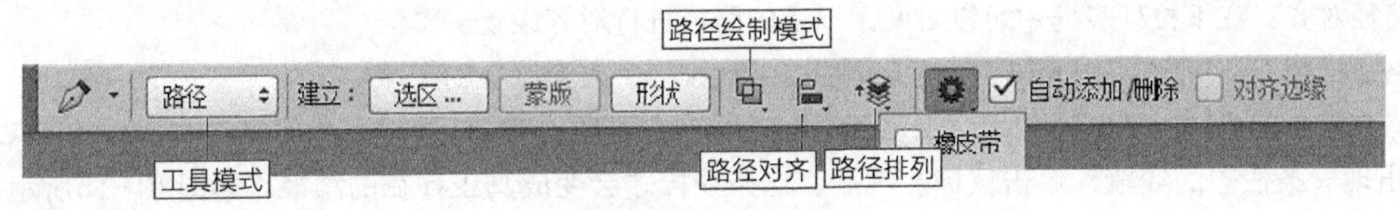

图20-9　钢笔工具的属性栏

其中各项的含义如下。

- **工具模式**：单击三角形按钮，在弹出的下拉列表框中包括“路径”“形状”和“像素”。
- **建立**：为路径进行快速转换。包括“选区”“蒙版”和“形状”
- **选区**：单击此按钮，弹出“建立选区”对话框，在其中设置参数，可以将绘制的路径转换为选区，如图20-10所示。

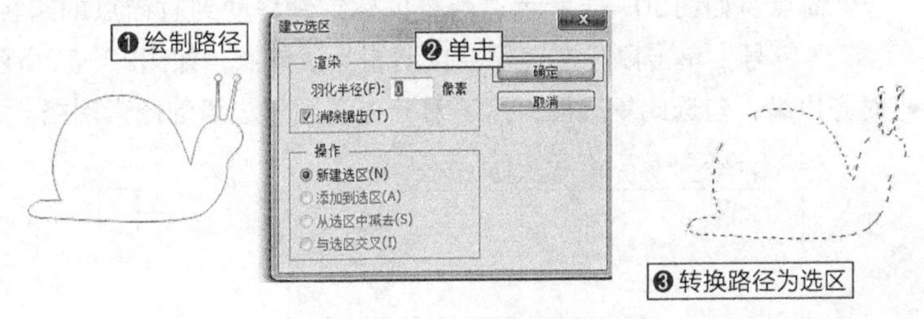

图20-10　转换路径为选区

- **蒙版**：单击此按钮，可以为绘制的路径添加矢量蒙版，如图20-11所示。

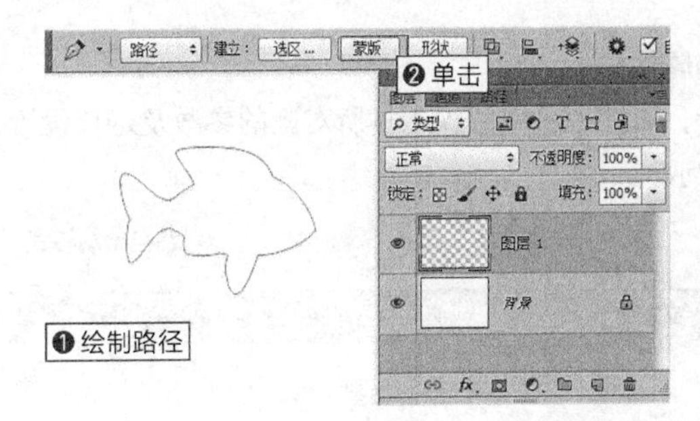

图20-11　添加矢量蒙版

- **形状**：单击此按钮，可以将绘制的路径转换为形状，如图20-12所示。
- **路径绘制模式**：用来对创建路径的方法进行运算的方式，包括“结合形状”、“减去前图形”、“效图形区域”、“排除重叠图形”和“合并图形元件”。

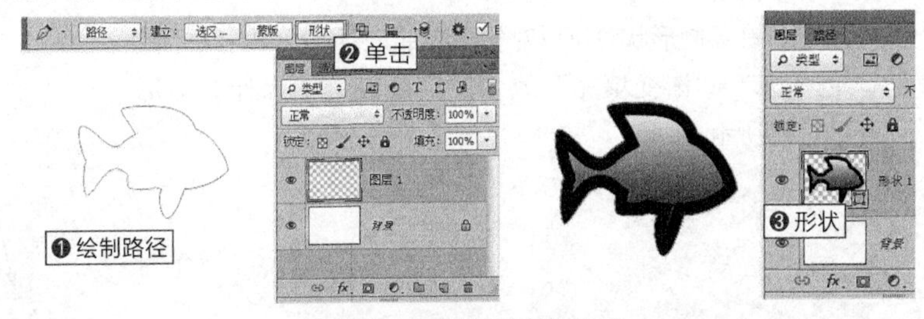

图20-12　转换路径为形状

- **结合形状**：可以将两条以上的路径进行重组。具体操作与选区相同。
- **减去前图形**：在创建第二条路径时，会将经过第一条路径的区域减去。具体操作与选区相同。
- **交叉图形区域**：两条路径相交的区域会被保留，其他区域会被去除。具体操作与选区相同。

- **排除重叠图形**：选择该模式创建路径，当两条路径相交时，重叠的区域会被删除，如图20-13所示。
- **合并图形元件**：选择该模式创建路径，可以将两条以上的路径或图形焊接到一起，使其成为一体的路径或图形，如图20-14所示。

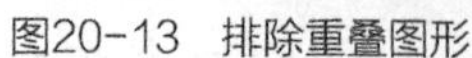
图20-13　排除重叠图形

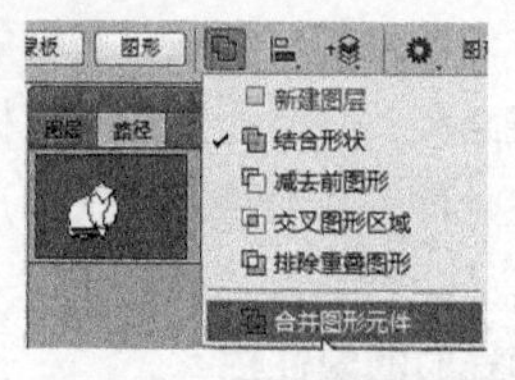

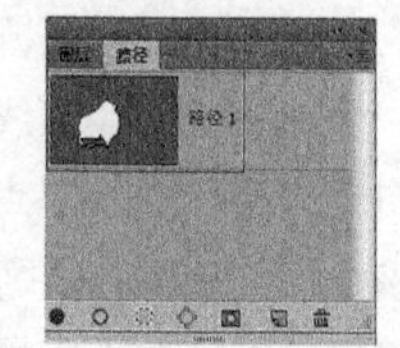
图20-14　合并图形元件

- **路径对齐**：在下拉列表框中可以对两条以上的路径进行对齐设置。
- **路径排列**：在下拉列表框中可以设置路径的层次排列，改变路径的顺序。
- **橡皮带**：勾选此复选框，使用“钢笔工具”绘制路径时，在前一个锚点和要建立的后一个锚点之间会出现一条假想的线段，单击鼠标左键后，这条线段才会变成真正存在的路径。如图20-15所示为勾选该复选框与否的效果对比。
- **自动添加/删除**：勾选此复选框后，“钢笔工具”就具有了自动添加或删除锚点的功能。当将鼠标指针移动到没有锚点的路径上时，鼠标指针的右下角会出现一个“+”符号，单击鼠标左键便会自动添加一个锚点，如图20-16所示；当将鼠标指针移动到有锚点的路径上时，鼠标指针的右下角会出现一个“-”符号，单击鼠标左键便会自动删除该锚点，如图20-17所示。
- **对齐边缘**：勾选此复选框，用来对齐矢量图形边缘的像素网格。

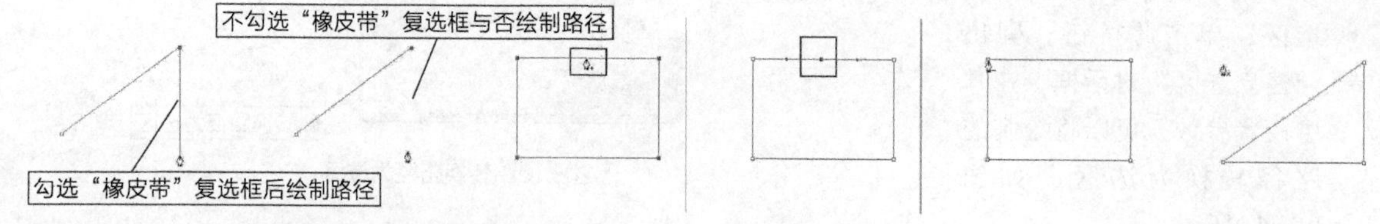

图20-15　勾选“橡皮带”复选框与否的效果对比　图20-16　添加锚点　图20-17　删除锚点

选择“形状”工具模式时的属性栏

选择“钢笔工具”后，属性栏会变为该工具所对应的参数及选项设置，设置“工具模式”为“形状”时，属性栏的显示如图20-18所示。

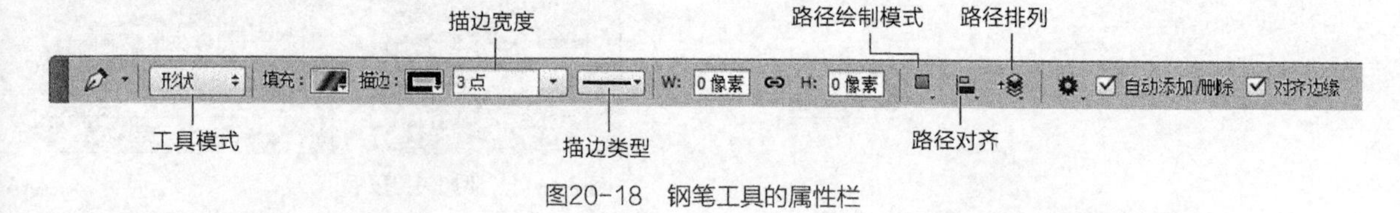

图20-18　钢笔工具的属性栏

其中各项的含义如下。

- **填充**：在绘制形状时可以对轮廓内部进行“无填充”“纯色填充”“渐变填充”或“图案填充”的操作，如图20-19所示。

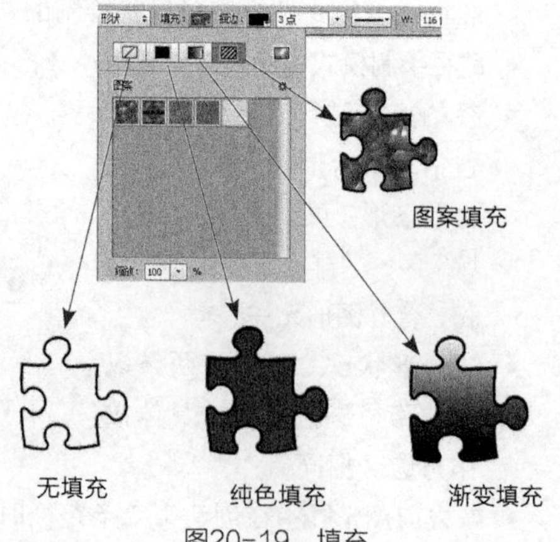

图20-19　填充

- **描边**：用来设置对形状轮廓的边缘进行“无描边”、“纯色描边”、“渐变描边”或“图案描边”的操作，如图20-20所示。
- **描边宽度**：用来设置形状轮廓的厚度。数值越大，描边越宽；数值越小，描边越窄。如图20-21所示。
- **描边类型**：用来设置轮廓描边的样式效果，如图20-22所示。

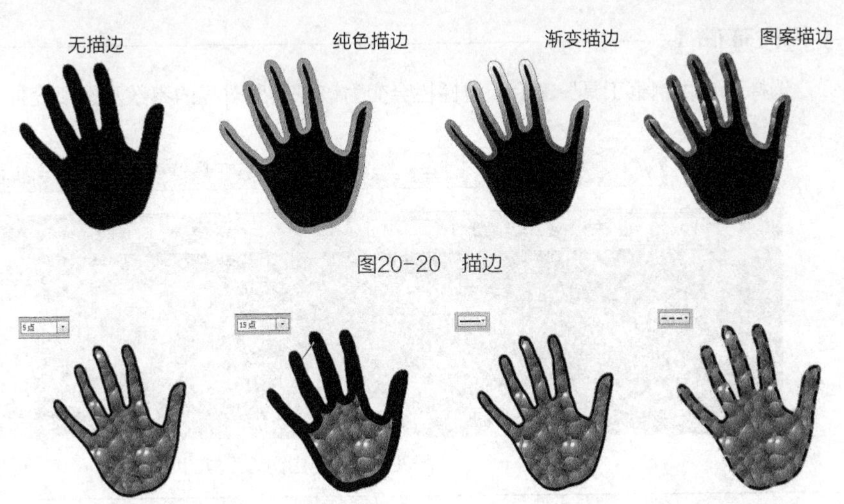

图20-20 描边

图20-21 描边宽度

图20-22 描边类型

- **宽度／高度**：用来设置形状的宽度／高度，改变数值后可以改变形状的大小。

上机练习：使用钢笔工具绘制直线、曲线和封闭路径

本次完成主要让大家了解使用“钢笔工具”绘制直线、曲线与封闭路径的方法。

操作步骤

01 新建一个空白文件，选择“钢笔工具”后，在画布中的起点处单击鼠标左键❶，移动鼠标指针到另一点后再次单击鼠标左键❷，会得到如图20-23所示的直线路径。按回车键直线路径绘制完毕。

02 新建一个空白文件，选择“钢笔工具”后，在画布中的起点处单击鼠标左键❶，移动鼠标指针到另一点处❷按下鼠标左键进行拖动，会得到如图20-24所示的曲线路径。按回车键曲线路径绘制完毕。

03 新建一个空白文件，选择“钢笔工具”后，在画布中的起点处单击鼠标左键❶，移动到鼠标指针另一点处❷按下鼠标左键进行拖动，松开鼠标后拖动鼠标指针到起点❸处单击鼠标左键，会得到如图20-25所示的封闭路径。按回车键封闭路径绘制完毕。

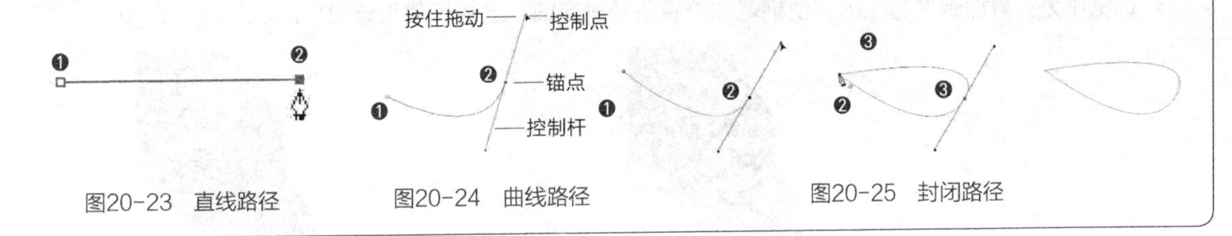

图20-23 直线路径

图20-24 曲线路径

图20-25 封闭路径

20.3.2 自由钢笔工具

使用“自由钢笔工具”可以随意地在画布中绘制路径；当转换为“磁性钢笔工具”时可以快速沿图像反差较大的像素边缘进行自动描绘。

“自由钢笔工具”的使用方法非常简单，就像手中拿着画笔在画布中随意绘制一样，松开鼠标则停止绘制，如图20-26所示。

图20-26 使用自由钢笔工具绘制路径

操作延伸

选择“自由钢笔工具”后，属性栏会变为该工具所对应的参数及选项设置，如图20-27所示。

图20-27　自由钢笔工具的属性栏

其中各项的含义如下。

- **曲线拟合**：用来控制产生路径的灵敏度。数值越大，自动生成的锚点越少，路径越简单。取值范围是0.5～10。如图20-28所示为设置不同“曲线拟合”值时的效果对比。

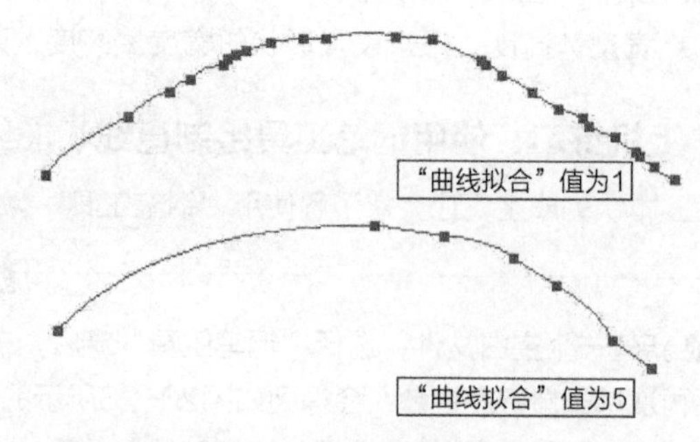

图20-28　不同“曲线拟合”时的路径

- **磁性的**：勾选此复选框后“自由钢笔工具”会变成“磁性钢笔工具”，鼠标指针也会随之变为形状。“磁性钢笔工具”与“磁性套索工具”相似，都是自动寻找对象边缘的工具。
- **宽度**：用来设置“磁性钢笔工具”与边对象之间的距离以区分路径，取值范围是1～256。
- **对比**：用来设置“磁性钢笔工具”的灵敏度。数值越大，要求边缘与周围的反差越大，取值范围是1%～100%。
- **频率**：用来设置在创建路径时产生锚点的多少。数值越大，锚点越多，取值范围是0~100。如图10-29所示为设置不同“频率”值时的效果对比。
- **钢笔压力**：增加钢笔的压力，使钢笔在绘制路径时变细，适用于使用绘图板时。

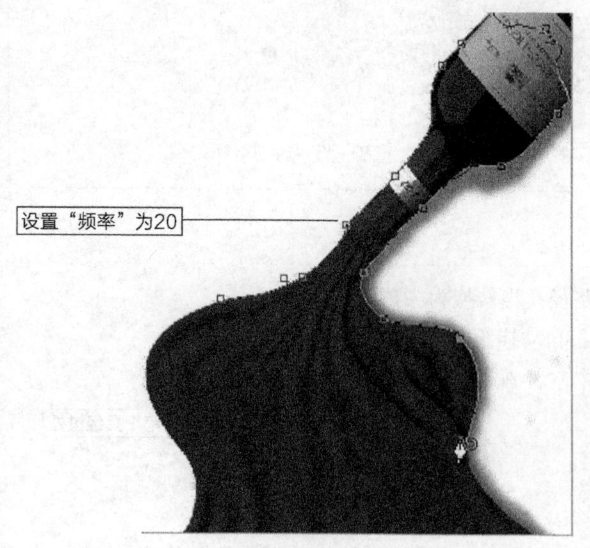

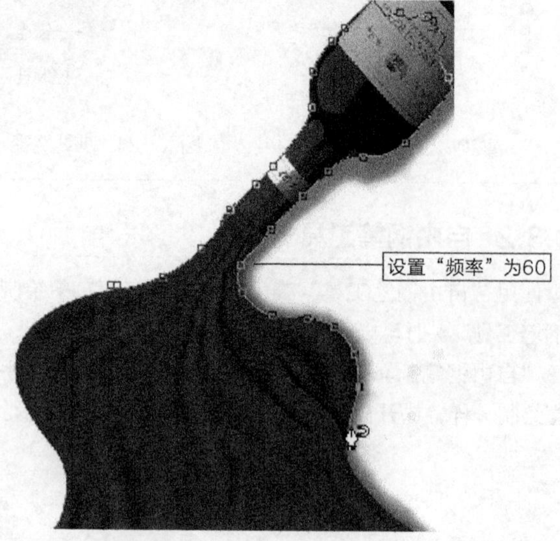

图20-29　设置不同“频率”值时的效果对比

上机练习：使用自由钢笔工具抠图

本次实战主要让大家了解“自由钢笔工具”在抠图方面的使用方法。

操作步骤

01 在菜单中执行“文件/打开”命令或按Ctrl+O快捷键，打开随书附带光盘中的文件“素材文件/第20章/卡通.jpg”，如图20-30所示。

02 在工具箱中选择“自由钢笔工具”，在属性栏中设置“工具模式”为“路径”❶，单击“设置选项”按钮❷，打开“选项”面板，其中的参数设置❸如图20-31所示，将“自由钢笔工具”转换为“磁性钢笔工具”。

图20-30　素材

图20-31　设置工具

03 在卡通形象左侧边缘处拾取一点，单击鼠标左键定义起点❹，如图20-32所示。

04 沿卡通形象边缘拖动鼠标指针，“磁性钢笔工具”会自动在卡通形象边缘创建锚点和路径❺，在拖动的过程中可以按照自己的意愿单击鼠标左键的添加锚点，这样会将路径绘制得更加贴切，如图20-33所示。

05 当拖动鼠标指针回到起点时，鼠标指针显示为❻，如图20-34所示。

06 此时单击鼠标左键，即可完成路径的绘制，效果如图20-35所示。

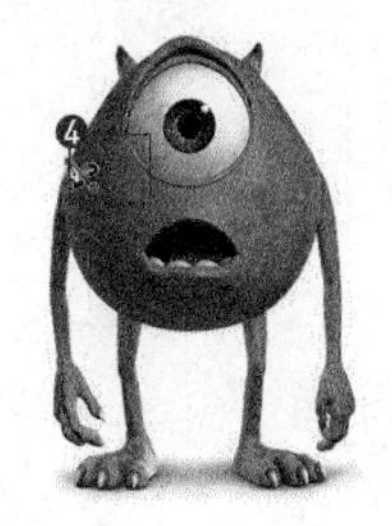

图20-32　定义起点

图20-33　创建路径

图20-34　起点与终点相交

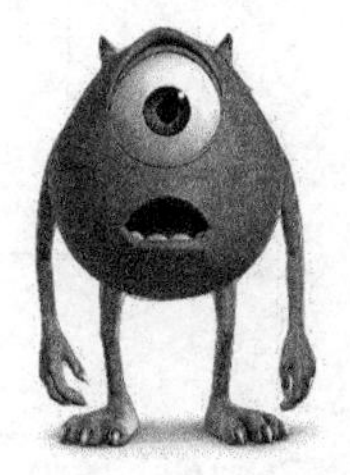

图20-35　完成路径的绘制

07 路径绘制完成后，按Ctrl+Enter快捷键将路径转换为选区，效果如图20-36所示。

08 在菜单中执行“文件/打开”命令或按Ctrl+O快捷键，打开随书附带光盘中的文件“素材文件/第20章/相片.jpg”，如图20-37所示。

09 使用“移动工具”将选区内容拖动到“相片”文件中以完成抠图操作，使用“加深工具”在卡通形象脚下的木板处，使图像间融合得更好，最终效果如图20-38所示。

图20-36　将路径转换为选区

图20-37　素材

图20-38　最终效果

技巧

使用“磁性钢笔工具”绘制路径时，按回车键可以结束路径的绘制；在最后一个锚点上双击，可以与第一个锚点自动连接形成封闭路径；按住 Alt 键单击，可以暂时将其转换成“钢笔工具”。

温馨提示

使用“磁性钢笔工具”绘制路径，当路径发生偏移时，只要按 Delete 键即可将最后一个锚点删除，以此类推可以向前删除多个锚点。

20.4 路径的编辑

在Photoshop CC中，创建路径后，对其进行相应的编辑也是非常重要的。对路径的基本编辑与运用，主要体现在添加描点、删除锚点、改变路径形状、移动与变换路径等。

20.4.1 添加锚点工具

在Photoshop CC中，使用“添加锚点工具”可以在已创建的直线或曲线路径上添加新的锚点。添加锚点的方法非常简单，选择“添加锚点工具”，将鼠标指针移动到路径上，此时鼠标指针的右下角会出现一个“+”符号❶，单击鼠标左键便会自动添加一个锚点❷，如图20-39所示。

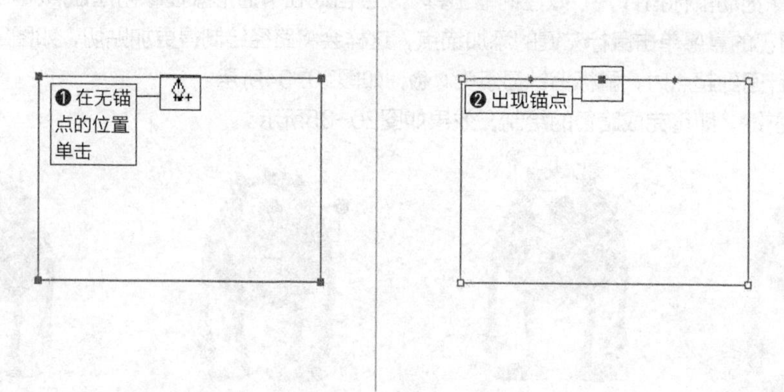

图20-39 添加锚点

20.4.2 删除锚点工具

在Photoshop CC中，使用“删除锚点工具”可以将路径中存在的锚点删除。删除锚点的方法非常简单，选择“删除锚点工具”，将鼠标指针移动到路径中的锚点处，此时鼠标指针的右下角会出现一个“-”符号❶，单击鼠标❶左键便会自动删除该锚点❷，如图20-40所示。

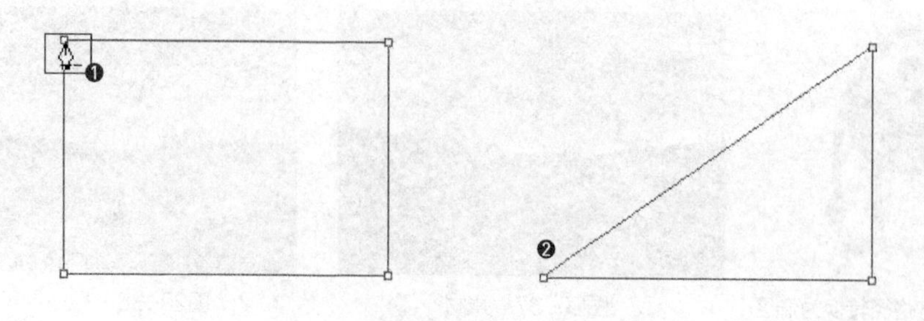

图20-40 删除锚点

上机练习：直线路径与曲线路径之间的转换

使用“转换点工具”可以让锚点在平滑点和角点之间进行转换。“转换点工具”没有属性栏。直线路径与曲线路径之间的转换操作如下。

操作步骤

01 新建一个空白文件，使用“钢笔工具”在画布中单击一点❶，向右移动再次单击一点❷，向上移动继续单击一点❸，效果如图20-41所示。

02 选择“转换点工具”❹，将鼠标指针移动到路径中的锚点处❺，如图20-42所示。

03 选择锚点后，按住鼠标左键向下拖动，此时在该锚点处会出现如图20-43所示的控制点❻和控制杆❼，按住鼠标左键拖动控制点，即可将直线路径转换成曲线路径。

04 松开鼠标，将鼠标指针拖动到上面的控制点处❽，按住鼠标左键进行拖动，可以调整曲线的方向，效果如图20-44所示。

05 在空白处单击鼠标左键确定操作，此时之前绘制的直线路径就变成了如图20-45所示的曲线路径了。

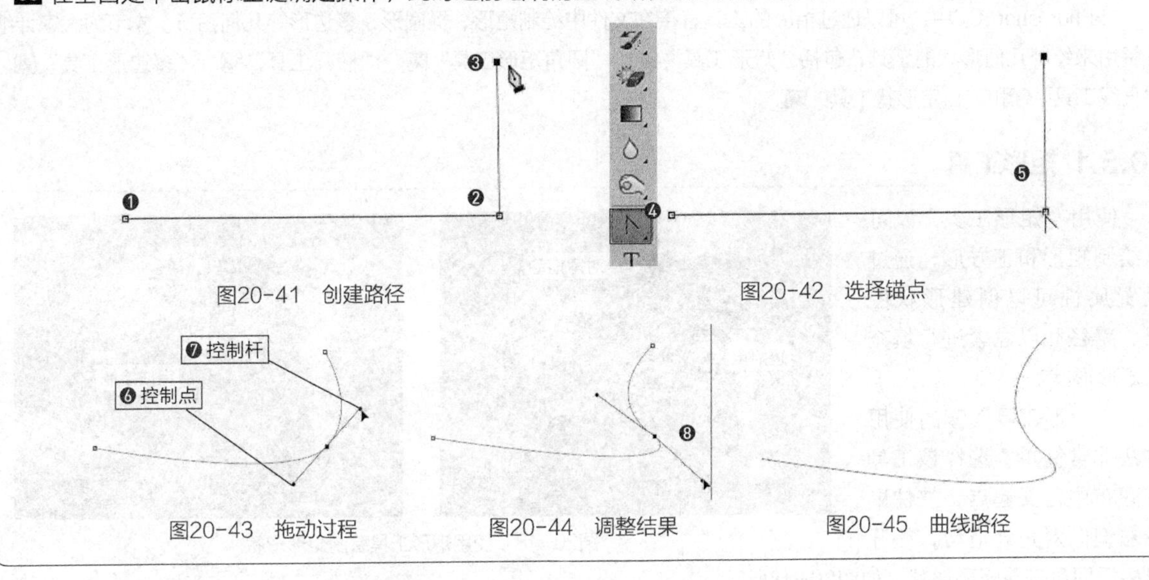

图20-41　创建路径　图20-42　选择锚点

图20-43　拖动过程　图20-44　调整结果　图20-45　曲线路径

20.4.3 路径的选择、移动与变换

在Photoshop CC中，使用“路径选择工具”可以快速选取路径或对其进行适当的移动。“路径选择工具”的使用方法与“移动工具”类似；不同的是，该工具只对图像中创建的路径起作用，可以对路径或形状进行选择、移动或变换等操作，如图20-46所示。

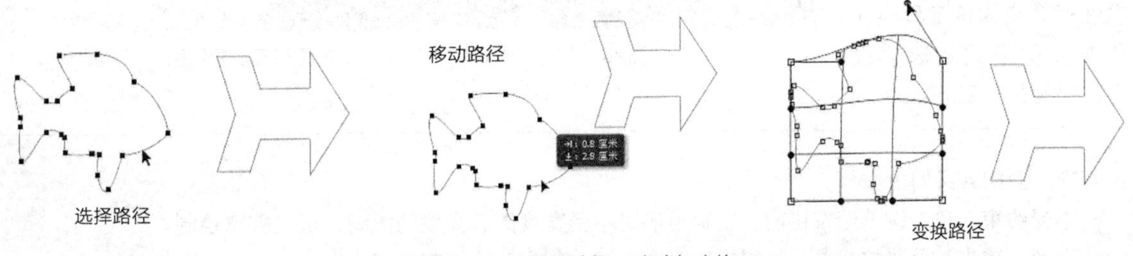

图20-46 路径的选择、移动与变换

温馨提示

使用“路径选择工具”选取路径后，此时“编辑”菜单中的“变换”命令会变为“变换路径”命令，所有的变换操作与设置都与第 3 章中对于选区的变换相同，不同的是一个针对选区、一个针对路径。

20.4.4 改变路径的形状

在Photoshop CC中，使用“直接选择工具”可以对路径的形状进行相应的调整，可以直接调整路径，也可以在锚点处拖动，如图20-47所示。

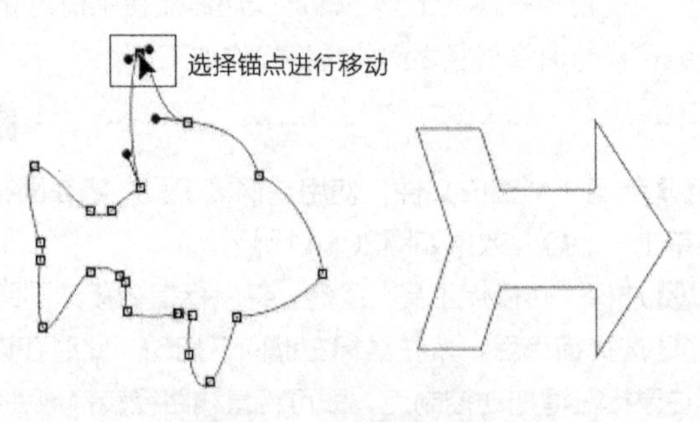

图20-47 改变路径的形状

20.5 绘制几何形状

在Photoshop CC中，可以通过相应的工具直接在文件中绘制矩形、椭圆形、多边形等几何图形。本节为大家详细讲解用来绘制几何形状的工具，包括“矩形工具”、“圆角矩形工具”、“椭圆工具”、“多边形工具”、“直线工具”和“自定形状工具”。

20.5.1 矩形工具

使用“矩形工具”可以绘制矩形和正方形，通过设置属性可以创建形状图层、路径和以像素进行填充的矩形形状。

“矩形工具”的使用方法非常简单。选择该工具在画布中定义起点，按住鼠标左键向对角处拖动，松开鼠标后即可创建矩形形状，如图20-48所示。

图20-48 使用矩形工具绘制矩形形状

操作延伸

在工具箱中选择“矩形工具”设置后，“工具模式”为“形状”时，属性栏会变为该工具模式所对应的参数及选项设置，如图20-49所示。

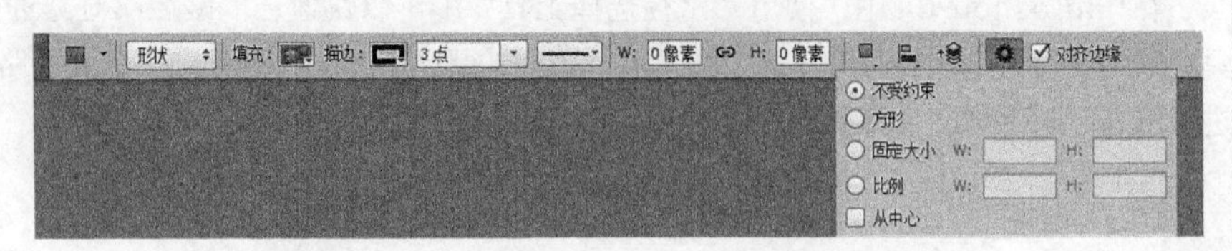

图20-49 工具模式为“形状”时的矩形工具属性栏

其中各项的含义如下。

- **不受约束**：单击该单选按钮前，绘制矩形时不受宽度的、高度的限制，可以随意绘制。
- **方形**：单击该单选按钮前，绘制矩形时会自动绘制出四边相等的正方形。
- **固定大小**：单击该单选按钮前，可以通过在左侧的“W”“H”数值文本框中输入数值来控制绘制的矩形的大小。
- **比例**：单击该单选按钮前，可以通过在右侧的“W”“H”数值文本框中输入预定的比例数值来控制绘制的矩形的大小。
- **从中心**：勾选此复选框后，在绘制矩形时将会以矩形的中心点为起点进行绘制。

操作延伸

在工具箱中选择“矩形工具”后，设置“工具模式”为“路径”时，属性栏会变为该工具模式所对应的参数及选项设置，如图20-50所示。

图20-50　工具模式为“路径”时的矩形工具属性栏

操作延伸

在工具箱中选择“矩形工具”后，设置“工具模式”为“像素”时，属性栏会变为该工具模式所对应的参数及选项设置，如图20-51所示。

图20-51　工具模式“像素”时的矩形工具属性栏

温馨提示

在绘制矩形的同时按住 Shift 键会自动绘制正方形，相当于在属性栏中单击“方形”单选按钮。

上机练习：粘贴填充图案

在形状中设置填充图案后，可以将其进行复制，然后将其粘贴到其他的形状中。具体操作如下。

操作步骤

01 在图像中绘制一个矩形形状，将填充“设置”为“图案”，在弹出菜单中选择“拷贝填充”命令，如图20-52所示。

图20-52　复制填充

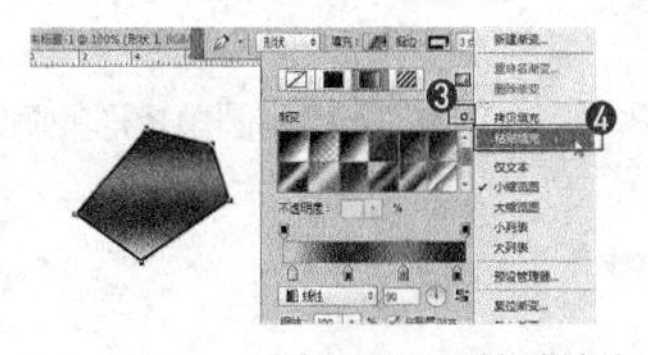

图20-53　粘贴填充

02 选择一个之前绘制的渐变形状，在弹出菜单中选择“粘贴填充”命令，此时会将之前复制的填充图案粘贴到此形状中，效果如图20-53所示。

上机练习：将矩形形状上面的两个角设置为圆角

在Photoshop CC中可以将矩形形状的四个角任意改变的圆角。绘制矩形形状后，在“属性”面板中即可设置各个角为圆角。具体操作如下。

操作步骤

01 新建一个空白文件，使用“矩形工具”在文件中绘制一个矩形形状，如图20-54所示。

02 在菜单中执行“窗口/属性”命令，打开“属性”面板，可以看到矩形形状四个角的值都为0像素，取消链接❶，然后将矩形形状上面值设置为20像素❷，如图20-55所示。

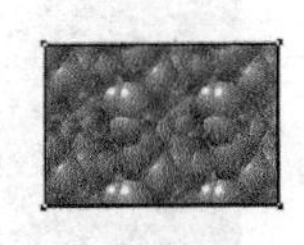

图20-54　绘制矩形形状

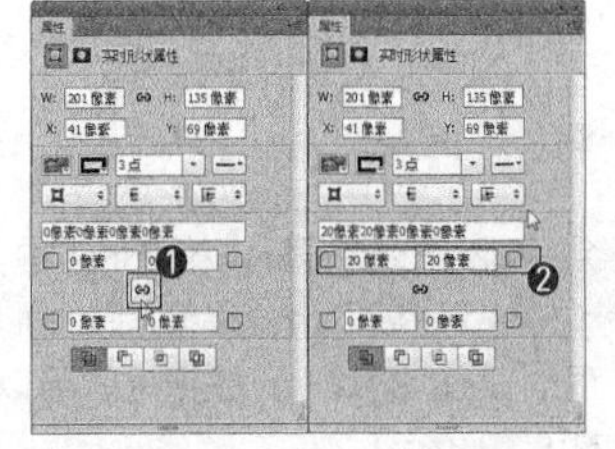

图20-55　设置属性

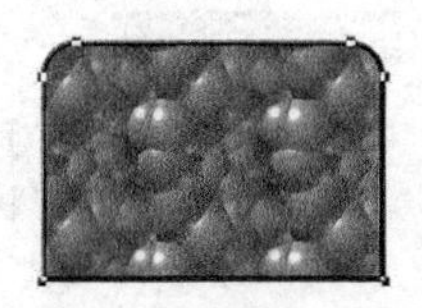

图20-56　圆角

03 此时发现之前的矩形形状上面的两个角已些变为了圆角，如图20-56所示。

20.5.2 圆角矩形工具

使用“圆角矩形工具”可以绘制具有平滑边缘的矩形，通过设置属性栏中的“半径”值来调整圆角的圆弧度。

“圆角矩形工具”的使用方法与“矩形工具”相同。

选择“圆角矩形工具”后，属性栏会变为该工具所对应的参数及选项设置，如图20-57所示。

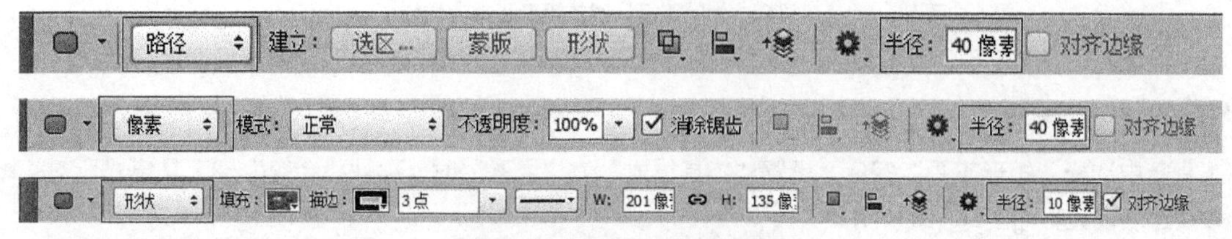

图20-57 圆角矩形工具属性栏

其中选项的含义如下。

- **半径**：用来控制圆角矩形各4个角的圆滑度。数值越大，圆角就越平滑；数值为0时，绘制出的圆角矩形就是矩形。如图20-58所示为设置不同“半径”值时绘制的圆角矩形。

图20-58 设置不同“半径”值时的圆角矩形

> **温馨提示**
>
> 在使用“圆角矩形工具”绘制圆角矩形的同时按住 Alt 键，将会以圆角矩形的中心点为起点开始绘制。

> **温馨提示**
>
> 绘制的圆角矩形也可以通过“属性”面板来改变四个角的圆滑度。

20.5.3 椭圆工具

使用“椭圆工具”可以绘制椭圆形和正圆形，通过设置属性可以创建形状图层、路径和以像素进行填充的椭圆形状。

“椭圆工具”的使用方法和属性栏设置都与“矩形工具”相同。在文件中单击鼠标左键并进行拖动，便可以绘制出椭圆形状，如图20-59所示。

> **温馨提示**
>
> 在使用“椭圆工具”绘制椭圆形状的同时按住 Shift 键，可以绘制出正圆形状；按住 Alt 键，将会以椭圆的中心点为起点开始绘制；同时按住 Shift+Alt 快捷键，可以绘制以中心点为起点的正圆形状。

图20-59 绘制椭圆形状

20.5.4 多边形工具

使用“多边形工具”可以绘制正多边形或星形，通过设置属性可以创建形状图层、路径和以像素进行填充的多边形星形形状。

“多边形工具”的使用方法与“矩形工具”相同。绘制时起点为多边形的中心，终点为多边形的一个顶点，如图20-60所示。

图20-60 使用多边形工具绘制多边形形状

操作延伸

选择“多边形工具”后，属性栏会变为该工具所对应的参数及选项设置，如图20-61所示。下面以设置“工具模式”为以“形状”时属性栏作为讲解对象。

图20-61 多边形工具的属性栏

其中各项的含义如下。

- **边**：用来控制创建的多边形或星形的边数。
- **半径**：用来设置多边形或星形的半径。
- **平滑拐角**：勾选复选框，使多边形具有圆滑的顶角，边数越多，越接近圆形，如图20-62所示。
- **星形**：勾选复选框，会以星形进行绘制，勾选“星形”复选框与否的绘制效果对比如图20-63所示。

图20-62 勾选“平滑拐角”复选框时绘制的多边形形状

图20-63 勾选“星形”复选框与否的绘制效果对比

- **缩进边依据**：用来控制星形的缩进程度。数值越大，缩进的效果越明显，取值范围为1%~99%。设置不同“缩进边依据”时的效果对比如图20-64所示。
- **平滑缩进**：勾选该复选框，可以使星形的边平滑地向中心缩进，勾选“平滑缩进”复选框与否的绘制效果对比如图20-65所示。

图20-64 设置不同“缩进边依据”值时的绘制效果对比

图20-65 勾选“平滑缩进”复选框与否的绘制效果对比

温馨提示

"缩进边依据"选项与"平滑缩进"复选框，只有在勾选"星形"复选框时才能被激活。

20.5.5 直线工具

使用"直线工具"可以绘制预设粗细的直线或带箭头的指示线。

"直线工具"的使用方法非常简单。使用该工具在画布中定义起点后，按住鼠标左键向任何意向拖动，松开鼠标后即可完成直线的绘制，如图20-66所示。

图20-66　使用直线工具绘制直线

操作延伸

选择"直线工具"后，属性栏会变为该工具所对应的参数及选项设置，如图20-67所示。下面以设置"工具模式"为"像素"时的属性栏作为讲解对象。

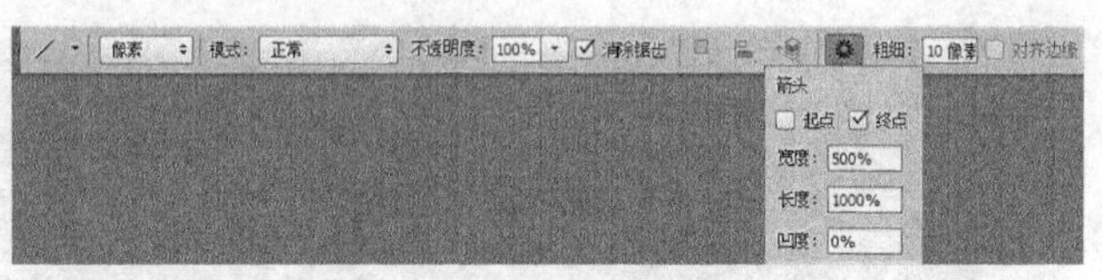

图20-67　直线工具的属性栏

其中各项的含义如下。

- **粗细**：控制直线的宽度。数值越大，直线越粗，取值范围为1～1000。如图20-68所示为设置不同"粗细"值时的直线效果。
- **起点／终点**：用来设置绘制直线时在起点或终点出现的箭头，如图20-69所示。
- **宽度**：用来控制箭头的宽窄度。数值越大，箭头越宽，取值范围是10%~1000%。设置不同"宽度"值时的绘制效果对比如图20-70所示。

图20-68　设置不同"粗细"值时绘制效果对比

图20-69　起点与终点箭头

图20-70　设置不同"宽度"值时的绘制效果对比

- **长度**：用来控制箭头的长短。数值越大，箭头越长，取值范围是10%~5000%。设置不同"长度"值时的绘制效果对比如图20-71示。
- **凹度**：用来控制箭头的凹陷程度。数值为正数时，箭头尾部向内凹；数值为负数时，箭头尾部向外凸；数值为0时，箭头尾部平齐。取值范围是－50%~50%。设置不同"凹度"值时的绘制效果对比如图20-72所示。

图20-71　设置不同"长度"值时的绘制效果对比

图20-72　设置不同"凹度"值时的绘制效果对比

20.5.6 自定形状工具

使用“自定形状工具”可以绘制出在“形状拾色器”面板中选择的预设图案。

选择“自定形状工具”后，属性栏会变为该工具所对应的参数及选项设置，如图20-73所示。

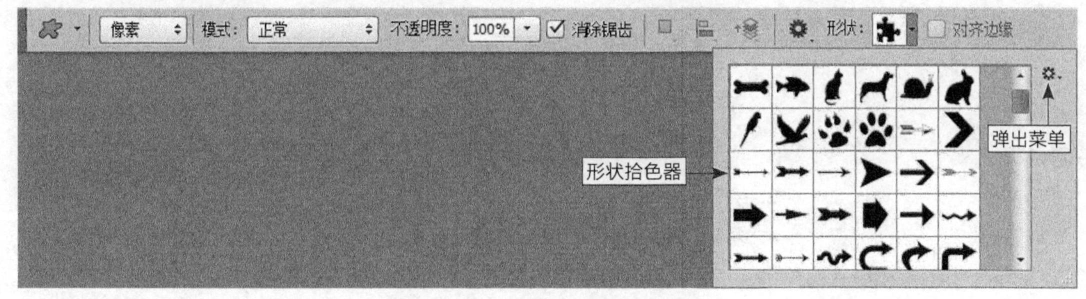

图20-73　自定形状工具的属性栏

其中各项的含义如下。

- **形状拾色器**：其中包含系统预设的所有图案。选择相应的图案，使用“自定形状工具”在文件中即可进行绘制，如图20-74所示。

图20-74　使用自定形状工具绘制的形状

20.6 课后练习

课后练习1：绘制心形路径

在Photoshop CC中使用“钢笔工具”并结合“添加锚点工具”和“转换点工具”绘制心形路径，过程如图20-75所示。

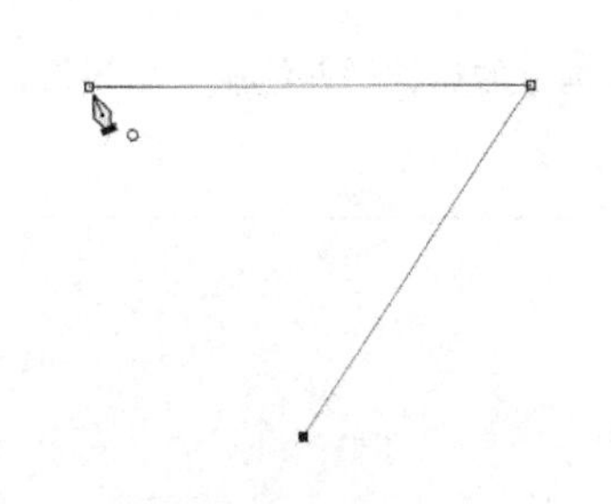
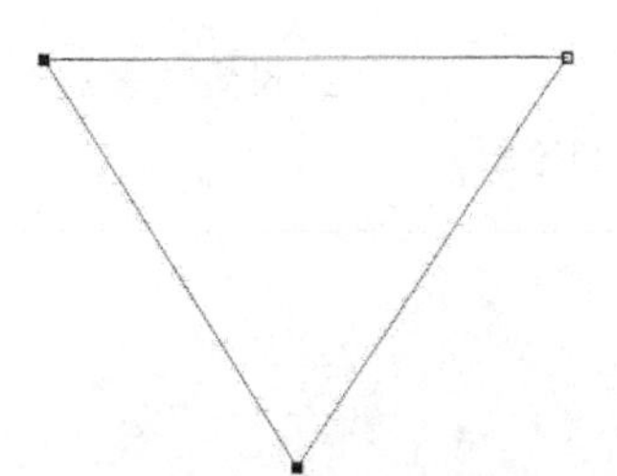
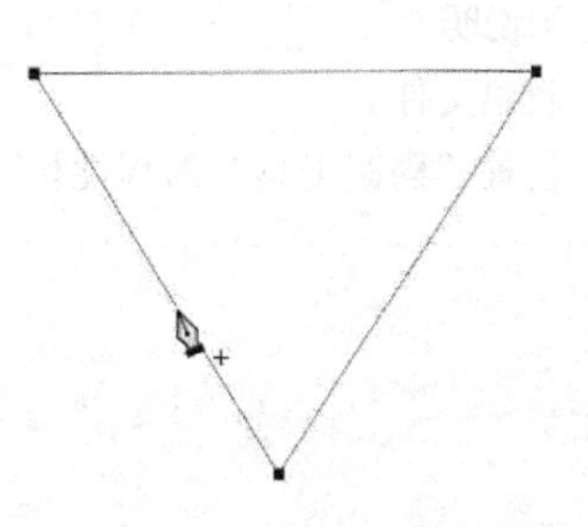

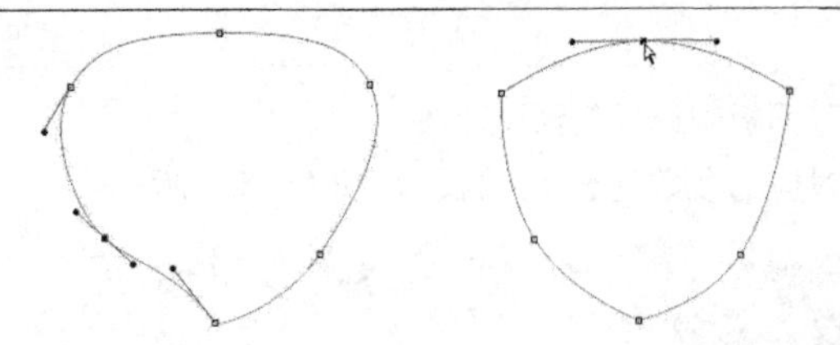

图20-75　绘制心形路径

练习说明

1. 新建文件。
2. 绘制封闭路径。
3. 添加锚点。
4. 编辑路径。

课后练习2：绘制图标

在Photoshop CC中使用“多边形工具”和“椭圆工具”绘制图标，过程如图20-76所示。

图20-76　绘制图标

练习说明

1. 新建文件。
2. 设置“多边形工具”的属性栏并绘制三角星形。
3. 设置“椭圆工具”的属性栏并绘制轮廓。

第 21 章

路径的高级操作

本章重点：

- “路径”面板
- 路径编辑
- 剪贴路径
- 路径文字

21.1 "路径"面板

使用Photoshop中的"路径"面板可以对创建的路径进行更加细致的编辑。在"路径"面板中主要包括"路径"层、"工作路径"层和"形状路径"层，可以完成将路径转换成选区、将选区转换成工作路径、填充路径和对路径进行描边等操作。在菜单中执行"窗口/路径"命令，即可打开"路径"面板，如图21-1所示。通常情况下，"路径"面板与"图层"面板被放置在同一面板组中。

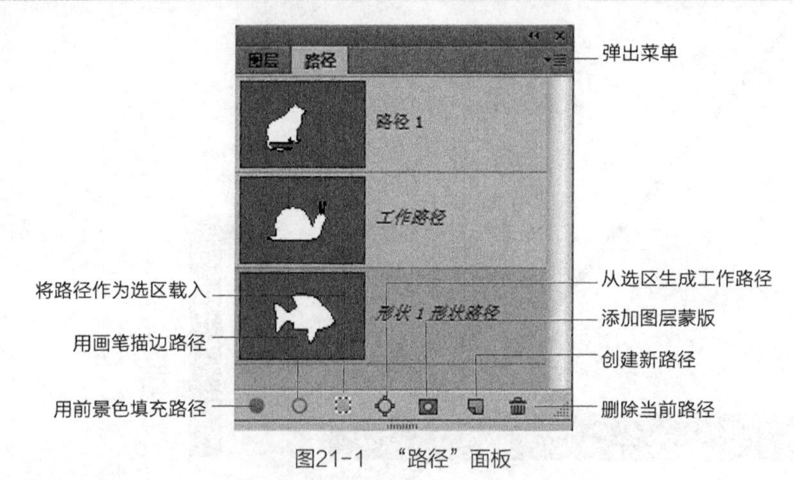

图21-1 "路径"面板

其中各项的含义如下。

- 路径：显示当前文件中创建的路径，路径可以被存储到该文件中。
- 工作路径：用来定义轮廓的临时路径。
- 形状路径：显示当前文件中创建的矢量蒙版的路径。
- 用前景色填充路径：单击该按钮，可以对当前创建的路径区域以前景色进行填充。
- 用画笔描边路径：单击该按钮，可以对创建的路径进行描边。
- 将路径作为选区载入：单击该按钮，可以将当前路径转换成选区。
- 从选区生成工作路径：单击该按钮，可以将当前选区转换成工作路径。
- 添加图层蒙版：单击该按钮，可以在图层中创建一个图层蒙版。
- 创建新路径：单击该按钮，可以新建路径。
- 删除当前路径：选定路径后，单击该按钮，可以将选择的路径删除。
- 弹出菜单：单击该按钮，可以打开"路径"面板的下拉菜单。

21.2 路径的基本运用

在Photoshop CC中创建路径后，对于已经调整完毕的路径进行存储、描边和填充等操作是必不可少的。本节就带领大家对路径的功能进行探索。

21.2.1 路径层的创建

"路径层的创建"指的是在"路径"面板中创建"工作路径"层或"路径"层。"工作路径"层是临时的路径层，对于默认状态下创建的路径，系统会为其在"路径"面板中提供一个"工作路径"层。下面就为大家讲解不同路径层的创建方法。

操作步骤

01 使用路径工具或形状工具在文件中绘制路径后，此时在"路径"面板中会自动创建一个"工作路径"层，如图21-2所示。

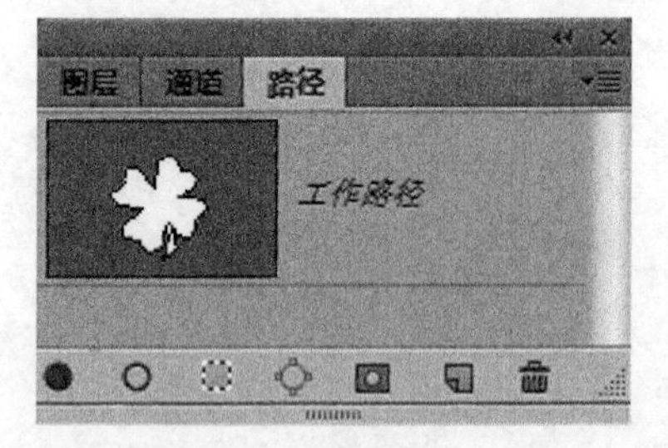

图21-2 "工作路径"层

温馨提示

"路径"面板中的"工作路径"层是用来存放路径的临时场所，在绘制第二条路径时该"工作路径"层会消失，只有将其存储才能将长久保留。

02 在"路径"面板中单击"创建新路径"按钮❶，此时会出现一个空白的"路径1"❷，如图21-3所示，再绘制路径时，就会将其存放在此路径层中。

03 在"路径"面板的弹出菜单中执行"新建路径"命令，会弹出"新建路径"对话框，如图21-4所示。在对话框中设置路径的"名称"后，单击"确定"按钮即可新建一个以自己设置的名称命名的路径层。

04 创建形状图层后，会在"路径"面板中出现一个形状矢量蒙版路径，如图21-5所示。

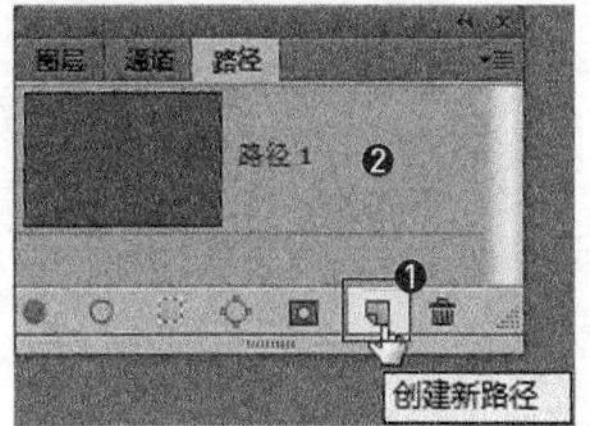

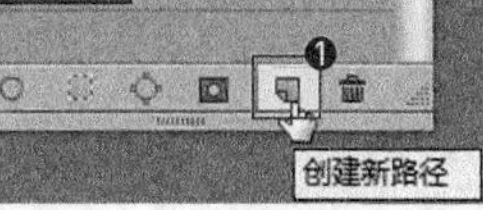

图21-3 新建路径

图21-4 "新建路径"对话框

图21-5 矢量蒙版

温馨提示

在"路径"面板中单击"创建新路径"按钮的同时按住 Alt 键，系统也会弹出"新建路径"对话框。

21.2.2 存储路径

创建"工作路径"层后，如果不及时存储，补充会根据绘制的第二条路径而将前一条路径删除。下面就为大家讲解如何对"工作路径"层进行存储。具体方法有以下几种。

操作步骤

01 在绘制路径时，"路径"面板中会自动出现一个"工作路径"层，在"工作路径"层上双击鼠标右键❶，弹出"存储路径"对话框❷，设置"名称"后单击"确定"按钮，即可完成存储操作❸，如图21-6所示。

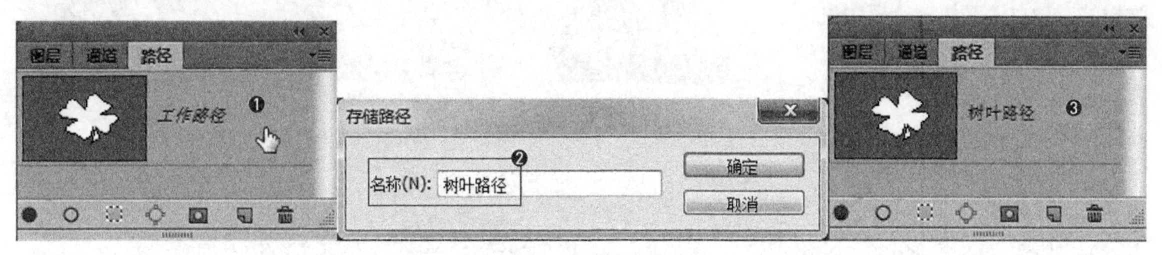

图21-6 存储工作路径

02 创建"工作路径"层后，执行"路径"面板弹出菜单中的"存储路径"命令，也会弹出"存储路径"对话框，设置"名称"后单击"确定"按钮，即可完成存储操作。

03 拖动"工作路径"层到"创建新路径"按钮上，也可以存储路径。

21.2.3 移动、复制、删除与隐藏路径

使用"路径选择工具"选择路径后，即可将其拖动以更改路径的位置；拖动路径层到"创建新路径"按钮上，可以得到该路径的副本；拖动路径层到"删除当前路径"按钮上，可以将当前路径删除；在"路径"面板的空白处单击，可以将路径隐藏，如图21-7所示。

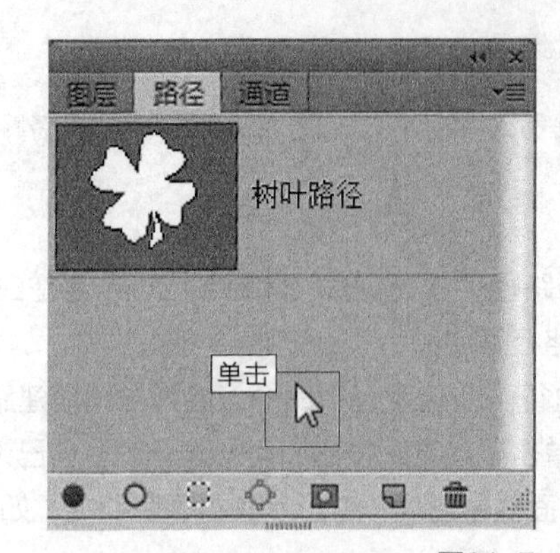

图21-7 隐藏路径

21.2.4 将路径转换成选区

在处理图像时用到路径的时候并不是很多，但是如果创建了路径并将其转换成选区，就可以应用Photoshop CC中所有对选区起作用的命令对图像进行处理。将路径转换为选区的方法如下。

操作步骤

01 直接单击“路径”面板中的“将路径作为选区载入”按钮，即可将创建的路径变成可编辑的选区，如图21-8所示。

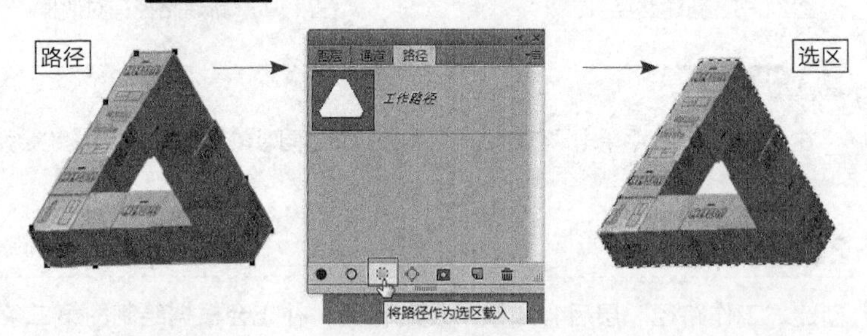

图21-8 将路径转换成选区

02 使用路径工具或形状工具时，在“路径”工作模式的属性栏中单击“建立”中的“选区”按钮，在弹出的“建立选区”对话框中进行设置并单击“确定”按钮，可以将路径转换为选区，如图21-9所示。

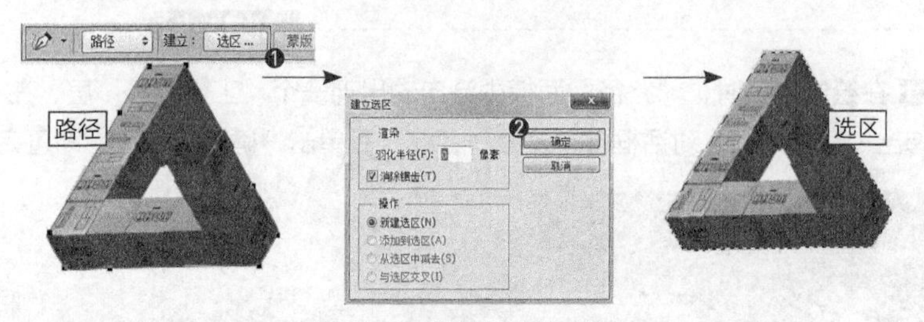

图21-9 将路径转换成选区

温馨提示

在“路径”面板的弹出菜单中执行“建立选区”命令或者按 Ctrl+Enter 快捷键，也可以将路径转换成选区。

21.2.5 将选区转换成路径

在处理图像时将选区转换成路径，可以通过对路径进行更加细致的调整，制作出更加精确的抠图效果。要将选区转换为路径，单击“路径” 面板中的“从选区生成工作路径”按钮即可，如图21-10所示。

图21-10 将选区转换成路径

21.3 路径的填充与描边

在Photoshop CC中创建路径后，可以对创建的路径进行进一步的填充与描边操作。

21.3.1　填充路径

使用"路径"面板可以为路径填充前景色、背景色或者图案。直接在"路径"面板中选择"路径"层或"工作路径"层时，会填充所有路径的组合部分；单独选择一条路径时，可以填充子路径。

要填充路径，可以直接单击"路径"面板中的"用前景色填充路径"按钮，为路径填充前景色，如图21-11所示。

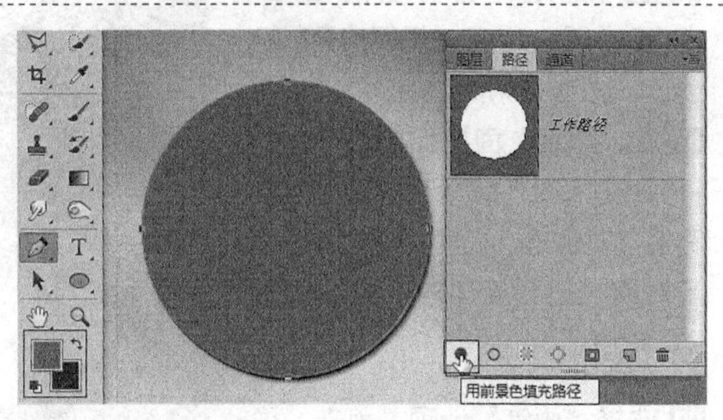

图21-11　用前景色填充路径

上机练习：填充子路径

本次实践主要让大家了解对子路径进行填充的方法。

操作步骤

01 在菜单中执行"文件/打开"命令或按Ctrl+O快捷键，打开随书附带光盘中的文件"素材文件/第21章/光盘2.jpg"，使用"椭圆工具"创建路径，效果如图21-12所示。

02 使用"路径选择工具"在内部的路径上单击以将其选取，效果如图21-13所示。

03 此时在"路径"面板的弹出菜单中"填充子路径"命令被激活，执行"填充子路径"命令，弹出"填充子路径"对话框，其中的参数设置如图21-14所示。

04 设置完毕单击"确定"按钮，隐藏路径后的效果如图21-15所示。

图21-12　创建路径

图21-13　选择子路径

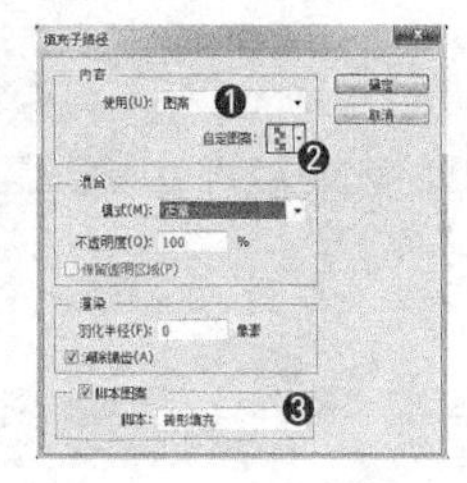

图21-14　"填充子路径"对话框

图21-15　填充子路径后的效果

21.3.2　描边路径

在图像中创建路径后，可以应用"描边路径"命令对路径边缘进行描边。

要描边路径，可直接单击"路径"面板中的"用画笔描边路径"按钮对路径进行描边。当选择不同工具时，描边操作对应的效果就是使用该工具在图像中进行操作所产生的效果，如图21-16所示。

图21-16　描边路径

上机练习：对路径进行描边

01 在菜单中执行“文件/打开”命令或按Ctrl+O快捷键，打开随书附带光盘中的文件“素材文件/第21章/光盘2.jpg”，使用“椭圆工具”创建如图21-17所示的路径。

02 在“路径”面板弹出菜单中执行“描边路径”命令，弹出“描边路径”对话框，在其中可以选择用于对路径进行描边的工具，如图21-18所示。

图21-17　创建路径

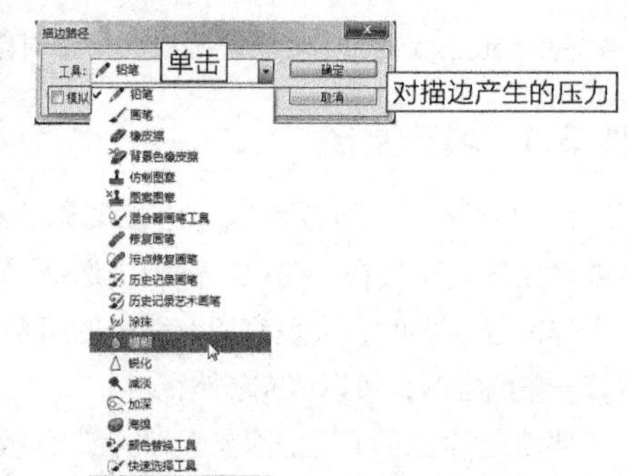

图21-18　“描边路径”对话框

03 选择“画笔”选项，单击“确定”按钮，效果如图21-19所示。

04 再次执行“描边路径”命令，在“描边路径”对话框中选择“橡皮擦”选项时分别勾选“模拟压力”复选框和不勾选“模似压力”复选框时的效果如图21-20和图21-21所示。

图21-19　画笔描边效果

图21-20　勾选“模拟压力”复选框的描边效果

图21-21　不勾选“模拟压力”复选框的描边效果

> **温馨提示**
>
> 在“路径”面板弹出菜单中的“描边子路径”和“填充子路径”命令，只有在文件中选择子路径时才会被激活。

> **温馨提示**
>
> 路径绘制完成后可以将其转换为形状，通过属性栏对其进行填充与描边设置，大家可以参考第 20 章中“钢笔工具”的“形状”工具模式属性栏。

21.4　剪贴路径

使用“剪贴路径”命令可以分离图像并在其他软件中得到透明背景的图像效果。

上机练习：剪贴路径的使用方法

01 在菜单中执行“文件/打开”命令或按Ctrl+O快捷键，打开随书附带光盘中的文件“素材文件/第21章/企鹅.jpg”，选择“钢笔工具”，在属性栏中选择“排除重叠形状”选项后，在文件中绘制如图21-22所示的路径。

图21-22　创建路径

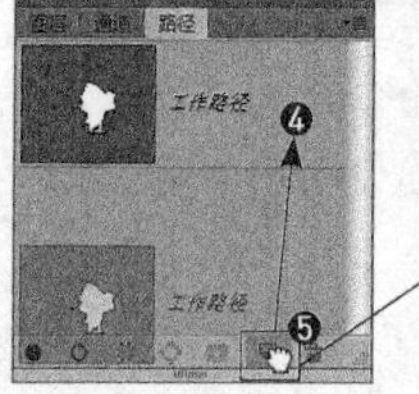

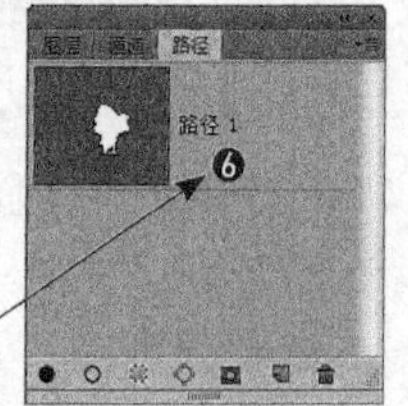

图21-23　存储路径

02 在“路径”面板中拖动“工作路径”层到“创建新路径”按钮上，得到“路径1”，如图21-23所示。

温馨提示

在像素边缘反差较大的图像中，可以考虑使用“自由钢笔工具”中的磁性功能，这样可以更加快速地创建路径。

03 在“路径”面板弹出菜单中执行“剪贴路径”命令，弹出“剪贴路径”对话框，其中的参数设置如图21-24所示。

04 设置完毕单击“确定”按钮，在菜单中执行“文件/另存为”命令，在“另存为”对话框中选择存储的位置并输入文件名，设置“保存类型”为“Photoshop EPS”（*、EPS）如图21-25所示。

图21-24 “剪贴路径”对话框

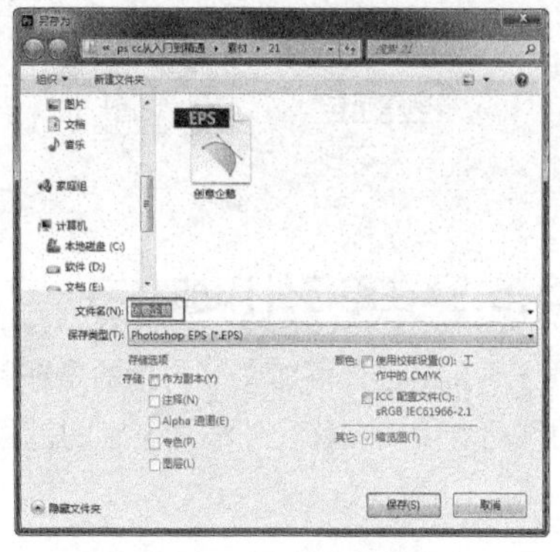

图21-25 “存储为”对话框

05 单击“保存”按钮，系统会弹出“EPS选项”对话框，其中的参数设置如图21-26所示。

06 设置完毕单击“确定”按钮，在其他软件（如Illustrator、Flash）中导入该图像，会发现此图像为选择背景图像，如图21-27所示。

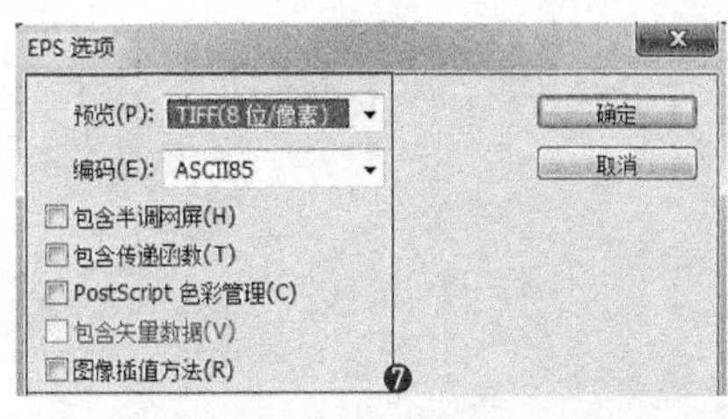

图21-26 “EPS选项”对话框

图21-27 透明背景图像

温馨提示

使用“剪贴路径”命令可以将图像中路径内的区域单独分离出来。应用“剪贴路径”命令后不能直接看到效果，只有将剪贴路径层的图像存储为 EPS 格式并在其他软件中置入时才可看到透明背景的图像效果。

21.5 路径文字

在Photoshop CC中按照创建的路径来编辑文字，可以将文字设计得更加人性化。

21.5.1 沿路径创建文字

自从Photoshop CS版本以后，便可以在创建的路径上直接输入文字，文字会自动依附路径的形状并产生动感效果。使用“路径选择工具”可以对文字进行位置上的移动变换。沿路径创建文字的过程如图21-28所示。

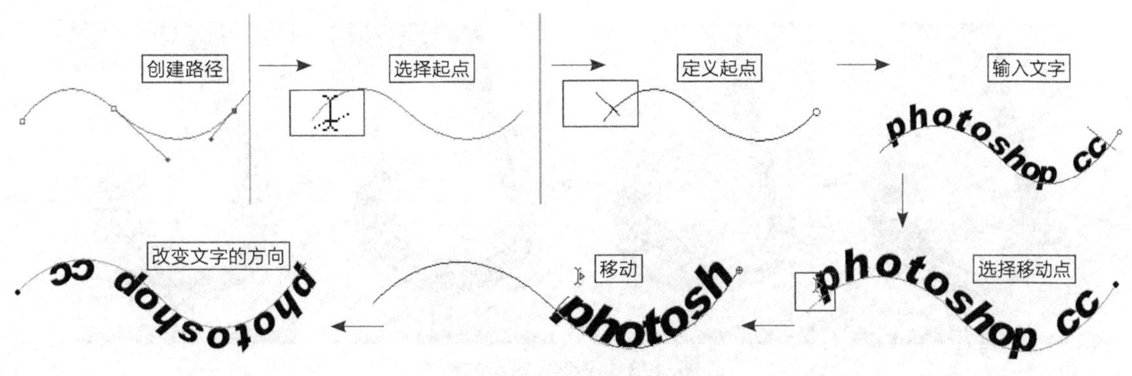

图21-28 沿路径创建文字

21.5.2 在路径内添加文字

“在路径内添加文字”指的是在封闭路径内创建文字，在路径内添加文字的过程如图21-29所示。

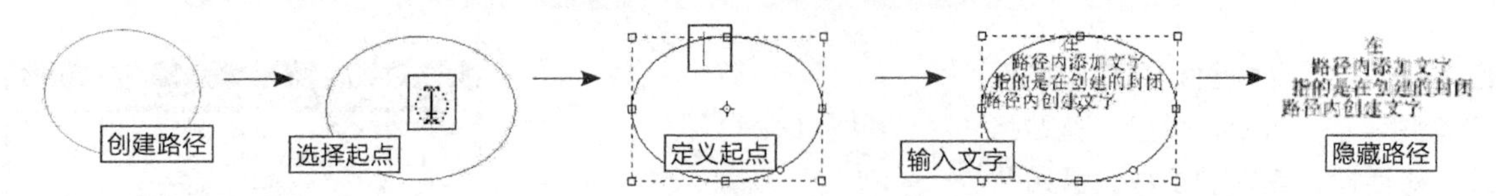

图21-29 在路径内添加文字

21.5.3 在路径外添加文字

“在路径外添加文字”指的是在封闭路径的外围创建文字。使用“路径选择工具”可以对文字进行位置上的移动变换。在路径外添加文字的过程如图21-30所示。

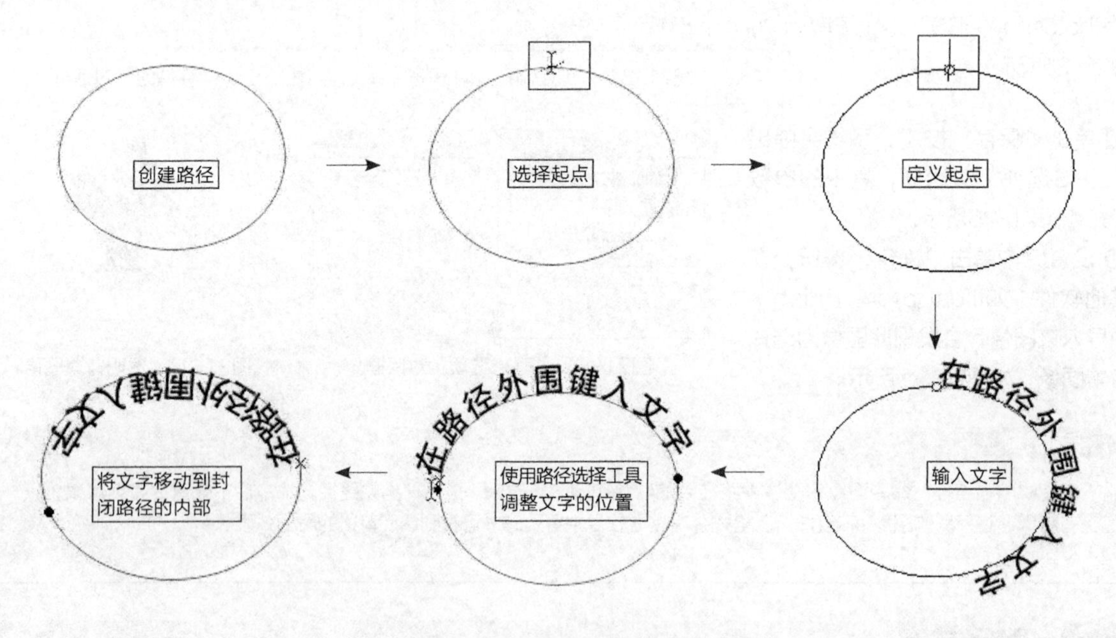

图21-30 在路径外添加文字

21.6 课后练习

课后练习1：沿路径输入文字

在Photoshop CC中沿路径输入文字，过程如图21-31所示。

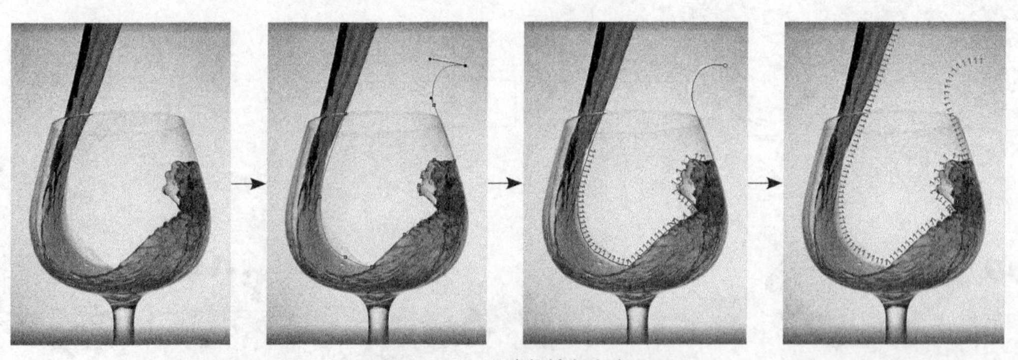

图21-31 沿路径输入文字

练习说明

1. 打开素材。
2. 绘制路径。
3. 沿路径输入文字。

课后练习2：使用钢笔工具抠图

在Photoshop CC中，使用“钢笔工具”创建路径，然后将路径转换为选区并进行抠图，过程如图21-32所示。

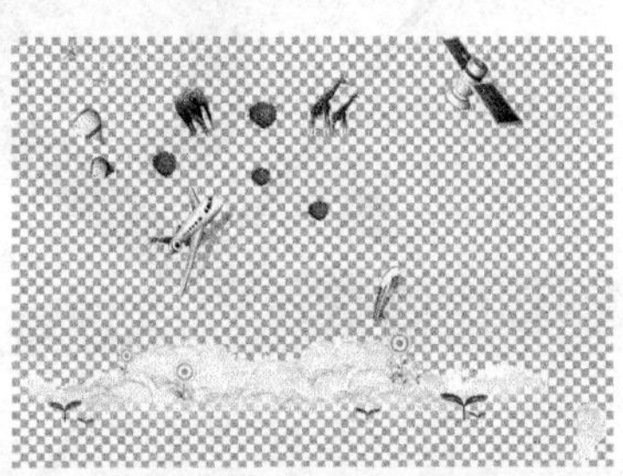

图21-32　使用钢笔工具抠图

练习说明

1. 打开素材。
2. 使用“钢笔工具”创建路径。
3. 将路径转换为选区并进行抠图。
4. 将选区内的图像移动到新背景中。

第 22 章 路径技术的应用

本章重点：

- 路径技术的应用

22.1 抠图技巧——使用钢笔工具进行精细抠图

对于Photoshop中的所有抠图工具和命令来说，能够对图像的曲线部分进行无缝抠图的恐怕也只有“钢笔工具”了。

实例目的

通过制作如图22-1所示的效果图，了解使用“钢笔工具”在图像中抠图的方法。

图22-1　效果图

实例要点

- 打开文件
- 使用“钢笔工具”创建路径
- 将路径转换为选区
- 抠图并替换背景
- 变换图像的大小
- 通过“高斯模糊”滤镜制作阴影效果

操作步骤

01 在菜单中执行“文件/打开”命令或按Ctrl+O快捷键，打开随书附带光盘中的文件“素材文件/第22章/小朋友.jpg”，如图22-2所示。

02 选择“钢笔工具”❶，在属性栏中设置“工具模式”为“路径”❷，在小朋友的帽子处单击定义路径的起点❸，如图22-3所示。

03 沿小朋友帽子的边缘移动鼠标指针到第二点，按住鼠标左键拖动控制点，将直线路径拖动成曲线路径，效果以曲线路径和帽子边缘相吻合为准，如图22-4所示。

图22-2　素材

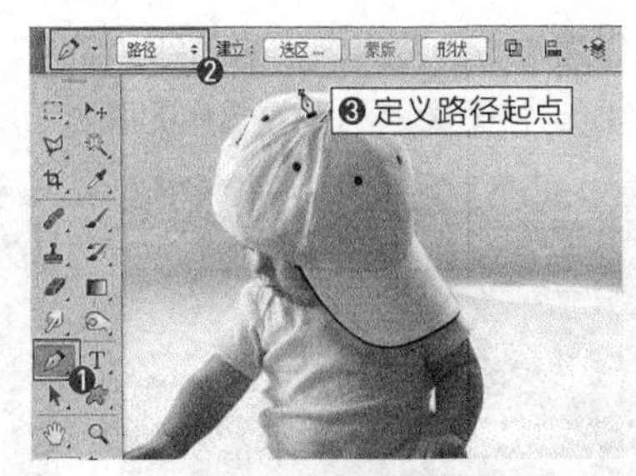

图22-3　定义路径起点

图22-4　拖动成曲线路径

04 按住Alt键在锚点上单击，取消后面的（路径去向）控制杆和控制点，如图22-5所示。

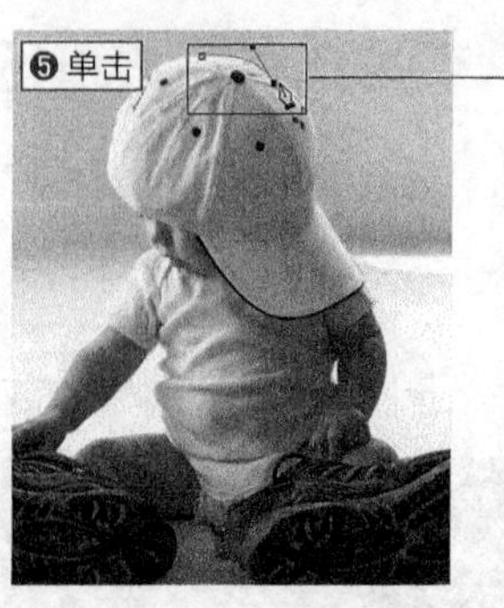

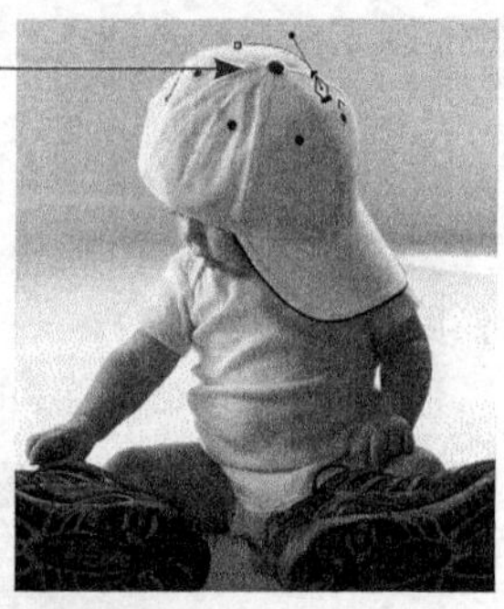

图22-5 取消控制杆和控制点

温馨提示

将一侧的控制杆和控制点取消后，可以把锚点当成是路径的起点，在下一点按住鼠标左键拖动时，不会影响到之前创建的路径。

05 使用同样的方法，在小朋友的整个边缘创建路径，过程如图22-6所示。

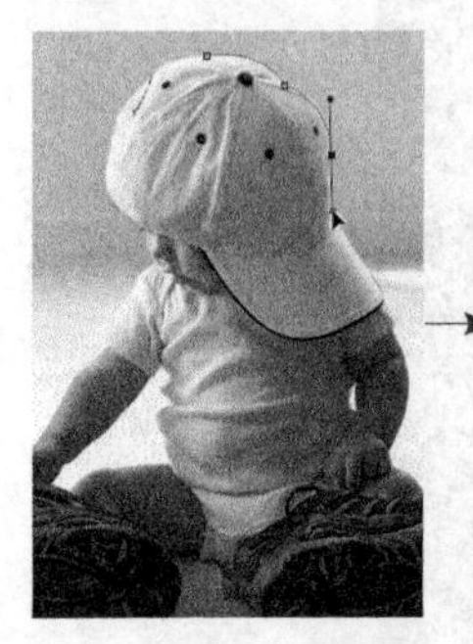
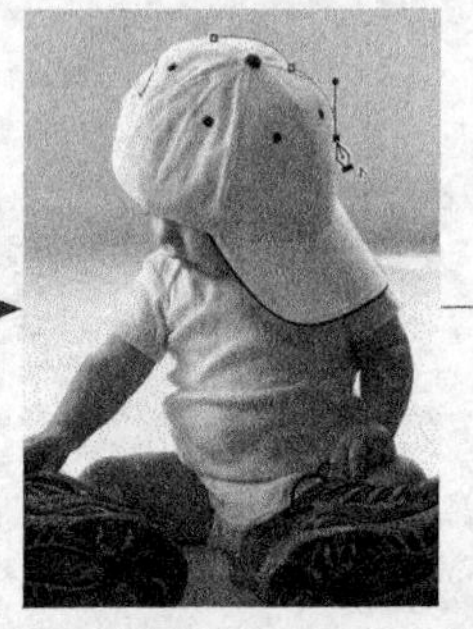
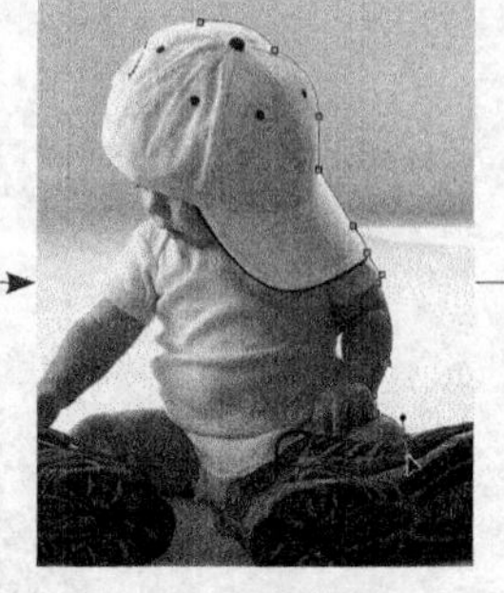

图22-6 路径创建过程

06 当终点与起点相交时，鼠标指针的右下角会出现一个小圆圈，单击即可完成路径的创建，过程如图22-7所示。

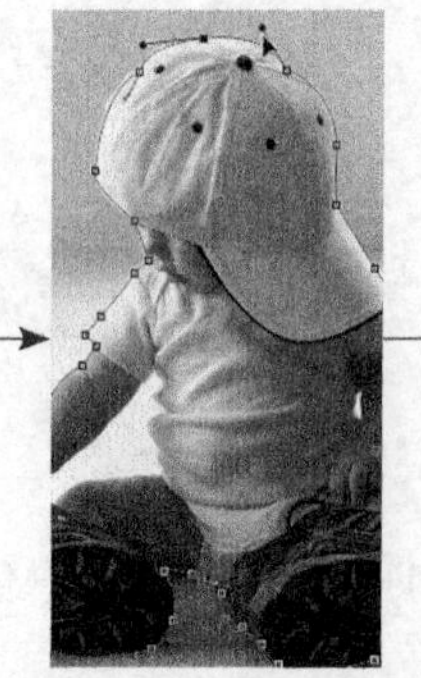

图22-7 路径创建过程

07 按Ctrl+Enter快捷键将路径转换为选区，效果如图22-8所示。

08 在菜单中执行"文件/打开"命令或按Ctrl+O快捷键，打开随书附带光盘中的文件"素材文件/第22章/郊游.jpg"，如图22-9所示。

09 使用"移动工具"将"小朋友"素材中的选区内容拖动到"郊游"文件中，在菜单中执行"编辑/变换/缩放"命令调出变换框，拖动变换控制点将图像缩小，效果如图22-10所示。

图22-8 将路径转换成选区

图22-9 素材

图22-10 移动并变换图像

10 按回车键完成变换操作，使用“钢笔工具”在小朋友手臂处的白色区域创建路径，如图22-11所示，按Ctrl+Enter快捷键将路径转换为选区，再按Delete键清除选区内容，效果如图22-12所示。

11 按住Ctrl键单击“图层1”的图层缩览图以调出选区❶，新建“图层2”将“图层2”中的选区填充为黑色❷，如图22-13所示。

图22-11　创建路径

图22-12　清除选区内容

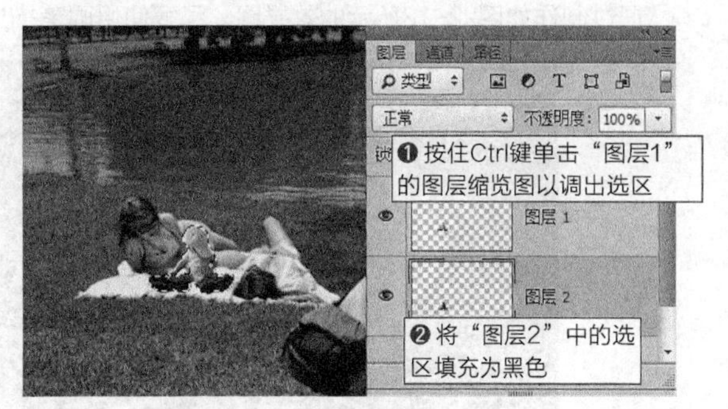

图22-13　调出选区并填充选区

12 按Ctrl+D键去掉选区，在菜单中执行“滤镜/模糊/高斯模糊”命令，弹出“高斯模糊”对话框，其中的参数设置如图22-14所示。

13 设置完毕单击“确定”按钮，设置“图层2”的“不透明度”为48%，效果如图22-15所示。

14 使用“橡皮擦工具”将小朋友后背部分的黑色阴影擦除，此时的“图层”面板如图22-16所示。

15 至此，本例制作完毕，最终效果如图22-17所示。

图22-14 “高斯模糊”对话框

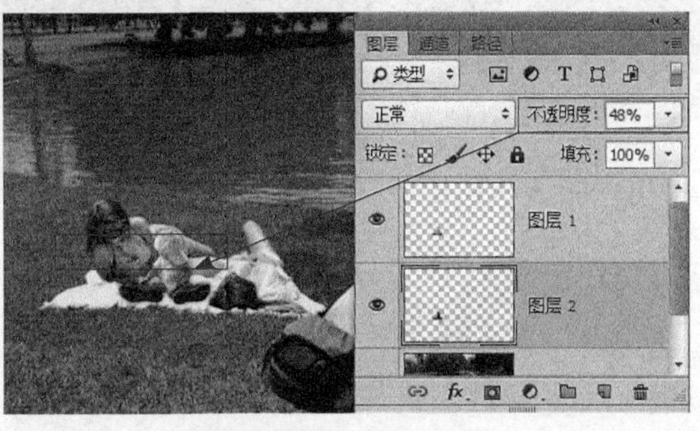

图22-15　模糊效果

图22-16 “图层”面板

图22-17　最终效果

22.2 使用画笔描边路径功能制作心形云彩

使用画笔描边路径功能时，只要制作出自己喜欢的画笔笔尖，便可以得到非常绚丽的奇特效果。

实例目的

通过制作如图22-18所示的效果图，了解使用画笔描边路径功能的方法。

图22-18 效果图

实例要点

- 打开文件
- 设置画笔笔尖
- 绘制心形路径
- 使用画笔描边路径功能

操作步骤

01 在菜单中执行“文件/打开”命令或按Ctrl+O快捷键，打开随书附带光盘中的文件“素材文件/第22章/海边.jpg”，如图22-19所示。

图22-19 素材

02 在工具箱中选择“画笔工具”后，按F5键调出“画笔”面板，分别设置画笔的各项属性，如图22-20所示。

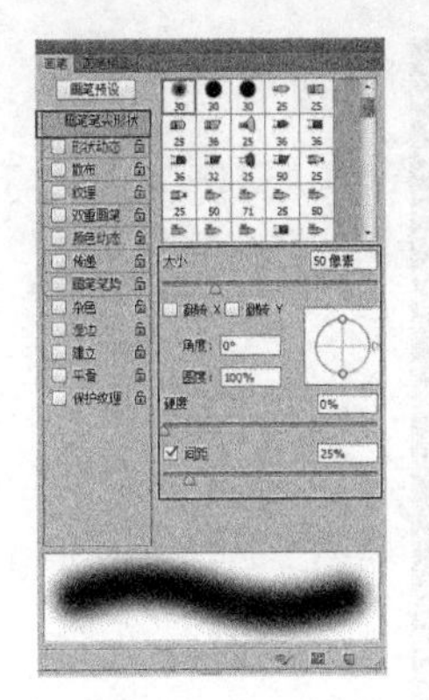
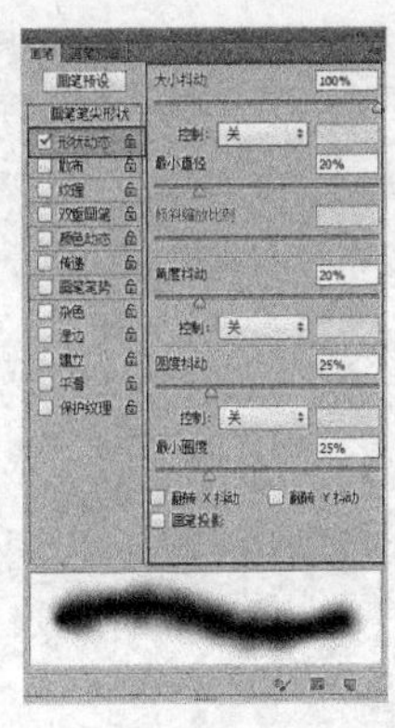
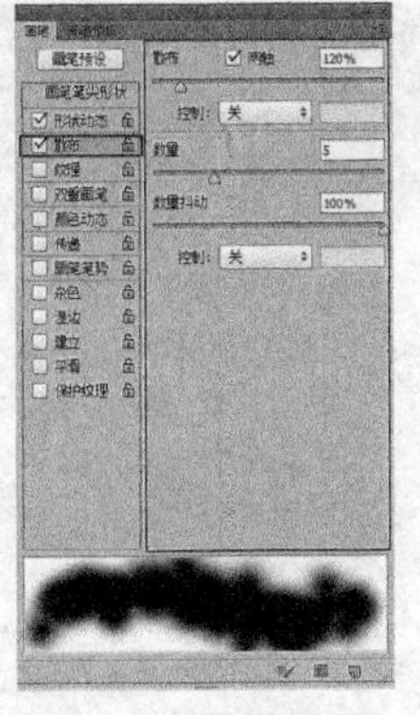
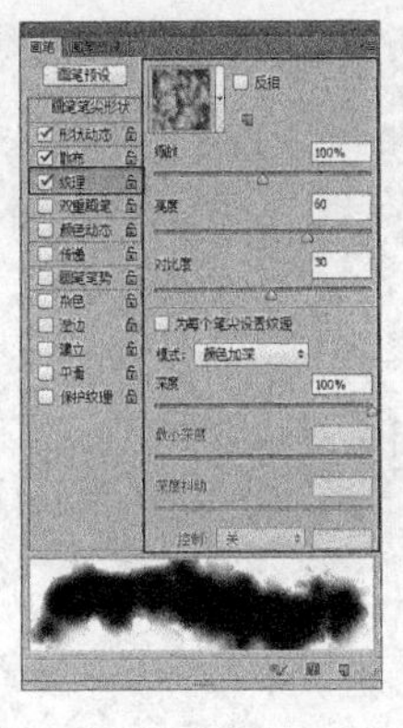
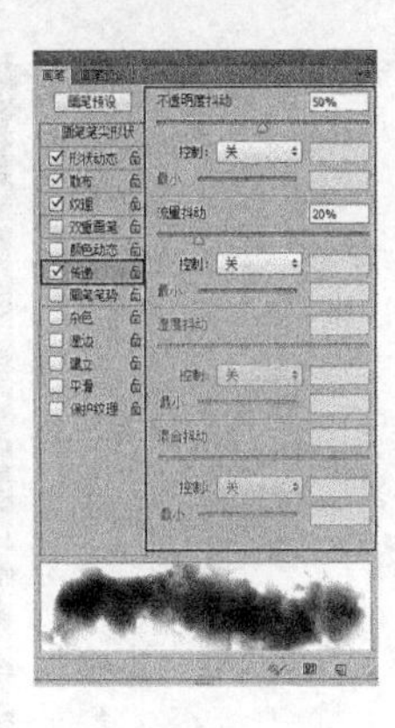

图22-20　设置画笔的属性

03 新建“图层1”，将前景色设置为白色，使用“自定义形状工具”在文件中绘制心形路径，如图22-21所示。

04 调出“路径”面板，单击“用画笔描边路径”按钮，此时会在心形路径上描绘一圈白色的云彩，如图22-22所示。

05 在“路径”面板的空白处单击以隐藏路径，切换到“图层”面板，按Ctrl+J快捷键复制“图层1”，得到“图层1副本”，按Ctrl+T快捷键调出变换框，拖动变换控制点将云彩缩小，效果如图22-23所示。

06 按回车键完成本次实例的制作，最终效果如图22-24所示。

图22-21　绘制路径

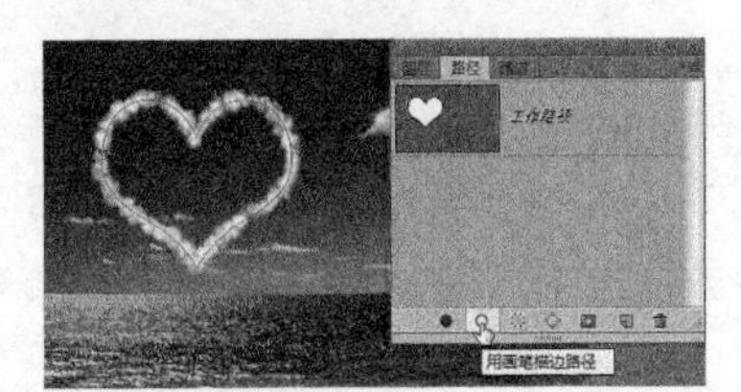

图22-22　描边路径

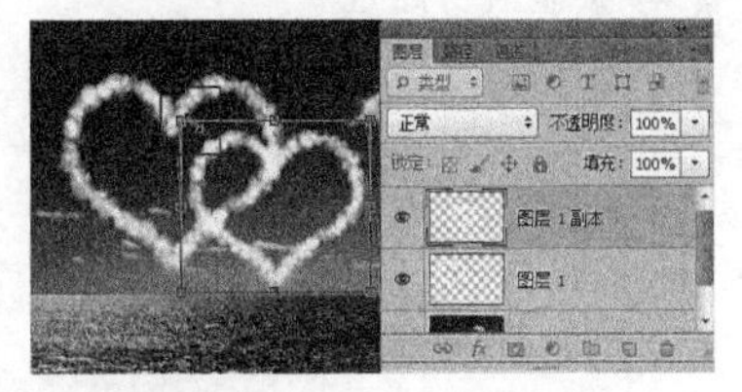

图22-23　复制并变换效果

图22-24　最终效果

22.3 使用画笔描边路径功能制作围绕身体的云彩效果

实例目的

通过制作如图22-25所示的效果图，了解使用画笔描边路径功能的方法。

图22-25 效果图

实例要点

- 打开文件
- 设置画笔笔尖
- 设置画笔的模拟压力
- 绘制绕身路径
- 使用画笔描边路径功能

操作步骤

01 在菜单中执行“文件/打开”命令或按Ctrl+O快捷键，打开随书附带光盘中的文件“素材文件/第22章/模特.jpg”，如图22-26所示。

02 在工具箱中选择“画笔工具”后，按F5键调出“画笔”面板，设置过程与上一实例相同，不同的是在“形状动态”区将“大小抖动”的“控制”设置为“钢笔压力”，在面板弹出菜单中选择“描边路径”命令，在“描边路径”对话框中勾选“模拟压力”复选框，如图22-27所示。

03 使用“钢笔工具”在文件中绘制如图22-28所示的路径。

图22-26 素材

图22-27 设置画笔的属性

图22-28 绘制路径

04 新建“图层1”，将前景色设置为白色，调出“路径”面板，单击“用画笔描边路径”按钮，此时会在路径上描绘围绕人物身体的白色云彩，如图22-29所示。

图22-29 描边路径

> **温馨提示**
>
> 由于将“大小抖动”的“控制”设置为“钢笔压力”，在描边路径时云彩的两端会越来越细。

05 在“路径”面板的空白处单击以隐藏路径，切换到“图层”面板，在菜单中执行“图层/图层蒙版/显示全部”命令，为图层添加图层蒙版，如图22-30所示。

06 将前景色设置为黑色，使用“画笔工具”在围绕人物的云彩上进行涂抹，对图层蒙版进行编辑，如图22-31所示。

07 至此本次实例制作完毕，最终效果如图22-32所示。

图22-30　添加图层蒙版

图22-31　编辑图层蒙版

图22-32　最终效果

22.4 通过抠图以及沿路径创建文字制作汽车广告

通过使用“钢笔工具”抠图、自定义形状进行绘制、沿路径创建文字，可以制作出非常复杂的图像效果。

实例目的

通过制作如图22-33所示的效果图，了解综合应用路径的方法。

图22-33　效果图

实例要点

- 打开文件
- 使用“钢笔工具”抠图
- 绘制形状
- 沿路径输入文字

操作步骤

01 在菜单中执行“文件/打开”命令或按Ctrl+O快捷键，打开随书附带光盘中的文件“素材文件/第22章/小型汽车.jpg”，如图22-34所示。

02 选择“钢笔工具”，在属性栏中设置“工具模式”为“路径”，在汽车的边缘处单击以定义路径的起点，按顺序沿汽车的边缘创建路径，过程如图22-35所示。

图22-34 素材

图22-35 创建路径

03 按Ctrl+Enter快捷键将路径转换为选区，如图22-36所示。

04 在菜单中执行“文件/打开”命令或按Ctrl+O快捷键，打开随书附带光盘中的文件“素材文件/第22章/雪地.jpg”，如图22-37所示。

05 使用“移动工具”将“小型汽车”素材中的选区内容拖动到“雪地”文件中，如图22-38所示。

图22-36 将路径转换成选区

图22-37 素材

图22-38 移动图像

06 在“图层1”的下方新建“图层2”，选择“多边形套索工具”，在属性栏中设置“羽化”为5像素，在小型汽车的车轮处创建选区，填充选区为黑色，设置“图层2”的“不透明度”为54%，如图22-39所示。

07 选择小型汽车所在的“图层1”，单击“创建新的填充或调整图层”按钮，在弹出的菜单中选择“色相/饱和度”命令，在“属性”面板中设置如图22-40所示的参数。

08 将前景色设置为白色，新建“图层3”，使用“矩形工具”在文件中以“像素”工具模式绘制白色矩形，效果如图22-41所示。

图22-39 制作阴影效果

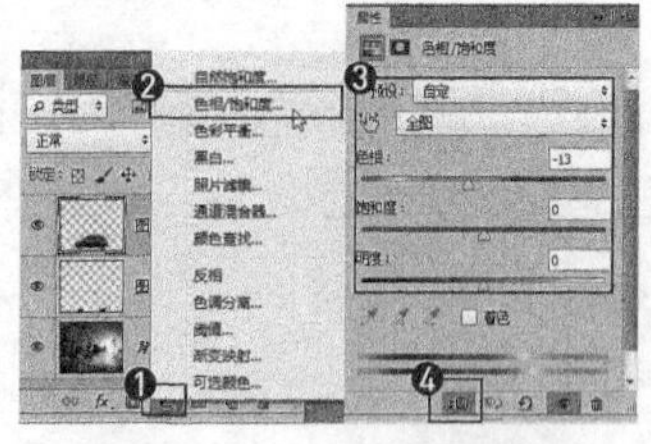

图22-40 设置调整图层

图22-41 绘制矩形

09 在菜单中执行“编辑/变换/透视”命令，调出变换框，拖动右侧的变换控制点，对白色矩形进行透视处理，如图22-42所示。

10 按回车键确定变换操作，在菜单中执行“编辑/变换/旋转”命令，调出变换框，将旋转中心点拖动到右侧，再拖动左侧的变换控制点将透视图形进行旋转，如图22-43所示。

11 按回车键确定变换操作，再按Ctrl+Shift+Alt+T快捷键数次，直到复制的副本图形旋转一周为止，如图22-44所示。

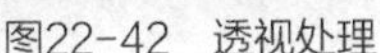

图22-42　透视处理

图22-43　旋转处理

图22-44　旋转复制效果

12 按Ctrl+E快捷键数次，直到将旋转的副本图形所在的图层全都合并为止，如图22-45所示。

13 在菜单中执行“滤镜/模糊/高斯模糊”命令，弹出“高斯模糊”对话框，其中的参数设置如图22-46所示。

14 设置完毕单击“确定”按钮，在“图层”面板中单击“添加图层蒙版”按钮，添加一个白色的图层蒙版，使用“渐变工具”在图层蒙版中绘制从白色到黑色的径向渐变，效果如图22-47所示。

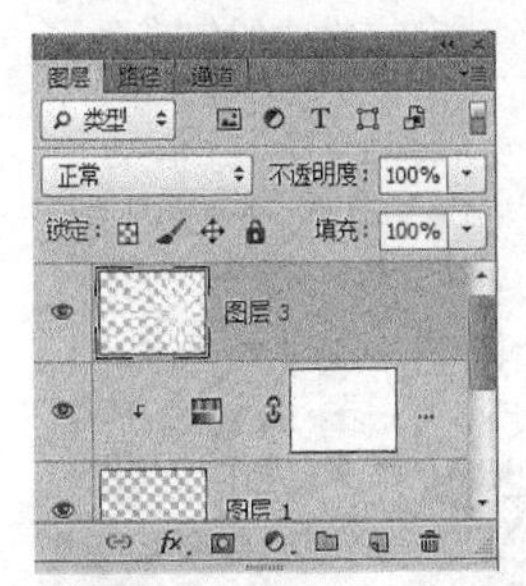

图22-45　合并图层

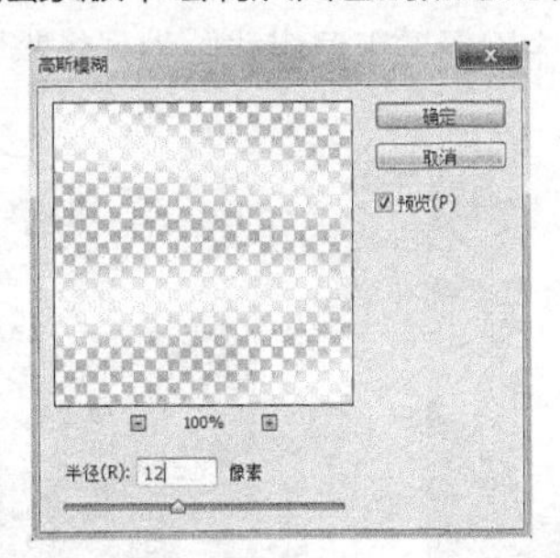

图22-46　“高斯模糊”对话框

图22-47　编辑图层蒙版

15 新建“图层4”，使用“渐变工具”在文件中绘制径向渐变的色谱，效果如图22-48所示。

16 设置“图层4”的“不透明度”为27%，在菜单中执行“图层/创建剪贴蒙版”命令，得到剪贴蒙版效果如图22-49所示。

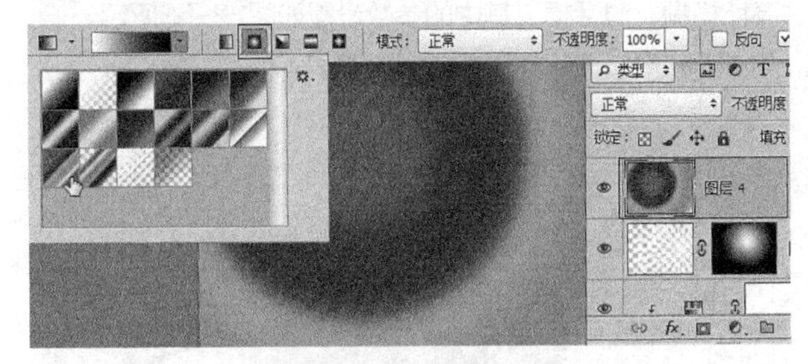

图22-48　绘制渐变效果

图22-49　剪贴蒙版效果

17 选择“自定形状工具”，在属性栏中打开“形状拾色器”面板，在面板弹出菜单中选择“载入形状”命令，如图22-50所示。

18 在弹出的“载入”对话框中选择“极限运动”形状素材，如图22-51所示。

19 载入“极限运动”形状素材后，使用“自定义形状工具”在文件中绘制形状，效果如图22-52所示。

20 在菜单中执行“图层/图层样式/外发光”命令，弹出“图层样式”对话框，其中的参数设置如图22-53所示。

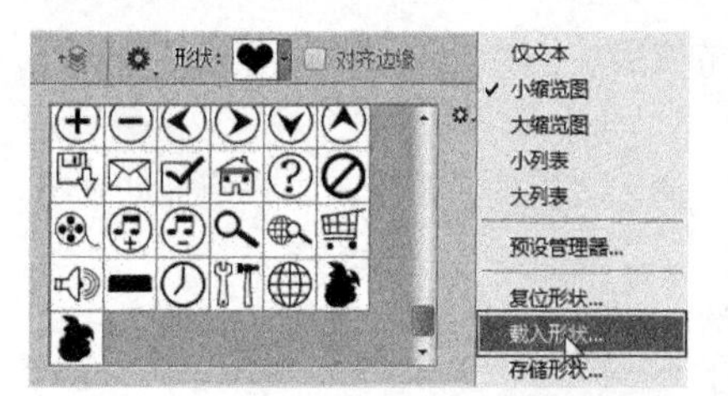

图22-50　载入形状

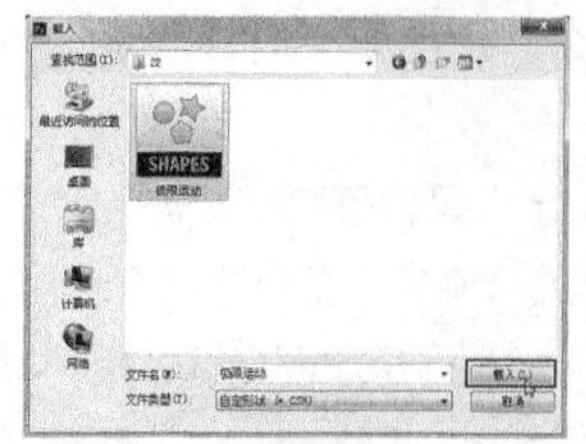

图22-51　“载入”对话框

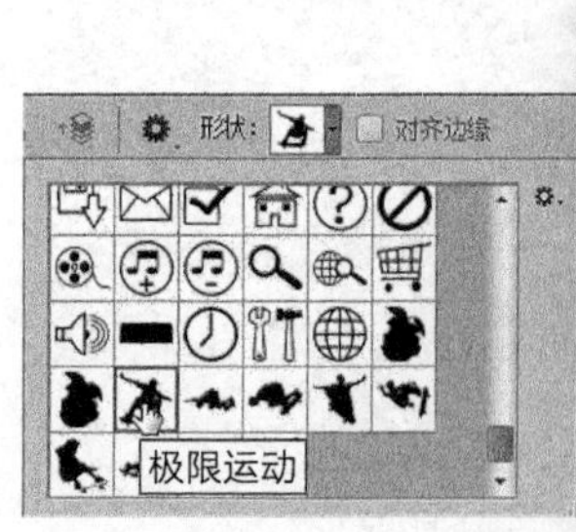

图22-52　绘制形状

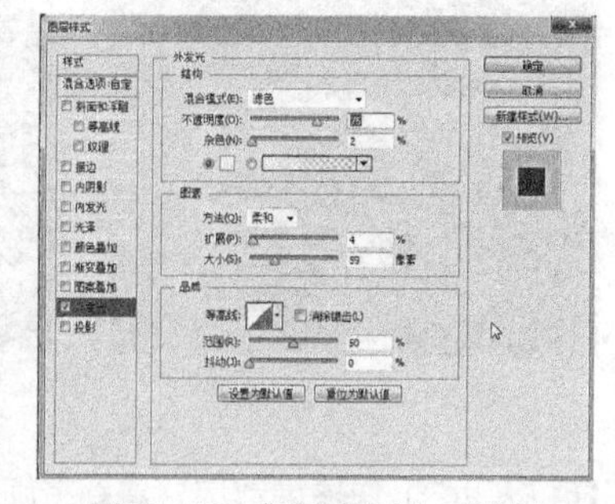

图22-53　“图层样式”对话框

21 设置完毕单击“确定”按钮，效果如图22-54所示。

22 新建“图层5”，在文档的顶部绘制一个白色透明的矩形和黑色小矩形，如图22-55所示。

23 新建“图层6”，使用“自定形状工具”，在属性栏中设置“工具模式”为“像素”，在文件中绘制白色形状，如图22-56所示。

图22-54　“外发光”图层样式效果

图22-55　绘制矩形

图22-56　绘制形状

24 新建“图层7”，按住Ctrl键单击“图层6”的图层缩览图以调出选区，将“图层7”中的选区填充为黑色，如图22-57所示。

25 在菜单中执行“滤镜/模糊/高斯模糊”命令，弹出“高斯模糊”对话框，其中的参数设置如图22-58所示。

26 设置完毕单击“确定”按钮，按Ctrl键调出变换框，按住Ctrl键拖动变换控制点，对“图层7”中的黑色形状进行变换，效果如图22-59所示。

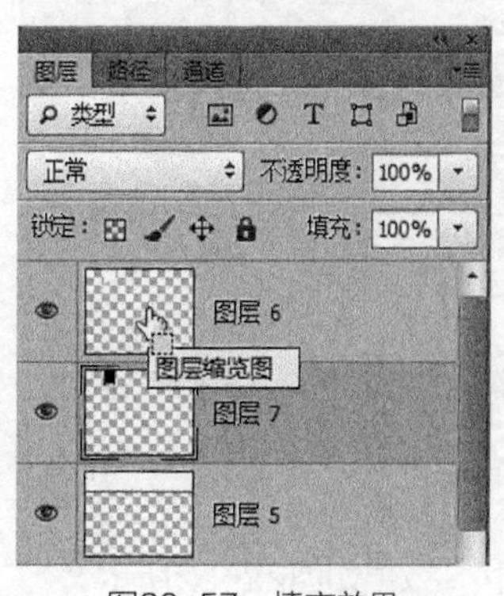

图22-57　填充效果

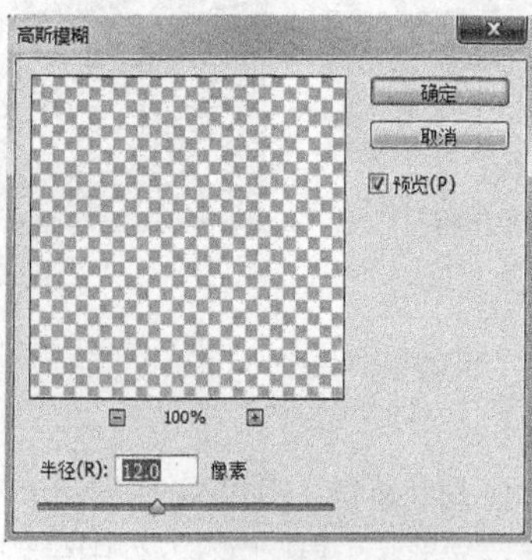

图22-58　“高斯模糊”对话框

图22-59　变换操作

27 按回车键确定变换操作，设置“图层7”的“不透明度”为50%，效果如图22-60所示。

28 将“图层6”和“图层7”一同选取，按Ctrl+E快捷键将两个图层合并，使用“直排文字工具”在文件中输入文字。使用同样的方法，制作另外两个条幅标签，效果如图22-61所示。

29 使用“钢笔工具”沿汽车的边缘创建一条曲线路径，如图22-62所示。

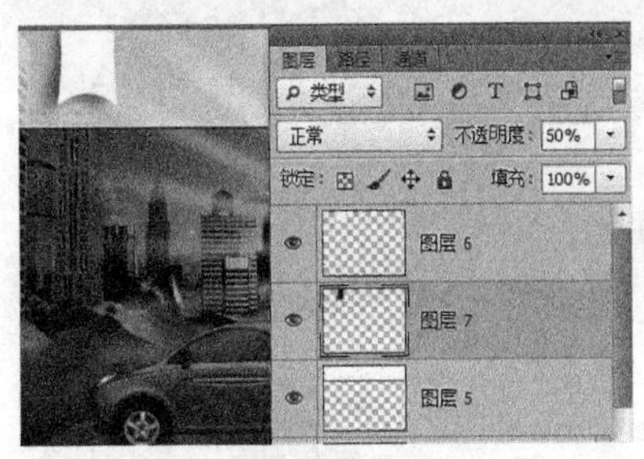
图22-60 设置图层不透明度

图22-61 条幅标签制作效果

图22-62 创建路径

30 选择“横排文字工具”，将鼠标指针移动到曲线路径处，此时会发现鼠标指针变成在路径输入文字时的光标，单击鼠标左键即可输入文字，如图22-63所示。

图22-63 输入路径文字

31 在菜单中执行“图层/图层样式/外发光”命令，弹出“图层样式”对话框，其中的参数设置如图22-64所示。

32 设置完毕单击“确定”按钮，效果如图22-65所示。

33 使用“直线工具”在文件中绘制一个白色的大箭头，将其所在图层的“不透明度”设置为63%，使用“横排文字工具”输入黑色的电话号码。至此，本例制作完成，最终效果如图22-66所示。

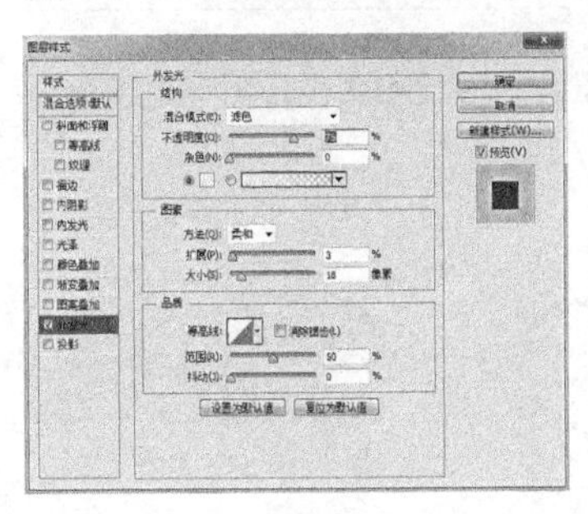
图22-64 “图层样式”对话框

图22-65 “外发光”图层样式效果

图22-66 最终效果

22.5 课后练习

课后练习1：使用路径绘制愤怒的小鸟

在Photoshop CC中，使用“钢笔工具”并结合“椭圆工具”、“多边形工具”和“转换点工具”绘制愤怒的小鸟，过程如图22-67所示。

图22-67 绘制愤怒的小鸟

练习说明

1. 新建文件。 2. 绘制形状。
3. 调整直线路径为曲线路径。 4. 移入素材。

课后练习2：制作环绕心形文字

在Photoshop CC中，使用"自定形状工具"并结合"多边形工具"绘制形状和路径，再通过编辑蒙版制作环绕效果，过程如图22-68所示。

图22-68 制作环绕心形文字

练习说明

1. 新建文件。 2. 绘制心形轮廓。
3. 添加"内发光"图层样式。 4. 沿路径输入文字。
5. 在封闭路径内输入文字。

第 23 章 滤镜的基础

本章重点：

- 智能滤镜
- 滤镜库
- 液化
- 油画
- 消失点
- Camera Raw滤镜
- 内置滤镜

本章主要介绍Photoshop软件关于滤镜方面的应用与操作。Photoshop滤镜可以分为内置滤镜和外挂滤镜。“内置滤镜”指的是安装Photoshop时系统自带的滤镜形式；“外挂滤镜”指的是第三方生产的滤镜。应用内置或外挂滤镜，可以为设计带来更加绚丽的效果。滤镜使用起来非常简单，本章就为大家精心讲解一些主要滤镜的使用方法，并通过几个实例操作让大家进一步了解滤镜的神奇所在。

23.1 认识滤镜

滤镜主要被用来实现图像的各种特殊效果。它在Photoshop中具有非常神奇的作用，通常被分类放置在菜单中，使用时只要从菜单中执行该命令即可。滤镜的操作非常简单，但是真正使用起来却很难恰到好处。滤镜产生常需要同通道、图层等配合，以取得最佳的艺术效果。如果想在最适当的时候、最适当的位置应用滤镜，除了需要具备一定的美术功底之外，还需要对滤镜非常了解并具备熟练的操控能力，甚至需要具有很丰富的想象力，这样才能有的放矢地应用滤镜并发挥出自己的艺术才华。

23.2 智能滤镜

在“图层”面板的普通图层中应用滤镜后，原来的图像效果将会被应用滤镜后的图像效果所替换；在“图层”面板中的智能对象可以直接将滤镜添加到图像中，但是不破坏图像本身的像素，隐藏滤镜后还会看到最初的图像效果。

23.2.1 创建智能滤镜

在菜单中执行“图层/智能对象/转换为智能对象”命令，即可将当前图层变成智能对象；或在菜单中执行“滤镜/转换为智能滤镜”命令，此时会弹出如图23-1所示的提示对话框，单击“确定”按钮，即可将当前图层转换成智能对象。此时再执行相应的滤镜命令，就会在“图层”面板中看到该滤镜显示在智能滤镜的下方，如图23-2所示。

图23-1 提示对话框

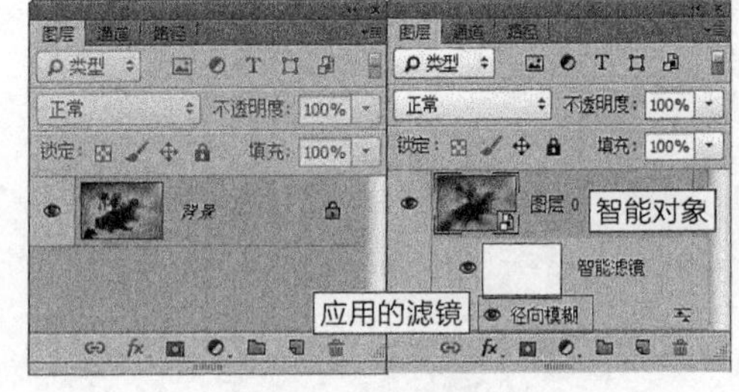

图23-2 智能滤镜

23.2.2 编辑智能滤镜混合选项

在应用的滤镜效果名称上单击鼠标右键，在弹出的菜单中选择“编辑智能滤镜混合选项”命令❶，或在应用的滤镜效果名称右侧的图标上双击鼠标左键❷，即可弹出“混合选项”对话框，在其中可以设置该滤镜在图层中的“模式”❸和“不透明度”❹，如图23-3所示。

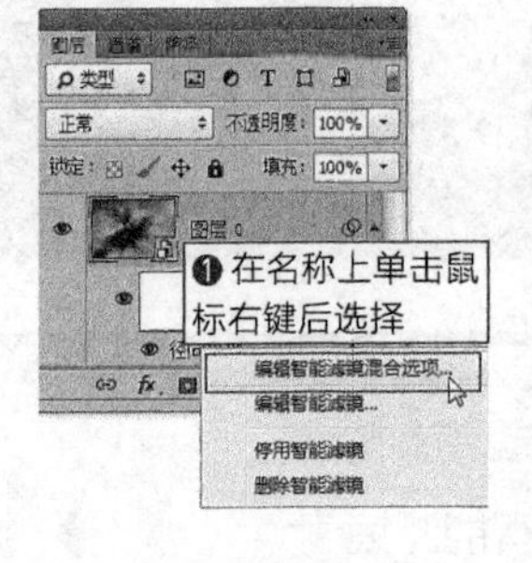

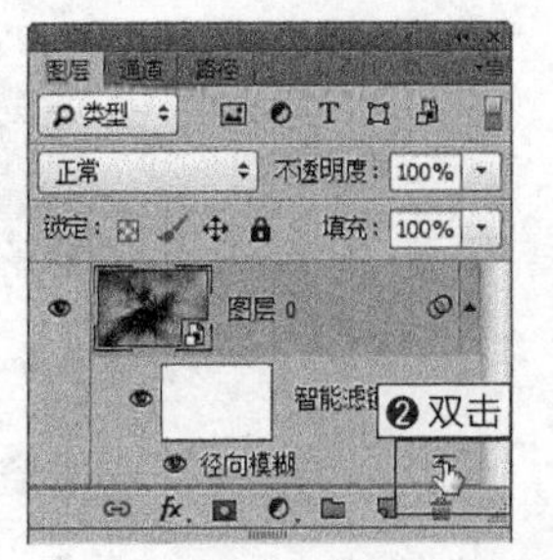

图23-3 “混合选项”对话框

> **温馨提示**
>
> 创建智能滤镜后，在“图层”菜单中的“智能滤镜”命令才能被激活，在其子菜单中选择相应的命令后即可对智能滤镜进行相应的编辑。

23.2.3 智能滤镜的停用与启用

应用智能滤镜后，在“图层”面板中“智能滤镜”左侧的“切换所有智能滤镜可见性”（眼睛图标）位置单击，可以将智能滤镜在停用与启用之间进行转换，如图23-4所示。

> **技巧**
>
> 在菜单中执行“图层/智能滤镜/停用智能滤镜”命令，即可将当前使用的智能滤镜效果隐藏并还原图像的效果，此时“智能滤镜”子菜单中的“停用智能滤镜”命令变成“启用智能滤镜”命令。

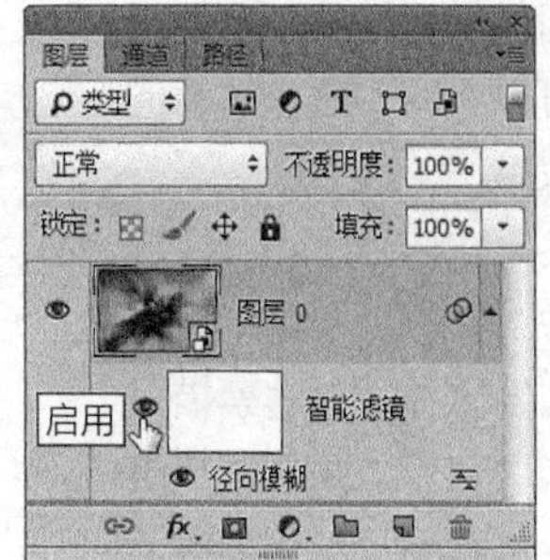

图23-4 智能滤镜的停用与启用

23.2.4 删除与添加智能滤镜蒙版

在“图层”面板中“智能滤镜”效果名称上单击鼠标右键，在菜单中可以选择删除或添加智能滤镜蒙版，如图23-5所示。

> **技巧**
>
> 在菜单中执行“图层/智能滤镜/删除智能滤镜蒙版”命令，即可将智能滤镜中的蒙版从“图层”面板中删除，此时“智能滤镜”子菜单中的“删除智能滤镜蒙版”命令变成“添加智能滤镜蒙版”，执行此命令即可将蒙版添加到智能滤镜中。

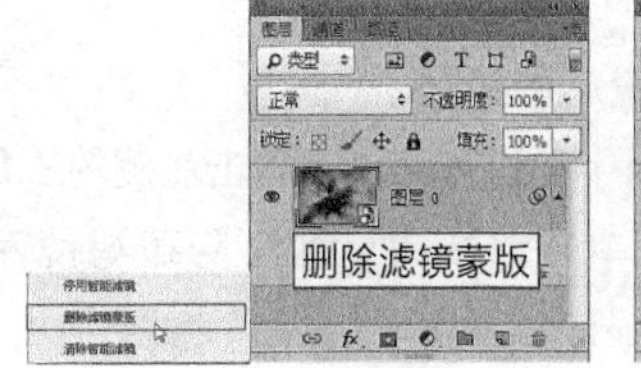

图23-5 删除与添加智能滤镜蒙版

23.2.5 停用与启用智能滤镜蒙版

在菜单中执行“图层/智能滤镜/停用智能滤镜蒙版”命令，即可将智能滤镜中的蒙版停用，此时在蒙版中会出现一个红叉；应用“停用智能滤镜蒙版”命令后，“智能滤镜”子菜单中的“停用智能滤镜蒙版”命令变成“启用智能滤镜蒙版”命令，执行此命令即可将蒙版重新启用，如图23-6所示。

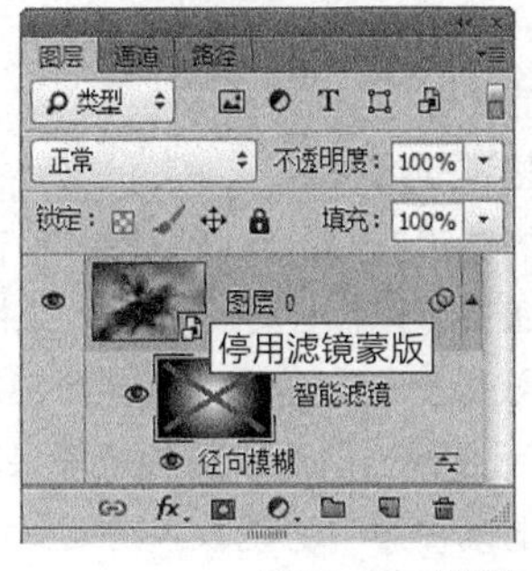

图23-6 停用与启用智能滤镜蒙版

23.2.6 清除智能滤镜

在菜单中执行“图层/智能滤镜/清除智能滤镜”命令，即可将应用的智能滤镜从“图层”面板中删除，如图23-7所示。

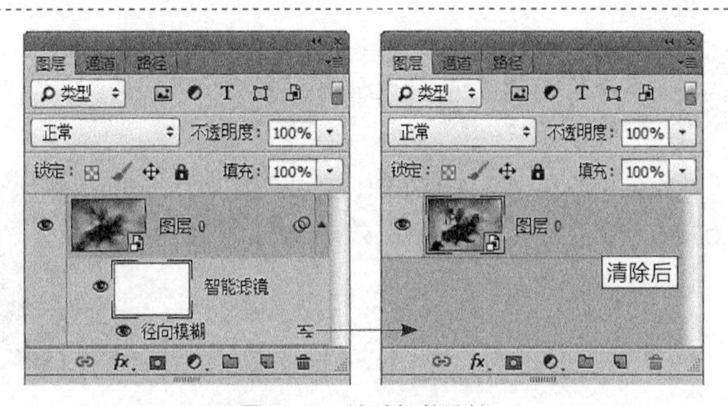

图23-7 清除智能滤镜

23.3 滤镜库

使用“滤镜库”命令可以帮助大家在同一对话框中完成多个滤镜命令，并且可以改变使用滤镜的顺序或重复使用同一滤镜，从而得到不同的效果，在预览框中可以看到使用该滤镜的效果。

图23-8 滤镜库对话框

在Photoshop CC中，将“画笔描边”“纹理”“素描”和“艺术效果”滤镜组全都移到了滤镜库对话框中，“风格化”和“扭曲”滤镜组中的部分滤镜也被移到了滤镜库对话框中，这样可以更方便地选择和应用滤镜。在“滤镜”菜单中将不会再看到滤镜库中的滤镜。在菜单中执行“滤镜/滤镜库”命令，弹出如图23-8所示的滤镜库对话框。

其中各项的含义如下。

- **预览框**：预览应用滤镜后的效果。
- **滤镜种类**：显示滤镜组中的所有滤镜。单击左侧的三角形图标▶，即可将当前滤镜种类中的所有滤镜展开。
- **显示/隐藏滤镜种类**：单击该按钮，即可隐藏滤镜库中的滤镜种类和缩览图，只留下滤镜预览框；再次单击该按钮，将重新显示。
- **参数设置**：在此区域可以设置当前滤镜的各项参数，通过直接输入数值或者拖动控制滑块来调整当前滤镜的使用效果。
- **滤镜下拉列表框**：单击该按钮，即可弹出包括滤镜种类中所有滤镜名称在内的下拉列表框，可以在其中选择需要的滤镜。
- **当前滤镜**：正在调整的滤镜。
- **已应用的滤镜**：已经调整过的滤镜。
- **隐藏的滤镜**：在已应用的滤镜左侧的眼睛图标上单击即可将该滤镜隐藏，再次单击即可将该滤镜显示。
- **新建滤镜**：单击此按钮，可以创建一个滤镜效果图层。新建的滤镜效果图层可以使用滤镜效果，选取任何一个已存在的滤镜效果图层，再选择其他滤镜后，该图层效果就会变成该滤镜的图层效果。
- **删除**：单击此按钮，可以将当前选取的滤镜效果图层删除，滤镜效果也同时被删除。
- **滤镜缩览图**：显示当前滤镜种类中滤镜效果的缩览图。
- **缩放**：单击加号，可以放大预览框中的图像；单击减号，可以缩小预览框中的图像。

技巧

在预览框中，按住 Ctrl 键单击鼠标左键会将图像放大，按住 Alt 键单击鼠标左键会将图像缩小。当图像放大到超出预览框时，使用鼠标指针可以拖动图像来查看图像的局部。

找到一幅自己喜欢的图像，在滤镜库对话框中为其应用“霓虹灯光”滤镜，效果如图23-9所示。

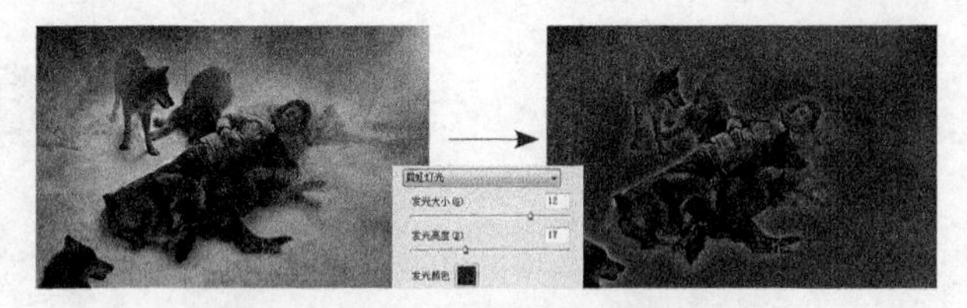

图23-9 应用“霓虹灯光”滤镜的效果

23.4 液化

使用“液化”命令可以使图像如液体般流动，从而创建出局部推拉、扭曲、放大、缩小、旋转等特殊效果。在菜单中执行 “滤镜/液化”命令，弹出如图23-10和图23-11所示的“液化”对话框。

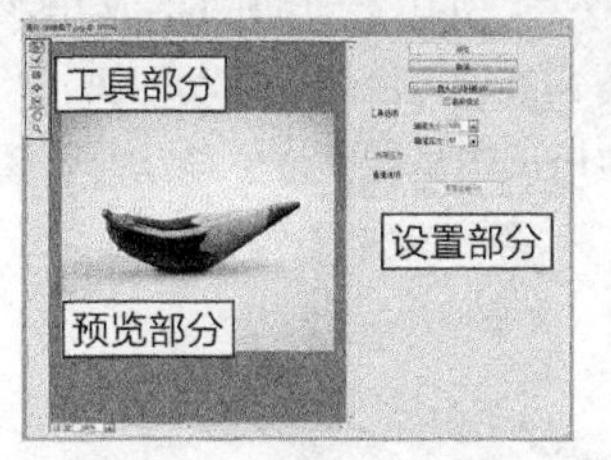

图23-10 “液化”对话框

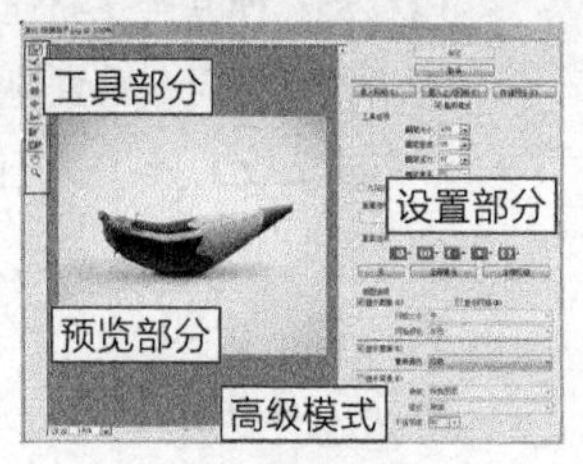

图23-11 “液化”对话框

其中各项的含义如下。

工具部分

- “向前变形工具”：使用该工具在图像中拖动，会使图像向拖动的方向产生弯曲变形效果，如图23-12所示。原图像效果以“液化”对话框中的预览图像为准。
- “重建工具”：使用该工具在图像中已发生变形的区域单击或拖动，可以使已变形的图像恢复为原始状态，如图23-13所示。

图23-12　向前变形

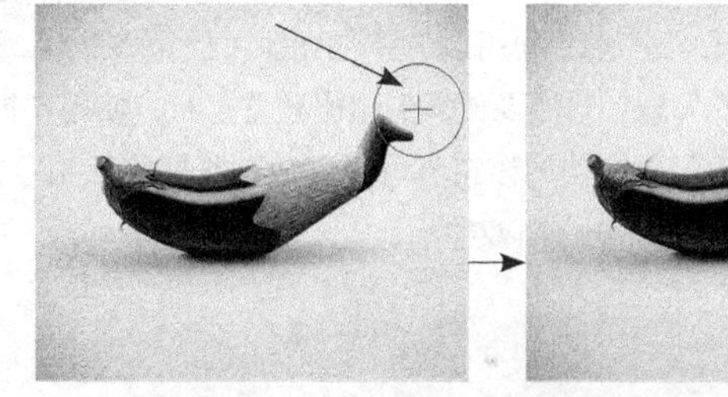
图23-13　重建

- “顺时针旋转扭曲工具”：使用该工具在图像中按住鼠标左键时，可以使图像中的像素顺时针旋转扭曲，如图23-14所示。使用该工具在图像中按住鼠标左键的同时按住Alt键，可以使图像中的像素逆时针旋转扭曲，如图23-15所示。
- “褶皱工具”：使用该工具在图像中单击或拖动时，会使图像中的像素向画笔区域的中心移动，使图像产生收缩效果，如图23-16所示。

图23-14　顺时针

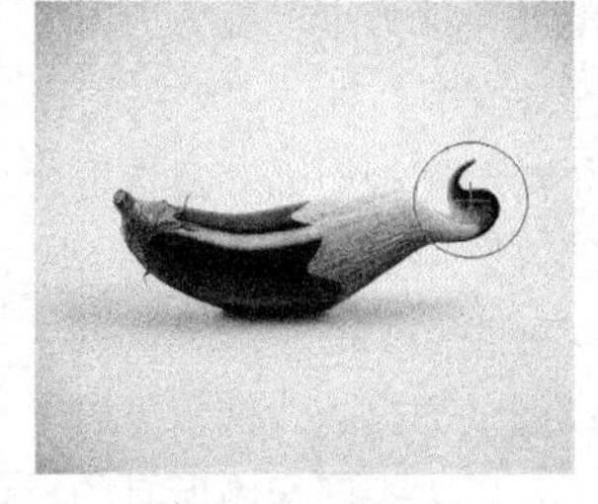
图23-15　逆时针

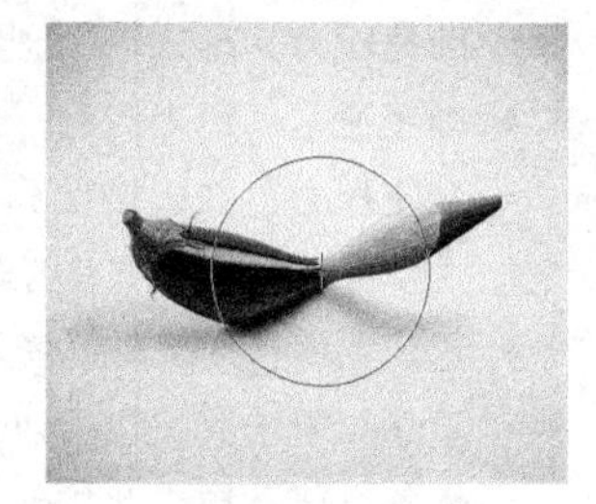
图23-16　收缩

- “膨胀工具”：使用该工具在图像中单击或拖动时，会使图像中的像素从画笔区域的中心向画笔区域的边缘移动，使图像产生膨胀效果。该工具产生的效果正好与“褶皱工具”产生的效果相反，如图23-17所示。

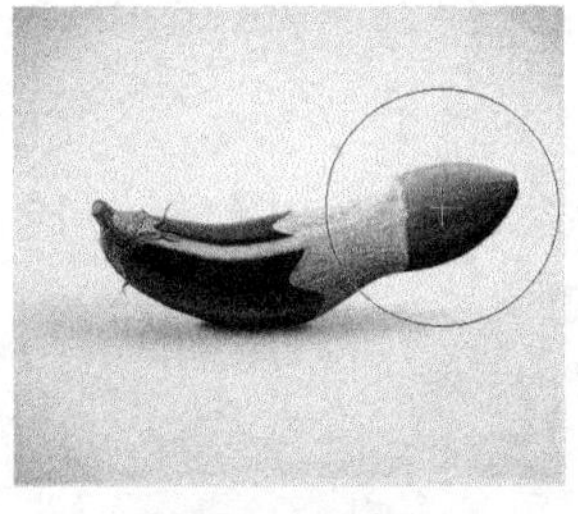
图23-17　膨胀

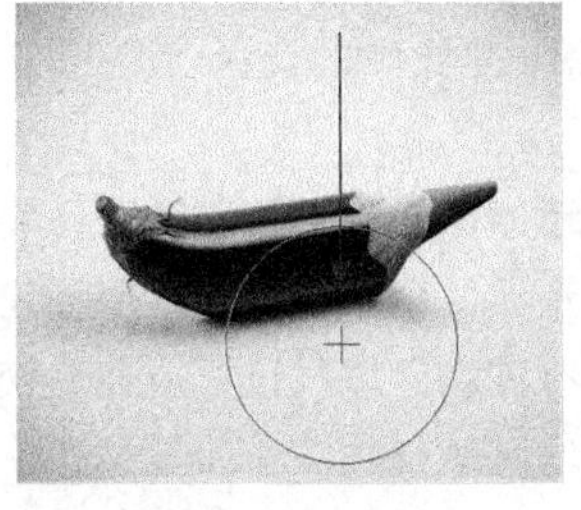
图23-18　左推

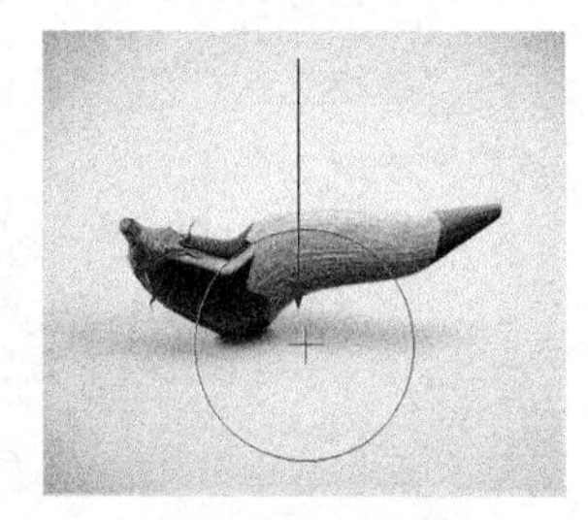
图23-19　右推

- “左推工具”：使用该工具在图像中拖动时，图像中的像素会以相对于拖动方向左垂直的方向在画笔区域内移动，使其产生挤压效果，如图23-18所示；使用该工具按住Alt键在图像中拖动时，图像中的像素会以相对于拖动方向右垂直的方向在画笔区域内移动，使其产生挤压效果，如图23-19所示。
- “冻结蒙版工具”：使用该工具在图像中拖动时，图像中画笔经过的区域会被冻结，冻结后的区域不会受到变形的影响，如图23-20所示。使用该工具后，图像在预览框中所显示的红色区域就是被冻结的区域，此时使用“向前变形工具”在图像中拖动，经过冻结的区域时图像不会被变形，如图23-21所示。

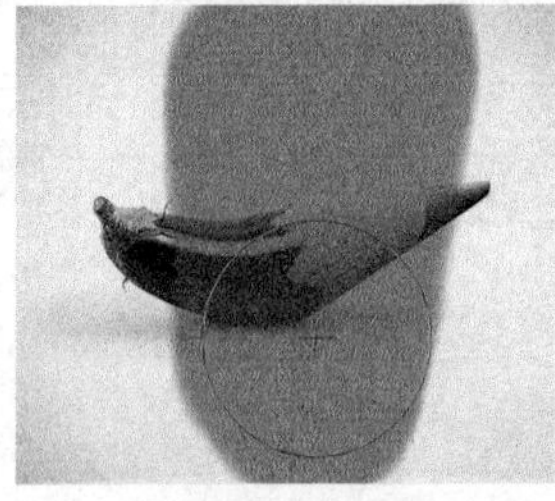

图23-20 冻结

图23-21 向前变形液化

图23-22 解冻

- “解冻蒙版工具”：使用该工具在图像中已经冻结的区域拖动时，画笔经过的地方将会被解冻，如图23-22所示。
- “抓手工具”：当图像放大到超出预览框时，使用“抓手工具”可以移动图像以查看图像局部。
- “缩放工具”：使用该工具可以缩放预览框的视图。在预览框内单击鼠标左键，会将图像放大；按住Alt键单击鼠标左键，会将图像缩小。

温馨提示

在“液化”对话框中除了使用“缩放工具”外，按住 Ctrl 键在预览框中单击鼠标左键也会将图像变大。

设置部分

- 工具选项：用来设置选择相应工具时的参数。
- 画笔大小：用来控制画笔的宽度。
- 画笔密度：用来控制画笔与图像像素的接触范围。数值越大，范围越广。
- 画笔压力：用来控制画笔的涂抹力度。压力为0时，将不会对图像产生影响。
- 画笔速率：用来控制“重建工具”、“膨胀工具”等在图像中单击或拖动时的扭曲速度。
- 光笔压力：在连接计算机与绘图板时，该复选框会被激活。勾选该复选框后，可以通过绘制时使用的压力大小来控制工具的绘制效果。
- 重建选项：用来设置恢复图像的参数。
- 重建：单击此按钮，可以通过弹出的“恢复重建”对话框来设置重建效果，如图23-23所示。
- 恢复全部：单击此按钮，可以去掉图像中所有的液化效果，使其恢复到初始状态。即使图像中存在冻结区域，单击此按钮也同样可以将其中的液化效果恢复到初始状态。
- 蒙版选项：用来设置与图像中存在的蒙版、通道等效果的混合选项。
- “替换选区”：显示原图像中的选区、蒙版或透明度。

图23-23 “恢复重建”对话框

- “添加到选区”：显示原图像中的蒙版，可以将冻结区域添加到选区、蒙版。
- “从选区中减去”：从冻结区域减去选区或通道的区域。
- “与选区交叉”：只有冻结区域与选区或通道交叉的区域可用。
- “反相选区”：将冻结区域反选。

- **无**：单击此按钮，可以将图像中所有冻结区域解冻。
- **全部蒙版**：单击此按钮，可以将整个图像冻结。
- **全部反相**：单击此按钮，可以将冻结区域与非冻结区域调转。
- **视图选项**：用来设置预览框的显示状态。
- **显示图像**：勾选此复选框，可以在预览框中看到图像。
- **显示网格**：勾选此复选框，可以在预览框中看到网格。此时“网格大小”和“网格颜色”选项被激活，从中可以设置网格大小和网格颜色。
- **显示蒙版**：勾选此复选框，可以在预览框中看到图像中冻结区域被覆盖的状态。
- **蒙版颜色**：设置冻结区域的颜色。
- **显示背景**：勾选此复选框，可以在预览框中看到“图层”面板中的其他图层。
- **使用**：在下拉列表框中可以选择在预览框中显示的图层。
- **模式**：设置其他显示图层与当前预览框中图像的层叠模式，如“前面”“后面”和“混合”等。
- **不透明度**：设置其他图层与当前预览框中图像之间的不透明度。
- **预览框**：用来显示编辑效果的窗口。

使用“液化”滤镜可以将图像轻松变成液态效果，如图23-24所示为液化前后的效果对比。

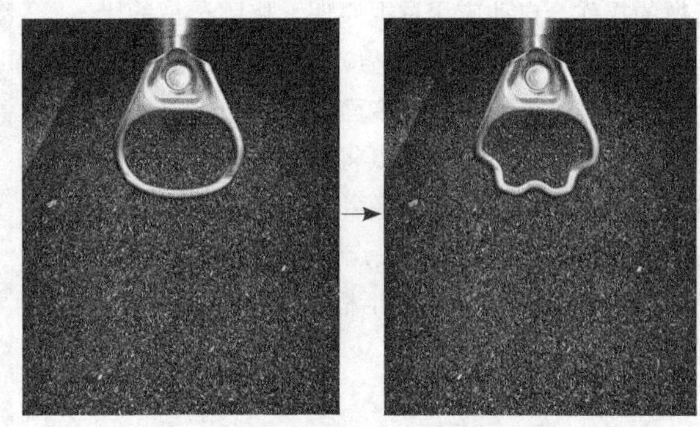

图23-24 液化前后的效果对比

23.5 油画

“油画”滤镜的使用非常简单，但效果却不同凡响。这个滤镜功能可以为许多设计者圆绘制油画的梦想。该滤镜被单独放置到“滤镜”菜单中，由此可见其重要性。在菜单中执行“滤镜/油画”命令，系统会弹出“油画”对话框，如图23-25所示，在此对话框中只要通过简单的参数调整就可以制作专业的油画效果了。

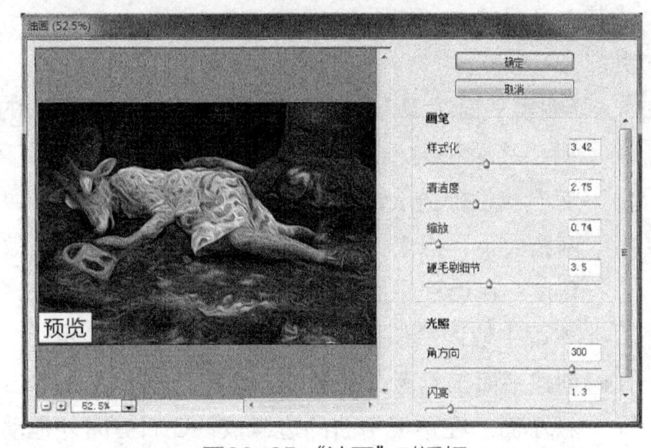

图23-25 “油画”对话框

其中各项的含义如下。

- **画笔**：用来设置绘制油画时的画笔。

  样式化：用来设置画笔描边时的样式化数值越大，描边越长。

  清洁度：用来设置画笔描边时的清洁度数值越大，描边越简洁。

  缩放：用来设置绘制时画笔描边笔尖的大小。

  硬毛刷细节：用来设置绘制时硬毛刷细节的数量。

- **光照**：用来设置模仿油画感的光源效果。

  角方向：用来设置光源的照射方向。

  闪亮：用来设置油画反光区域的闪亮效果。

使用“油画”滤镜可以将图像轻松变成油画效果，如图23-26所示为应用“油画”滤镜前后的效果对比。

图23-26 应用“油画”滤镜前后的效果对比

23.6 消失点

使用“消失点”滤镜命令中的工具可以在创建的图像选区内进行克隆、喷绘、粘贴等操作，所做的操作会自动应用透视原理，按照透视的比例和角度自动计算、自动适应对图像的修改，大大节约了精确设计和制作多面立体效果所需的时间。“消失点”命令还可以将图像依附到三维图像上，系统会自动计算图像各个面的透视程度。在菜单中执行“滤镜/消失点”命令，弹出如图23-27所示的“消失点”对话框。

图23-27 “消失点”对话框

其中各项的含义如下。

工具部分

- **“编辑平面工具”**：使用该工具可以对创建的平面进行选择、编辑、移动和大小调整。选择“编辑平面工具”后，在对话框中的工具属性部分会出现“网格大小”和“角度”两个选项，如图23-28所示。

  网格大小：100 角度：0

  图23-28 工具属性

  网格大小：用来控制透视平面中网格的密度。数值越小，网格越多。

  角度：在透视平面的边缘按住Ctrl键向外拖动，会产生另一个与之配套的透视平面。在“角度”数值文本框中输入数值，可以控制平面之间的角度。

- **创建平面工具**：使用该工具在预览图像中单击，可以创建平面的四个节点，节点之间会自动连接成透视平面。在透视平面的边缘按住Ctrl键向外拖动，会产生另一个与之配套的透视平面。

温馨提示

使用“创建平面工具”创建平面时和使用“编辑平面工具”编辑平面时，如果在创建或编辑的过程中节点连线成为红色或者黄色，此时的平面将是无效平面。

- **选框工具**：使用该工具在平面内拖动可以创建选区。按住Alt键拖动选区，可以将选区内的图像复制到其他位置，复制的图像会自动生成透视效果；按住Ctrl键拖动选区，可以将选区停留的图像复制选区停留的位置内，选择“选框工具”后，对话框中的工具属性部分会出现“羽化”“不透明度”“修复”和“移动模式”四个选项，如图23-29所示。

羽化：1 不透明度：100 修复：关 移动模式：目标

图23-29 工具属性

羽化：用来设置选区边缘的平滑程度。

不透明度：用来设置复制区域的不透明度。

修复：用来设置复制后的混合处理。

移动模式：用来设置移动“选框工具”复制的模式。

- **图章工具**：与工具箱中“仿制图章工具”的用法类似。按住Alt键在平面内取样，移动鼠标指针到需要覆盖的地方，然后按下鼠标左键进行拖动即可复制，复制的图像会自动调整所在位置的透视效果。选择“图章工具”后，对话框中的工具属性部分会出现“直径”“硬度”“不透明度”“修复”和“对齐”五个选项，如图23-30所示.

直径：100 硬度：50 不透明度：100 修复：关 对齐

图23-30 工具属性

直径：用来设置图章工具的画笔大小。

硬度：用来设置图章工具画笔边缘的柔和程度。

不透明度：用来设置图章工具仿制区域的不透明度。

修复：用来设置复制后的混合处理。

对齐：勾选该复选框后，复制的位置将会与目标选取点处于同一直线；不勾选该复选框，可以在不同位置进行复制，复制的图像会自动调整透视效果。

- **画笔工具**：使用该工具可以绘制选定颜色的画笔效果，在创建的平面内绘制的画笔效果会自动调整透视关系。选择“画笔工具”后，对话框中的工具属性部分会出现“直径”“硬度”“不透明度”“修复”和“画笔颜色”五个选项，如图23-31所示。

直径：100 硬度：50 不透明度：100 修复：关 画笔颜色：

图23-31 工具属性

画笔颜色：单击右侧的色块，弹出“拾色器”对话框，在对话框中可以自行设置画笔的颜色。

- **变换工具**：可以对选区内复制的图像进行调整变换，如图23-32所示；还可以对复制到“消失点”对话框中的其他图像进行变换，如图23-33所示。使用“变换工具”可以直接将复制到“消失点”对话框中的图像拖动到多维平面内，并可以对其进行移动和变换，如图23-34所示。选择“变换工具”后，对话框中的工具属性部分会出现“水平翻转”和“垂直翻转”两个选项，如图23-35所示。

图23-32 变换图像

图23-33 变换复制的图像

图23-34 变换多维图像

水平翻转 垂直翻转

图23-35 工具属性

水平翻转：勾选该复选框，可以将变换的图像水平翻转。

垂直翻转：勾选该复选框，可以将变换的图像垂直翻转。

- **吸管工具**：使用该工具在图像中单击，选取的颜色可作为画笔的颜色。
- **抓手工具**：当图像放大到超出预览框时，使用该工具可以移动图像以查看图像的局部。
- **缩放工具**：用来缩放预览框的视图。在预览框内单击鼠标的左键，会将图像放大，按住Alt键单击鼠标左键，会将图像缩小。

工具属性部分

选择某种工具后，在此处会显示该工具的属性设置。

预览部分

此处用来显示图像的预览区域，也是编辑区域。

显示比例部分

此处用来显示预览图像的缩放比例。

23.7 Camera Raw 滤镜

Camera Raw 滤镜就是之前版中的Camera Raw，将其放置到“滤镜”菜单中，可以更加方便地对照片进行调色处理。它能在不损坏原片的前提下快速地处理照片，批量、高效、专业。如图23-36所示，在此对话框中只要选择不同的标签然后调整参数，就可以非常简便地调整照片了。

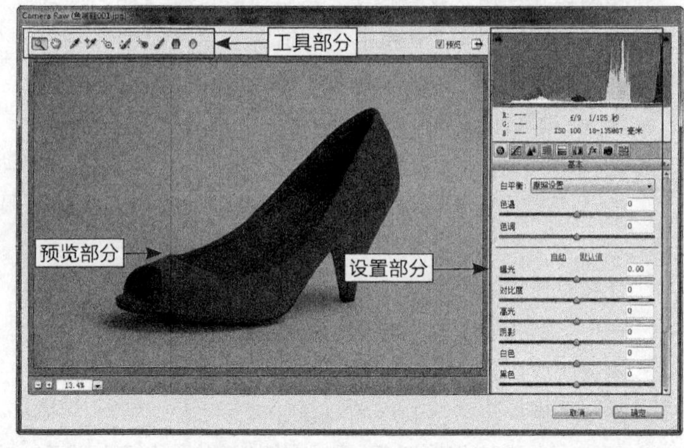

图23-36 “Camera Raw”对话框

其中各项的含义如下。

工具部分

- “缩放工具”：用来缩放预览框的视图。在预览框内单击鼠标右键，会将图像放大；按住Alt键单击鼠标右键，会将图像缩小。
- “抓手工具”：当图像放大到超出预览框时，使用该工具可以移动图像以查看图像局部。
- “白平衡工具”：使用该工具在预览框内的图像中单击，系统会按照选取点的像素颜色自动调整整体图像的色温和色调，如图23-37所示。

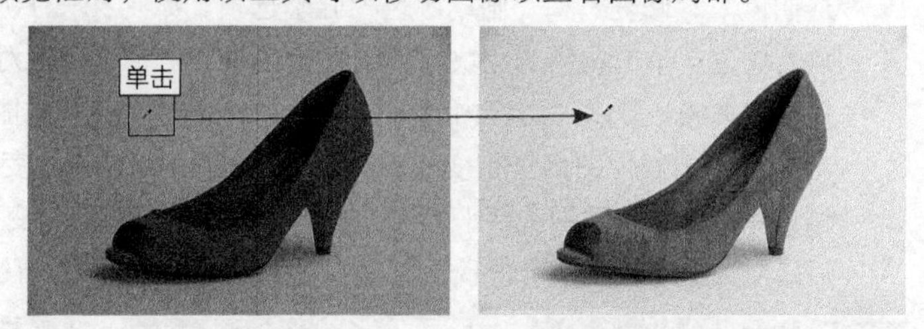

图23-37 白平衡工具的使用

技巧

如果调整图像时出现问题，按住 Alt 键会将对话框中“取消”按钮变为“复位”按钮，单击即可将图像还原为最初状态。

- “颜色取样器工具”：该工具通常被用来判断图像是否偏色，最多可以设置九个取样点。在预览框内的图像中找到本应为灰色的区域并单击鼠标左键，系统会在工具部分的下方显示当前选取点的颜色值，从而判断图像是否偏色，如图23-38所示。
- “目标调整工具”：使用该工具可以通过拖动的方式改变选取的像素在“HSL/灰度”标签中“明亮度”的颜色值。向右和向上拖动，可以增加颜色的明亮度；向左和向下拖动，可以降低颜色的明亮度，如图23-39所示。

图23-38 颜色取样器工具的使用

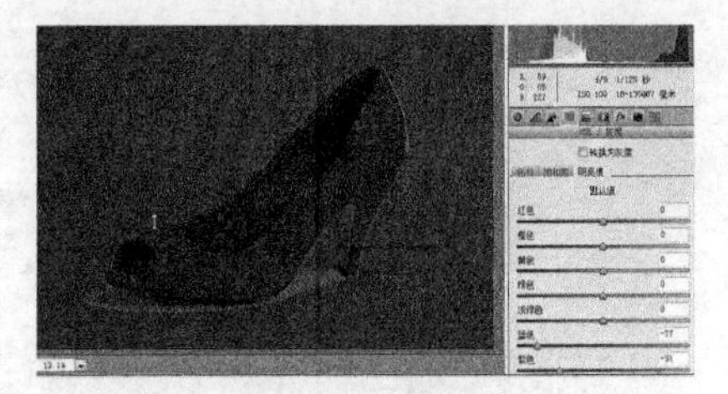

图23-39 目标调整工具的使用

- “污点去除工具”：使用该工具可以将照片中的瑕疵和污渍进行快速修除。调整画笔的大小后，在瑕疵或污渍处单击鼠标左键，系统会自动将瑕疵或污渍修复，如图23-40所示。

图23-40 污点去除工具的使用

- “红眼去除工具”：使用该工具可以对照片中的红眼效果进行修复，方法与使用工具箱中的“红眼工具”相同。
- “调整画笔工具”：使用该工具可以将照片中的局部作为调整对象，如图23-41所示；也可以通过添加（加重或加大）蒙版和删除（减淡或缩小）蒙版调整图像的色调，如图23-42所示。

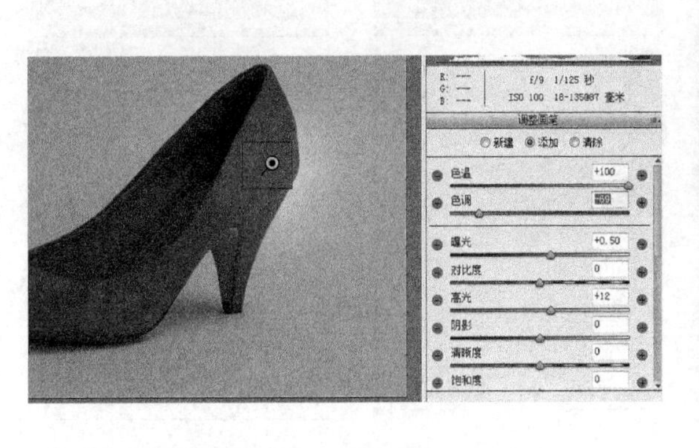

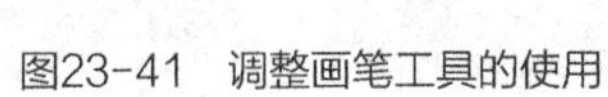

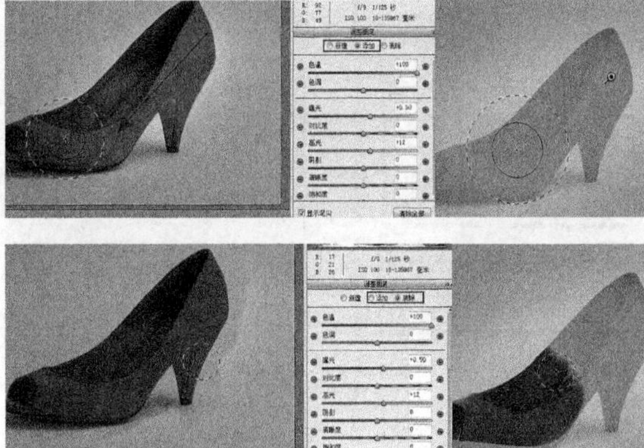

图23-41 调整画笔工具的使用

图23-42 调整画笔工具的使用

- “渐变滤镜”：使用该工具可以在图片中进行从起点到终点的拖动渐变，通过设置的颜色对图像进行无损调整，如图23-43所示。
- “径向滤镜”：使用该工具可以在图像中进行从中心向外部呈放射状的拖动渐变，通过设置的颜色对图像进行无损调整，如图23-44所示。

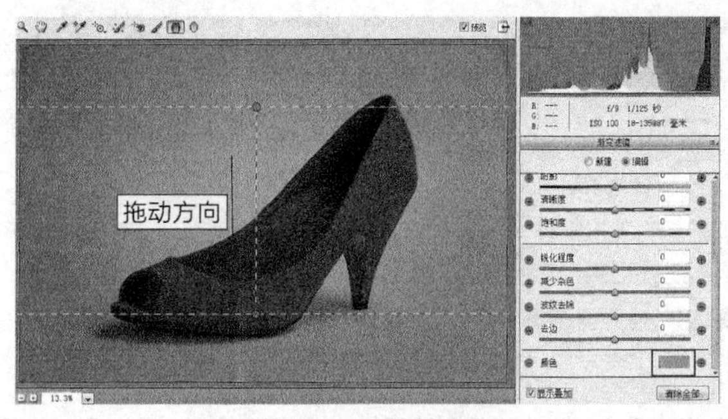

图23-43　渐变滤镜的使用

图23-44　径向滤镜的使用

设置部分

- **直方图**：用来显示调整时图像像素的分布情况，如图23-45所示。

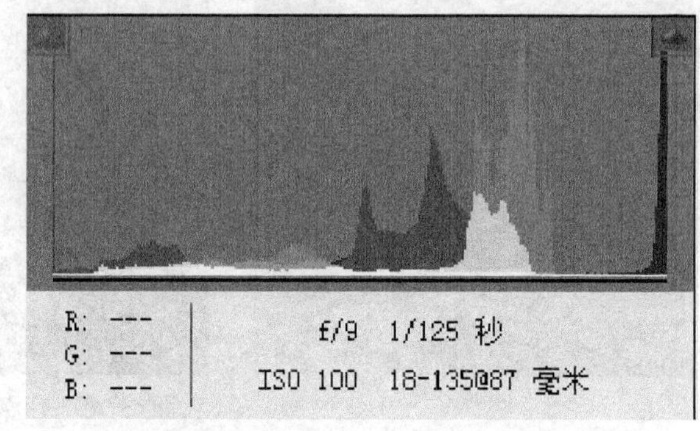

图23-45　直方图

- **调整标签**：用来切换调整图像时所需功能的面板。单击直方图下方的图标，便会在设置部分显示该功能的所有调整参数及选项。调整标签包括“基本”“色调曲线”“细节”“HSL/灰度”“分离色调”“镜头校正”“效果”“相机校准”和“预设”，如图23-46所示。

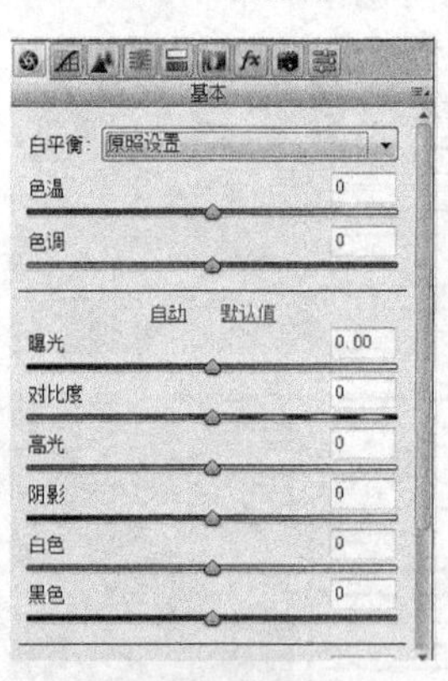
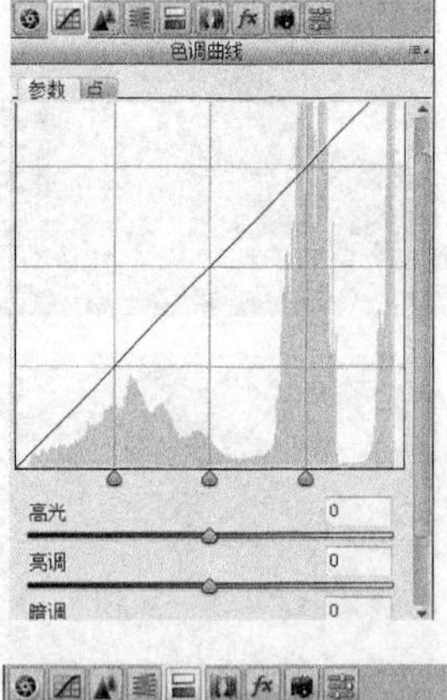
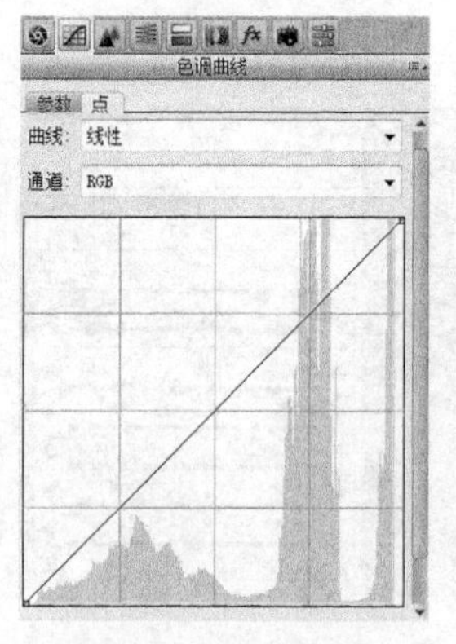
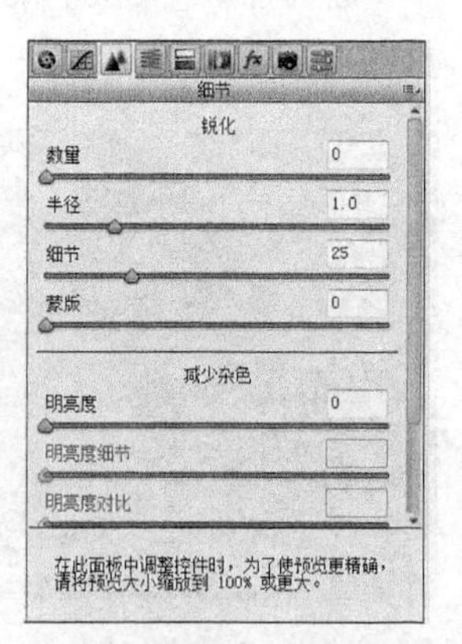
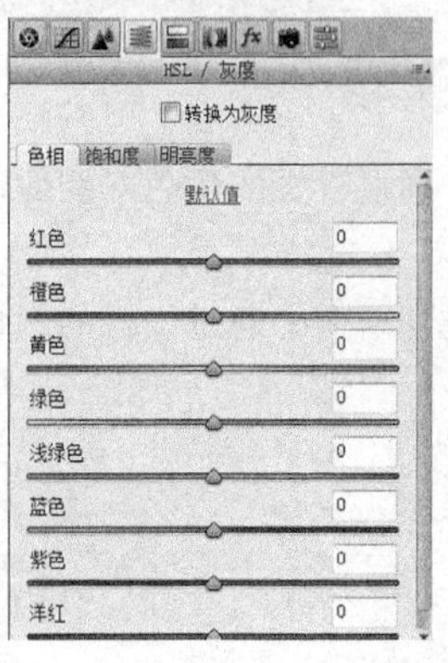
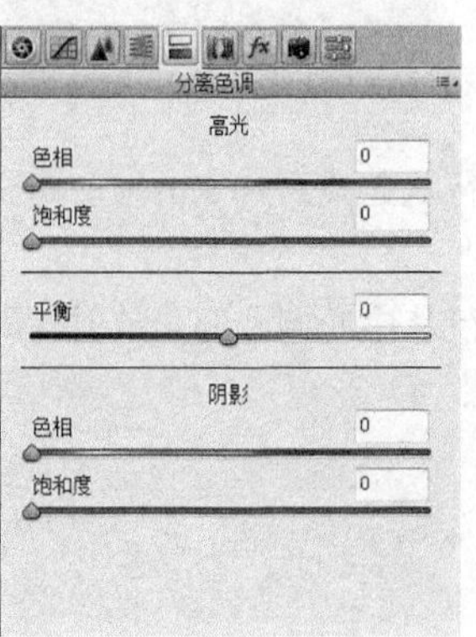
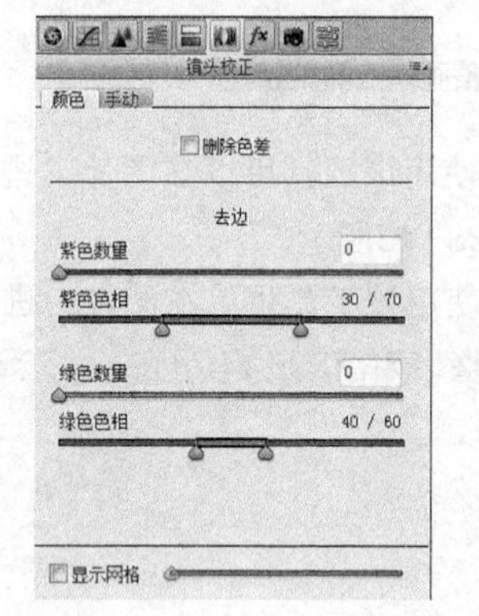
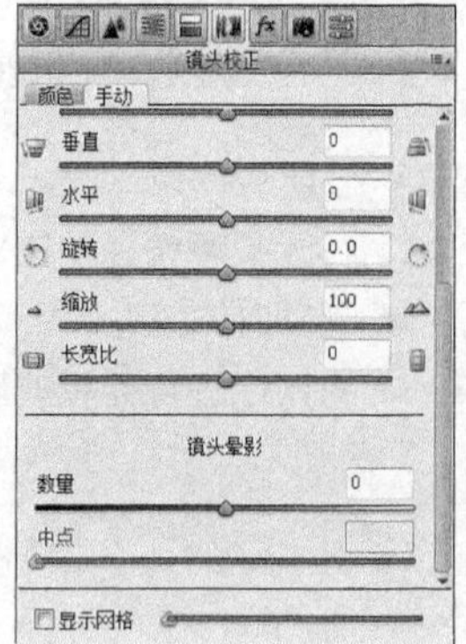

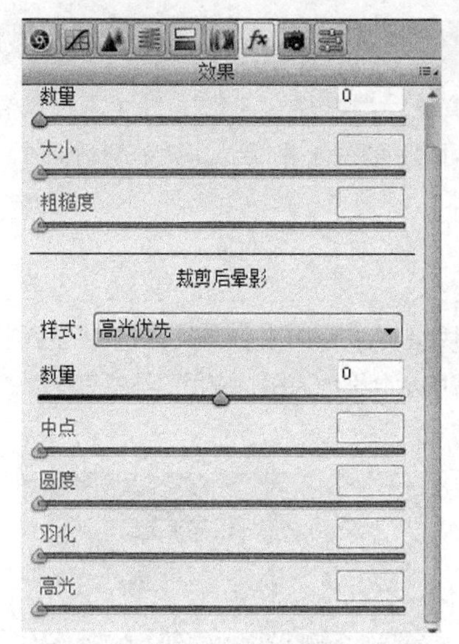

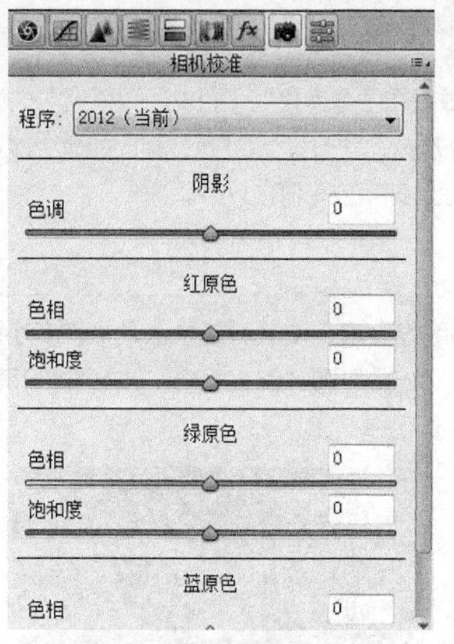

图23-46　调整功能

上机练习：通过Camera Raw滤镜调整拍摄时产生的较暗效果

本次实战主要让大家了解Camera Raw滤镜对图像进行简单调整的方法。

操作步骤

01 在菜单中执行“文件/打开”命令或按Ctrl+O快捷键，打开随书附带光盘中的文件“素材文件/第23章/鱼嘴鞋001.jpg”，如图23-47所示。

02 在菜单中执行“滤镜/Camera Raw滤镜”命令，弹出“Camera Raw”对话框，在“基本”调整标签中调整“高光”“白色”和“对比度”的参数值，将背景恢复为白色，如图23-48所示。

03 此时发现照片的左上角还有一些晕影效果，选择“镜头校正”调整标签，在其中调整“镜头晕影中的“数量”值，如图23-49所示。

图23-47　素材

图23-48　基本调整

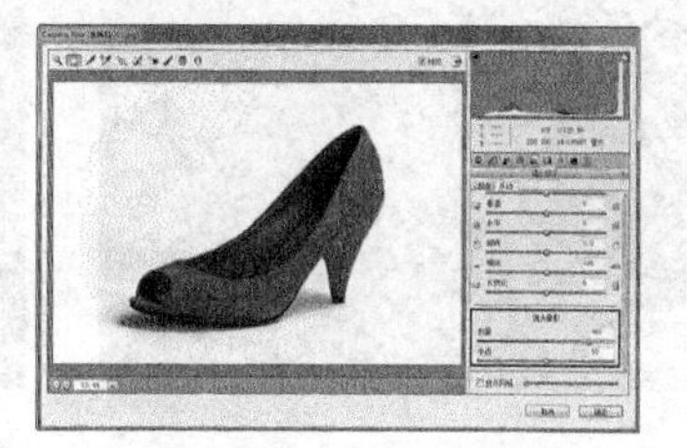

图23-49　镜头校正调整

04 使用“污点去除工具”在瑕疵处进行拖动，将鱼嘴鞋里面的瑕疵修复，如图23-50所示。

05 设置完毕单击“确定”按钮，照片调整完毕，最终效果如图23-51所示。

图23-50　修复瑕疵

图23-51　最终效果

23.8 内置滤镜

在Photoshop中，内置滤镜被分别放置在“像素化”“扭曲”“模糊”“渲染”“视频”“染色”“锐化”“风格化”和“其他”九个滤镜组中。当滤镜没有对话框时，只要执行相应的命令即可得到滤镜效果；当滤镜存在对话框时，在对话框中设置参数后单击“确定”按钮，即可应用滤镜效果。

23.8.1 “像素化”滤镜组

“像素化”滤镜组中的滤镜可以将图像分块，使其看起来像是由许多小块组成，其中包括“彩块化”“彩色半调”“点状化”“晶格化”“马赛克”“碎片”和“铜版雕刻”。如图23-52所示分别为原图、应用“马赛克”滤镜和“点状化”滤镜后的效果。

图23-52 “像素化”滤镜组的滤镜效果

23.8.2 “扭曲”滤镜组

“扭曲”滤镜组中的滤镜可以生成发光、波纹、旋转及扭曲效果，其中包括“波浪”“波纹”“极坐标”“挤压”“切变”“球面化”“水波”“旋转扭曲”和“置换”。如图23-53所示分别为原图、应用“波纹”滤镜和“旋转扭曲”滤镜后的效果。

图23-53 “扭曲”滤镜组的滤镜效果

23.8.3 “渲染”滤镜组

“渲染”滤镜组中的滤镜可以在图像中创建云彩图案、光照效果等，其中包括“分层云彩”“光照效果”“镜头光晕”“纤维”和“云彩”。如图23-54所示分别为原图、应用“云彩”滤镜和“镜头光晕”滤镜后的效果。

应用“镜头光晕”滤镜

图23-54 “渲染”滤镜组的滤镜效果

23.8.4 “模糊”滤镜组

“模糊”滤镜组中的滤镜可以对图像中的像素起到柔化作用，从而得到模糊效果。“模糊”滤镜组中包括“场景模糊”“光圈模糊”“切斜偏移”“表面模糊”“动感模糊”“方框模糊”“高斯模糊”“进一步模糊”“径向模糊”“镜头模糊”“模糊”“平均”“特殊模糊”和“形状模糊”。如图23-55所示分别为原图、应用“光圈模糊”滤镜和“特殊模糊”滤镜后的效果。

原图

应用“光圈模糊”滤镜

应用“特殊模糊”滤镜

图23-55　“模糊”滤镜组的滤镜效果

23.8.5 “杂色”滤镜组

“杂色”滤镜组中的滤镜可以将图像中存在的噪点与周围的像素相融合，使其看起来不太明显；还可以在图像中添加许多杂色，使之与图像转换成像素图案。“杂色”滤镜组中包括“减少杂色”“蒙尘与划痕”“添加杂色”和“中间值”等。如图23-56所示分别为原图、应用“添加杂色”滤镜和“中间值”滤镜后的效果。

原图

应用“添加杂色”滤镜

应用“中间值”滤镜

图23-56　“杂色”滤镜组的滤镜效果

23.8.6 “锐化”滤镜组

“锐化”滤镜组中的滤镜可以增强图像中相邻像素间的对比度，从而在视觉上使图像变得更加清晰。“锐化”滤镜组中包括“USM锐化”“进一步锐化”“锐化”“锐化边缘”和“智能锐化”。如图23-57所示分别为原图、应用“进一步锐化”滤镜和“锐化边缘”滤镜后的效果。

原图

应用“进一步锐化”滤镜

应用“锐化边缘”滤镜

图23-57　“锐化”滤镜组的滤镜效果

23.8.7 “风格化”滤镜组

“风格化”滤镜组中的滤镜可以使图像产生印象派或其他绘画效果，效果非常显著。“风格化”滤镜组中包括“查找边缘”“等高线”“风”“浮雕效果”“扩散”“拼贴”“曝光过渡”和“凸出”。如图23-58所示分别为原图、应用“风”滤镜和“拼贴”滤镜后的效果。

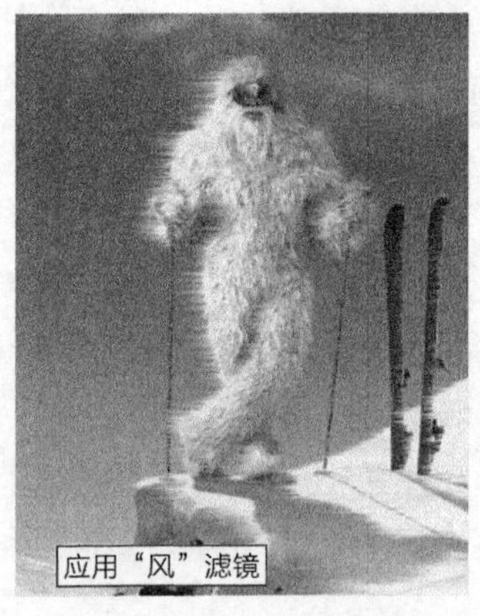

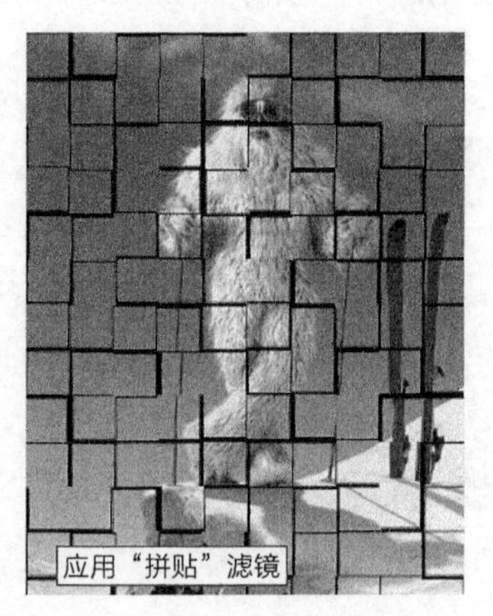

图23-58 “风格化”滤镜组的滤镜效果

23.8.8 “其他”滤镜组

“其他”滤镜组中的滤镜是一组单独的滤镜，可以被用来偏移图像、调整最大值和最小值等。“其他”滤镜组中包括“高反差保留”“位移”“自定”“最大值”和“最小值”。如图23-59所示分别为原图、应用“高反差保留”滤镜和“位移”滤镜后的效果。

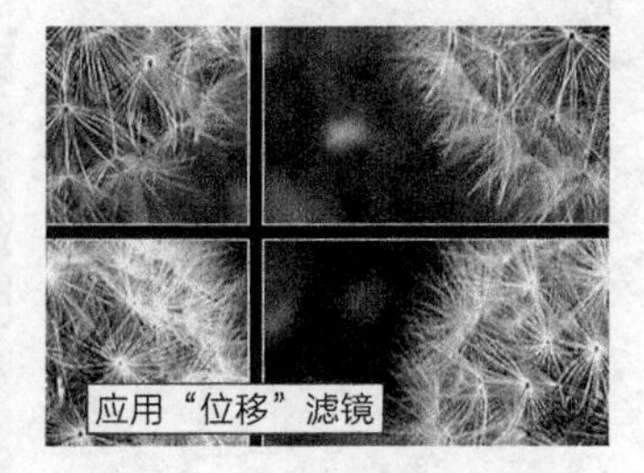

图23-59“其他”滤镜组的滤镜效果

23.9 课后练习

课后练习1：使用滤镜制作素描效果

在Photoshop CC中通过调整图像、设置混合模式和应用“最小值”滤镜制作素描效果，过程如图23-60所示。

图23-60　制作素描效果

练习说明

1. 打开素材。
2. 去色，复制图层。
3. 复制图层，反相。
4. 设置“混合模式”为“线性减淡（添加）”。
5. 应用“最小值”滤镜。

课后练习2：径向效果——极品飞车

在Photoshop CC中使用“径向模糊”滤镜制作径向效果，如图23-61所示。

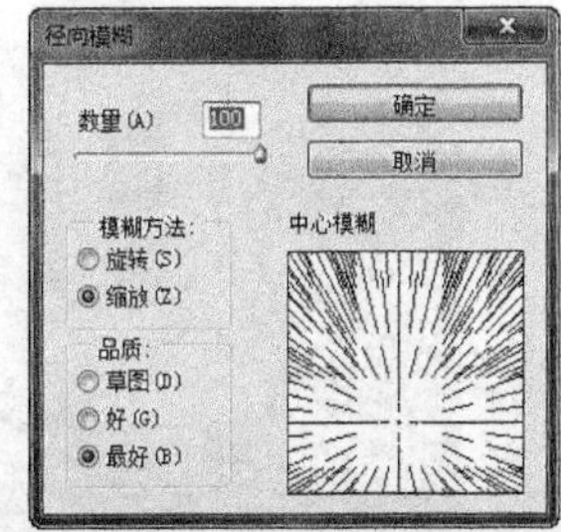

图23-61　极品飞车

练习说明

1.打开素材，转换为智能滤镜。
2. 应用“径向模糊”滤镜。
3. 移入素材，输入文字。

第24章 滤镜技术的应用

本章重点：

- 滤镜技术的应用

24.1 通过滤镜制作光波纹理

实例目的

通过制作如图24-1所示的效果图，讲解通过综合运用滤镜制作绚丽光波纹理的方法。

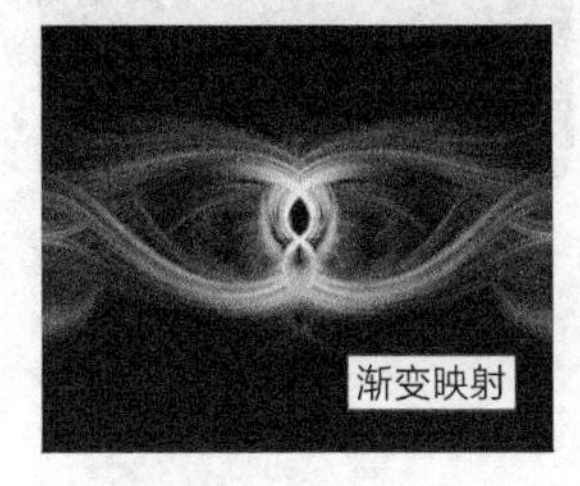

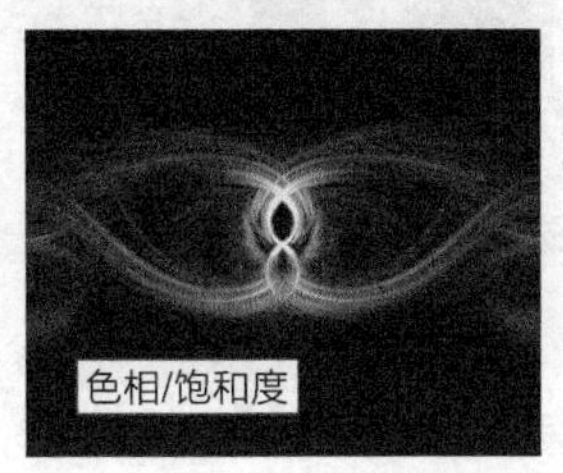

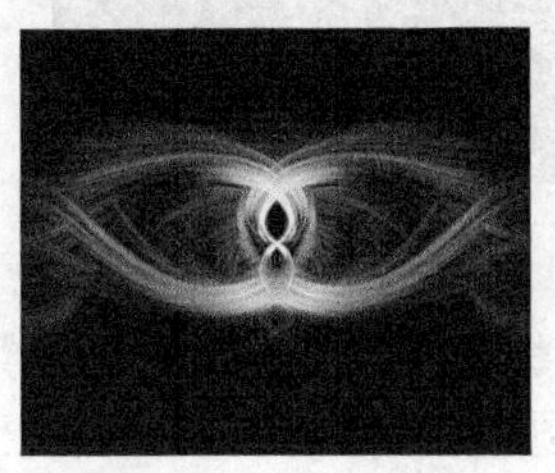

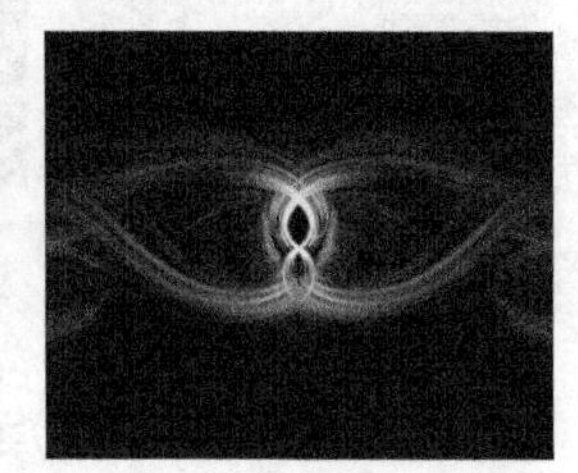

图24-1　效果图

实例要点

- 打开文件
- 应用“铜版雕刻”滤镜
- 应用“径向模糊”滤镜
- 应用“旋转扭曲”滤镜
- 复制图层并水平翻转
- 设置混合模式
- 设置调整图层

操作步骤

01 在菜单中执行“文件/打开”命令或按Ctrl+O快捷键，打开随书附带光盘中的文件“素材文件/第24章/蜘蛛汽车.jpg”，如图24-2所示。

02 在菜单中执行“滤镜/像素化/铜版雕刻”命令，弹出“铜版雕刻”对话框，设置“类型”为“中长直线”，如图24-3所示。

03 设置完毕单击“确定”按钮，效果如图24-4所示。

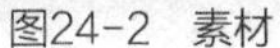

图24-2　素材

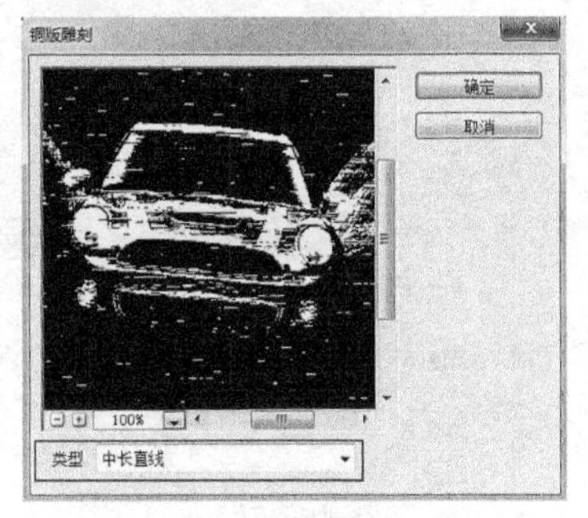

图24-3　“铜版雕刻”对话框

图24-4　滤镜效果

04 在菜单中执行“滤镜/模糊/径向模糊”命令，弹出“径向模糊”对话框，其中的参数设置如图24-5所示。

05 设置完毕单击“确定”按钮，按Ctrl+F快捷键再次应用“径向模糊”滤镜，得到如图24-6所示的效果。

06 在菜单中执行“滤镜/扭曲/旋转扭曲”命令，弹出“旋转扭曲”对话框，设置“角度”为140°，如图24-7所示。

07 设置完毕单击“确定”按钮，效果如图24-8所示。

图24-5 “径向模糊”对话框

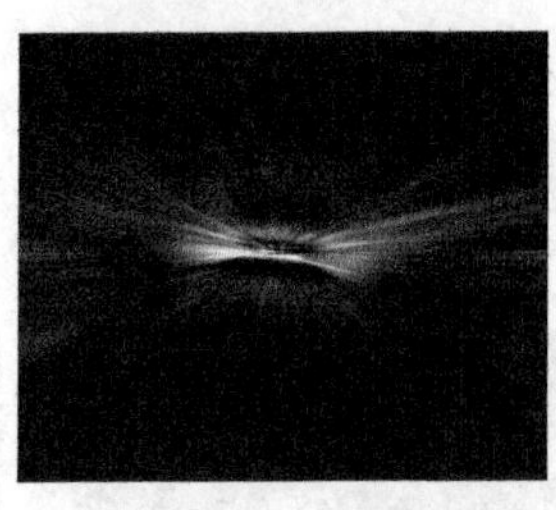

图24-6 滤镜效果

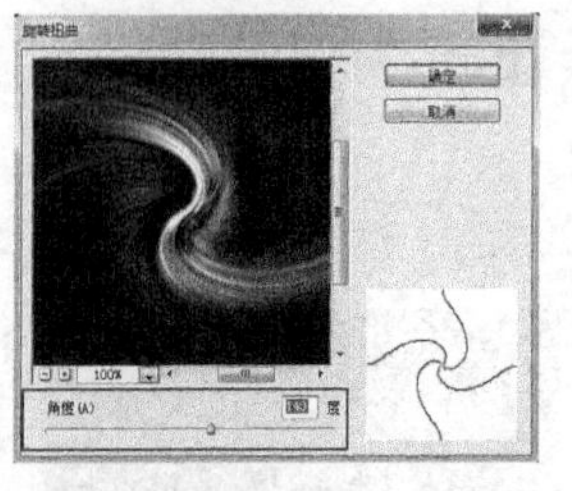

图24-7 “旋转扭曲”对话框

图24-8 滤镜效果

08 按Ctrl+J快捷键复制“背景”图层，得到“图层1”，如图24-9所示。

09 在菜单中执行“编辑/变换/水平翻转”命令，将图层1中的图像进行水平翻转，设置“混合模式”为“变亮”，效果如图24-10所示。

10 在“图层”面板中单击“创建新的填充或调整图层”按钮，在弹出的菜单中选择“渐变映射”命令，在“属性”面板中调出“渐变编辑器”对话框，设置渐变颜色条，如图24-11所示。

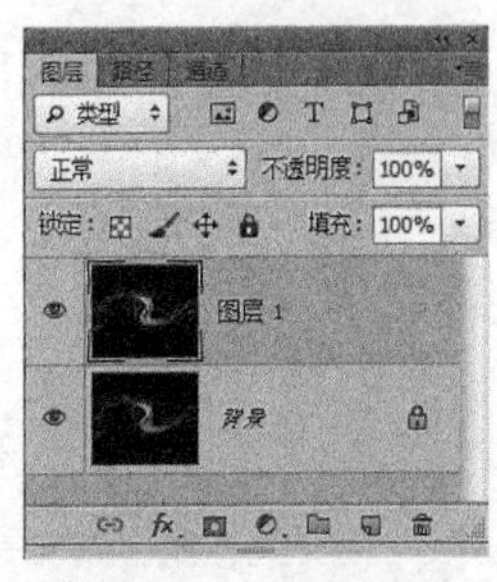

图24-9 复制图层

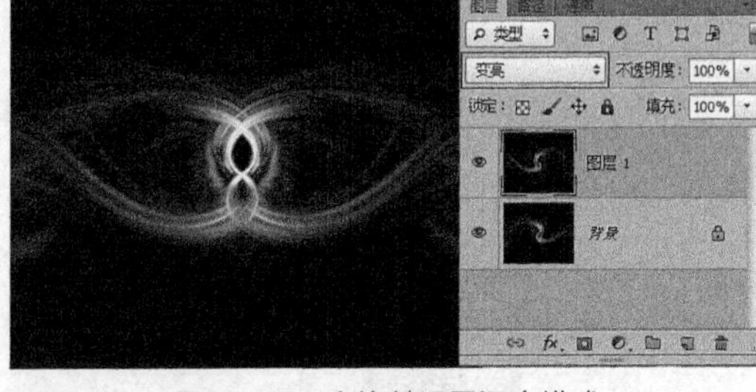

图24-10 变换并设置混合模式

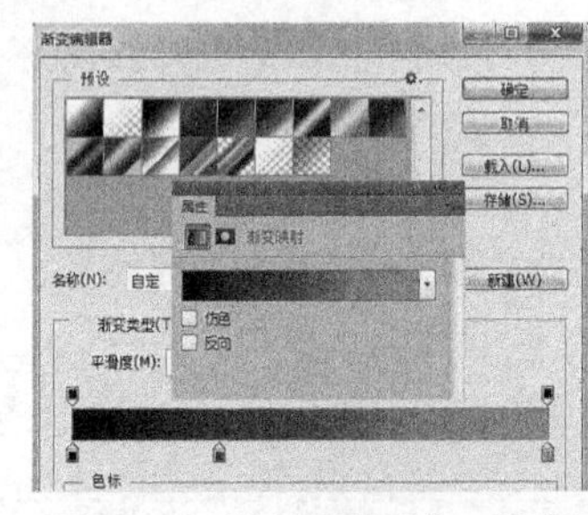

图24-11 “渐变编辑器”对话框

11 应用“渐变映射”调整图层后，使用同样的方法，还可以为图像应用“色相/饱和度”调整图层，“属性”面板设置如图24-12所示；创建“渐变”填充图层，对话框设置如图24-13所示；设置“混合模式，此时的“图层”面板如图24-14所示。

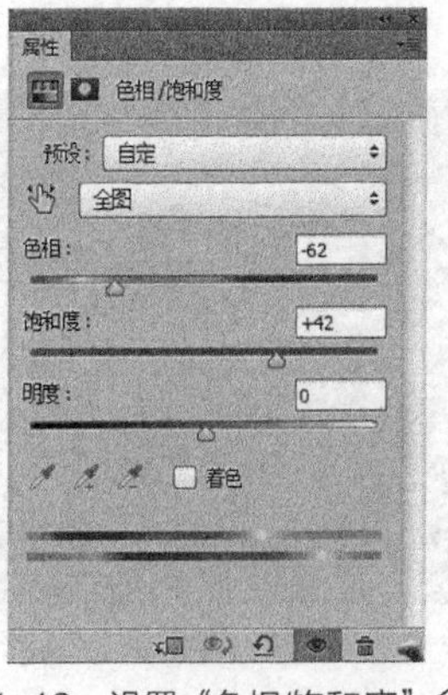

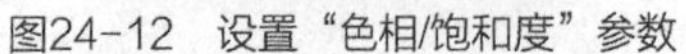

图24-12 设置“色相/饱和度”参数

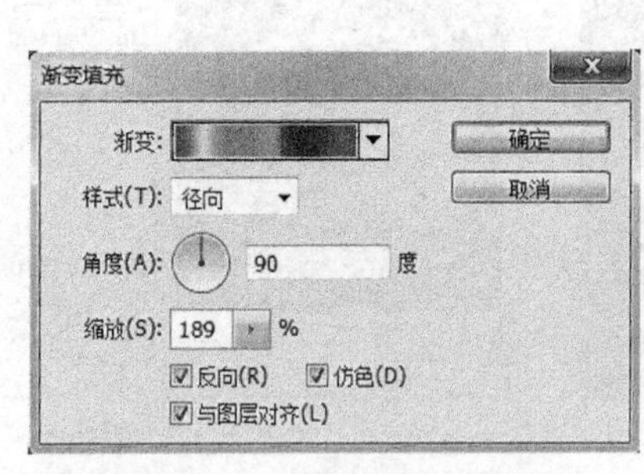

图24-13 “渐变填充”对话框

图24-14 设置混合模式

12 应用“渐变映射”“色相/饱和度”调整图层，应用“渐变”填充图层，以及设置混合模式的效果，如图24-15所示。

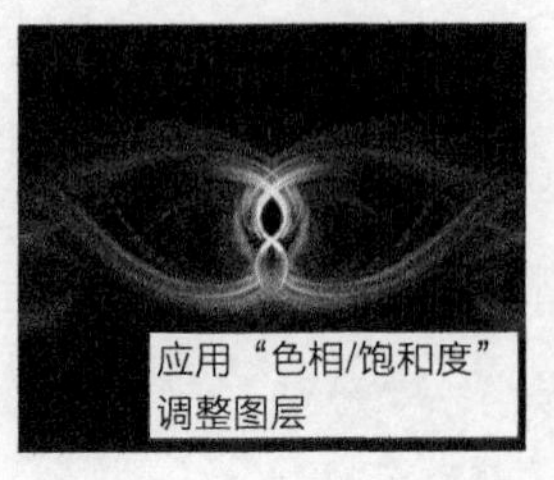

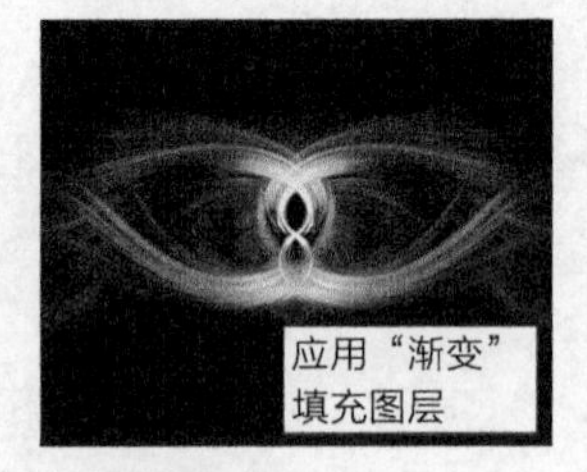

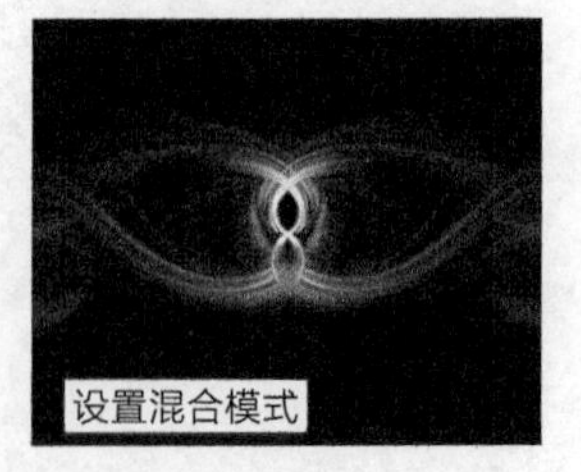

图24-15 光波纹理效果

24.2 通过滤镜制作发光文字

实例目的

通过制作如图24-16所示的效果图，了解综合使用滤镜制作发光文字的方法。

图24-16　效果图

实例要点

- 新建文件
- 应用“极坐标”滤镜
- 旋转图像
- 应用“风”滤镜
- 应用“径向模糊”滤镜
- 创建“渐变映射”调整图层

操作步骤

01 新建一个宽度为600像素、高度为400像素、分辨率为72像素/英寸的黑色背景的文件，输入白色文字，复制文字图层，如图24-17所示。

02 隐藏“FIRE拷贝”图层，选择“FIRE”图层，按Ctrl+E快捷键将其与“背景”图层合并，如图24-18所示。

03 在菜单中执行“滤镜/扭曲/极坐标”命令，弹出“极坐标”对话框，单击“极坐标到平面坐标”单选按钮，如图24-19所示。

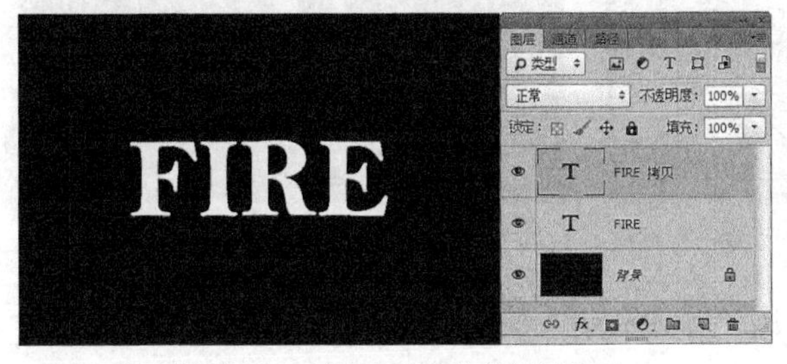

图24-17　输入白色文字并复制图层

图24-18　合并图层

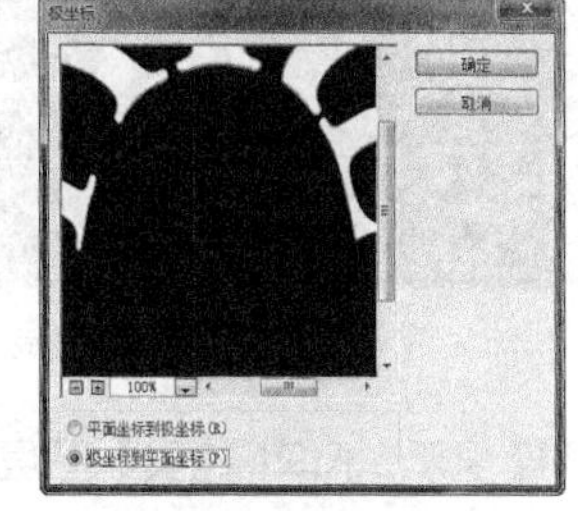

图24-19　“极坐标”对话框

04 设置完毕单击“确定”按钮，效果如图24-20所示。

05 在菜单中执行“图像/图像旋转/顺时针90°旋转”，将图像旋转90°，效果如图24-21所示。

06 在菜单中执行“滤镜/风格化/风”命令，弹出“风”对话框，其中的参数设置如图24-22所示。

07 设置完毕单击“确定”按钮，按Ctrl+F快捷键两次，效果如图24-23所示。在菜单中执行“图像/图像旋转/逆时针90度旋转”命令，将图像旋转90°，效果如图24-24所示。

08 在菜单中执行“滤镜/扭曲/极坐标”命令，弹出“极坐标”对话框，其中的参数设置如图24-25所示。

图24-20 “极坐标”对话框

图24-21 旋转效果

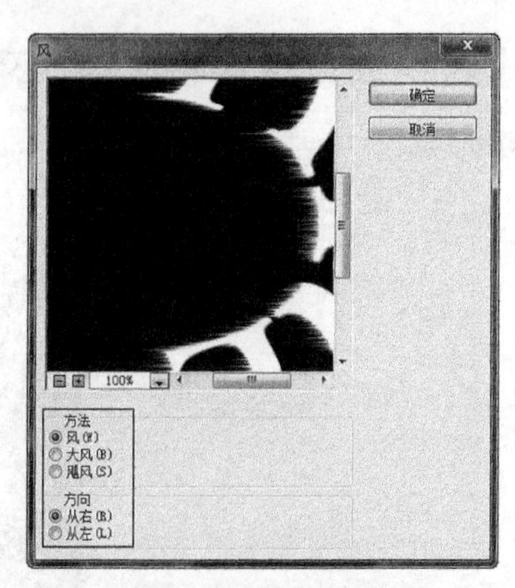

图24-22 “风”对话框

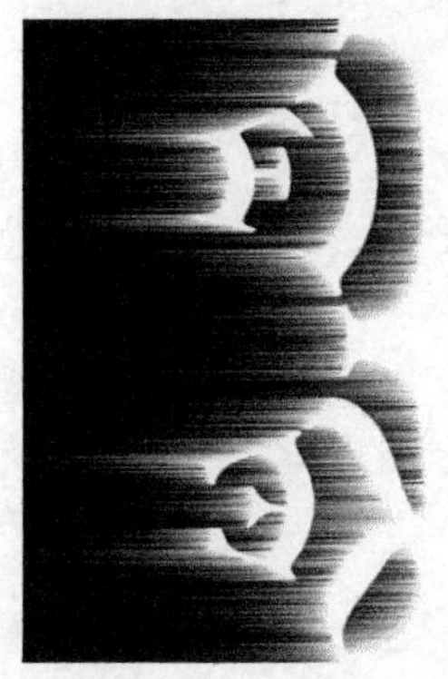
图24-23 滤镜效果

图24-24 旋转效果

图24-25 “极坐标”对话框

09 设置完毕单击“确定”按钮，效果如图24-26所示。

10 在菜单中执行“滤镜/模糊/径向模糊”命令，弹出“径向模糊”对话框，其中的参数设置如图24-27所示。

11 设置完毕单击“确定”按钮，效果如图24-28所示。

图24-26 滤镜效果

图24-27 “径向模糊”对话框

图24-28 模糊效果

12 显示“FIRE拷贝”图层，在菜单中执行“图层/图层样式/内发光”命令，弹出“图层样式”对话框，其中的参数设置如图24-29所示。

13 设置完毕单击“确定”按钮，在“图层”面板中设置“FIRE拷贝”图层的“填充”为15%，如图24-30所示。

14 选择“背景”图层后，单击“创建新的填充或调整图层”按钮，在弹出的菜单中选择“渐变映射”命令，如图24-31所示。

15 打开“属性”面板，在“渐色拾色器”处单击，打开“渐变拾色器”设置渐变颜色，如图24-32所示。

16 至此，发光文字制作完毕，最终效果如图24-33所示。

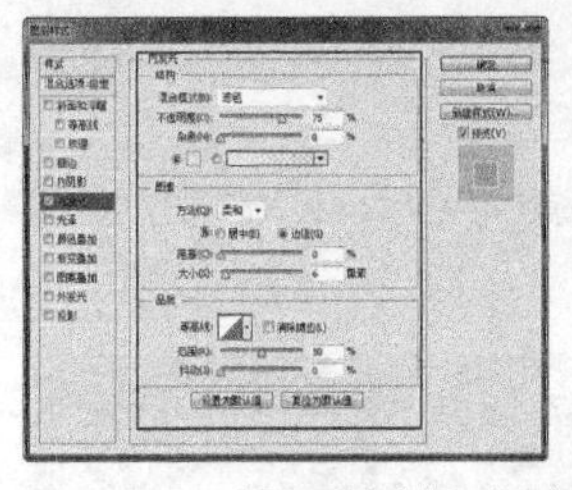

图24-29 “图层样式”对话框

图24-30 添加“内发光”图层样式并设置图层属性的效果

图24-31 创建调整图层

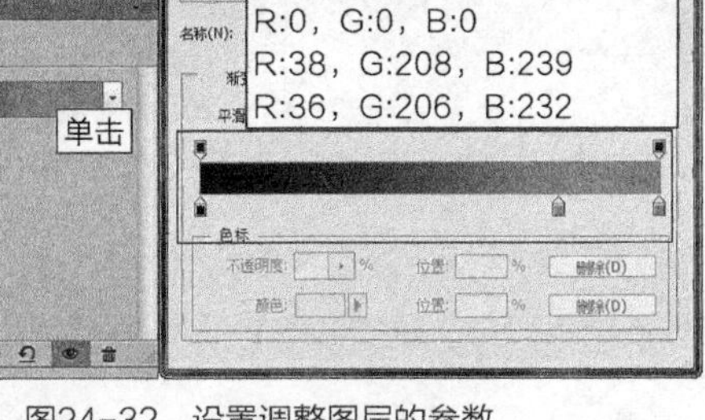

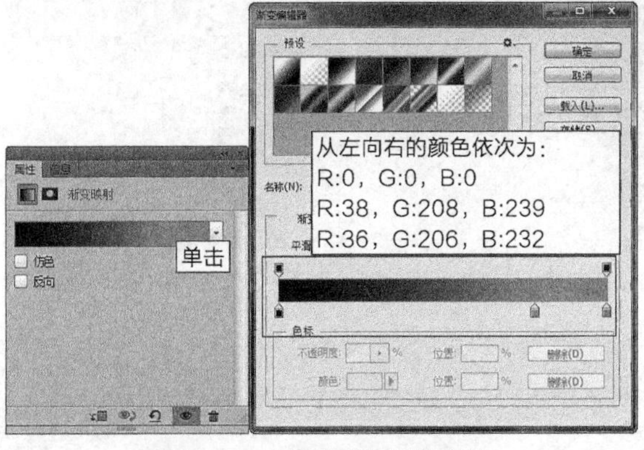

图24-32 设置调整图层的参数

图24-33 最终效果

24.3 通过滤镜制作瓷砖壁画

实例目的

通过制作如图24-34所示的效果图，了解综合使用滤镜制作瓷砖壁画的方法。

图24-34 效果图

实例要点

- 打开文件
- 应用“云彩”滤镜
- 应用“马赛克”滤镜
- 应用“进一步锐化”滤镜
- 添加图层样式

操作步骤

01 在菜单中执行“文件/打开”命令或按Ctrl+O键，打开随书附带光盘中的“素材文件/第24章/月夜背影.jpg”素材，如图24-35所示。

02 在“图层”面板中拖动“背景”图层到“创建新图层”按钮上，得到“背景 副本”图层，再单击“添加图层蒙版”按钮，为“背景 副本”图层添加一个空白的图层蒙版，如图24-36所示。

03 设置前景色为黑色、背景色为白色，选择图层蒙版缩览图，在菜单中执行“滤镜/渲染/云彩”命令，效果如图24-37所示。

图24-35 素材

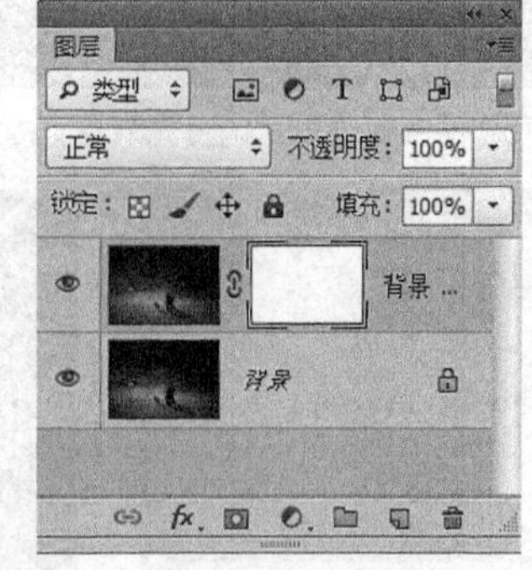

图24-36 复制图层并添加图层蒙版

图24-37 应用“云彩”滤镜

04 在菜单中执行“滤镜/像素化/马赛克”命令，弹出“马赛克”对话框，设置“单元格大小”为22方形，设置完毕单击“确定”按钮，然后在菜单中执行“滤镜/锐化/进一步锐化”命令，效果如图24-38所示。

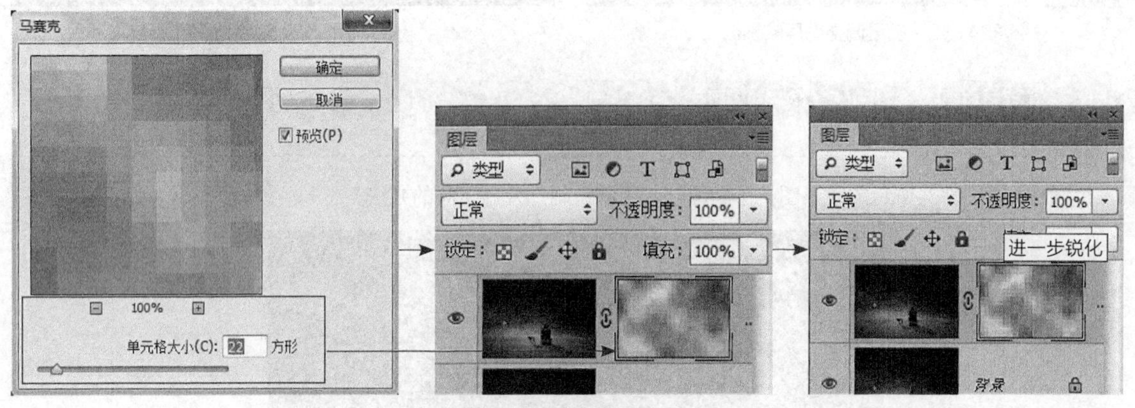

图24-38 应用滤镜效果

05 在菜单中执行“图层/图层样式/斜面和浮雕”命令，弹出“图层样式”对话框，设置“斜面和浮雕”图层样式的参数，勾选“渐变叠加”复选框，设置“渐变叠加”图层样式的参数，如图24-39所示。

06 设置完毕单击“确定”按钮，输入文字，最终效果如图24-40所示。

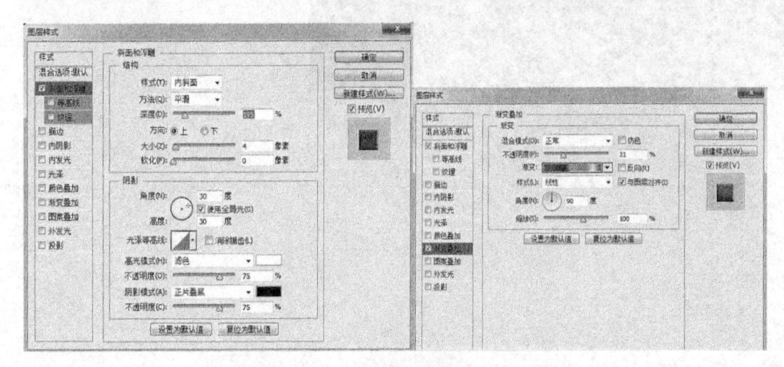

图24-39 设置图层样式的参数

图24-40 最终效果

24.4 通过滤镜为人物添加文身

实例目的

通过制作如图24-41所示的效果图，了解综合使用滤镜为人物制作文身的方法。

图24-41 效果图

实例要点

- 打开文件
- 应用“置换”滤镜
- 设置混合模式
- 应用“光照效果”滤镜

操作步骤

01 在菜单中执行“文件/打开”命令或按Ctrl+O快捷键，打开随书附带光盘中的文件“素材文件/第24章/文身背景.jpg、文身图案.jpg”，如图24-42所示。

02 使用“移动工具”将“文身图案”文件中的图像拖动到“文身背景”文件中，在“图层”面板中出现“图层1”，如图24-43所示。

图24-42 素材

图24-43 移动图像

03 按Ctrl+T快捷键调出变换框，拖动变换控制点将图像进行旋转，并将旋转后的图像拖动到人物头部的位置，如图24-44所示。

04 按回车键确定操作，选择“背景”图层，按住Ctrl键单击“图层1”的图层缩览图以调出选区，如图24-45所示，按Ctrl+C快捷键将选区内容复制到剪贴板内。

图24-44　变换及移动的效果

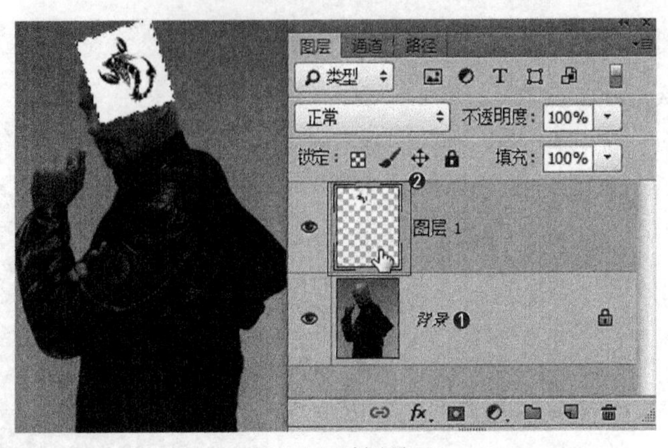

图24-45　创建选区

05 在菜单中执行“文件/新建”命令或按Ctrl+N快捷键，此时“新建”对话框内文件大小的参数值就是刚才复制的选区内容大小的参数值，如图24-46所示。

06 单击“确定”按钮，按Ctrl+V快捷键将复制的内容粘贴到新建的文件中，在菜单中执行“图像/调整/去色”命令，去掉图像的颜色，效果如图24-47所示。

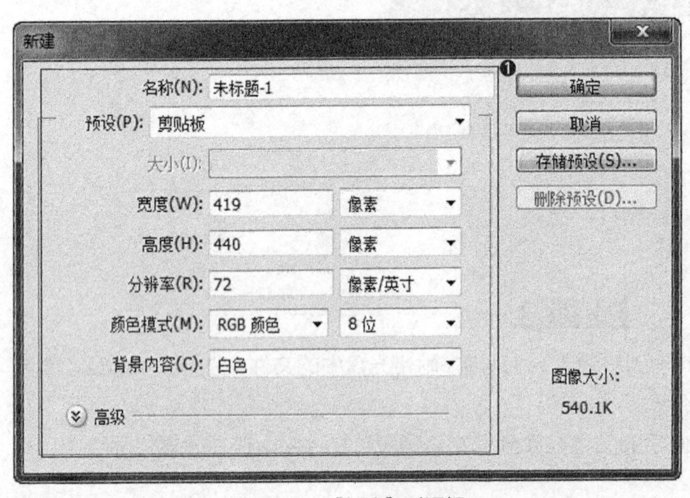

图24-46　“新建”对话框

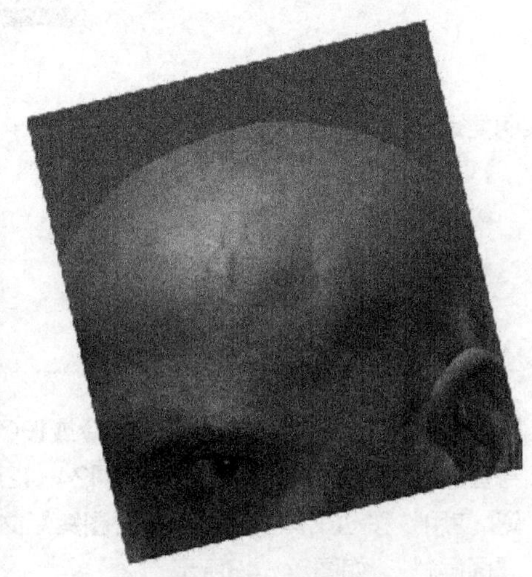

图24-47　去色效果

07 在菜单中执行“文件/存储为”命令，弹出“存储为”对话框，设置“文件名”为“置换图”，设置“保存类型”为“PSD”，如图24-48所示。

08 设置完毕单击“保存”按钮，将文件进行存储，选择“文身背景”文件中的“图层1”，按Ctrl+D快捷键去掉选区，在菜单中执行“滤镜/扭曲/置换”命令，弹出“置换”对话框，其中的参数设置如图24-49所示。

09 设置完毕单击“确定”按钮，弹出“选择一个置换图”对话框，在对话框内选择刚才存储的PSD文件，如图24-50所示。

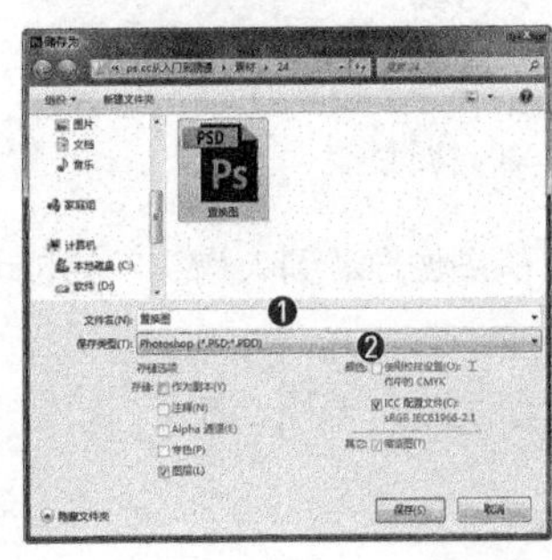

图24-48　“存储为”对话框

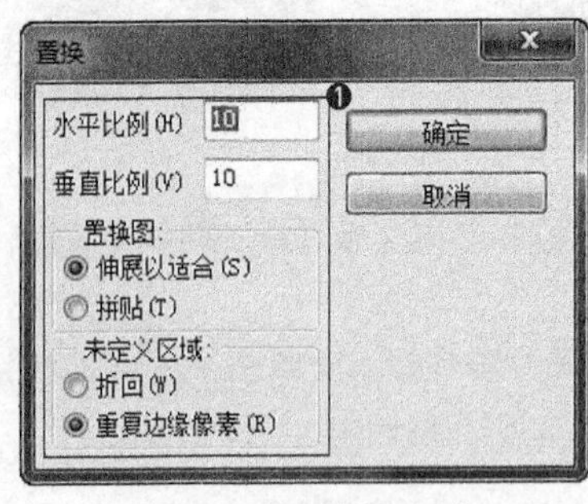

图24-49　“置换”对话框

图24-50　选择置换图

10 单击“打开”按钮完成置换操作，设置“图层1”的“混合模式”为“正片叠底”，使用（橡皮擦工具）擦除边缘多余的部分，如图24-51所示。

11 设置“图层1”的“不透明度”为53%，此时文身效果已经出现了，如图24-52所示。

12 下面对图像的整体效果进行一下处理。选择“背景”图层，在菜单中执行“滤镜/渲染/光照效果”命令，弹出“光照效果”对话框，其中的参数设置如图24-53所示，最终效果如同24-54所示。

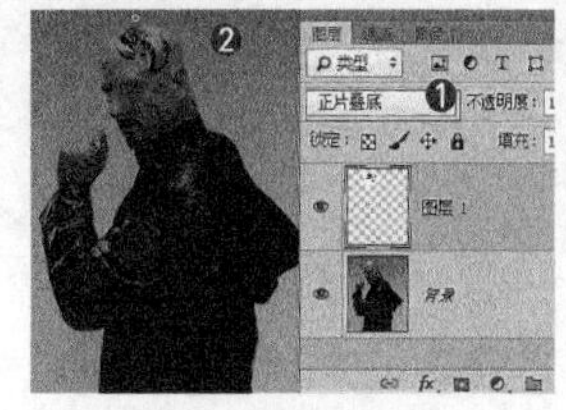

图24-51 设置混合模式

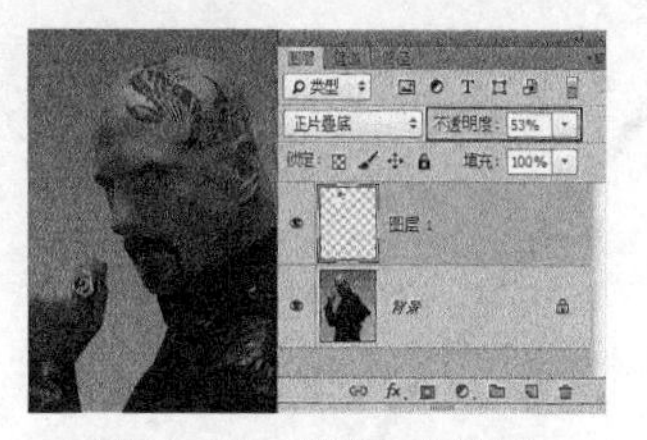

图24-52 设置不透明度

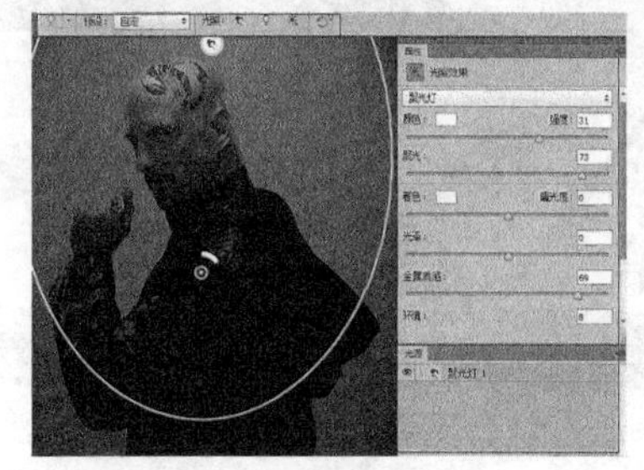

图24-53 “光照效果”对话框

图24-54 最终效果

24.5 课后练习

课后练习1：使用滤镜制作水珠效果

在Photoshop CC中使用“纤维”“染色玻璃”和“石膏效果”滤镜制作水珠效果，过程如图24-55所示。

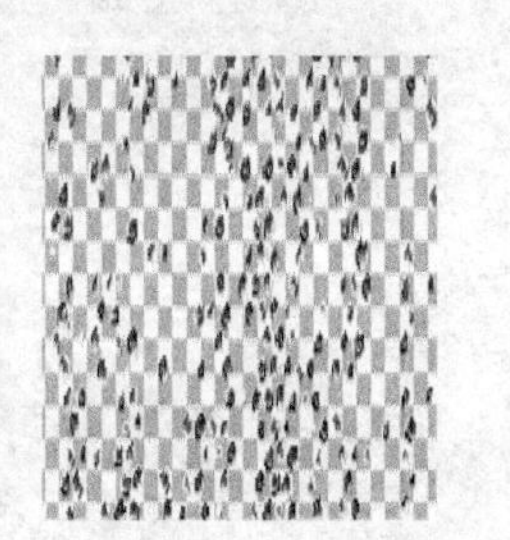

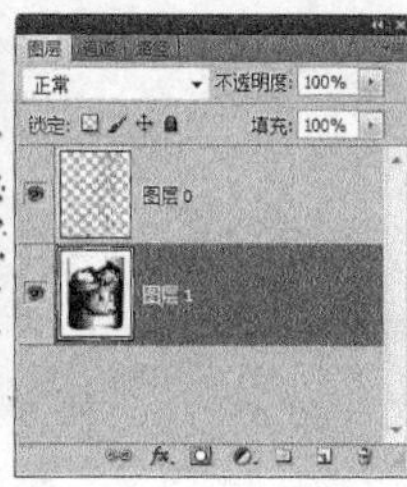

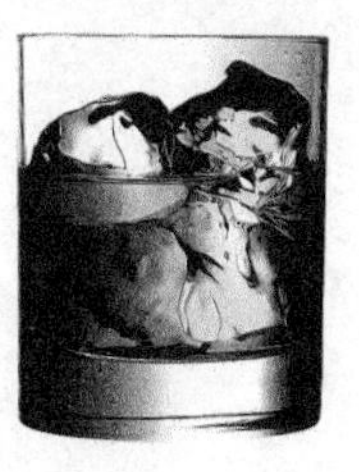

图24-55 制作水珠效果

练习说明

1. 新建文件。
2. 应用“纤维”“染色玻璃”和“石膏效果”滤镜。
3. 去掉黑色背景。
4. 将水珠移入新素材中，拆除杯子边缘的水珠像素。

课后练习2：使用滤镜制作水墨画效果

在Photoshop CC中使用“成角的线条”和“烟灰墨”滤镜制作水墨画效果，过程如图24-56所示。

图24-56 制作水墨画效果

练习说明

1. 打开素材，转换为智能滤镜。
2. 应用“成角的线条”和“烟灰墨”滤镜。
3. 新建图层，填充颜色并设置混合模式。

第 25 章 自动化与网络

本章重点：

- “动作”面板
- Web图像优化
- 复合图层
- 自动化
- 动画

在Photoshop中，通过软件提供的自动化命令可以十分轻松地完成大量的图像处理操作，通过自定义的动作可以制作批量的个性图像效果。

通过对图像的优化处理可以将其直接传输到网络上并建立链接，使图像不再只是单独的一个文件。

25.1 “动作”面板

在“动作”面板中创建的动作可以被应用于其他相同颜色模式的文件中，如此一来便节省了大量的时间。在菜单中执行“窗口/动作”命令，打开“动作”面板，该面板以标准模式和按钮模式两种模式存在，如图25-1所示。

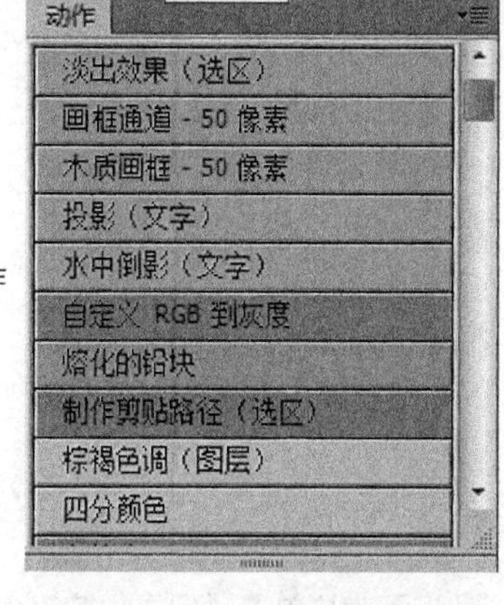

图25-1 “动作”面板

其中各项的含义如下。

- **切换项目开/关**：当面板中出现该图标时，表示该图标对应的动作组、动作或命令可用；当面板中该图标处于隐藏状态时，表示该图标对应的动作组、动作或命令不可用。
- **切换对话开/关**：当面板中出现该图标时，表示执行到这个动作时会暂停，并弹出相应的对话框，设置参数后，才可以继续执行以后的动作。

> **温馨提示**
>
> 当动作前面的“切换对话开关”图标显示为红色，表示该动作中有部分命令被设置了暂停。

- **新建动作组**：单击该按钮，创建用于存放动作的组。
- **播放选定的动作**：单击该按钮，可以执行对应的动作。
- **开始记录**：单击该按钮，录制动作的创建过程。
- **停止播放/记录**：单击该按钮，完成播放或记录过程。

> **温馨提示**
>
> “停止播放 / 记录”按钮只有在开始录制后才会被激活。

- **弹出菜单**：单击此按钮可以弹出“动作”面板对应的命令菜单，如图25-2所示。
- **动作组**：存放多个动作的文件夹。
- **记录的动作**：包含一系列命令的集合。
- **新建动作**：单击该按钮，会创建一个新动作。
- **删除**：单击该按钮，可以将当前动作删除。
- **按钮模式**：选择命令直接单击即可执行。
- **标准模式**：选择动作名称后单击“播放选定的动作”按钮即可应用动作。

按钮模式
新建动作...
新建组...
复制
删除
播放
开始记录
再次记录...
插入菜单项目...
插入停止...
插入路径
动作选项...
回放选项...
允许工具记录
清除全部动作
复位动作
载入动作...
替换动作...
存储动作...
命令
画框
图像效果
LAB - 黑白技术
制作
流星
文字效果
纹理
视频动作
关闭
关闭选项卡组

图25-2 面板弹出菜单

技巧

在“动作”面板中，有些操作是不能被记录的。例如，它不能记录使用“画笔工具”或“铅笔工具”等进行的描绘操作。但是，“动作”面板可以记录文字工具输入的内容、形状工具绘制的图形和“油漆桶工具”进行的填充等。

上机练习：创建动作

在“动作”面板中可以创建一些动作以备后用。创建方法如下。

操作步骤

01 在菜单中执行“文件/打开”命令或按Ctrl+O快捷键，打开随书附带光盘中的文件“素材文件/第25章/广告.jpg”，如图25-3所示。

图25-3 素材

图25-4 “新建动作”对话框

02 在菜单中执行“窗口/动作”命令，打开“动作”面板，单击“新建动作”按钮❶，弹出“新建动作”对话框，设置“名称”为“拼贴”❷，“颜色”为“蓝色”❸，如图25-4所示。

03 设置完毕单击“记录”按钮，在菜单中执行“滤镜/风格化/拼贴”命令，弹出“拼贴”对话框，其中的参数设置❹如图25-5所示。

04 设置完毕单击“确定”按钮，在“动作”面板中单击“停止播放/记录”按钮❺，即可完成动作的创建，效果如图25-6所示。

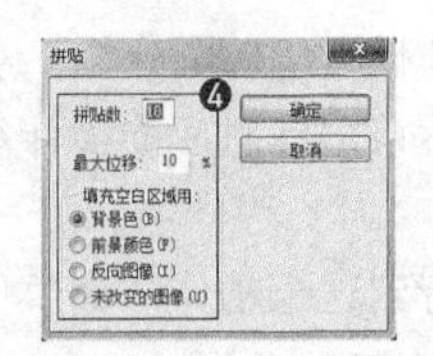

图25-5 “拼贴”对话框

图25-6 完成动作的创建

图25-7 “动作”面板

05 此时在“动作”面板中可以看见创建的“拼贴”动作❻。切换到按钮模式，会发现“拼贴”动作以蓝色按钮形式出现在“动作”面板中❼，如图25-7所示。

上机练习：应用动作

在“动作”面板中创建动作后，可以将其应用其他文件中。应用方法如下。

操作步骤

01 在菜单中执行“文件/打开”命令或按Ctrl+O快捷键，打开随书附带光盘中的文件“素材文件/第25章/创意图.jpg”，如图25-8所示。

02 在“动作”面板中选择之前创建的“拼贴”动作，单击“播放选定的动作”按钮❶，如图25-9所示。

图25-8 素材

图25-9 播放选定的动作

图25-10 应用动作效果

03 此时会看到“创意图”文件应用了“拼贴”动作，效果如图25-10所示。

25.2 自动化工具

Photoshop CC提供的自动化命令可以十分轻松地完成大量的图像处理操作，从而减少了工作时间。用于自动化处理的命令被放置在“文件/自动”菜单中。

25.2.1 批处理

在“批处理”对话框中可以根据选择的动作将“源”设置的文件夹中的图像应用指定的动作，并将应用动作后的所有图像都存放到“目标”区设置的文件夹中。在菜单中执行“文件/自动/批处理”命令，弹出“批处理”对话框，如图25-11所示。

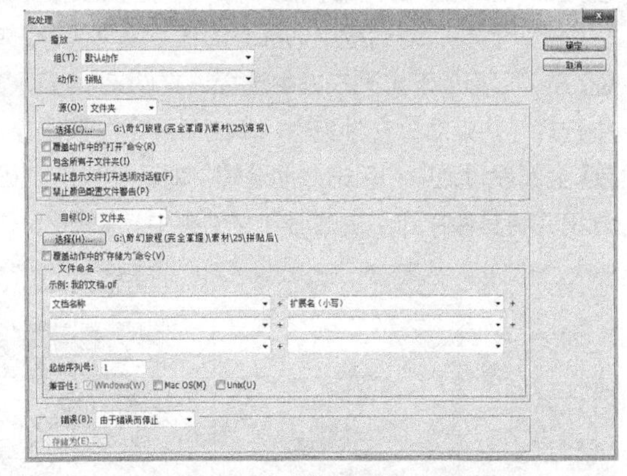

图25-11 “批处理”对话框

其中各项的含义如下。

- **播放**：用来设置播放的动作组和动作。
- **源**：设置要进行批处理的源文件，可以在下拉列表框中选择需要进行批处理的选项，包括“文件夹”“导入”“打开的文件”和“Bridge”。

  选择：用来选择需要进行批处理的文件夹。

  覆盖动作中的“打开”命令：在进行批处理时会忽略动作中的“打开”命令。但是在动作中必须包含一个“打开”命令，否则源文件将不会被打开。勾选该复选框后，会弹出如图25-12所示的警告对话框。

图25-12　警告对话框

  包含所有子文件夹：在执行“批处理”命令时，会自动对应选取的文件夹中子文件夹中的所有图像。

  禁止显示文件打开选项对话框：在执行“批处理”命令时，不打开文件选项对话框。

  禁止颜色配置文件警告：在执行“批处理”命令时，可以阻止颜色配置信息的显示。

- **目标**：设置将批处理后的文件进行存储的位置。可以在下拉列表框中选择批处理后文件的保存位置选项，包括“无”“存储并关闭”和“文件夹”。

  选择：在“目标”下拉列表框中选择“文件夹”选项后，会激活该按钮，该按钮主要被用来设置批处理后保存文件的文件夹。

  覆盖动作中的“存储为”命令：如果动作中包含“存储为”命令，勾选该复选框，会弹出如图25-13所示的警告对话框，单击“确定”按钮后，在进行批处理时，动作中的“存储为”命令将引用批处理的文件，而不是动作中指定的文件名和位置。

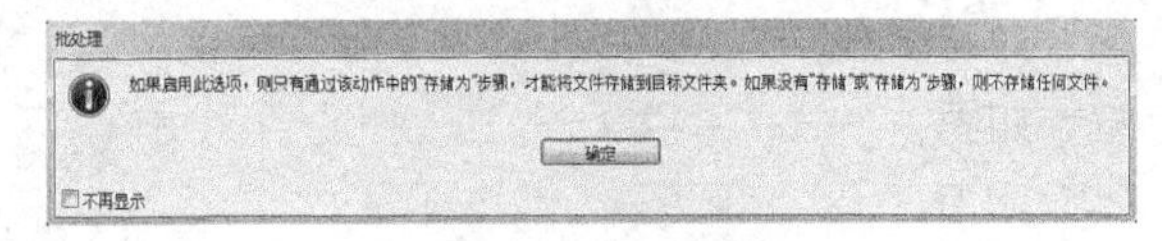

图25-13　警告对话框

  文件命名：在“目标”下拉列表框中选择“文件夹”后，可以在“文件命名”区中设置文件的命名规范，还可以指定文件的兼容性，包括“Windows”“Mac OS”和“Unix”。

- **错误**：用来设置出现错误时的处理方法。

  由于错误而停止：出现错误时会出现提示信息，并暂时停止操作。

  将错误记录到文件：在出现错误时不会停止批处理的运行，但是系统会记录操作中出现的错误信息，单击下方的“存储为”按钮，可以选择错误信息存储的位置。

上机练习：通过“批处理”命令对整个文件夹中的文件应用“拼贴”滤镜

本次实战主要让大家了解“批处理”命令的使用方法，在此使用之前创建的“拼贴”动作。

操作步骤

01 在菜单中执行“文件/自动/批处理”命令，弹出“批处理”对话框，在“播放”区的“动作”中选择之前创建的“拼贴”动作❶，在“源”下拉列表框中选择“文件夹”选项❷，单击“选择”按钮❸，在弹出的“浏览文件夹”对话框中选择“海报”文件夹❹，单击“确定”按钮❺，如图25-14所示。

02 在“目标”下拉列表框中选择“文件夹”选项❻，单击“选择”按钮❼，在弹出的“浏览文件夹”对话框中选择“拼贴后”文件夹❽，单击“确定”按钮❾，如图25-15所示。

03 全部设置完毕，单击“批处理”对话框中的“确定”按钮，即可对“海报”文件夹中的文件应用“拼贴”滤镜并将其保存到“拼贴后”文件夹中，如图25-16所示。

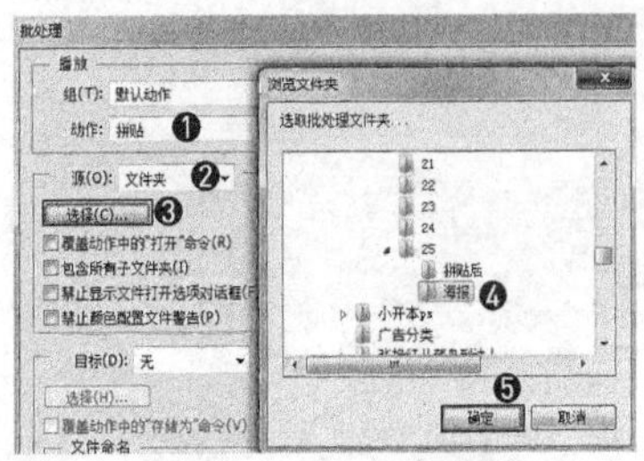

图25-14 设置源文件

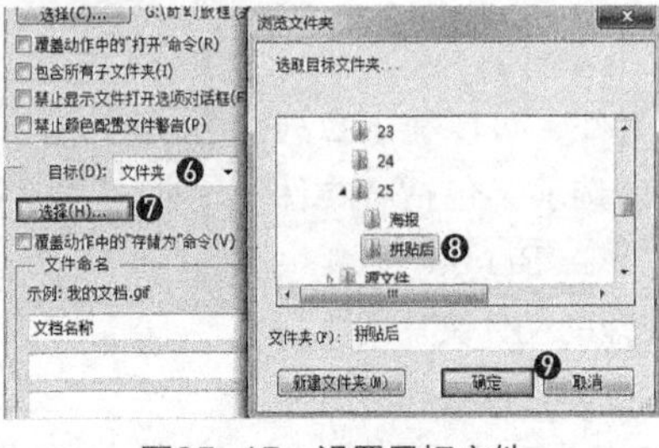

图25-15 设置目标文件

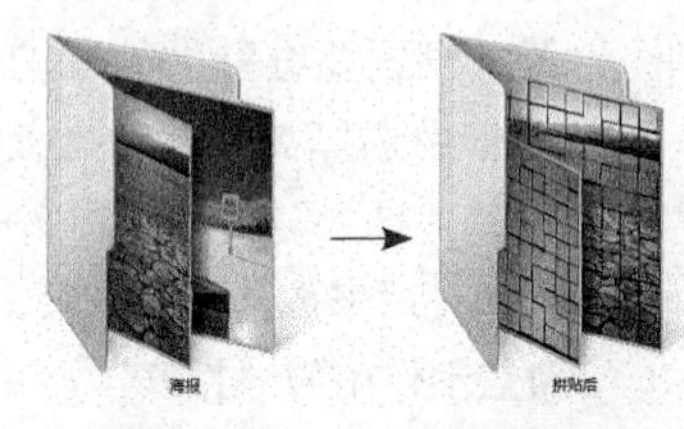

图25-16 应用批处理的效果

25.2.2 创建PDF演示文稿

在Photoshop CC 中可以将选择的多个文件创建成PDF演示文稿，以方便观看。创建方法如下。

01 在菜单中执行“文件/自动/PDF演示文稿”命令，弹出“PDF演示文稿”对话框，如图25-17所示。

02 单击“浏览”按钮，选择要创建PDF演示文稿的文件，其他参数设置如图25-18所示。

03 设置完毕单击“存储”按钮，弹出“存储”对话框，如图25-19所示。

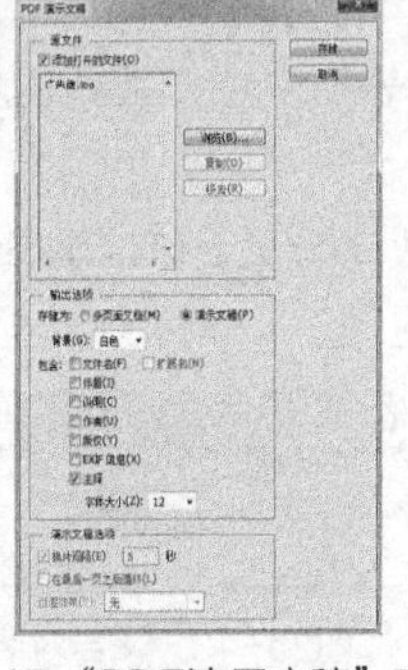

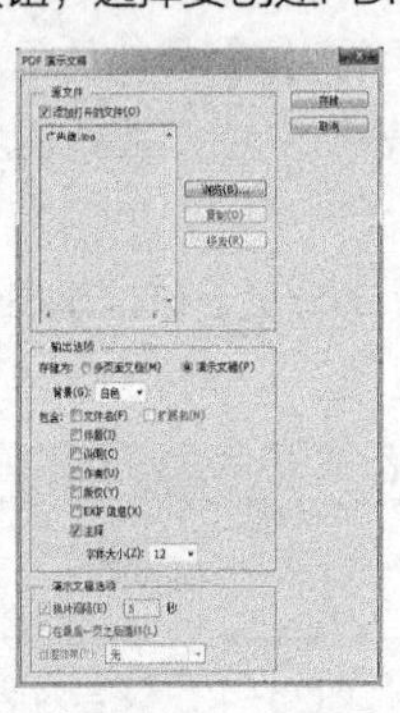

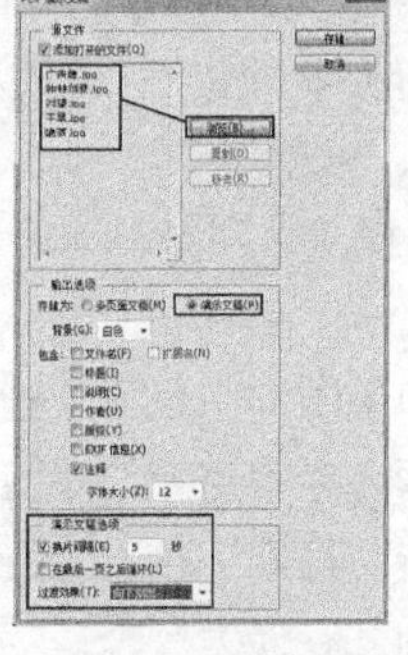

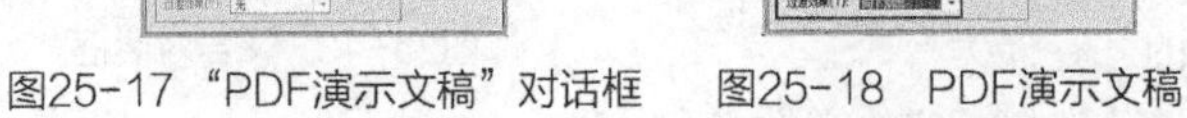

图25-17 “PDF演示文稿”对话框　图25-18 PDF演示文稿　图25-19 “存储”对话框

04 设置完毕单击“保存”按钮，弹出“存储Adobe PDF”对话框，如图25-20所示。

05 设置完毕单击“存储PDF”按钮，完成操作，效果如图25-21所示。

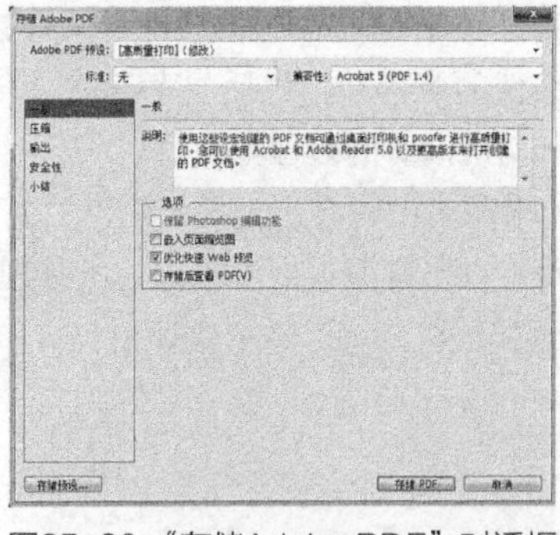

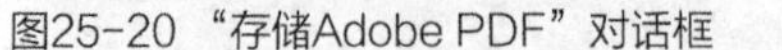

图25-20 “存储Adobe PDF”对话框　图25-21 演示文稿

25.2.3 创建快捷批处理

使用“创建快捷批处理”命令创建图标后，只要将要应用该命令的文件拖动到图标上即可。在菜单中执行“文件/自动/创建快捷批处理”命令，弹出“创建快捷批处理”对话框，如图25-22所示。

其中选项的含义如下。

- **将快捷批处理存储为**：用来设置将生成的“创建快捷批处理”图标存储的位置。

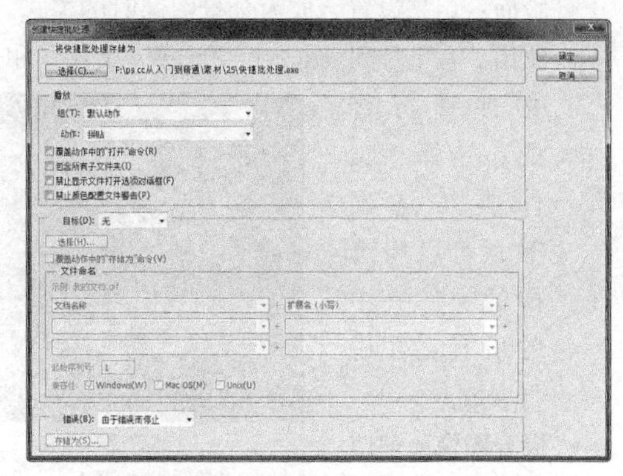

图25-22 “创建快捷批处理”对话框

25.2.4 裁剪并修齐照片

使用“裁剪并修齐照片”命令，可以自动将在扫描仪中一次性扫描的多个图像文件分成多个单独的图像文件，效果如图25-23所示。

图25-23 裁剪并修齐照片

25.2.5 条件模式更改

使用“条件模式更改”命令可以将当前选取的图像的颜色模式转换成自定颜色模式。在菜单中执行“文件/自动/条件模式更改”命令，弹出如图25-24所示的“条件模式更改”对话框。

其中各项的含义如下。

- **源模式**：用来设置将要转换的颜色模式。
- **目标模式**：转换后的颜色模式。

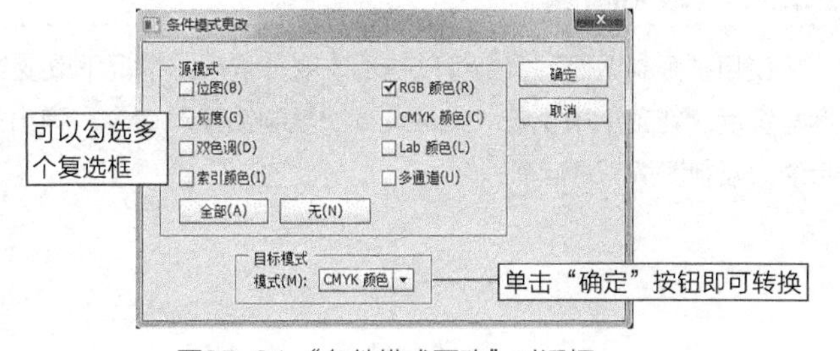

图25-24 “条件模式更改”对话框

25.2.6 Photomerge

使用“Photomerge”命令可以将局部图像自动合成为全景图像，该功能与“自动对齐图层”命令类似。在菜单中执行“文件/自动/Photomerge”命令，弹出如图25-25所示的“Photomerge”对话框，设置相应的“版面”并选择要合成的文件后，单击“确定”按钮，就可以将选择的文件合成为全景图像。

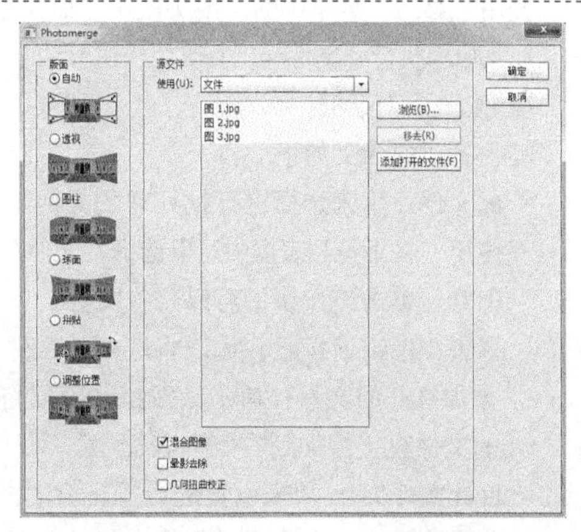

图25-25 “Photomerge”对话框

其中各项的含义如下。

- **版面**：用来设置合成为全景图像时的模式。
- **使用**：在下拉列表框中可以选择“文件”和“文件夹”。选择“文件”选项时，可以将选择的两个以上的文件进行合成；选择“文件夹”选项时，可以将选择的文件夹中的所有文件进行合成。
- **混合图像**：勾选该复选框，应用“Photomerge”命令后会直接套用混合图像蒙版。

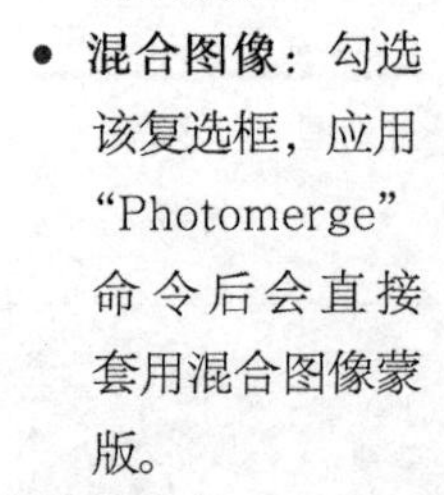

图25-26　合成全景图像

- **晕影去除**：勾选该复选框，可以校正摄影时镜头中的晕影效果。
- **几何扭曲校正**：勾选该复选框，可以校正摄影时镜头中的几何扭曲效果。
- **浏览**：用来选择合成全景图像的文件或文件夹。
- **移去**：单击该按钮，可以删除左侧列表框中选择的文件。
- **添加打开的文件**：单击该按钮，可以将在Photoshop中打开的文件直接添加到列表框中。

制作全景图像的过程如图25-26所示。

25.2.7 限制图像

使用“限制图像”命令可以在不改变分辨率的情况下改变当前图像的高度与宽度。在菜单中执行“文件/自动/限制图像”命令，弹出如图25-27所示的“限制图像”对话框。

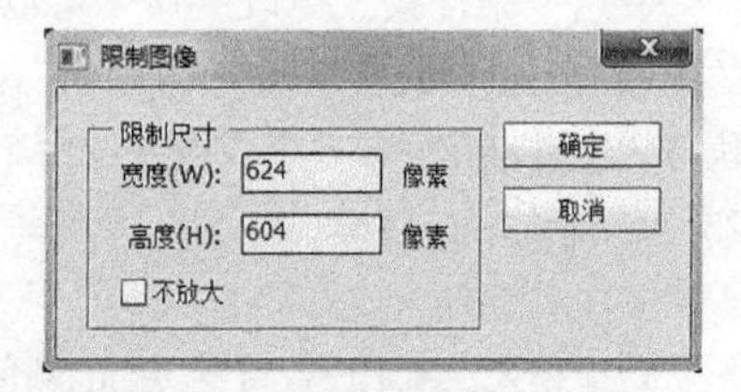

图25-27 “限制图像”对话框

25.2.8 镜头校正

使用“自动”菜单中的“镜头校正”命令可以对多个图像进行校正。在菜单中执行“文件/自动/镜头校正”命令，弹出如图25-28所示的“镜头校正”对话框。

其中各项的含义如下。

- **源文件**：用来选择进行批处理的文件。

  使用：在下拉列表框中可以选择“文件”或“文件夹”选项。

  浏览：单击该按钮，可以查找文件。

  移去：单击该按钮，可以将选择的文件删除。

  添加打开的文件：单击该按钮，可以将在Photoshop中打开的文件直接添加到右侧列表框中。

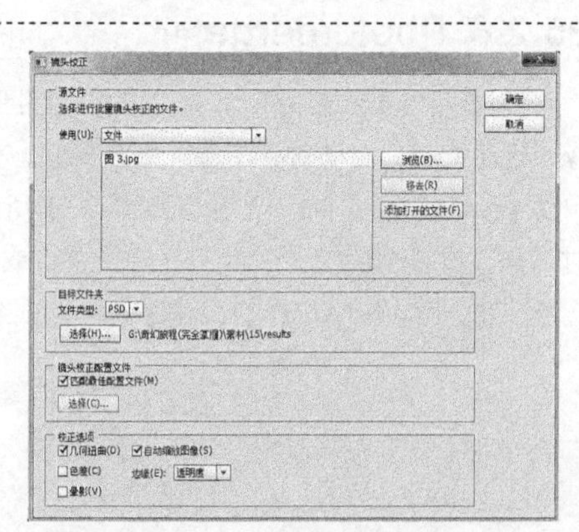

图25-28 “镜头校正”对话框

- **目标文件夹**：用来设置进行校正后的文件要存储的位置。
- **校正选项**：用来设置对照片进行校正时的选项。

25.3 Web图像优化

当创建的图像非常大时，在网络中传输的速度会非常慢，这就要求在进行网页创建和利用网络传输图像时，要在保证一定质量、显示效果的同时尽可能降低图像文件的大小。当前常见的Web图像格式有三种，即JPG格式、GIF格式、PNG格式。JPG与GIF格式大家已司空见惯，而PNG格式（Portable Network Graphics的缩写）则是一种新兴的Web图像格式。以PNG格式保存的图像一般都很大，甚至比BMP格式的图像还大一些，这对于Web图像来说无疑是致命的，因此很少被使用。对于连续色调的图像最好使用JPG格式进行压缩，而对于不连续色调的图像则最好使用GIF格式进行压缩，以使图像质量和图像大小有一个最佳的平衡点。

25.3.1 设置优化格式

处理用于网络传输的图像格式时，既要多保留原有图像的颜色质量又要使其尽量少占用空间，这时就要对图像进行不同格式的优化设置。打开图像后，在菜单中执行“文件/存储为Web所用格式”命令，弹出如图25-29所示的“存储为Web所用格式”对话框。要为打开的图像进行整体优化设置，只要在“优化设置”区中的“优化文件格式”下拉列表框中选择相应的格式，再对其进行颜色和损耗等设置，如图25-30～图25-32所示是分别优化为GIF、JPEG和PNG-8格式时的设置选项。

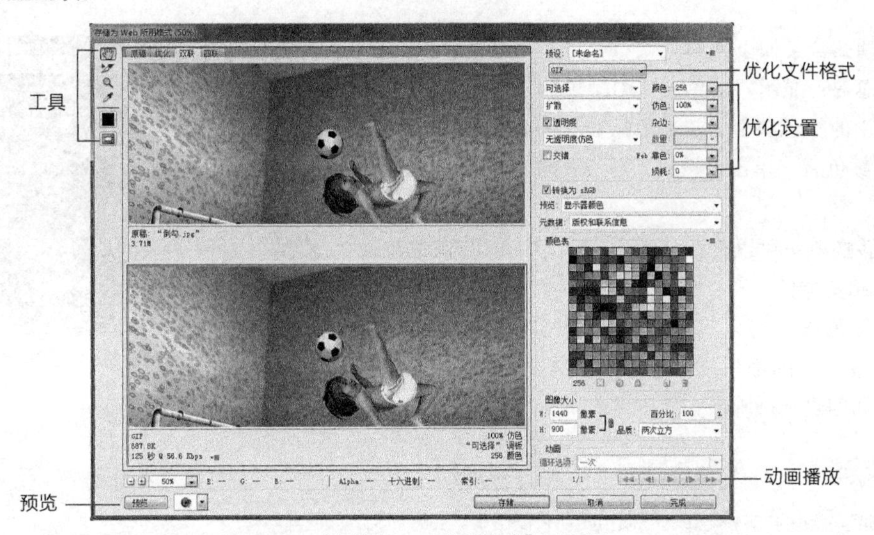

图25-29 “存储为Web所用格式”对话框

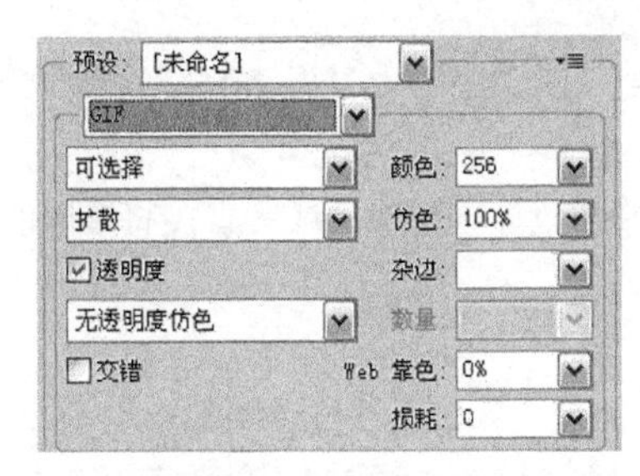

图25-30 GIF格式优化选项

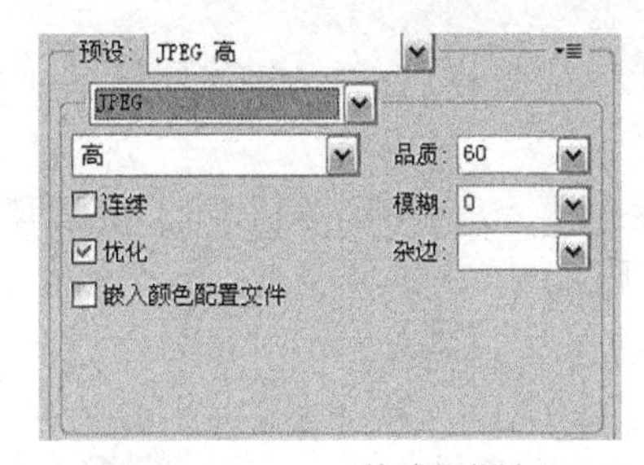

图25-31 JPEG格式优化选项

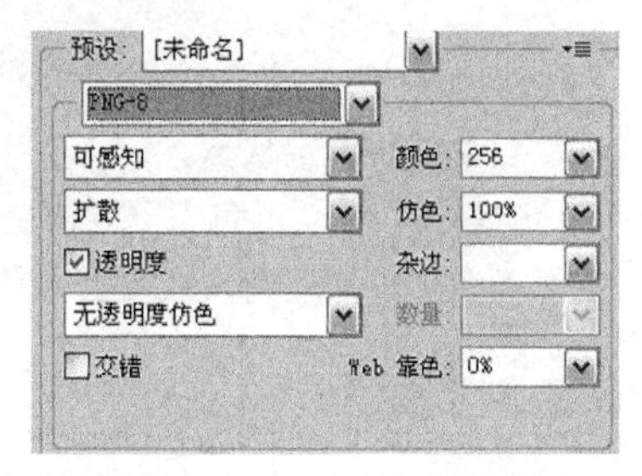

图 25-32 PNG-8格式优化选项

温馨提示

选择不同的格式后，可以在原图像与优化的图像中进行大小比较。

25.3.2 应用颜色表

将图像优化为GIF格式、PNG-8格式和WBMP格式时，可以通过“存储为Web所用格式”对话框中的“颜色表”对颜色进行进一步的设置，如图25-33所示。

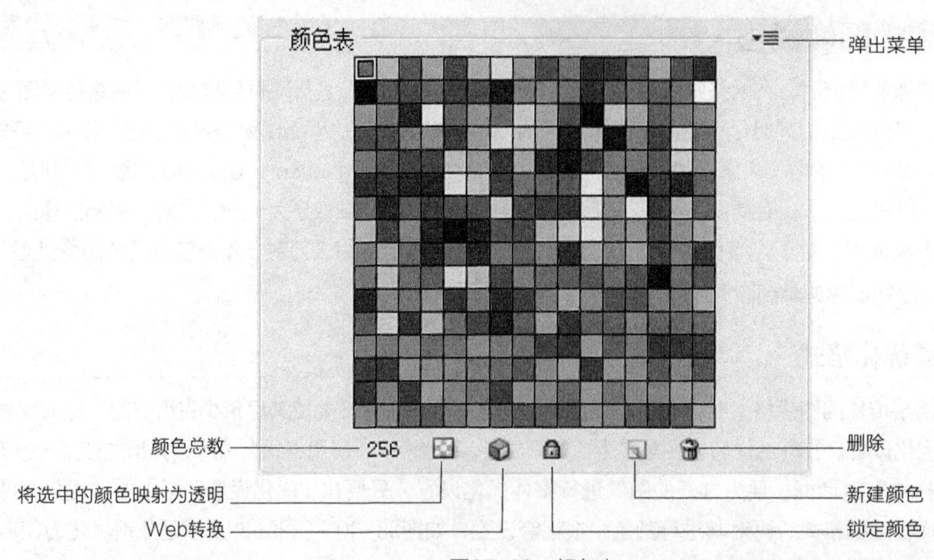

图25-33　颜色表

其中各项的含义如下。

- **颜色总数**：显示"颜色表"中颜色的总和。
- **将选中的颜色映射为透明**：在"颜色表"中选择相应的颜色后，单击该按钮，可以将选取的颜色转换成透明。
- **Web转换**：可以将在"颜色表"中选取的颜色转换成Web安全色。
- **锁定颜色**：可以将在"颜色表"中选取的颜色锁定，被锁定的颜色样本在右下角会出现一个方块图标，如图25-34所示。

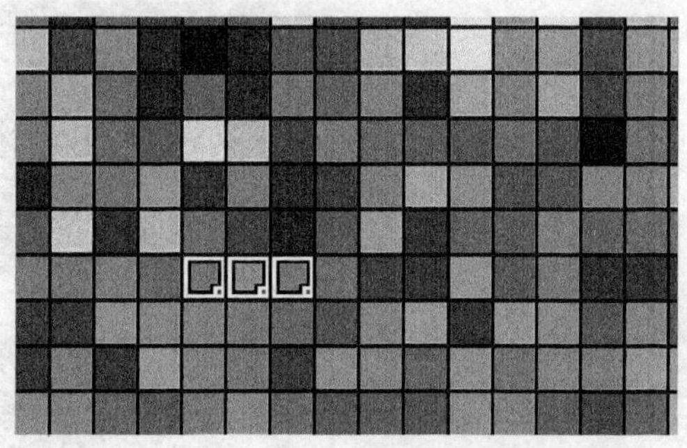
图25-34　锁定颜色

温馨提示

选取被锁定的颜色样本，再单击"锁定颜色"按钮，会将锁定的颜色样本解锁。

- **新建颜色**：单击该按钮，可以将"吸管工具"吸取的颜色添加到"颜色表"中，新建的颜色样本会自动处于锁定状态。
- **删除**：在"颜色表"中选择颜色样本后，单击该按钮可以将选取的颜色样本删除，或者直接将选取的颜色样本拖动到该按钮上将其删除。

25.3.3 图像大小

颜色设置完毕，还可以通过"存储为Web所用格式"对话框中的"图像大小"区对优化的图像进行输出大小的进一步设置，如图25-35所示。

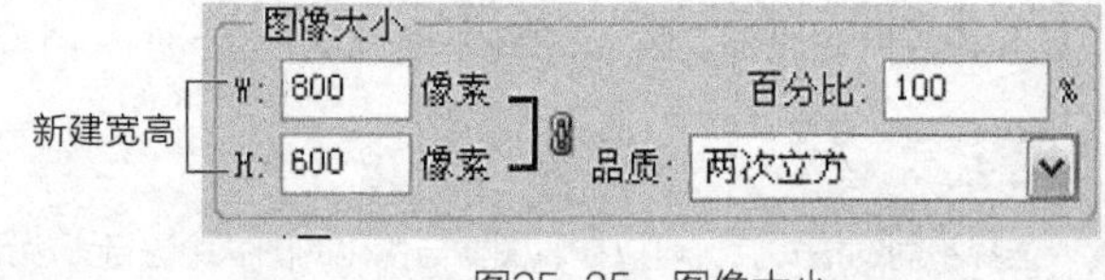

图25-35　图像大小

其中各项的含义如下。

- **新建宽高**：用来设置图像的宽度和高度。
- **百分比**：用来设置缩放比例。
- **品质**：可以在下拉列表框中选择一种插值方法，以便对图像重新取样。

25.4 设置网络图像

对图像进行优化处理后，可以将其应用到网络中。如果在图像中添加了切片，可以对图像的切片区域进行进一步的优化设置，并在网络中进行连接和显示切片设置。

25.4.1 创建切片

创建切片操作可以将整体图像分成若干个小图像，每个小图像都可以被重新优化。创建切片的方法非常简单，使用“切片工具”在打开的图像中按照颜色的分布进行拖动即可创建切片，具体的创建过程与使用“矩形选框工具”创建选区相同，如图25-36所示。

图25-36 创建切片

操作延伸

选择“切片工具”后，属性栏会变成该工具对应的参数及选项设置，如图25-37所示。

图25-37 切片工具的属性栏

其中各项的含义如下。

- **样式**：用来设置创建切片的方法，包括“正常”“固定大小”和“固定长宽比”。
- **宽度/高度**：用来固定切片的大小或比例。
- **基于参考线的切片**：依据参考线的边缘创建切片。

25.4.2 编辑切片

使用“切片选择工具”可以对已经创建的切片进行链接与调整。

选择“切片选择工具”后，属性栏会变成该工具对应的参数及选项设置，如图25-38所示。

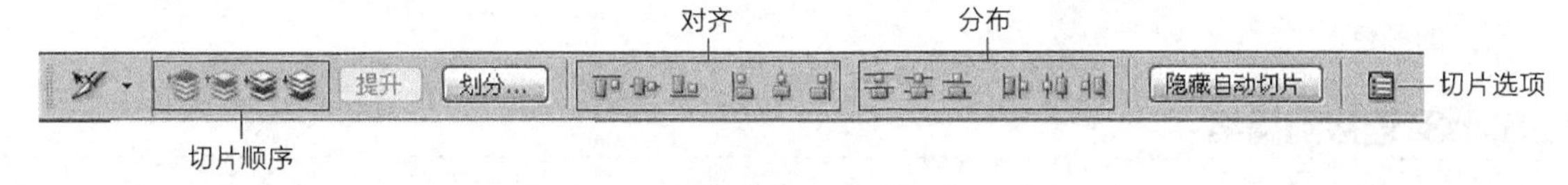

图25-38 切片选择工具的属性栏

其中各项的含义如下。

- **切片顺序**：用来设置当前切片的叠放顺序，从左到右依次为“置为顶层”、“上移一层”、“下移一层”和“置为底层”。

- **提升**：用来将未形成的虚线切片转换成用户切片。该按钮只有当在未形成的切片上单击并出现虚线切片时，才可以被激活。单击该按钮后，虚线切片会变成当前的用户切片。
- **划分**：对切片进行进一步的划分。单击该按钮，会弹出“划分切片”对话框，如图25-39所示。

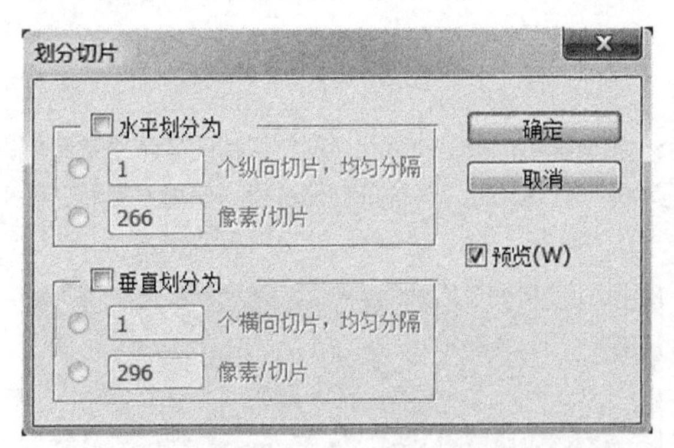

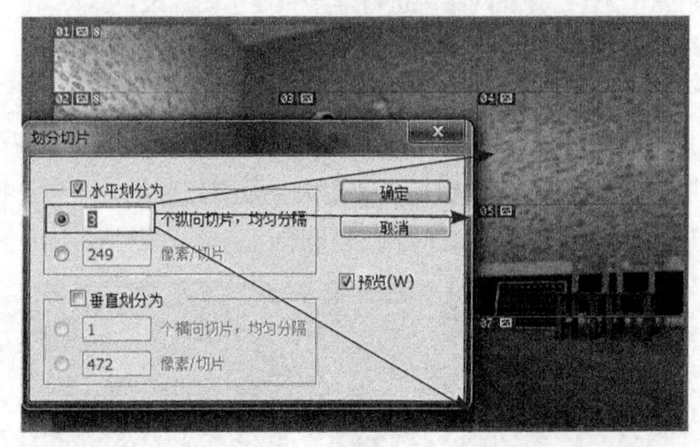

图25-39　划分切片

- **水平划分为**：水平均匀分割当前切片。
- **垂直划分为**：垂直均匀分割当前切片。
- **隐藏自动切片**：单击该按钮，可以将未形成切片的虚线隐藏或显示。
- **切片选项**：单击该按钮，会弹出针对当前切片的“切片选项”对话框，在其中可以设置相应的参数及选项，如图25-40所示。

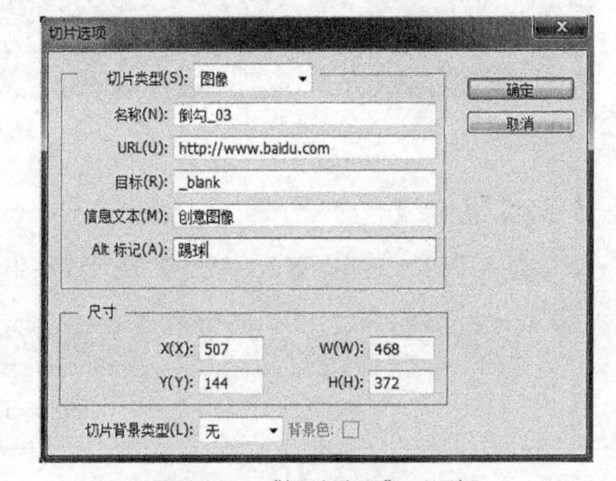

图25-40 “切片选项”对话框

- **切片类型**：输出切片的设置，包括“图像”“无图像”和“表”。
- **名称**：显示当前选择的切片名称，也可以自行定义。
- **URL**：在网页中单击当前切片可以链接的网址。
- **目标**：设置打开网页的方式，主要包括“_blank”“_self”“_parent”“_top”和“自定义”，依次表示为“新窗口”“当前窗口”“父窗口”“顶层窗口”和“框架”。当所指名称的框架不存在时，“自定义”的作用等同于“_blank”。
- **信息文本**：在网页中将鼠标指针移动到当前切片上时，网络浏览器状态栏中显示的内容。
- **Alt标记**：在网页中将鼠标指针移动到当前切片上时弹出的提示信息。当网络中不显示图像时，图像位置将显示“Alt标记”文本框中的内容。
- **尺寸**：“X”和“Y”表示当前切片的坐标，“W”和“H”表示当前切片的宽度和高度。
- **切片背景类型**：设置切片背景在网页中的显示类型，在下拉列表框中包括“无”“杂色”“白色”“黑色”和“其他”。当选择“其他”选项时，会弹出“拾色器”对话框，在对话框中可以设置切片背景的颜色。

25.4.3 连接到网络

操作步骤

01 切片设置完毕，在菜单中执行“文件/存储为Web所用格式”命令，弹出“存储为Web所用格式”对话框，使用“切片选择工具”选择不同切片后，可以在“优化设置”区对选择的切片进行优化，将所有切片都设置为JPEG格式❶，如图25-41所示。

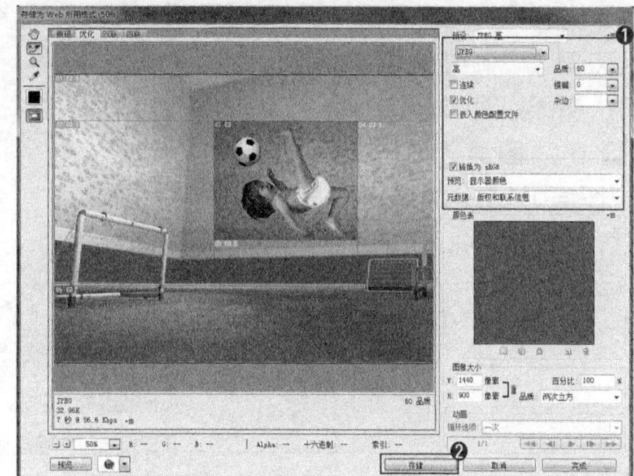

图25-41 “存储为Web所用格式”对话框

> **技巧**
>
> 在“存储为Web所用格式”对话框中，使用“切片选择工具”双击切片和在文件中使用工具箱中的“切片选择工具”双击切片，弹出的“切片选项”对话框中的设置选项是相同的。

02 设置完毕单击“存储”按钮❷，弹出“将优化结果存储为”对话框，设置“格式类型”为“HTML和图像”❸，如图25-42所示。

03 设置完毕单击“保存”按钮，在存储的位置中找到保存的“图像合成”HTML文件，打开后将鼠标指针移动到“切片3”所在的位置处，可以看到鼠标指针的下方❹和文件窗口左下角❺出现了该切片的链接信息，如图25-43所示。

04 在“切片3”的位置单击鼠标左键，就会自动跳转到“百度”的主页上，如图25-44所示。

图25-42 “将优化结果存储为”对话框

图25-43 链接信息

图25-44 “百度”主页

25.5 动画

在Photoshop中通过结合使用“动画”面板和“图层”面板，可以创建一些简单的动画效果。将动画设置为GIF格式后可以将其直接导入到网页中，并以动画的形式显示。在Photoshop CC中，“动画”面板变为了“时间轴”面板。

25.5.1 创建动画

操作步骤

01 在菜单中执行“文件/打开”命令或按Ctrl+O快捷键，打开随书附带光盘中的文件“素材文件/第25章/雪人.psd”，如图25-45所示。

02 按Ctrl+J快捷键复制图层，得到“图层0副本”❶，在菜单中执行“窗口/时间轴”命令，打开“时间轴”面板，选择“创建帧动画”选项❷，然后单击“复制所选帧”按钮❸以创建第二帧，如图25-46所示。

图25-45 素材

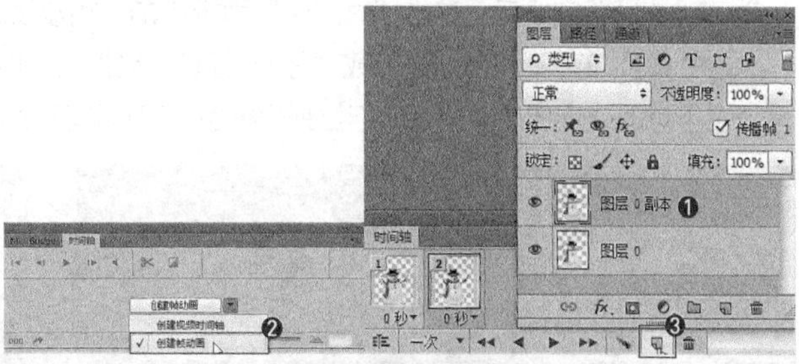

图25-46 复制帧

03 使用“移动工具”将“图层0副本”中的图像向上移动，效果如图25-47所示。

04 在“图层”面板中隐藏“图层0”❹，完成动画的创建，如图25-48所示。

图25-47 移动图像

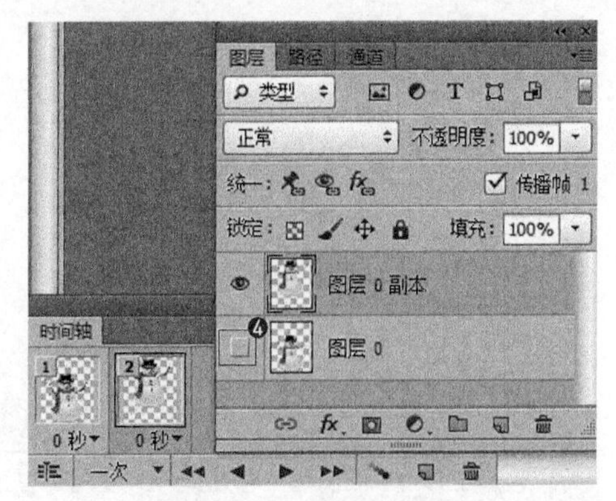

图25-48 完成动画的创建

25.5.2 设置过渡动画帧

“过渡动画帧”是指系统自动在两个帧之间添加的,使位置、不透明度或效果产生均匀变化的帧。设置过程如下。

01 动画创建完成后，单击“时间轴”面板中的“过渡动画帧”按钮，如图25-49所示。

02 此时系统会弹出如图25-50所示的“过渡”对话框。

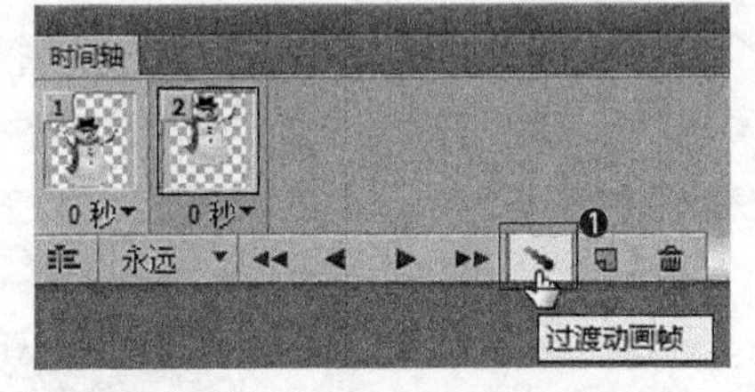

图25-49 单击“过渡动画帧”按钮

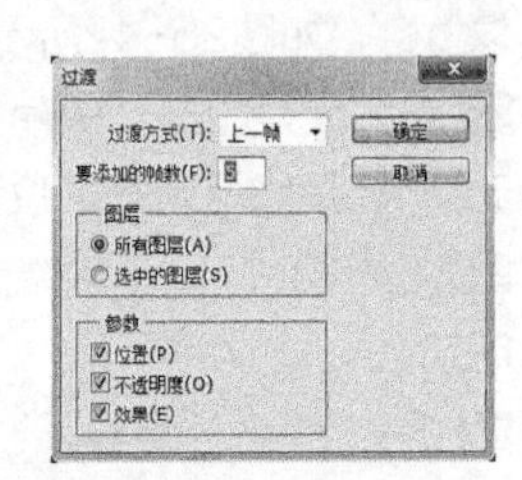

图25-50 “过渡”对话框

其中各项的含义如下。

- **过渡方式**：用来选择当前帧与某一帧之间的过渡。
- **要添加的帧数**：用来设置在两个帧之间要添加的过渡帧的数量。
- **图层**：用来设置在“图层”面板中针对的图层。
- **参数**：用来控制要改变的帧的属性。

03 设置完毕单击“确定”按钮，完成过渡设置，如图25-51所示。

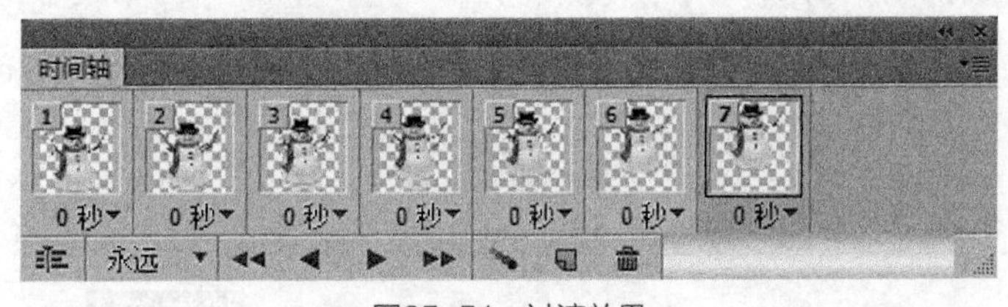

图25-51 过渡效果

25.5.3 预览动画

动画过渡设置完成后，单击“时间轴”面板中的“播放动画”按钮❶，就可以在文件窗口观看创建的动画效果了。此时“播放动画”按钮会变成“停止动画”按钮，单击“停止动画”按钮❷，可以停止正在播放的动画。在面板左下角的“选择循环选项”下拉列表框❸中可以选择播放的次数和自行设置的播放次数，如图25-52所示。

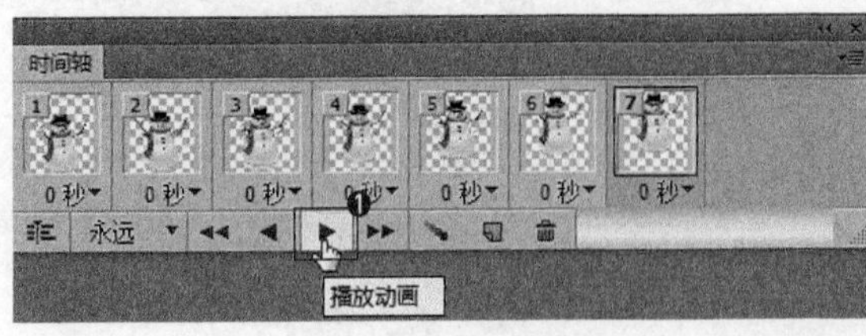

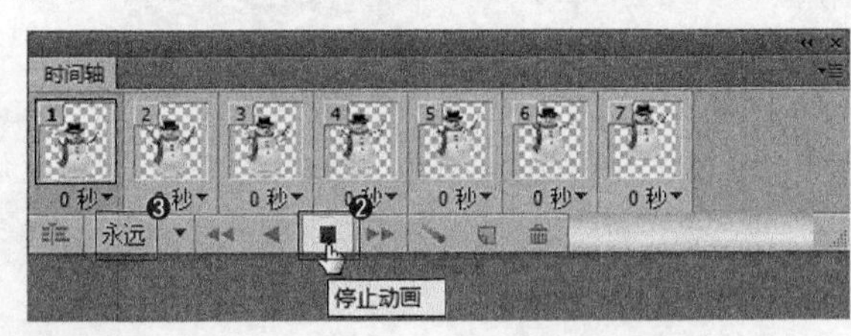

图25-52 预览动画

技巧

选择相应的帧后，直接单击“时间轴”面板中的“删除”按钮可以将其删除，或者直接拖动选择的帧到“删除”按钮上将其删除；在“图层”面板中删除图层，可以将“时间轴”面板中的效果清除。

25.5.4 设置动画帧

在选择的帧上单击鼠标右键，在弹出的菜单中可以选择相应的处理方法。选择“不处理”选项，表示上一帧会透过当前帧的透明区域被看到，此时在帧的左下方会出现一个；选择“处理”选项，表示上一帧不会透过当前帧的透明区域，此时在帧的下方会出现一个，如图25-53所示；选择“自动”选项，表示上一帧不会透过当前帧的透明区域。在帧的下方单击倒三角形按钮，在弹出的下拉列表框中可以选择该帧停留的时间，如图25-54所示。

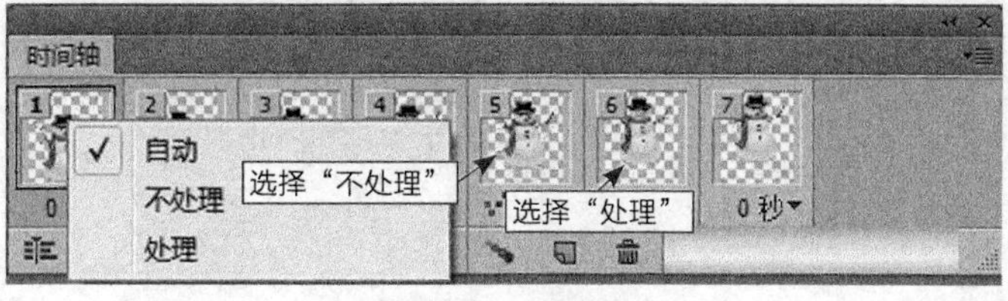

图25-53 设置处理

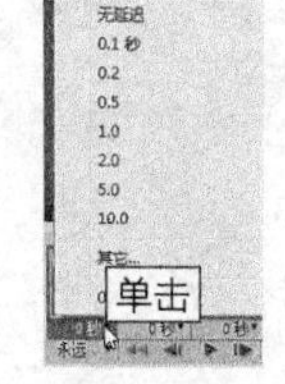

图25-54 设置延迟

25.5.5 保存动画

创建动画后，要存储动画，GIF格式是用于存储动画的最方便的格式。在菜单中执行“文件/存储为Web所用格式”命令，弹出“存储为Web所用格式”对话框，在“优化文件格式”下拉列表框中选择“GIF”格式❶，如图25-55所示，设置完毕单击“存储”按钮❷，弹出“将优化结果存储为”对话框，设置“格式”为“仅限图像”❸，如图25-56所示，单击“保存”按钮❹即可存储动画。

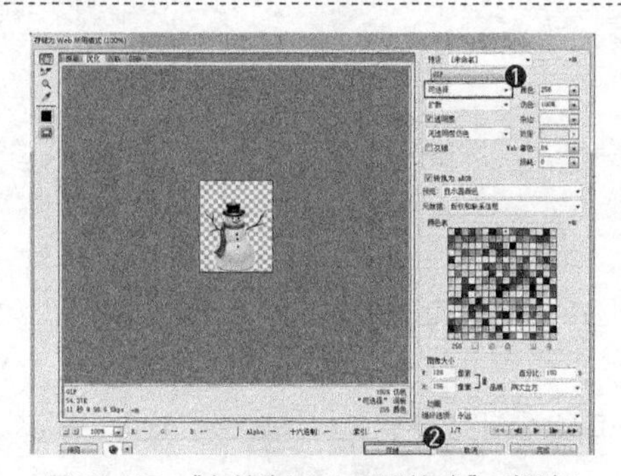

图25-55 “存储为Web所用格式”对话框

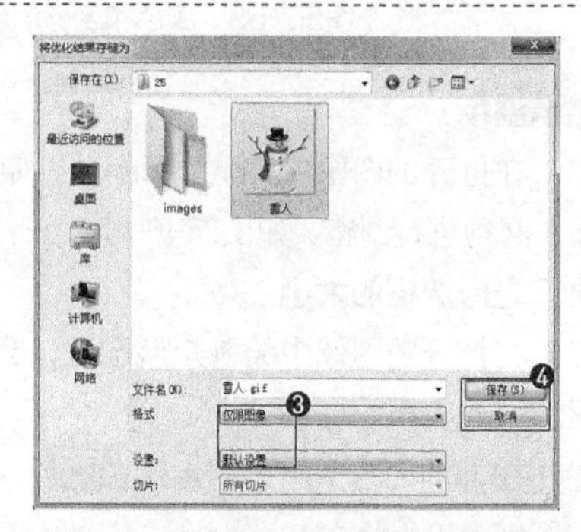

图25-56 “将优化结果存储为”对话框

25.6 查看图像信息

在Photoshop中使用“信息”面板可以显示鼠标指针在当前图像中任意位置的颜色值、坐标值，当前文件和正在使用的工具的相关信息。在菜单中执行“窗口/信息”命令，打开“信息”面板，如图25-57所示。

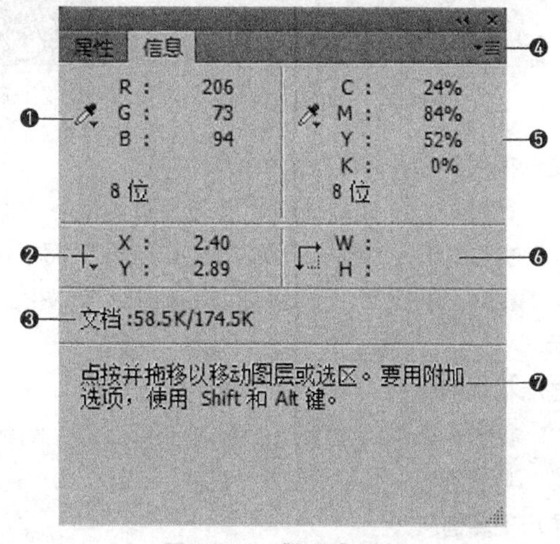

图25-57 “信息”面板

其中各项的含义如下。

- ❶**跟踪实际颜色值**：实时显示当前鼠标指针所在位置的颜色值（RGB颜色）。
- ❷**跟踪指针坐标值**：实时显示当前鼠标指针所在位置的x轴和y轴的坐标值。
- ❸**状态信息**：显示当前文件的相关信息。
- ❹**弹出菜单**：单击该按钮，可以打开“信息”面板的弹出菜单。
- ❺**跟踪用户选取的颜色值**：实时显示当前鼠标指针所在位置的颜色值（CMYK颜色）。

- ❻跟踪选区或变换宽度和高度：实时显示选框或形状的宽度和高度。
- ❼工具提示：实时显示使用的工具的相关信息。

25.6.1 “信息”面板的应用

显示当前鼠标指针所在位置的颜色和坐标信息

在打开的图像中移动鼠标指针，会在“信息”面板中看到颜色和坐标信息，如图25-58所示。为图像应用“色彩平衡”命令后，再在图像中移动鼠标指针，此时会看到颜色变化的前后对照，如图25-59所示。

图25-58 颜色和坐标信息

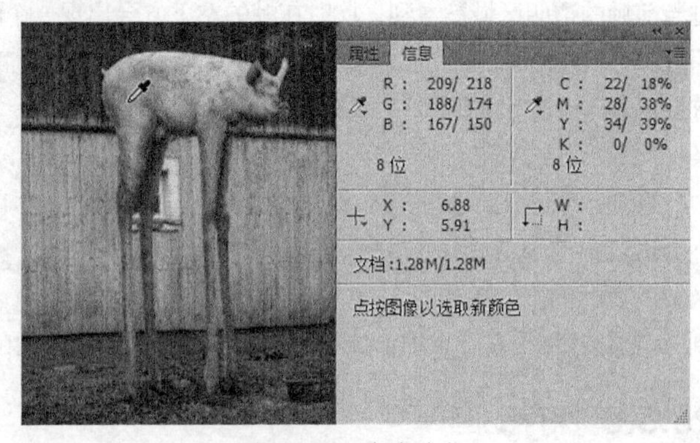

图25-59 颜色变化

显示溢色

在打开的图像中移动鼠标指针，如果在“跟踪用户选取的颜色值”右侧出现感叹号，表示该区域不能以原色打印，必须进行调整，如图25-60所示。

显示矩形选框的大小

在打开的图像中绘制矩形选区，会在“信息”面板中看到矩形选区的大小，如图25-61所示。

显示变换参数

在打开的图像中绘制矩形选区后，按Ctrl+T快捷键调出变换框，会在“信息”面板中看到关于变换的参数，如图25-62所示。

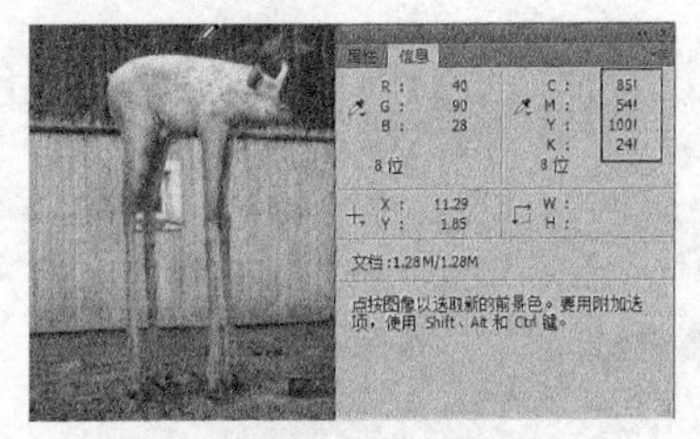

图25-60 显示溢色

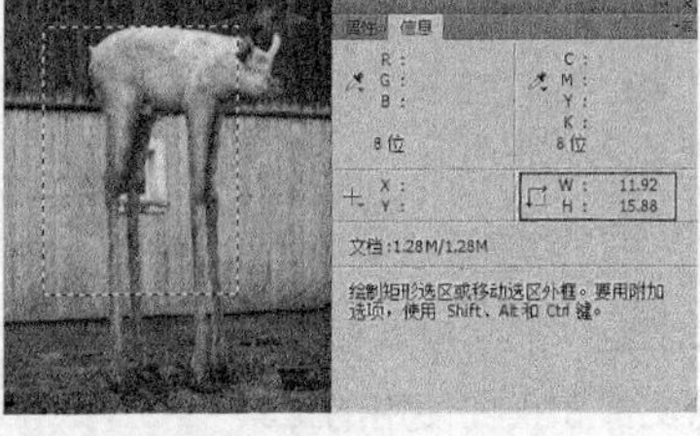

图25-61 显示矩形选框的大小

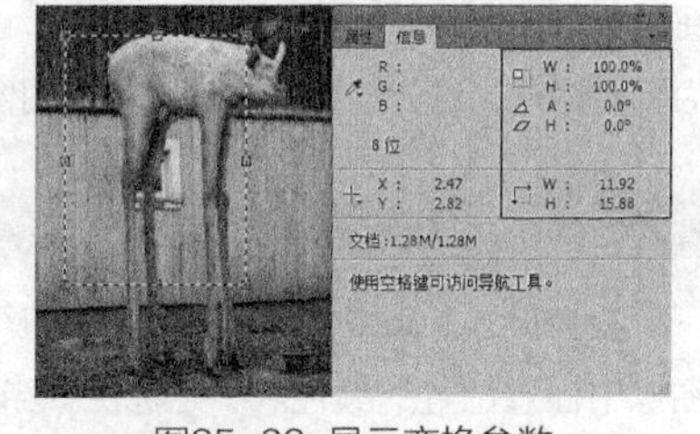

图25-62 显示变换参数

显示相对坐标、变化角度和距离

在打开的图像中绘制矩形选区后，使用“移动工具”改变选区内容的位置，会在“信息”面板中看到关于相对坐标、变化角度和距离的信息，如图25-63所示。

显示状态信息

打开图像后，就可以看到关于当前文件的状态信息，与状态栏中显示的信息一致。

显示工具信息

打开图像后，当使用某个工具时，会在“信息”面板中看到有关该工具的相关信息。

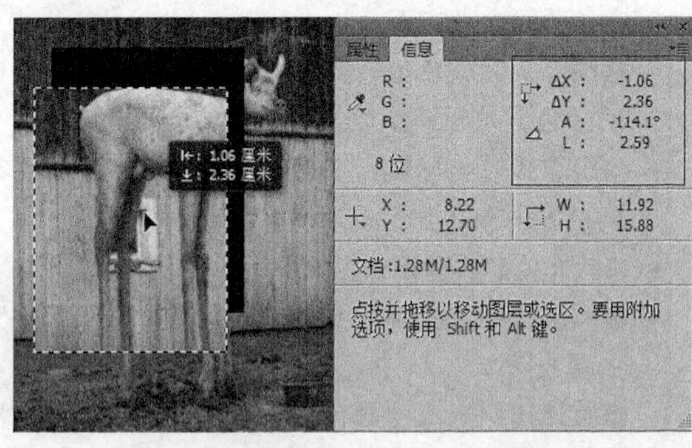

图25-63 显示相对坐标、变化角度和距离

25.6.2 设置“信息面板选项”对话框

在“信息”面板的弹出菜单中选择“面板选项”命令，弹出“信息面板选项”对话框，如图25-64所示。

其中各项的含义如下。

- **第一颜色信息**：用来设置“信息”面板中第一吸管（即“跟踪实际颜色值”）的颜色信息，在“模式”下拉列表框中可以选择相应的颜色模式。
- **第二颜色信息**：用来设置“信息”面板中第二吸管（即“跟踪用户选取的颜色值”）的颜色信息，在“模式”下拉列表框中可以选择相应的颜色模式。
- **状态信息**：用来设置在“信息”面板中显示的状态信息，可以进行多项选取。
- **显示工具提示**：勾选此复选框后，在“信息”面板中会出现工具提示部分。

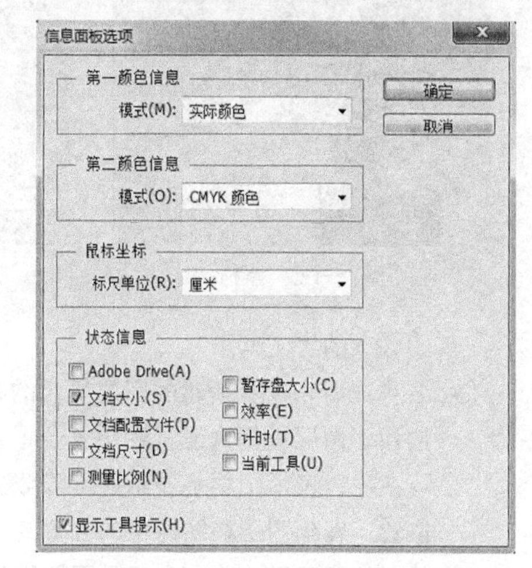

图25-64 “信息面板选项”对话框

25.7 图层复合

在Photoshop中可以通过“图层复合”面板，对已经创建的作品进行多个样式的预览显示。在菜单中执行“窗口/图层复合”命令，打开“图层复合”面板，如图25-65所示。

其中各项的含义如下。

- **❶当前图层复合标志**：显示该图层为当前图层复合。
- **❷应用选中的下一图层复合**：单击该按钮，可以转换到当前图层复合的下一个图层复合。
- **❸应用选中的上一图层复合**：单击该按钮，可以转换到当前图层复合的上一个图层复合。
- **❹更新图层复合**：单击该按钮，可以将更改的图层复合配置自动更新。
- **❺弹出菜单**：单击该按钮，可以打开“图层复合”面板的弹出菜单。
- **❻创建新的图层复合**：单击该按钮，可以将当前“图层”面板中对应的效果创建为一个图层复合。
- **❼删除图层复合**：单击该按钮，可以将当前的图层复合删除。

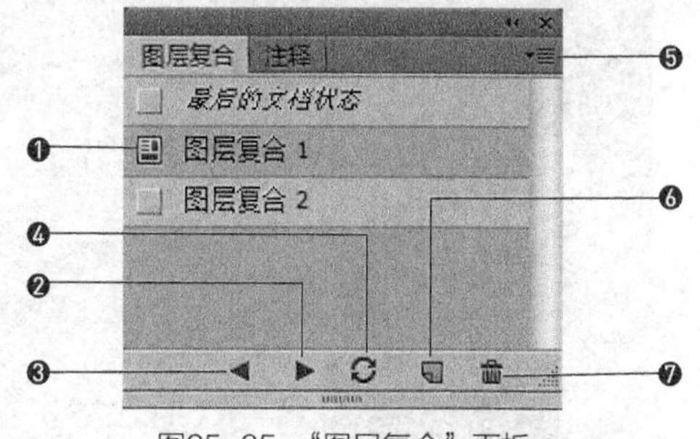

图25-65 “图层复合”面板

上机练习：创建图层复合

本次实战主要让大家了解通过“图层复合”面板创建图层复合的方法。具体创建方法如下。

操作步骤

01 在菜单中执行“文件/打开”命令或按Ctrl+O快捷键，打开随书附带光盘中的文件“素材文件/第25章/快速蒙版抠图.psd”，如图25-66所示。

02 隐藏几个图层后，在“图层复合”面板中单击“创建新的图层复合”按钮，弹出“新建图层复合”对话框，如图25-67所示。

图25-66 素材

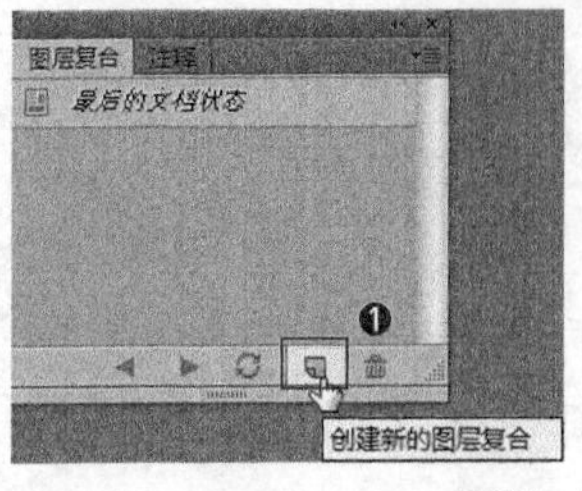

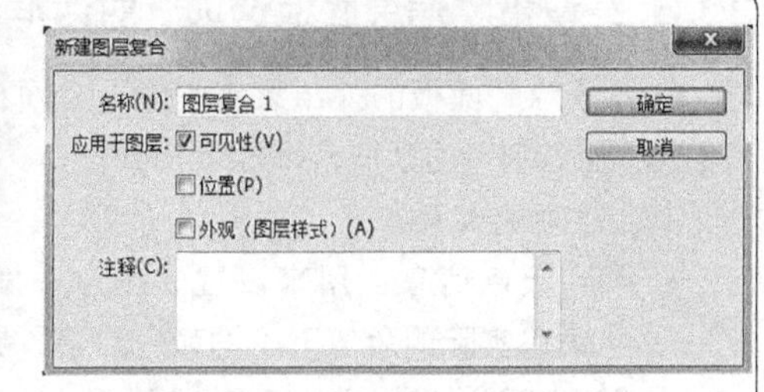

图25-67 “新建图层复合”对话框

其中各项的含义如下。

- **名称**：用来设置新建的图层复合的名称。
- **应用于图层**：用来设置图层复合记录的图层的类别和属性。

  可视性：表示图层是显示还是隐藏。

  位置：表示图层在图像中的位置。

  外观（图层样式）：表示是否将图层样式应用于图层和图层混合模式。
- **注释**：用来添加说明性的文字。

03 单击“确定”按钮，在“图层复合”面板中会新建一个图层复合，如图25-68所示。

04 选择“最后的文档状态”以显示之前隐藏的图层，将人物所在的图层进行隐藏，再单击“创建新的图层复合”按钮，新建图层复合，如图25-69所示。

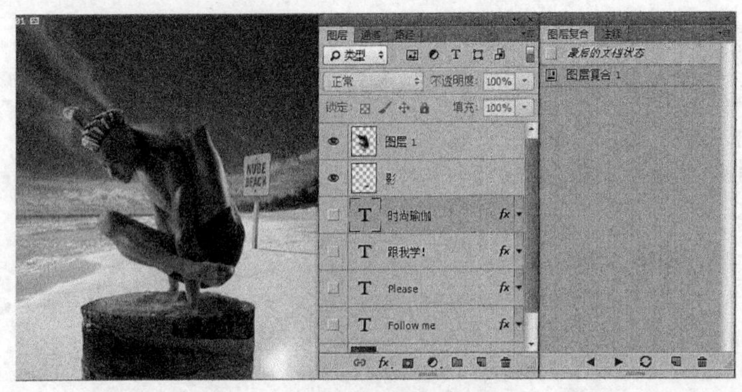

图25-68 新建图层复合

图25-69 新建图层复合

05 此时图层复合已经创建完成，只要在“图层复合”面板中选择不同的图层复合，即可在文件窗口中显示不同的效果，如图25-70所示。

图25-70 图层复合的显示效果

25.7.1 图层复合警告

创建图层复合后，在执行删除图层、合并图层或转换颜色模式等操作时，在“图层复合”面板中会出现如图25-71所示的警告图标。当出现此图标时，会影响到其他图层复合所涉及的图层，更有可能出现不能够完成图层复合的后果。此时如果单击“更新图层复合”按钮，会将调整后的效果作为最新的图层复合存在。

单击警告图标，系统会弹出如图25-72所示的提示对话框，提醒此图层复合无法正常恢复。

在警告图标上单击鼠标右键，在弹出的菜单中可以选择“清除图层复合警告”或“清除所有图层复合警告”命令，如图25-73所示。

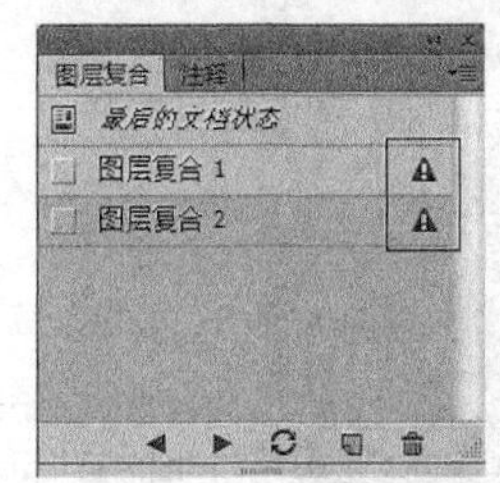

图25-71　警告图标

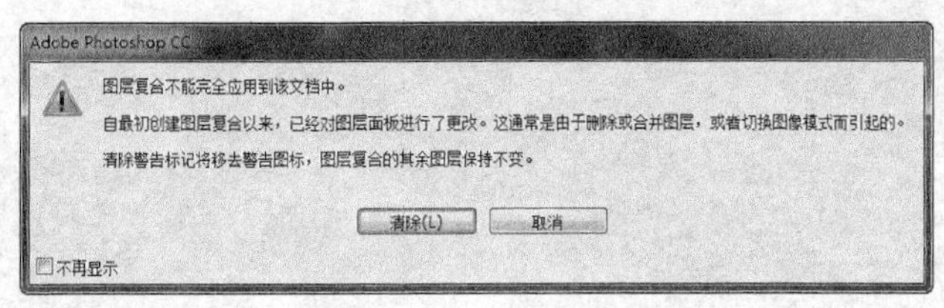

图25-72　提示对话框

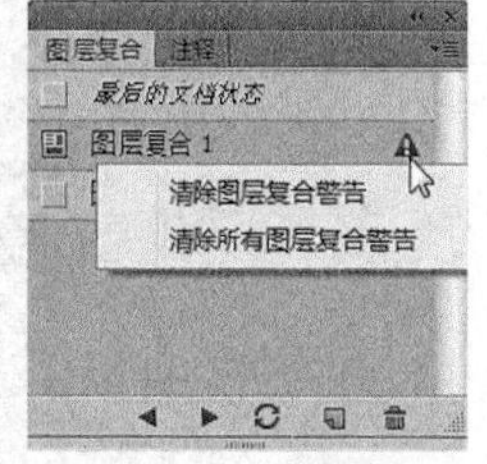

图25-73　清除警告

25.7.2 弹出菜单

在“图层复合”面板中单击“弹出菜单”按钮，系统会弹出如图25-74所示的下拉菜单。

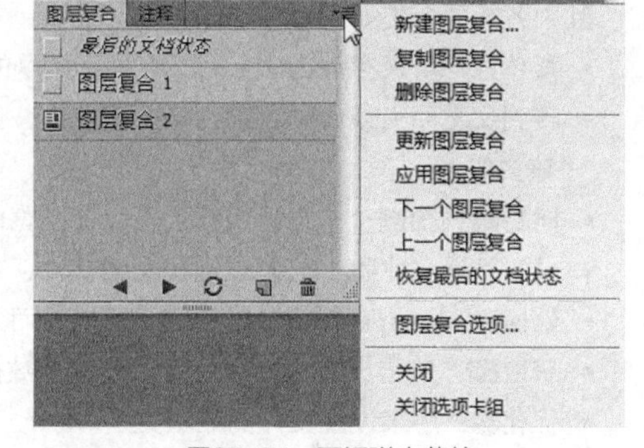

图25-74　面板弹出菜单

其中各项的含义如下。

- **新建图层复合**：用来在面板中新建一个图层复合。
- **复制图层复合**：选择此命令，可以为当前图层复合复制一个副本。
- **删除图层复合**：选择此命令，可以将当前图层复合在“图层复合”面板中删除。
- **更新图层复合**：选择此命令，可以将当前图层复合中修改后的效果更新为最新的图层复合。
- **应用图层复合**：选择此命令，可以将选中的图层复合变为当前图层复合。
- **下一个图层复合**：选择此命令，可以转换到当前图层复合的下一个图层复合。
- **上一个图层复合**：选择此命令，可以转换到当前图层复合的上一个图层复合。
- **恢复最后的文档状态**：选择此命令，可以在“图层复合”面板中直接转换到最后的文件状态。
- **图层复合选项**：选择此命令，会弹出“图层复合选项”对话框，如图25-75所示，可以在对话框中对选择的图层复合进行修改。

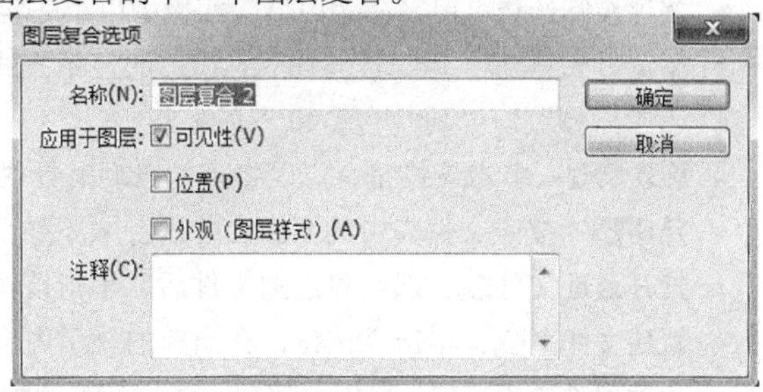

图25-75　“图层复合选项”对话框

25.8 Bridge CC

25.8.1 Bridge CC的界面介绍

执行菜单中的“文件/在Bridge中浏览”命令，或在属性栏中直接单击“启动Bridge”图标，系统会打开如图25-76所示的Bridge CC界面。

图25-76　Bridge CC界面

其中各项的含义如下。

- **菜单栏**：用来存放Bridge CC中执行命令的位置。
- **转到父文件夹或收藏夹**：单击该按钮，会自动转换到文件夹列表或收藏夹列表中，并在内容区域显示该内容。
- **向后/向前**：单击该按钮，可以在浏览的多个文件夹中与上一级或下一级进行转换。
- **显示最近文件**：显示最近使用的文件，或转到最近访问的文件夹。
- **返回Photoshop**：单击该按钮，可以返回到Photoshop界面。
- **获取**：单击该按钮，可以显示连接的数码相机中的照片。
- **优化**：用来设置文件的显示类别。
- **在Camera Raw中打开**：将当前选择的图像在Camera Raw中打开并进行编辑。
- **输出**：用来将文件转换成Web所用格式或PDF格式。
- **按评级筛选**：用来在“内容”面板中以事先定义的等级进行显示。
- **浏览方式**：用来设置Bridge CC的显示方式，包含“必要项”“胶片”“元数据”“输出”“关键字”“预览”“看片台”和“文件夹”等。
- **旋转**：单击该按钮，可以将图像以顺时针或逆时针90°进行旋转。
- **升序**：按照文件夹中的图像名称进行顺序显示或逆向显示。
- **打开最近文件**：选择最近的文件后，单击该按钮，可以在Photoshop中打开。
- **新建文件夹**：单击该按钮，在当前的显示内容中新建一个文件夹。
- **切换到紧凑模式**：单击该按钮，可以转换显示为简洁模式。
- **删除**：单击该按钮，可以将选择的图像删除。
- **小缩览图**：单击左侧的图标可以缩小缩览图，单击右侧的图标可以放大缩览图；拖动控制滑块可以快速放大与缩小缩览图。
- **大缩览图**：单击该按钮后，在“内容”面板中显示图像的大缩览图。
- **锁定缩览图网格**：单击该按钮后，可以将缩览图之间的网格锁定。
- **以缩览图显示**：单击该按钮后，在“内容”面板中可以将图像以缩览图的方式显示。
- **详细内容显示**：单击该按钮后，在“内容”面板中可以显示除缩览图以外的该图像的详细信息。
- **以列表显示**：单击该按钮后，在“内容”面板中以列表的形式显示缩览图。

25.8.2 显示选择内容

执行菜单中的“窗口/滤镜”命令，打开“过滤器”面板，在“文件类型”标签中选择‘Photoshop文档’，此时在“内容”面板中将显示该文件夹中的所有‘Photoshop文档’，如图25-77所示。

温馨提示

“过滤器”面板中的各个选项标签，只有在预览文件夹中的图像符合条件时，才会在该面板中进行显示。例如，只有当图像的格式超过两种时，才会在“过滤器”面板中显示“文件类型”标签。

图25-77　显示选择内容

25.8.3 局部放大

执行菜单中的“窗口/预览”命令，打开“预览”面板。在“内容”面板中选择文件后，在“预览”面板中单击鼠标左键，即可出现局部放大效果，如图25-78所示。

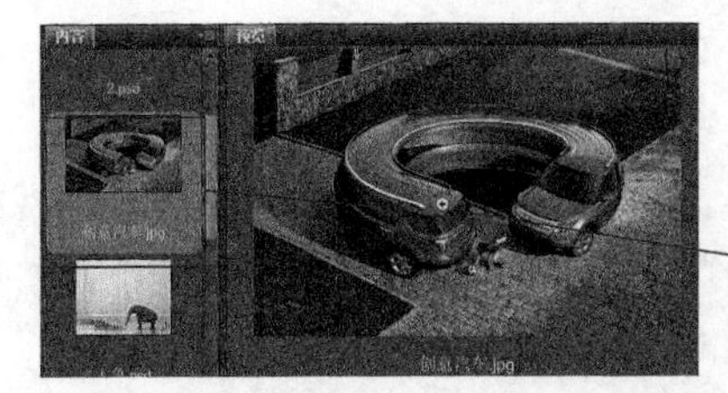

图25-78　局部放大

温馨提示

在局部放大区域进行拖动，可以改变显示的位置；单击鼠标左键，即可取消局部放大功能。

技巧

按键盘上的“+”键和“-”键，可以对局部放大效果再次进行缩放。每按一次“+”键，缩放比例分别以 200%、400% 及 800%……递增。如果使用的是滚轮鼠标，也可以滚动鼠标中键进行缩放。在局部放大区域单击鼠标左键，会取消局部放大功能。

温馨提示

拖动界面底部的缩放控制滑块，可以调整“内容”面板中显示缩览图的大小。

25.8.4 添加标记

在“内容”面板中选择缩览图后，执行菜单中的“标签”命令，在弹出的菜单中可以选择为该缩览图进行标记的选项，标记内容为从“★”到“★★★★★”以及五种标签，如图25-79所示。

图25-79　添加标记

25.8.5 更改显示模式

执行菜单中的“视图”命令，在弹出的菜单中可以选择显示的模式，包括“全屏预览”“幻灯片放映”“审阅模式”和“紧凑模式”。默认情况下“全屏预览”与“幻灯片放映”显示模式相类似，如图25-80所示。

图25-80 不同显示模式效果

温馨提示

进入其他显示模式后，按Esc键可恢复到标准模式。

25.8.6 选择多个图像

在“内容”面板中按住Shift键单击以选取多个缩览图，可以将选取的缩览图都显示在“预览”面板中，如图25-81所示。按Ctrl+G快捷键可以在“内容”面板中将选取的多个缩览图进行叠加放置，这样既便于管理又节省了空间，如图25-82所示，按Ctrl+Shift+G快捷键可以取消叠加。

图25-81 选择多个图像

图25-82 叠加放置

25.8.7 批量重命名

在“内容”面板中按Ctrl+A快捷键全选图像文件，如图25-83所示，在菜单中执行“工具/批重命名”命令，弹出“批重命名”对话框，其中的参数设置如图25-84所示，设置完毕单击“重命名”按钮，即可按照设定的名称批量重命名图像文件，如图25-85所示。

图25-83 全选图像文件

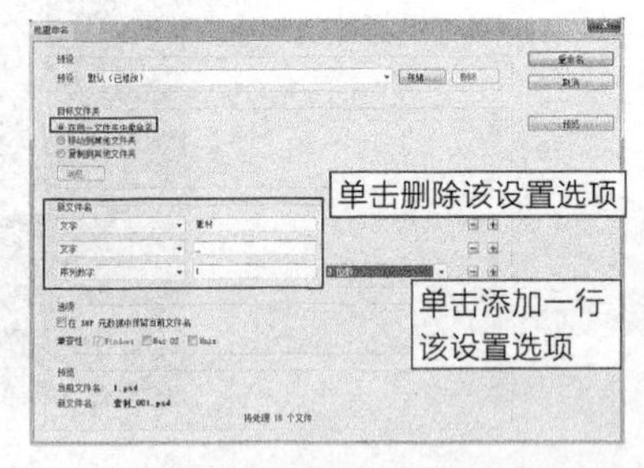

图25-84 “批重命名”对话框

图25-85 重命名效果

25.8.8 删除文件

在“内容”面板中选择相应的文件后，单击“删除”按钮，可以将选取的文件删除；直接拖动选取的文件到“删除”按钮上，也可以将其删除；选择相应的文件后，单击键盘上的Delete键同样可以将其删除。

25.9 课后练习

课后练习1：创建与应用动作

在Photoshop CC中打开素材文件，通过“动作”面板创建新的动作，再对其他素材文件应用该动作，过程如图25-86所示。

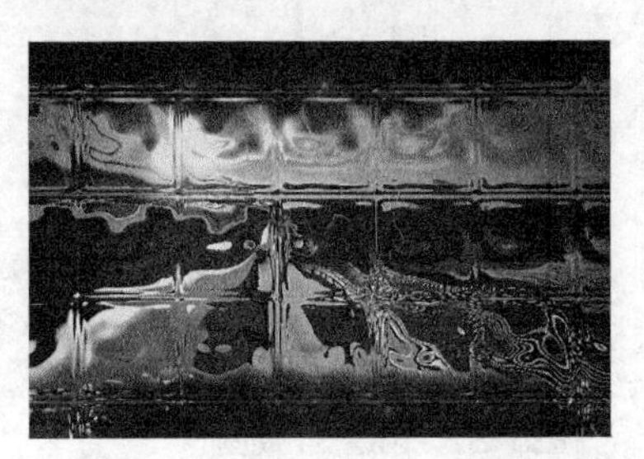

图25-86 创建与应用动作

练习说明

1. 打开素材。
2. 创建动作。
3. 打开其他素材应用动作。

课后练习2：创建GIF动画

在Photoshop CC中通过“时间轴”面板创建GIF动画，过程如图25-87所示。

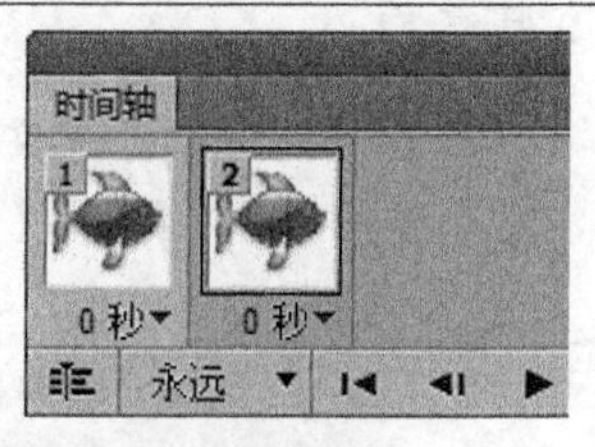

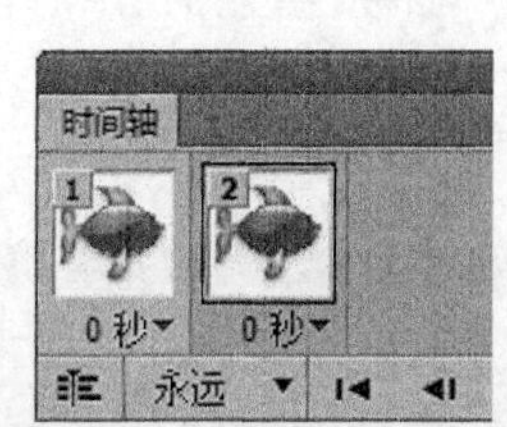

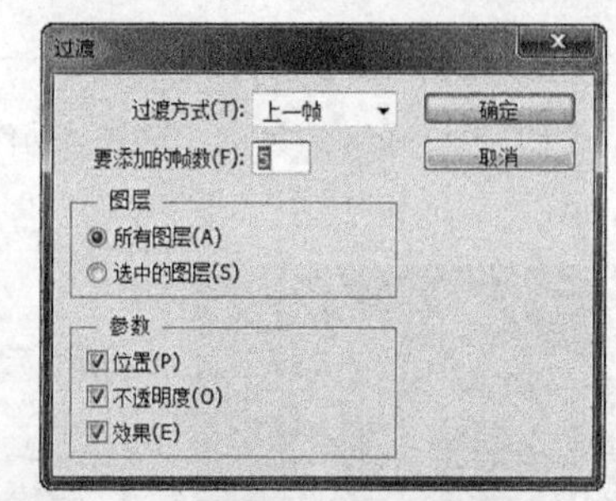

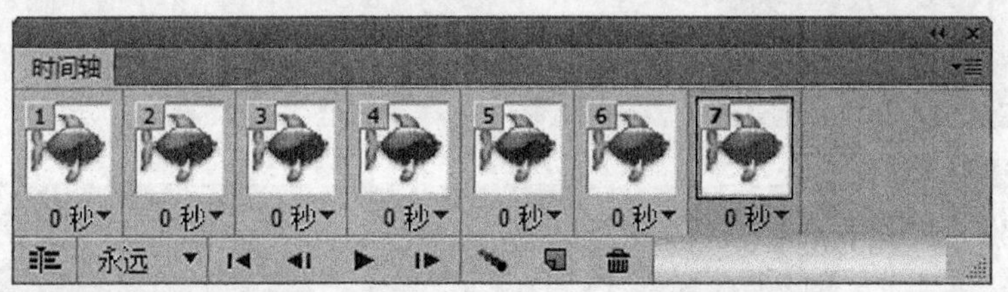

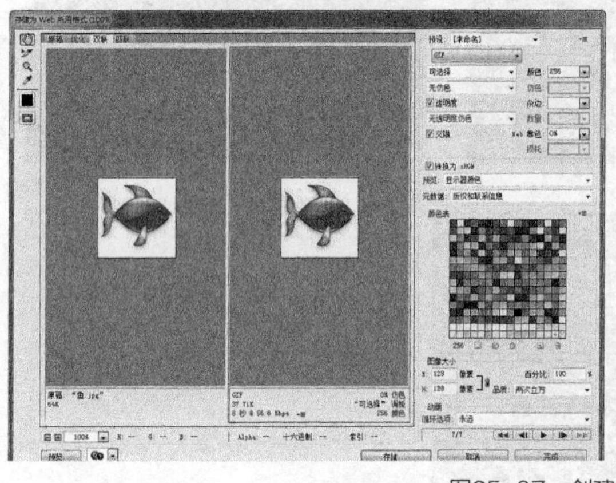

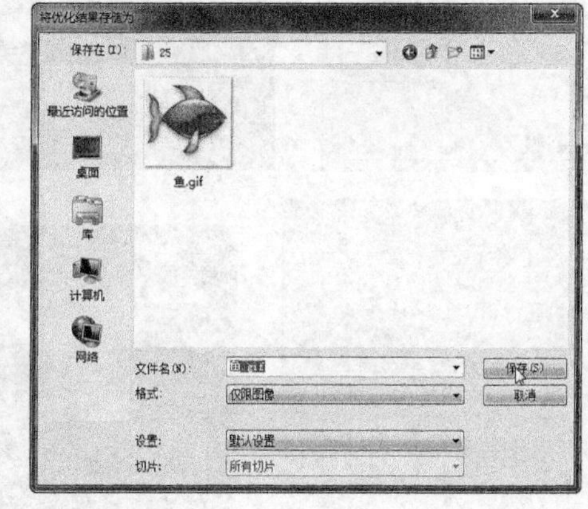

图25-87　创建GIF动画

练习说明

1. 打开素材和“时间轴”面板。　　2. 复制第一帧并调整色相。

3. 设置过渡动画帧。　　4. 保存动画。

第 26 章 3D功能

本章重点：

- 3D文件的启用
- 3D对象的操控
- 改变视图模式
- 创建与导出3D文件

在Photoshop中，不但可以进行平面的创作，还可以将文字或图像加工成立体图像效果。将制作出来的立体图像与平面图像相结合，可以更加具有层次感。

26.1 Photoshop 3D概述

Photoshop CC的菜单栏中有单独的“3D”菜单，同时还配备有“3D”面板，可以对3D图像的凸纹进行更加直观的处理，使用户可以使用材质进行贴图，以制作出质感逼真的3D图像效果，并进一步推进了2D图像和3D图像的完美结合。平时人们所看到的一些立体感、质感超强的3D图像效果，现在在Photoshop CC中也可以轻松地实现。

26.2 3D文件的启用

在Photoshop CC中可以直接将3D文件打开或导入到当前文件中进行使用，目前支持的格式有OBJ、KMZ、3DS、DAE和U3D。被打开或导入的3D文件会以3D图层的方式进行显示，该文件可以使用软件中的所有3D功能。

26.2.1 以打开的方式启用3D文件

在Photoshop CC中可以对支持的3D文件直接进行打开操作。在菜单中执行“文件/打开”命令，在弹出的“打开”对话框中选择3D文件后，直接单击“打开”按钮即可，如图26-1所示。

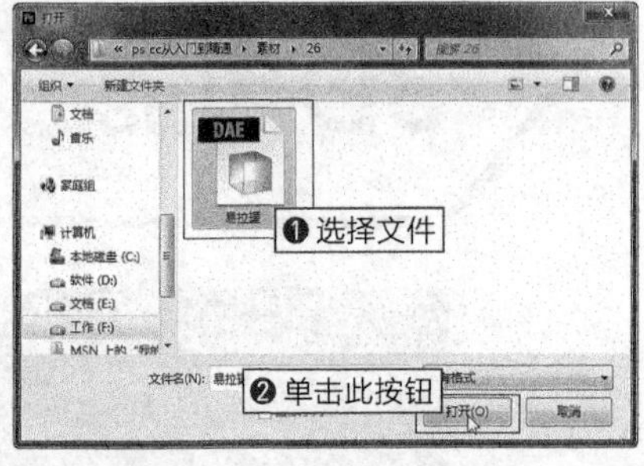

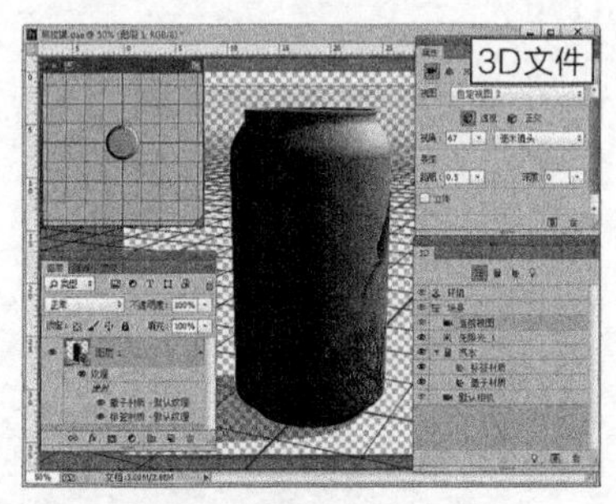

图26-1 打开3D文件

26.2.2 从文件新建3D图层

在Photoshop CC中打开一个图像文件，然后在菜单中执行“3D/从文件新建3D图层”命令，在弹出的“打开”对话框中选择3D文件后，直接单击“打开”按钮，即可将其导入到打开的图像文件中，如图26-2所示。

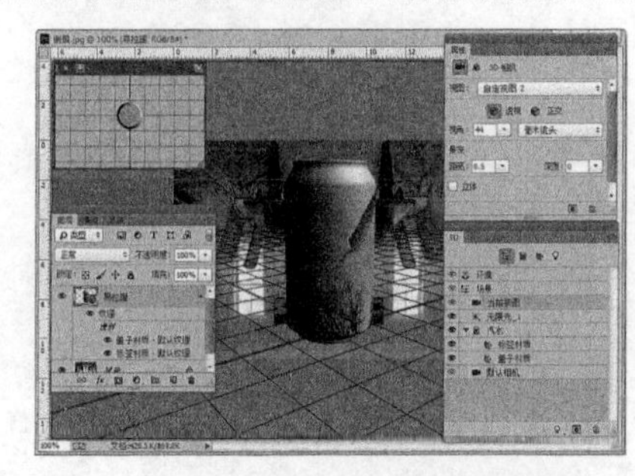

图26-2 从文件新建3D图层

26.3 3D对象的操控

在打开的3D文件中，可以通过Photoshop CC中的编辑工具对其中的对象进行旋转、滚动、拖动、滑动和缩放等操作。在Photoshop CC中，将3D工具都归类到“移动工具”属性栏中的3D模式中，如图26-3所示。

图26-3 移动工具属性栏中的3D模式

26.3.1 旋转3D对象

在Photoshop CC中打开3D文件后，可以使用“旋转3D对象”工具对3D图层中的对象进行旋转操作。上下拖动3D对象使其沿着x轴旋转，左右拖动3D对象使其沿着y轴旋转，以对角线方向拖动3D对象使其沿着x、y轴旋转；也可以在“属性”面板里输入数值来控制旋转操作。如图26-4所示为旋转3D对象的效果。

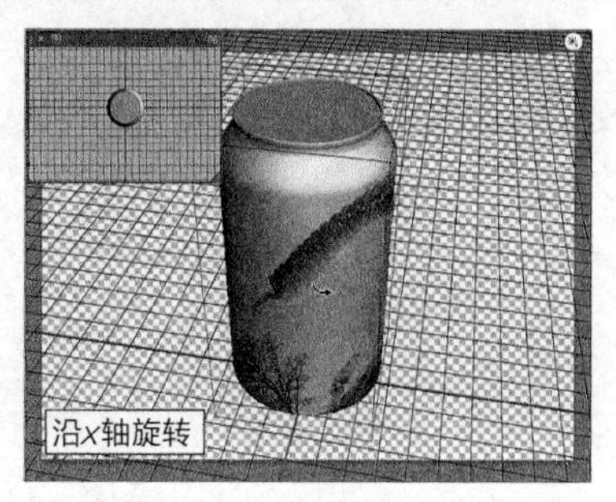

图26-4　旋转3D对象

26.3.2 滚动3D对象

在Photoshop CC中打开3D文件后，使用“滚动3D对象”工具可以左右或是上下拖动3D对象使其围绕自身的z轴进行旋转，可以在“属性”面板里输入数值来控制旋转操作。如图26-5所示为滚动3D对象的效果。

温馨提示

使用“滚动 3D 对象”工具滚动 3D 对象时按住 Alt 键，可以实现“旋转 3D 对象”工具的功能。

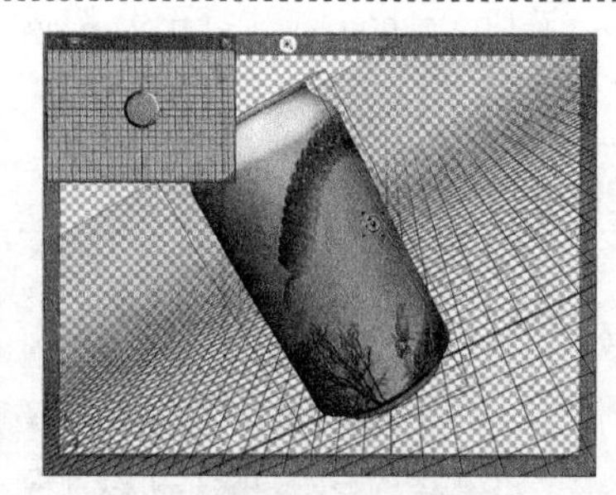

图26-5　滚动3D对象

26.3.3 拖动3D对象

在Photoshop CC中打开3D文件后，使用“拖动3D对象”工具可以在3D空间中移动3D对象，左右拖动是水平移动3D对象，上下拖动是垂直移动3D对象，可以在“属性”面板里输入数值来控制拖动操作。如图26-6所示为拖动3D对象的效果。

温馨提示

使用“拖动 3D 对象”工具拖动 3D 对象时按住 Alt 键，可以沿着 x/y 轴移动。该工具和“移动工具”有根本上的区别，因为该工具是在 3D 环境下工作的，而“移动工具”是在 2D 环境下工作的。

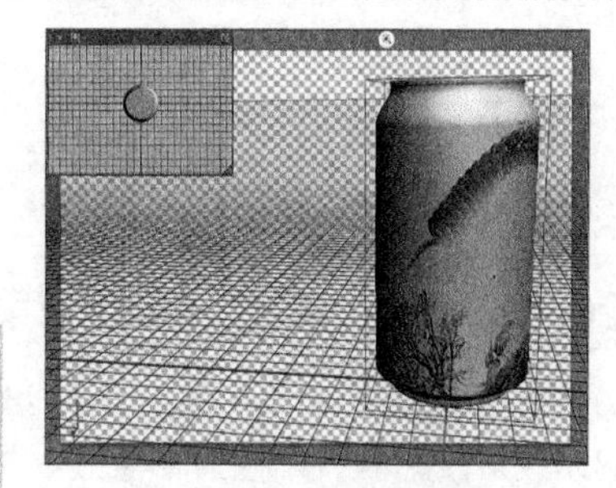

图26-6　拖动3D对象

26.3.4 滑动3D对象

在Photoshop CC中打开3D文件后，使用“滑动3D对象”工具左右拖动是水平移动3D对象，上下拖动是使3D对象在透视图中前后移动（远近移动）；可以在“属性”面板里输入数值来控制滑动操作。如图26-7所示为滑动3D对象的效果。

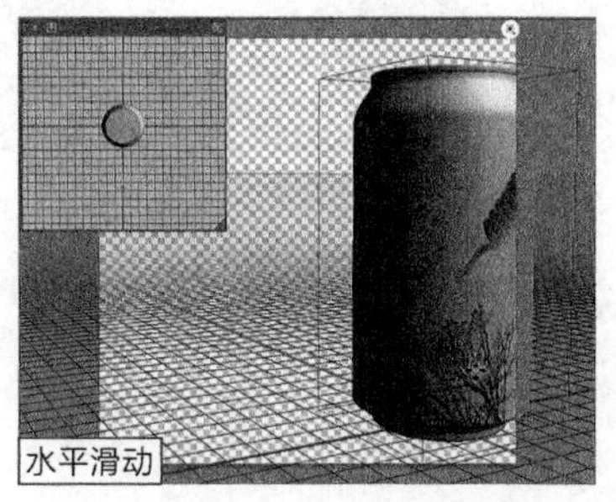

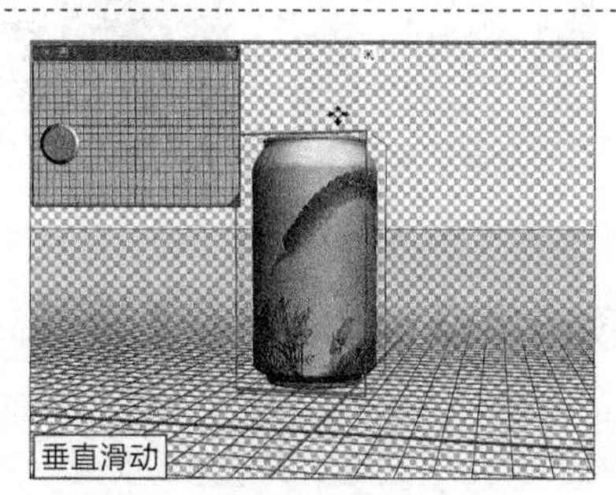

图26-7　滑动3D对象

26.3.5 缩放3D对象

在Photoshop CC中打开3D文件后，使用"缩放3D对象"工具可以改变3D对象的大小，上下拖动可以放大或缩小3D对象。如图26-8所示为缩放3D对象的效果。

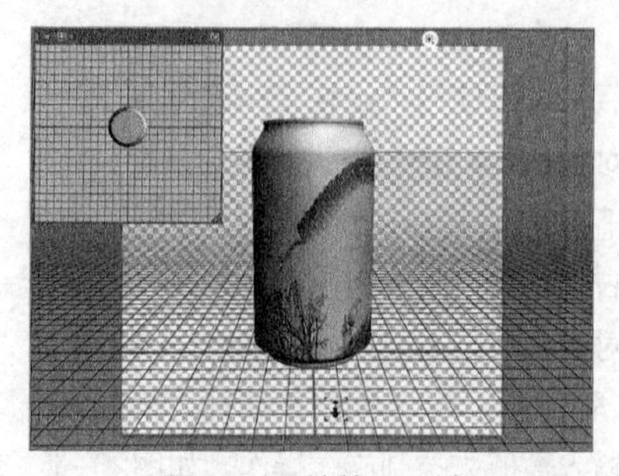

图26-8 缩放3D对象

26.4 改变视图模式

在Photoshop CC中打开3D文件后，可以根据个人对视图的使用习惯进行快速更改，以此来增加工作的舒适度和工作效率。

26.4.1 互换主副视图

在Photoshop CC中打开的3D文件会自动在其左上角出现一个作为辅助对象的视图预览窗口，在正常的操作中两个视图的显示效果是可以互换的。单击"互换主副视图"按钮即可将两个视图进行互换，如图26-9所示。

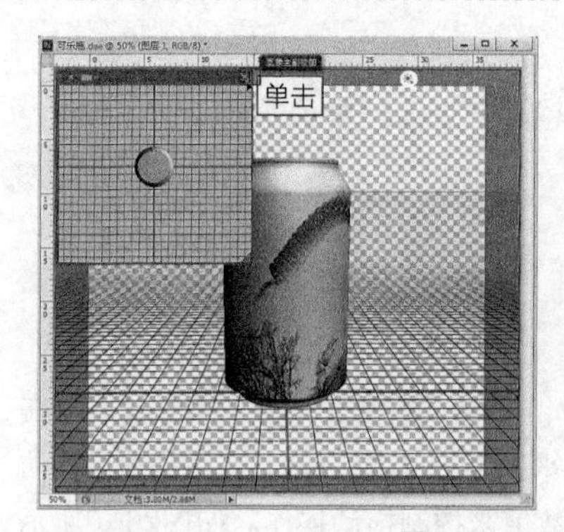

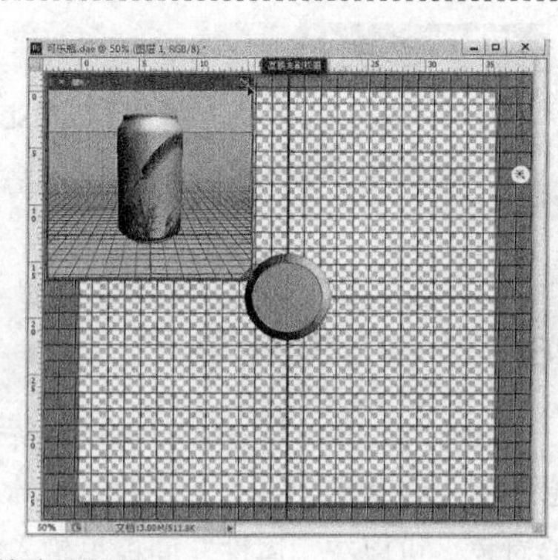

图26-9 互换主副视图

26.4.2 更改副视图的显示效果

在主视图中编辑3D对象后，只能看到视图的一个横截面，另外的横截面根本没办法看到，此时只要更改副视图的显示效果，就可以看到立体图像另外的横截面了。更改方法非常简单，如图26-10所示。

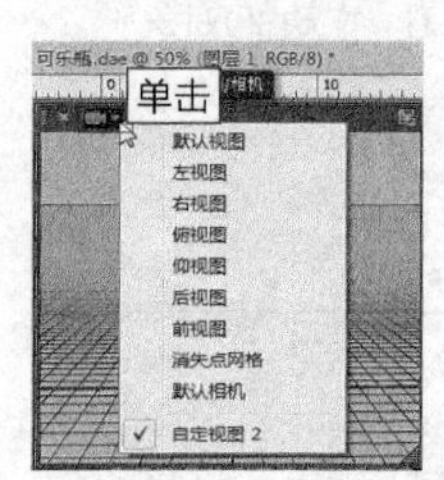

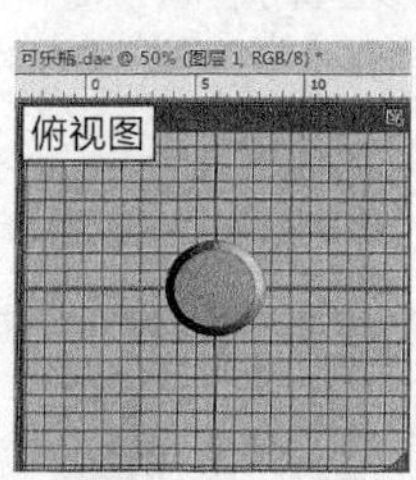

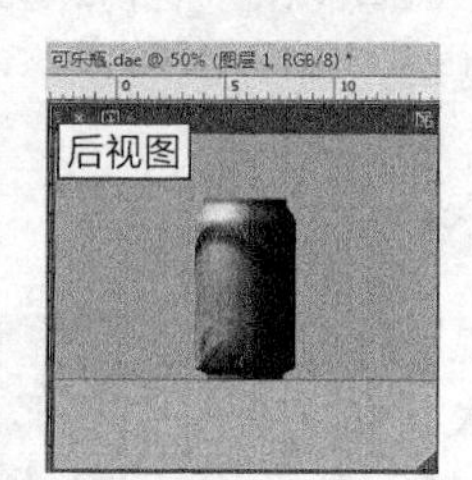

图26-10 更改副视图的显示效果

26.5 从图层新建3D明信片

在Photoshop CC中可以将当前文件中的任意图层转换成3D明信片效果，此时该图层会具有3D数据，可以应用所有的3D功能。创建方法有以下两种。

01 在菜单中执行"3D/从图层新建网格/明信片"命令，即可创建3D明信片。

02 在菜单中执行"窗口/3D"命令，打开"3D"面板，选择相应的图层，在"3D"面板中单击"创建"按钮，便会创建3D明信片，创建过程如图26-11所示。

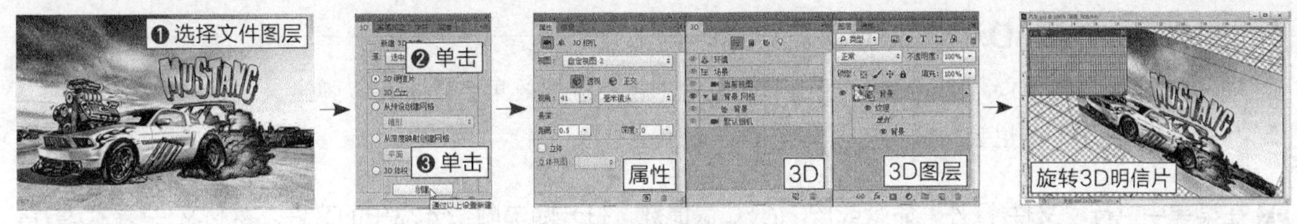

图26-11 从图层新建3D明信片

26.6 从预设创建网格

在Photoshop CC中可以将当前文件中的任意图层转换成3D立体效果，如星形、圆柱体和瓶子等，此时该图层会具有3D数据，可以应用所有的3D功能。创建方法有以下两种。

01 在菜单中执行“3D/从图层新建网格/网格预设”命令，在弹出的子菜单中选择相应的命令后，即可得到该命令的建模效果。

02 打开“3D”面板，设置“源”为“选中的图层”，再单击“从预设创建网格”单选按钮，在其下拉列表框中选择相应的选项，然后单击“创建”按钮即可得到所需效果，创建过程如图26-12所示。

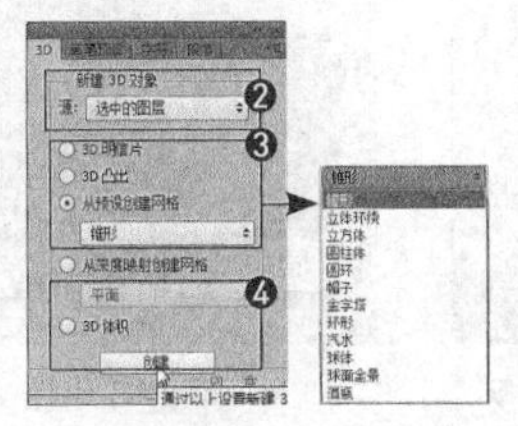

图26-12 从预设创建网格

26.7 从深度映射创建网格

在Photoshop CC中可以通过灰度映射来创建3D网格形状。

将平面图像按照像素黑、白、灰的分布创建出3D对象，此时该图层会具有3D数据，可以使用所有的3D功能。创建方法有以下两种。

01 在菜单中执行“3D/从图层新建网格/深度映射到”命令，在弹出的子菜单中选择相应的命令后，即可得到该命令的映射效果。

02 打开“3D”面板，设置“源”为“选中的图层”，再单击“从深度映射创建网格”单选按钮，在下拉列表框中选择相应的选项，单击“创建”按钮即可对图像进行拉伸处理以使其变为3D对象，创建过程如图26-13所示。

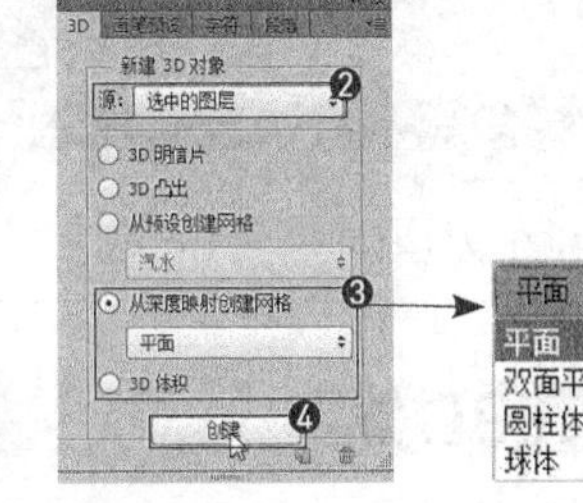

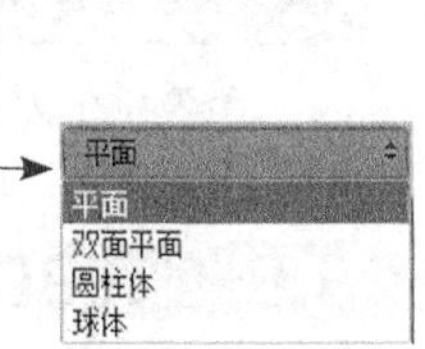

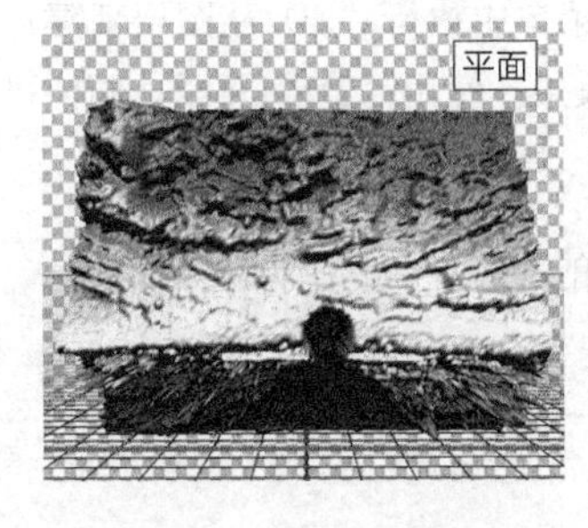

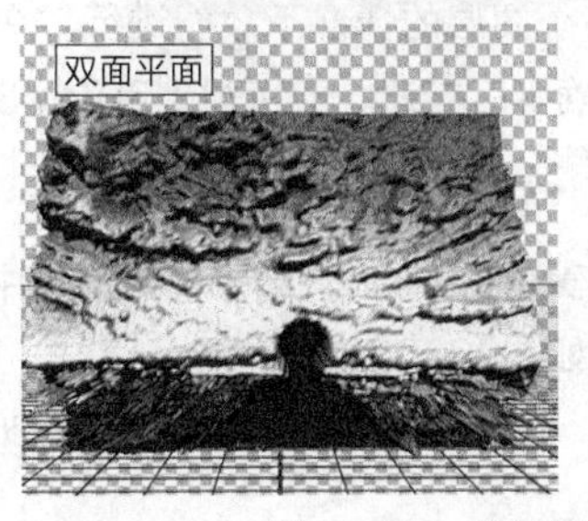

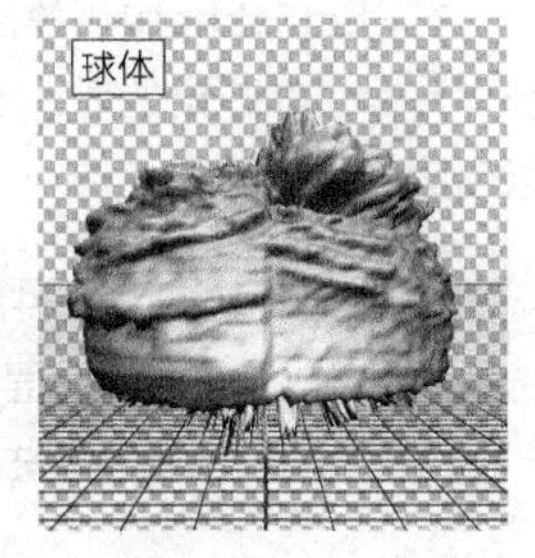

图26-13 从深度映射创建网格

上机练习：改变3D对象的外形

创建深度映射的3D对象后，在“图层”面板中单击相应的效果名称，可以弹出该效果的原始平面图像，进行编辑后3D对象也会随之变化。具体过程如下。

01 在菜单中执行“文件/打开”命令或按Ctrl+O快捷键，打开随书附带光盘中的文件“素材文件/第26章/背影.jpg”，可以参考图26-13中的“选择文件图层”。

02 在菜单中执行“3D/从图层新建网格/深度映射到/球体”命令，效果如图26-14所示。

03 在“图层”面板中双击“背景”图层中的“背景 深度映射”效果名称，如图26-15所示，此时会打开深度映射对应的原始平面图像，如图26-16所示。

图26-14 球体

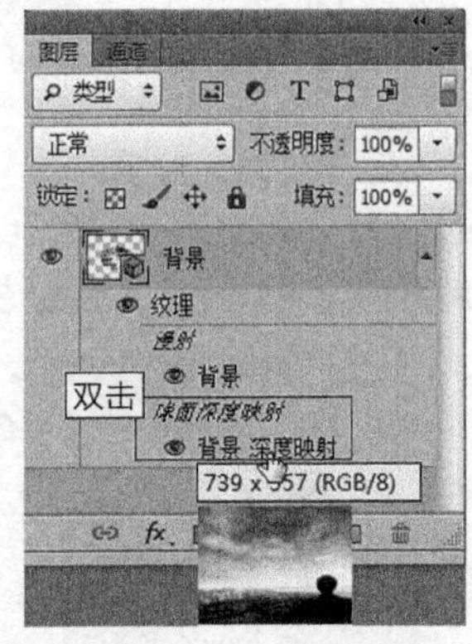

图26-15 “图层”面板

图26-16 打开原始平面图像

04 在菜单中执行“3D/从图层新建拼贴绘画”命令，效果如图26-17所示。

05 关闭编辑的原始平面图像，系统弹出如图26-18所示的警告对话框，单击“是”按钮完成编辑操作，3D对象外形的变形效果如图26-19所示。

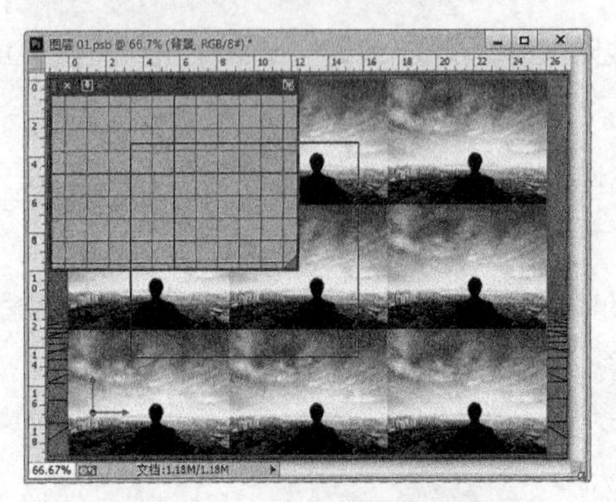

图26-17 从图层新建拼贴绘画

图26-18 警告对话框

图26-19 3D对象外形的变形效果

26.8 创建3D体积

在Photoshop中创建3D体积，必须在选择多个图层的情况下才能进行。在菜单中执行“3D/从图层新建体积”命令，在弹出的对话框中设置参数，单击“确定”按钮，即可得到3D体积效果。使用“3D”面板，同样可以创建3D体积。

01 在菜单中执行“文件/打开”命令或按Ctrl+O快捷键，打开随书附带光盘中的文件“素材文件/第26章/背影2.psd”，选择“图层”面板中的所用图层，如图26-20所示。

02 在“3D”面板中单击“3D体积”单选按钮，再单击“创建”按钮，如图26-21所示。

图26-20　选择所有图层

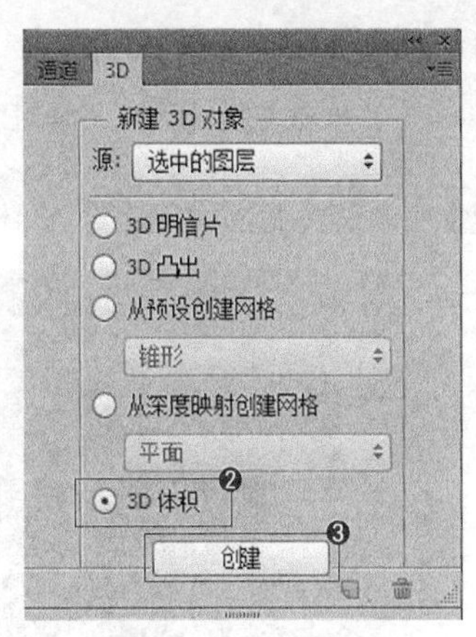

图26-21 “3D”面板

03 系统弹出“转换为体积”对话框，其中的参数设置如图26-22所示。

04 设置完毕单击“确定”按钮，完成3D体积的创建，如图26-23所示。

05 使用“旋转3D对象”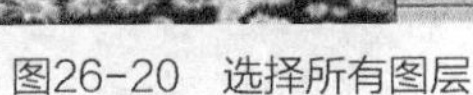工具可以对创建的3D体积进行旋转，效果如图26-24所示。

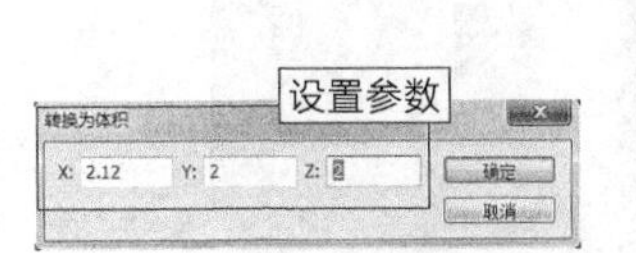

图26-22 “转换为体积”对话框

图26-23　创建的3D体积

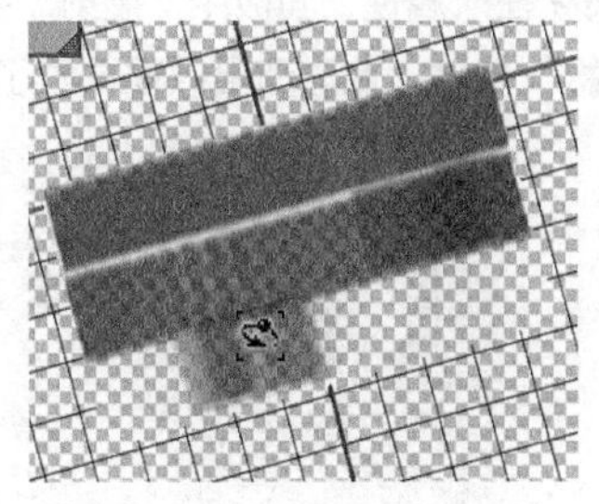

图26-24　旋转3D体积

26.9　3D凸出

在Photoshop CC中可以通过凸出命令来对平面图像创建3D效果。选择图层、选区或路径，在菜单中执行“3D/从当前选区新建3D模型”，效果如图26-25所示。

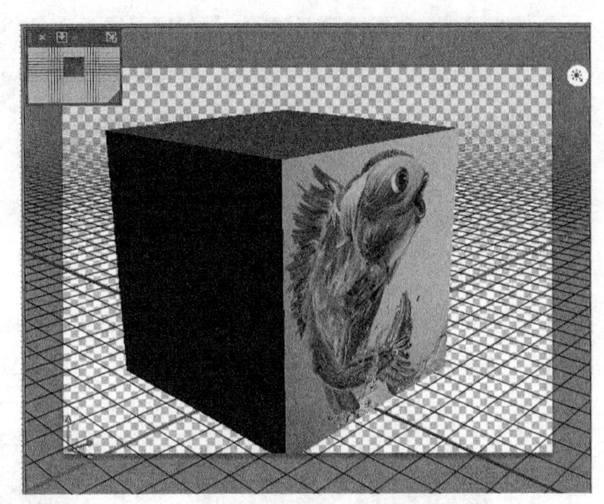

图26-25　创建矩形凸出

上机练习：编辑3D凸出

本次实战主要让大家了解对3D凸出进行编辑的方法。

01 在“3D”面板中双击“凸出材质”按钮，然后在“属性”面板中进行材质编辑，如图26-26所示。

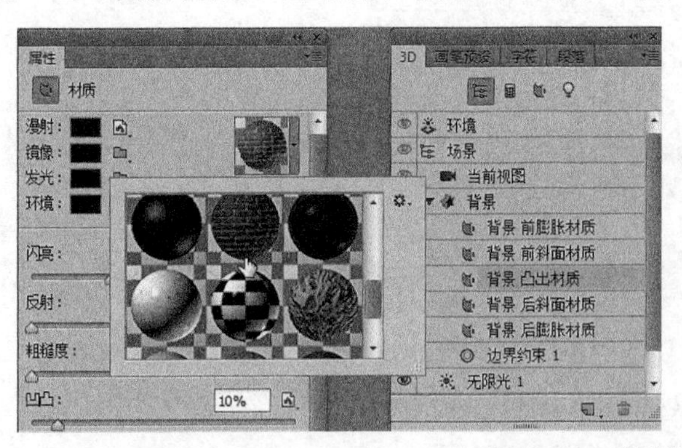

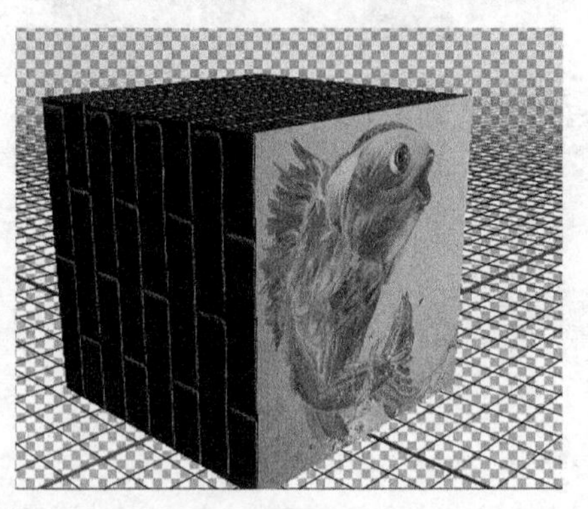

图26-26　编辑凸出

02 在“属性”面板中“漫射”在弹出的菜单中选择“载入纹理”命令，在弹出的“打开”对话框中选择“背影”文件，此时凸出纹理发生了变化，如图26-27所示。

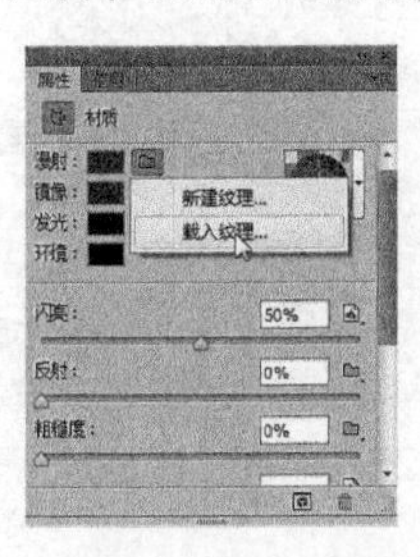

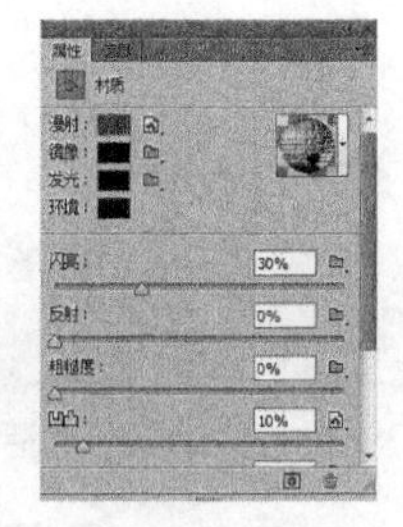

图26-27　编辑凸出

03 在“3D”面板中选择“背景”，在“属性”面板中选择“膨胀”类型，如图26-28所示。

04 设置“凸出深度”为负值和正值后的效果，如图26-29所示。

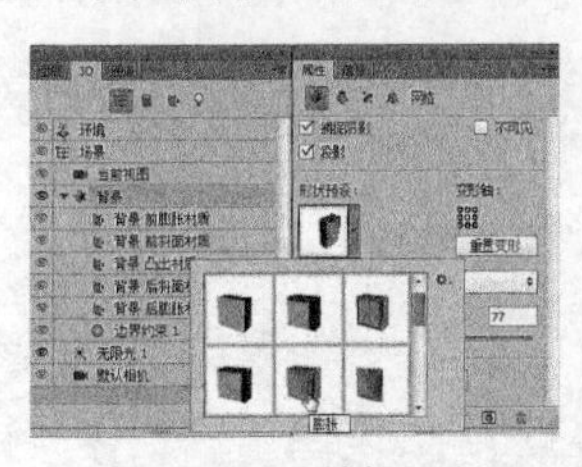

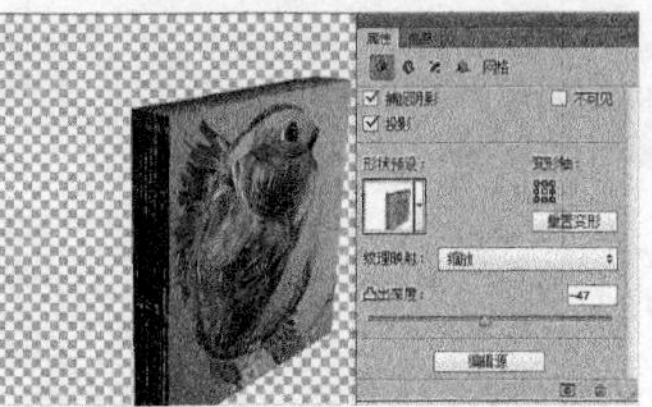
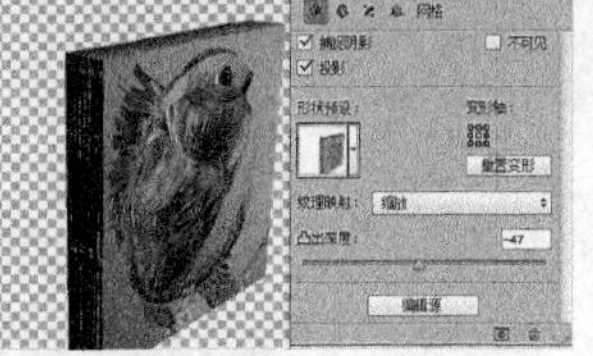
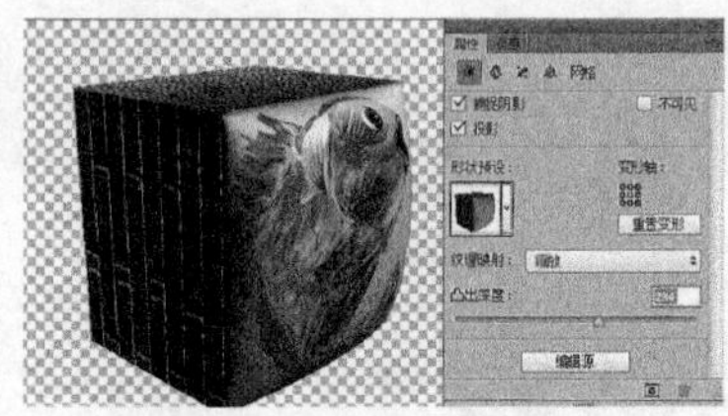

图26-28　编辑凸出　　图26-29　编辑凸出

05 在“变形”选项中可以设置立体部分的扭曲，如图26-30所示。

06 在“盖子”选项中可以设置立体图像膨胀部分的立体效果，如图26-31所示。

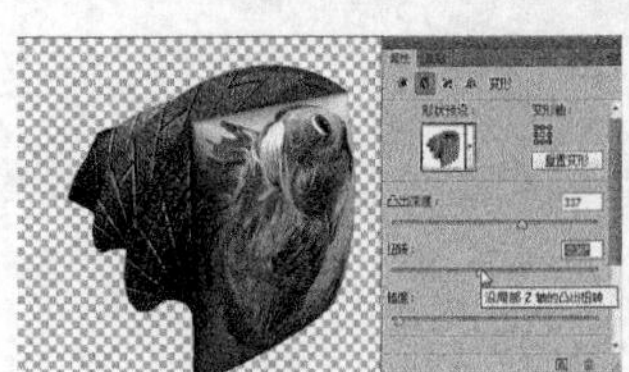

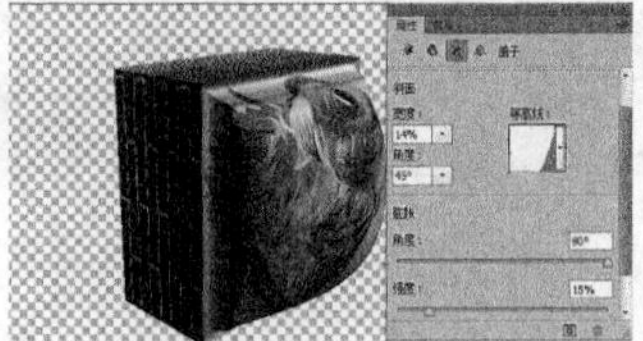

图26-30　编辑凸出　　图26-31　编辑凸出

26.9.1 合并3D图层

在编辑3D对象时，如果3D对象分别在两个图层中，可以选择这两个3D图层，在菜单中执行“3D/合并3D图层”命令，即可将两个3D图层合并在一起，如图26-32所示。

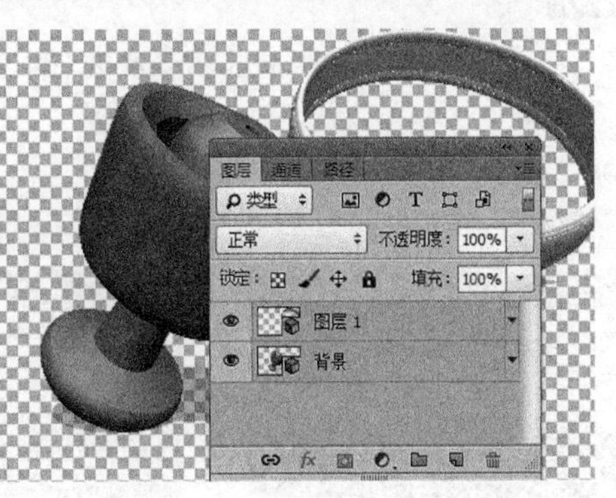

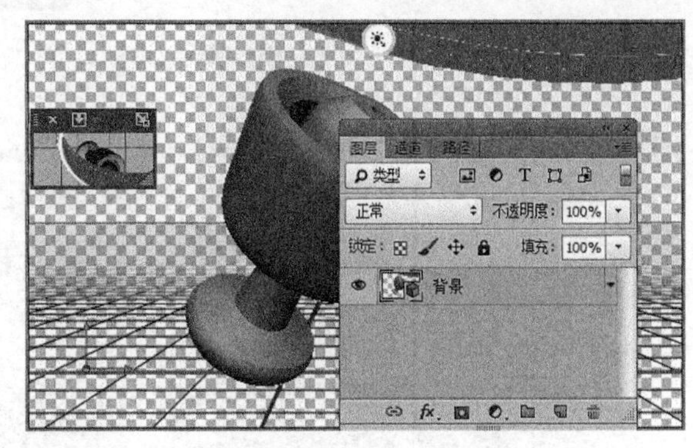

图26-32　合并3D图层

26.9.2 拆分3D凸出

在同一个图层中将多个图形创建为一个3D对象后，可以通过在菜单中执行“3D/拆分3D凸出”命令将图层中的对象进行拆分，然后在“3D面板”中选择单个对象进行编辑，如图26-33所示。

图26-33　拆分3D凸出

26.10 导出3D图层

在photoshop CC中可以将制作的3D效果进行储存，3D效果的导出非常简单只要在菜单中执行“3D/导出3D图层”命令，系统便会弹出“储存为”对话框，如图26-34所示。

图26-34　“存储为”对话框

温馨提示

在成功导出 3D 图层后，系统会将 3D 对象具有的所有贴图、背景等文件一同进行储存。

上机练习：三维立体字的创建

本次实战主要让大家了解使用3D功能在设计中创建立体字的方法。

操作步骤

01 在菜单中执行“文件/打开”命令或按Ctrl+O快捷键，打开随书附带光盘中的文件“素材文件/第26章/平台.jpg”，如图26-35所示。

02 使用“横排文字工具”在文件中输入英文“Photoshop CC”，如图26-36所示。

03 在“3D”面板中单击“3D模型”单选按钮，再单击“创建”按钮，如图26-37所示。

图26-35　素材

图26-36　输入文字

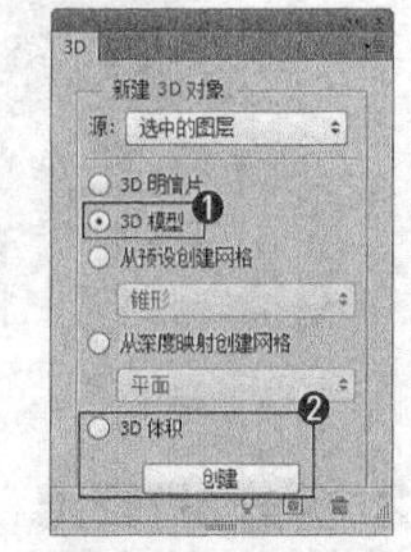

图26-37 “3D”面板

04 此时文字图层会变成立体效果，使用“旋转3D对象”工具旋转对象，效果如图26-38所示。

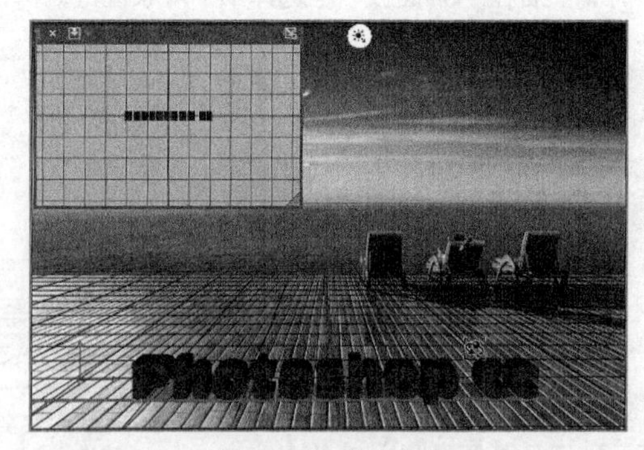

图26-38　旋转对象

05 在“3D”面板中单击“显示3D网格和3D凸出”按钮，在“属性”面板中选择“膨胀”类型，如图26-39所示。

06 设置“凸出深度”为1453，如图26-40所示。

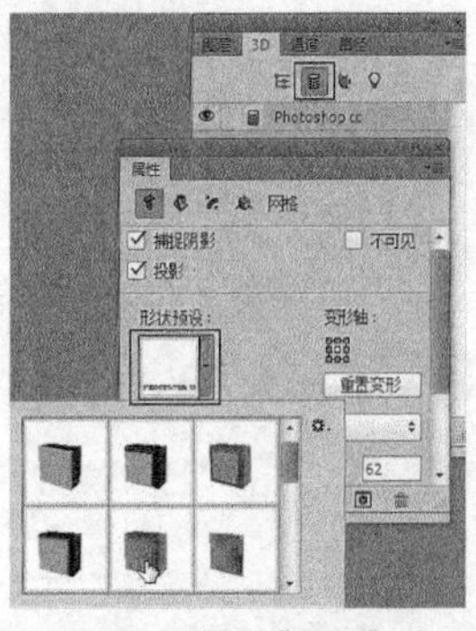

图26-39　选择“膨胀”类型

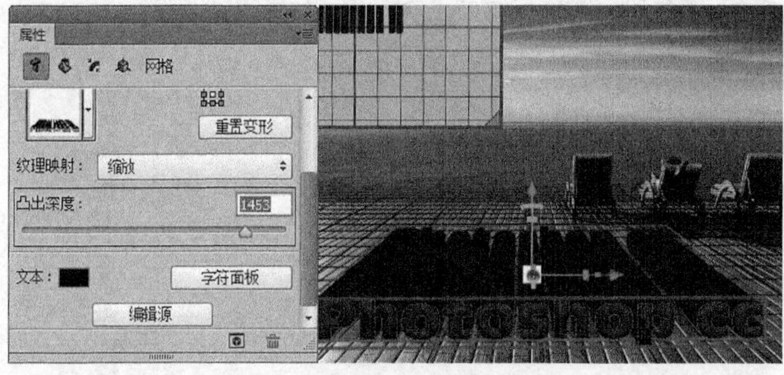

图26-40　设置“凸出深度”数值

07 设置“前膨胀材质”为“软木”，如图26-41所示。

08 设置“凸出材质”为“木灰”，如图26-42所示。

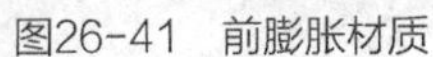
图26-41　前膨胀材质

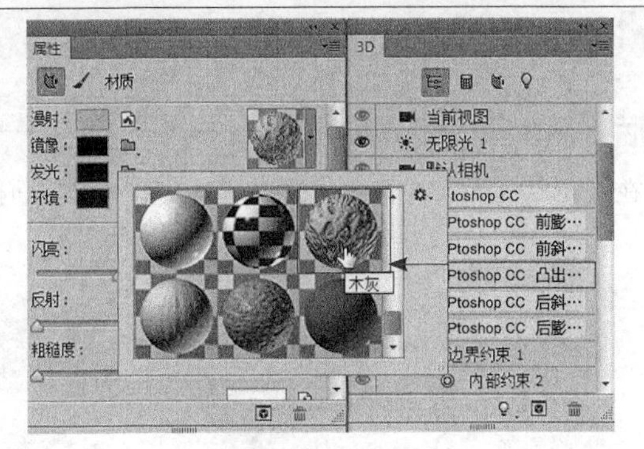

图26-42　凸出材质

09 此时的3D效果如图26-43所示。

10 在“图层”面板中将“默认IBL”隐藏，效果如图26-44所示。

11 新建图层，绘制选区后将其填充为黑色，如图26-45所示。

图26-43　3D效果

图26-44　隐藏“默认IBL”

图26-45　填充绘制的选区

12 按Ctrl+D快捷键去掉选区，在菜单中执行“滤镜/模糊/高斯模糊”命令，弹出“高斯模糊”对话框，其中的参数设置如图26-46所示。

13 设置完毕单击“确定”按钮，设置“Photoshop CC”图层的“不透明度”为41%，完成本例的操作，最终效果如图26-47所示。

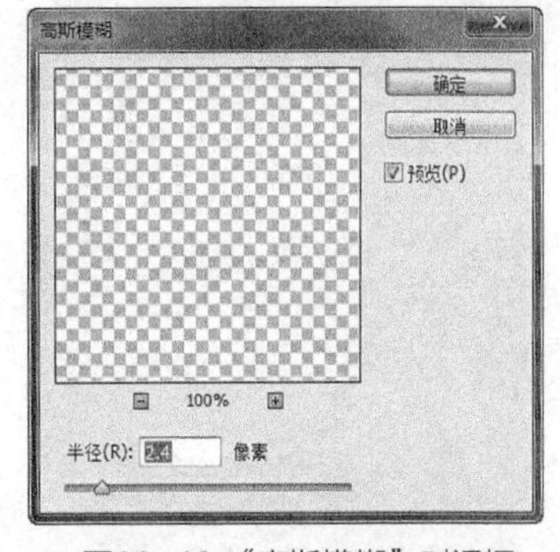

图26-46　“高斯模糊”对话框

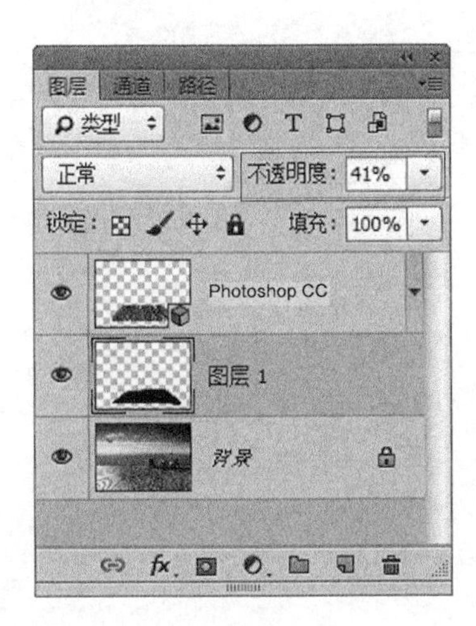

图26-47　最终效果

26.11 课后练习

课后练习:制作3D高脚杯

在Photoshop CC中通过“属性”面板和“3D”面板创建一个立体高脚杯，过程如图26-48所示。

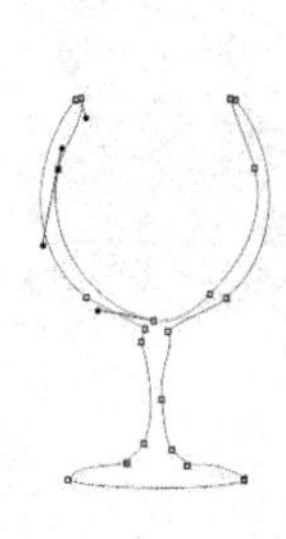

图26-48 3D高脚杯

练习说明

1. 新建文件。
2. 绘制路径。
3. 从路径创建3D模型。
4. 旋转360°，制作出高脚杯效果。
5. 添加材质。

第 27 章 综合实例

本章重点：

- 综合实例

本章主要为大家讲解通过Photoshop CC制作综合实例的方法。

27.1 插画

实例目的

通过制作如图27-1所示的效果图，了解Photoshop CC在综合设计方面的应用。

图27-1 效果图

实例要点

- 新建文件
- 渐变填充
- 应用调整图层
- 载入画笔
- 绘制画笔效果

操作步骤

01 新建一个宽度为18厘米、高度为13.5厘米、分辨率为150像素／英寸的空白文件，将前景色设置为（R:6，G:7，B:42），将背景色设置为（R:5，G:54，B:54），使用“渐变工具”在文件中绘制从上到下的线性渐变，效果如图27-2所示。

02 在“图层”面板中单击“创建新的填充或调整图层”按钮，在弹出的菜单中选择“色阶”命令，在“属性”面板中设置“色阶”的参数，如图27-3所示。

03 色阶调整完毕，选择“矩形选框工具”，在属性栏中设置“羽化”为50像素，在文件底部绘制一个矩形选区，如图27-4所示。

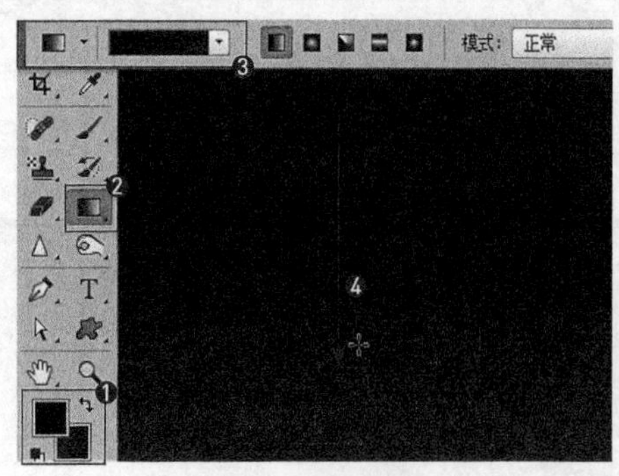

图27-2 填充渐变色

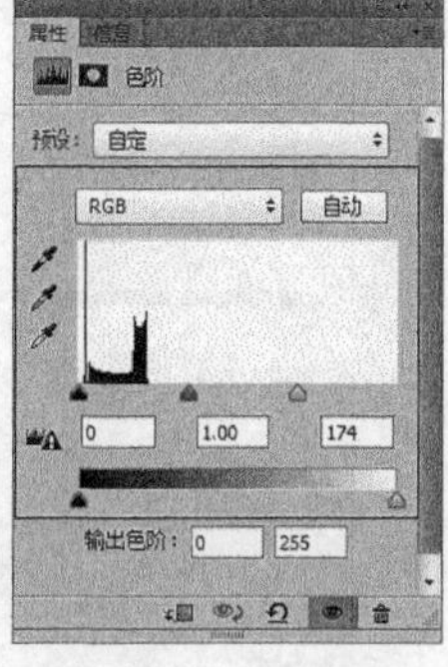

图27-3 “属性”面板

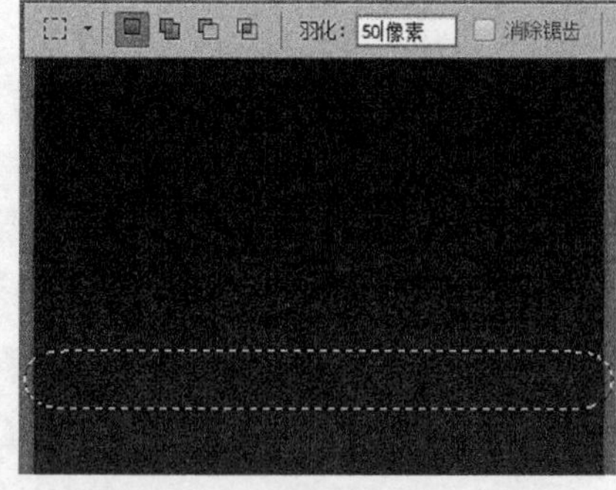

图27-4 色阶调整后绘制矩形选区

04 在“图层”面板中单击“创建新的填充或调整图层”按钮，在弹出的菜单中选择“亮度/对比度”命令，在“属性”面板中设置“亮度/对比度”的参数，如图27-5所示。

05 调整完毕，效果如图27-6所示。

06 在菜单中执行“文件/打开”命令或按Ctrl+O快捷键，打开随书附带光盘中的文件“素材文件/第27章/月亮.jpg”，如图27-7所示。

图27-5 属性面板

图27-6 调整后

图27-7 素材

07 使用“移动工具”将素材文件中的图像拖动到新建的空白文件中，按Ctrl+T快捷键调出变换框，拖动变换控制点将图像缩小，设置图像所在图层的“不透明度”为49%，效果如图27-8所示。

08 按回车键确定操作，在“图层”面板中单击“创建新的填充或调整图层”按钮，在弹出的菜单中选择“色相/饱和度”命令，在“属性”面板中设置“色相/饱和度”的参数，如图27-9所示。

09 调整完毕，效果如图27-10所示。

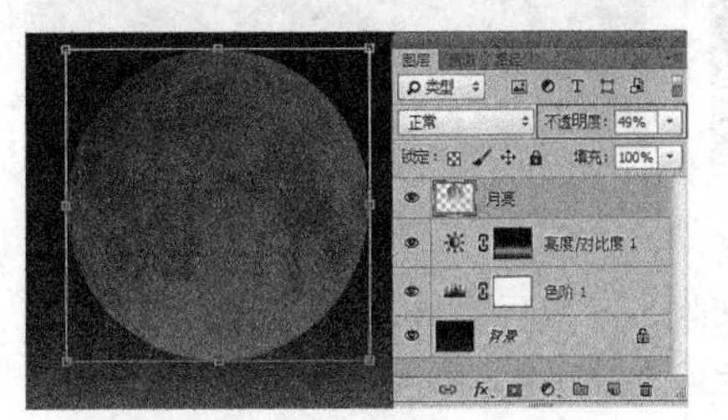

图27-8 移入素材并设置不透明度

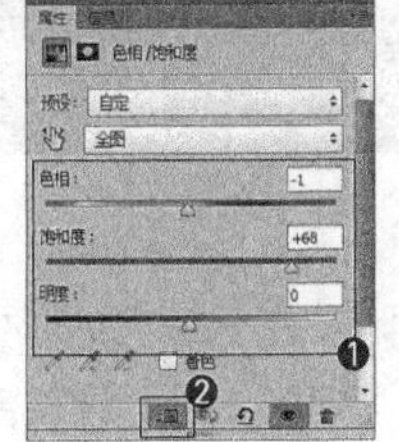

图27-9 “属性”面板

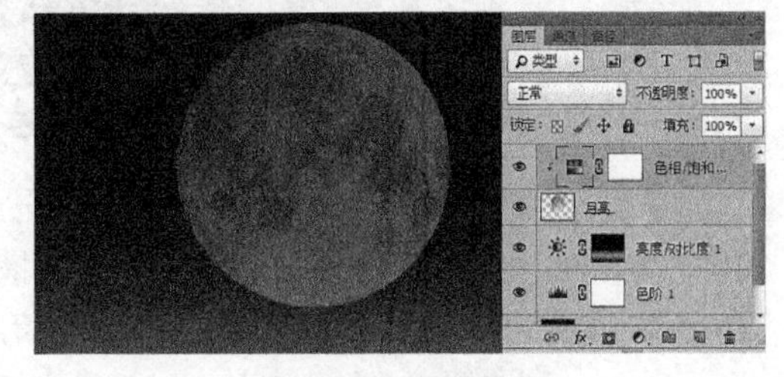

图27-10 调整效果

10 新建图层，将其命名为“发光”，使用“椭圆选框工具”绘制一个与月亮大小一致的正圆形选区，并填充为白色，设置“发光”图层的“不透明度”为53%，效果如图27-11所示。

11 按Ctrl+D快捷键去掉选区。新建图层，分别命名为“星星”“云彩”，选择“画笔工具”，载入“云彩3”画笔，找到相应的笔尖绘制云彩与星星，设置“星星”“云彩”图层的不透明度，如图27-12所示。

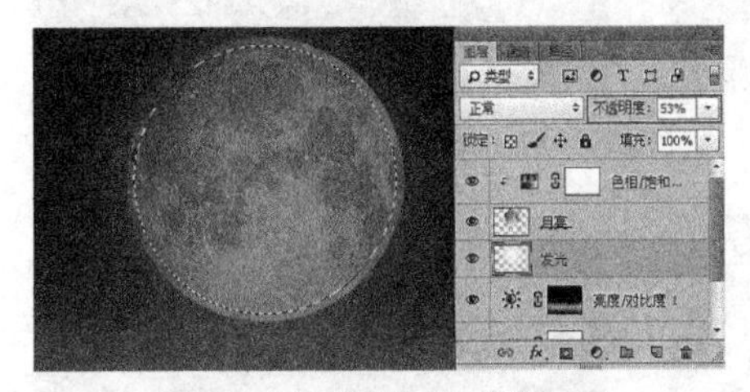

图27-11 设置“发光”图层

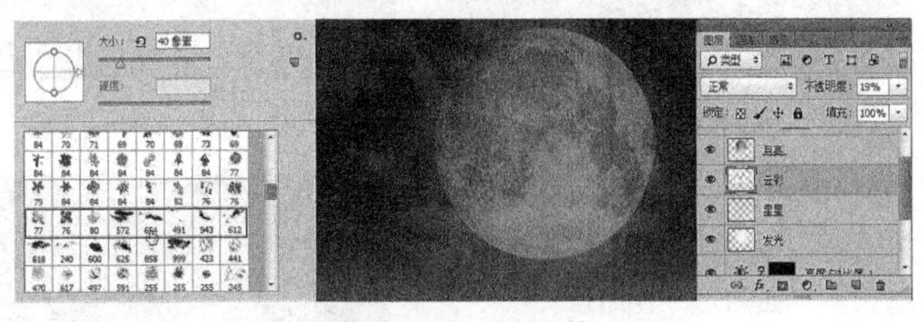

图27-12 绘制画笔

12 选择“星星”图层，在菜单中执行“图层/图层样式/外发光”命令，弹出“图层样式”对话框，其中的参数设置如图27-13所示。

13 设置完毕单击“确定”按钮，效果如图27-14所示。

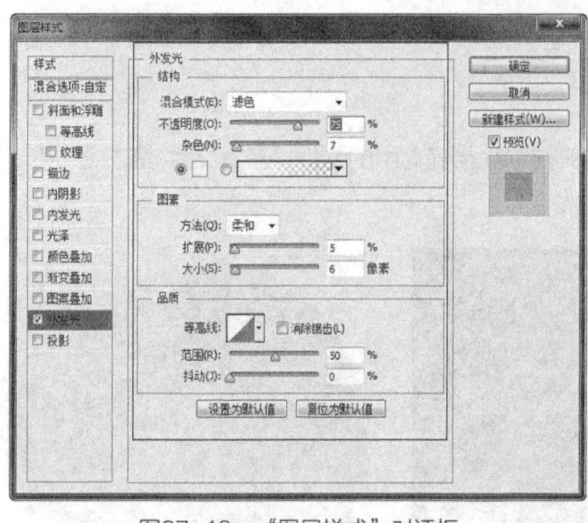

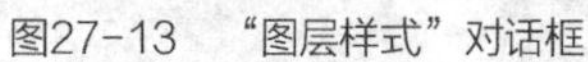
图27-13 “图层样式”对话框

图27-14 应用“外发光”图层样式的效果

14 新建图层，将前景色与背景色都设置为黑色，选择“画笔工具”，使用“草”笔尖在文件中绘制草，在草的下面以黑色进行填充，如图27-15所示。

15 复制图层，在菜单中执行“编辑/变换/水平翻转”命令，水平翻转效果如图27-16所示。

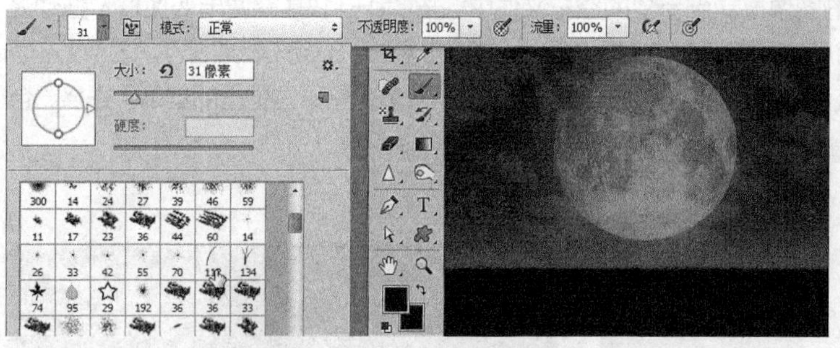

图27-15 绘制草并填充黑色

图27-16 水平翻转

16 按Ctrl+E键将所在的两个草图层进行合并，擦除左侧区域，效果如图27-17所示。

17 使用“矩形选框工具”制作台阶效果，使用“画笔工具”在台阶上绘制草，效果如图27-18所示。

图27-17 擦除

图27-18 绘制台阶和草

18 使用“椭圆选框工具”绘制椭圆选区并删除黑色区域，制作桥墩效果，如图27-19所示。

图27-19 绘制桥墩效果

19 在菜单中执行“文件/打开”命令或按Ctrl+O快捷键，打开随书附带光盘中的文件“素材文件/第27章/背影.jpg、水面”，如图27-20所示。

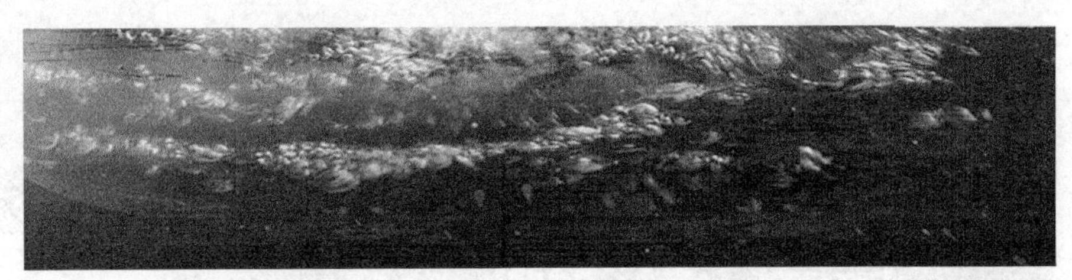

图27-20　素材

20 使用“移动工具”将素材文件中的图像拖动到制作文件中，按Ctrl+T快捷键调出变换框，拖动变换控制点将图像缩小，设置“水面”图像所在图层的不透明度，效果如图27-21所示。

21 选择“画笔工具”，载入“树”画笔，绘制树和枫叶，效果如图27-22所示。

图27-21　移入素材并进行调整

图27-22　绘制效果

22 选择最上面的图层，在“图层”面板中单击“创建新的填充或调整图层”按钮，在弹出的菜单中选择“亮度/对比度”命令，在“属性”面板中设置“亮度/对比度”的参数，如图27-23所示。

23 整体调亮后，完成本例的制作，最终效果如图27-24所示。

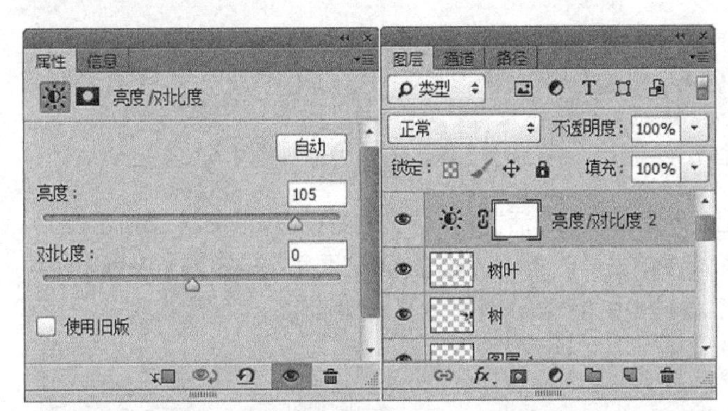

图27-23　“属性”面板和“图层”面板

图27-24　最终效果

27.2 网络广告

实例目的

通过制作如图27-25所示的效果图，了解Photshop CC在综合设计方面的应用。

图27-25　效果图

实例要点

- 新建文件
- 定义图案
- 图案填充
- 应用“球面化”滤镜
- 添加图层样式

操作步骤

01 新建一个宽度为30厘米、高度为9厘米、分辨率为300像素/英寸的空白文件，绘制一个灰色三角形，效果如图27-26所示。

02 在菜单中执行“文件/打开”命令或按Ctrl+O快捷键，打开随书附带光盘中的文件“素材文件/第27章/奥利奥.png”，如图27-27所示。

图27-26　新建文档填充灰色

图27-27　素材

03 在菜单中执行“编辑/定义图案”命令，弹出“图案名称”对话框，其中的参数设置如图27-28所示。

04 设置完毕单击“确定”按钮，在“图层”面板中单击“创建新的填充或调整图层”按钮，在弹出的菜单中选择“图案”命令，弹出“图案填充”对话框，其中的参数设置如图27-29所示。

图27-28　定义图案

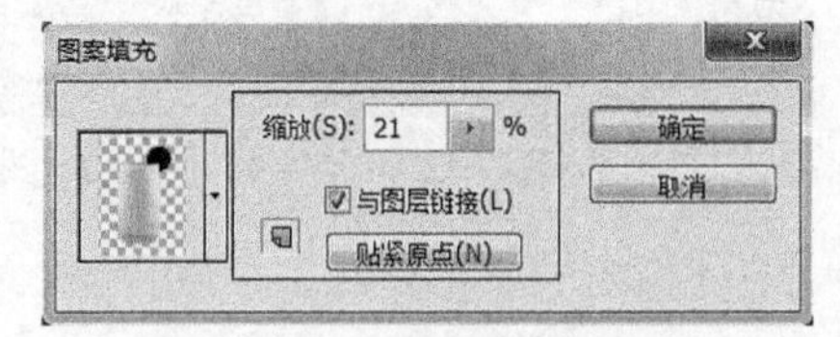

图27-29　“图案填充”对话框

05 设置完毕单击“确定”按钮，调整填充图层的不透明度并编辑渐变蒙版，效果如图27-30所示。

06 打开本章的“飘带2”和“台球”素材，使用“移动工具”将素材文件中的图像移动到制作文件中，对“飘带”图层副本应用“高斯模糊”滤镜，效果如图27-31所示。

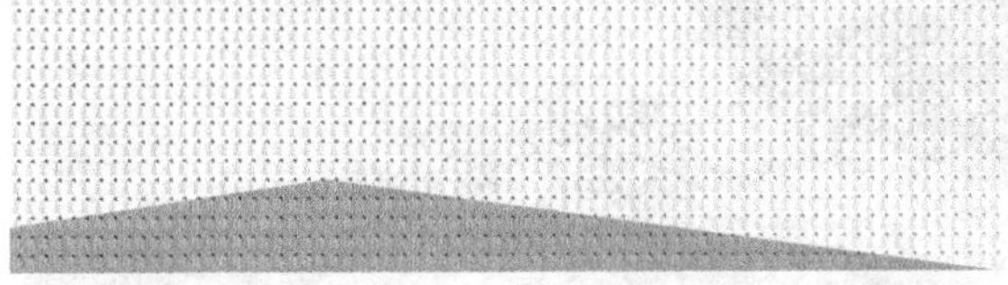

图27-30 图案填充效果

图27-31 移动素材

07 打开本章中的“贴图”素材，将其中的图像移除入制作文件并复制三个副本图层，移动图像的位置后合并副本图层，绘制正圆选区，效果如图27-32所示。

08 在菜单中执行“滤镜/扭曲/球面化”命令，弹出“球面化”对话框，其中的参数设置如图27-33所示。

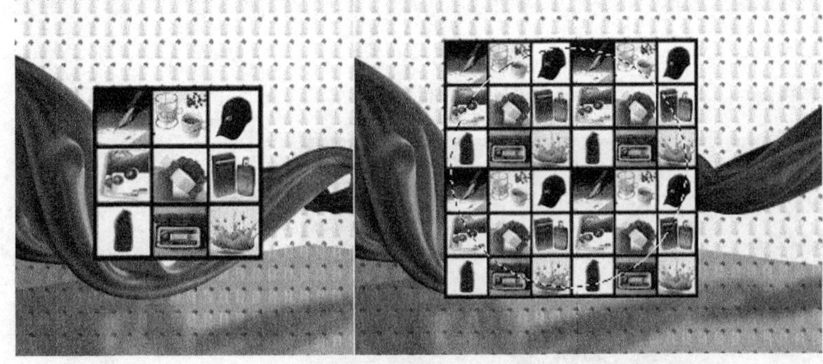

图27-32 复制图层并绘制选区

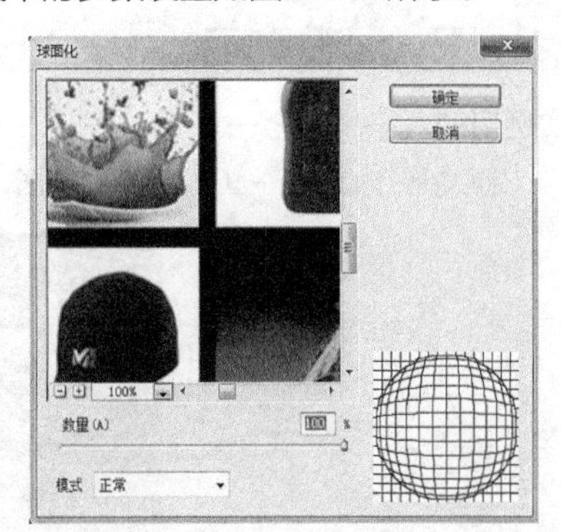

图27-33 “球面化”对话框

09 设置完毕单击“确定”按钮，反选选区，按Delete键清除选区内容，效果如图27-34所示。

10 新建图层，绘制椭圆选区并填充黑色，执行“滤镜/模糊/高斯模糊”命令，弹出“高斯模糊”对话框，设置“半径”为6像素，单击“确定”按钮，调整椭圆所在图层的不透明度，效果如图27-35所示。

11 按Ctrl+D快捷键去掉选区，选择圆球所在的图层，在“图层”面板中单击“添加图层样式”按钮，为圆球图层添加 “内阴影”图层样式，对话框参数设置如图27-36所示。

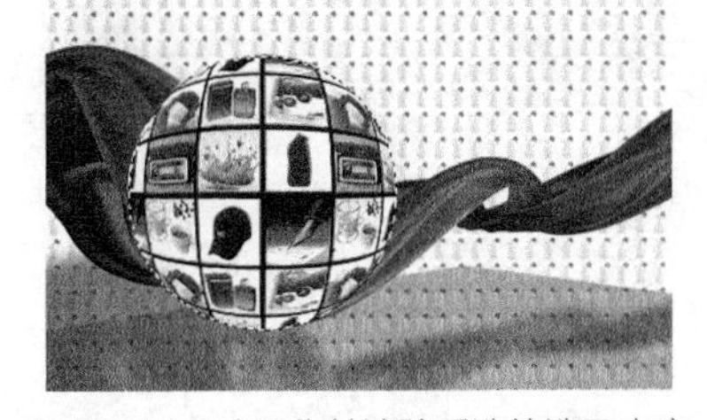

图27-34 球面化并清除反选的选区内容

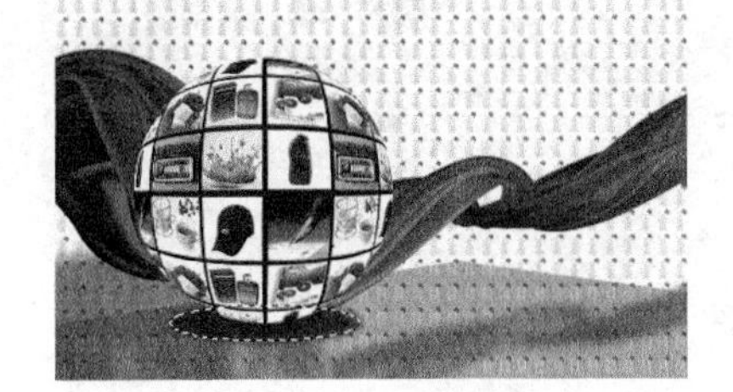

图27-35 投影效果

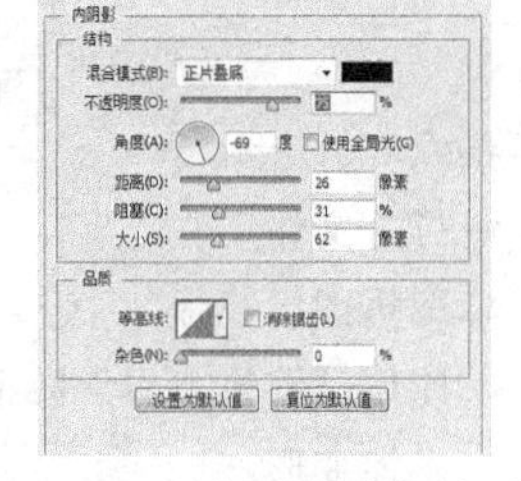

图27-36 “图层样式”对话框

12 设置完毕单击“确定”按钮，效果如图27-37所示。

13 选择“画笔工具”，在“画笔预设选取器”面板中选择“气泡”和“纹理”笔尖，在文件中绘制黄色气泡和黄色纹理，效果如图27-38所示。

图27-37 添加“内阴影”

图27-38 选择画笔并进行绘制

第1篇 第2篇 第3篇 第4篇 第5篇 第6篇 第7篇 第8篇 第9篇 第10篇 第11篇

14 最后输入相应文字，完成本例的制作，最终效果如图27-39所示。

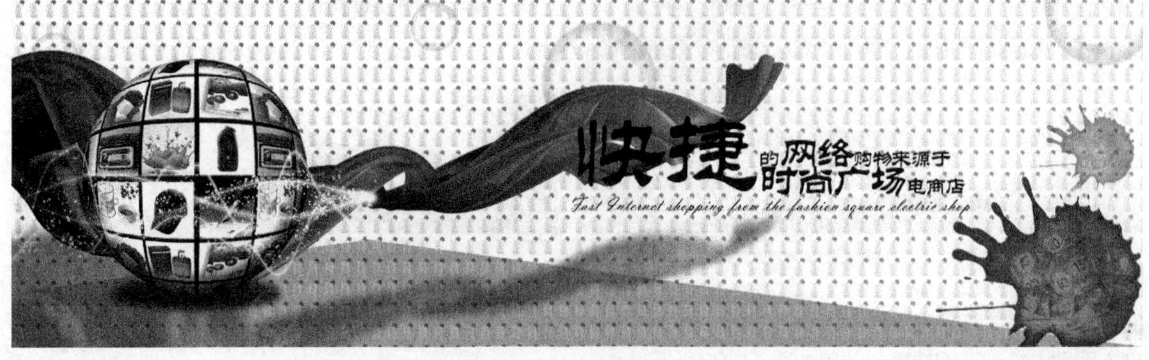

图27-39 最终效果

27.3 汽车广告

实例目的

通过制作如图27-40所示的效果图，了解Photoshop CC在综合设计方面的应用。

图27-40 效果图

实例要点

- 打开文件
- 编辑图层蒙版
- 使用“钢笔工具”抠图
- 操控变形
- 绘制画笔效果
- 添加图层样式

操作步骤

01 在菜单中执行“文件/打开”命令或按Ctrl+O快捷键，打开随书附带光盘中的文件“素材文件/第27章/背景.jpg、岛.jpg”，如图27-41所示。

02 使用“移动工具”将“岛”文件中的图像拖动到“背景”文件中，按Ctrl+T快捷键调出变换框，拖动变换控制点将图像缩小，效果如图27-42所示。

图27-41　素材

图27-42　移动并变换图像

03 使用“魔术棒工具” 在白色背景中单击以创建选区，效果如图27-43所示。

04 按住Alt键在“图层”面板中单击“添加图层蒙版”按钮，将选区部分以黑色蒙版进行遮罩，如图27-44所示。

图27-43　创建选区

图27-44　添加图层蒙版

05 使用“画笔工具”，将前景色设置为黑色，在岛屿下方的阴影处进行涂抹，如图27-45所示。

06 复制“图层1”，得到“图层1拷贝”，按Ctrl+T快捷键调出变换框，拖动变换控制点将图像放大，如图27-46所示。

图27-45　涂抹阴影

图27-46　放大图像

07 按回车键确定操作，选择图层蒙版缩览图，将图层蒙版填充为黑色，如图27-47所示。

08 选择“画笔工具”，按F5键打开“画笔”面板，设置画笔的属性，如图27-48所示。

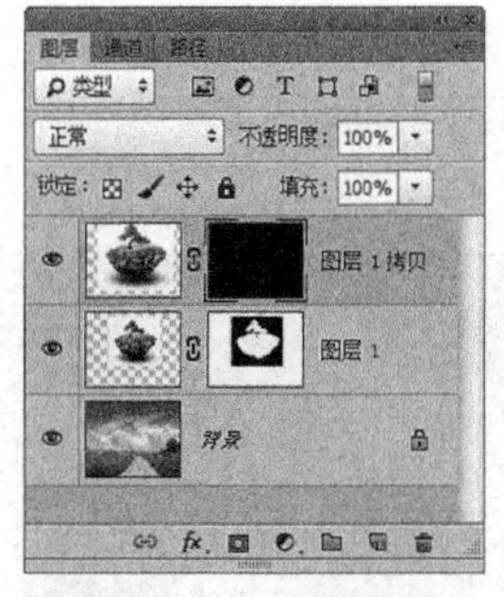

图27-47　填充图层蒙版

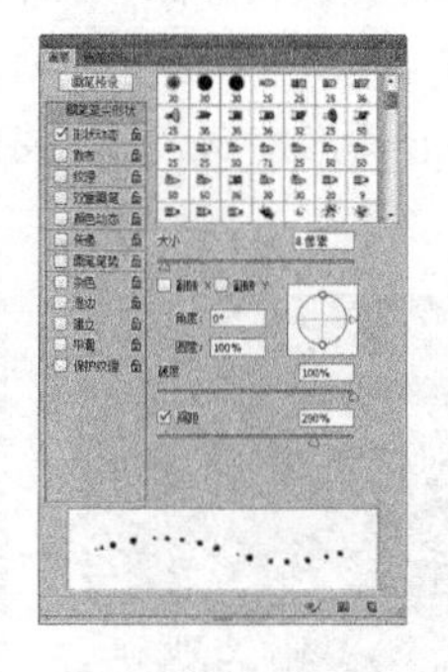

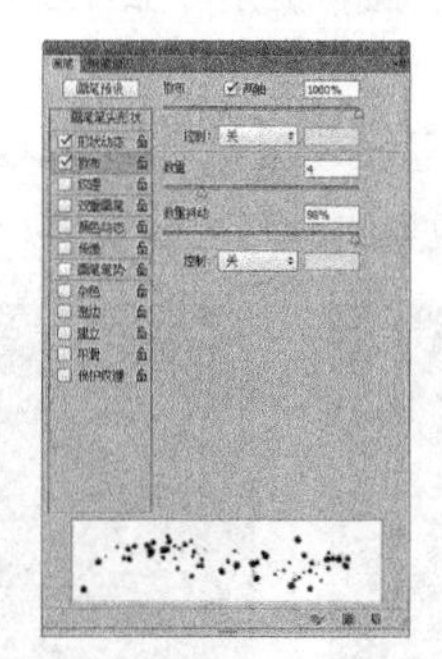

图27-48　“画笔”面板

09 将前景色设置为白色，使用“画笔工具”在图层蒙版中进行涂抹，涂抹时随时调整画笔的大小，如图27-49所示。

10 在菜单中执行“文件/打开”命令或按Ctrl+O快捷键，打开随书附带光盘中的文件“素材文件/第27章/mini汽车.jpg”，如图27-50所示。

图27-49　编辑蒙版

图27-50　素材

11 使用“钢笔工具”沿汽车的边缘创建路径，如图27-51所示。

图27-51　创建路径

12 按Ctrl+Enter快捷键将路径转换为选区，使用“移动工具”将选区内容拖动到“背景”文件中，按Ctrl+T快捷键调出变换框，将图像缩小后的效果如图27-52所示。

13 按回车键确定操作，在汽车玻璃处创建选区，如图27-53所示。

14 按Ctrl+X快捷键剪切选区内容，再按Ctrl+V快捷键粘贴选区内容，将“汽车玻璃”图层的“不透明度”设置为50%，效果如图27-54所示。

图27-52　移动选区内容并进行变换

图27-53　创建选区

图27-54　剪切图像并设置不透明度

15 选择岛屿所在的图层，使用“加深工具”在汽车下方的草地处进行涂抹，将草地加深，效果如图27-55所示。

16 选择“汽车”图层，在菜单中执行“编辑/操控变形”命令，添加控制点后，将前车轮向下拖动，按回车键完成变形操作，效果如图27-56所示。

图27-55　加深效果

图27-56　操控变形

17 打开随书附带的“热气球、鸽子和mini车标”，如图27-57所示。

图27-57 素材

18 使用“移动工具”将素材图像拖动到“背景”文件中，如图27-58所示。

19 新建图层，将其命名为“云彩”，使用“画笔工具”绘制云彩效果，如图27-59所示。

20 新建图层，将其命名为“阴影”，选择“椭圆选框工具”，在属性栏中设置“羽化”为50像素，在地面上绘制一个椭圆选区，将选区填充为深灰色，效果如图27-60所示。

图27-58 移动素材

图27-59 绘制云彩效果

图27-60 绘制选区并填充颜色

21 按Ctrl+D快捷键去掉选区，打开“mini车标”文件，清除部分区域，效果如图27-61所示。

22 将车标移动到“背景”文件中，在菜单中执行“编辑/变换/扭曲”命令，调出变换框，拖动变换控制点以调整形状，效果如图27-62所示。

23 按回车键确定变换操作，调出选区并将该图层隐藏，效果如图27-63所示。

24 选择“背景”图层，按Ctrl+C快捷键复制选区内容，再按Ctrl+V快捷键粘贴选区内容，将图层命名为“图标 麦圈”，如图27-64所示。

图27-61 素材

图27-62 变换操作

图27-63 调出选区并隐藏图层

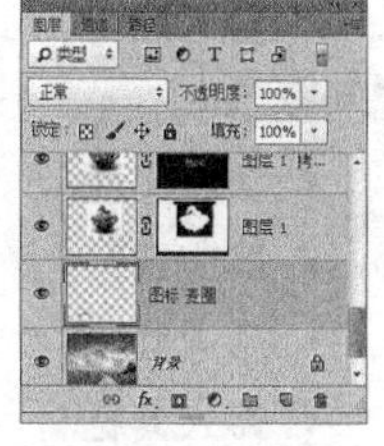

图27-64 复制

25 在菜单中执行“图层/图层样式/内阴影”命令，弹出“图层样式”对话框，其中的参数设置如图27-65所示。

26 设置完毕单击“确定”按钮，效果如图27-66所示。

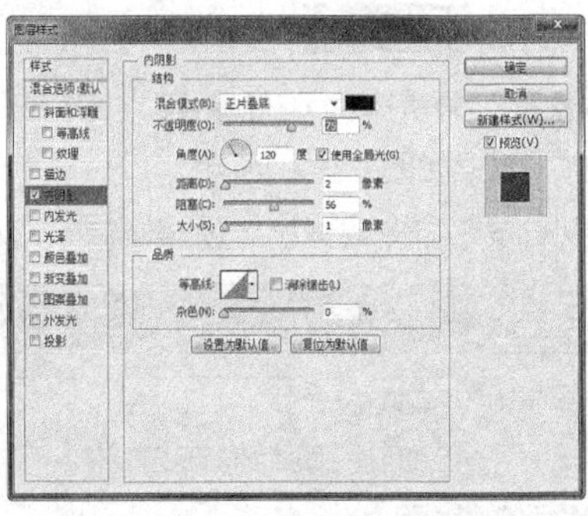

图27-65 “图层样式”对话框

图27-66 添加“内部阴影”图层样式效果

27 在“图层”面板中单击“创建新的填充或调整图层”按钮，在弹出的菜单中选择“亮度/对比度”命令，在“属性”面板中设置“亮度/对比度”的参数，如图27-67所示。

28 至此，本例制作完毕，最终效果如图27-68所示。

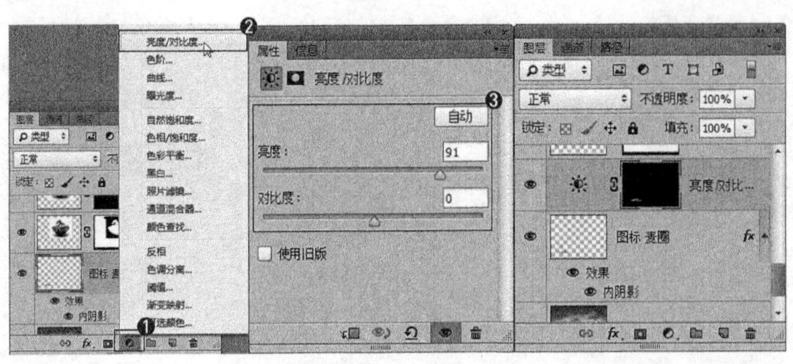
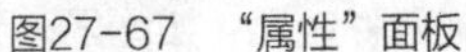
图27-67 “属性”面板

图27-68 最终效果

27.4 网店中的收藏有礼

实例目的

通过制作如图27-69所示的效果图，了解Photoshop CC在综合设计方面的应用。

图27-69 效果图

实例要点

- 新建文件
- 填充图案
- 载入画笔
- 移入素材
- 添加图层样式

操作步骤

01 新建一个宽度为750像素、高度为500像素、分辨率为72像素/英寸的空白文件，使用“渐变工具”在文件中填充一个从浅黄色到黄色的径向渐变，效果如图27-70所示。

02 在菜单中执行“图层/创建新的填充图层/图案”命令，弹出“新建图层”对话框，如图27-71所示。

图27-70 填充渐变

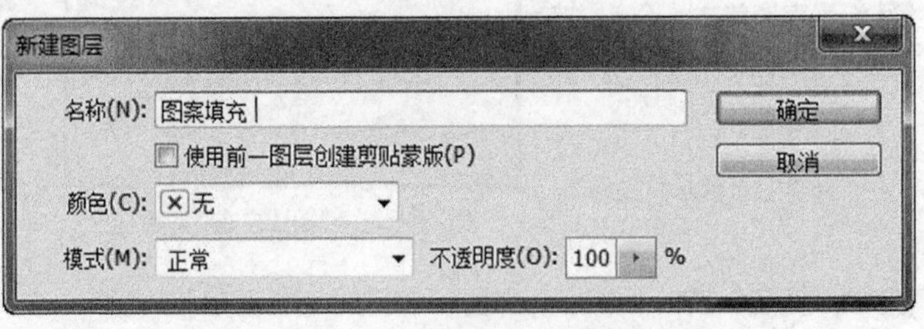

图27-71 “新建图层”对话框

温馨提示

此处设置的宽度是淘宝店铺中“右侧自定义区域”的文档宽度。

03 单击“确定”按钮，在弹出的“图案填充”对话框中，调出“图案拾色器”面板，再单击“弹出菜单”按钮，在弹出的菜单中选择“艺术表面”选项，如图27-72所示。

04 此时，系统会弹出如图27-73所示的警告对话框。

05 单击“确定”按钮，“艺术表面”中的图案替换了之前的图案，在其中选择“纱布”图案，如图27-74所示。

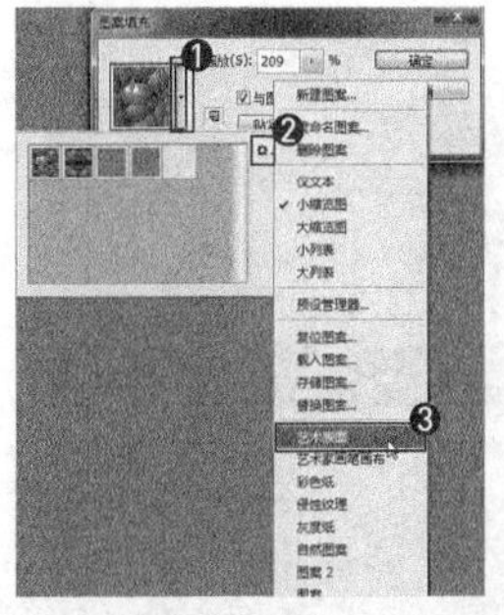

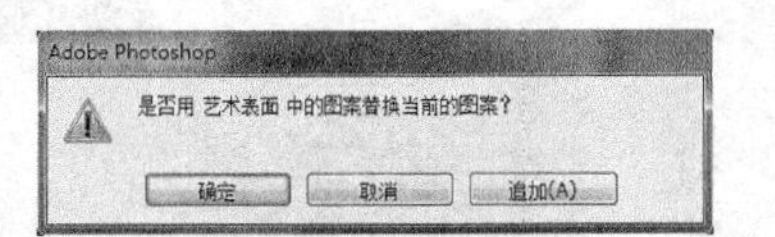

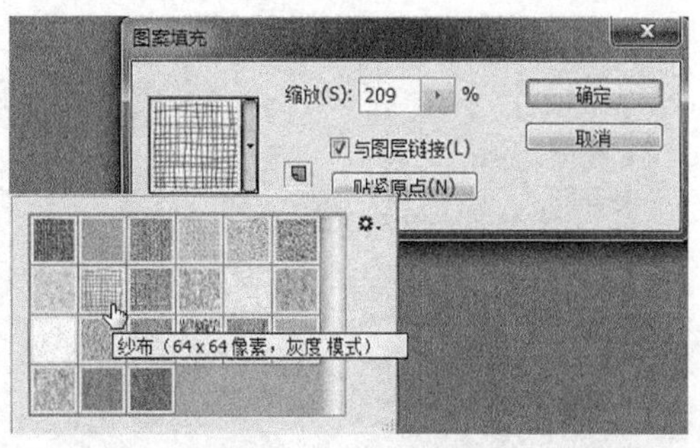

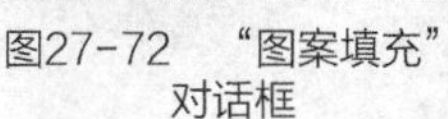

图27-72 “图案填充”对话框　　图27-73 警告对话框　　图27-74 选择图案

06 设置完毕单击“确定”按钮，系统会使用“纱布”图案进行填充，设置填充图层的“混合模式”为“颜色加深”，效果如图27-75所示。

07 打开本章中的“礼盒”和“可爱素材”素材，如图27-76所示。

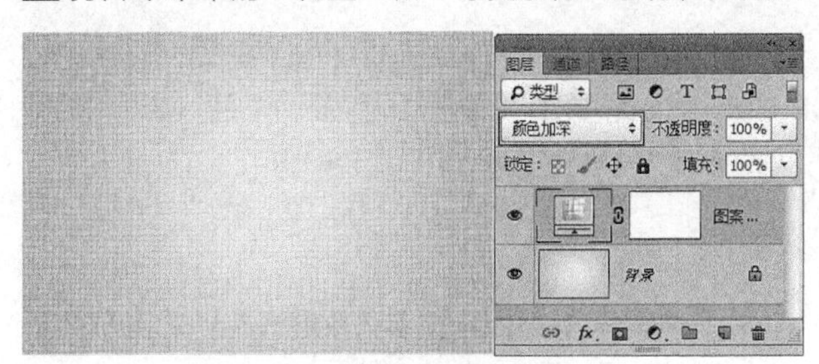

图27-75 填充图案设置混合模式

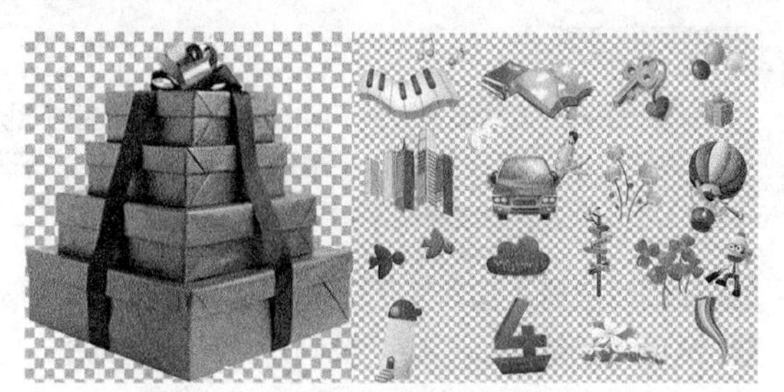

图27-76 素材

08 使用“移动工具”将素材文件中的图像拖动到制作文件中，选择“画笔工具”，在“画笔预设选取器”面板中选择相应的画笔笔尖并将其绘制到文件中，如图27-77所示。

图27-77 移入素材并绘制画笔效果

09 在文件的相应位置输入绿色文字，再打开随书附带的“绿飘带”素材，使用“移动工具”将素材文件中的图像移入到制作文件中，如图27-78所示。

10 将文字和飘带所在的图层一同选取后，按Ctrl+E快捷键将两个图层合并为一个图层，再执行菜单中的“图层/图层样式/外发光”和“图层 / 图层样式 / 描边”命令，弹出“图层样式”对话框，分别设置“外发光”和“描边”图层样式的参数，如图27-79所示。

图27-78 输入文字并移入素材

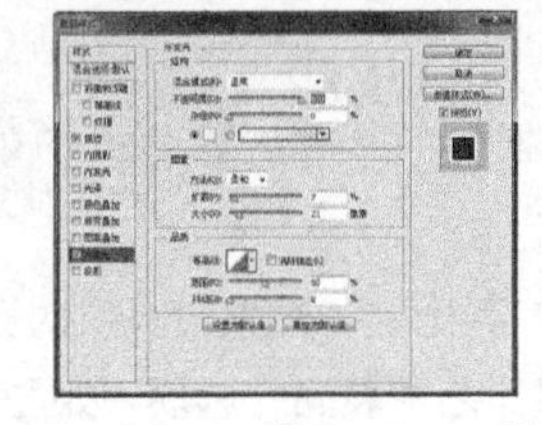

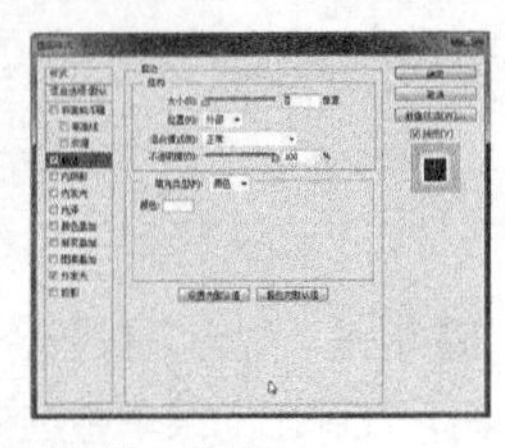

图27-79 "图层样式"对话框

11 设置完毕单击"确定"按钮，效果如图27-80所示。

12 在文字下方绘制一个平行四边形和圆角矩形，并使用"自定形状工具"以"像素"工具模式绘制一个会话框，效果如图27-81所示。

图27-80 添加图层样式后的效果

图27-81 绘制形状

温馨提示

在以"像素"工具模式绘制不同图形时，最好为每个图形都新建一个图层，这样可以便于进一步编辑。如果直接以"形状"工具模式进行绘制，就可以不用考虑新建图层，因为在绘制形状时系统会自动为其创建一个形状图层。

13 在相应位置处输入文字介绍，如图27-82所示。

14 选择"画笔工具"，找到一个用于修饰的"小精灵"笔尖，将其绘制到文字"收藏有礼"的上方。至此，本例制作完毕，最终效果如图27-83所示。

图27-82 输入文字

图27-83 最终效果

27.5 电影海报

实例目的

通过制作如图27-84所示的效果图，了解Photoshop CC在综合设计方面的应用。

图27-84 效果图

实例要点

- 新建文件
- 移入素材
- 设置混合模式
- 编辑图层蒙版
- 绘制画笔效果
- 变换
- 载入选区

操作步骤

01 新建一个宽度为13厘米、高度为18厘米、分辨率为150像素／英寸的空白文件，打开本章中的“材质1.jpg”，使用“移动工具”将素材文件中的图像移动到新建文件中，如图27-85所示。

02 在菜单中执行“文件/打开”命令或按Ctrl+O快捷键，打开随书附带光盘中的文件“素材文件/第27章/蘑菇云.jpg”，将“蘑菇云”素材文件中的图像移动到新建文件中，设置“蘑菇云”图层的“混合模式”为“明度”，如图27-86所示。

03 打开“领狮人”素材，将其中的图像移动到新建文件中，如图27-87所示。

图27-85 移入素材

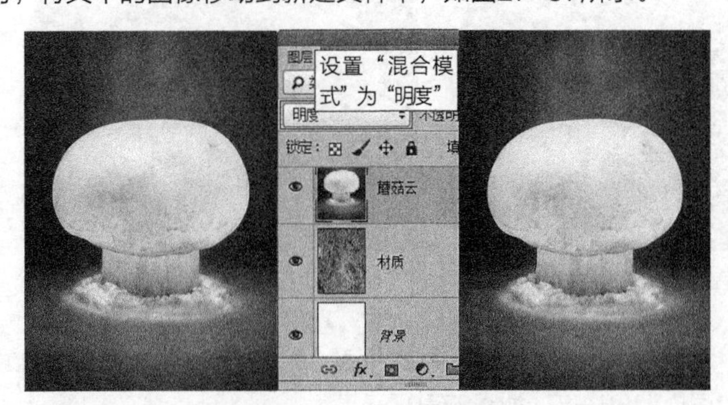

图27-86 混合模式

图27-87 移入素材

04 在“图层”面板中单击“添加图层蒙版”按钮，使用“画笔工具”在蘑菇云的边缘涂抹黑色，设置“领狮人”图层的“混合模式”为“正片叠底”、“不透明度”为64%，如图27-88所示。

05 复制“领狮人”图层，得到“领狮人 副本”图层，打开“人物”素材，将其中的图像移动到新建文件中，设置“人物”图层的“混合模式”为“变暗”，添加图层蒙版后，使用黑色编辑图层蒙版，效果如图27-89所示。

06 复制“人物”图层，在菜单中执行“编辑/变换/垂直翻转”命令，将人物图像进行翻转，在人物腿部创建选区，按Ctrl+T快捷键调出变换框，将人物腿部拉长，效果如图27-90所示。

图27-88 编辑图层蒙版并设置图层属性

图27-89 设置混合模式并编辑图层蒙版

图27-90 翻转人物并拉长人物腿部

07 按回车键确定变换操作，选择图层蒙版缩览图，使用“渐变工具”在图层蒙版中从上向下拖动鼠标指针，填充从白到黑的渐变效果，如图27-91所示。

08 新建图层，将其命名为“云”，选择“画笔工具”使用云彩笔尖绘制白色云彩，效果如图27-92所示。

09 新建图层，将其命名为“画笔”，选择“画笔工具”使用纹理笔尖绘制蓝色纹理，设置“画笔”图层的“混合模式”为“滤色”，效果如图27-93所示。

图27-91 编辑图层蒙版

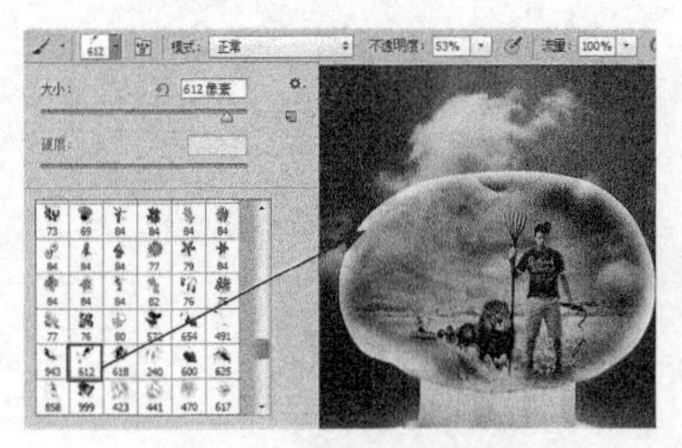
图27-92 绘制云彩

图27-93 绘制画笔效果并设置混合模式

10 添加图层蒙版，使用“画笔工具”在人物处进行涂抹黑色，效果如图27-94所示。

11 复制“画笔”图层，得到“画笔 副本”图层，在菜单中执行“编辑/变换/水平翻转”命令，移动翻转后的图像到相应位置，效果如图27-95所示。

12 绘制黑色墨迹画笔效果，输入文字，效果如图27-96所示。

图27-94 编辑图层蒙版

图27-95 水平翻转并移动

图27-96 绘制画笔效果并输入文字

13 选择文字图层，在菜单中执行“类型/栅格化文字图层”命令，将文字图层变为普通图层，按住Ctrl键单击“墨迹”图层的图层缩览图以调出选区，如图27-97所示。

14 选择“移动工具”，单击键盘上的方向键，将选区移动到与文字相交的区域并填充为白色，效果如图27-98所示。

15 按Ctrl+D快捷键去掉选区。至此，完成本例的制作，最终效果如图27-99所示。

图27-97　选择画笔

图27-98　编辑选区

图27-99　最终效果

27.6　房产三折页

实例目的

通过制作如图27-100所示的效果图，了解Photoshop CC在综合设计方面中的应用。

图27-100　效果图

实例要点

- 新建文件
- 添加参考线
- 移入素材
- 调整位置

操作步骤

01 新建一个宽度为28.5厘米、高度为21厘米、分辨率为150像素／英寸的空白文件，按CtrL+R快捷键调出标尺，使用“移动工具”向文件内拖动以创建参考线，位置如图27-101所示。

图27-101　新建文件并添加参考线

02 新建“图层1”，将图层填充为绿色，使用“圆角矩形工具”在文件中绘制路径，效果如图27-102所示。

03 按Ctrl+Enter快捷键将路径转换为选区，分别在三个不同位置按Delete键删除选区内容，效果如图27-103所示。

图27-102 绘制圆角矩形路径

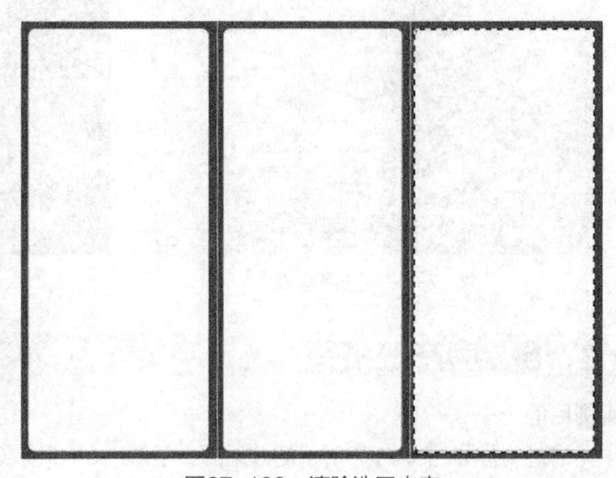

图27-103 清除选区内容

04 按Ctrl+D快捷键去掉选区，打开本章中的“天空”“美女”“热气球”和“草地”，如图27-104所示。

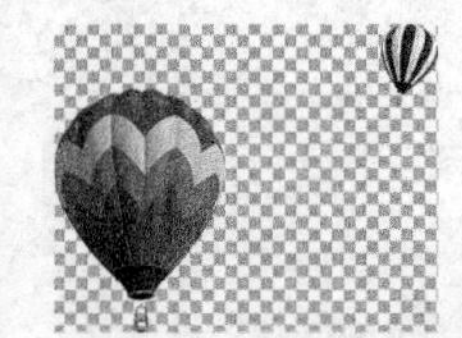

图27-104 素材

05 使用“移动工具”将素材件中的图像拖动到新建文件中，效果如图27-105所示。

06 打开本章中的“左边”“右边”和“中间”素材，如图27-106所示。

图27-105 移入素材中的图像

图27-106 素材

07 使用“移动工具”将素材文件中的图像拖动到新建文件中，依次调整位置，效果如图27-107所示。

08 至此，本例制作完毕，最终效果如图27-108所示。

图27-107 移入素材并调整位置

图27-108 最终效果

27.7　培训班宣传

实例目的

通过制作如图27-109所示的效果图，了解Photoshop CC在综合设计方面的应用。

图27-109　效果图

实例要点

- 新建文件
- 移入素材调整位置
- 设置混合模式
- 编辑图层蒙版
- 变换
- 创建填充图层

操作步骤

01 在菜单中执行“文件/打开”命令或按Ctrl+O快捷键，打开随书附带光盘中的文件“素材文件/第27章/培训班天空背景.jpg”，如图27-110所示。

02 再打开本章中的“房子”“热气球3”“草地”“心形花环”和“树头”素材，如图27-111所示。

图27-110　素材

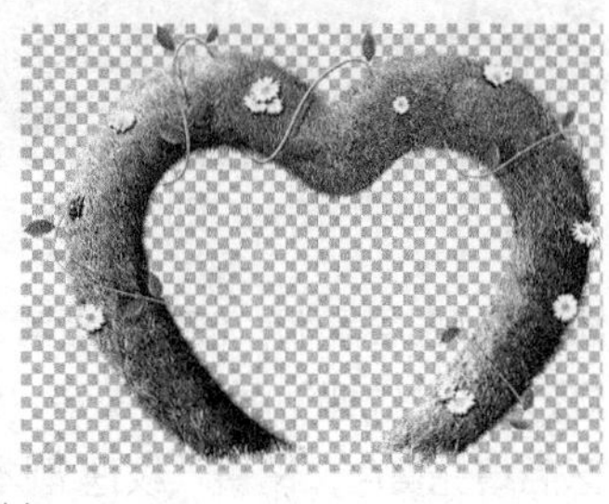

图27-111　素材

03 使用“移动工具”将步骤02打开的素材文件中的图像全部拖动到“培训班天空背景”文件中，效果如图27-112所示。

04 在“图层”面板中单击“创建新的填充或调整图层”按钮，在弹出的菜单中选择“纯色”命令，将填充的颜色设置为黑色，并设置填充图层的“不透明度”为69%，效果如图27-113所示。

05 复制“心形花环”图层，得到“心形花环 副本”图层，将副本图层移动至“颜色填充1”图层的上方，设置副本图层的“不透明度”为54%，效果如图27-114所示。

06 打开“小朋友”素材，将其中的图像拖动到“培训班天空背景”文件中，效果如图27-115所示。

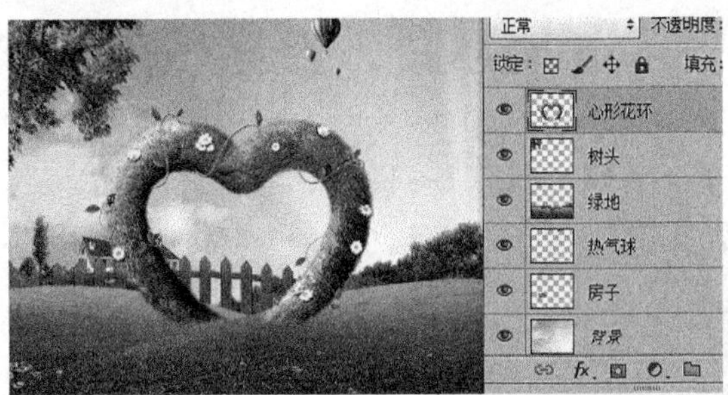

图27-112 移动素材

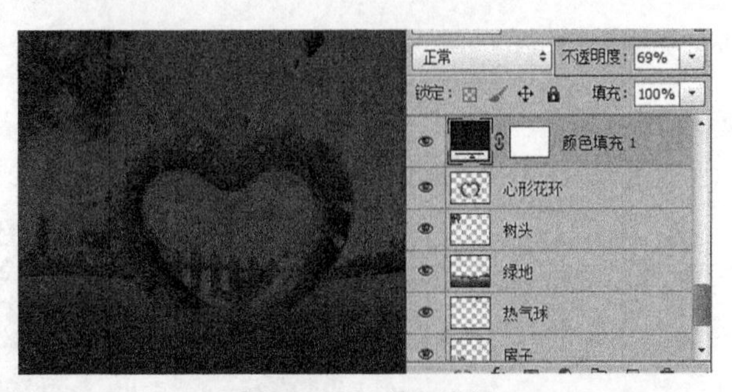

图27-113 纯色填充

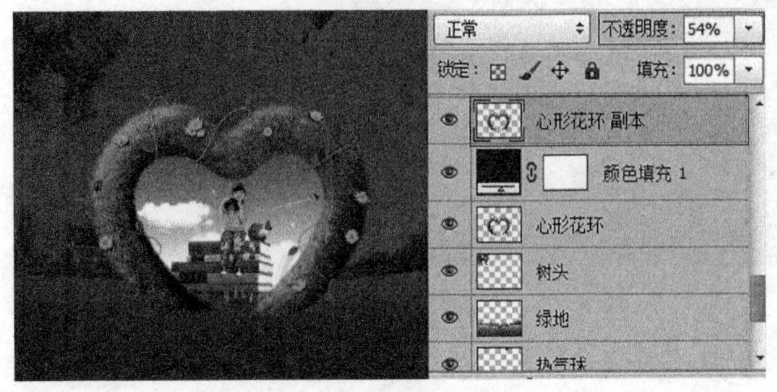

图27-114 复制并移动图层

图27-115 移动素材

07 在"图层"面板中单击"添加图层蒙版"按钮，使用"画笔工具"在心形花环的周围涂抹黑色，效果如图27-116所示。

08 新建图层，将其命名为"纹理"，选择"画笔工具"，使用之前载入画笔中的"云朵3"笔尖绘制白色纹理，效果如图27-117所示。

09 在菜单中执行"编辑/变换/变形"命令，调出变换框，拖动变换控制点，改变纹理的形状，效果如图27-118所示。

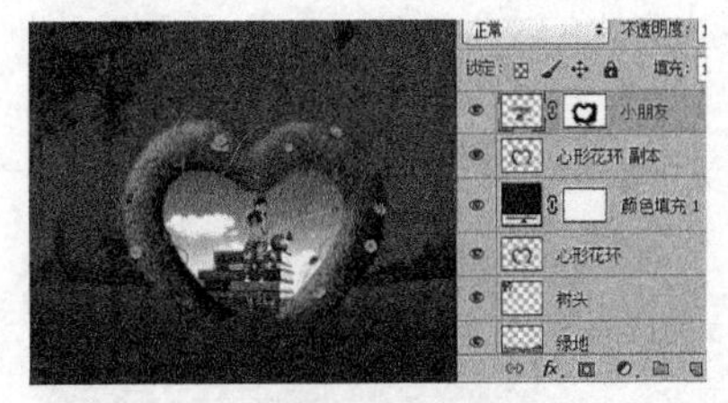

图27-116 编辑图层蒙版

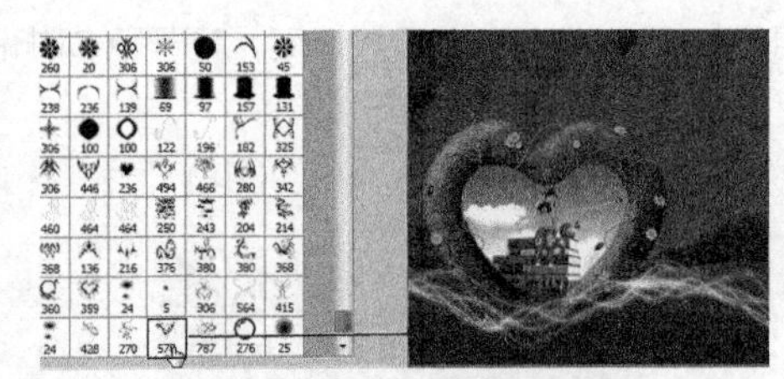

图27-117 绘制纹理

图27-118 变形

10 添加图层蒙版，使用"画笔工具"在心形花环处涂抹黑色，效果如图27-119所示。

11 复制"纹理"图层，得到"纹理 副本"图层，按住Ctrl键单击"纹理 副本"图层的图层缩览图，调出选区后填充黄色，设置"纹理 副本"图层的"混合模式"为"颜色加深"，效果如图27-120所示。

12 按Ctrl+D快捷键去掉选区，效果如图27-121所示。

图27-119 编辑图层蒙版

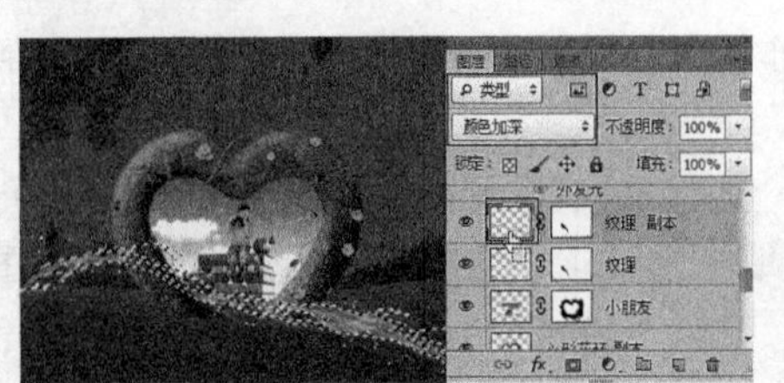

图27-120 设置混合模式

图27-121 去掉选区

13 复制"纹理 副本"图层，得到"纹理 副本2"图层，调出纹理的选区，将其填充为红色，效果如图27-122所示。

14 按Ctrl+D快捷键去掉选区，设置“纹理 副本2”图层的“混合模式”为“变亮”，效果如图27-123所示。

15 使用“横排文字工具”参照自己喜欢的字体和颜色输入相应的文字，效果如图27-124所示。

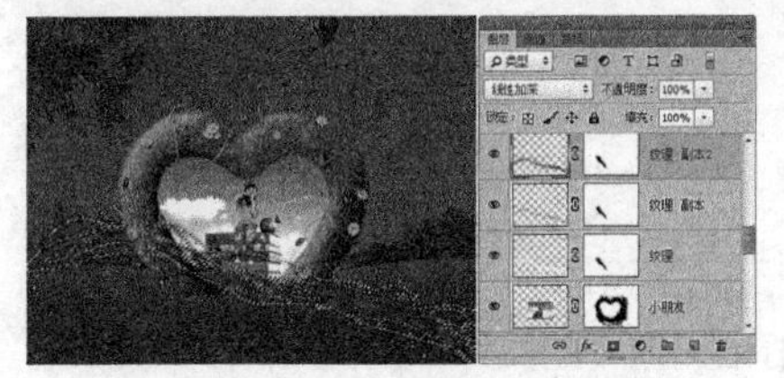

图27-122 复制图层填充选区

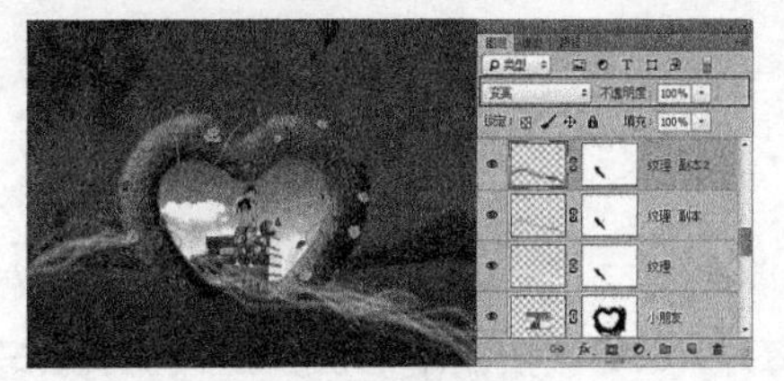

图27-123 混合模式

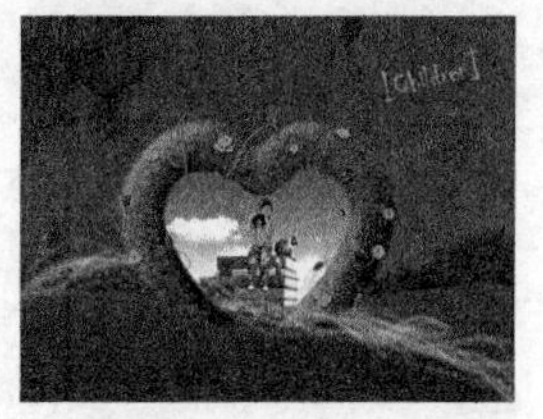

图27-124 输入文字

16 在菜单中执行“图层/图层样式/外发光”命令，弹出“图层样式”对话框，其中的参数设置如图27-125所示。

17 设置完毕单击“确定”按钮。至此，本例制作完毕，最终效果如图27-126所示。

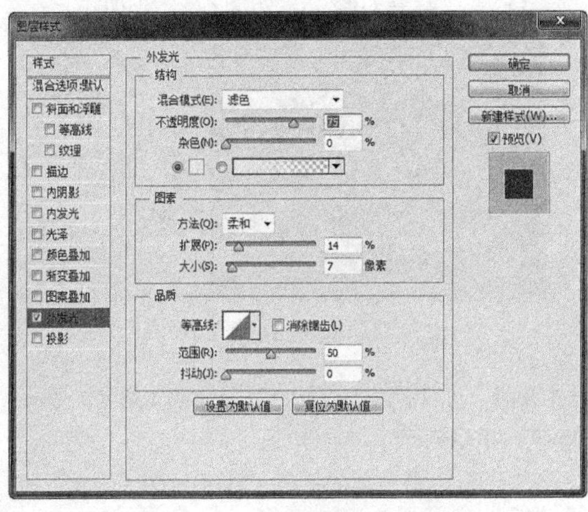

图27-125 “图层样式”对话框

图27-126 “外发光”对话框

27.8 鞋子创意广告

实例目的

通过制作如图27-127所示的效果图，了解Photoshop CC在综合设计方面的应用。

图27-127 效果图

实例要点

- 打开文件
- 定义图案

- 填充图案
- 载入形状
- 编辑文字
- 添加图层样式
- 变换

操作步骤

01 在菜单中执行“文件/打开”命令或按Ctrl+O快捷键，打开随书附带光盘中的文件“素材文件/第27章/墙面.jpg”，如图27-128所示，将其定义为图案

02 新建一个宽度为18厘米、高度为13.5厘米、分辨率为150像素／英寸的空白文件，在菜单中执行“图层/创建新的填充图层/图案”命令，打开“新建图层”对话框，单击确定按钮，弹出“图案填充”对话框，找到定义的图案，如图27-129所示，单击“确定”按钮。

03 新建“图层”，创建选区并填充黑色，将“图层1”的“不透明度”调整为42%，如图27-130所示。

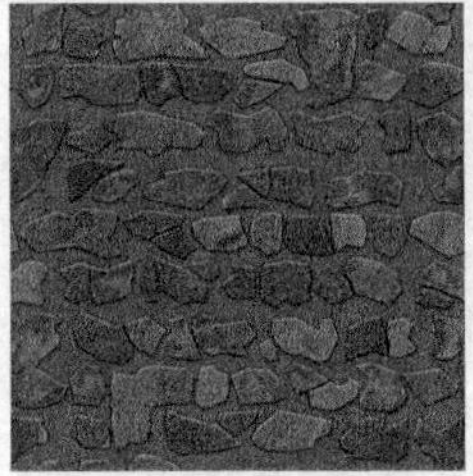

图27-128 素材

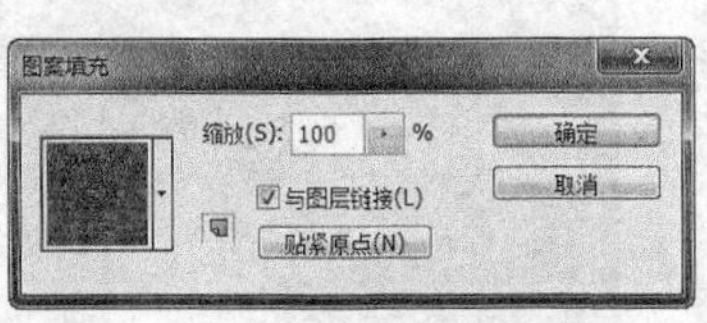

图27-129 “图案填充”对话框

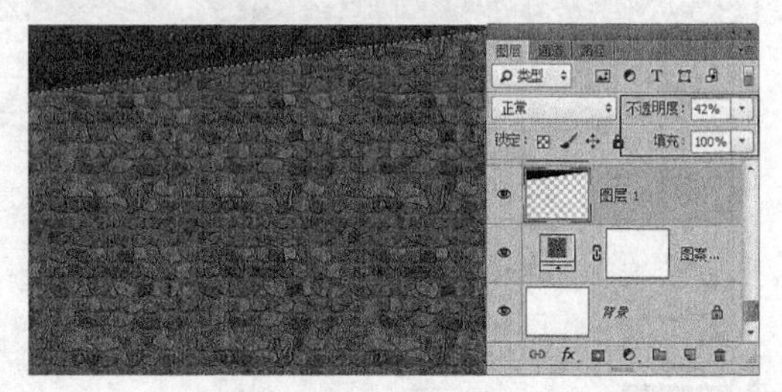

图27-130 调整不透明度

04 按Ctrl+D快捷键去掉选区，复制“图层1”，得到“图层1 副本”，将副本图层中的图像向上移动一段距离，将“图层1 副本”的“不透明度”设置为36%，效果如图27-131所示。

05 打开随书附带素材中的“女鞋”素材，如图27-132所示。

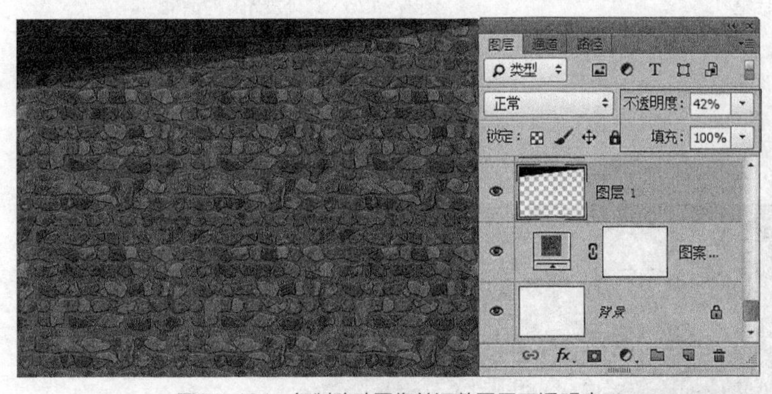

图27-131 复制移动图像并调整图层不透明度

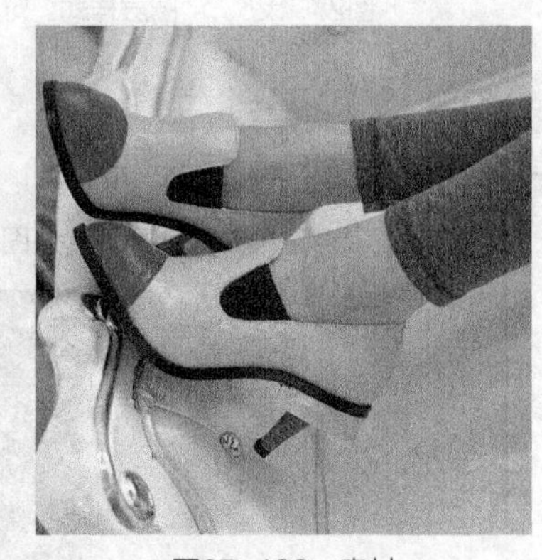

图27-132 素材

06 使用“钢笔工具”沿鞋子和腿部绘制路径，按Ctrl+Enter快捷键将路径转换为选区，如图27-133所示。

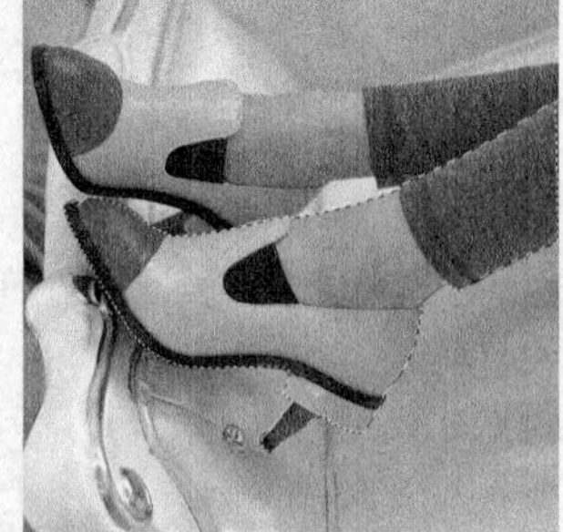

图27-133 创建路径并转换为选区

07 使用“移动工具”将选区内容拖动到新建文件中，效果如图27-134所示。

08 在菜单中执行“图层/图层样式/投影”命令，弹出“图层样式”对话框，其中的参数设置如图27-135所示。

09 设置完毕单击“确定”按钮，效果如图27-136所示。

图27-134　移入图像效果

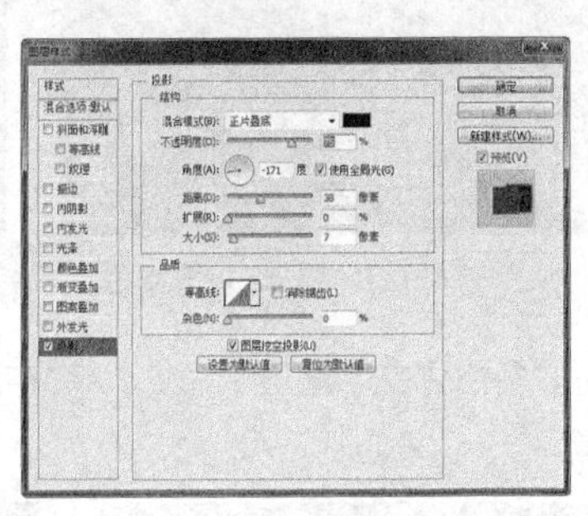

图27-135　“图层样式”对话框

图27-136　添加“投影”图层样式的效果

10 使用同样的方法，将鞋子进行抠图并移动图像到新建文件中，将移入的图像缩小一些，效果如图27-137所示。

11 选择“自定形状工具”在属性栏中调出“自定形状拾色器”面板，单击“弹出菜单”按钮，在弹出的菜单中选择“载入形状”命令，如图27-138所示。

12 在弹出的“载入”对话框中选择形状，如图27-139所示，单击“载入”按钮。

图27-137　移动并调整大小后的效果

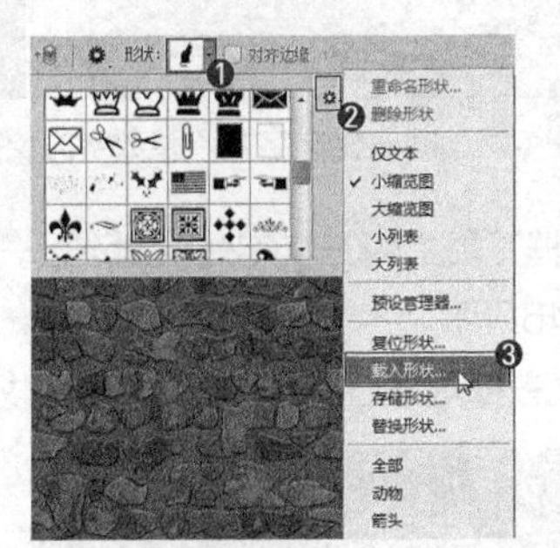

图27-138　载入形状

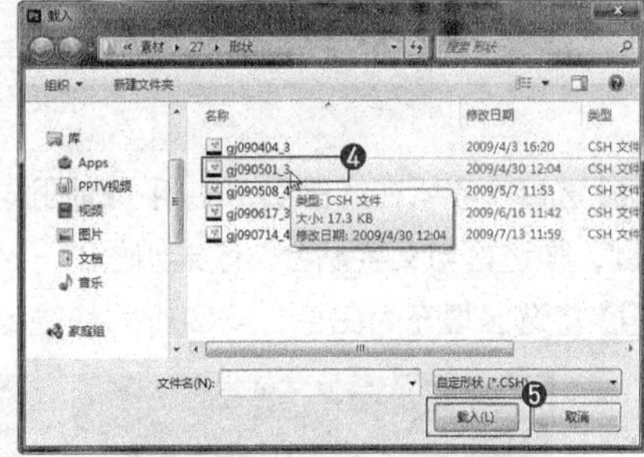

图27-139　“载入”对话框

13 选择载入的形状，在文件中绘制形状，效果如图27-140所示。

14 复制该人形所在的图层，将副本图层命名为“影”，设置其“不透明度”为73%。在菜单中执行“编辑/变换/扭曲”命令，调出变换框，拖动变换控制点进行扭曲变换，效果如图27-141所示。

图27-140　绘制形状

图27-141　制作投影效果

15 按回车键确定变换操作，使用“画笔工具”在手袋处绘制一个粉色的画笔笔尖效果，效果如图27-142所示。

16 在人形的腰间绘制选区，填充为粉色，效果如图27-143所示。

17 按Ctrl+D快捷键去掉选区，新建图层，使用“矩形工具”以“像素”工具模式绘制一个粉色长条矩形，再使用“横排文字工具”输入粉色文字，效果如图27-144所示。

图27-142　最终效果

图27-143　绘制选区填充粉色

图27-144　绘制矩形并输入文字

18 选择文字图层，在菜单中执行“类型/栅格化文字图层”命令，将文字图层转换为普通图层，单独调整每个文字的位置，效果如图27-145所示。

图27-145　栅格化文字并调整数字的位置

19 选择文字所在的图层，使用“椭圆选框工具”在文字处绘制选区，选择“移动工具”，按键盘上的方向键，像选区与文字贴合，效果如图27-146所示。

20 将选区填充为白色，按Ctrl+D快捷键去掉选区，效果如图27-147所示。

图27-146　绘制选区并调整选区

图27-147　填充选区

21 选择“画笔工具”在“画笔拾色器”中选择之前载入画笔中的“精灵”笔触，如图27-148所示。

22 选择“画笔工具”，在“画笔预设拾取器”面板中选择之前载入的画笔中的“精灵”笔尖，如图27-149所示。

23 使用“画笔工具”在文件中的相应位置处绘制小精灵效果，再在人形的脚下绘制一处墨渍。至此，本例制作完毕，最终效果如图27-150所示。

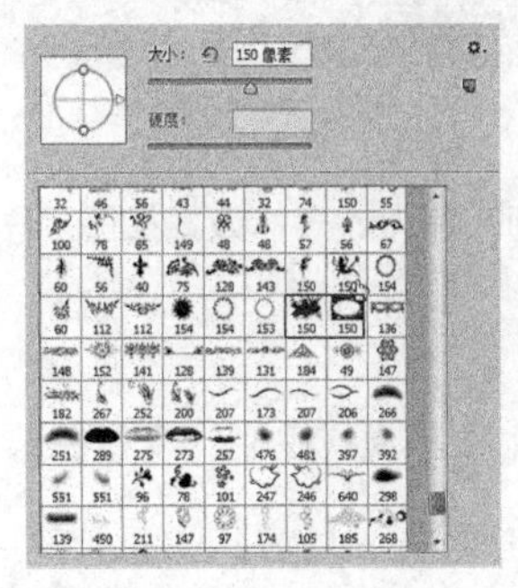

图27-148 选择笔触

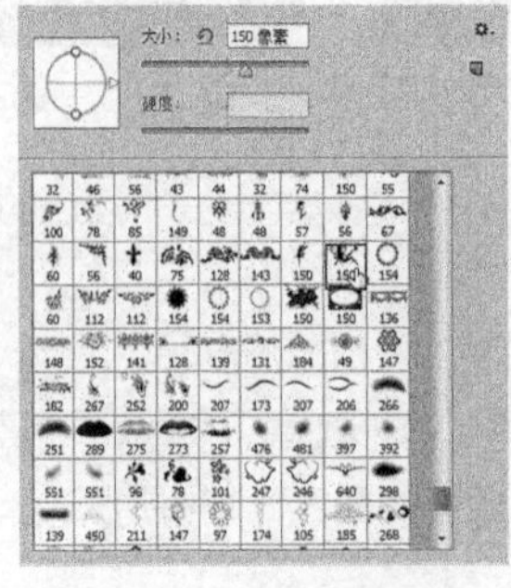

图27-149　选择笔触

图27-150　最终效果

27.9 创意广告设计

实例目的

通过制作如图27-151所示的效果图，了解使用Photoshop CC在综合设计方面的应用。

图27-151 效果图

实例要点

- 打开文件
- 移入素材
- 设置混合模式
- 绘制画笔效果
- 变换

操作步骤

01 在菜单中执行“文件/打开”命令或按Ctrl+O快捷键，打开随书附带光盘中的文件“素材文件/第27章/创意天空背景.jpg、鞋子模特.jpg”，如图27-152所示。

图27-152 素材

02 使用“移动工具”将“鞋子模特”素材文件中的图像拖动到“创意天空背景”文件中，设置“鞋子模特”图层的“混合模式”为“变暗”，效果如图27-153所示。

03 新建图层，将其命名为“云彩”，选择“画笔工具”，在“画笔预设选取器”面板中选择“云彩”笔尖，在文件中绘制不同形状的云彩，效果如图27-154所示。

图27-153　移入素材并设置混合模式

图27-154　绘制云彩画笔效果

04 复制“云彩”图层，移动副本图层中图像的位置，效果如图27-155所示。

05 打开随书附带素材中的“直升机1”和“直升机2”素材，如图27-156所示。

图27-155　复制并移动

图27-156　素材

06 使用“移动工具”将“直升机”“直升机2”素材文件中的图像拖动到“创意天空背景”文件中，命名图层并调整直升机的大小，设置直升机所在图层的“混合模式”为“变暗”，效果如图27-157所示。

07 打开随书附带素材中的“合成素材”素材，如图27-158所示。

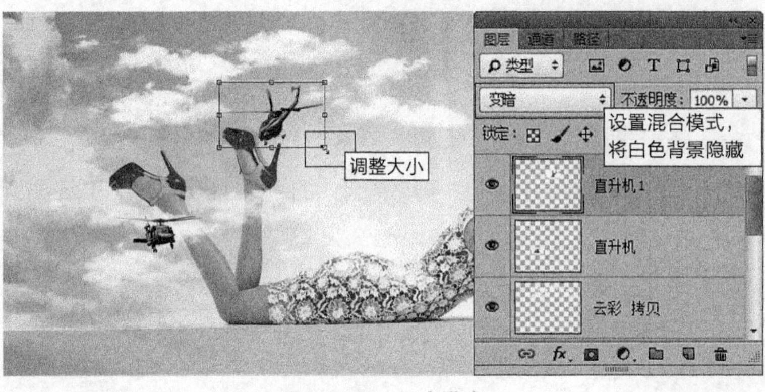

图27-157　混合模式

图27-158　素材

08 将素材文件中的图像拖动到“创意天空背景”文件中，调整图像的位置和大小，效果如图27-159所示。

图27-159　移入素材图像并进行调整

09 再打开随书附带素材中的“热气球1”和“热气球3”素材，如图27-160所示。

10 将“热气球”素材文件中的图像移入到“创意天空背景”文件中，调整图像的位置和大小。至此，完成本例的制作，最终效果如图27-161所示。

图27-160　素材

图27-161　最终效果

27.10　创意合成

实例目的

通过制作如图27-162所示的效果图，了解Photoshop CC在综合设计方面的应用。

图27-162　效果图

实例要点

- 打开文件
- 复制图层
- 去色
- 设置混合模式
- 变换

操作步骤

01 在菜单中执行“文件/打开”命令或按Ctrl+O快捷键，打开随书附带光盘中的文件“素材文件/第27章/田野.jpg”，如图27-163所示。

图27-163　素材

02 复制“背景”图层，得到“背景 拷贝”图层，在菜单中执行“图像/调整/去色”命令，将图像变为黑白效果，效果如图27-164所示。

03 复制去色后的图层，在菜单中执行“图像/调整/反相”命令，设置“背景 拷贝2”图层的“混合模式”为“颜色减淡”，效果如图27-165所示，此时发现图像效果变为白色，只有少许的黑点。

04 在菜单中执行“滤镜/模糊/高斯模糊”命令，弹出“高斯模糊”对话框，其中的参数设置如图27-166所示。

图27-164　复制图层去色

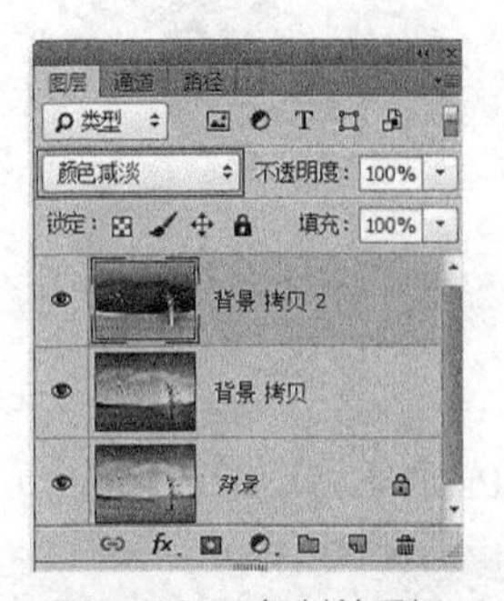

图27-165　复制并反相

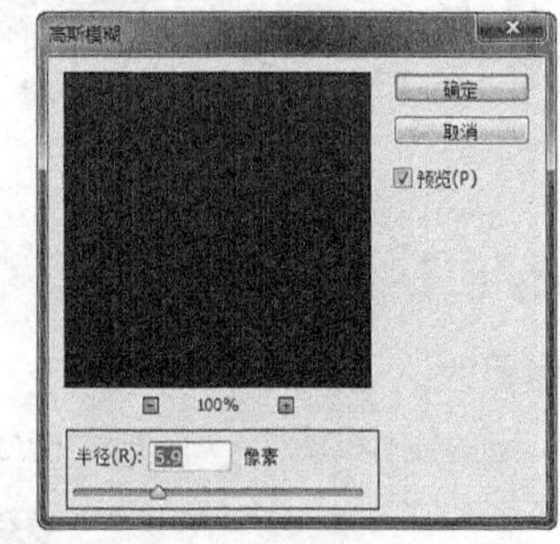

图27-166　“高斯模糊”对话框

05 设置完毕单击“确定”按钮，效果如图27-167所示，此时可以看到图像已经变为素描效果。

06 将两个副本图层一同选取，按Ctrl+E快捷键将其合并为一个图层，设置合并图层的“混合模式”为“亮光”、“不透明度”为65%，效果如图27-168所示。

图27-167　高斯模糊效果

图27-168　合并图层并设置混合模式

07 复制“背景 拷贝2”图层，得到“背景 拷贝3”图层，按Ctrl+I快捷键将图像反相，设置“背景 拷贝3”图层的“混合模式”为“差值”，效果如图27-169所示。

08 将两个拷贝图层一同选取，按Ctrl+E键将其合并为一个图层，设置“混合模式”为“变亮”、“不透明度”为65%，效果如图27-170所示。

图27-169　反相并设置混合模式

图27-170　素材

09 使用“移动工具”将“人物 男”素材文件中的图像拖动到“田野”文件中，调整图像的位置并变换图像的大小，效果如图27-171所示。

10 在“人物”图层的下面新建图层，将其命名为“影”，使用“套索工具”在人物的脚下绘制一个封闭选区并将其填充为黑色，设置“影”图层的“不透明度”为40%，效果如图27-172所示。

图27-171　移入素材

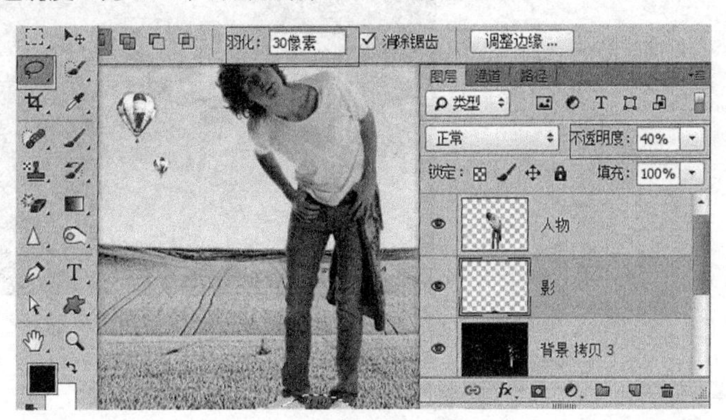

图27-172　制作阴影

11 按Ctrl+D快捷键去掉选区。打开随书附带中与本例相关的素材，如图27-173所示。

图27-173　素材

12 将素材文件中的图像拖动到“田野”文件中，改变图像的大小并调整图像所在图层的顺序，设置图像所在图层的“混合模式”为“变暗”，效果如图27-174所示。

13 至此，本例制作完毕，最终效果如图27-175所示。

图27-174　移入素材并设置混合模式

图27-175　最终效果

27.11　网页主页设计

实例目的

通过制作如图27-176所示的效果图，了解Photoshop CC在综合设计方面的应用。

图27-176 效果图

实例要点

- 新建文件
- 转换为智能滤镜
- 应用“云彩”“查找边缘”“染色玻璃”和“径向模糊”滤镜
- 编辑智能滤镜蒙版
- 设置混合模式

操作步骤

01 新建一个宽度为1024像素、高度为738像素、分辨率为72像素 / 英寸的空白文件，设置前景色与背景色，使用“渐变工具”填充从前景色到背景色的径向渐变，效果如图27-177所示。

02 在菜单中执行“滤镜/转换为智能滤镜”命令，弹出如图27-178所示的警告对话框。

03 单击“确定”按钮，此时会将“背景”图层转换为智能对象，如图27-179所示。

图27-177 素材填充径向渐变

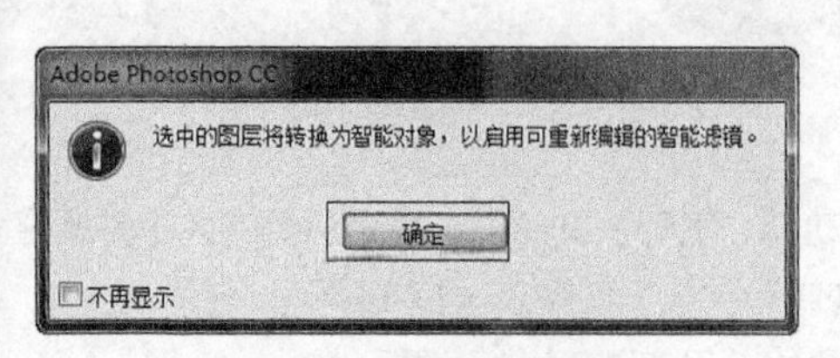

图27-178 警告对话框

图27-179 转换为智能对象

04 设置前景色为黑色、背景色为白色，在菜单中执行“滤镜/渲染/云彩”命令，效果如图27-180所示。

05 在菜单中执行“滤镜/风格化/查找边缘”命令，重复按Ctrl+F快捷键两次，效果如图27-181所示。

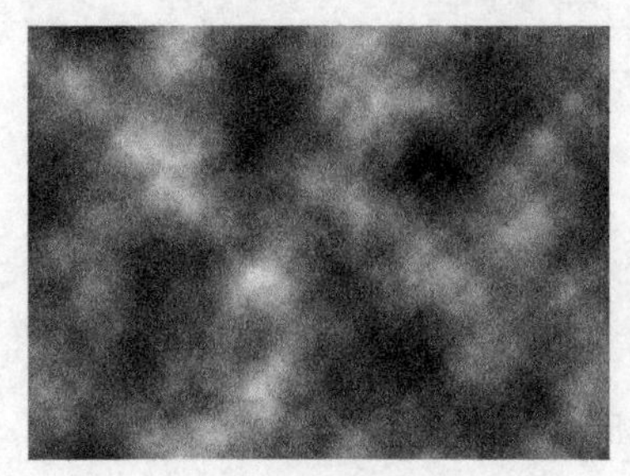

图27-180 云彩

图27-181 查找边缘

06 在菜单中执行“滤镜/滤镜库”命令，弹出滤镜库对话框，在其中选择“纹理/染色玻璃”命令，参数设置如图27-182所示。

07 设置完毕单击“确定”按钮，效果如图27-183所示。

08 在菜单中执行“滤镜/模糊/径向模糊”命令，弹出“径向模糊”对话框，其中的参数设置如图27-184所示。

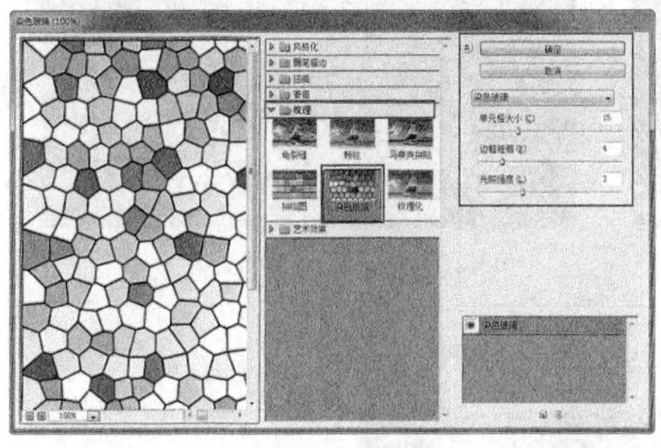

图27-182　“染色玻璃”对话框

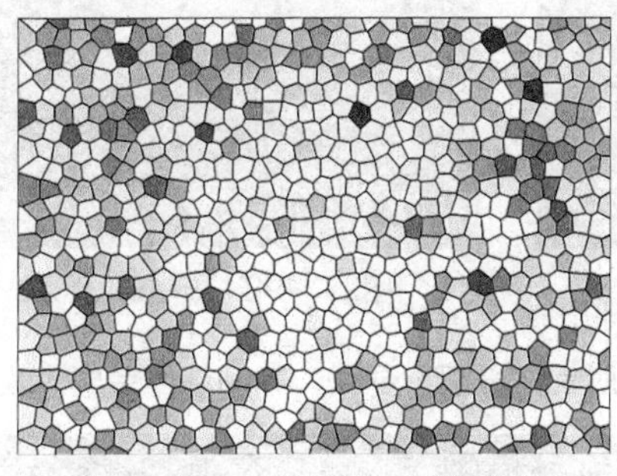

图27-183　“染色玻璃后”滤镜

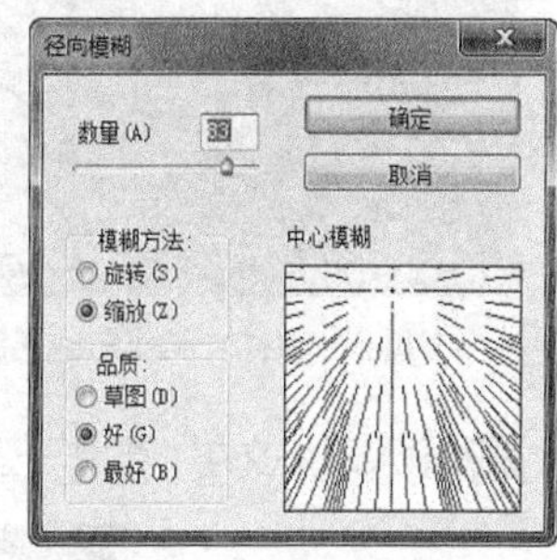

图27-184　“径向模糊”对话框

09 设置完毕单击“确定”按钮，效果如图27-185所示。

10 在智能滤镜蒙版中进行编辑，效果如图27-186所示。

11 新建“图层1”，绘制一个羽化后的椭圆选区，使用“渐变工具”在选区内填充“白色、蓝色、绿色和红色”的径向渐变，设置“图层”的“混合模式”为“柔光”，效果如图27-187所示。

图27-185　应用“径向模糊”滤镜

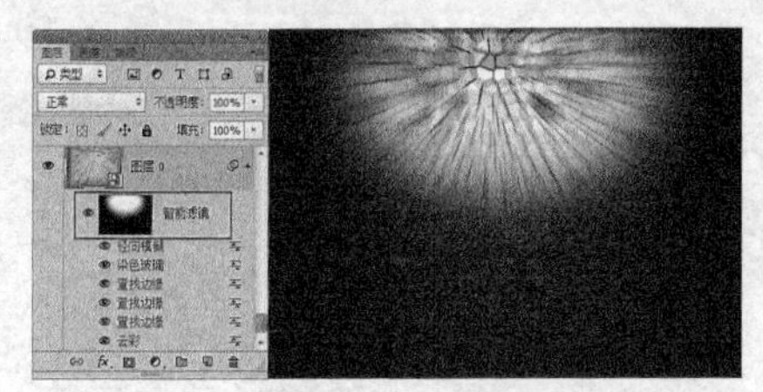

图27-186　编辑蒙版

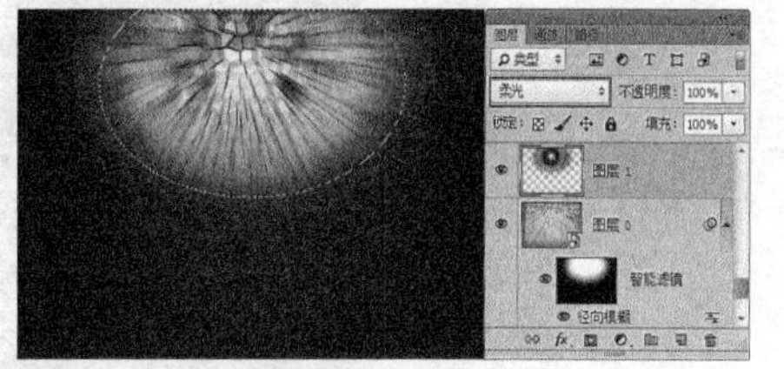

图27-187　渐变填充

12 新建“图层2”，绘制蓝色、绿色和红色画笔效果，设置“图层2”的“混合模式”为“减去”，效果如图27-188所示。

13 绘制一个椭圆选区，创建“亮度/对比度”调整图层，效果如图27-189所示。

图27-188　绘制画笔

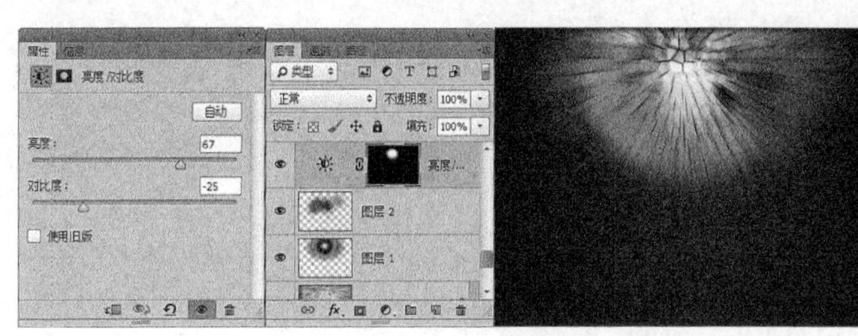

图27-189　调整亮度

14 新建图层，绘制矩形选区并填充从黑色到透明的渐变，效果如图27-190所示。

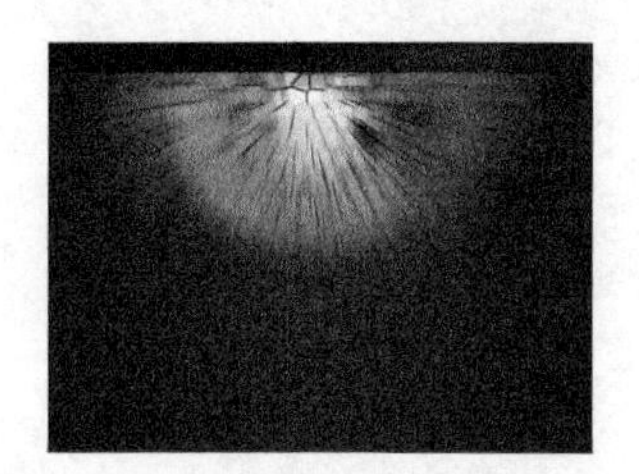

图27-190　绘制矩形选区并填充渐变

15 新建图层，绘制羽化后的选区并填充白色以制作白色光源，效果如图27-191所示。

16 按Ctrl+D快捷键去掉选区，复制白色光源，效果如图27-192所示。

17 新建图层，绘制白色圆点画笔效果，设置该新建图层的“混合模式”为“叠加”，效果如图27-193所示。

图27-191　制作白色光源

图27-192　复制白色光源

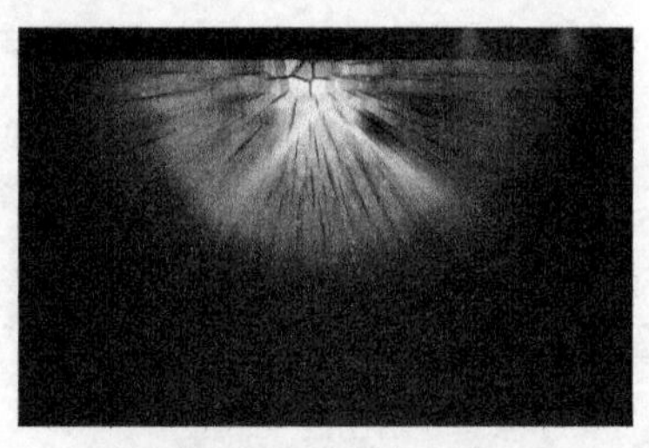

图27-193　绘制画笔效果

18 输入网页文字，制作一些形状和按钮。至此，本例制作完毕，效果如图27-194所示。

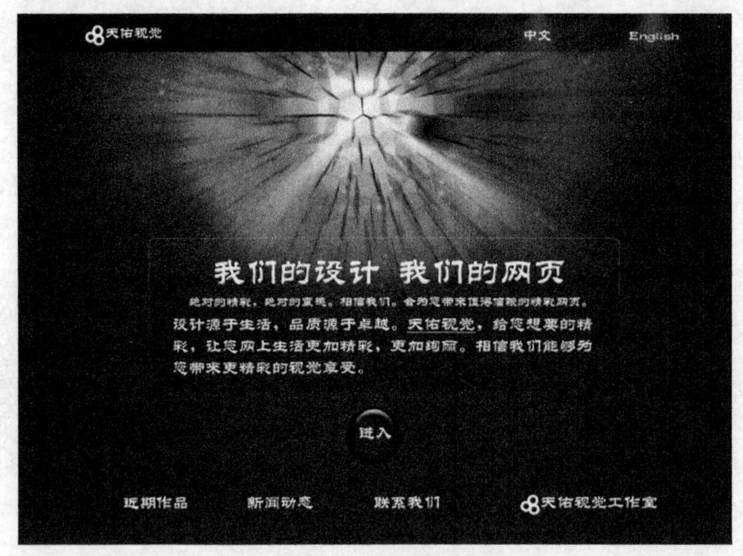

图27-194　最终效果